Zur Theorie

der

Zentrifugalpumpen

Von

Dr. techn. **Egon R. v. Grünebaum**
Ingenieur

Mit 89 Textfiguren und 3 Tafeln

Berlin
Verlag von Julius Springer
1905

ISBN 978-3-642-50523-2   ISBN 978-3-642-50833-2 (eBook)
DOI 10.1007/978-3-642-50833-2

Vorwort.

Die vorliegende Theorie der Zentrifugalpumpen entstand aus der Untersuchung der Ergebnisse von Versuchen, welche ich im Auftrage der Maschinenfabrik Andritz Aktien-Gesellschaft in Andritz-Graz seit dem Jahre 1902 vornahm, und war mit Ausnahme des den „Schwebezustand" behandelnden Abschnittes (S. 66 f.) schon im Frühjahre 1904 abgeschlossen.

Die angeführten Versuchsresultate sind zum Teil an älteren Pumpen gewonnen; leider mußte ich es mir aus geschäftlichen Rücksichten der genannten Firma versagen, Ergebnisse neuester Pumpen von weit höheren Nutzeffekten als die mitgeteilten sowie konstruktive Details zu besprechen.

Ich fühle mich verpflichtet, auch an dieser Stelle Herrn Professor Budau für den mir freundlichst erteilten Hinweis auf die bestehende Analogie zwischen dem bei einer in Gang befindlichen Zentrifugalpumpe eintretenden Zustand, wenn die Förderflüssigkeit in der Rohrleitung bis zu einer gewissen Höhe steht, ohne auszutreten, und dem Schwebezustand in der Flugtechnik, sowie Herrn Ingenieur Karl Haiderer für dessen Mitarbeit bei

Herstellung der Versuchseinrichtung und Teilnahme an den Versuchen selbst meinen verbindlichsten Dank auszusprechen.

Schließlich sei auch der Verlagsbuchhandlung für die gewohnt sorgfältige Ausstattung, welche sie auch dieser Schrift zuteil werden ließ, bestens gedankt.

Wien, im September 1905.

Dr. v. Grünebaum.

Inhaltsverzeichnis.

Dritter Abschnitt.

Kraftbedarf und Wirkungsgrad.

Inhaltsverzeichnis.   VII

Sechster Abschnitt.

Versuchsergebnisse.

Einleitung.

Die Anwendung von Zentrifugalpumpen hat in jüngster Zeit dadurch stark zugenommen, daß man von der Gepflogenheit, dieselben nur für geringe Förderhöhen und meist nur größere Fördermengen zu bauen, abging und solche Pumpen jetzt bis zu Förderhöhen von 200 m und noch viel mehr ausführt. Die Erreichung dieser Höhen erzielt man einesteils durch rationellere Schaufelung, andernteils durch Vereinigung mehrerer Flügelräder in einem Gehäuse. Diese „Hochdruck“-Pumpen gewinnen durch ihre Einfachheit in Bau und Aufstellung, ihre Betriebssicherheit etc. immer größere Verbreitung.

Oft tritt nun die Aufgabe an den Konstrukteur heran, eine und dieselbe Pumpe verschiedenen Betriebsverhältnissen anzupassen, sei es, daß einmal das Flüssigkeitsquantum Q_1 in ein H_1 m hoch aufgestelltes Reservoir gefördert, dann wieder, etwa zu Feuerlöschzwecken, Q_2 lit/sek bei H_2 atm Druck geliefert werden sollen, sei es, daß die Pumpe zum Entleeren eines Trockendocks verwendet wird, wobei also die Förderhöhe fortwährend wechselt, sei es, daß sie verschieden hoch gelegene Behälter bedienen soll u. s. f. In allen diesen Fällen bleibt jedoch für gewöhnlich die Art des Antriebes, d. h. die Tourenzahl der Pumpe, unveränderlich. Eine Zentrifugalpumpe wird nun analog der Turbine derart berechnet, daß die Flüssigkeit „stoßfrei“ in das Laufrad eintritt und dasselbe „stoßfrei“ verläßt. Dies ist bei jeder Tourenzahl nur für eine, im folgenden „stoßfrei“ genannte Flüssigkeits-Geschwindigkeit und die derselben entsprechende Förderhöhe der Fall, für jede andere hört die Bewegung auf, stoßfrei zu sein. Die Folge ist ein Sinken des Wirkungsgrades, ein Mehrverbrauch an Kraft. Man

muß also bei Änderung einer der drei Größen: Flüssigkeitsmenge, Förderhöhe, Tourenzahl, an einer ausgeführten Pumpe
die Änderung der beiden anderen Größen, daher auch eventuelle Stoßverluste und veränderten Kraftbedarf in Kauf nehmen.

Zweck der folgenden Untersuchung ist es nun, die allgemeinen, d. h. auch bei nicht stoßfreier Bewegung der Flüssigkeit zwischen den drei oben genannten Größen bestehenden
Beziehungen zu bestimmen. Hieran anschließend werden die
Änderungen des Kraftbedarfes und Wirkungsgrades berechnet,
so daß man mit Hilfe unserer Gleichungen sich u. a. in speziellen
Fällen ein Urteil darüber bilden kann, ob eine und dieselbe
Pumpe zwei oder mehrere an sie gestellte Aufgaben noch mit
genügend hohem Wirkungsgrad erfüllen kann.

Es ist bei den vorliegenden Berechnungen die Pumpe schon
ausgeführt bezw. ihre Dimensionen schon bestimmt gedacht.
Der Allgemeinheit wegen, ferner weil dies bei Hochdruckpumpen, an welche der Verfasser hauptsächlich denkt, unbedingt notwendig ist, sind Leitschaufeln angenommen, u. zw.
sowohl am Eintritt in das Laufrad als auch beim Austritt aus
demselben in den Diffuser. Es bietet keine Schwierigkeit, jene
Vereinfachung an den Formeln zu vollziehen, welche das
Entfallen der Leitschaufeln am Ein- oder Austritt oder an beiden
Stellen mit sich bringt.

Da in der Praxis, wie erwähnt, die Tourenzahl der Pumpe
sich meist nicht ändern läßt, ist im folgenden dieser Fall
konstanter Tourenzahl hauptsächlich in Betracht gezogen. Doch
enthalten die Formeln auch die Fälle veränderlicher Umdrehungszahl in sich.

Aufstellung und Diskussion der allgemeinen Gleichung für die Flüssigkeitsbewegung durch eine Zentrifugalpumpe.

A. Aufstellung der Gleichung.

Es seien bezeichnet mit:

u_1 die Umfangsgeschwindigkeit des Laufrades an der Eintrittstelle,

u_2 die Umfangsgeschwindigkeit des Laufrades an der Austrittstelle der Flüssigkeit,

r_1 der Radius des Laufrades an der Eintrittstelle,

r_2 der Radius des Laufrades an der Austrittstelle der Flüssigkeit,

c_s die Geschwindigkeit der Flüssigkeit im Saugrohr, F_s dessen Querschnitt,

c die absolute Geschwindigkeit, mit welcher die Flüssigkeit die inneren Leitkanäle verläßt, F der lichte Gesamtquerschnitt an dieser Stelle,

c_1 die relative Eintrittsgeschwindigkeit in das Laufrad (bei stoßfreiem Eintritt), F_1 der lichte Gesamtquerschnitt an dieser Stelle,

c_2 die relative Austrittsgeschwindigkeit aus dem Laufrade, F_2 der lichte Gesamtquerschnitt an dieser Stelle,

c_3 die Geschwindigkeit, mit welcher die Flüssigkeit die Leitkanäle des Diffusers verläßt, F_3 der lichte Gesamtquerschnitt an dieser Stelle,

c_4 die Geschwindigkeit der Flüssigkeit im Pumpengehäuse,

F_4 dessen Querschnitt,

c_5 die Geschwindigkeit der Flüssigkeit in der Druckleitung,

F_5 deren Querschnitt,

c_6 die Austrittsgeschwindigkeit der
Flüssigkeit aus dem Druck-
rohr,

F_6 der Querschnitt der Aus-
trittsmündung,

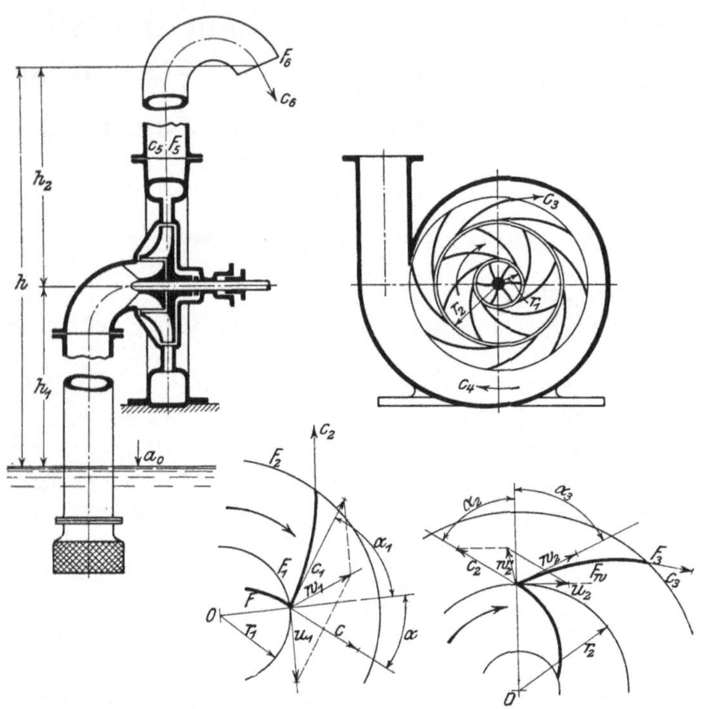

Fig. 1 (schematisch).

w_1 die Resultierende von u_1 und c_1 (für den stoßfreien Fall mit
c identisch) (absolute Eintrittsgeschwindigkeit),

w_2 die Geschwindigkeit der Flüssigkeit längs der Leitschaufeln
des Diffusers,

F_w der lichte Gesamtquerschnitt dieser Kanäle
an ihrer Eintritt-
stelle,

$w_2{}'$ die Resultierende von u_2 und c_2 (bei stoßfreiem Austritt mit w_2 identisch) (absolute Austrittsgeschwindigkeit),

α, α_1, α_2, α_3 Winkel, stets vom Radius aus gemessen (siehe Figur 1, Seite 4),

l_s die Länge der Saugleitung, $\quad$ d_s ihr Durchmesser,

l_d die Länge der Druckleitung, $\quad$ d_d ihr Durchmesser,

l_g die Länge des Wasserweges in der Pumpe exkl. der mit Schaufeln versehenen Teile derselben,

Q das zu fördernde Flüssigkeitsvolumen per Sekunde,

g die Beschleunigung der Schwere,

h_1 die Saughöhe der Pumpe,

h_2 die Druckhöhe der Pumpe,

$h = h_1 + h_2$ ihre Gesamtförderhöhe,

a_0 der äußere Luftdruck,

a_1 der Druck im Spalt zwischen den innern Leitschaufeln und dem Laufrad,

$a_1{}'$ der Druck unmittelbar nach der Eintrittstelle in das Laufrad,

a_2 der Druck im Spalt zwischen Laufrad und Diffuserkanälen,

$a_2{}'$ der Druck unmittelbar nach der Eintrittstelle in die Diffuserleitkanäle,

a_3 der Druck am Ende der Diffuserleitkanäle,

a_4 der Druck im Pumpengehäuse,

ζ_1 Reibungskoeffizient für die Flüssigkeitsbewegung längs der Eintrittsleitschaufeln,

ζ_2 Reibungskoeffizient für die Flüssigkeitsbewegung längs der Laufradschaufeln,

ζ_3 Reibungskoeffizient für die Flüssigkeitsbewegung längs der Diffuserleitschaufeln,

ζ_g Reibungskoeffizient für die Flüssigkeitsbewegung längs der Pumpengehäusewände,

ζ_r Rohrreibungskoeffizient,

ζ, ζ' Eintrittskoeffizienten,

ζ_0, $\zeta_0{}'$ Stoßkoeffizienten.

Die übrigen Bezeichnungen werden an der Stelle ihres Auftretens erklärt.

Die Aufstellung der Gleichung für die Flüssigkeitsbewegung wird für eine Pumpe mit einem Laufrad vorgenommen, sind mehrere Räder in einem Gehäuse vereinigt, so ist eine geringfügige Abänderung nach Bemerk. 2, S. 11 vorzunehmen.

Unter Benützung der Bezeichnungen S. 3 bis 5 gilt für die Flüssigkeitsbewegung vom Unterwasserspiegel bis zum Eintritt in das Laufrad (Fig. 1, S. 4)

$$a_0 = a_1 + h_1 + \frac{c^2}{2\,g}(1 + \zeta_1) + \zeta_r \cdot \frac{c_s^2}{2\,g} \cdot \frac{l_s}{d_s} \quad \ldots \quad 1)$$

Wir setzen

$$h' = \zeta_r \cdot \frac{c_s^2}{2\,g} \cdot \frac{l_s}{d_s} \quad \ldots \ldots \ldots \quad 2)$$

und verstehen unter h' die Verlusthöhe infolge der Reibungen im Saugrohr bezw. bis zum Beginn des mit Leitschaufeln versehenen Teiles der Pumpe.

Dann ist:

$$a_0 - a_1 - h_1 = (1 + \zeta_1)\frac{c^2}{2\,g} + h'. \quad \ldots \ldots \quad 3)$$

Analog ergibt sich für das Stück vom Ende der Leitkanäle im Diffuser bis zum Fuße des Steigrohres

$$a_3 - a_4 = \frac{c_4^2 - c_3^2}{2\,g} + h'', \quad \ldots \ldots \ldots \quad 4)$$

wobei h'' die den Gehäusewiderständen entsprechende Reibungshöhe vorstellt. Versteht man weiter unter h''' die infolge der Reibungen in der Druckleitung und der Austrittsgeschwindigkeit c_6 verloren gehende Geschwindigkeitshöhe, also, da

$$F_6\,c_6 = F_5\,c_5, \quad \ldots \ldots \ldots \ldots \quad 5)$$

$$h''' = \left[\left(\frac{F_5}{F_6}\right)^2 + \zeta_r \cdot \frac{l_d}{d_d}\right]\frac{c_5^2}{2\,g}, \quad \ldots \ldots \quad 6)$$

so gilt für die Bewegung durch das Steigrohr und den Austritt der Flüssigkeit aus demselben

$$a_4 - a_0 - h_2 = h''' - \frac{c_4^2}{2\,g}. \quad \ldots \ldots \ldots \quad 7)$$

Die Addition von Gleichung 3), 4) und 7) gibt nach einfacher Reduktion

$$2\,g\,(a_3 - a_1) = 2\,g\,(h_1 + h_2 + h' + h'' + h''') + (1 + \zeta_1)\,c^2 - c_3^2, \quad 8)$$

$h_1 + h_2 = h$ ist die Förderhöhe; $h' + h'' + h'''$ die Verlusthöhe; diese auf c_3 bezogen schreibt sich

$$h' + h'' + h''' = \lambda \frac{c_3{}^2}{2\,g}, \quad \cdots \cdots \cdots \quad 9)$$

wobei λ ein Koeffizient ist, der sich durch Umrechnung der Geschwindigkeiten im Saugrohr, in der Pumpe und im Steigrohr auf die Geschwindigkeit c_3 ergibt. (Vgl. hierzu noch Bemerk. 1, S. 10.)

Gleichung 8) läßt sich daher auch schreiben:

$$2\,g\,(a_3 - a_1 - h) = (1 + \zeta_1)\,c^2 - c_3{}^2 + \lambda\,c_3{}^2. \quad \cdots \quad 10)$$

Nun gehen wir zur Betrachtung der Flüssigkeitsbewegung durch den ersten Spalt und das Laufrad über. Zu beachten

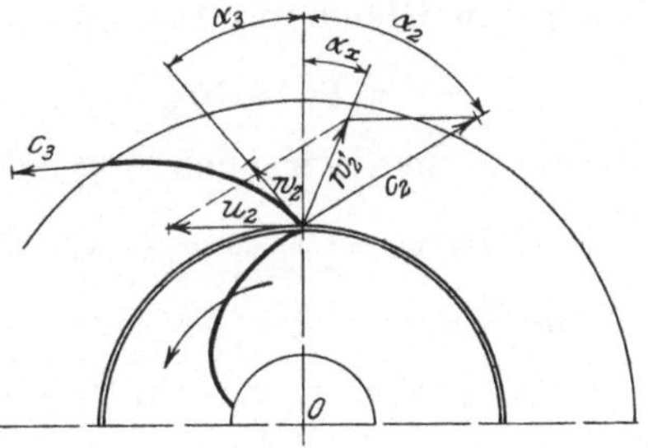

Fig. 2.

ist, daß wir für den allgemeinen Fall einen Eintritt „mit Stoß" anzunehmen haben. Dann gelten (Zeuner, Vorlesungen über Theorie der Turbinen, 1899, S. 136) die Gleichungen:

$$(1 + \zeta_2)\,c_2{}^2 - c_1{}^2 = 2\,g\,(a_1' - a_2) + u_2{}^2 - u_1{}^2 \quad \cdots \quad 11)$$

und

$$(\zeta_0\,c_0 + \zeta\,c_1)\,(c_0 - c_1) = 2\,g\,(a_1' - a_1) \quad \cdots \cdots \quad 12)$$

mit den S. 3 bis 5 angegebenen Bezeichnungen, wobei ferner

$$c_0 = c \cos(\alpha + \alpha_1) + u_1 \sin \alpha_1 \quad \cdots \cdots \cdots \quad 13)$$

„die relative Geschwindigkeit der ankommenden Flüssigkeitsmenge in der Richtung von c_1, d. h. in der Richtung der Tangente zur Kanalkurve an der Eintrittstelle", bedeutet.

Zeuner nennt ζ_0 den Stoß-, ζ den Eintrittskoeffizienten, theoretisch sollten beide den Wert 2 haben (a. a. O. S. 134, 135).

Wir haben nunmehr noch den Durchgang der Flüssigkeit durch den zweiten Spalt und deren Bewegung längs der Diffuserleitschaufeln zu untersuchen. Hier lassen sich die von Zeuner (Vorlesungen über Theorie der Turbinen S. 85 f.) für die Reaktion strömender Flüssigkeiten in ruhenden Gefäßen abgeleiteten Gesetze anwenden, wobei für die Geschwindigkeit „der ankommenden Flüssigkeit" die absolute Austrittsgeschwindigkeit aus dem Laufrade w_2' (Fig. 2), das ist die Resultierende von c_2 und u_2, einzuführen ist.

Dann gilt in sinngemäßer Anwendung mit unseren Bezeichnungen:

$$2\,g\,(a_2' - a_3) = (1 + \zeta_3)\,c_3^2 - w_2^2 \quad\ldots\ldots\quad 14)$$

$$2\,g\,(a_2 - a_3) = (1 + \zeta_3)\,c_3^2 - w_2^2 - \zeta'\,w_2\,[w_2'\cos(\alpha_x + \alpha_3) - w_2]. \quad 15)$$

Die Subtraktion von Gleichung 14) und 15) liefert:

$$2\,g\,(a_2' - a_2) = \zeta'\,w_2\,[w_2'\cos(\alpha_x + \alpha_3) - w_2]. \quad\ldots\quad 16)$$

Diesen Ausdruck formen wir noch folgendermaßen um:

$$w_2'\cos(\alpha_x + \alpha_3) = w_2'\cos\alpha_x\cos\alpha_3 - w_2'\sin\alpha_x\sin\alpha_3.$$

Fig. 2 zeigt, daß

$$w_2'\cos\alpha_x = c_2\cos\alpha_2, \quad\ldots\ldots\ldots\quad 17)$$

ferner

$$w_2'\sin\alpha_x = c_2\sin\alpha_2 - u_2, \quad\ldots\ldots\ldots\quad 18)$$

somit ist:

$$w_2'\cos(\alpha_x + \alpha_3) = c_2\cos\alpha_2\cos\alpha_3 - (c_2\sin\alpha_2 - u_2)\sin\alpha_3. \quad 19)$$

Damit geht Gleichung 16) über in:

$$2\,g\,(a_2' - a_2) = \zeta'\,w_2\,[c_2\cos(\alpha_2 + \alpha_3) + u_2\sin\alpha_3 - w_2]; \quad\ldots\quad 20)$$

hierin ist

$$c_2\cos(\alpha_2 + \alpha_3) + u_2\sin\alpha_3$$

die relative Geschwindigkeit der ankommenden Flüssigkeit in der Richtung von w_2 gemessen; wir setzen:

$$w_0 = c_2\cos(\alpha_2 + \alpha_3) + u_2\sin\alpha_3 \quad\ldots\ldots\quad 21)$$

und erhalten damit eine der früheren Gleichung für den Eintritt ähnliche Beziehung

$$2\,g\,(a_2' - a_2) = \zeta'\,w_2\,(w_0 - w_2). \quad\ldots\ldots\quad 22)$$

Hiermit sind alle Abschnitte der Flüssigkeitsbewegung durch Pumpe und Leitung behandelt. Nunmehr addieren wir die Gleichungen 10), 11) und 14), wodurch wir erhalten:

$$2\,g\,(a_1' - a_1 + a_2' - a_2 - h) = (1 + \zeta_1)\,c^2 - c_1{}^2 +$$
$$(1 + \zeta_2)\,c_2{}^2 + (\lambda + \zeta_3)\,c_3{}^2 - w_2{}^2 - u_2{}^2 + u_1{}^2. \quad 23)$$

Ebenso addieren wir die Gleichungen 12) und 22), wobei wir uns die Annahme $\zeta_0 = \zeta' = \zeta$ erlauben, da alle drei Werte theoretisch gleich 2 sein sollten, und genaue Versuche über ihre Größe zurzeit unseres Wissens nicht vorliegen. Diese Addition liefert:

$$2\,g\,(a_1' - a_1 + a_2' - a_2) = \zeta_0\,[c_0{}^2 - c_1{}^2 + w_2\,w_0 - w_2{}^2]. \quad 24)$$

Wir setzen den Wert für die linke Seite in Gleichung 23) ein und erhalten unter Einführung der Werte von c_0 und w_0 aus Gleichung 13) bezw. Gleichung 21):

$$-2\,gh = [1 + \zeta_1 - \zeta_0 \cos^2(\alpha + \alpha_1)]\,c^2 + (\zeta_0 - 1)\,[c_1{}^2 + w_2{}^2] +$$
$$(1 + \zeta_2)\,c_2{}^2 + (\lambda + \zeta_3)\,c_3{}^2 - u_2{}^2 + u_1{}^2\,[1 - \zeta_0 \sin^2 \alpha_1] -$$
$$2\,\zeta_0\,c\,u_1 \sin \alpha_1 \cos(\alpha + \alpha_1) - \zeta_0\,w_2\,c_2 \cos(\alpha_2 + \alpha_3) - \zeta_0\,w_2\,u_2 \sin \alpha_3 \quad 25)$$

als allgemeine Gleichung für die vorliegende Flüssigkeitsbewegung. Das negative Zeichen bei h zeigt an, daß es sich um eine „Förderhöhe" (kein „Gefälle") handelt. Um die Gleichung übersichtlicher zu gestalten, und da wir, wie erwähnt, an eine Pumpe mit bekannten Dimensionen denken, führen wir die Querschnitte ein. Es ist wegen der Kontinuitätsbedingung

$$F\,c = F_1\,c_1 = F_2\,c_2 = F_w\,w_2 = F_3\,c_3, \quad \ldots \ldots 26)$$

ferner

$$u_1 = \frac{r_1}{r_2}\,u_2; \quad \ldots \ldots \ldots \ldots 27)$$

unter Berücksichtigung von Gleichung 26) und 27) geht Gleichung 25) über in die Form:

$$-2\,gh = A\,c_2{}^2 - B\,c_2\,u_2 - C\,u_2{}^2 \quad \ldots \ldots 28)$$

wenn bedeutet

$$A = [1 + \zeta_1 - \zeta_0 \cos^2(\alpha + \alpha_1)]\left(\frac{F_2}{F}\right)^2 + (\zeta_0 - 1)\left[\left(\frac{F_2}{F_1}\right)^2 +\right.$$
$$\left.\left(\frac{F_2}{F_w}\right)^2\right] + (1 + \zeta_2) + (\lambda + \zeta_3)\left(\frac{F_2}{F_3}\right)^2 - \zeta_0 \cos(\alpha_2 + \alpha_3)\cdot\frac{F_2}{F_w} \quad 29)$$

$$B = \zeta_0\left[2\cdot\frac{r_1}{r_2}\,\frac{F_3}{F}\sin\alpha_1\cos(\alpha+\alpha_1)+\sin\alpha_3\cdot\frac{F_2}{F_w}\right]\quad\ldots\ldots\;30)$$

$$C = 1 + (\zeta_0\sin^2\alpha_1 - 1)\left(\frac{r_1}{r_2}\right)^2.\quad\ldots\ldots\ldots\ldots\;31)$$

Gleichung 28) im Vereine mit 29), 30) und 31) bildet unsere gesuchte allgemeine Beziehung zwischen Tourenzahl (bezw. Umfangsgeschwindigkeit u_2), Fördermenge (da Q stets gleich ist $F_2\,c_2$) und Förderhöhe[1]) mit Berücksichtigung der Stoßverluste. (Man könnte in Gleichung 28) ff. auch direkt Q bezw. die Tourenzahl n einführen.)

Bemerkung 1. Wir schrieben S. 7, Gleichung 9) für

$$h' + h'' + h''' = \lambda\cdot\frac{c_3}{2\,g}$$

und verstanden darunter die infolge der Reibungen in den Leitungen und dem ungeschaufelten Teil des Pumpengehäuses ferner infolge der Austrittsgeschwindigkeit c_6 verloren gehende Geschwindigkeitshöhe.

Genauer ist daher zu setzen:

$$\lambda\cdot\frac{c_3{}^2}{2\,g} = \left(\frac{F_3}{F_6}\right)^2\cdot\frac{c_3{}^2}{2\,g} + \zeta_r\,\frac{l_d}{d_d}\cdot\frac{c_5{}^2}{2\,g} + \zeta_r\,\frac{l_s}{d_s}\cdot\frac{c_s{}^2}{2\,g} +$$

$$\Sigma\,\zeta_g\cdot\frac{U_g}{4\,F_g}\,l_g\,\frac{c_g{}^2}{2\,g}\quad\ldots\ldots\ldots\;32)$$

und somit

$$\lambda = \left(\frac{F_3}{F_6}\right)^2 + \zeta_r\cdot\frac{l_d}{d_d}\left(\frac{F_3}{F_5}\right)^2 + \zeta_r\cdot\frac{l_s}{d_s}\left(\frac{F_3}{F_s}\right)^2 +$$

$$\Sigma\,\zeta_g\cdot\frac{U_g}{4\,F_g}\cdot l_g\left(\frac{F_3}{F_g}\right)^2.\quad\ldots\ldots\;33)$$

Das Glied

$$\Sigma\,\zeta_g\cdot\frac{U_g}{4\,F_g}\,l_g\,\frac{c_g{}^2}{2\,g}$$

gibt die Verluste im Gehäuse an, wenn ζ_g den entsprechenden Reibungs-

---

[1]) Es sei hier erwähnt, daß Zeuner (Vorlesungen über Theorie der Turbinen, S. 336) eine ähnlich gebaute Gleichung für eine Zentrifugalpumpe ohne Leitschaufeln aufgestellt hat, doch benützt er dieselbe nur zur Diskussion des Zusammenhanges von u_2 und c_2 bei konstantem h.

koeffizienten, U_g den Umfang, F_g die Fläche, l_g die Länge, c_g die jeweilige Flüssigkeitsgeschwindigkeit für jeden Gehäuseabschnitt verschiedener Form bedeuten.

Ist noch ein Schieber in der Druckleitung, ferner ein Fußventil in der Saugleitung eingebaut, so ist auch die diesen entsprechende Geschwindigkeits(verlust)höhe auf c_3 umgerechnet in Gleichung 32) einzuführen. $\lambda \dfrac{c_3{}^2}{2\,g}$ repräsentiert dann die Summe aller Verluste.

Bemerkung 2. Sind in einer Pumpe n Räder auf gemeinsamer Antriebswelle vereinigt, und beträgt die Gesamtförderhöhe der Pumpe H, so hat jedes Laufrad

$$\frac{H + h' + h'' + h'''}{n} = \frac{H}{n} + \frac{h' + h'' + h'''}{n} \quad \ldots \ 34)$$

zu übernehmen. Hierbei ist $\dfrac{H}{n} = h$ wie früher die Förderhöhe pro 1 Laufrad, welche der Gleichung 28) zugrunde zu legen ist. Ferner tritt in Gleichung 29) an Stelle von

$$(\lambda + \zeta_3) \left(\frac{F_2}{F_3} \right)^2 \quad \ldots \ldots \ldots \ldots \ 35)$$

in diesem Falle:

$$\left(\frac{\lambda}{n} + \zeta_3 \right) \left(\frac{F_2}{F_3} \right)^2 \quad \ldots \ldots \ldots \ldots \ 36)$$

Sonst bleiben die Gleichungen ungeändert. Man sieht aus Gleichung 36), daß die mehrrädrige Pumpe geringere Verluste pro 1 Rad aufweist als die einrädrige. Es ist wohl kaum nötig zu betonen, daß hier und im folgenden bei mehrrädrigen Pumpen stets lauter gleich geschaufelte Räder von gleichen Abmessungen gedacht sind.

Bemerkung 3. Für dieselbe Pumpe bleiben die Koeffizienten B und C (Gleichung 30) und 31)) immer streng konstant, A (Gleichung 29)) hingegen kann infolge des Gliedes mit λ variabel sein, z. B. wenn die Veränderung von Q und h durch einen in der Druckleitung eingebauten Schieber geschieht. In diesem Falle ändert sich nämlich nebst allen Flüssigkeitsgeschwindigkeiten auch das Verhältnis der offenen zur gesamten Schieberdurchgangsfläche, und damit auch der Koeffizient für den Geschwindigkeitshöhenverlust durch den Schieber. Dieser ist nämlich

$$\left(\frac{F_3}{m\,F_6} \right)^2 \cdot \zeta_{\text{Schieber}} \cdot \frac{c_3{}^2}{2\,g} \quad \ldots \ldots \ldots \ 37)$$

bezogen auf c_3, wenn $(m\,F_6)$ den jeweils geöffneten Querschnitt des Schiebers, ζ_{Schieber} den hierfür geltenden jeweiligen Koeffizienten bezeichnet. Ferner ist bekanntlich auch der Rohrreibungskoeffizient ζ_r eine Funktion der Durchflußgeschwindigkeit. Mit Rücksicht auf die für unsere Fälle relativ geringen Schwankungen desselben setzen wir nach Zeuner für Wasser $\zeta_r = 0.025$. Auch λ, und damit auch A, soll für die folgenden theoretischen Untersuchungen als streng konstant angesehen werden. Will man von den erwähnten Veränderlichkeiten unabhängig sein, so empfiehlt es sich, für Versuche etc. stets statt mit der nützlichen Förderhöhe $h = h_1 + h_2$ mit der sog. „manometrischen" Förderhöhe (s. S. 65) zu rechnen.

In praktischen Fällen muß jedoch unter Umständen den hier angeführten Verhältnissen durch entsprechende Änderung von λ und A Rechnung getragen werden.

Bemerkung 4. In der allgemeinen Gleichung 25) bezw. in den Gleichungen 28) bis 31) ist das spezifische Gewicht γ der Förderflüssigkeit nicht enthalten, daher bei derselben Umfangsgeschwindigkeit, demselben c_2 und gleichen Reibungsverhältnissen für verschiedene Flüssigkeiten eine gleichgroße Förderhöhe erreicht wird. Hingegen ist der „Druck" (kg/qcm) in der Pumpe sowie der nötige Kraftbedarf natürlich verschieden, da diese Größen auch von γ abhängig sind.

Unsere Gleichung 28)

$$A\,c_2{}^2 - B\,c_2\,u_2 - C\,u_2{}^2 = -\,2\,gh$$

gibt uns die Möglichkeit, alle Fragen über c_2 bezw. Q, u_2 bezw. Tourenzahl n, und h zu beantworten.

Bevor wir in die Diskussion von Gleichung 28) eingehen, sei noch an Beispielen die Verwendung dieser Gleichung kurz gezeigt.

Bemerkung 5. Für die folgenden Beispiele setzen wir in Ermangelung genauer Versuchswerte nach Zeuner (Vorlesungen über Theorie der Turbinen) $\zeta_1 = \zeta_2 = \zeta_3 = 0.1$, ferner, wie erwähnt, $\zeta_r = 0.025$ als mittleren Wert.

Beispiel 1[1]). Eine Pumpe mit einem Laufrad von 200 mm Durchmesser ist gebaut für $Q = 5$ lit/sek Wasser bei $u_2 = 15.7$ m/sek (1500 Touren pro Min.) entsprechend $c_2 = 3.5$ m/sek.

Diese erhielt die Dimensionen: $F = 31.25$ qcm, $F_1 = 5.4$ qcm, $F_2 = 14.3$ qcm, $F_w = 3.25$ qcm, $F = 36$ qcm, $\dfrac{r_1}{r_2} = 0.6$, ferner $\measuredangle\,\alpha = \alpha_2 = 0^0$ (also radiale Leitschaufeln innen, ferner eine

---

[1]) Diese und die meisten folgenden Zifferrechnungen sind mit dem Rechenschieber ausgeführt, daher in den letzten Stellen nicht genau.

radial endigende Laufradschaufelung), $a_1 = 80^0$, $a_3 = 77^0$; $\lambda = 41$ entsprechend den Gehäusewiderständen und dem Widerstande einer ca. 100 m langen Rohrleitung von 60 mm lichter Weite.

Die Einsetzung dieser Ziffernwerte in unsere Gleichungen 28) bis 31) liefert A $= 11{\cdot}82$, B $= 5{\cdot}6$, C $= 1{\cdot}0756$, daher:

$$11{\cdot}82\, c_2{}^2 - 5{\cdot}6\, c_2\, u_2 - 1{\cdot}0756\, u_2{}^2 = -19{\cdot}62\, h \quad \ldots \quad 38)$$

c_2, u_2, h in Metern bezw. m/sek.

Dem stoßfreien Falle ($u_2 = 15{\cdot}7$ m/sek, $c_2 = 3{\cdot}5$ m/sek) entspricht eine Förderhöhe von h $= 21{\cdot}6$ m. Nun wollen wir wissen, ob dieselbe Pumpe 8 lit/sek Wasser in ein 14 m hoch gelegenes Reservoir schaffen kann, wenn sie nur 1400 Touren pro Min. macht.

$$u_2 = \frac{2\, r_2\, \pi\, n}{60} = 14{\cdot}65 \text{ m/sek}, \qquad c_2 = \frac{Q}{F_2} = \frac{8}{0{\cdot}143} = 5{\cdot}6 \text{ m/sek}$$

somit

$$11{\cdot}82 \cdot 5{\cdot}6^2 - 5{\cdot}6 \cdot 5{\cdot}6 \cdot 14{\cdot}65 - 1{\cdot}0756 \cdot 14{\cdot}65^2 = -19{\cdot}62\, h$$

und daraus

$$h = 16{\cdot}1 \text{ m/sek.}$$

Die Pumpe kann daher diese Aufgabe erfüllen. Der Wirkungsgrad wird hierbei allerdings geringer sein als bei Verwendung einer direkt für diese Verhältnisse gebauten Pumpe. (Hierüber in einem späteren Abschnitt.)

Beispiel 2. a) Eine Pumpe mit 4 Laufrädern von 200 mm Durchmesser ist für eine Lieferung von 12 lit/sek Druckwasser von $7{\cdot}4$ atm bei 1500 Touren pro Min. ($u_2 = 15{\cdot}7$ m/sek) gebaut.

Die Dimensionen der Pumpe sind: F $= 61$ qcm, $F_1 = 14$ qcm, $F_2 = 27{\cdot}4$ qcm, $F_w = 9{\cdot}4$ qcm, $F_3 = 82{\cdot}5$ qcm, ferner $\dfrac{r_1}{r_2} = 0{\cdot}525$, $\measuredangle\, a = 0^0$, $a_1 = 76^0\,30'$, $a_2 = 49^0$ (d. i. eine leicht nach rückwärts (d. h. konvexe Seite nach der Umdrehungsrichtung) gekrümmte Schaufelform), $a_3 = 77^0$. $\lambda = 31$ entsprechend den Pumpenwiderständen und den Rohrreibungen einer etwa 75 m langen Leitung von 60 mm lichter Weite.

Da die Pumpe 4 Räder hat, so ist statt $(\lambda + \zeta_3) \cdot \left(\dfrac{F_2}{F_3}\right)^2$ in A zu schreiben: $\left(\dfrac{\lambda}{4} + \zeta_3\right) \cdot \left(\dfrac{F_2}{F_3}\right)^2$ (S. 11, Bemerk. 2).

Wir erhalten unter Berücksichtigung hiervon und Einsetzung der Ziffernwerte als allgemeine Gleichung dieser Pumpe:

$$7{\cdot}34\,c_2{}^2 - 3{\cdot}65\,c_2\,u_2 - 1{\cdot}05\,u_2{}^2 = -19{\cdot}62\,h \quad . \ . \ . \ . \quad 39)$$

$A = 7{\cdot}34$, $B = 3{\cdot}65$, $C = 1{\cdot}05$; h in Metern, u_2 und c_2 in m/sek.

Nun fragen wir, wie hoch dieselbe Pumpe 16 lit/sek bei 1700 Touren pro Min. ($u_2 = 17{\cdot}8$ m/sek) fördern kann.

Hier ist $c_2 = \dfrac{16}{0{\cdot}274} = 5{\cdot}83$ m/sek, somit in Gleichung 39)

$$7{\cdot}34 \cdot 5{\cdot}83^2 - 3{\cdot}65 \cdot 5{\cdot}83 \cdot 17{\cdot}8 - 1{\cdot}05 \cdot 17{\cdot}8^2 = -19{\cdot}62\,h$$

und daraus die gesuchte Höhe h pro 1 Rad $= 23{\cdot}5$ m, die Gesamthöhe $H = 4\,h = 94$ m.

b) Eine der Pumpe unter 2a) gleich dimensionierte Pumpe, jedoch nur mit einem Laufrad. Hier ist im Koeffizienten A wieder

$$(\lambda + \zeta_3)\left(\frac{F_2}{F_3}\right)^2$$

einzuführen, dadurch ergibt sich $A = 9{\cdot}88$, und die allgemeine Gleichung dieser Pumpe

$$9{\cdot}88\,c_2{}^2 - 3{\cdot}65\,c_2\,u_2 - 1{\cdot}05\,u_2{}^2 = -19{\cdot}62\,h \quad . \ . \ . \ . \quad 40)$$

Frage 1. Wie viel Touren muß die Pumpenwelle machen, um 13 lit/sek 12 m hoch zu fördern?

$$c_2 = \frac{Q}{F_2} = \frac{13}{0{\cdot}274} = 4{\cdot}72 \text{ m/sek}$$

$$4{\cdot}72^2 \cdot 9{\cdot}88 - 3{\cdot}65 \cdot 4{\cdot}72\,u_2 - 1{\cdot}05\,u_2{}^2 = -19{\cdot}62 \cdot 12$$

und daraus $u_2 = 15{\cdot}4$ m/sek bezw. die Tourenzahl $= 1480$ pro Min.

2. Wieviel Wasser gibt diese Pumpe bei diesen 1480 Touren pro Min. für eine Förderhöhe von nur 8 m?

$$9{\cdot}88\,c_2{}^2 - 3{\cdot}65 \cdot 15{\cdot}4\,c_2 - 1{\cdot}05 \cdot 15{\cdot}4^2 = -19{\cdot}62 \cdot 8$$

daraus $c_2 = 7{\cdot}12$ m/sek und $Q = F_2\,c_2 = 19{\cdot}5$ lit/sek.

Bemerkung 6. Der Vergleich dieser theoretischen Resultate mit Versuchswerten wird zeigen, daß praktisch nicht das volle h erreicht wird, da zwar die Verluste durch den unrichtigen Flüssigkeitsein- und -austritt, nicht aber auch diejenigen in Betracht gezogen werden konnten, welche infolge der endlichen Breite der Spalte (theoretisch ist jeder Spalt unendlich schmal) sowie sonstiger Undichtheiten der Pumpe entstehen. Es werden daher die theoretischen Förderhöhen gegenüber den praktisch möglichen durch einen Koeffizienten kleiner als 1 zu korrigieren sein, dessen Größe von der jeweiligen Pumpenkonstruktion abhängt.

B.

1. Diskussion der allgemeinen Gleichung.

Wir hatten Gleichung 28)

$$A c_2{}^2 - B c_2 u_2 - C u_2{}^2 = -2 gh.$$

In dieser Gleichung sehen wir, wie erwähnt, A, B, C als Konstante, $u_2 = x$, $c_2 = y$, $h = z$ als Variable an. Dann schreibt sich:

$$A y^2 - B x y - C x^2 = -2 g z. \quad \ldots \ldots 41)$$

Diese Gleichung stellt ein hyperbolisches Paraboloid vor, dessen Scheitel im Koordinatenanfangspunkt liegt, dessen eine Hauptachse mit der z-Achse zusammenfällt, dessen Hauptebenen jedoch gegen die yz- bezw. zx-Ebene um einen Winkel φ, dessen Tangente m ist, verdreht sind, u. zw. ist

$$m = \mathrm{tg}\, \varphi = -\frac{A + C \pm \sqrt{(A + C)^2 + B^2}}{B}. \quad \ldots \ldots 42)$$

Wir wollen, um die Bedeutung der Gleichung 41) besser klarzulegen, die ebenen Schnitte des Paraboloides parallel zu je einer der drei Koordinatenebenen führen, also x, y, z, d. h. Tourenzahl, Fördermenge und Förderhöhe, abwechselnd als konstant ansehen.

Wir beginnen mit z (Förderhöhe konstant).

1. Konstante Förderhöhe, $z = h = $ konstant (Schnitte $\parallel$ zur xy-Ebene). Gleichung 41) geht über in

$$A y^2 - B x y - C x^2 = -2 gh. \quad \ldots \ldots 43)$$

Gleichung 43) stellt die Gleichung einer Hyperbel vor, deren Mittelpunkt mit dem Koordinatenursprung zusammenfällt

(Fig. 3), die Halbachsen derselben sind gegen die Koordinaten-achsen um $\angle\,\varphi$ geneigt, wobei

$$m = \operatorname{tg} \varphi = -\,\frac{A + C \pm \sqrt{(A + C)^2 + B^2}}{B} \quad \ldots\ \ldots\ 44)$$

Die Länge der reellen und imaginären Halbachse ergibt sich zu

$$R = \sqrt{-\,\frac{2\,gh}{s}} \quad \ldots\ \ldots\ \ldots\ \ldots\ 45)$$

worin

$$s = \frac{1}{2}\,(A - C) \pm \frac{1}{2}\,\sqrt{(A + C)^2 + B^2}. \quad \ldots\ \ldots\ 46)$$

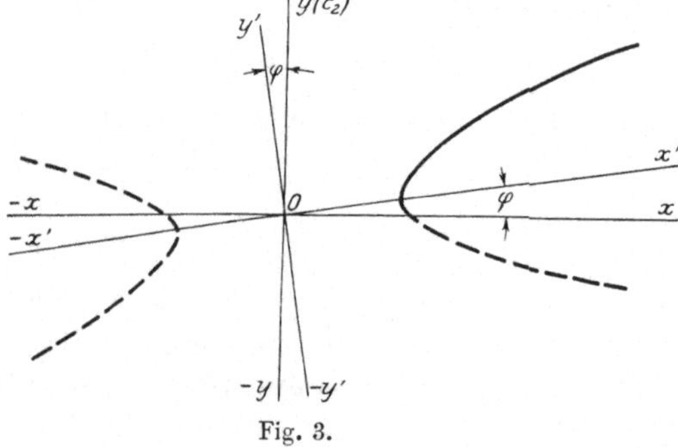

Fig. 3.

Vollzieht man die Drehung um $\angle\,\varphi$, so geht Gleichung 43) über in

$$a\,x'^2 - b\,y'^2 = +\,2\,g\,z \quad \ldots\ \ldots\ \ldots\ 47)$$

wenn x', y' die neuen auf das um $\angle\,\varphi$ gegenüber dem alten verdrehte Achsensystem bezogenen Koordinaten sind, (welche jedoch nicht mehr u_2 bezw. c_2 bedeuten,) und

$$\left.\begin{aligned} a &= -\,A\sin^2\varphi + B\sin\varphi\cos\varphi + C\cos^2\varphi \\ b &= -\,A\cos^2\varphi - B\sin\varphi\cos\varphi + C\sin^2\varphi \end{aligned}\right\} \ldots\ \ldots\ 48)$$

Zeuner hat (a. a. O. S. 336 f.), wie in Fußnote S. 10 bereits erwähnt, für eine Pumpe ohne alle Leitschaufeln eine allgemeine Gleichung analog Gleichung 28) aufgestellt und diese für den Fall $h =$ konstant einer kurzen Diskussion unterzogen, weshalb hier auf diesen Fall nicht weiter theoretisch eingegangen sei.

2. Konstante Fördermenge, $y = c_2 =$ konstant (Schnitte $\parallel$ zur $z\,x$-Ebene).

Die allgemeine Gleichung geht über in:

$$C\,x^2 + B\,c_2\,x = 2\,g\,z + A\,c_2{}^2 \ldots \ldots \ldots \quad 49)$$

Gleichung 49) ist die Gleichung einer Parabel, deren Achse der z-Achse parallel, und deren Höhlung der positiven z-Achse zugewendet ist (Fig. 4). Ihr Scheitel ergibt sich, wenn wir in Gleichung 49) den ersten Differentialquotienten gleich 0 setzen.

$$2\,C\,x + B\,c_2 = 2\,g\,\frac{d\,z}{d\,x} = 0$$

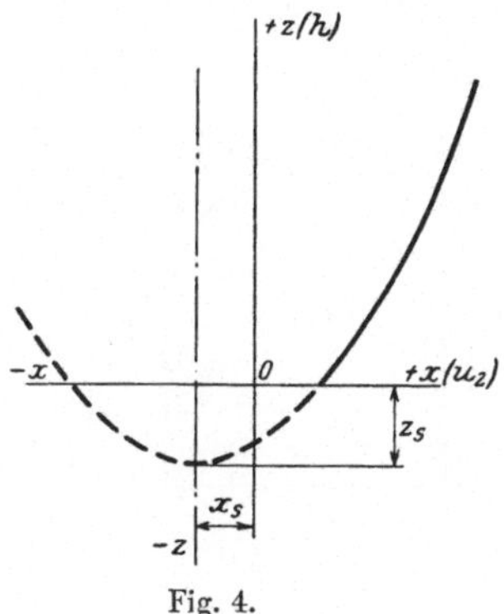

Fig. 4.

daraus die Koordinaten des Scheitels:

$$\left.\begin{aligned}
x_s &= -\frac{B\,c_2}{2\,C} \\[2mm]
z_s &= -\frac{1}{2\,g}\left[\frac{B^2}{4\,C} + A\right]c_2{}^2
\end{aligned}\right\} \ldots \ldots \ldots \quad 50)$$

Die Kurve gibt in dem Teile mit positiven Koordinaten den Zusammenhang von Förderhöhe und Umfangsgeschwindigkeit, wenn konstante Flüssigkeitsmenge verlangt wird. Auf eine nähere Diskussion soll hier nicht weiter eingegangen werden.

3. Konstante Tourenzahl, $x = u_2 =$ konstant (Schnitte $\parallel$ zur $y\,z$-Ebene). Hier nimmt die allgemeine Gleichung die Form an:

$$A\,y^2 - B\,u_2\,y - C\,u_2{}^2 = -2\,g\,z \ldots \ldots \ldots \quad 51)$$

Gleichung 51) ist die Gleichung einer Parabel, deren Achse zur z-Achse parallel ist, und deren Höhlung der negativen z-Achse zugekehrt ist (Fig. 5).

Die Koordinaten des Scheitels ergeben sich zu:

$$\left.\begin{aligned} y_s &= \frac{B\,u_2}{2\,A} \\ z_s &= \frac{1}{2\,g}\left[\frac{B^2}{4\,A} + C\right]u_2{}^2 \end{aligned}\right\} \quad \cdots \cdots \cdots \ 52)$$

Dieser Fall, welcher der in der Praxis häufigste ist, daß nämlich die Pumpe mit einer unveränderlichen Tourenzahl angetrieben wird, soll seiner Wichtigkeit wegen noch einer genaueren Diskussion unterzogen werden.

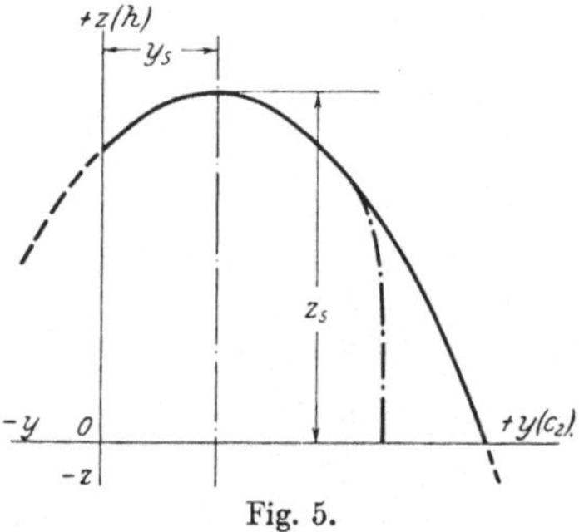

Fig. 5.

Vorher sei jedoch noch auf die perspektivische Skizze (Fig. 6, S. 19) des hyperbolischen Paraboloides, Gleichung 41), welches alle Spezialfälle in sich schließt, verwiesen, ferner führen wir noch für die früheren Beispiele 1 und 2 b (S. 12 f.) die Berechnung und graphische Darstellung der Gleichungen 43), 49), 51) durch.

Bemerkung. Es darf nicht unerwähnt bleiben, daß vorstehende Gleichungen nicht unbeschränkt gelten. Wird nämlich bei einer Pumpe, z. B. durch fortgesetztes Verringern der Förderhöhe bei sonst gleichen Verhältnissen die Fördermenge und damit die Durchflußgeschwindigkeit c_2 fortwährend gesteigert, so kann schließlich ein Abreißen der Flüssigkeitsfäden eintreten, die Kontinuitätsgleichung verliert dann ihre Giltigkeit. Tatsächlich konnte Verfasser beobachten, daß bei vielen Pumpen, bei welchen für Versuchszwecke die Druckhöhe durch Drosseln eines Schiebers hergestellt wurde, bei allmählichem Öffnen desselben die Wassermenge bis etwa zum Doppelten der normalen den vorstehenden Gesetzen folgte, dann aber bis zum vollen Öffnen des Schiebers (Druck 0) beinahe garnicht mehr zunahm (etwa nach der strichpunktierten Linie in Fig. 5), während gleichzeitig ein heftiges Geräusch („Singen") in der Pumpe auf Diskontinuität der Flüssigkeitsbewegung hinwies.

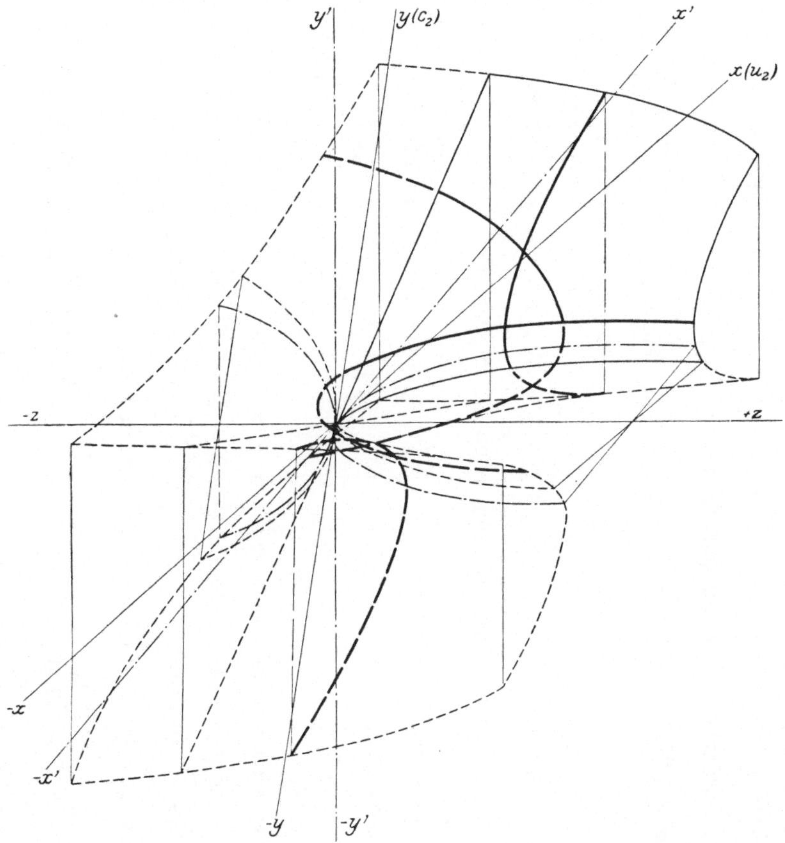

Fig. 6.

——————— Der Abschnitt des hyperbolischen Paraboloides, welcher technische Bedeutung besitzt, d. i. bis zum Schnitt mit jenen Teilen der x y-, y z-, z x-Ebene, welchen positive Koordinaten zukommen.

– – – – – Die übrigen Begrenzungslinien desselben und jener Teil der Schnittlinie mit der x y-, y z-, z x-Ebene, welcher negative Koordinaten besitzt.

—·——·— Die Schnitte des hyperbolischen Paraboloides mit der x′ z- und y′ z-Ebene.

——————— Die der x y-, y z-, z x-Ebene parallelen Schnitte des hyperbolischen Paraboloides, soweit denselben technische Bedeutung zukommt, also die $u_2 c_2$-, $c_2 h$-, $h u_2$-Kurven.

— — — — Die restlichen Teile dieser Schnitte.

2*

2. Beispiele.

ad Beispiel 1 (S. 12)　　　　　　　　　　　　ad Beispiel 2 b (S. 14)

1. Konstante Förderhöhe. Gleichung 44) gibt:

$$m = \operatorname{tg}\varphi = -\frac{11{\cdot}82 + 1{\cdot}0756 \pm \sqrt{12{\cdot}89^2 + 5{\cdot}6^2}}{5{\cdot}6}$$

$$m = -\frac{9{\cdot}88 + 1{\cdot}05 \pm \sqrt{10{\cdot}93^2 + 3{\cdot}65^2}}{3{\cdot}65}$$

daraus

$$\varphi_1 = 11^{0}\,40'$$
$$\varphi_2 = 101^{0}\,40'$$

$$\varphi_1 = 9^{0}\,25'$$
$$\varphi_2 = 99^{0}\,25'$$

Die Längen der Halbachen ergeben sich nach Gleichung 45)

$$R_1 = \sqrt{\frac{19{\cdot}62}{1{\cdot}605} \cdot h}$$

für die reelle Halbachse

$$R_2 = \sqrt{\frac{19{\cdot}62}{12{\cdot}345} \cdot h}\,\sqrt{-1}$$

für die imaginäre Halbachse

$$R_1 = \sqrt{\frac{19{\cdot}62}{1{\cdot}36} \cdot h}$$

$$R_2 = \sqrt{\frac{19{\cdot}62}{10{\cdot}19} \cdot h}\,\sqrt{-1}$$

Die Verdrehung des Koordinatensystems um $\measuredangle \varphi_1$ ergibt nach Gleichungen 47) und 48)

$$1{\cdot}653\,x'^2 - 12{\cdot}41\,y'^2 = 19{\cdot}62\,h$$

$$1{\cdot}342\,x'^2 - 10{\cdot}21\,y'^2 = 19{\cdot}62\,z$$

als Mittelpunktsgleichung; daraus die Halbachsenlängen kontrolliert:

$$R_1 = \sqrt{\frac{19{\cdot}62 \cdot h}{1{\cdot}65}}, \quad R_2 = \sqrt{\frac{19{\cdot}62 \cdot h}{12{\cdot}41}}\,\sqrt{-1}$$

$$R_1 = \sqrt{\frac{19{\cdot}62 \cdot h}{1{\cdot}342}}, \quad R_2 = \sqrt{\frac{19{\cdot}62 \cdot h}{10{\cdot}21}}\,\sqrt{-1}$$

(Die Differenzen infolge der Rechnung mit Rechenschieber.)

Die Asymptoten haben die Gleichung:

$$y' = \pm \sqrt{\frac{1{\cdot}653}{12{\cdot}41}} \cdot x' \qquad\qquad y' = \pm \sqrt{\frac{1{\cdot}342}{10{\cdot}2069}} \cdot x'$$

also

$$y' = \pm 0{\cdot}3775\,x' \qquad\qquad y' = \pm 0{\cdot}362\,x'$$

entsprechend einer Neigung gegen die x'-Achse von

$$\psi = 20^\circ 40' \qquad\qquad \psi = 20^\circ$$

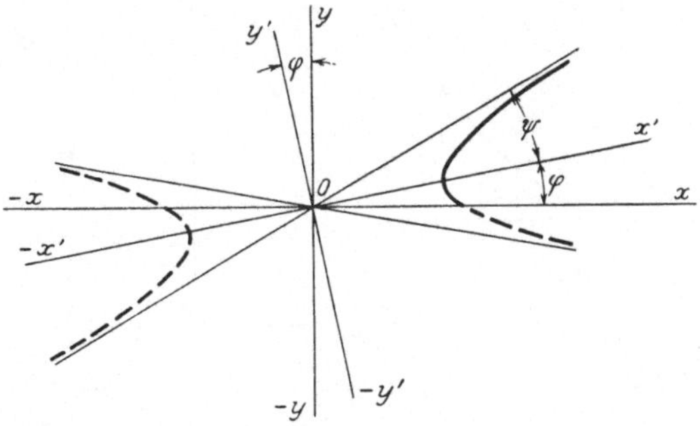

Fig. 7.

In Fig. 7 ist die Hyperbel für Beispiel 1 graphisch dargestellt.

2. Konstante Wassermenge.

Nach Gleichung 50) folgen die Scheitelkoordinaten der Parabel:

$$x_s = -4{\cdot}85\,c_2 \qquad\qquad x_s = -1{\cdot}74\,c_2$$
$$z_s = -0{\cdot}97\,c_2 \qquad\qquad z_s = -0{\cdot}663\,c_2$$

In Fig. 8 ist für Beispiel 1 diese Parabel dargestellt.

3. Konstante Tourenzahl u_2.

Nach Gleichung 52) sind die Koordinaten des Scheitels

$$y_s = 0{\cdot}236\,u_2 \qquad\qquad y_s = 0{\cdot}185\,u_2$$
$$z_s = 0{\cdot}0885\,u_2{}^2 \qquad\qquad z_s = 0{\cdot}071\,u_2{}^2$$

In Fig. 9 ist diese Parabel für Beispiel 1 gezeichnet.

Die Gleichung des hyperbolischen Paraboloides

$$11{\cdot}82\,y^2 - 5{\cdot}6\,y\,x - 1{\cdot}0756\,x^2 = -19{\cdot}62\,z$$

$$9{\cdot}88\,y^2 - 3{\cdot}65\,y\,x - 1{\cdot}05\,x^2 = -19{\cdot}62\,z$$

geht für die Drehung um $\measuredangle\,\varphi$

$$= 11^{\circ}\,40' \qquad\qquad = 9^{\circ}\,25'$$

über in die Form:

$$1{\cdot}653\,x'^2 - 12{\cdot}41\,y'^2 = 19{\cdot}62\,z \qquad 1{\cdot}34\,x'^2 - 10{\cdot}21\,y'^2 = 19{\cdot}62\,z\,.$$

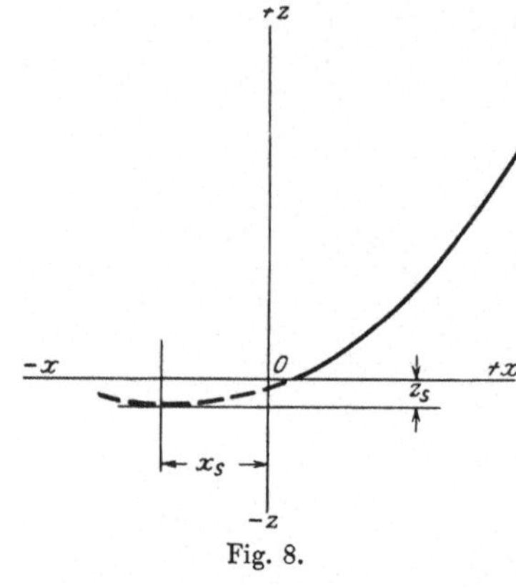

Fig. 8.

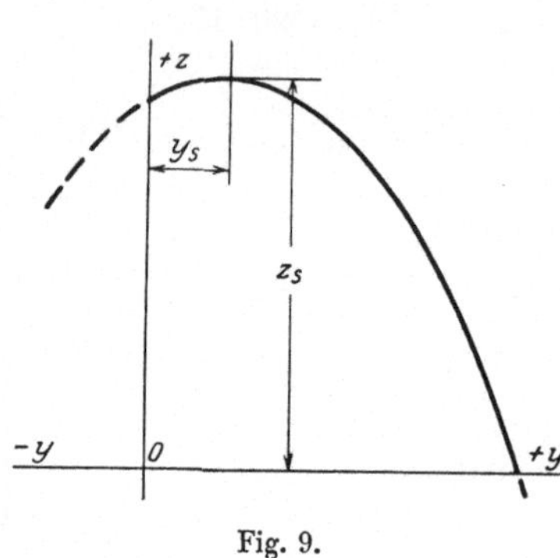

Fig. 9.

Der Schnitt dieses Paraboloides mit der

1. $x'\,y'$-Ebene $\qquad z = 0$ gibt

$$1{\cdot}653\,x'^2 - 12{\cdot}41\,y'^2 = 0 \qquad\qquad 1{\cdot}34\,x'^2 - 10{\cdot}21\,y'^2 = 0$$

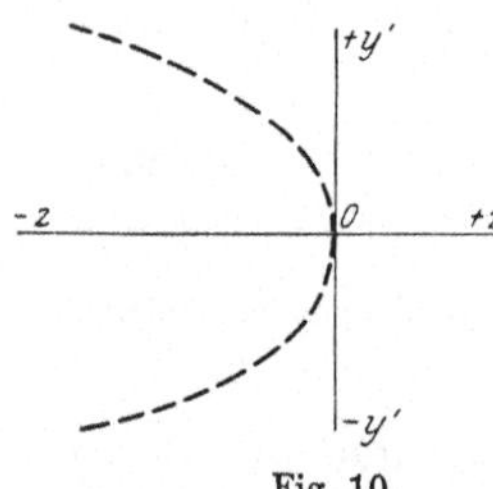

Fig. 10.

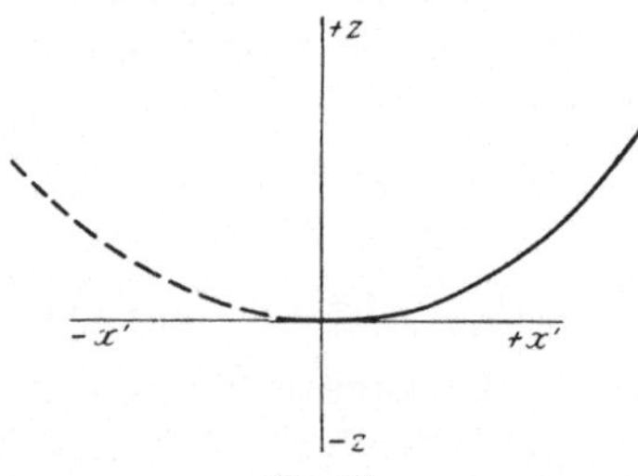

Fig. 11.

2. $y'\,z$-Ebene $\qquad x' = 0$

$$12{\cdot}41\,y'^2 = -19{\cdot}62\,z \qquad\qquad 10{\cdot}21\,y'^2 = -19{\cdot}62\,z$$

3. $z\,x'$-Ebene $\qquad y' = 0$

$$1{\cdot}653\,x'^2 = 19{\cdot}62\,z \qquad\qquad 1{\cdot}34\,x'^2 = 19{\cdot}62\,z$$

ad 1. Das sind 2 Gerade (Asymptoten) mit der Gleichung

$$y' = \pm \operatorname{tg} 20^0\,40' \cdot x' \qquad\qquad y' = \pm \operatorname{tg} 20^0 \cdot x'$$

ad 2. Eine Parabel, Scheitel im Ursprung, Achse $||\,-$z-Achse

$$y'^2 = -1{\cdot}58\,z \ \text{(Fig. 10)} \qquad\qquad y'^2 = -1{\cdot}92\,z$$

ad. 3. Eine Parabel, Scheitel im Ursprung Achse $||\,+$z-Achse

$$x'^2 = 11{\cdot}9\,z \ \text{(Fig. 11)} \qquad\qquad x'^2 = 14{\cdot}65\,z$$

x', y' bedeuten nicht mehr u_2 bezw. c_2, z dagegen wie früher h. Siehe die Lage dieser Schnitte auch in der allgemeinen Figur 6, S. 19.

3. Konstante Tourenzahl.

Nunmehr wollen wir den nach Ansicht des Verfassers für die Praxis wichtigsten Fall, nämlich den konstanter Tourenzahl (S. 17 Fall 3, Gleichung 51) näher betrachten (Fig. 12).

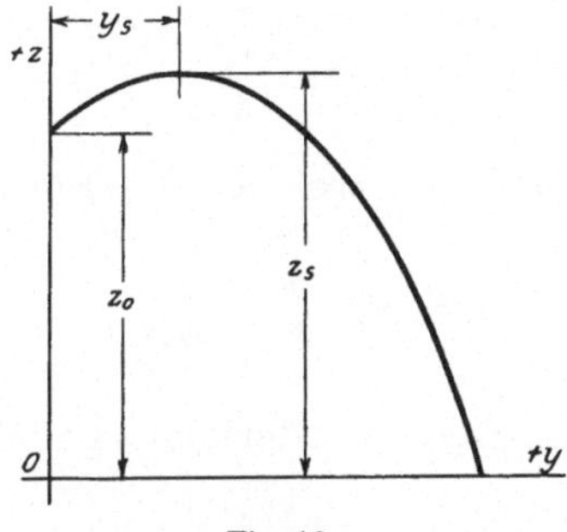

Fig. 12.

Die Gleichung gibt das vielleicht etwas überraschende Ergebnis, daß die größte Förderhöhe (größter Druck) nicht bei „ganz geschlossener" Pumpe, (d. h. $Q = o$) sondern bei einer Förderung von $Q = y_s \cdot F_2 > o$ auftritt. Verfasser hält diesen Umstand für einen großen Vorteil, weil er die Zentrifugalpumpen dadurch u. a. zur Verwendung als „Akkumulator"pumpen besonders befähigt, d. i. zur Erzeugung von Druckflüssigkeit, etwa zur Turbinenregulierung oder ähnlichen

Zwecken, ohne daß ein weiterer „Akkumulator" nötig ist. Denn diese Pumpen halten (Fig. 12), wenn keine Flüssigkeit gefördert wird, den Druck z_0, wird dagegen Flüssigkeit entnommen, so steigt dieser Druck noch auf z_s. Natürlich ist durch richtige Dimensionierung das Maß des Flüssigkeitsbedarfes mit y_s in Einklang zu bringen.

Wir wollen nunmehr die Größen, von denen dieses Ansteigen der Förderhöhen (Drücke) abhängt, näher betrachten.

$$\left.\begin{aligned} y_s &= \frac{B}{2\,A}\,u_2 \\[2ex] z_s &= \frac{1}{2\,g}\left[\frac{B^2}{4\,A} + C\right]u_2^2 \end{aligned}\right\} \quad \cdots \cdots \cdots \;\; 53)$$

Wir bezeichnen (Fig. 12) diejenige Förderhöhe (Druck), den die Pumpe für Q bezw. $c_2 = o$ gibt, mit z_0. (Näheres über deren Bedeutung im folgenden S. 29 f.)

z_0 ergibt sich aus der allgemeinen Gleichung 51), indem man $y = o$ setzt, zu

$$z_0 = \frac{C\,u_2^2}{2\,g}\,. \quad \cdots \cdots \cdots \cdots \;\; 54)$$

Somit ist das Maß, um welches die Förderhöhe steigt

$$z_s - z_0 = \frac{1}{2\,g}\cdot\frac{B^2}{4\,A}\cdot u_2^2. \quad \cdots \cdots \cdots \;\; 55)$$

Die bei der größten Förderhöhe gelieferte Flüssigkeitsmenge ist

$$Q_s = y_s \cdot F_2\,, \quad \cdots \cdots \cdots \cdots \;\; 56)$$

wobei

$$y_s = \frac{B}{2\,A}\cdot u_2\,. \quad \cdots \cdots \cdots \cdots \;\; 57)$$

Aus Gleichung 55) bezw. Gleichung 57) ist zu ersehen, daß die Umfangsgeschwindigkeit direkt proportional ist y_s bezw. Q_s, ihr Quadrat direkt proportional $z_s - z_0$, ferner, daß die Vergrößerung von B, die Verminderung von A zum Wachsen von $z_s - z_0$ und y_s beitragen.

Es war Gleichung 29)

$$A = \left[1 + \zeta_1 - \zeta_0 \cos^2(\alpha + \alpha_1)\right] \cdot \left(\frac{F_2}{F}\right)^2 + (\zeta_0 - 1)\left[\left(\frac{F_2}{F_1}\right)^2 + \right.$$
$$\left. \left(\frac{F_2}{F_w}\right)^2\right] + (1 + \zeta_2) + (\lambda + \zeta_3) \cdot \left(\frac{F_2}{F_3}\right)^2 - \zeta_0 \cos(\alpha_2 + \alpha_3) \cdot \frac{F_2}{F_w} \cdot$$

Ferner Gleichung 30)

$$B = \zeta_0 \left[2 \cdot \frac{r_1}{r_2} \cdot \frac{F_2}{F} \sin\alpha_1 \cdot \cos(\alpha + \alpha_1) + \sin\alpha_3 \cdot \frac{F_2}{F_w}\right] \cdot$$

Zunächst den Ausdruck für B betrachtend ersieht man, daß für Hochdruckpumpen der Summand $\sin\alpha_3 \cdot \frac{F_2}{F_w}$ stets bedeutend größer ist als

$$2 \cdot \frac{r_1}{r_2} \cdot \frac{F_2}{F} \sin\alpha_1 \cos(\alpha + \alpha_1) ,$$

welch letzterer Ausdruck für $\alpha + \alpha_1 > 90^0$ negativ wird. Um dieses Überwiegen zu zeigen, schreiben wir

$$\sin\alpha_3 \cdot \frac{F_2}{F_w} = \sin\alpha_3 \cdot \frac{w_2}{c_2}$$

(w_2, c_2 sind die stoßfreien Geschwindigkeiten nach S. 3 und 4).

α_3 ist meist $\sim 60^0 - 77^0$, also $\sin\alpha_3 \sim 0{\cdot}866$ bis $0{\cdot}974$, w_2 für Hochdruckpumpen stets viel $> c_2$.

$$2 \cdot \frac{r_1}{r_2} \cdot \frac{F_2}{F} \sin\alpha_1 \cos(\alpha + \alpha_1) = 2 \cdot \frac{r_1}{r_2} \cdot \frac{c}{c_2} \sin\alpha_1 \cos(\alpha + \alpha_1) \cdot$$

Meist ist $\alpha = 0^0$ oder nahe daran, $\alpha_1 = \sim 75^0 - 80^0$, also $\sin\alpha_1 = 0{\cdot}984$ bis $0{\cdot}9659$, $\cos\alpha_1 = 0{\cdot}173$ bis $0{\cdot}259$, ferner $\frac{r_1}{r_2} = 0{\cdot}5$ bis $0{\cdot}3$, c etwa 1 bis $3^1/_2$ m/sek.

Setzen wir nun für das 1. Glied die größten, für das 2. die kleinsten der hier angegebenen Zifferwerte, so ergibt sich für das Glied $2 \cdot \frac{r_1}{r_2} \cdot \frac{F_2}{F} \sin\alpha_1 \cos(\alpha + \alpha_1)$

$$\frac{2 \cdot 0{\cdot}5 \cdot 3{\cdot}5 \cdot 0{\cdot}259 \cdot 0{\cdot}966}{c_2} = \frac{0{\cdot}84}{c_2} , \quad \ldots \ldots 58)$$

für $\sin\alpha_3 \frac{F_2}{F_w}$ dagegen

$$\frac{0{\cdot}866}{c_2} \cdot w_2 . \quad \ldots \ldots \ldots 59)$$

Der Vergleich von Gleichung 58) und Gleichung 59) zeigt, daß das 2. Glied das 1. tatsächlich bedeutend überwiegt, da w_2 für Hochdruckpumpen stets eine große Geschwindigkeit vorstellt, weshalb es für die Beurteilung von B ausschlaggebend ist.

Es ist (Fig. 13)

$$\frac{F_2}{F_w} = \frac{w_2}{c_2} = \frac{\cos \alpha_2}{\cos \alpha_3}, \quad \dots \dots \dots 60)$$

wobei w_2, c_2 die für die stoßfreie Flüssigkeitsbewegung giltigen Werte sind. (Da F_2 und F_w für diesen Fall dimensioniert sind, so gilt dieses Verhältnis, das ja bei der ausgeführten Pumpe konstant bleibt, allgemein.)

Somit ist

$$\sin \alpha_3 \frac{F_2}{F_w} = \sin \alpha_3 \frac{\cos \alpha_2}{\cos \alpha_3} = \cos \alpha_2 \, \text{tg} \, \alpha_3. \quad \dots \dots 61)$$

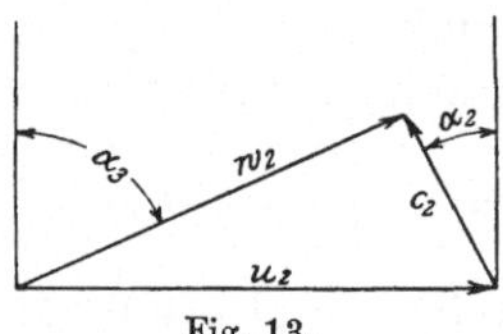

Fig. 13.

Gleichung 61) zeigt, daß B zunimmt, wenn α_2 abnimmt, dagegen α_3 wächst.

Die Winkel α_2 und α_3 sind auch in A enthalten, u. zw. in dem Glied

$$- \zeta_0 \cos (\alpha_2 + \alpha_3) \frac{F_2}{F_w},$$

wir sahen, daß wachsendes A eine Verminderung von $z_s - z_0$ bezw. von y_s zur Folge hat. Das Wachsen von α_2 und α_3 bewirkt nun eine Vergrößerung von A, daher eine Abnahme in der Drucksteigerung $z_s - z_0$. Somit ist ein kleines α_2 infolge seines Einflusses auf A und B für die Zunahme der Drucksteigerung jedenfalls förderlich. Dagegen hat das Wachsen von α_3 zwar eine Vergrößerung des Zählers, aber auch eine Vergrößerung des Nenners zur Folge.

Da die Ausdrücke für B (Gleichung 30) und besonders der für A (Gleichung 29) sehr unübersichtlich sind, daher eine allgemeine Behandlung nicht empfehlen, sei es gestattet, an einem Beispiele zu zeigen, daß diese Druckanschwellung $z_s - z_0$ bei „Hochdruckpumpen" (d. s. solche, deren Räder für große Förderhöhen gebaut sind) bei gleicher Tourenzahl größer ist als bei Niederdruckpumpen.

Als Beispiel eines Hochdruckpumpen-Laufrades wählen wir das bereits mehrmals erwähnte Pumpenrad in Beispiel 2 b), S. 14 bei $u_2 = 15{\cdot}7$ m/sek, d. i. 1500 Touren pro Min. (Fig. 14 a).

Es ergibt sich hier: $z_s = 17{\cdot}2$ m, $z_0 = 13{\cdot}3$ m, also $z_s - z_0 = 3{\cdot}9$ m, ferner $y_s = 2{\cdot}92$ m/sek, also $Q_s = F_2 \cdot y_s = 8$ lit/sek.

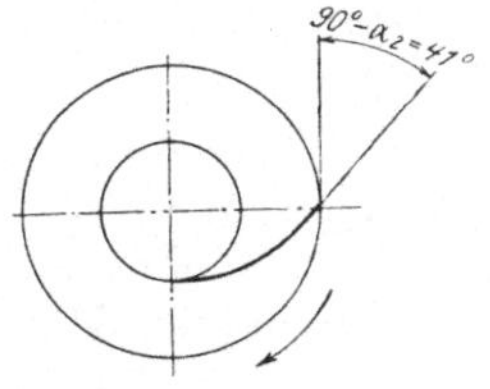

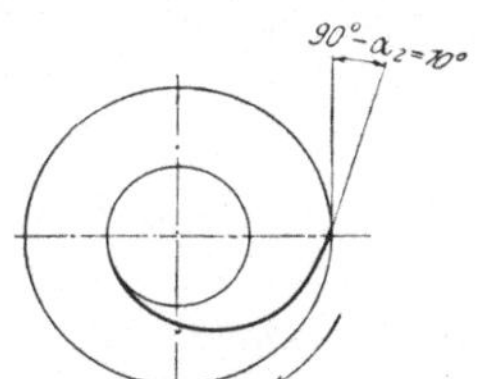

Fig. 14 a.   Fig. 14 b.

Nun das Niederdruckpumpen-Laufrad. (Fig. 14 b.) Sein Durchmesser sei ebenfalls $2\,r_2 = 200$ mm, ferner $\dfrac{r_1}{r_2} = 0{\cdot}525$, $a = 0^0$, $\alpha_1 = 77^0$, $\alpha_3 = 77^0$ wie früher, dagegen $\alpha_2 = 80^0$. Die Pumpe sei wie die im Beispiel 2 b) für $Q = 12$ lit/sek Wasser stoßfrei gebaut. λ sei hier einer kurzen Rohrleitung entsprechend ~ 4 gesetzt. Die einzelnen Querschnitte sind $F = 63{\cdot}5$ qcm, $F_1 = 14{\cdot}3$ qcm, $F_2 = 31{\cdot}3$ qcm, $F_3 = 80$ qcm, $F_w = 40{\cdot}6$ qcm.

Die Zifferrechnung ergibt für diese Werte als allgemeine Gleichung:

$$4{\cdot}365\,c_2{}^2 - 1{\cdot}09\,c_2\,u_2 - 1{\cdot}051\,u_2{}^2 = -19{\cdot}62\,h$$

für $u_2 = 15{\cdot}7$ m/sek ist daher mit Berücksichtigung vorstehender Formeln:

$$y_s = 1{\cdot}96 \text{ m/sek, also } Q_s = F_2 \cdot y_s = 6{\cdot}1 \text{ lit/sek}$$
$$z_s = 14{\cdot}75 \text{ m, } z_0 = 13 \text{ m}$$

somit

$$z_s - z_0 = 1{\cdot}75 \text{ m.}$$

Der Vergleich zeigt, daß für die Hochdruckpumpen bei Entnahme von 8 lit/sek die Förderhöhe um 3·9 m (also der Druck um nahezu 0·4 atm) zunimmt, während bei der Niederdruckpumpe schon bei Lieferung von 6·1 lit/sek das Maximum der Höhensteigerung, u. zw. mit nur $1^3/_4$ m, erreicht ist. Der Umstand, daß bei den bisher zumeist gebauten (Niederdruck-) Pumpen die Druckanschwellung, wie das Beispiel ergibt, schon theoretisch sehr gering ist und praktisch infolge der endlichen Spaltbreite etc. noch mehr verschleiert wird, dürfte die Ursache sein, daß diese Vergrößerung $z_s - z_0$ der Förderhöhe (des Druckes), welche vom Verfasser auch an ausgeführten Pumpen konstatiert wurde, bisher seines Wissens nirgends beachtet wird.

4. Die Fälle: $h = 0$, $c_2 = 0$.

Es sind noch zwei Spezialfälle der allgemeinen Gleichung 28)

$$A c_2{}^2 - B c_2 u_2 - C u_2{}^2 = - 2 g h$$

hervorzuheben, u. zw.

> 1. der Fall $h = 0$
> 2. der Fall $c_2 = 0$, d. h. $Q = 0$.

ad 1. $h = 0$. (Schnitt des hyperbolischen Paraboloides mit der x y-Ebene.) Die allgemeine Gleichung nimmt hier die Form an:

$$A c_2{}^2 - B c_2 u_2 - C u_2{}^2 = 0 \quad \ldots \ldots \quad 62)$$

Diese Gleichung gibt die Flüssigkeitsmenge, welche die Pumpe für jedes u_2 liefert, wenn sie dieselbe ohne Druckhöhe, d. h. direkt auswirft, also die maximale Flüssigkeitsmenge.

Gleichung 62) ist die Gleichung zweier sich im Koordinatenanfangspunkt schneidenden Geraden (Fig. 15), die von einer Pumpe maximal geförderte Flüssigkeitsmenge ist daher der Tourenzahl direkt proportional. Die Gleichungen der Geraden ergeben sich aus Gleichung 62) für $c_2 \ldots$ y, für $u_2 \ldots$ x gesetzt zu:

$$\left. \begin{array}{l} m\,y + x = 0 \\ n\,y - x = 0 \end{array} \right\} \quad \ldots \ldots \ldots \quad 63)$$

wobei

$$m = \frac{B}{2\,C} + \frac{1}{2\,C}\,\sqrt{B^2 + 4\,A\,C}$$
$$n = -\frac{B}{2\,C} + \frac{1}{2\,C}\,\sqrt{B^2 + 4\,A\,C} \quad\Bigg\} \quad \ldots \ldots 64)$$

Nur die eine der beiden Geraden, und diese nur für positive x und y, hat technische Bedeutung. In Fig. 6 (S. 19) sind diese zwei Geraden ebenfalls gezeichnet.

ad 2. c_2 = o, Q = o. (Schnitt des hyperbolischen Paraloides mit der x z-Ebene.) Hier wird keine Flüssigkeit gefördert, obwohl die Pumpe in Gang ist. Dieselbe steht in der Rohrleitung bis zur entsprechenden Höhe h, ohne weiter zu

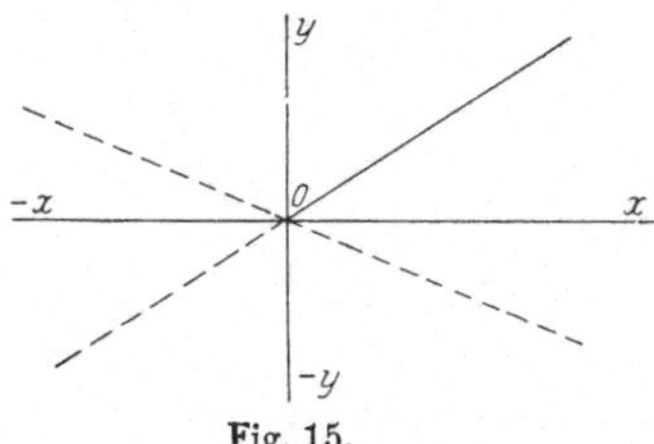

Fig. 15.

steigen und auszutreten, sie „schwebt" gleichsam, oder das Druckrohr der Pumpe ist z. B. durch einen Schieber abgeschlossen, das Manometer der Pumpe zeigt einen Druck entsprechend einer Höhe h.

Die Geschwindigkeit u_2 (Umfangsgeschwindigkeit des Laufrades), für welche die Flüssigkeit die Förderhöhe gerade erreicht, ohne jedoch auszutreten, nennt Zeuner „Gleichgewichtsgeschwindigkeit".

Aus Gleichung 28) folgt unter Annahme von c_2 = o, also für unseren Fall

$$C \cdot u_2^2 = 2\,g\,h \quad \ldots \ldots \ldots 65)$$

für u_2 .. x, für h .. z_0 eingeführt

$$x^2 = \frac{2\,g}{C} \cdot z_0 \quad \ldots \ldots \ldots 66)$$

Gleichung 66) zeigt die Abhängigkeit von x und z_0 in Form einer Parabel (Fig. 16) durch den Koordinatenanfangspunkt. (Siehe diesen Schnitt in der allgemeinen Skizze des hyperbolischen Paraboloides S. 19, Fig. 6.)

Da besonders für die erwähnte Verwendung als Akkumulatorpumpen dieser Zustand, in welchem die Pumpe läuft, aber keine Flüssigkeit entnommen wird, von Wichtigkeit ist, wollen wir Gleichung 65) näher untersuchen, und führen wir zu diesem Behufe aus Gleichung 31) den Wert für C ein. Für z_0 setzen wir h_0 und haben dann zu schreiben:

$$h_0 = \frac{u_2{}^2}{2\,g} \left[1 + (\zeta_0 \sin^2 \alpha_1 - 1)\left(\frac{r_1}{r_2}\right)^2\right]. \quad \ldots \quad 67)$$

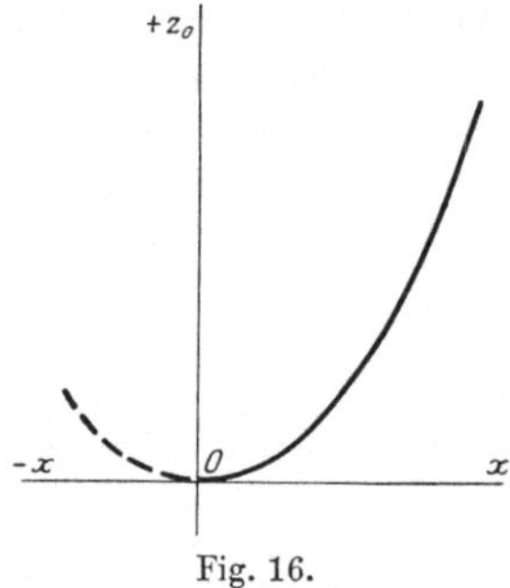

Fig. 16.

Diese Gleichung zeigt, daß die Höhe h_0 von den Winkeln α_2 und α_3 ganz unabhängig ist und nur von u_2, ζ_0, ferner von α_1 und $\frac{r_1}{r_2}$ abhängt.

h_0 wächst mit $\sin^2 \alpha_1$, also mit α_1, somit für konstantes u_2 mit $\frac{r_1}{r_2}$, d. i. mit dem Verhältnis Laufradeintritts- und -austrittsradius.

$\frac{r_1}{r_2}$ und α_1 wachsen unter sonst ungeänderten Verhältnissen gleichzeitig; um hohes h_0 zu erhalten, ist daher ein großes $\frac{r_1}{r_2}$ günstig. In einem späteren Abschnitt wird nachgewiesen werden, daß wachsendes $\frac{r_1}{r_2}$ die nötige Umfangsgeschwindigkeit vergrößert, hierbei werden die Schaufeln jedoch immer kürzer, die Flüssigkeitsführung im Laufrad weniger sicher. Es wird sich daher empfehlen, von den allgemein üblichen Werten, $\frac{r_1}{r_2} = \frac{1}{2}$ bis $\frac{1}{3}$ und kleiner, nicht abzugehen.

C. Aufstellung der allgemeinen Gleichung für die Flüssigkeitsbewegung durch eine Zentrifugalpumpe auf dem Versuchswege.

Zum Schlusse dieses Abschnittes sei noch darauf hingewiesen, daß man die allgemeine Gleichung 28) der Flüssigkeitsbewegung für eine ausgeführte Pumpe, deren Abmessungen jedoch nicht bekannt sind, auf dem Versuchswege finden kann.

Wir schreiben statt

$$c_2 \cdot \cdot \frac{Q}{F_2}, \quad u_2 \cdot \cdot \cdot \frac{2\,r_2\,\pi\,n}{60}$$

unter Q wie bisher die Flüssigkeitsmenge pro Sek., unter n die Tourenzahl pro Min. verstanden.

Dann gilt wegen Gleichung 28)

$$\frac{A}{F_2{}^2} \cdot Q^2 - \frac{B}{F_2} \cdot \frac{2\,r_2\,\pi}{60} \cdot n\,Q_2 - C \left(\frac{2\,r_2\,\pi}{60} \right)^2 n^2 = -2\,g\,h \ . \quad 68)$$

oder

$$\alpha \cdot Q^2 - \beta \cdot n\,Q - \gamma \cdot n^2 = -19 \cdot 62 \cdot h \ \ . \ . \ . \ . \ . \quad 69)$$

In Gleichung 69) sind α, β, γ die Unbekannten, Q, n, h zu messen. Aus mindestens 3 Messungsreihen läßt sich daher die allgemeine Beziehung Gleichung 69) ausrechnen.

Zweiter Abschnitt.

Stoſsfreie Geschwindigkeiten und maximale Förderhöhen.

———

A. Stoſsfreie Geschwindigkeiten.

Die Gleichung des stoßfreien Durchganges der Flüssigkeit durch die Pumpe, bezw. deren Laufrad und Leitkanäle, für welche im allgemeinen jede Pumpe zu dimensionieren ist, erscheint als Spezialfall unserer allgemeinen Gleichung 28).

Hier ist

$$c_0 = c_1, \quad \ldots \ldots \ldots \ldots \quad 70)$$

nach Größe und Richtung; denn die relative Geschwindigkeit der ankommenden Flüssigkeit stimmt dann eben nach dem Begriff der „Stoßfreiheit" der Bewegung mit der Eintrittsgeschwindigkeit der Flüssigkeit in das Laufrad überein; infolge Gleichung 70) ist in Gleichung 12) nunmehr $a_1' = a_1$, d. h. es findet keine Druckänderung beim Eintritt in das Laufrad statt.

Gleichung 11) ist daher jetzt zu schreiben:

$$(1 + \zeta_2)\, c_2{}^2 - c_1{}^2 = 2\,g\,(a_1 - a_2) + u_2{}^2 - u_1{}^2 . \quad \ldots \quad 71)$$

Ebenso gilt am Laufradaustritt

$$w_2' = w_2, \quad \alpha_x = -\alpha_3 \ldots \ldots \ldots \quad 72)$$

(Fig 2, S. 7), denn jetzt ist nach dem Begriffe der stoßfreien Flüssigkeitsbewegung die absolute Austrittsgeschwindigkeit der Flüssigkeit aus dem Laufrade mit der Eintrittsgeschwindigkeit derselben in die Diffuserleitkanäle identisch.

Daher gibt Gleichung 16)

$$a_2' = a_2, \quad \ldots \ldots \ldots \ldots \quad 73)$$

auch hier findet keine Druckveränderung mehr statt.

Gleichung 14) geht über in:

$$2\,g\,(a_2 - a_3) = (1 + \zeta_3) \cdot c_3{}^2 - w_2{}^2 . \quad \ldots \ldots \quad 74)$$

Die Addition der Gleichungen 10), 71) und 74) ergibt jetzt:

$$-2\,g\,h = (1 + \zeta_1)c^2 - c_1{}^2 + (1 + \zeta_2)\,c_2{}^2 + (\lambda + \zeta_3)c_3{}^2 - u_2{}^2 + u_1{}^2 - w_2{}^2 . \quad 75)$$

oder, da

$$F\,c = F_1\,c_1 = F_2\,c_2 = F_w\,w_2 = F_3\,c_3 , \quad \ldots \ldots \quad 76)$$

$$-2\,g\,h = A_1\,c_2{}^2 - C_1\,u_2{}^2, \quad \ldots \ldots \ldots \ldots \quad 77)$$

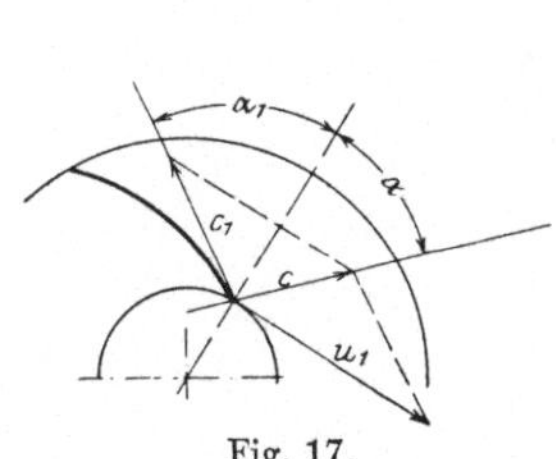

Fig. 17.

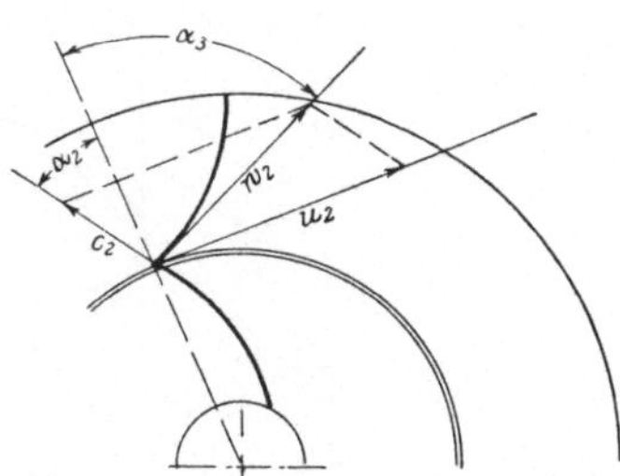

Fig. 18.

worin

$$A_1 = (1 + \zeta_1)\left(\frac{F_2}{F}\right)^2 - \left(\frac{F_2}{F_1}\right)^2 + (1 + \zeta_2) + (\lambda + \zeta_3)\left(\frac{F_2}{F_3}\right)^2 - \left(\frac{F_2}{F_w}\right)^2 \quad 78)$$

$$C_1 = 1 - \left(\frac{r_1}{r_2}\right)^2 . \quad \ldots \ldots \ldots \ldots \ldots \ldots \quad 79)$$

In den Gleichungen 77), 78), 79) sind die Winkel indirekt enthalten, da für den stoßfreien Fall (Fig. 17 und 18) immer gilt:

$$c^2 = c_1{}^2 + u_1{}^2 - 2\,c_1\,u_1 \sin \alpha_1 \quad \ldots \ldots \ldots \quad 80)$$

$$w_2{}^2 = c_2{}^2 + u_2{}^2 - 2\,u_2\,c_2 \sin \alpha_2 \quad \ldots \ldots \ldots \quad 81)$$

bezw.:

$$u_1{}^2 = c_1{}^2 + w_1{}^2 - 2\,c_1\,w_1 \cos (\alpha + \alpha_1) \quad \ldots \ldots \quad 82)$$

$$u_2{}^2 = c_2{}^2 + w_2{}^2 - 2\,w_2\,c_2 \cos (\alpha_2 + \alpha_3). \quad \ldots \ldots \quad 83)$$

Gleichung 77) gibt die Beziehung der 3 Veränderlichen h, c_2, u_2 für alle Fälle stoßfreier Flüssigkeitsbewegung. Setzen wir für $u_2 \ldots x$, $c_2 \ldots y$, $h \ldots z$, so ist

$$-2\,g\,z = A_1\,y^2 - C_1\,x^2. \quad \ldots \ldots \ldots \quad 84)$$

v. Grünebaum.　　　　　　　　　3

Da A_1 in Gleichung 78) infolge Überwiegens der negativen Glieder über die positiven (siehe die späteren Beispiele) einen negativen Wert vorstellt, so schreiben wir $- A_1$ statt A_1 und erhalten dann in

$$2\,g\,z = A_1\,y^2 + C_1\,x^2 \quad \ldots \ldots \ldots \quad 85)$$

die Gleichung eines elliptischen Paraboloides (Fig. 19), dessen Scheitel im Nullpunkt liegt und dessen Achse die $+\,z$-Achse ist. Als Hauptschnitte ergeben sich mit der xz-Ebene:

$$C_1\,x^2 = 2\,g\,z, \quad \ldots \ldots \ldots \ldots \quad 86)$$

mit der yz-Ebene:

$$A_1\,y^2 = 2\,g\,z, \quad \ldots \ldots \ldots \ldots \quad 87)$$

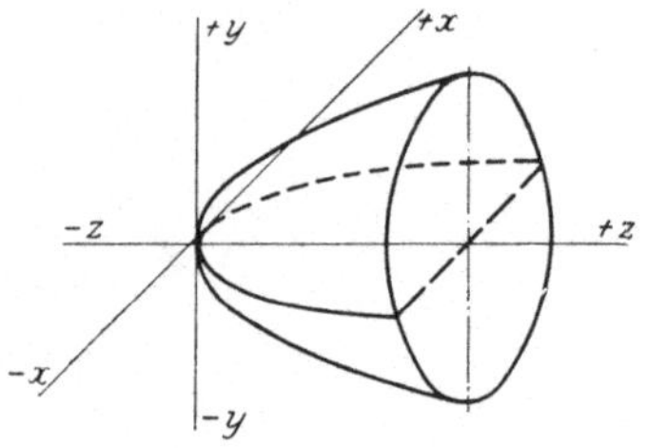

Fig. 19.

das sind Parabeln mit den Parametern

$$\frac{2\,g}{C_1} \quad \text{bezw.} \quad \frac{2\,g}{A_1}\,. \quad \ldots \ldots \ldots \quad 88)$$

Den Eigenschaften des elliptischen Paraboloides zufolge sind alle Schnitte parallel zur xz-Ebene sowie jene parallel zur yz-Ebene Parabeln mit je gleichen Parametern. Die Schnitte parallel zur xy-Ebene sind Ellipsen mit der Gleichung

$$A_1\,y^2 + C_1\,x^2 = 2\,g\,h\,, \quad \ldots \ldots \ldots \quad 89)$$

wenn h die jeweilige Entfernung der Schnittebene von der xy-Ebene bedeutet.

Wenn es gelänge, eine Pumpe derart zu konstruieren, daß man durch eine Regulierung die Stoßfreiheit im Sinne obiger Gleichungen für die Flüssigkeitsbewegung stets realisieren könnte, so würde für eine solche Pumpe Gleichung 85) an Stelle von Gleichung 28) die allgemeine Beziehung der 3 Größen u_2, c_2 und h vorstellen.

Für unsere Zentrifugalpumpen ohne Regulierung gilt Gleichung 85) nur für die stoßfreien Geschwindigkeiten, deren es für jede Tourenzahl der Pumpe nur eine gibt. Um die allgemeinen Gleichungen für diese zu finden, haben wir nur Gleichung 84) und unsere allgemeine Gleichung 28) koexistieren zu lassen.

Wir haben in

$$\left.\begin{array}{l} -2\,g\,z = A\,y^2 - B\,x\,y - C\,x^2 \\ -2\,g\,z = A_1\,y^2 - C_1\,x^2 \end{array}\right\} \quad \ldots \ldots \ldots \; 90)$$

die Gleichung der Schnittlinie beider Flächen (des hyperbolischen mit dem elliptischen Paraboloide), also alle Punkte stoßfreier Geschwindigkeit unserer Pumpe.

Da die Gestalt der Schnittlinie in der Form Gleichung 90) wenig hervortritt, wollen wir durch Subtraktion beider Gleichungen 90) eine weitere Beziehung ableiten und erhalten diese in

$$(A_1 - A)\,y^2 + B\,x\,y - (C_1 - C)\,x^2 = o. \ldots \ldots \; 91)$$

Gleichung 91) mit einer der beiden Gleichungen 90) verbunden bestimmt die Schnittlinie ebenfalls. Da z in Gleichung 91) nicht mehr enthalten ist, so ist Gleichung 91) die Gleichung des auf die xy-Ebene „projizierenden Zylinders" der Schnittlinie, und zwar geht dieser Zylinder hier in 2 sich in der z-Achse schneidende Ebenen über. Die Schnittlinie selbst besteht somit aus 2 ebenen Kurven.

Bevor wir zur Aufstellung der Gleichungen der beiden anderen Projektionen der Schnittlinie übergehen, wollen wir für A, A_1, B, C und C_1 aus den Gleichungen 29) bis 31) und 78) und 79) die bezüglichen Werte einsetzen. Berücksichtigt man hierbei gleichzeitig die Kontinuitätsgleichung 76), so geht Gleichung 91) nach Kürzung durch ζ_0 über in

$$\cos^2(\alpha + \alpha_1)\,c^2 - c_1^2 - w_2^2 + \cos(\alpha_2 + \alpha_3)\,c_2\,w_2 +$$
$$2\,u_1\,c\,\sin\alpha_1\,\cos(\alpha + \alpha_1) + w_2\,u_2\,\sin\alpha_3 + \sin^2\alpha_1\,u_1^2 = o. \; . \; \; 92)$$

Diese Gleichung zerfällt in:

$$\left.\begin{array}{l} [c\,\cos(\alpha + \alpha_1) + u_1\,\sin\alpha_1]^2 - c_1^2 = o \\ w_2\,[w_2 - \underbrace{\cos(\alpha_2 + \alpha_3)\,c_2 - u_2\,\sin\alpha_3}_{-\,w_2}] = o \end{array}\right\} \quad \cdots \; \cdot \; 93)$$

Diese Gleichungen 93) sind nun eben für den stoßfreien Fall erfüllt, dies dient zur Probe; man sieht, daß man Gleichung 75) aus Gleichung 25) durch Einführung der zwei Bedingungen Gleichung 93) direkt hätte ableiten können.

Fig. 18 (S. 33) liefert für den stoßfreien Fall auch:

$$c_2{}^2 = w_2{}^2 + u_2{}^2 - 2\,w_2 \cdot u_2 \sin \alpha_3 \quad\ldots\ldots\ 94)$$

Dies schreiben wir mit Benutzung von $F_w\,w_2 = F_2\,c_2$ in der Form:

$$c_2{}^2 \left[1 - \left(\frac{F_2}{F_w}\right)^2\right] + 2\,\frac{F_2}{F_w} \cdot \sin \alpha_3 \cdot c_2 \cdot u_2 - u_2{}^2 = 0 \quad\ldots\ 95)$$

oder allgemein:

$$y^2 \left[1 - \left(\frac{F_2}{F_w}\right)^2\right] + 2\,\frac{F_2}{F_w} \cdot \sin \alpha_3 \cdot x\,y - x^2 = 0 \quad\ldots\ 96)$$

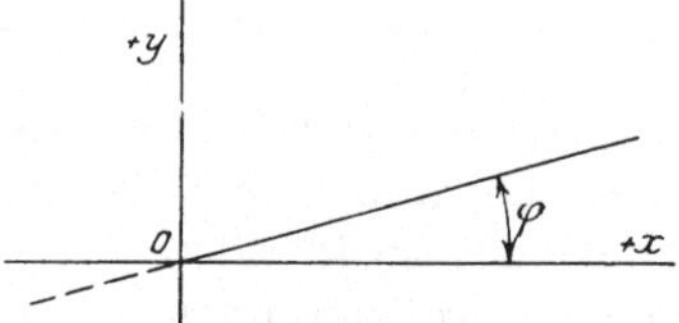

Fig. 20.

auch diese Gleichung ist frei von z, zeigt ebenfalls zwei sich (u. zw. in der z-Achse) schneidende Ebenen; da sie (gemäß ihrer Ableitung) auch die stoßfreien Punkte enthält, muß sie mit Gleichung 91) identisch sein.

Zur weiteren Diskussion wollen wir daher ihrer einfacheren Form wegen Gleichung 96) verwenden.

Gleichung 96) bestimmt somit, mit einer der beiden Gleichungen 90) verbunden, ebenfalls den Schnitt, welchen wir bereits als zwei ebene Kurven erkannt haben.

Daß in der Bedingungsgleichung der Stoßfreiheit Gleichung 91) und 96) die Förderhöhe h nicht vorkommt, erklärt sich daraus, daß die „Stoßfreiheit" mathematisch lediglich eine rein geometrische Beziehung zwischen den Geschwindigkeiten erfordert.

Aus Gleichung 96) folgen die Gleichungen der 2 auf die xy-Ebene projizierenden Ebenen der Schnittlinie:

$$\left[-\frac{F_2}{F_w}\sin\alpha_3 - \sqrt{1-\left(\frac{F_2}{F_w}\right)^2\cos^2\alpha_3}\right]y + x = o \quad . \quad . \quad 97)$$

$$\left[-\frac{F_2}{F_w}\sin\alpha_3 + \sqrt{1-\left(\frac{F_2}{F_w}\right)^2\cos^2\alpha_3}\right]y + x = o \quad . \quad . \quad 98)$$

Von diesen beiden gibt nur Gleichung 97) Werte, die für uns Anwendbarkeit haben. Kürzehalber sei bezeichnet

$$\frac{F_2}{F_w}\sin\alpha_3 + \sqrt{1-\left(\frac{F_2}{F_w}\right)^2\cos^2\alpha_3} = n \quad . \quad . \quad . \quad . \quad 99)$$

Dann gilt

$$n\,y - x = o \quad . \quad . \quad . \quad . \quad . \quad . \quad . \quad . \quad . \quad 100)$$

Gleichung 100), mit einer der beiden Gleichungen 90) verbunden, definiert die gesuchte Schnittlinie. Der Neigungswinkel der projizierenden Ebene mit der zx-Ebene folgt aus Gleichung 100) zu $\measuredangle\,\varphi$, wobei $\operatorname{tg}\varphi = \dfrac{1}{n}$ (Fig. 20).

Bemerkung: Für $\alpha_2 = 90^\circ$ fallen die beiden durch die Gleichungen 97) und 98) gegebenen Ebenen zusammen, wobei deren gemeinsame Gleichung lautet:

$$\frac{F_2}{F_w}\sin\alpha_3 \cdot y - x = o \quad . \quad . \quad . \quad . \quad . \quad . \quad . \quad 101)$$

denn: Der Ausdruck unter der Wurzel

$$1-\left(\frac{F_2}{F_w}\right)^2\cos^2\alpha_3 = 1-\left(\frac{w_2}{c_2}\right)^2\cos^2\alpha_3 = \frac{c_2{}^2 - w_2{}^2\cos^2\alpha_3}{c_2{}^2}$$

für $\alpha_2 = 90^\circ$ ist $c_2 = w_2\cos\alpha_3$, somit der Wurzelausdruck $= o$.

Nunmehr wollen wir die Gleichungen der auf die xz- bezw. zy-Ebene projizierenden Zylinder der Schnittlinie aufstellen und verbinden zu diesem Zwecke Gleichung 100) mit der für die stoßfreien Punkte giltigen Gleichung

$$2\,g\,z = C_1\,x^2 - A_1\,y^2, \quad . \quad . \quad . \quad . \quad . \quad . \quad . \quad 102)$$

welche, wie erwähnt, ein elliptisches Paraboloid vorstellt, da sich für A_1 negative Werte ergeben, somit alle 3 Glieder positives Vorzeichen erhalten.

Die Elimination von y aus den Gleichungen 100) und 102) liefert

$$x^2 = \frac{2\,g \cdot n^2}{n^2 \cdot C_1 - A_1} \cdot z \quad \ldots \ldots \ldots \; 103)$$

als Gleichung des auf die x z-Ebene projizierenden Zylinders, d. i. die Gleichung eines parabolischen Zylinders, und als Projektion der Schnittlinie auf die x z-Ebene eine Parabel, welche durch den Koordinatenursprung geht. (Fig. 21.)

Um nun noch den dritten projizierenden Zylinder zu bestimmen, werde x aus den Gleichungen 100) und 102) eliminiert. Wir finden dadurch in

$$y^2 = \frac{2\,g}{n^2 \cdot C_1 - A_1} \cdot z \quad \ldots \ldots \ldots \; 104)$$

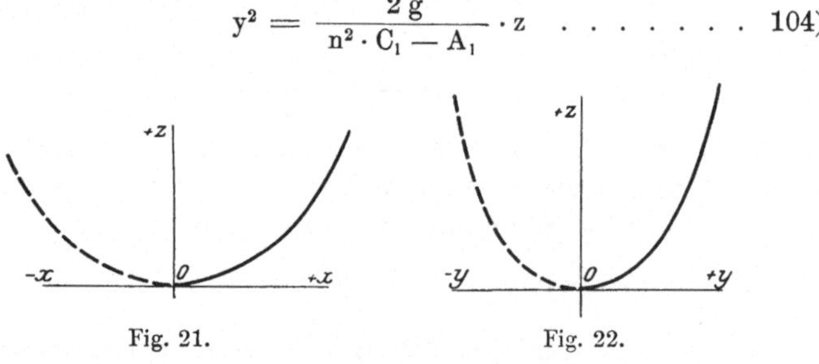

Fig. 21.Fig. 22.

die gesuchte Gleichung. Auch diese stellt einen parabolischen Zylinder vor, dessen Schnitt mit der z y-Ebene ist daher eine Parabel, welche überdies durch den Ursprung gehen muß. (Fig. 22.)

Aus den Gleichungen 103) und 104) folgt, daß die gesuchte Schnittlinie, welche alle stoßfreien Punkte des hyperbolischen Paraboloides enthält, aus zwei (wie wir früher sahen) ebenen Kurven zweiter Ordnung besteht, und zwar aus zwei sich im Koordinatenanfangspunkt schneidenden Parabeln, von denen die eine in ihrem ganzen Verlauf, die andere in einem Aste nur mathematische Bedeutung hat.

Die Gleichung der Schnittlinie ergibt sich durch Koexistenz von je 2 der 3 Gleichungen 100), 103), 104).

Fig. 23 zeigt den Schnitt unseres allgemeinen hyperbolischen Paraboloides mit dem elliptischen Paraboloid und dadurch die Lage aller Punkte stoßfreier Geschwindigkeit.

Da diese Art perspektivischer Darstellung sich für Konstruktionszwecke nicht eignet, zeichnen wir uns die drei Projektionen der Schnittlinie auf die drei Hauptebenen; hierdurch erhalten wir gleichzeitig die ebenen Kurven, in welche die Gleichungen 100), 103), 104) übergehen, wenn wir der Reihe nach z (Förderhöhe), y (Flüssigkeitsmenge), x (Umfangsgeschwindigkeit) analog dem Vorgang im ersten Abschnitt konstant setzen.

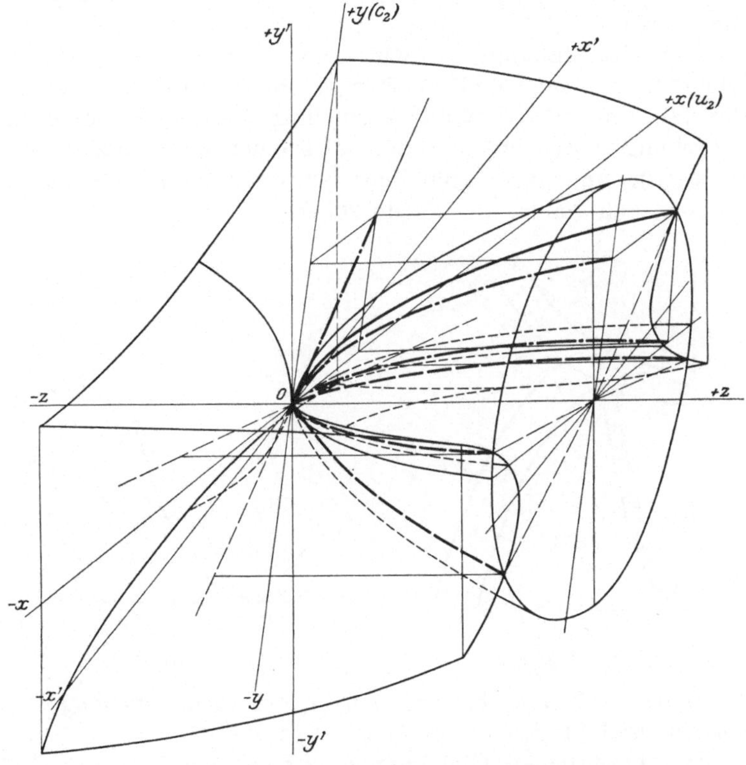

Fig. 23.

——— Derjenige Teil des Schnittes der beiden Paraboloide, welchem technische Bedeutung zukommt,
– – – der übrige Teil desselben;
—·—·— die Projektionen der Schnittlinie auf die drei Hauptebenen.

1. Zunächst unser Hauptfall: konstante Tourenzahl. $u_2 = $ konstant. (Fig. 24.) Gleichung 104) $y^2 = \dfrac{2\,g}{n^2 \cdot C_1 - A_1} \cdot z$ stellt jetzt eine ebene Kurve vor, wie erwähnt, eine Parabel. Um den Zusammenhang zu verdeutlichen, sind in Fig. 24 für einige Umfangsgeschwindigkeiten u_2 die $h\,c_2$-Kurven eingezeichnet, ebenso die Schnittkurven des elliptischen Para-

boloides mit der betreffenden Bildebene. Die Gleichung dieser Kurven folgt aus Gleichung 102) für $x =$ konstant zu

$$2\,g\,z = C_1\,u_2{}^2 - A_1\,y^2, \quad \ldots \ldots \quad 105)$$

mithin, da $- A_1\,y^2$ positiv ist, sind es Parabeln der gezeichneten Lage.

Für jede Umfangsgeschwindigkeit würde die $h\,c_2$-Kurve, welche für die gewöhnliche Pumpe den Verlauf nach a zeigt (Fig. 24), bei stets „stoßfrei" regulierter Pumpe (im Sinne der Bemerkung S. 34) den Verlauf b, also einen grundsätzlich verschiedenen annehmen, nämlich für wachsende Flüssigkeitsmengen auch wachsende Förderhöhen.

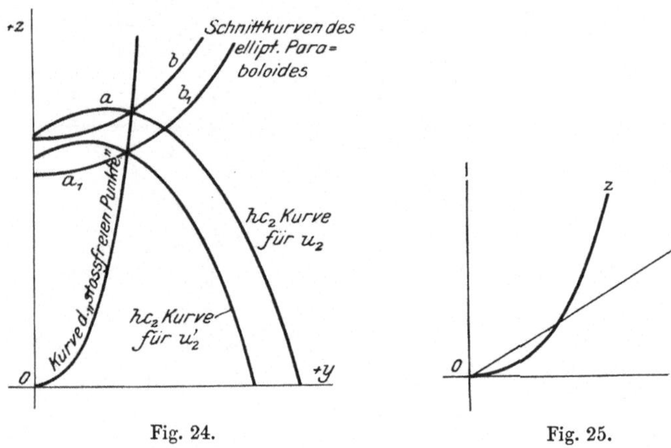

Fig. 24.   Fig. 25.

2. Die ebenen Kurven für c_2 (Flüssigkeitsmenge) $=$ konstant und für h (Förderhöhe) $=$ konstant.

Die bezüglichen Gleichungen ergeben sich: α) aus Gleichung 103) $x^2 = \dfrac{2\,g\,n^2}{n^2\,C_1 - A_1} \cdot z$ für c_2 konstant (Parabel), β) aus Gleichung 100) $n\,y - x = o$ für h konstant (eine Gerade), siehe Fig. 25.

B. Maximale Förderhöhen (Drücke).

Außer den unter A. besprochenen Punkten des hyperbolischen Paraboloides, welche der stoßfreien Geschwindigkeit entsprechen, sowie den im ersten Abschnitt, S. 28 f., abgehandelten

Punkten (Maximalförderung bezw. ganz geschlossene Pumpe) sind es noch die Punkte maximaler Förderhöhe (größten Druckes), welche unser Interesse in Anspruch nehmen.

. Wir hatten (Gleichung 52), S. 18) (Fig. 26) die Koordinaten dieser Punkte für den Fall konstanter Tourenzahl bereits gefunden, u. zw.:

$$y_s = \frac{B\,u_2}{2\,A} \quad\cdots\cdots\cdots\cdots\quad 106)$$

$$z_s = \frac{1}{2\,g}\left[\frac{B^2}{4\,A} + C\right]\cdot u_2{}^2. \quad\cdots\cdots\quad 107)$$

Nun wollen wir deren Lage auf der Paraboloidfläche, ähnlich wie unter A. für die „stoßfreien" Punkte, untersuchen.

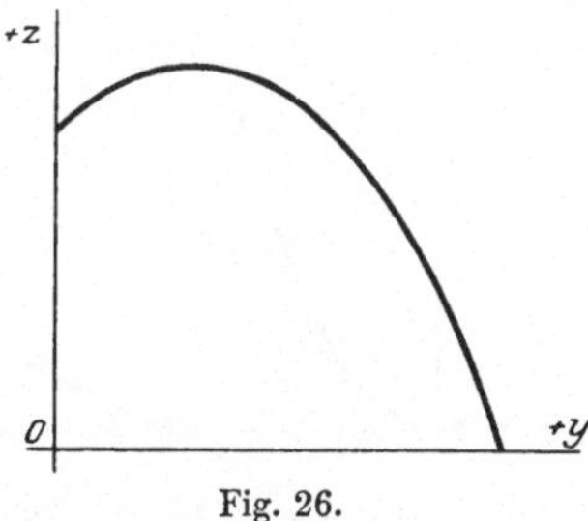

Fig. 26.

Zur allgemeinen Gleichung

$$-2\,g\,z = A\,y^2 - B\,x\,y - C\,x^2 \quad\cdots\cdots\quad 108)$$

tritt hier eine der Gleichungen 106), 107) als zweite Bedingungsgleichung hinzu; z. B. die obere, wobei wir für $u_2 \ldots x$ (da jetzt variabel) setzen, also:

$$y = \frac{B}{2\,A}\cdot x \quad\cdots\cdots\cdots\cdots\quad 109)$$

Gleichung 109) ist, da frei von z, zugleich die Gleichung des die Schnittlinie auf die $x\,y$-Ebene projizierenden Zylinders, der hier, wie ersichtlich, eine Ebene ist, die durch die z-Achse geht. Sämtliche Punkte „maximalen Druckes" liegen daher auf einer Ebene, die durch die z-Achse geht und mit der $x\,z$-Ebene den $\angle\,\varphi_1$ bildet, wenn

$$\operatorname{tg}\varphi_1 = \frac{B}{2\,A} \quad\cdots\cdots\cdots\cdots\quad 110)$$

Wir erkennen mithin die Schnittlinie als ebene Kurve und wollen noch die Gleichung der beiden anderen projizierenden Zylinder suchen.

Durch Elimination von y bezw. x aus den Gleichungen 108) und 109) ergibt sich als Gleichung des auf die x z-Ebene projizierenden Zylinders:

$$x^2 = \frac{2\,g}{B^2 + 4\,A\,C} \cdot 4\,A \cdot z \quad \ldots \ldots \quad 111)$$

des auf die z y-Ebene projizierenden Zylinders:

$$y^2 = \frac{B^2}{A} \cdot \frac{2\,g}{B^2 + 4\,A\,C} \cdot z \quad \ldots \ldots \quad 112)$$

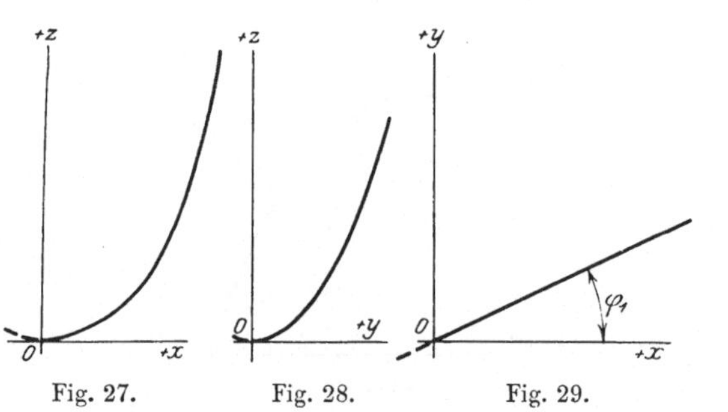

Fig. 27.   Fig. 28.   Fig. 29.

beide sind parabolische Zylinder, die Schnittlinie selbst daher eine Kurve zweiter Ordnung, und zwar eine Parabel mit dem Scheitel im Koordinatenanfangspunkt. Ihre Achse fällt mit der positiven z-Achse zusammen, ihre Gleichung ist durch je zwei der Gleichungen 108), 111) und 112) gegeben.

Fig. 27—29 stellen die Projektionen der Schnittkurve auf die 3 Koordinatenebenen vor, hiervon sind zwei Parabeln, die dritte (Projektion auf die x y-Ebene) eine Gerade der gezeichneten Lage. In Fig. 30 ist die Lage der Punkte maximaler Förderhöhe als Schnitt der Ebene (Gleichung 109)) mit dem hyperbolischen Paraboloid perspektivisch gezeichnet.

Um zu einer bequemeren Darstellungsart zu gelangen, sei auch hier, analog dem Vorgang für die Punkte stoßfreier Geschwindigkeit, der Reihe nach z (Förderhöhe), y (Flüssigkeitsmenge), x (Umfangsgeschwindigkeit) konstant gesetzt. Wir erhalten dadurch die Gleichungen 109), 111) und 112) als

Gleichungen ebener Kurven (Projektionen der Schnittlinien
auf die drei Koordinatenebenen).

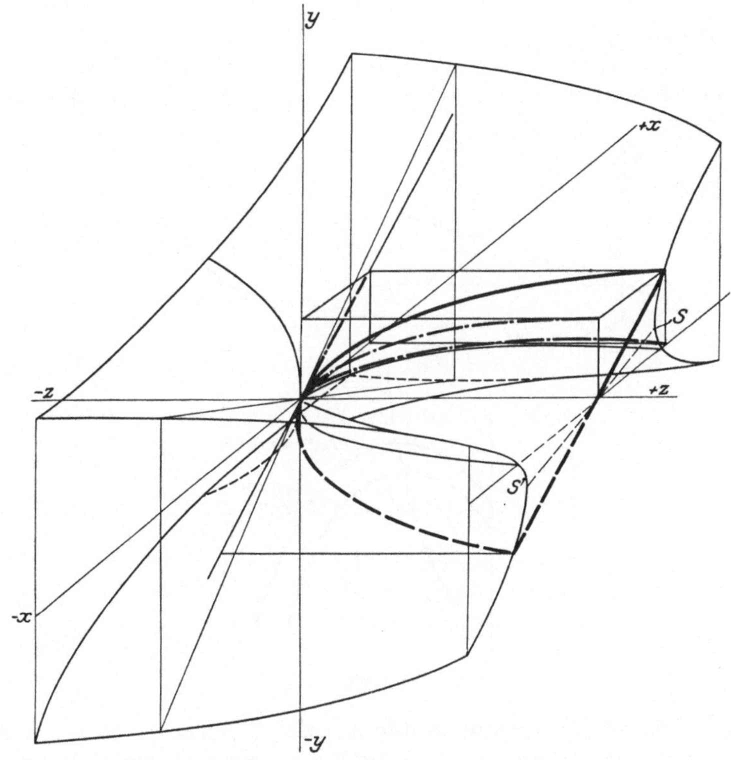

Fig. 30.

—————— Das hyperbolische Paraboloid,
————— der Teil der Ebene Gleichung 109) und des Schnittes derselben mit dem
Paraboloide, welchem technische Bedeutung zukommt;
— — — der übrige Teil der Ebene bezw. der Schnittlinie;
—·—·— die Projektionen der Schnittlinie auf die drei Hauptebenen.

1. Förderhöhe konstant, $z = h =$ konstant

$$y = \frac{B}{2\,A} \cdot x \quad \ldots \ldots \ldots \ldots \ldots \quad 109)$$

(Fig. 31.)

2. Flüssigkeitsmenge konstant, $y = c_2 =$ konstant

$$x^2 = \frac{2\,g}{B^2 + 4\,A\,C} \cdot 4\,A \cdot z \quad \ldots \ldots \ldots \quad 111)$$

(Fig. 32.)

3. Tourenzahl konstant, $x = u_2 = $ konstant

$$y^2 = \frac{2\,g}{B^2 + 4\,A\,C} \cdot \frac{B^2}{A} \cdot z \quad \ldots \ldots \quad 112)$$

(Fig. 33.)

Diese Kurve gibt die größte erreichbare Förderhöhe für jede Flüssigkeitsmenge ($Q = F_2 \cdot y$) an. In Fig. 33 sind für

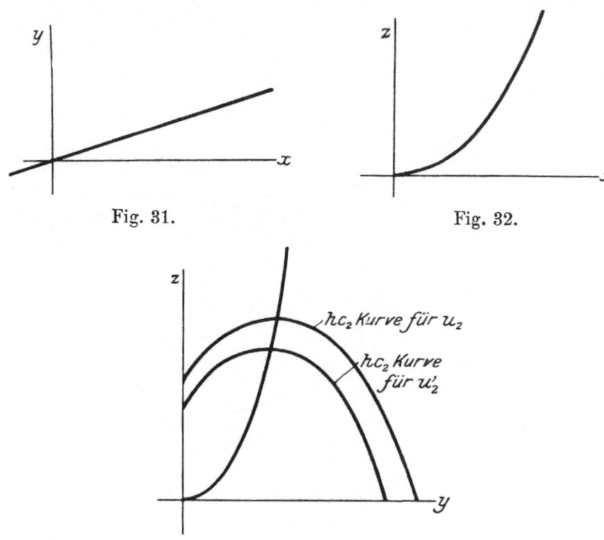

Fig. 31.   Fig. 32.

Fig. 33.

zwei Umfangsgeschwindigkeiten u_2 auch die $h\,c_2$-Kurven eingezeichnet, durch deren Scheitel die Kurve der maximalen Drücke gehen muß.

C. Bedingungen für die Übereinstimmung der Punkte stofsfreier Geschwindigkeit mit den Punkten maximalen Druckes.

Aus der Ableitung der Punkte stoßfreier Geschwindigkeit als Schnitt des hyperbolischen Paraboloides mit einem elliptischen Paraboloid, der Punkte maximalen Druckes dagegen als Schnitt desselben mit einer Ebene ergibt sich, daß diese Punkte für gewöhnlich nicht zusammenfallen können, wenn sie auch meist nicht weit voneinander liegen. Ihre Übereinstimmung würde praktisch die beste Ausnützung der Pumpe bedeuten. Im folgenden sollen nun die theoretischen, größtenteils konstruktiv unerfüllbaren, Bedingungen für diese Übereinstimmung aufgestellt werden.

Für die Punkte maximalen Druckes (Förderhöhe) fanden wir bei jeder Umfangsgeschwindigkeit

$$c_2 = \frac{B}{2A} \cdot u_2 ; \quad \ldots \ldots \ldots \quad 109)$$

wir setzen

$$\frac{B}{2A} = p . \quad \ldots \ldots \ldots \quad 113)$$

Für A und B die Werte aus Gleichung 29) und 30) eingeführt gibt:

$$\frac{y}{x} = p = \frac{B}{2A} = \frac{\zeta_0 \left(2\,\dfrac{r_1}{r_2}\,\dfrac{F_2}{F}\,\sin \alpha_1 \cos (\alpha + \alpha_1) + \sin \alpha_3 \cdot \dfrac{F_2}{F_w}\right)}{2\left\{[1 + \zeta_1 - \zeta_0 \cos^2(\alpha + \alpha_1)]\left(\dfrac{F_2}{F}\right)^2 + (\zeta_0 - 1)\left[\left(\dfrac{F_2}{F_1}\right)^2 + \left(\dfrac{F_2}{F_w}\right)^2\right] + (1 + \zeta_2) + (\lambda + \zeta_3)\left(\dfrac{F_2}{F_3}\right)^2 - \zeta_0 \cos (\alpha_2 + \alpha_3)\dfrac{F_2}{F_w}\right\}} ; \quad \ldots \quad 114)$$

unter Berücksichtigung der Kontinuitätsgleichung geht der Zähler über in

$$\frac{\zeta_0}{c_2\,u_2} \left[2\,u_1\,c \sin \alpha_1 \cos (\alpha + \alpha_1) + u_2\,w_2 \sin \alpha_3\right], \quad \ldots \quad 115)$$

der Nenner in

$$\frac{2}{c_2{}^2} \left\{[1 + \zeta_1 - \zeta_0 \cos^2 (\alpha + \alpha_1)]\,c^2 + (\zeta_0 - 1)\,(c_1{}^2 + w_2{}^2) + (1 + \zeta_2)\,c_2{}^2 + (\lambda + \zeta_3)\,c_3{}^2 - \zeta_0 \cos (\alpha_2 + \alpha_3)\,c_2\,w_2\right\}. \quad \ldots \ldots \quad 116)$$

Wir führen unsere Beziehungen aus dem I. Abschnitt:

$$c_1 = c \cos (\alpha + \alpha_1) + u_1 \sin \alpha_1 \quad \ldots \ldots \quad 117)$$
$$w_2 = c_2 \cos (\alpha_2 + \alpha_3) + u_2 \sin \alpha_3 \quad \ldots \ldots \quad 118)$$

in den Zähler ein, der sich dann schreibt:

$$\frac{\zeta_0}{c_2\,u_2} \left[c_1{}^2 - c^2 \cos^2 (\alpha + \alpha_1) - u_1{}^2 \sin^2 \alpha_1 + w_2{}^2 - w_2\,c_2 \cos (\alpha_2 + \alpha_3)\right]$$

Daher ist

$$\frac{y}{x} = p = \frac{\zeta_0\, c_2{}^2\,[c_1{}^2 - c^2\cos^2(\alpha + \alpha_1) + w_2{}^2 - \zeta_0\, c^2\cos^2(\alpha+\alpha_1) + \zeta_0\, w_2{}^2 - \zeta_0\cos(\alpha_2+\alpha_3)\,w_2\,c_2 +}{2\,c_2\,u_2\,[\zeta_0\, c_1{}^2 - \zeta_0\, c^2\cos^2(\alpha+\alpha_1) + \zeta_0\, w_2{}^2 - \zeta_0\cos(\alpha_2+\alpha_3)\,w_2\,c_2 +}$$

$$\frac{\cos(\alpha_2+\alpha_3)\,w_2\,c_2 - u_1{}^2\sin^2\alpha_1]}{(1+\zeta_1)\,c^2 - c_1{}^2 - w_2{}^2 + (1+\zeta_2)\,c_2{}^2 + (\lambda+\zeta_3)\,c_3{}^2]} \quad \ldots \ldots \quad 119)$$

Für die Punkte stoßfreier Geschwindigkeit war hingegen für jedes u_2

$$\left[\frac{F_2}{F_w}\sin\alpha_3 + \sqrt{1 - \left(\frac{F_2}{F_w}\right)^2\cos^2\alpha_3}\,\right]y - x = o \ . \ \ldots \ldots \quad 100)$$

Gleichung 100) läßt sich auch schreiben:

$$\left[\frac{w_2}{c_2}\sin\alpha_3 + \sqrt{1 - \left(\frac{w_2}{c_2}\right)^2\cos^2\alpha_3}\,\right]y - x = o\,,$$

also

$$\frac{y}{x} = \frac{c_2}{w_2\sin\alpha_3 + \sqrt{c^2 - w_2{}^2\cos^2\alpha_3}} \quad \ldots \ldots \quad 120)$$

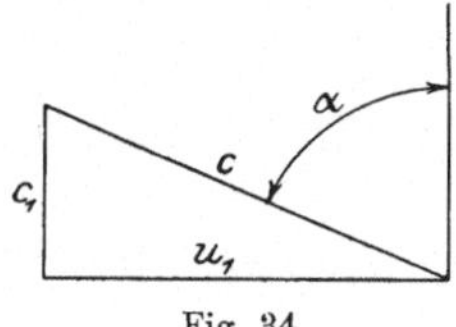

Fig. 34.

Der Vergleich von Gleichung 119) mit 120) ergibt, daß einige Annahmen gemacht werden müssen, um zur Übereinstimmung dieser Ausdrücke und damit auch der genannten Punkte zu gelangen.

Und zwar nehmen wir zunächst an: $\alpha_2 = o$, dann geht Gleichung 120) (nach Bemerkung S. 37) über in

$$\frac{y}{x} = \frac{c_2}{w_2\sin\alpha_3}\,,$$

bezw. da dann $w_2\sin\alpha_3 = u_2$ ist, in

$$\frac{y}{x} = \frac{c_2}{u_2}\,. \quad \ldots \ldots \ldots \ldots \quad 121)$$

Diese Form muß also auch Gleichung 119) annehmen. Wir müssen daher folgende weitere Annahmen machen:

$$\zeta_1 = \zeta_2 = \zeta_3 = \lambda = 0,$$

d. h. es dürfen keinerlei Reibungsverluste auftreten, ferner sei $\alpha_1 = 0^0$.

Dann erhält (mit Berücksichtigung von Fig. 34 und 35) Gleichung 119) die Form:

$$p = \frac{\zeta_0\,c_2}{2\,u_2}\,\frac{(c_1{}^2 - c^2\cos^2\alpha + w_2{}^2 - c_2{}^2)}{\left\{\zeta_0\,(c_1{}^2 - c^2\cos^2\alpha + w_2{}^2 - c_2{}^2) + c^2 - c_1{}^2 - w_2{}^2 + c_2{}^2\right\}}$$

$$= \frac{\zeta_0\,c_2}{2\,u_2}\,\frac{u_2{}^2}{(\zeta_0 \cdot u_2{}^2 + u_1{}^2 - u_2{}^2)} \cdot \ \ldots \ldots \ldots \ldots \quad 122)$$

Weiters für ζ_0 seinen theoretischen Wert 2 eingeführt liefert

$$p = \frac{c_2}{u_2} \cdot \frac{u_2{}^2}{(u_2{}^2 + u_1{}^2)} = \frac{c_2 \cdot u_2}{u_2{}^2 + u_1{}^2} \ldots \ldots \ldots \quad 123)$$

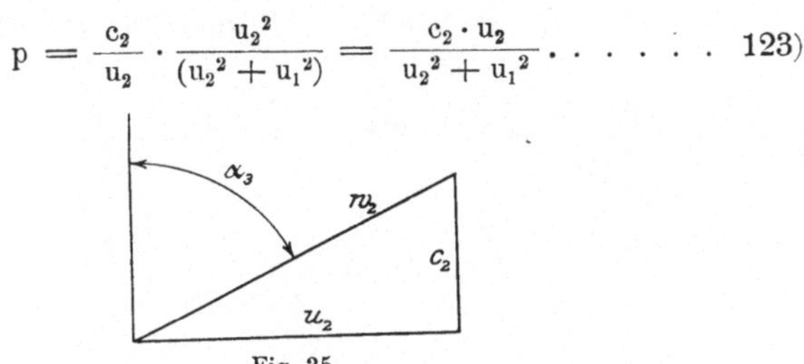

Fig. 35.

Um nun schließlich die volle Übereinstimmung mit Gleichung 121) zu erhalten, muß noch

$$u_1 = 0 \ \ldots \ldots \ldots \ldots \ldots \quad 124)$$

gesetzt werden, d. h. das Rad muß bis zum Mittelpunkt geschaufelt sein.

Die theoretischen Bedingungen der Übereinstimmung der Punkte stoßfreier Geschwindigkeit mit denen maximalen Druckes sind daher, kurz zusammengefaßt, folgende:

1. $\alpha_1 = \alpha_2 = 0$ (radiale Schaufel)
2. $\zeta_1 = \zeta_2 = \zeta_3 = \lambda = 0$ (keine Reibung)
3. $\zeta_0 = 2$ (theoretischer Wert)
4. $r_1 = 0$ (die Schaufelung muß bis zur Radmitte reichen)

$$\left. \right\} \ . \ . \ \ 125)$$

Also beinahe lauter praktisch unerfüllbare Bedingungen.

D. Beispiele.

Im folgenden sollen für die Beispiele des ersten Abschnittes (S. 12 und 14) die Gleichungen der Kurven stoßfreier Geschwindigkeit und maximaler Förderhöhe, und zwar je für konstante Tourenzahl, Förderhöhe und Flüssigkeitsmenge, aufgestellt werden. Die bezüglichen allgemeinen Gleichungen lauten, nochmals zusammengestellt:

$$- 2\,g\,h = A\,c_2{}^2 - B\,c_2\,u_2 - C\,u_2{}^2, \quad \ldots \ldots \quad 126)$$

ferner

für maximalen Druck:

$$c_2 = \frac{B}{2\,A} \cdot u_2 \quad \ldots \ldots \quad 127)$$

$$u_2{}^2 = \frac{2\,g}{B^2 + 4\,A\,C} \cdot 4\,A \cdot h \quad 128)$$

$$c_2{}^2 = \frac{2\,g}{B^2 + 4\,A\,C} \cdot \frac{B^2}{A} \cdot h \quad . \quad 129)$$

Beispiel 1 (Pumpe 1, S. 12).

für die stoßfreien Geschwindigkeiten:

$$2\,g\,h = A_1\,c_2{}^2 + C_1\,u_2{}^2 \quad . \quad . \quad 130)$$
$$(- A_1 \text{ statt } A_1 \text{ geschrieben})$$

$$u_2{}^2 = \frac{2\,g\,n^2}{n^2 C_1 + A_1} \cdot h \quad . \quad . \quad . \quad 131)$$

$$c_2{}^2 = \frac{2\,g}{n^2 C_1 + A_1} \cdot h \quad . \quad . \quad . \quad 132)$$

ferner

$$n\,y - x = o \quad . \quad 133)$$

Beispiel 2 (Pumpe 2b, S. 14)

a) Stoßfreie Geschwindigkeiten.

Die Einsetzung der Zifferwerte in Gleichung 78) und 79) ergibt

$$A_1 = - 20{\cdot}18$$
(also tatsächlich negativ)
$$C_1 = 0{\cdot}64$$

$$A_1 = - 7{\cdot}67$$

$$C_1 = 0{\cdot}724$$

Somit nimmt Gleichung 130) die Form an

$$19{\cdot}62 \cdot h = 20{\cdot}18\,c_2{}^2 + 0{\cdot}64\,u_2{}^2$$

$$19{\cdot}62\,h = 7{\cdot}67\,c_2{}^2 + 0{\cdot}724\,u_2{}^2$$

ferner

Gleichung 131) $\quad u_2{}^2 = 11{\cdot}31\,h$

$$u_2{}^2 = 14{\cdot}6\,h$$

\- 132) $\quad c_2{}^2 = 0{\cdot}61\,h$

$$c_2{}^2 = 1{\cdot}125\,h$$

\- 133) $\quad c_2 = 0{\cdot}232\,u_2$

$$c_2 = 0{\cdot}28\,u_2$$

b) Maximaler Druck.

Gleichung 127) $c_2 = 0{\cdot}236\,u_2$ $c_2 = 0{\cdot}185\,u_2$

- 128) $u_2{}^2 = 11{\cdot}3\,h$ $u_2{}^2 = 14{\cdot}15\,h$

- 129) $c_2{}^2 = 0{\cdot}63\,h$ $c_2{}^2 = 0{\cdot}482\,h$

Die folgenden Figuren (Fig. 36, 37, 38) zeigen diese Kurven für das Beispiel 2 (Maßstab 1 m = 10 mm Zeichnung[1])).

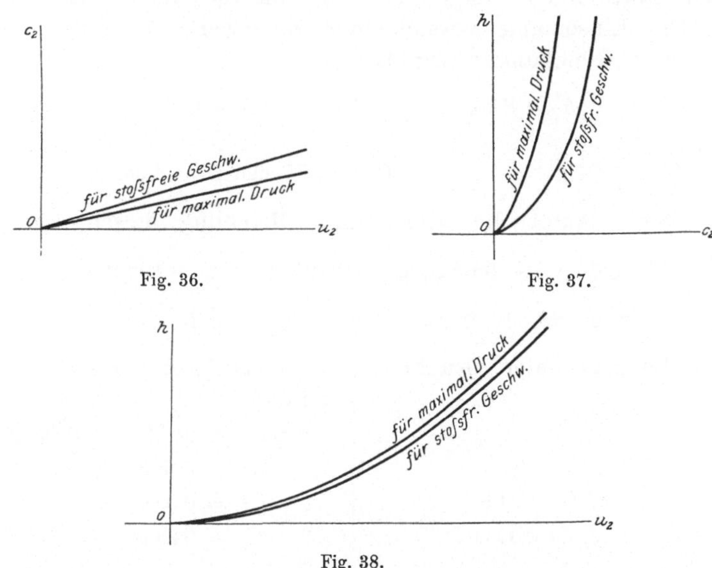

Wir sehen, daß im Beispiel 1 die Übereinstimmung der „stoßfreien“ Punkte mit den Punkten maximalen Druckes nahezu erreicht ist. Wir hatten unter den theoretischen Bedingungen für dieselbe (S. 47) auch tatsächlich die Bedingung $a_2 = 0$, die für Beispiel 1 erfüllt ist. Immerhin ist die hier so weitgehende Übereinstimmung nur zufällig; es soll an dem folgenden Beispiel gezeigt werden, daß trotz $a_2 = 0$ viel größere Differenzen unter den entsprechenden Kurven auftreten können.

---

[1]) Die Figuren 36—38 sind im Maßstabe $3:5$ verkleinert wiedergegeben.

v. Grünebaum.   4

Wir wählen z. B. eine Pumpe mit 6 Laufrädern von 250 mm Durchmesser, stoßfrei gebaut für eine Förderung von 20 lit/sek auf ca. $6 . 30 = 180$ m Förderhöhe bei 1380 Touren pro Min. ($u_2 = 18$ m/sek).

Die Dimensionen jedes Rades sind: $\alpha = 0^0$, $\alpha_1 = 75^0\,10'$, $\alpha_2 = 0$, $\alpha_3 = 77^0$, $\dfrac{r_1}{r_2} = 0.5$, $F = 84.2$ qcm, $F_1 = 21.5$ qcm, $F_2 = 48.3$ qcm, $F_w = 10.8$ qcm; ferner $\lambda \sim 60$, entsprechend einer etwa 480 m langen Leitung von 150 mm lichter Weite.

Die Einsetzung vorstehender Zifferwerte in unsere allgemeinen Gleichungen ergibt:

$$A = 8.76, \qquad B = 5.65, \qquad C = 1.0424,$$

dann

$$-A_1 = 21.34, \qquad C_1 = 0.75 \text{ und } n = 4.35.$$

Somit lautet die allgemeine Gleichung dieser Pumpe:

$$8.76\,c_2{}^2 - 5.65\,c_2\,u_2 - 1.0424\,u_2{}^2 = -19.62\,h$$

(c_2, u_2 in m/sek, h in m); ferner ergibt sich

für die maximalen Drücke:	für die stoßfreien Geschwindigkeiten:
	$19.62\,h = 21.34\,c_2{}^2 + 0.75\,u_2{}^2$
$u_2{}^2 = 10\,h$	$u_2{}^2 = 10.5\,h$
$c_2{}^2 = 1.04\,h$	$c_2{}^2 = 0.552\,h$
$c_2 = 0.323\,u_2$	$c_2 = 0.23\,u_2$

Man ersieht aus diesen Gleichungen, daß hier die entsprechenden Kurven viel mehr divergieren als im Beispiel 1, daß also $\alpha_2 = 0^0$ allein praktisch noch keine weitgehende Übereinstimmung derselben gewährleistet, welche indes immer anzustreben ist.

Dritter Abschnitt.

Kraftbedarf und Wirkungsgrad.

A. Aufstellung der allgemeinen Gleichung für den Kraftbedarf.

Bei stoßfreier Flüssigkeitsbewegung schreibt sich das Drehmoment P, welches zur gleichförmigen Drehung jedes Laufrades einer Zentrifugalpumpe notwendig ist, wenn M die per Sekunde die Pumpe durchströmende Flüssigkeitsmasse vorstellt, und die übrigen Größen die im ersten Abschnitt angegebene Bedeutung haben:

$$P = M \left[(c_2 \sin \alpha_2 - u_2)\, r_2 - (c_1 \sin \alpha_1 - u_1)\, r_1 \right] \quad . \ . \ . \quad 134)$$

(Zeuner, Vorlesungen über Theorie der Turbinen S. 131, Gleichung 149).)

Daß es sich bei Pumpen um aufzuwendende, nicht wie bei Turbinen um gewonnene Momente handelt, ändert an der Gleichung nichts, es ergibt sich nur am Schlusse der Rechnung ein negatives Vorzeichen.

Gleichung 134) gilt für alle stoßfreien Geschwindigkeiten; wir wollen nunmehr die für den allgemeinen Fall der Flüssigkeitsbewegung „mit Stoß" nötigen Ergänzungen derselben vornehmen. Wir folgen hierbei Zeuners Vorgang (a. a. O. S. 133 ff.), welcher dieselben für die Eintrittstelle des Laufrades berechnet hat. Für den Austritt aus dem Laufrade bezw. den Eintritt in die Diffuserkanäle werden wir einen ähnlichen Weg einschlagen.

4*

a) Eintritt in das Laufrad. Zeuner gibt für die Laufradeintrittstelle folgende Berechnung an, die hier kurz angedeutet sei (Fig. 39).

1. Infolge der gegen die stoßfreie nunmehr geänderten Geschwindigkeit erfolgt eine Veränderung des Drehmomentes um

$$M r_1 \left[c \sin \alpha - (u_1 - c_1 \sin \alpha_1) \right]. \qquad \ldots \ldots \quad 135)$$

Denn die Änderung der Flüssigkeitsgeschwindigkeit normal zum Radius beträgt:

$$c \sin \alpha - (u_1 - c_1 \sin \alpha_1),$$

die von der radialen Komponente der Geschwindigkeitsänderung erzeugte Kraft wird von der fest gelagerten Welle aufgenommen, kommt daher hier nicht weiter in Betracht.

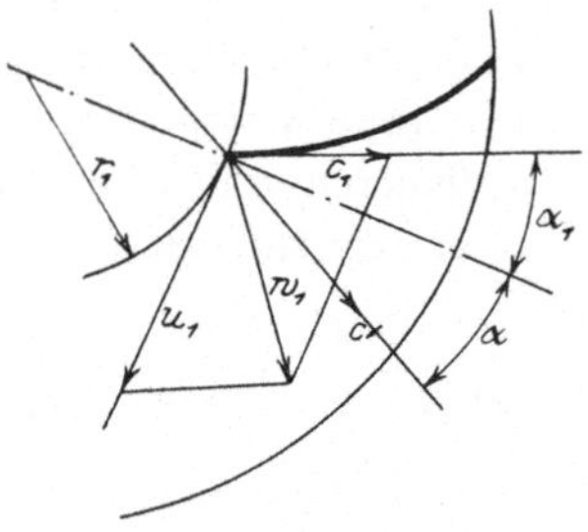

Fig. 39.

Der Änderung des Moments Gleichung 135) entspricht eine Änderung L′ der Sekundenarbeit, welche sich durch Multiplikation mit der konstanten Winkelgeschwindigkeit ergibt, zu:

$$L' = M \cdot u_1 \left[c \sin \alpha - (u_1 - c_1 \sin \alpha_1) \right] \quad \ldots \ldots \quad 136)$$

2. tritt auch die schon im ersten Abschnitt erwähnte Druckänderung an der Laufradeintrittstelle auf, und es beträgt die durch dieselbe bewirkte Arbeitsänderung pro Sekunde

$$L_1 = \frac{\zeta_0}{2\,g} \cdot F_1 \cdot c_0 \, (c_0 - c_1) \, u_1 \sin \alpha_1.$$

Hierin ist ζ_0 (Stoßkoeffizient) statt des theoretischen Wertes 2 gesetzt, g die Beschleunigung der Schwere, alle übrigen Größen mit der Bedeutung nach S. 3 bis 5, c_0 nach S. 7, somit $F_1 \, (c_0 - c_1)$

die bei außen in Ruhe gedachter Flüssigkeit durch Bewegung des Kanals F_1 verdrängte Flüssigkeitsmenge. Zu dieser Verdrängung ist eine Kraft nötig von

$$2 \cdot \frac{F_1 \cdot c_0}{2\,g} \cdot \gamma \cdot (c_0 - c_1);$$

(γ spezifisches Gewicht der Flüssigkeit); da der Weg in der Kraftrichtung $u_1 \sin \alpha_1$ ist, und, um der Wirklichkeit näher zu kommen, statt $2 \ldots \zeta_0$ gesetzt, ergibt sich der vorstehende Wert

$$L_1' = \frac{\zeta_0\,\gamma}{2\,g} \cdot F_1 \cdot c_0\,(c_0 - c_1)\,u_1 \sin \alpha_1 \ \ldots \ldots \ 137)$$

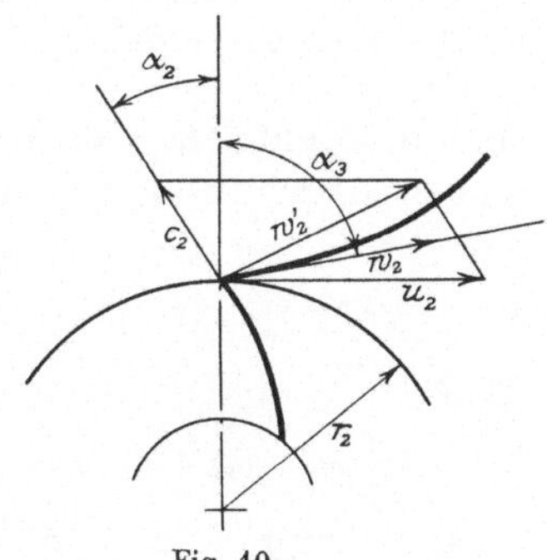

Fig. 40.

Zifferrechnungen zeigen, daß das Moment Gleichung 135) und das Gleichung 137) entsprechende Moment entgegengesetzt gerichtet sind, daher auch die Sekundenarbeiten L' und L_1 immer entgegengesetztes Zeichen erhalten.

b) Eintritt in die Diffuserleitkanäle (Fig. 40).

1. Die absolute Geschwindigkeit der längs der Leitschaufel wegströmenden Flüssigkeit senkrecht zum Radius ist $w_2 \sin \alpha_3$, in derselben Richtung hat die Flüssigkeit, aus dem Laufrad kommend, die Geschwindigkeit

$$- [c_2 \sin \alpha_2 - u_2],$$

die Geschwindigkeitsänderung beträgt daher

$$w_2 \sin \alpha_3 + (c_2 \sin \alpha_2 - u_2); \ \ldots \ldots \ldots \ 138)$$

die radiale Komponente der Geschwindigkeitsänderung erzeugt
eine Kraft, die von der festgelagerten Welle aufzunehmen,
daher hier nicht in Rechnung zu ziehen ist. Die Veränderung
des aufzuwendenden Drehmomentes folgt aus Gleichung 138) zu

$$- M\, r_2\, [w_2 \sin \alpha_3 - u_2 + c_2 \sin \alpha_2], \quad \ldots \ldots \quad 139)$$

daher die Veränderung L'' der Sekundenarbeit

$$L'' = - M\, u_2\, [w_2 \sin \alpha_3 - u_2 + c_2 \sin \alpha_2] \quad \ldots \ldots \quad 140)$$

das negative Zeichen, weil das Moment Gleichung 139) dem
Moment Gleichung 135) entgegengesetzt gerichtet ist.

Bemerkung: Für Stoßfreiheit ist am Eintritt in den Diffuser
$w_2 \sin \alpha_3 = u_2 - c_2 \sin \alpha_2$, am Laufradeintritt $c \sin \alpha = u_1 - c_1 \sin \alpha_1$,
daher, wie es sein muß, die Momente Gleichung 135) und 139) gleich
Null sind.

2. Auch an dieser Stelle entsteht eine Druckveränderung,
für welche wir im ersten Abschnitt die Gleichung 22) aufgestellt haben:

$$2\, g\, (a_2' - a_2) = \zeta'\, w_2\, (w_0 - w_2) \ldots \ldots \ldots \quad 22)$$

wobei nach Gleichung 21)

$$w_0 = c_2 \cos (\alpha_2 + \alpha_3) + u_2 \sin \alpha_3.$$

Analog dem Vorgang unter a) 2. S. 52 denken wir uns
den Querschnitt F_w mit der Geschwindigkeit w_0 in der Richtung des ersten Elementes der Diffuserleitschaufel gegen die
im Laufrade befindliche Flüssigkeit bewegt, wodurch per
Sekunde eine Verdrängung von $F_w\, (w_0 - w_2)$ Flüssigkeit stattfindet, da $F_w \cdot w_2$ doch in die Leitkanäle eintritt.

Die erforderliche Kraft ist hierbei:

$$\frac{2 \cdot F_w \cdot w_0\, \gamma}{2\, g}\, (w_0 - w_2), \quad \ldots \ldots \ldots \quad 141)$$

für 2 setzen wir, wie unter a), einen Stoßkoeffizienten ζ_0',
machen aber gleichzeitig wieder die Annahme $\zeta_0' = \zeta_0$; dann
ergibt sich, da $u_2 \sin \alpha_3$ der Weg in der Kraftrichtung ist, als
Sekundenarbeit L_2

$$L_2 = - \zeta_0' \cdot \frac{\gamma}{2\, g} \cdot F_w \cdot w_0\, (w_0 - w_2)\, u_2 \sin \alpha_3. \quad \ldots \quad 142)$$

(Wir schreiben negatives Zeichen, weil L_2 entgegengesetzten Sinnes ist als L_1.) Zifferrechnungen zeigen, daß die L'' und L_2 entsprechenden Momente einander entgegengesetzt gerichtet sind; bezüglich der sich für L', L'', L_1, L_2 gleichzeitig ergebenden Vorzeichen siehe die Zusammenstellung S. 62.

Zunächst fügen wir nun zu unserem Hauptmoment P (Gleichung 134)) die beiden Momente Gleichung 135) und 139) hinzu, die durch die geänderte Richtung der Flüssigkeitsbewegung allein entstehen. Wir erhalten unter Berücksichtigung des Drehungssinnes

$$P_0 = - M \left[(c_1 \sin \alpha_1 - u_1) r_1 - (c_2 \sin \alpha_2 - u_2) r_2 \right] + M r_1 \left[c \sin \alpha - u_1 + c_1 \sin \alpha_1 \right] - M r_2 \left[w_2 \sin \alpha_3 - u_2 + c_2 \sin \alpha_3 \right],$$

oder reduziert:

$$P_0 = - M \left[r_2 w_2 \sin \alpha_3 - r_1 c \sin \alpha \right]. \qquad 143)$$

Die P_0 entsprechende Arbeit per Sek. L_0 ergibt sich durch Multiplikation mit der Winkelgeschwindigkeit zu:

$$L_0 = - M \left[u_2 w_2 \sin \alpha_3 - u_1 c \sin \alpha \right]. \qquad 144)$$

Bezeichne L_t die dem Momente P (Gleichung 134)) entsprechende Sekundenarbeit, so haben wir bisher

$$L_0 = L_t + L' + L''$$

gebildet. L_t ist der Arbeitsbedarf der stoßfreien Pumpe pro Sekunde, entsprechend dem Moment Gleichung 134); L', L'', L_1, L_2 sind nach dem Vorangegangenen durch die Gleichungen 136), 137), 140), 142) definiert. $L' + L_1 = L_1'$ ist die Arbeitsvermehrung an der Laufradeintrittstelle, $L'' + L_2 = L_2''$ an der Eintrittstelle in die Leitkanäle des Diffusers beim Verlassen der stoßfreien Geschwindigkeit. In L_0 (Gleichung 144) berücksichtigten wir nur L' und L'', es kommen jedoch auch noch die durch die Druckänderungen bewirkten Arbeitsänderungen per Sek. L_1 und L_2 hinzu, daher ergibt sich die aufzuwendende Gesamtarbeit per Sekunde („Kraftbedarf") einer Pumpe als algebraische Summe der einzelnen Arbeitsgrößen per Sekunde zu:

$$L = - M \left[u_2 w_2 \sin \alpha_3 - u_1 c \sin \alpha_1 \right] +$$
$$\frac{\zeta_0 \gamma}{2 g} \left[F_1 c_0 (c_0 - c_1) u_1 \sin \alpha_1 - F_w w_0 (w_0 - w_2) u_2 \sin \alpha_3 \right]. \qquad 145)$$

Wir haben daher, kurz zusammengestellt, folgende Ausdrücke für den Sekundenarbeitsbedarf erhalten:

$$L_t = M\,[(c_2 \sin \alpha_2 - u_2)\,u_2 - (c_1 \sin \alpha_1 - u_1)\,u_1] \quad \ldots \ldots \quad 146)$$

$$L' = M\,u_1\,[c \sin \alpha - u_1 + c_1 \sin \alpha_1] \quad \ldots \ldots \ldots \quad 147)$$

$$L'' = -\,M\,u_2\,[w_2 \sin \alpha_3 - u_2 + c_2 \sin \alpha_2] \quad \ldots \ldots \quad 148)$$

$$L_1 = \frac{\zeta_0}{2\,g}\,\gamma \cdot F_1 \cdot c_0\,(c_0 - c_1)\,u_1 \sin \alpha_1 \quad \ldots \ldots \quad 149)$$

$$L_2 = -\,\frac{\zeta_0}{2\,g}\,\gamma \cdot F_w \cdot w_0\,(w_0 - w_2)\,u_2 \sin \alpha_3 \quad \ldots \ldots \quad 150)$$

$$L_0 = -\,M\,[u_2\,w_2 \sin \alpha_3 - u_1\,c \sin \alpha] \quad \ldots \ldots \ldots \quad 151)$$

$$L = L_t + L' + L'' + L_1 + L_2 \quad \ldots \ldots \ldots \ldots \quad 152)$$

$$L_0 = L_t + L' + L'' \quad \ldots \ldots \ldots \ldots \ldots \quad 153)$$

$$L = L_0 + L_1 + L_2 \quad \ldots \ldots \ldots \ldots \quad 154)$$

Das richtige Vorzeichen ergibt sich durch Einführung spezieller Werte von selbst, „minus" bedeutet aufzuwendende, „plus" gewonnene Arbeit.

B. Der Kraftbedarf und seine Einzelteile. ·

Zur genaueren Beurteilung des Arbeitsaufwandes per Sekunde L [Gleichung 152)] einer Pumpe bei der Flüssigkeitsbewegung mit Stoß wollen wir der Reihe nach die Einzelausdrücke L_t, L', L'', L_1, L_2, L_0 etc. einer Besprechung unterziehen, wobei wir dieselben mit Hilfe der Kontinuitätsgleichung derart umformen, daß als Veränderliche außer dem jeweiligen L nur c_2 und u_2 vorkommen.

1. L_t, d. i. die Sekundenarbeit für den Fall der richtigen (stoßfreien) Geschwindigkeiten.

Nach Gleichung 146) ist

$$L_t = M\,[(c_2 \sin \alpha_2 - u_2)\,u_2 - (c_1 \sin \alpha_1 - u_1)\,u_1]$$

$$M = \frac{F_2 \cdot c_2}{g} \cdot \gamma.$$

Daher

$$L_t = \frac{F_2\,c_2\,\gamma}{g}\left[c_2\,u_2 \sin \alpha_2 - c_2\,u_2 \cdot \frac{r_1}{r_2} \cdot \frac{F_2}{F_1} \sin \alpha_1 - u_2{}^2 + \left(\frac{r_1}{r_2}\right)^2 u_2{}^2\right]$$

schließlich:

$$L_t = \frac{F_2 \gamma}{g} \left[\sin \alpha_2 - \frac{r_1}{r_2} \cdot \frac{F_2}{F_1} \sin \alpha_1 \right] u_2\, c_2{}^2 - \frac{F_2 \gamma}{g} \left[1 - \left(\frac{r_1}{r_2} \right)^2 \right] u_2{}^2 \cdot c_2 \quad . \; 155)$$

(Das Einsetzen der Zifferwerte gibt L_t negativ, wie es sein muß.)

Für $u_2 =$ konstant ergibt sich als Ausdruck von L_t (Gleichung 155)) eine Parabel von der Lage Fig. 41.

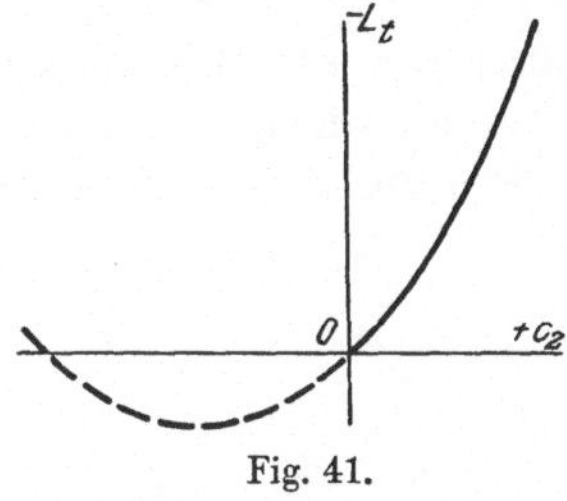

Fig. 41.

2. L', Sekundenarbeit infolge der falschen Geschwindigkeit an der Laufr$_a$deintrittstelle.

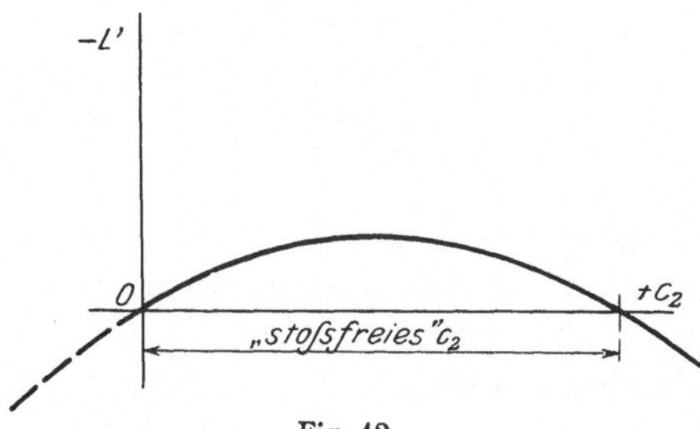

Fig. 42.

Es war Gleichung 147)

$$L' = M\, u_1 \left[c \sin \alpha - u_1 + c_1 \sin \alpha_1 \right]$$
$$= \frac{F_2\, c_2\, \gamma}{g} \left[\frac{F_2}{F} c_2 \sin \alpha - \frac{r_1}{r_2} u_2 + \frac{F_2}{F_1} \sin \alpha_1\, c_2 \right]$$

und schließlich:

$$L' = \frac{F_2 \gamma}{g} \cdot \frac{r_1}{r_2} \left[\frac{F_2}{F} \sin \alpha + \frac{F_2}{F_1} \sin \alpha_1 \right] u_2\, c_2{}^2 - \frac{F_2 \gamma}{g} \left(\frac{r_1}{r_2} \right)^2 \cdot u_2{}^2 \cdot c_2, \quad . \; 156)$$

für u_2 konstant stellt Gleichung 156) eine Parabel vor (Fig. 42), welche natürlich für $c_2 = 0$ und $c_2 =$ der stoßfreien Geschwindigkeit die Achse schneiden muß.

3. L'', Sekundenarbeit infolge falscher Geschwindigkeit an der Eintrittstelle in die Diffuserleitkanäle.

Gleichung 148)

$$L'' = - M u_2 [w_2 \sin \alpha_3 + c_2 \sin \alpha_2 - u_2].$$

Eine den früheren analoge Behandlung liefert

$$L'' = - \frac{F_2 \gamma}{g} \left[\frac{F_2}{F_w} \cdot \sin \alpha_3 + \sin \alpha_2 \right] u_2 c_2{}^2 + \frac{F_2 \gamma}{g} u_2{}^2 \cdot c_2, \quad . \quad . \quad 157)$$

für $u_2 =$ konstant haben wir als Bild von Gleichung 157) eine Parabel nach Fig. 43. Auch diese schneidet die c_2-Achse außer für $c_2 = 0$ noch im Punkte $c_2 =$ stoßfreie Geschwindigkeit.

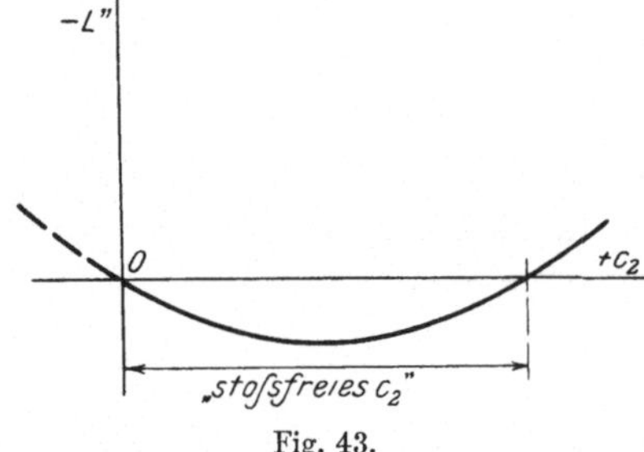

Fig. 43.

4. L_1, Sekundenarbeit infolge der durch die unrichtige Geschwindigkeit an der Laufradeintrittstelle hervorgerufenen Druckdifferenz.

Es war Gleichung 149)

$$L_1 = \frac{\zeta_0 \gamma}{2 g} F_1 c_0 (c_0 - c_1) u_1 \sin \alpha_1,$$

also

$$L_1 = \frac{\zeta_0 \gamma}{2 g} \cdot F_1 \cdot \frac{r_1}{r_2} \cdot u_2 [c_0{}^2 - c_0 c_1], \quad . \quad . \quad . \quad . \quad . \quad . \quad 158)$$

hierbei ist

$$c_0{}^2 - c_0 c_1 = \left[\left(\frac{F_2}{F} \right)^2 \cos^2 (\alpha + \alpha_1) - \frac{F_2}{F_1} \cdot \frac{F_2}{F} \cos (\alpha + \alpha_1) \right] c_2{}^2 +$$

$$\left[2 \cdot \frac{F_2}{F} \frac{r_1}{r_2} \cos (\alpha + \alpha_1) \sin \alpha_1 - \frac{F_2}{F_1} \cdot \frac{r_1}{r_2} \sin \alpha_1 \right] u_2 c_2 +$$

$$\left(\frac{r_1}{r_2} \right)^2 \cdot \sin^2 \alpha_1 \cdot u_2{}^2. \quad . \quad . \quad . \quad . \quad . \quad . \quad . \quad . \quad . \quad . \quad 159)$$

L_1 nimmt somit die Form an:

$$L_1 = m\, c_2^2\, u_2 + n\, c_2\, u_2^2 + p\, u_2^3, \quad \ldots \ldots \quad 160)$$

m, n, p Konstante, aus Gleichung 159) und 160) abzuleiten.

Für u_2 konstant gibt Gleichung 160) eine Parabel mit der Lage nach Fig. 44.

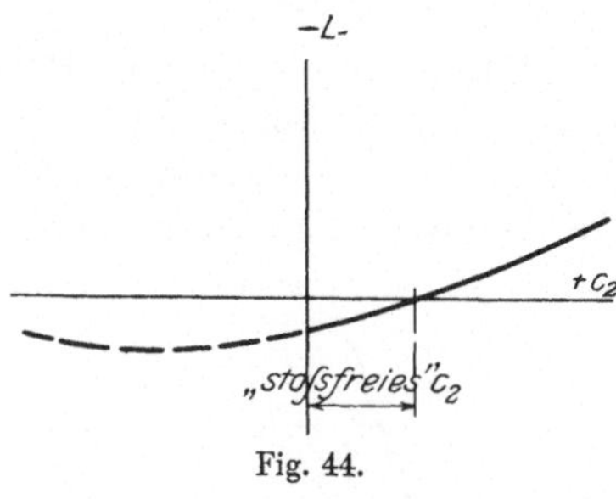

Fig. 44.

5. L_2, Sekundenarbeit infolge der durch die unrichtigen Geschwindigkeiten an der Eintrittstelle in die Diffuserkanäle entstehenden Druckdifferenz.

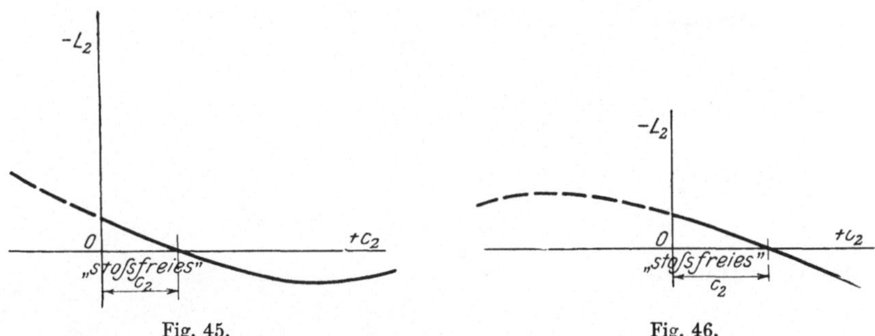

Fig. 45.   Fig. 46.

Gleichung 150)

$$L_2 = -\frac{\zeta_0\, \gamma}{2\, g}\, F_w\, (w_0 - w_2)\, w_0 \cdot u_2 \sin \alpha_3,$$

daher

$$L_2 = -\frac{\zeta_0\, \gamma}{2\, g}\, F_w \cdot \sin \alpha_3\, u_2 \left[c_2^2 \left(\cos^2 (\alpha_2 + \alpha_3) - \frac{F_2}{F_w} \cos (\alpha_2 + \alpha_3) \right) + \right.$$

$$\left. c_2\, u_2 \left(2 \cos (\alpha_2 + \alpha_3) \sin \alpha_3 - \frac{F_2}{F_w} \sin \alpha_3 \right) + u_2^2 \sin^2 \alpha_3 \right], \quad \ldots \quad 161)$$

somit hat L_2 die Form:

$$L_2 = - [r\,c_2{}^2\,u_2 + s\,c_2\,u_2{}^2 + t\,u_2{}^3], \quad\ldots\ldots\; 162)$$

wobei r, s, t Konstante sind. Für $u_2 =$ konstant gelten als Bild von L_2 die Parabeln Fig. 45 oder 46, je nachdem das Glied mit $c_2{}^2$, also $\cos(\alpha_2 + \alpha_3)$ negativ oder positiv, mithin je nachdem $\alpha_2 + \alpha_3 >$ oder $< 90^0$ ist.

6. $L_0 = L_t + L' + L''$. L_0 ist nur eine Rechnungsgröße, da es die Arbeit pro Sekunde bedeutet, falls n u r durch falsche Geschwindigkeiten und nicht auch durch gleichzeitige Druckdifferenzen eine Kraftbedarfveränderung gegenüber L_t vorkäme

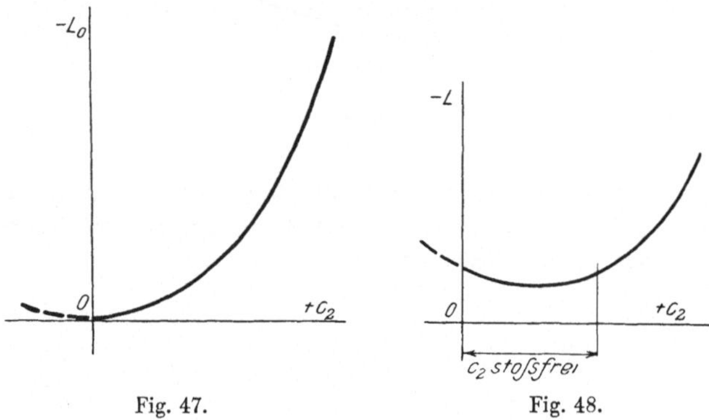

Fig. 47.   Fig. 48.

Gleichung 151) gab:

$$L_0 = - M\,[u_2\,w_2 \sin \alpha_3 - u_1\,c \sin \alpha]$$

oder umgeformt:

$$L_0 = - \frac{F_2\,\gamma}{g} \left[\frac{F_2}{F_w} \sin \alpha_3 - \frac{r_1}{r_2} \cdot \frac{F_2}{F} \sin \alpha \right] u_2\,c_2{}^2 \quad\ldots\; 163)$$

In Fig. 47 ist für $u_2 =$ konstant L_0 graphisch dargestellt. (Parabel mit dem Scheitel im Koordinatenanfangspunkt.)

7. Die Gesamtarbeit pro Sekunde

$$L = L_t + L' + L'' + L_1 + L_2,$$

ergibt sich durch algebraische Addition der Einzelausdrücke. Sie ist bei konstanter Tourenzahl durch eine Parabel nach Fig. 48 dargestellt (s. Beispiele).

8. Um den Einfluß des „Stoßes" am Laufradeintritt zu beurteilen, bilden wir die Sekundenarbeit $L_1' = L' + L_1$; für u_2 konstant ist der Ausdruck für L_1' eine Parabel nach Fig. 49.

9. Analog stellt $L_2'' = L'' + L_2$ den Einfluß des „Stoßes" auf den Kraftbedarf an der Eintrittstelle in die Diffuserleit-

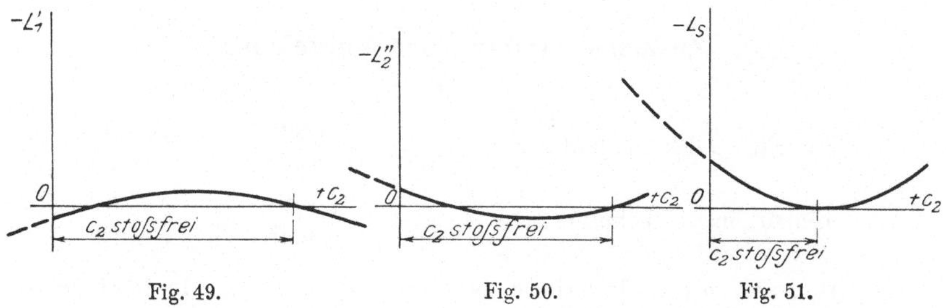

Fig. 49.   Fig. 50.   Fig. 51.

kanäle vor. Für u_2 konstant ergibt sich hierfür durch Addition von L'' und L_2 eine Parabel nach Fig. 50.

10. Der Gesamteinfluß des Stoßes ist daher gegeben durch die Sekundenarbeit $L_s = L_1' + L_2''$ (es ist $L = L_t + L_s$). Für u_2

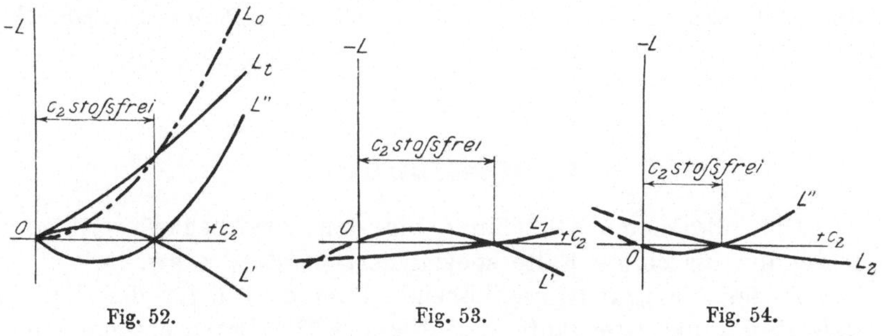

Fig. 52.   Fig. 53.   Fig. 54.

konstant ist die Kurve Fig. 51 der Ausdruck für L_s (Parabel, deren Scheitel im „stoßfreien" Punkt liegen muß).

Schließlich sei noch in Fig. 52 die graphische Addition $L_t + L' + L'' = L_o$ durchgeführt, ferner in Fig. 53 und 54 für Laufradeintritt bezw. Eintritt in die Diffuserleitkanäle die durch falsche Geschwindigkeit und Druckdifferenz bewirkten Sekundenarbeiten zusammengezeichnet; im übrigen sei auf die weiter unten durchgeführten speziellen Beispiele verwiesen. Hier ist noch in kurzer Tabelle zusammengestellt, wie sich die Vorzeichen für die Einzelausdrücke von L nach vorstehenden Kurven gleichzeitig ergeben, wobei wieder „minus" aufzuwendende, „plus" gewonnene Arbeit bedeutet.

Zusammenstellung der Vorzeichen.

		L_t	negativ
Eintritt in das Laufrad . . .	L'	negativ	positiv
	L_1	positiv	negativ
Eintritt in die Diffuserkanäle	L''	positiv	negativ
	L_2	negativ	positiv

Bemerkung 1. In keinem der Ausdrücke L kommt die Förderhöhe h vor. Für den Kraftbedarf sind eben nur die Geschwindigkeiten und die Pumpendimensionen maßgebend, h ist nur indirekt, da es eine Funktion von u_2 und c_2 ist, auch in L enthalten.

Bemerkung 2. Bisher war bei der Kraftbedarfrechnung nur von einem Laufrade allein die Rede. Sind n (gleiche) Räder in einer Pumpe eingebaut, so entsteht jeder der Ausdrücke L_t, L' etc. „n"-mal, es ist dann jedes Glied mit n zu multiplizieren, bezw. L mit n zu multiplizieren, um den Kraftbedarf für alle Räder, somit für die ganze Pumpe zu erhalten.

C. Spezialfälle.

Die allgemeine Gleichung für den Kraftbedarf soll im folgenden für einige Fälle spezialisiert werden, u. zw.

1. für die „ganz geschlossene" Pumpe, d. i. für den Fall, daß die Pumpe zwar läuft, jedoch keine Flüssigkeit entnommen wird, sei es daß das Druckrohr abgeschlossen ist, oder die Flüssigkeit im Steigrohr in einer gewissen Höhe im Gleichgewicht steht,

2. für die Maximalförderung, d. i. für h = o, die Pumpe wirft direkt aus,

3. für die maximalen Förderhöhen,

4. für die stoßfreien Geschwindigkeiten (für diese geht die allgemeine Gleichung in die bekannte Form über).

1. Geförderte Flüssigkeitsmenge gleich Null.

In diesem Falle geht

$$L = L_t + L' + L'' + L_1 + L_2 \quad \ldots \ldots \quad 146)$$

wegen $c_2 = o$, da dann $L_t = L' = L'' = o$ wird (siehe die bezüglichen Gleichungen), ferner in Gleichung 160)

$$L_1 = \frac{\zeta_0\,\gamma}{2\,g} \cdot F_1 \left(\frac{r_1}{r_2}\right)^3 \sin^2 \alpha_1\, u_2{}^3 \quad \ldots \ldots \ldots \quad 164)$$

und in Gleichung 162)

$$L_2 = -\frac{\zeta_0\,\gamma}{2\,g} \cdot F_w \cdot \sin^3 \alpha_3 \cdot u_2{}^3 \quad \ldots \ldots \ldots \quad 165)$$

wird, über in

$$L = -\frac{\zeta_0\,\gamma}{2\,g} \left[F_w \sin^3 \alpha_3 - F_1 \left(\frac{r_1}{r_2}\right)^3 \sin^2 \alpha_1\right] u_2{}^3 \quad \ldots \quad 166)$$

Dies der Kraftbedarf für den Fall, daß nicht gefördert wird, er beträgt im allgemeinen für mehrrädrige Pumpen je nach deren Größe $1/2$ bis $1/3$ und weniger des Kraftbedarfs für den normalen (stoßfreien) Gang und ist für die Beurteilung der Ökonomie von Kreiselpumpen als „Akkumulatoren" zur Lieferung von Druckflüssigkeit sehr wichtig; die Sekundenarbeit ist im vorliegenden Fall der 3. Potenz der Umfangsgeschwindigkeit proportional.

2. Maximale Flüssigkeitsmenge.

Hier ist nichts Besonderes zu erwähnen, c_2 ist aus der allgemeinen Gleichung

$$-2\,g\,h = A\,c_2{}^2 - B\,c_2\,u_2 - C\,u_2{}^2, \quad \ldots \ldots \quad 167)$$

die hier wegen $h = o$ in $A\,c_2{}^2 - B\,c_2\,u_2 - C\,u_2{}^2 = o$ übergeht, zu entnehmen; da dieses c_2 dem praktisch größten Wert für die Flüssigkeitsmenge entspricht (daher größer ist als das „stoßfreie" c_2, in Fig. 48 daher rechts vom Scheitel liegt), so geht die Gesamtarbeit L für jedes u_2 in ihren praktisch größten Wert über, ohne jedoch zu einem „Maximum" in mathematischem Sinne zu werden.

3. Maximale Förderhöhen.

Auch für diesen Fall nimmt der Ausdruck für L keine besonders bemerkenswerte Form an. Aus der allgemeinen Gleichung 167) ist das c_2, welches wir für die größten Förderhöhen durch $c_2 = \dfrac{B}{2\,A}\,u_2$ (S. 41, Gleichung 109)) definiert fanden, zu berechnen. Bezüglich der Lage dieses Punktes im $L\,c_2$-Diagramm (für konstantes u_2) sei nur kurz auf die am Schlusse dieses Abschnittes durchgeführten Beispiele verwiesen, der Punkt für L liegt bei den maximalen Förderhöhen im allgemeinen in der Nähe des Scheitels der Kurve Fig. 48.

4. Stoßfreie Geschwindigkeiten.

Für diese ist

$$L' = L'' = L_1 = L_2 = 0,$$

daher

$$L = L_t = M\left[(c_2 \sin \alpha_2 - u_2)\,u_2 - (c_1 \sin \alpha_1 - u_1)\,u_1\right] \quad . \quad 168)$$

oder anders geschrieben:

$$L = -\,M\left[u_2{}^2 - u_1{}^2 - u_2\,c_2 \sin \alpha_2 + c_1\,u_1 \sin \alpha_1\right]. \; . \; . \; 169)$$

α) für den speziellen Fall $\alpha = 0^0$ (keine Leitschaufeln, bezw. Schaufeln mit $\alpha = 0^0$ am Eintritt in das Laufrad) ist $u_1 = c_1 \sin \alpha_1$, somit

$$L = -\,M\left[u_2{}^2 - u_2\,c_2 \sin \alpha_2\right] \; . \; . \; . \; . \; . \; . \; 170)$$

β) für $\alpha_2 = 0$ („Rittinger"schaufel) ist

$$L = -\,M\left[c_1\,u_1 \sin \alpha_1 + (u_2{}^2 - u_1{}^2)\right]. \; . \; . \; . \; 171)$$

γ) für $\alpha = 0^0$ und $\alpha_2 = 0^0$ ist $L = L_t = -\,M\,u_2{}^2$, oder, wenn Q die sekundlich geförderte Flüssigkeitsmenge bedeutet

$$L = -\,\frac{\gamma}{g}\,Q \cdot u_2{}^2. \; . \; . \; . \; . \; . \; . \; . \; 172)$$

D. Manometrischer (hydraulischer) Wirkungsgrad η_h.

Derselbe sei definiert als Verhältnis der nützlichen Förderhöhe h zu H, wobei H die Summe aus h und allen Verlusthöhen infolge Flüssigkeitsreibungen, Stößen infolge Geschwindigkeitsänderungen etc. in Pumpe und Leitung bedeutet. (H wird auch öfters als manometrische Förderhöhe bezeichnet.)

$$\eta_h = \frac{h}{H}, \quad \ldots \ldots \ldots \ldots \quad 173)$$

Zähler und Nenner mit Mg (Gewicht der geförderten Flüssigkeit) multipliziert gibt

$$\eta_h = \frac{Mg\,h}{Mg\,H}, \quad \ldots \ldots \ldots \ldots \quad 174)$$

somit ist dieser manometrische Wirkungsgrad gleich dem Verhältnis der Nutzarbeit zur gesamten für die Flüssigkeitsförderung tatsächlich verbrauchten Arbeit. Der Einfluß des Spaltverlustes, der ja auch ein „hydraulischer" Verlust ist, ferner der mechanischen Reibungen wird in diesem Kapitel noch nicht berücksichtigt, hierüber weiter unten; mit Rücksicht auf den Spaltverlust wäre daher unser η_h als „reiner" hydraulischer Wirkungsgrad zu bezeichnen.

Um nun η_h für jede (somit auch nicht stoßfreie) Geschwindigkeit angeben zu können, müssen wir das Verhältnis $\dfrac{h}{H}$ oder $\dfrac{Mg\,h}{Mg\,H}$ bilden; Mg H ist nach der vorstehenden Auffassung nichts anderes als unsere Gesamtarbeit L Gleichung 145) bezw. 152) (alles auf die Sekunde bezogen, M ist ja auch die per Sekunde durchströmende Flüssigkeitsmasse); zur Bildung des Zählers ist für jedes c_2 aus der allgemeinen Beziehung das entsprechende h zu rechnen. Durch Mg $= F_2\,c_2\,\gamma$ kann entsprechend gekürzt werden. Es ist daher

$$\eta_h = \frac{F_2\,c_2\,\gamma\,h}{L} \quad \ldots \ldots \ldots \ldots \quad 175)$$

Da dieses Verfahren zu weiteren Bemerkungen keinen Anlaß gibt, sei nur auf das Zahlenbeispiel am Schlusse des Abschnittes verwiesen.

Wir wollen indes η_h für die 4 (S. 62) angegebenen Spezialfälle näher betrachten.

1. Geförderte Flüssigkeitsmenge gleich Null.

Die Definition des manometrischen (reinen hydraulischen) Wirkungsgrades muß für diesen Spezialfall modifiziert werden. Denn derselben zufolge würde hier wegen $Q\,\gamma = Mg = o$ nach

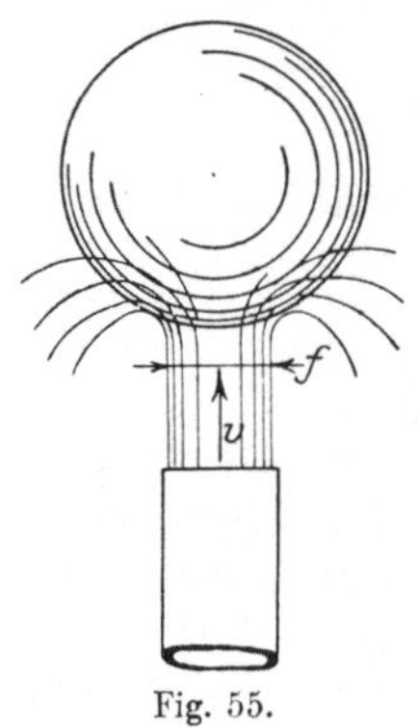

Fig. 55.

Gleichung 174) $\eta_h = \dfrac{o}{o}$, also unbestimmt; oder, da von „nützlicher" Förderhöhe, weil nichts gefördert wird, nicht die Rede sein kann, wäre nach Gleichung 173) $\eta_h = o$ zu setzen. Und doch hat die Pumpe auch jetzt eine Arbeit zu leisten, nämlich diejenige, welche nötig ist, um die Flüssigkeitssäule in der Höhe h_o (Gleichung 65), Seite 29) „schwebend" zu erhalten, sie muß die erforderliche sekundliche Schwebearbeit aufbringen. Der Wirkungsgrad ist daher hier zu setzen gleich dem Quotienten aus Schwebearbeit E durch die aufgewendete Arbeit der Pumpe L, d. i.

$$\eta_h = \frac{E}{L}. \quad \ldots \ldots \ldots \ldots \quad 176)$$

Der vorliegende Schwebezustand stellt sich als eine Aufeinanderfolge von Schwingungen unendlich kleiner Dauer und Amplitude infolge von kontinuierlichen Stößen dar. Diese entstehen dadurch, daß die in dem Laufrad enthaltene Flüssigkeit in die Diffuserleitkanäle einzutreten sucht, woran sie das Gewicht der in der Rohrleitung und in der Pumpe rings um das Laufrad befindlichen Flüssigkeit hindert. Die Flüssigkeit im Laufrad übt auf letztere (nach der Benennungsweise Prof. Budaus[1])) einen „kinetischen" Druck aus.

---

[1]) Ing. A. Budau, „Die mechanischen Grundgesetze der Flugtechnik", Sonderabdruck aus der „Zeitschrift des österreichischen Ingenieur- und

Nun zur Berechnung von E. Zunächst werde ein (etwa aus einem Springbrunnen) vertikal nach oben mit der Geschwindigkeit v austretender Flüssigkeitsstrahl (Fig. 55) vom Querschnitte f betrachtet, welcher eine Kugel vom Gewichte G schwebend erhält. Bezeichnet γ das spezifische Gewicht dieser Flüssigkeit, so ist durch

$$m = \frac{f \cdot v \cdot \gamma}{g} \quad \ldots \ldots \ldots \ldots \quad 177)$$

die sekundlich ausströmende Flüssigkeitsmasse gegeben. Damit die Kugel schwebt, ist erforderlich

$$G = m\,v \ldots \ldots \ldots \ldots \ldots \quad 178)$$

In dem austretenden Strahl ist die Energiemenge

$$E = \frac{m\,v^2}{2} \quad \ldots \ldots \ldots \ldots \quad 179)$$

enthalten.

Die Verbindung von Gleichung 178) und 179) liefert

$$E = \frac{G\,v}{2} \quad \ldots \ldots \ldots \ldots \quad 180)$$

als Arbeit per Sekunde (Schwebeeffekt), welche nötig ist, um die Kugel schwebend zu erhalten.

Diese Formel stimmt mit der von Professor Budau (in der in der Fußnote zitierten Schrift) für die Sekundenschwebearbeit eines Körpers in der Luft aufgestellten Gleichung überein (nur hat v dort natürlich eine etwas andere Bedeutung).

Nun kehren wir zur Zentrifugalpumpe zurück. Statt der Kugel ist hier eine Flüssigkeitssäule vom Gewichte

$$G = f \cdot h_0 \cdot \gamma \quad \ldots \ldots \ldots \ldots \quad 181)$$

vorhanden, wobei f deren Bodenfläche bezeichnet. h_0 und γ haben die schon wiederholt erwähnte Bedeutung. An Stelle des Flüssigkeitsstrahles tritt der Druck der im Laufrad befindlichen, (im Sinne der Auffassung des Vorganges als Schwingungserscheinung) um ein unendlich kleines Stück in die Diffuser-

---

Architekten-Vereines" 1903 nebst einem Anhange (Erwiderung auf die gemachten Einwendungen).

kanäle austretenden Flüssigkeit. In Gleichung 177) ist daher für f, den Querschnitt des austretenden Strahles, der lichte Querschnitt an der Eintrittstelle in die Diffuserleitkanäle senkrecht zur Bewegungsrichtung zu setzen, für welchen wir bisher die Bezeichnung F_w (s. S. 4) gebrauchten; ebenso ist F_w mit dem in Gleichung 181) auftretenden f identisch.

Daher schreibt sich das Gewicht der über dem Laufrad befindlichen Flüssigkeit nunmehr:

$$G = F_w \cdot h_0 \cdot \gamma. \qquad \qquad 182)$$

Das m in Gleichung 178) ist zu setzen:

$$m = \frac{F_w \cdot v \cdot \gamma}{g} \qquad \qquad 183)$$

und damit

$$G = \frac{F_w \cdot v \cdot \gamma}{g} \cdot v. \qquad \qquad 184)$$

v, das jetzt nur eine Rechnungsgröße ist, läßt sich als diejenige Geschwindigkeit vorstellen, welche ein sich vertikal nach aufwärts bewegender Flüssigkeitsstrahl vom Querschnitt F_w haben müßte, um eine Kugel vom Gewicht G gleich dem Gewicht unserer Flüssigkeitssäule schwebend zu erhalten.

Die Verbindung von Gleichung 182) und 184) liefert

$$F_w \cdot h_0 \cdot \gamma = \frac{F_w \cdot v^2 \cdot \gamma}{g}$$

somit

$$v^2 = h_0\, g, \qquad \qquad 185)$$

für h_0 die Beziehung 65) $h_0 = \dfrac{C \cdot u_2{}^2}{2\, g}$ berücksichtigt, gibt

$$v = u_2 \sqrt{\frac{C}{2}}. \qquad \qquad 186)$$

Mit Gleichung 65), 182), 186) geht unsere Schwebeeffektformel 180) schließlich über in

$$E = \frac{C \sqrt{2\, C}}{8} \cdot \frac{\gamma}{g} \cdot F_w \cdot u_2{}^3. \qquad \qquad 187)$$

Für $g = 9{\cdot}80868$ m/sek ist

$$E = 0{\cdot}0180226 \cdot C \sqrt{C}\, \gamma \, F_w\, u_2{}^3 \quad \ldots \ldots \quad 187\,\text{a})$$

(E in kgm/sek, alle anderen Größen in m bezw. m/sek und kg.)

Für Wasser als Förderflüssigkeit ($\gamma = 1000$) und $C \sim 1{\cdot}05$ ist

$$E = 19{\cdot}4 \cdot F_w \cdot u_2{}^3 \quad \ldots \ldots \ldots \quad 187\,\text{b})$$

(E in kgm/sek, F_w in qm, u_2 in m/sek) oder abgerundet, doch etwas zu groß

$$E \sim 20 \cdot F_w \cdot u_2{}^3. \quad \ldots \ldots \ldots \ldots \quad 187\,\text{c})$$

Nunmehr können wir den Wirkungsgrad $\eta_h = \dfrac{E}{L}$ rechnen, da L nichts anderes ist als die durch Gleichung 166) S. 63 dargestellte Sekundenarbeit

$$L = \frac{\zeta_0\, \gamma}{2\,g} \left[F_w \cdot \sin^3 \alpha_3 - F_1 \left(\frac{r_1}{r_2} \right)^3 \sin^2 \alpha_1 \right] u_2{}^3$$

Somit ergibt sich

$$\eta_h = \frac{C \sqrt{2\,C}}{4\,\zeta_0} \; \frac{1}{\left[\sin^3 \alpha_3 - \left(\dfrac{F_1}{F_w} \right) \left(\dfrac{r_1}{r_2} \right)^3 \sin^2 \alpha_1 \right]} \quad \ldots \quad 188)$$

oder, für C der Wert aus Gleichung 31) gesetzt,

$$\eta_h = \frac{\sqrt{2}}{4\,\zeta_0} \; \frac{\left[1 + (\zeta_0 \sin^2 \alpha_1 - 1) \left(\dfrac{r_1}{r_2} \right)^2 \right]^{\frac{3}{2}}}{\left[\sin^3 \alpha_3 - \left(\dfrac{F_1}{F_w} \right) \left(\dfrac{r_1}{r_2} \right)^3 \sin^2 \alpha_1 \right]} \quad \ldots \quad 189)$$

als theoretischer manometrischer Wirkungsgrad für den vorliegenden Fall $Q = o$.

Gleichung 189) liefert einen Wert für η_h, natürlich kleiner als 1. Der volumetrische Wirkungsgrad ist hier, da keine Flüssigkeit gefördert wird, daher, was übrigens nicht in voller Strenge zutrifft, auch keine Flüssigkeit verloren geht, gleich 1 zu setzen. Dagegen wird der effektive Wirkungsgrad eben wegen $Q = o$ gleich Null.

Nun werde noch ein Beispiel für die Berechnung von η_h durchgeführt.

Beispiel. Eine Pumpe mit 4 Laufrädern von 200 mm Durchmesser hat die Dimensionen: $F = 0{\cdot}488$ qdm, $F_1 =$

0.118 qdm, $F_2 = 0.197$ qdm, $F_3 = 0.341$ qdm, $F_w = 0.0642$ qdm,

dann $\dfrac{r_1}{r_2} = 0.5$, $\triangle \alpha = 0^0$, $\alpha_1 = 77^0$, $\alpha_2 = 42^0$, $\alpha_3 = 75^0$.

Dieselbe ist „stoßfrei" gebaut für eine Förderung von 10 lit/sek Wasser auf ca. 100 m bei 1670 Touren pro Min. ($u_2 = 17.49$ m/sek).

Als allgemeine Gleichung für die Wasserbewegung durch diese Pumpe ergibt sich, wenn h hier die manometrische Förderhöhe bedeutet:

$$6.22\, c_2{}^2 - 3.83\, c_2\, u_2 - 1.0475\, u_2{}^2 = -19.62\, h$$

(alles in m bezw. m/sek).

Hierzu nach Gleichung 166) für die „ganz geschlossene" Pumpe ($c_2 = o$) die aufgewendete Sekundenarbeit L gerechnet, gibt

$$L = \frac{\zeta_0\, \gamma}{2\, g}\, [F_w \sin^3 \alpha_3 - F_1 \left(\frac{r_1}{r_2}\right)^3 \sin^2 \alpha_1]\, u_2{}^3$$

$$= \frac{\zeta_0 \cdot 1000}{19.62}\, [0.000642 \sin^3 75^0 - 0.00118 \cdot 0.5^3 \cdot \sin^2 77^0]\, u_2{}^3$$

$$L = 0.02335 \cdot \zeta_0 \cdot u_2{}^3$$

Für $\zeta_0 = 1.25$, $u_2 = 17.49$ m/sek ist $L = 156$ kgm/sek pro 1 Laufrad, somit für die ganze Pumpe (ohne Berücksichtigung der mechanischen Verluste)

$$L_p = \frac{4 \cdot 156}{75} = 8.35 \text{ PS.}$$

Nun die Schwebearbeit pro Sekunde. $C = 1.0475$ für $\zeta_0 = 1.25$. Mit $u_2 = 17.49$ m/sek und den übrigen vorstehenden Angaben wird E pro 1 Rad nach Gleichung 187 a) gleich 66.2 kgm/sek; somit ist für 4 Räder und in PS die Gesamtschwebearbeit per Sekunde $E = 3.55$ PS.

Daher

$$\eta_h = \frac{E_p}{L_p} = \frac{3.55}{8.35} = 42\tfrac{1}{2}\,{}^0/_0.$$

Dieser (sehr geringe) Wert ist sofort anders zu beurteilen, wenn man bedenkt, daß der Koeffizient ζ_0 nicht genau bekannt ist. Rechnet man den Wert ζ_0 nach Gleichung 65) und 31) aus Versuchen zurück, so ergibt sich ζ_0 meist bedeutend kleiner als 1·25 (siehe hierüber auch S. 116 f.). Speziell für vorliegendes Beispiel lieferte die praktische Erprobung einer Pumpe mit vorstehenden Dimensionen bei 1670 Touren pro Min. pro 1 Rad $h_0 = 14·4$ m, daher

$$C = \frac{2\,g\,h_0}{u_2{}^2} = 0·926$$

(statt 1·0475 mit $\zeta_0 = 1·25$) und damit nach Gleichung 31)

$$\zeta_0 = 0·74.$$

Dieser Wert, in den Formeln für L bezw. E eingesetzt, ergibt

$$L_p = \frac{0·74}{1·25} \cdot 8·35 = 4·95 \text{ PS}$$

und $E = 55$ kgm/sek nach Gleichung 187 a) pro 1 Rad, daher für die ganze Pumpe $E_p = 2·96$ PS.

Mit diesen Zahlen ist

$$\eta_h = \frac{E_p}{L_p} = 60\,\%,$$

also bedeutend höher.

Der Versuch zeigte bei dieser Pumpe und 1670 Touren pro Min. einen Kraftbedarf von 5·6 PS gegenüber dem Rechnungsergebnis von 4·95 PS, ein Resultat, welches mit Rücksicht auf die Unsicherheit von ζ_0, ferner auf die in 5·6 PS enthaltenen mechanischen Verluste (zur Zeit des Versuches waren die Lager und Stopfbüchsen noch nicht eingelaufen) als recht befriedigend bezeichnet werden kann.

Es muß eben beachtet werden, daß in dem Falle $c_2 = o$, bei welchem in der allgemeinen Formel 145) für den Kraftbedarf L das erste von ζ_0 unabhängige Glied ganz wegfällt, ζ_0 eben als Faktor erscheint und daher wesentlichen Einfluß auf die Größe von L nimmt, weshalb die Kenntnis von ζ_0 hier besonders wichtig ist. Der Schwebeeffekt E ist zwar auch von ζ_0 abhängig, aber den Schwankungen dieses Wertes gegenüber viel unempfindlicher als L.

2. Maximale Flüssigkeitsmenge.

Da hier $h = o$ ist, geht η_h über in Null.

$$\eta_h = o \ldots \ldots \ldots \ldots \ldots 190)$$

3. Maximale Förderhöhen.

Hier sind in die Gleichung für η_h die sich aus der allgemeinen Beziehung ergebenden Größtwerte von h (S. 41, Gleichung 107)) einzuführen. Da dieser Fall zu weiteren Bemerkungen keinen Anlaß gibt, sei nur auf das Beispiel zum Schlusse des Abschnittes verwiesen.

4. Stoßfreie Geschwindigkeiten.

Für diesen Fall geht η_h wegen der hier auftretenden geringsten Verluste (nur Reibungsverluste bezw. Spaltverlust) in seinen größten Wert über.

Und zwar ist

$$\eta_h = \frac{M\,g\,h}{L} = \frac{M\,g\,h}{M\left[u_2{}^2 - u_1{}^2 + c_1\,u_1\,\sin\alpha_1 - u_2\,c_2\,\sin\alpha_2\right]} \quad . \quad 191)$$

Für den stoßfreien Fall war Gleichung 75)

$$-2\,g\,h = (1+\zeta_1)\,c^2 - c_1{}^2 + (1+\zeta_2)\,c_2{}^2 + (\lambda+\zeta_3)\,c_3{}^2 - u_2{}^2 + u_1{}^2 - w_2{}^2 \quad 192)$$

ferner ist:

$$\left.\begin{aligned} w_2{}^2 &= c_2{}^2 + u_2{}^2 - 2\,u_2\,c_2\,\sin\alpha_2 \\ c^2 &= c_1{}^2 + u_1{}^2 - 2\,c_1\,u_1\,\sin\alpha_1 \end{aligned}\right\} \quad \ldots \ldots \quad 193)$$

somit

$$2\,g\,h = 2\,(u_2{}^2 - u_1{}^2 + c_1\,u_1\,\sin\alpha_1 - u_2\,c_2\,\sin\alpha_2) - \zeta_1\,c^2 - \zeta_2\,c_2{}^2 - (\lambda+\zeta_3)\,c_3{}^2.$$

Dies in Gleichung 191) berücksichtigt, gibt die Gleichung

$$\eta_h = \frac{2\,g\,h}{2\,g\,h + \zeta_1\,c^2 + \zeta_2\,c_2{}^2 + (\lambda+\zeta_3)\,c_3{}^2} \quad \ldots \ldots \quad 194)$$

es geht also hier der Nenner, wie es sein muß, in die Summe aus Förderhöhe und Reibungsverlusthöhen über.

Für den Spezialfall $\alpha = o^0$ gilt mit Berücksichtigung von Gleichung 170)

$$\eta_h = \frac{g\,h}{u_2{}^2 - u_2\,c_2\,\sin\alpha_2} \quad \ldots \ldots \ldots \quad 195)$$

was sich auch schreiben läßt:

$$\eta_h = \frac{g\cdot h}{u_2{}^2} \cdot \frac{\sin(\alpha_2 + \alpha_3)}{\sin\alpha_3\,\cos\alpha_2} \quad \ldots \ldots \quad 195\,a)$$

Für $a_2 = 0^0$ ist

$$\eta_h = \frac{g\,h}{c_1\,u_1\,\sin\alpha_1 + (u_2{}^2 - u_1{}^2)} \quad\cdots\cdots\quad 196)$$

und für $a_2 = 0^0$ und $a = 0^0$

$$\eta_h = \frac{g\,h}{u_2{}^2} \cdot \quad\cdots\cdots\cdots\quad 197)$$

Anschließend soll noch gezeigt werden, daß η_h für die jeweiligen stoßfreien Geschwindigkeiten (d. i. bei wechselndem u_2) gleich bleibt.

Wir hatten

$$\eta_h = \frac{2\,g\,h}{2\,g\,h + \zeta_1\,c^2 + \zeta_2\,c_2{}^2 + (\lambda + \zeta_3)\,c_3{}^2} =$$

$$\frac{2\,g\,h}{2\,g\,h + \left[\zeta_1\left(\frac{F_2}{F}\right)^2 + \zeta_2 + (\lambda + \zeta_3)\left(\frac{F_2}{F_3}\right)^2\right]c_2{}^2}$$

Wir setzen

$$k = \zeta_1\left(\frac{F_2}{F}\right)^2 + \zeta_2 + (\lambda + \zeta_3)\left(\frac{F_2}{F_3}\right)^2 = \text{konstant.} \qquad 198)$$

Somit

$$\eta_h = \frac{2\,g\,h}{2\,g\,h + k\,c_2{}^2} = \frac{1}{1 + \dfrac{k}{2\,g\,h}}$$

für $2\,g\,h$ aus Gleichung 192) eingesetzt und Gleichung 198) berücksichtigt ergibt:

$$\eta_h = \frac{1}{1 + \dfrac{k\,c_2{}^2}{2\,(u_2{}^2 + u_2\,c_2\,\sin\alpha_2 - u_1{}^2 + u_1\,c_1\,\sin\alpha_1) - k\cdot c_2{}^2}}.$$

Für die stoßfreien Fälle ist nach dem Sinussatz:

$$u_2 = c_2 \cdot \frac{\sin(\alpha_2 + \alpha_3)}{\cos\alpha_3} \quad \text{und} \quad u_1 = c_1\,\frac{\sin(\alpha + \alpha_1)}{\cos\alpha},$$

somit

$$u_2{}^2 - u_2\,c_2\,\sin\alpha_2 - u_1{}^2 + u_1\,c_1\,\sin\alpha_1 = c_2{}^2\left[\frac{\sin^2(\alpha_2 + \alpha_3)}{\cos^2\alpha_3} - \right.$$

$$\frac{\sin\alpha_2}{\cos\alpha_3}\,\sin(\alpha_2 + \alpha_3) - \left(\frac{\sin^2(\alpha + \alpha_1)}{\cos^2\alpha} - \frac{\sin\alpha_1\cdot\sin(\alpha + \alpha_1)}{\cos\alpha}\right)\left(\frac{F_2}{F_1}\right)^2\left.\right] = k_1\cdot c_2{}^2,$$

wobei k_1 ein konstanter Wert ist.

Somit

$$\eta_{\mathrm{h}} = \frac{1}{1 + \dfrac{k}{2\,k_1 - k}} = \frac{2\,k_1 - k}{2\,k_1} \quad \ldots \quad 199)$$

Daher ist η_{h} ein konstanter von c_2 unabhängiger Wert. Für dieselbe Pumpe und Leitung ist mithin η_{h} für alle stoßfreien Geschwindigkeiten gleich. Ändert sich dagegen die Leitungslänge, so ändert sich λ, damit auch k und η_{h}.

Bemerkung 1. Wenn es sich um genaue Bestimmung des Güte grades einer Pumpe allein handelt, muß das Glied $\lambda\,c_3^2$ in Gleichung 194) weggelassen werden, da dasselbe die Reibung der Rohrleitung enthält.

Bei langen Leitungen kann sich dasselbe schon sehr fühlbar machen, und zwar nimmt η_{h} mit wachsender Rohrreibung natürlich ab. Wird $\lambda\,c_3^2$ in Gleichung 194) weggelassen, so ist η_{h} der Wirkungsgrad der Pumpe allein, bleibt $\lambda\,c_3^2$ in Gleichung 194), so ist η_{h} als Wirkungsgrad der ganzen Anlage (Pumpe und Leitungen) aufzufassen.

Als Beispiel werde die theoretische Größe von η_{h} im stoßfreien Fall für unsere Pumpe (Beispiel 1, S. 12) ausgerechnet.

$$\eta_{\mathrm{h}} = \frac{2\,\mathrm{g}\,\mathrm{h}}{2\,\mathrm{g}\,\mathrm{h} + c_2^2 \left[\zeta_1 \left(\dfrac{F_2}{F_1} \right)^2 + \zeta_2 + (\lambda + \zeta_3) \left(\dfrac{F_2}{F_3} \right)^2 \right]} \,;$$

für $\lambda \sim 31$ (d. i. entsprechend einer ~ 75 m langen Leitung von 60 mm l.W. ergibt sich (alle Dimensionen nach S. 12) bei $u_2 = 15{\cdot}7$ m/sek und c_2 (stoßfrei) $= 3{\cdot}65$ m/sek (wobei h $= 22$ m)

$$\eta_{\mathrm{h}} = 84{\cdot}5\,\% \;(\text{Maximalwirkungsgrad}).$$

Lassen wir hingegen das Glied mit λ weg, so wird $\eta_{\mathrm{h}} = 95\,\%$, also ein sehr bedeutender Unterschied, der für Garantieversuche nicht mehr gleichgültig ist.

Bemerkung 2. Die Rohrreibung, welche in λ zum Ausdruck kommt, ist außer c_3^2 noch proportional $\dfrac{l}{d}$, ferner dem Koeffizienten ζ_{r}, den wir für Wasser $0{\cdot}025$ gesetzt haben; derselbe ist, wie schon früher erwähnt, nicht streng konstant, sondern von der Durchflußgeschwindigkeit, daher auch von c_2 abhängig, was unser Schlußergebnis, Gleichung 199) modifiziert.

Bemerkung 3. Wir hatten allgemein

$$\eta_{\mathrm{h}} = \frac{M_{\mathrm{g}}\,h}{L}$$

definiert; L die Gesamtarbeit pro Sekunde, h die jeweils aus Gleichung 28) sich ergebende Förderhöhe. Wir sahen, daß für dieselbe Pumpe η_h von $c_2 = o$ bis $c_2 =$ Maximum starken Veränderungen unterliegt, eine wirklich zutreffende Beurteilung der Güte der Pumpenkonstruktion ist jedoch nur in dem Falle, für den sie gebaut ist, d. i. für gewöhnlich der stoßfreie Fall, möglich.

E. Volumetrischer und Gesamtwirkungsgrad.

Bisher haben wir nur jener Verluste gedacht, welche eine Verringerung der Förderhöhe zur Folge haben, und den durch diese erzielten Wirkungsgrad den (reinen) hydraulischen (η_h) genannt. Nun treten aber bei derartigen Pumpen noch andere Verluste auf, u. zw. in erster Linie der „Spaltverlust" (Flüssigkeitsverlust durch den Spalt), welcher dadurch entsteht, daß bei den praktischen Ausführungen der Zwischenraum („Spalt") zwischen Laufrad und Leitrad nicht unendlich schmal sein kann, wie es in der Theorie angenommen wird, daher eine gewisse Flüssigkeitsmenge, statt in die Leitkanäle einzutreten, an der Radaußenseite zurückzuströmen sucht. Auch dieser Verlust ist ein „hydraulischer". Bezeichnen wir mit q das durch diesen Spaltverlust, ferner eventuell noch durch Undichtheiten und dergl. verloren gehende Flüssigkeitsvolumen, so ist, wenn mit Q das nützliche durch das Laufrad per Sekunde strömende Flüssigkeitsvolumen bezeichnet ist,

$$Q_1 = Q + q = Q + (1 - \eta_v)\,Q \quad \ldots \ldots \quad 200)$$

die gesamte zu fördernde Flüssigkeitsmenge, wenn η_v der „volumetrische" Wirkungsgrad der Zentrifugalpumpe genannt wird.

Da nun q Flüssigkeit mehr gefördert werden muß, als die nützliche Flüssigkeitsmenge beträgt, so gilt, wenn H die Gesamtförderhöhe und γ das spezifische Gewicht der Flüssigkeit bedeutet, für den Arbeitsbedarf per Sekunde N der Pumpe in PS

$$N = \frac{H\,Q\,\gamma}{\eta_h \cdot 75} + \frac{H\,q\,\gamma}{\eta_h \cdot 75} = \frac{H\,Q\,\gamma}{\eta_h \cdot 75}\,(1 + 1 - \eta_v)$$

$$= \frac{H\,Q\,\gamma}{75} \cdot \frac{2 - \eta_v}{\eta_h} = \frac{H\,Q\,\gamma}{75} \cdot \frac{1}{\eta}, \quad \ldots \ldots \quad 201)$$

wobei der schließliche hydraulische Wirkungsgrad η gleich ist

$$\eta = \eta_h \cdot \frac{1}{2 - \eta_v} \quad\ldots\ldots\ldots\ldots\; 202)$$

Nun treten aber auch noch mechanische (Zapfen- etc.) Reibungen auf (u. a. auch infolge der (S. 52, 54) erwähnten radialen Komponenten der Geschwindigkeitsänderung); wenn daher mit η_m der „mechanische" Wirkungsgrad der Pumpe bezeichnet wird, so ergibt sich als „effektiver" oder „Gesamt"-wirkungsgrad η_e der Pumpe

$$\eta_e = \eta \cdot \eta_m \quad\ldots\ldots\ldots\ldots\; 203)$$

Daher ist schließlich der Gesamtkraftbedarf zur Förderung von Q Volumeinheiten Flüssigkeit per Sek. auf H m Höhe in PS

$$N = \frac{Q\,H\,\gamma}{\eta_e \cdot 75} \quad\ldots\ldots\ldots\ldots\; 204)$$

Diese allgemein übliche Formel hat den Nachteil, daß $N = o$ wird, für $Q = o$ und $H = o$; wir sahen jedoch bei Aufstellung der Gleichungen für L (S. 63), daß auch für $Q = o$ eine Leistung größer als Null aufzuwenden ist; es dürfte sich daher empfehlen, den Ausdruck Gleichung 204) folgendermaßen zu schreiben:

$$N = \frac{L}{75 \cdot \eta_m} + \frac{H \cdot q \cdot \gamma}{\eta_h \cdot \eta_m \cdot 75} = \frac{L}{75 \cdot \eta_m} + \frac{H\,Q\,\gamma\,(1 - \eta_v)}{75\,\eta_m \cdot \eta_h} \quad.\;\; 205)$$

Für L ist der im Vorstehenden gewonnene Ausdruck (in kgm) einzuführen; in Gleichung 205) verschwindet für $H = o$ bezw. $Q = o$ nur das zweite Glied. Zu bemerken ist, daß auch diese Formel den Tatsachen nicht ganz entspricht, weil auch für $H = o$ oder $Q = o$ noch Spaltverluste auftreten, die auch Gleichung 205) nicht anzeigt.

Im Falle der Verwendung von n Rädern in einem Gehäuse gelten die Formeln für jedes Rad, es ist die Sekundenarbeit aller Räder zusammen

$$L_{gesamt} = L \cdot n \quad\ldots\ldots\ldots\ldots\; 206)$$

im übrigen gelten die in diesem Abschnitte aufgestellten Gleichungen ungeändert, nur ist unter H stets die „Gesamt-förderhöhe", unter Q die „Gesamtflüssigkeitsmenge" zu verstehen. Sind z. B. bei einer sechsräderigen Pumpe mit doppeltem Flüssigkeitseintritte je 3 Räder „auf Druck" „hintereinander geschaltet", so ist $H = 3\,h$, $Q = 2\,q$, wenn h, q die Förderhöhe pro 1 Rad bezw. die durch ein Rad gehende Flüssigkeitsmenge bezeichnen. Zu bemerken ist, daß sich der Einfluß der mechanischen Reibungen bei mehrrädrigen Pumpen auf alle Räder verteilt, der Gesamtwirkungsgrad daher relativ günstiger ist als bei Pumpen mit einem Rad. Auch die bei Pumpen mit gerader Räderzahl leicht herzustellende (ganze oder teilweise) „Entlastung" von achsialen Drücken, welche ebenfalls eine Hebung des Gesamtwirkungsgrades zur Folge haben kann, sei hiermit kurz erwähnt.

    Bemerkung. In Gleichung 205) wurde in dem Glied mit L das η_h nicht mehr hinzugefügt, da die hydraulischen (Druck-)verluste in L schon enthalten sind; praktisch wird der Arbeitsbedarf mit dem theoretisch gerechneten nie ganz stimmen, weshalb man sich mit Koeffizienten wird behelfen bezw. das η_h überhaupt praktischen Erfahrungen gemäß wird annehmen müssen.

F. Aufstellung der allgemeinen Kraftbedarfsgleichung auf dem Versuchswege.

    Ähnlich, wie die Beziehung von h, u_2 und c_2 im ersten Abschnitt, läßt sich auch die Kraftbedarfsgleichung einer ausgeführten Pumpe, deren Dimensionen man zwar nicht kennt, an welcher man jedoch L, u_2 und Q messen kann, aufstellen.

    Der Gesamtkraftbedarf ergab sich nämlich in der Form:

$$L = r \cdot n \cdot Q^2 + s \cdot n^2 \cdot Q + t \cdot n^3 \quad\ldots\ldots\ldots \text{207)}$$

(Q Flüssigkeitsmenge pro Sekunde, n Tourenzahl pro Min.), wenn für

$$c_2 \ldots \frac{Q}{F_2}, \quad \text{für } u_2 \ldots \frac{2\,r_2\,\pi}{60} \cdot n$$

eingeführt wird, und r, s, t die aus den Gleichungen 146) bis 150) herrührenden Konstanten bedeuten.

    L, Q, n sind zu messen; aus mindestens 3 Versuchen lassen sich dann r, s, t berechnen, und nun läßt sich die gesuchte Gleichung aufstellen.

G. Beispiele.

Im folgenden sei für unsere Beispiele 1 (S. 12) und 2 b (S. 14) der Kraftbedarf berechnet.

Beispiel 1.	**Beispiel 2 b.**

Die Einsetzung der Zifferwerte in unsere Gleichungen 155) bis 163) ergibt (u_2 und c_2 in m/sek) alles für $u_2 = 15\cdot7$ m/sek (1500 Touren pro Min.)

1.
$$L_t = \frac{F_2\,\gamma}{g}\left[\sin\alpha_2 - \frac{r_1}{r_2}\frac{F_2}{F_1}\sin\alpha_1\right]u_2\,c_2{}^2 - \left[1 - \left(\frac{r_1}{r_2}\right)^2\right]u_2{}^2\,c_2$$

Beispiel 1.

$$= -\frac{0\cdot00143\cdot1000}{9\cdot81}\cdot0\cdot6\cdot2\cdot65\cdot15\cdot7\cdot0\cdot985\,c_2{}^2 -$$

$$\frac{1000\cdot0\cdot00143}{9\cdot81}[1 - 0\cdot6^2]\,246\cdot5\,c_2$$

$$\left.\begin{array}{l} L_t = -\,3\cdot33\,c_2{}^2 - 21\cdot3\,c_2 \text{ in kgm/sek} \\ \quad = -\,0\cdot0433\,c_2{}^2 - 0\cdot285\,c_2 \text{ in PS} \end{array}\right\}\ c_2 \text{ in m/sek}$$

2. L' ergibt sich sich analog durch Einsetzen:

$$L' = 3\cdot33\,c_2{}^2 - 12\cdot05\,c_2 \text{ in kgm/sek}$$
$$= 0\cdot0433\,c_2{}^2 - 0\cdot161\,c_2 \text{ in PS}$$

Beispiel 2 b.

$$= \frac{0\cdot00274\cdot1000}{9\cdot81}[0\cdot755 - 0\cdot525\cdot1\cdot97\cdot0\cdot972]\,15\cdot75\,c_2{}^2 -$$

$$\frac{0\cdot00274\cdot1000}{9\cdot81}(1 - 0\cdot525^2)\,15\cdot75^2\cdot c_2$$

$$\left.\begin{array}{l} L_t = -\,0\cdot785\,c_2{}^2 - 50\cdot2\,c_2 \text{ in kgm/sek} \\ \quad = -\,0\cdot01045\,c_2{}^2 - 0\cdot67\,c_2 \text{ in PS} \end{array}\right\}\ c_2 \text{ in m/sek}$$

2. Analog ergibt sich durch Einsetzen:

$$L' = 4\cdot38\,c_2{}^2 - 19\cdot2\,c_2 \text{ in kgm/sek}$$
$$= 0\cdot0582\,c_2{}^2 - 0\cdot256\,c_2 \text{ in PS}$$

3. $L'' = -9{\cdot}25\,c_2{}^2 + 33{\cdot}3\,c_2$ in kgm/sek

$= -0{\cdot}123\,c_2{}^2 + 0{\cdot}433\,c_2$ in PS

3. $L'' = -15{\cdot}8\,c_2{}^2 + 69{\cdot}2\,c_2$ in kgm/sek

$= -0{\cdot}212\,c_2{}^2 + 0{\cdot}922\,c_2$ in PS

4. Als Kontrolle: a) L_o aus der direkten Formel berechnet.

$$L_o = -\frac{F_2\,\gamma}{g}\left[\frac{F_2}{F_w}\sin\alpha_3 - \frac{F_2}{F_1}\frac{r_1}{r_2}\sin\alpha\right]u_2\,c_2{}^2$$

$= -9{\cdot}25\,c_2{}^2$ kgm/sek

$= -0{\cdot}123\,c_2{}^2$ PS

$= -12{\cdot}45\,c_2{}^2$ kgm/sek

$= -0{\cdot}166$ PS

b) als Summe von $L_t + L' + L''$ berechnet.

5. $L_1 = -0{\cdot}006\,c_2{}^2 - 0{\cdot}68\,c_2 + 2{\cdot}53$ kgm/sek

$= -0{\cdot}00008\,c_2{}^2 - 0{\cdot}00905\,c_2 + 0{\cdot}0337$ PS

5. $L_1 = -0{\cdot}064\,c_2{}^2 - 4{\cdot}6\,c_2 + 21{\cdot}2$ kgm/sek

$= -0{\cdot}000852\,c_2{}^2 - 0{\cdot}0612\,c_2 + 0{\cdot}282$ PS

6. $L_2 = +0{\cdot}297\,c_2{}^2 + 19{\cdot}2\,c_2 - 73{\cdot}5$ kgm/sek

$= 0{\cdot}00395\,c_2{}^2 + 0{\cdot}256\,c_2 - 0{\cdot}98$ PS

6. $L_2 = -1{\cdot}88\,c_2{}^2 + 61\,c_2 - 227$ kgm/sek

$= -0{\cdot}0251\,c_2 + 0{\cdot}811\,c_2 - 3{\cdot}02$ PS

7. Gesamtarbeit: $L = L_t + L' + L'' + L_1 + L_2.$

$L = -8{\cdot}959\,c_2{}^2 + 18{\cdot}52\,c_2 - 70{\cdot}97$ kgm/sek

$= -0{\cdot}119\,c_2{}^2 + 0{\cdot}246\,c_2 - 0{\cdot}942$ PS

(für $c_2 = 0$, $L = -0{\cdot}942$ PS)

$L = -14{\cdot}394\,c_2{}^2 + 56{\cdot}4\,c_2 - 206{\cdot}8$ kgm/sek

$= -0{\cdot}191\,c_2{}^2 + 0{\cdot}75\,c_2 -- 2{\cdot}75$ PS

(für $c_2 = 0$, $L = -2{\cdot}75$ PS)

In den folgenden Figuren 56—62 sind für das Beispiel 2b die einzelnen L, deren Gleichungen wir berechneten, bei $u_2 = 15\cdot7$ m/sek gezeichnet, wobei bemerkt sei, daß in diesen und den folgenden Figuren aufzuwendende (negative) Arbeiten

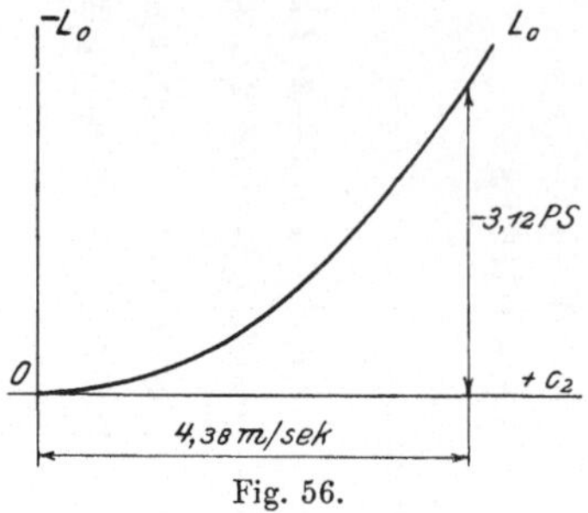

Fig. 56.

pro Sekunde nach oben aufgetragen sind. Abszisse ist überall das c_2, ($c_2\,F_2 = Q$, dem stoßfreien Punkt entspricht $c_2 = 4\cdot38$ m/sek).

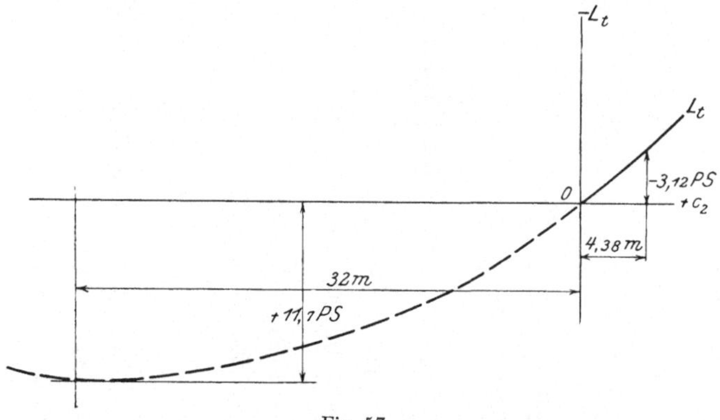

Fig. 57.

Aus Fig. 62 ist ersichtlich, daß der Scheitel der Parabel für L (Gesamtkraftbedarf pro Sek.) weder mit dem „stoßfreien" noch mit dem Punkt „maximaler Förderhöhe" zusammenfällt. Der größte Wirkungsgrad hingegen liegt beim stoßfreien Punkt (im Scheitelpunkt ist eben c_2, d. h. die geförderte Flüssigkeitsmenge und daher auch der Kraftbedarf viel kleiner).

Wir bilden nun noch folgende Sekundenarbeiten:

$L_1' = L_1 + L'$ (der Gesamteinfluß der Geschwindigkeitsänderung für den Laufradeintritt)

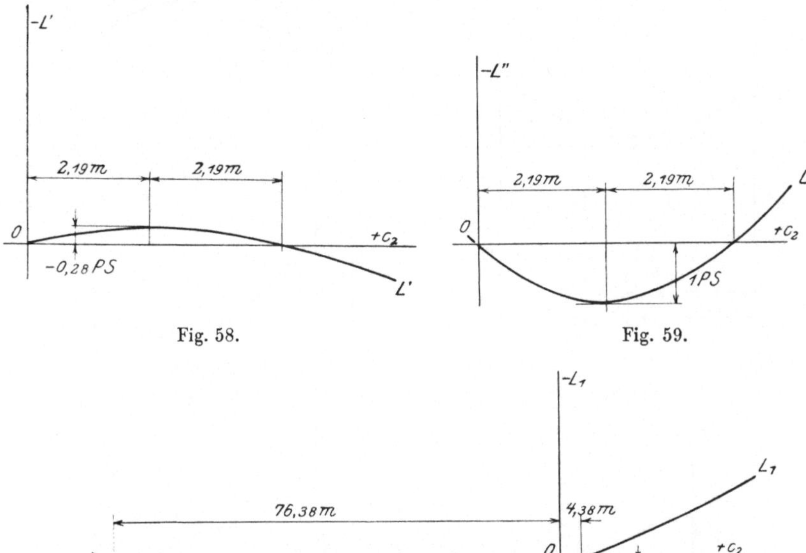

Fig. 58.

Fig. 59.

Fig. 60.

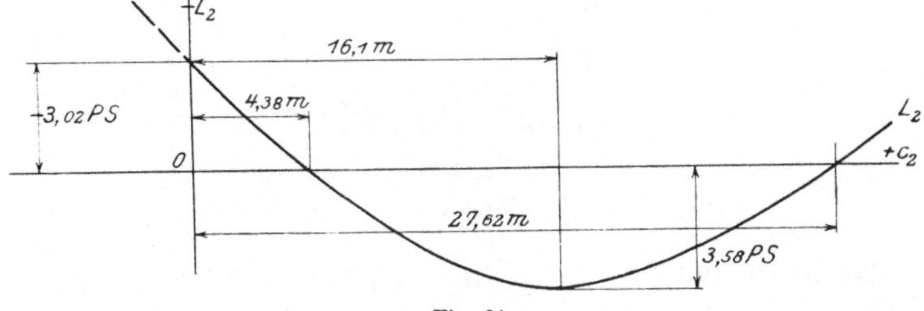

Fig. 61.

$L_2' = L_2 + L''$ (der Gesamteinfluß der Geschwindigkeitsänderung für den Austritt)

$L_s = L_1' + L_2''$ (Gesamteinfluß der Geschwindigkeitsänderungen überhaupt). (L daher $= L_t + L_s$.)

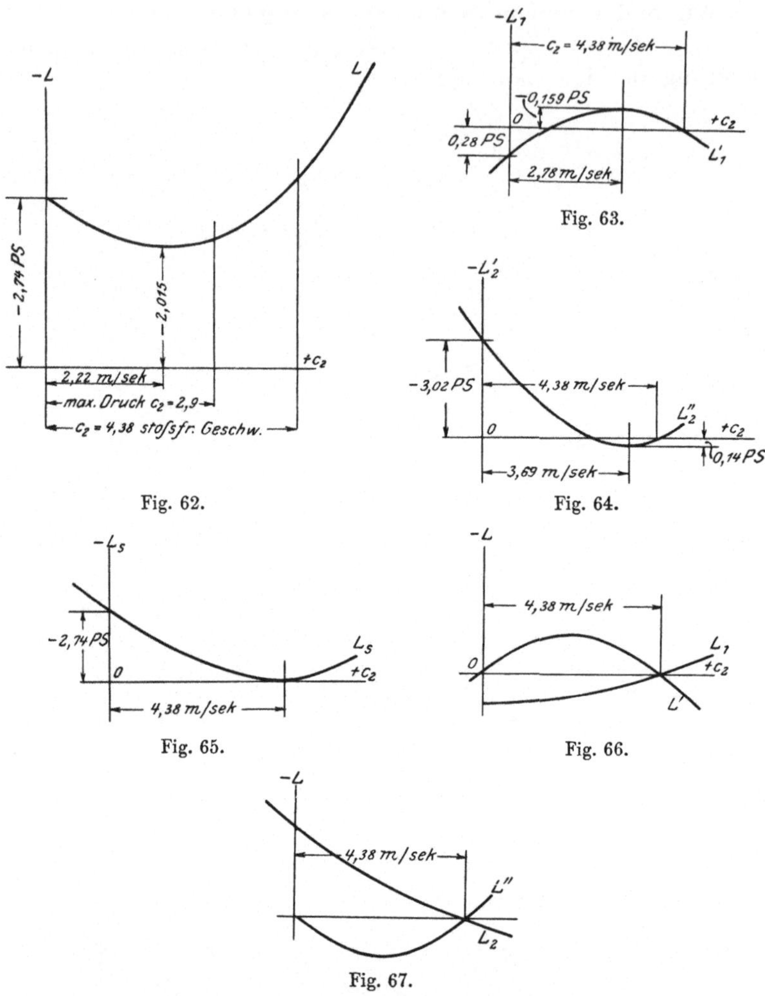

Fig. 62.

Fig. 63.

Fig. 64.

Fig. 65.

Fig. 66.

Fig. 67.

Für unser Beispiel 2 b ergibt sich bei $u_2 = 15{\cdot}7$ m/sek

$$L_1' = 0{\cdot}0573\, c_2{}^2 - 0{\cdot}317\, c_2 + 0{\cdot}282 \text{ in PS, } c_2 \text{ in m/sek (Fig. 63)}$$
$$L_2'' = -0{\cdot}237\, c_2{}^2 + 1{\cdot}73\, c_2 - 3{\cdot}02 \text{ in PS (Fig. 64)}$$
$$L_s = -0{\cdot}1796\, c_2{}^2 + 1{\cdot}416\, c_2 - 2{\cdot}738 \text{ in PS (Fig. 65).}$$

In Fig. 66, 67 sind L' und L_1 bezw. L'' und L_2 je in ein Schaubild ebenfalls für Beispiel 2 b zusammengezeichnet.

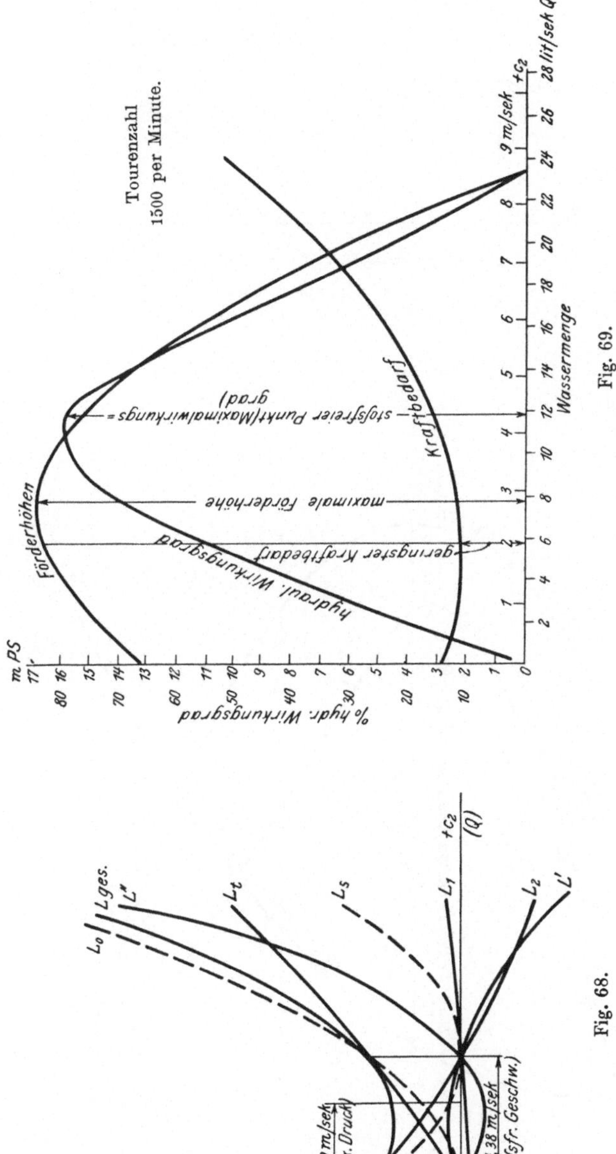

¹) Fig. 68 ist im Maßstabe 3 : 4 verkleinert wiedergegeben.

-L2
3,5 m/sek
(stoßfrei)
L2
-5,1 PS
-c2
-0,98 PS
+c2
0
32,3 m/sek

Fig. 70.

% hydraulischer Wirkungsgrad
PS Kraftbedarf
Meter Förderhöhe
Förderhöhen in Metern
Tourenzahl 1500 per Minute.
Kraftbedarf
hydraul. Wirkungsgrad in %
Maximal. hydr. Wirkungsgrad (Stoßfreier Punkt)
Maximale Förderhöhe
Kraftbedarf in PS
geringster
m/sek +c2
lit/sek Q
Wassermenge

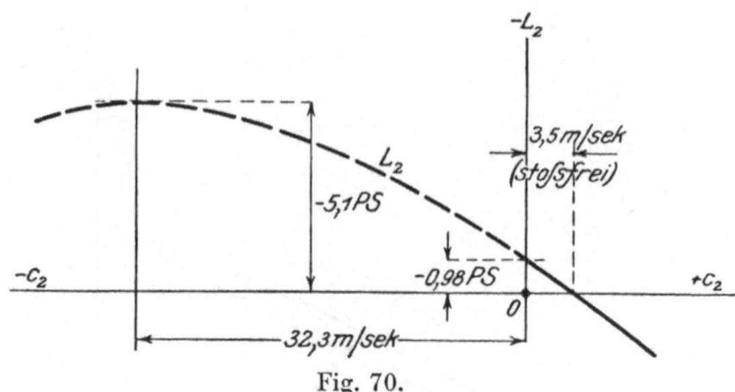

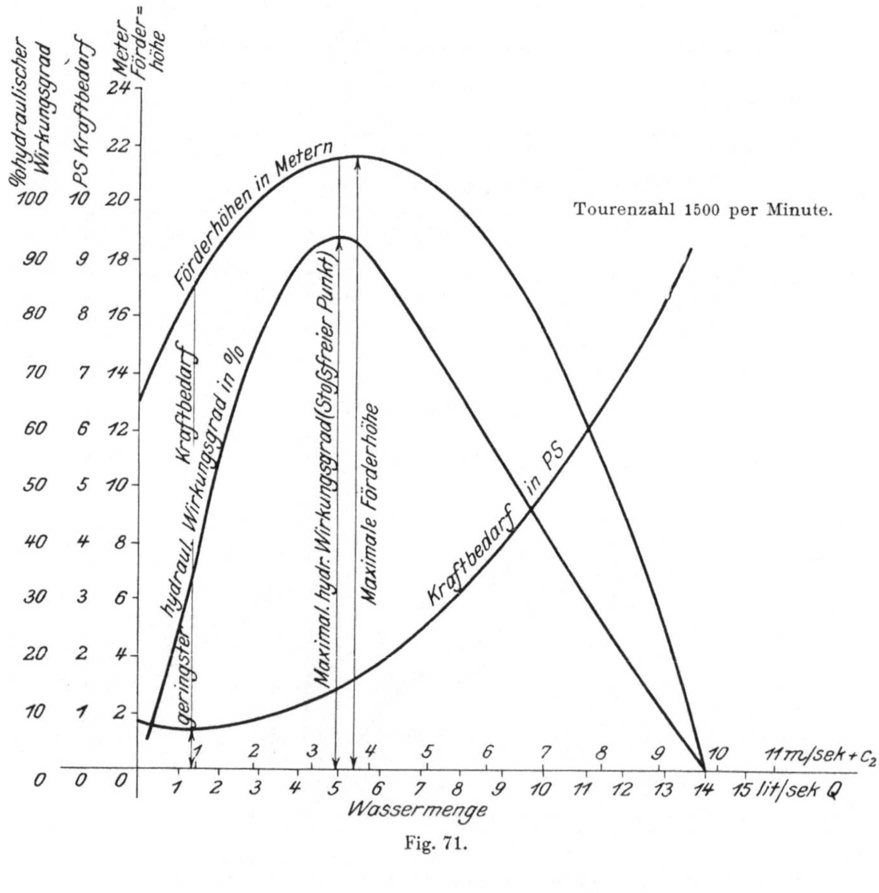

Fig. 71.

In Fig. 68 sind alle Einzelkurven unseres Beispieles 2b in gleichem Maßstabe dargestellt, sowie der Punkt stoßfreier Geschwindigkeit und derjenige maximaler Förderhöhe angegeben. Die Kurven sind für eine konstante Tourenzahl von 1500 pro Min. ($u_2 = 15{\cdot}7$ m/sek) gezeichnet. (Die Abszissen geben fur den Maßstab 5 mm $= 2{\cdot}74$ lit/sek[1]) die Wassermenge direkt an.)

In Fig. 69 sind für dasselbe Beispiel und dieselbe Tourenzahl die $h\,c_2$- (bezw. $h\,Q$-) Kurve, die Kraftbedarf- und die Kurve des hydraulischen Wirkungsgrades zusammengestellt. Der Maximalwirkungsgrad ergibt sich, wie erwähnt, im Punkte der stoßfreien Geschwindigkeiten.

Die Kurven des Beispieles 1 (S. 78) haben prinzipiell denselben Verlauf, nur tritt hier (s. Bemerk. S. 60) der Fall ein, daß $\cos(\alpha_2 + \alpha_3)$ positiv ist (im Beispiel 2b war $\cos(\alpha_2 + \alpha_3)$ negativ), die Kurve L_2 daher die in Fig. 70 gezeichnete Form hat.

Fig. 71 zeigt für Beispiel 1 den theoretischen Gesamtkraftbedarf (exkl. Spaltverlust und mechanischer Reibungen), Förderhöhen und hydraulische Wirkungsgrade für die Tourenzahl 1500 pro Min. ($u_2 = 15{\cdot}7$ m/sek); die Lage des stoßfreien Punktes, der maximalen Förderhöhe sowie des absolut geringsten Kraftbedarfes ist in derselben hervorgehoben. (Der relativ geringste Kraftbedarf ($\eta_h =$ max) tritt für den stoßfreien Punkt ein.)

---

[1]) Fig. 68 ist im Maßstabe $3:4$ verkleinert wiedergegeben.

Vierter Abschnitt.

Der Spaltüberdruck.

———

Bezeichnet wie im ersten Abschnitt a_2 den Druck (Piezometerstand) im Spalt zwischen Laufrad und Diffuserkanälen, a_1 den Druck (Piezometerstand) am Laufradeintritt, so ist $a_2 - a_1$ der sogenannte Spaltüberdruck.

Ist $a_2 > a_1$, so sucht die Flüssigkeit aus dem Spalt zwischen Laufrad und (Diffuser-) Leitrad auszutreten und zur Laufradeintrittstelle zurückzufließen; für $a_2 < a_1$ („negativer“ Spaltüberdruck im Gegensatz zu „positivem“ bei $a_2 > a_1$) erfolgt hingegen ein Ansaugen nach dem Spalt am Laufradaustritt zu, die Flüssigkeit stört die Vorgänge im Spalt dann mehr als im 1. Fall; negativer Spaltüberdruck ist daher unbedingt zu vermeiden. Es werde nun untersucht, wie groß dieser Überdruck ist, und von welchen Größen er abhängt.

Wir beschränken uns hierbei auf den Fall stoßfreier Geschwindigkeiten.

Gleichung 71) S. 32 liefert uns die Größe des Spaltüberdruckes:

$$a_2 - a_1 = \frac{1}{2\,g} \left[u_2{}^2 - u_1{}^2 + c_1{}^2 - (1 + \zeta_2)\, c_2{}^2 \right], \quad \ldots \quad 208)$$

was sich auch schreiben läßt in der Form:

$$2\,g\,(a_2 - a_1) = u_2{}^2 \left[1 - \left(\frac{r_1}{r_2} \right)^2 \right] - c_2{}^2 \left[(1 + \zeta_2) - \left(\frac{F_2}{F_1} \right)^2 \right]. \quad 208\,a)$$

Hieraus ergibt sich ein

$$\text{Spaltüberdruck} = o \ \text{für} \ \left(\frac{u_2}{c_2} \right)^2 = \frac{1 + \zeta_2 - \left(\dfrac{F_2}{F_1} \right)^2}{1 - \left(\dfrac{r_1}{r_2} \right)^2}, \quad \ldots \quad 209)$$

ferner

$$\left.\begin{array}{l}\text{Spaltüberdruck positiv}\\\text{Spaltüberdruck negativ}\end{array}\right\} \text{ für } \left(\frac{u_2}{c_2}\right)^2 \gtrless \frac{1+\zeta_2-\left(\frac{F_2}{F_1}\right)^2}{1-\left(\frac{r_1}{r_2}\right)^2} \quad\ldots\ 210)$$

In Gleichung 208 a) ist $\frac{F_2}{F_1} = \frac{c_1}{c_2}$, für Hochdruckpumpen ist (im allgemeinen) $c_1 > c_2$, infolgedessen das Glied mit $c_2{}^2$ positiv, da ferner $1 - \left(\frac{r_1}{r_2}\right)^2$ bei den üblichen Werten von $\frac{r_1}{r_2}$ etwa um 0·75 liegt, und u_2 stets viel größer ist als c_2, so dürfte bei ausgeführten Hochdruckpumpen der Spaltüberdruck wohl stets positiv ausfallen.

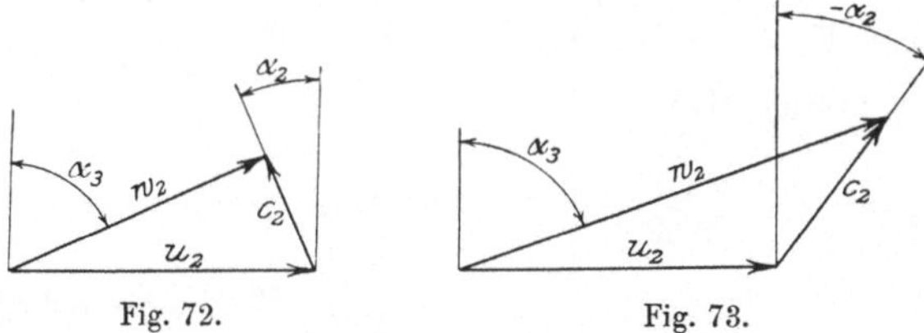

Fig. 72.   Fig. 73.

Nunmehr werde noch eine Beziehung für $a_2 - a_1$ aufgestellt, in welcher auch die Förderhöhe h vorkommt. Diese ergibt sich durch Verbindung der Gleichung 75) mit 208)

$$-2\,g\,h = (1+\zeta_1)\,c^2+(\lambda+\zeta_3)\,c_3{}^2+(1+\zeta_2)\,c_2{}^2-c_1{}^2-u_2{}^2+u_1{}^2-w_2{}^2.\ 211)$$

$$2\,g\,(a_2 - a_1) = u_2{}^2 - u_1{}^2 - (1+\zeta_2)\,c_2{}^2 + c_1{}^2$$

zu:

$$a_2 - a_1 = h + \frac{(1+\zeta_1)\,c^2 + (\lambda+\zeta_3)\,c_3{}^2 - w_2{}^2}{2\,g} \quad\ldots\ 212)$$

Bezeichnen wir $h' = \frac{\lambda\,c_3{}^2}{2\,g} + h$ als „manometrische" Förderhöhe, so läßt sich der Spaltüberdruck schreiben:

$$a_2 - a_1 = h' + \frac{1}{2\,g}\left[(1+\zeta_1)\,c^2 + \zeta_3\,c_3{}^2 - w_2{}^2\right] \quad\ldots\ 213)$$

Diese Gleichung läßt den Einfluß der Winkel α_2 und α_3 erkennen.

Fig. 72 und 73 ergeben

$$c_2 : w_2 = \cos \alpha_3 : \cos \alpha_2$$

und damit

$$a_2 - a_1 = h' \left[1 + \frac{(1 + \zeta_1)\, c^2 + \zeta_3\, c_3{}^2 - c_2{}^2 \dfrac{\cos^2 \alpha_2}{\cos^2 \alpha_3}}{2\, g\, h'} \right] \quad . \quad 214)$$

Unter sonst gleichen Verhältnissen ist daher der Überdruck kleiner, wenn α_2 abnimmt, α_3 dagegen zunimmt.

Wir wollen auch ein Ziffernbeispiel durchführen und wählen hierzu die Pumpe, Beispiel 1 (S. 12), mit einem Rad von 200 mm Durchmesser und berechnen deren Spaltüberdruck.

Es war $F_2 = 14{\cdot}3$ qcm, $F_3 = 36$ qcm, $\dfrac{r_1}{r_2} = 0{\cdot}6$, $\zeta_2 = 0{\cdot}1$. Gleichung 208a) gibt:

$$a_2 - a_1 = \frac{1}{19{\cdot}62} \left[u_2{}^2 (1 - 0{\cdot}6^2) - c_2{}^2 (1{\cdot}1 - 0{\cdot}455^2) \right] =$$

$$\frac{1}{19{\cdot}62} \left[0{\cdot}64\, u_2{}^2 - 0{\cdot}9\, c_2{}^2 \right],$$

für $u_2 = 15{\cdot}7$ m/sek (1500 Touren pro Min.) ist nach Früherem die stoßfreie Geschwindigkeit $c_2 = 3{\cdot}5$ m/sek und daher

$$a_2 - a_1 = \frac{246 \cdot 0{\cdot}64 - 12{\cdot}3 \cdot 0{\cdot}9}{19{\cdot}62} = 7{\cdot}5 \text{ m,}$$

der Spaltüberdruck also $^3/_4$ atm. (Die zu $c_2 = 3{\cdot}5$ m/sek gehörige Förderhöhe ist nach Gleichung 38) S. 13 $= 21{\cdot}6$ m).

Dies war der Überdruck; nun wollen wir noch die „Pressung" im Spalt (absoluter Druck, Piezometerstand) rechnen. Zu diesem Zwecke müssen wir in der allgemeinen Gleichung der Pumpe (S. 13) $11{\cdot}82\, c_2{}^2 - 5{\cdot}6\, c_2\, u_2 - 1{\cdot}0756\, u_2{}^2 = -19{\cdot}62\, h$ statt h die „manometrische" Förderhöhe h' einführen, wobei $h' = h + $ Widerstände von Spalt bis Ende Steigrohr, es ist daher das Glied $(\lambda + \zeta_3) \left(\dfrac{F_2}{F_3} \right)^2 c_2{}^2$ auf die rechte Seite der Gleichung (statt auf der linken im Ausdruck A) zu schreiben, somit

$$A'\, c_2{}^2 - B\, c_2\, u_2 - C\, u_2{}^2 = -2\, g\, h - (\lambda + \zeta_3) \left(\frac{F_2}{F_3} \right)^2 \cdot c_2{}^2 = -2\, g\, h',$$

für $\lambda = 31{\cdot}3$ ist $(\lambda + \zeta_3)\left(\dfrac{F_2}{F_3}\right)^2 = 31{\cdot}4 \, . \, 0{\cdot}4^2 = \text{ca. } 5$; daher $A' = A - 5 = 6{\cdot}82$, und somit für $u_2 = 15{\cdot}7$ m/sek und $c_2 = 3{\cdot}5$ m/sek (stoßfrei)

$$6{\cdot}82 \cdot 12{\cdot}3 - 5{\cdot}6 \cdot 3{\cdot}5 \cdot 15{\cdot}7 - 1{\cdot}0756 \cdot 246{\cdot}5 = -19{\cdot}62 \, h',$$

und daraus $h' = 25$ m (manometrische Förderhöhe).

Die der absoluten Geschwindigkeit w_2 entsprechende Höhe $\dfrac{w_2^2}{2g}$ beträgt, da $w_2 = \dfrac{15{\cdot}7}{\sin \alpha_3} = 16{\cdot}2$ m/sek ($\alpha_2 = 0^0$ für den vorliegenden Fall) ist, $13{\cdot}25$ m; $\dfrac{w_2^2}{2\,g} = 13{\cdot}25$ m; somit ist die „Pressung" im Spalt $25 - 13{\cdot}25 = 11{\cdot}75$ m ($1{\cdot}175$ atm).

Fünfter Abschnitt.

Berechnung der Zentrifugalpumpen und anschließende Bemerkungen.

Im allgemeinen ist, wie erwähnt, jede Kreiselpumpe für die stoßfreie Geschwindigkeit zu berechnen; gegeben sind für gewöhnlich Förderhöhe und Fördermenge. Hat man sich für die Räderzahl bezw. das System der Pumpe entschieden, welche Wahl u. a. von der Art des Antriebes, der erreichbaren Tourenzahl etc. abhängt, so handelt es sich vornehmlich um die Berechnung der nötigen Umdrehungszahl (Umfangsgeschwindigkeit), der Breitendimensionen der Lauf- und Leiträder, ferner des Kraftbedarfes. Eventuell ist auch die erreichbare Maximalsaughöhe der Pumpe zu untersuchen etc.

Obwohl für diesen „stoßfreien" Fall die Hauptformel (Beziehung von Umfangsgeschwindigkeit und Förderhöhe) längst bekannt ist, soll doch der Vollständigkeit halber, und weil sich hierbei Gelegenheit zu verschiedenen Bemerkungen bietet, die Berechnung einer Pumpe für den Fall stoßfreier Flüssigkeitsbewegung, der sich als Spezialfall unserer allgemeinen Theorie darstellt, besprochen werden.

A. Die Umfangsgeschwindigkeit.

1. Berechnung der Umfangsgeschwindigkeit.

Wir hatten bei stoßfreier Flüssigkeitsbewegung Gleichung 75)

$$- 2\,gh = (1 + \zeta_1)\,c^2 - c_1{}^2 + (1 + \zeta_2)\,c_2{}^2 + (\lambda + \zeta_3)\,c_3{}^2$$
$$- u_2{}^2 + u_1{}^2 - w_2{}^2 \quad \ldots \ldots \ldots \quad 215)$$

Setzen wir

$$\frac{\zeta_1\, c^2 + \zeta_2\, c_2{}^2 + (\lambda + \zeta_3)\, c_3{}^2}{2\,g} = \Sigma\, h_w \quad \ldots \ldots \quad 216)$$

wobei $\Sigma\, h_w$ die gesamten Widerstandshöhen in Pumpe und Leitung sowie die infolge der Austrittsgeschwindigkeit aus dem Druckrohr verloren gehende Geschwindigkeitshöhe vorstellt, so schreibt sich Gleichung 215)

$$2\,gh + 2\,g\,\Sigma\,h_w = -\,c^2 - c_2{}^2 + c_1{}^2 + u_2{}^2 - u_1{}^2 + w_2{}^2 \quad . \quad 217)$$

Im vorliegenden Fall ist jedoch:

$$\left.\begin{array}{l} c_1{}^2 = u_1{}^2 + c^2 - 2\,cu_1 \sin\alpha. \\ w_2{}^2 = u_2{}^2 + c_2{}^2 - 2\,u_2\, c_2 \sin\alpha_2 \end{array}\right\} \quad \ldots \ldots \quad 218)$$

somit:

$$g\,[h + \Sigma\,h_w] = u_2{}^2 - u_2\, c_2 \sin\alpha_2 - cu_1 \sin\alpha \quad \ldots \quad 219)$$

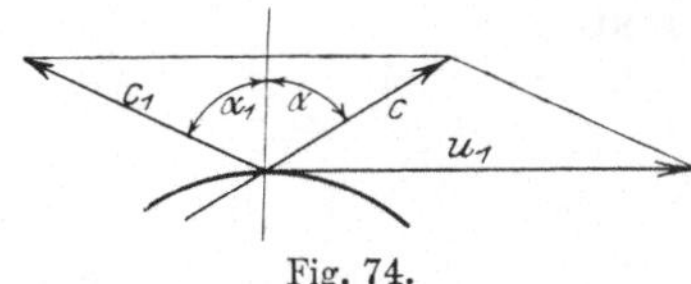

Fig. 74.

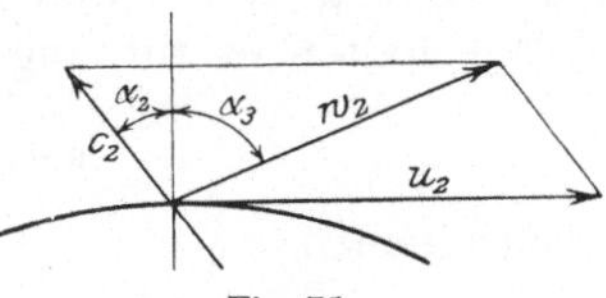

Fig. 75.

Der Sinussatz gibt ferner (Fig. 74, 75)

$$c_2 = \frac{\cos\alpha_3}{\sin\,(\alpha_2 + \alpha_3)} \cdot u_2$$

$$c = \frac{\cos\alpha_1}{\sin\,(\alpha + \alpha_1)} \cdot u_1$$

Dies in Gleichung 219) berücksichtigt, gibt wegen

$$u_1 = \frac{r_1}{r_2}\, u_2$$

nunmehr

$$g\,(h + \Sigma\,h_w) = u_2{}^2 \left[\frac{\sin\alpha_3 \cos\alpha_2}{\sin\,(\alpha_2 + \alpha_3)} - \left(\frac{r_1}{r_2}\right)^2 \cdot \frac{\sin\alpha \cos\alpha_1}{\sin\,(\alpha + \alpha_1)} \right] \quad . \quad 220)$$

Daher die gesuchte Umfangsgeschwindigkeit

$$u_2 = \sqrt{(h + \Sigma\,h_w)\, g\, \frac{1}{\dfrac{\sin\alpha_3 \cos\alpha_2}{\sin\,(\alpha_2 + \alpha_3)} - \left(\dfrac{r_1}{r_2}\right)^2 \cdot \dfrac{\sin\alpha \cos\alpha_1}{\sin\,(\alpha + \alpha_1)}}} \quad . \quad 221)$$

Gleichung 221) ist die Beziehung zwischen u_2 und h für stoßfreie Flüssigkeitsbewegung unter Annahme von Leitschaufeln für den Eintritt in das Laufrad sowohl als in den Diffuser.

Ist $\alpha = 0^0$ (d. h. radial gestellte Leitschaufeln, oder gar keine Leitschaufeln am Laufradeintritt, wie in den Theorien beinahe durchwegs angenommen wird), so geht Gleichung 221) über in:

$$u_2 = \sqrt{(h + \Sigma\, h_w)\, g \cdot \frac{\sin(\alpha_2 + \alpha_3)}{\sin \alpha_3 \cos \alpha_2}} \quad \ldots \ldots \; 222)$$

Dies ist die bekannte Gleichung, die meist benutzt wird, selbst wenn die Leitschaufeln im Diffuser ebenfalls fehlen; wir setzen jedoch auch in diesem Abschnitt deren Vorhandensein voraus.

Da
$$u_2 = \frac{2\,\pi\, r_2 \cdot n}{60} \quad \ldots\ldots\ldots\ldots\ldots\; 223)$$

(n die Tourenzahl), so gibt Gleichung 222) mit 223) verbunden die Beziehung von h und der nötigen Umdrehungszahl.

Wir halten es für angezeigt, statt

$$h + \Sigma\, h_w \; \ldots \; \frac{h}{\eta_h}$$

zu schreiben;

$$h + \Sigma\, h_w = \frac{h}{\eta_h} \quad \ldots\ldots\ldots\ldots\; 224)$$

Hierbei ist η_h nichts anderes als der früher definierte manometrische (reine hydraulische) Wirkungsgrad.

Gleichung 222) nimmt dann die Form an:

$$u_2 = \sqrt{\frac{\sin(\alpha_2 + \alpha_3)}{\sin \alpha_3 \cos \alpha_2} \cdot \frac{g}{\eta_h} \cdot h} \quad \ldots\ldots\; 225)$$

oder

$$u_2 = C_0 \cdot B_0 \cdot \sqrt{h}, \quad \ldots\ldots\ldots\ldots\; 226)$$

wobei

$$B_0 = \sqrt{\frac{\sin(\alpha_2 + \alpha_3)}{\sin \alpha_3 \cos \alpha_2}}\,,$$

eine nur von den Winkeln abhängige Zahl ist, und

$$C_0 = \sqrt{\frac{g}{\eta_h}} \quad \ldots\ldots\ldots\ldots\; 227)$$

nur von der Güte der Konstruktion abhängt, da in h („manometrische Förderhöhe") die Rohrreibungen einzurechnen sind. C_0 ist demnach für die ausführenden Firmen (wie auch η_h) als bekannte Zahl aufzufassen, die für größeres η_h kleiner wird.

Bemerkung 1. Für den Fall $\alpha \gtrless 0^0$ ist das Verhältnis der Radien am Laufradein- und -austritt $\dfrac{r_1}{r_2}$ für die Berechnung von u_2 (siehe Gleichung 221)) zu berücksichtigen. Da die Leitschaufeln am Eintritt meist ganz fehlen und hierbei auf radialen Flüssigkeitseintritt gerechnet wird, oder, wenn sie vorhanden, meist radial ($\alpha = 0^0$) gestellt sind, so sei zunächst dieser Fall $\alpha = 0^0$ besprochen.

Um den Einfluß des von den Winkeln allein abhängigen Gliedes B_0 zu zeigen, ist in untenstehender Tabelle der Wert für B_0 bei einem konstanten α_3 (hier $\alpha_3 = 77^0$) berechnet worden. Die Tabelle zeigt den Einfluß des $\measuredangle \alpha_2$ (Endelement der Schaufelform) auf B_0.

Tabelle.

Für $\measuredangle \alpha_3 = 77^0$

und $\alpha_2 =$	80^0	75^0	60^0	50^0	48^0	42^0	35^0	20^0
ist $B_0 =$	1·5196	1·3962	1·2074	1·12925	1·1209	1·09905	1·0776	1·02825

$\alpha_2 =$	10^0	0^0	-10^0	-20^0	-30^0
$B_0 =$	1·00206	1·00	0·97945	0·95706	0·931

Da bei den ausführenden Firmen die Werte α_2 und α_3 für jedes System von Pumpen meist normalisiert sind oder wenigstens nur in verhältnismäßig engen Grenzen verschieden angenommen werden, so kann für diese sowohl B_0 als C_0 als bekannt betrachtet werden. Setzen wir

$$B_0 \cdot C_0 = A_0, \ldots \ldots \ldots \ldots 228)$$

so hat man in

$$u_2 = A_0 \sqrt{h} \ldots \ldots \ldots \ldots 229)$$

eine sehr einfache, auch dem Gedächtnis leicht einprägbare Formel, welche etwa für überschlägige oder Offertrechnungen rasch die Umfangsgeschwindigkeit zu bestimmen gestattet. Verfasser hat bei $\measuredangle \alpha_2$ von 55^0 bis etwa 42^0, dann von 0^0 mit $C_0 \sim 4·11$ bis $4·22$ bezw. $4·34$ eine sehr gute Übereinstimmung der gerechneten mit den tatsächlich erreichten manometrischen Förderhöhen erzielt.

Bemerkung 2. Der manometrische Wirkungsgrad

$$\eta_h = \frac{h}{h + \varSigma h_w}$$

geht wegen Gleichung 225) für den stoßfreien Fall über in

$$\eta_h = \frac{h\,g}{u_2^2} \cdot \frac{\sin(\alpha_2 + \alpha_3)}{\sin \alpha_3 \cos \alpha_2} \ldots \ldots 230)$$

η_h nach Gleichung 230) für andere h, als der stoßfreien Geschwindigkeit entsprechen, zu berechnen, ist, wie man sieht, theoretisch unrichtig,
gibt jedoch einen ganz guten Anhaltspunkt. Der Verlauf einer so berechneten $\eta_h\, c_2$-Kurve entspricht natürlich genau dem Verlaufe der $h\, c_2$-
Kurve.

Bemerkung 3. Es sei noch auf einen weiteren Spezialfall aufmerksam gemacht, der (siehe Tabelle S. 93) eintritt, wenn nebst $\alpha = 0^0$
noch $\alpha_2 = 0^0$ wird, d. h. die Laufradschaufel radial endet. In diesem
Falle wird

$$B_0 = \sqrt{\frac{\sin(\alpha_2 + \alpha_3)}{\sin \alpha_3 \cos \alpha_2}} = 1$$

für jeden Wert von α_3, die Winkel fallen daher ganz aus der Gleichung
für u_2 heraus und es bleibt:

$$u_2 = \sqrt{\frac{g}{\eta_h} \cdot h.} \qquad \ldots \ldots \ldots \quad 231)$$

In dem idealen Fall $\eta_h = 1$ wäre dann $u_2{}^2 = g\,h$ und

$$h = \frac{u_2{}^2}{g}; \qquad \ldots \ldots \ldots \ldots \quad 232)$$

Gleichung 232) steht im Einklang mit der bekannten Gleichung für
die theoretische Maximaldepression eines Ventilators

$$h = \frac{u_2{}^2}{g} \cdot \frac{\gamma_0}{\gamma}, \qquad \ldots \ldots \ldots \ldots \quad 233)$$

hierin bedeuten außer den bekannten Bezeichnungen h (Depression), u_2
(Umfangsgeschwindigkeit), g (Beschleunigung der Schwere), noch γ_0 das
Gewicht von 1 m^3 Luft, γ das Gewicht von 1 m^3 Wasser.

2. Diskussion der Gleichung der Umfangsgeschwindigkeit.

Nun werde, zu Gleichung 221) zurückkehrend, der Einfluß
von $\dfrac{r_1}{r_2}$ (Verhältnis der Radien am Schaufelbeginn und -ende),
ferner der Einfluß der Winkel am Eintritt α und α_1 etc. auf
u_2 untersucht. Wir sahen für $\alpha = 0^0$ diesen Einfluß von
$\dfrac{r_1}{r_2}$, α, α_1 ganz verschwinden.

Jetzt sei α von 0^0 verschieden. Dann gilt

$$u_2 = \sqrt{\frac{h}{\eta_h} \cdot g} \; \sqrt{\frac{1}{\dfrac{\sin \alpha_3 \cos \alpha_2}{\sin(\alpha_2 + \alpha_3)} - \left(\dfrac{r_1}{r_2}\right)^2 \dfrac{\sin \alpha \cos \alpha_1}{\sin(\alpha + \alpha_1)}}} \quad . \quad 234)$$

I. Einfluß von $\dfrac{r_1}{r_2}$.

Für die folgenden Betrachtungen sind $\alpha \ldots x$, $\alpha_1 \ldots y$ als unabhängig variabel, $u_1 = \dfrac{r_1}{r_2}\, u_2$ als von x, y abhängig anzusehen. $\dfrac{r_1}{r_2}$ kann frei gewählt werden, ist von α und α_1 unabhängig; der Einfluß von $\dfrac{r_1}{r_2}$ auf u_2 kann daher direkt bestimmt werden, und zwar ergibt Gleichung 234), daß $u_2 \gtrless$ wird, wenn $\dfrac{r_1}{r_2} \gtrless$ wird, d. h. abnehmendes r_1 bringt eine Abnahme der nötigen Tourenzahl mit sich. Da diese für Hochdruckpumpen ohnedies oft sehr hoch wird, so ist jede Möglichkeit ihrer Verringerung sehr wichtig. Auf S. 30 war gezeigt worden, daß hingegen, um hohen Druck im Gleichgewichtszustand zu erhalten, $\dfrac{r_1}{r_2}$ groß sein soll, man wird daher $\dfrac{r_1}{r_2}$ dem jeweiligen speziellen Falle entsprechend zu wählen haben, wobei noch zu erwägen ist, daß bei wachsendem $\dfrac{r_1}{r_2}$ die Schaufellängen (unter sonst gleichen Verhältnissen) abnehmen, was infolge der Wichtigkeit zuverlässiger Flüssigkeitsführung gerade bei höheren Tourenzahlen nachteilig werden kann. Es empfiehlt sich daher, den in der Praxis üblichen Wert $\dfrac{r_1}{r_2} = \dfrac{1}{2}$ bis $\dfrac{1}{3}$ nicht zu verlassen, denn auch allzu kleines r_1 gegenüber r_2 bringt, besonders bei kleineren Flüssigkeitsmengen, den Nachteil mit sich, daß die Laufradaustrittsbreiten gegenüber den Radbreiten am Laufradeintritt sehr klein werden.

Der Einfluß der Sauggeschwindigkeit bezw. der absoluten Eintrittsgeschwindigkeit in das Laufrad auf $\dfrac{r_1}{r_2}$ und daher auch auf u_2 wird weiter unten besprochen.

II. Einfluß der Winkel α und α_1.

a) Winkel α.

Es werde in Gleichung 234)

$$\frac{\sin \alpha \cos \alpha_1}{\sin (\alpha + \alpha_1)} = z$$

gesetzt.

Für $\alpha \ldots x$, $\alpha_1 \ldots y$ geschrieben liefert

$$\frac{\sin x \cos y}{\sin (x + y)} = z. \ldots \ldots \ldots \quad 235)$$

Fig. 74 (S. 91) gibt:

$$u_1 = c \,[\sin \alpha + \cos \alpha \, \mathrm{tg} \, \alpha_1]$$
$$= c \,[1 + \mathrm{cotg} \, \alpha \, \mathrm{tg} \, \alpha_1] \sin \alpha \ldots \ldots \quad 236)$$

Es ist

$$z = \frac{1}{1 + \mathrm{cotg} \, x \, \mathrm{tg} \, y} \ldots \ldots \ldots \quad 237)$$

und daher auch

$$u_1 = \frac{c}{z} \sin \alpha. \ldots \ldots \ldots \quad 238)$$

Wir setzen $1 + \mathrm{cotg} \, x \, \mathrm{tg} \, y = t$, mithin

$$z = \frac{1}{t} \ldots \ldots \ldots \ldots \quad 239)$$

und untersuchen, wann z ein Maximum oder Minimum bezw. wegen Gleichung 239) t ein Minimum oder Maximum wird. Die Bedingung hierfür ist:

$$\frac{\partial t}{\partial x} = 0 \quad \text{und} \quad \frac{\partial t}{\partial y} = 0 \,,$$

also:

$$\frac{\partial t}{\partial x} = -\,\frac{\mathrm{tg} \, y}{\sin^2 x} = 0 \ldots \ldots \quad 240)$$
$$\frac{\partial t}{\partial y} = \frac{\mathrm{cotg} \, x}{\cos^2 y} = 0 \ldots \ldots \ldots \quad 241)$$

hieraus folgt, daß $x = \alpha = 90^0$, $y = \alpha_1 = 0^0$ sein muß, der Wert des Maximums ist für

$$z = \frac{\sin 90^0 \cos 0^0}{\sin (90^0 + 0^0)} = +1. \ldots \ldots \quad 242)$$

z ist übrigens für jedes α_1 ebenfalls gleich $+1$, wenn $\alpha = 90^0$ ist, denn

$$\frac{\sin 90^0 \cos \alpha_1}{\sin (90^0 + \alpha_1)} = \frac{\cos \alpha_1}{\cos \alpha_1} = 1.$$

Gleichung 234) zeigt, daß für $z = +1$ (Maximalwert) unter sonst gleichen Verhältnissen u_2 seinen größten Wert annimmt, dieser Fall also praktisch zu vermeiden ist; da die Bedingung $\alpha = 90^0$ am Laufradeintritt tangentiale Leitschaufeln bedeutet, demnach praktisch unbrauchbar ist, so wird man sich von diesem Fall ohnedies in seinen Annahmen zu entfernen haben. Für $\alpha = 0^0$ sahen wir bereits, daß $z = 0$ ist, u_2 daher relativ klein wird. Auch sonst hat diese Annahme sowohl konstruktiv als mit Rücksicht auf die vereinfachte Berechnung viel für sich und wird daher in der Praxis in den weitaus meisten Fällen angetroffen.

z kann jedoch nicht nur vom Maximalwert $+1$ bis 0 schwanken, sondern auch negative Werte annehmen und dadurch die nötige Umfangsgeschwindigkeit u_2 (Gleichung 234) noch mehr verringern. z wird negativ, wenn $\measuredangle\,\alpha$ negativ ist, d. h. die Leitschaufeln am Laufradeintritt gegen die Drehrichtung des Laufrades gestellt sind (Fig. 76).

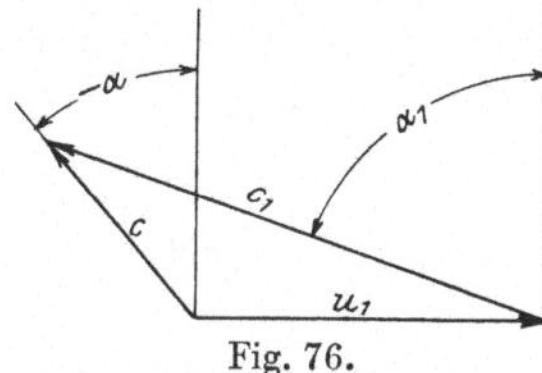

Fig. 76.

Eine der vorstehenden analoge Betrachtung zeigt, daß z auch für $\alpha = -90^0$ den Wert $+1$ annimmt, wobei α_1 jeden beliebigen Wert vorstellen kann, denn

$$\frac{\sin(-90^0)\cos\alpha_1}{\sin(-90^0+\alpha_1)} = +1.$$

Gleichung 242) lieferte uns das Maximum von z, wir können ebenso das Minimum von z ableiten. Aus Gleichung 240) und 241) folgt:

$$-\frac{\mathrm{tg}\,y}{\sin^2 x} = \frac{\cot g\,x}{\cos^2 y} = 0. \quad\ldots\ldots 243)$$

Daraus

$$\mathrm{tg}\,y\cos^2 y = -\sin^2 x\cot g\,x$$

$$\sin 2\,y = -\sin 2\,x, \quad x = -y, \text{ d. h.}$$

$$\alpha = -\alpha_1, \quad\ldots\ldots\ldots\ldots\quad 244)$$

mit diesen Werten ist

$$z = \frac{\sin(-\alpha)\cos\alpha}{\sin(\alpha-\alpha)} = -\infty. \quad\ldots\ldots 245)$$

Hierfür wird aus Gleichung 238) $u_1 = 0$ und ebenso $u_2 = 0$. Der Wert $u_1 = 0$ folgt schon aus Fig. 76 für diesen Fall, denn bei $\alpha = -\alpha_1$ müssen sich, um eine geschlossene Figur zu erhalten, c und c_1 decken, was nur bei $u_1 = 0$ möglich ist; dieser Fall hat natürlich praktisch keinen Wert, er ist nur der theoretische Grenzfall. Fig. 76 zeigt, daß überhaupt negative Werte von α nur dann technische Bedeutung haben, wenn die Maßzahl von α kleiner ist als die von α_1.

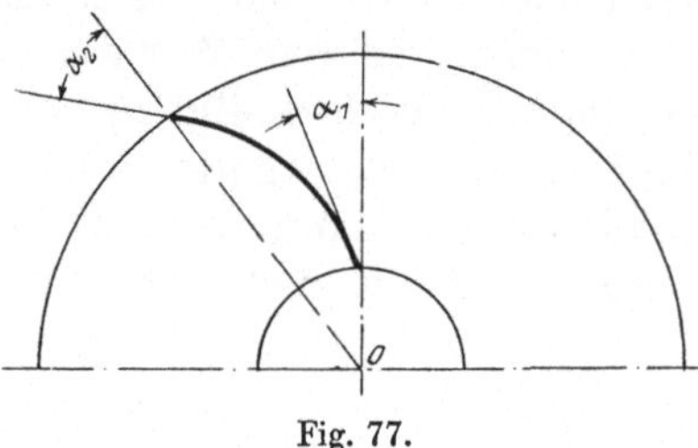

Fig. 77.

Man ersieht, daß z von $+1$ bis $-\infty$ alle Werte annehmen kann.

$$\left(\text{Für } \alpha = \alpha_1 \text{ ist } z = \frac{\sin\alpha\cos\alpha}{\sin 2\alpha} = \frac{1}{2}.\right)$$

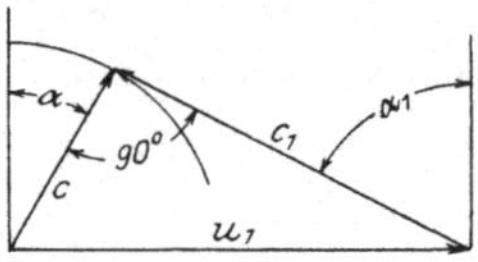

Fig. 78.

Der Winkel α hat daher einen wesentlichen Einfluß auf den Wert u_2, durch Verringerung von α bezw. Negativsetzung läßt sich u_2 vermindern.

Wegen Gleichung 238) ist für

$$\alpha = \pm 90^{\circ} \qquad z = 1 \qquad u_1 = \pm c$$
$$\alpha = \alpha_1 \qquad z = \frac{1}{2} \qquad u_1 = 2\,c\sin\alpha$$
$$\alpha = -\alpha_1 \qquad z = -\infty \qquad u_1 = 0.$$

b) Winkel α_1

Da aus Herstellungsrücksichten ein kleiner $\angle\,\alpha_1$ vorzuziehen ist, ferner bei gleich großem $\dfrac{r_1}{r_2}$ und gleichem Krümmungsradius der Schaufel ein kleinerer $\angle\,\alpha_1$ einen kleineren $\angle\,\alpha_2$ (Fig. 77) und daher (Tabelle für B_0, S. 93) auch eine kleinere Umfangsgeschwindigkeit u_2 zur Folge hat, so wird es sich empfehlen, α_1 klein zu halten. Dies wird bei gleicher absoluter Eintrittsgeschwindigkeit c in das Laufrad bei jedem u_1 erreicht (Fig. 78), wenn $\alpha + \alpha_1 = 90^0$ ist.

Hierfür wird

$$z = \frac{\sin\alpha\,\cos(90-\alpha)}{\sin(\alpha+90-\alpha)} = \sin^2\alpha, \ \ldots\ldots\ 246)$$

daher geht das betreffende Glied in Gleichung 234) über in

$$\left(\frac{r_1}{r_2}\right)^2 \sin^2\alpha. \ \ldots\ldots\ldots\ 247)$$

u_1 wird wegen Gleichung 238)

$$u_1 = \frac{c}{\sin\alpha}\,; \ \ldots\ldots\ldots\ 248)$$

da dieselben Herstellungsgründe (Vermeidung zu spitz auslaufender Schaufeln) ebensowohl einen kleinen $\angle\,\alpha$ als einen kleinen $\angle\,\alpha_1$ verlangen, müßte die Bedingung

$$\alpha = \alpha_1 \ \ldots\ldots\ldots\ 249)$$

gestellt werden, und da wir $\alpha + \alpha_1 = 90^0$ als günstig erkannt haben, müßte jetzt sein:

$$\alpha = \alpha_1 = 45^0 \ \ldots\ldots\ldots\ 250)$$

und damit

$$u_1 = \frac{c}{\sin 45^0} = c\,\sqrt{2} \ \ldots\ldots\ldots\ 251)$$

III. Einfluß der Geschwindigkeit c.

Was die Geschwindigkeit im Saugrohr bezw. die absolute Eintrittsgeschwindigkeit c in das Laufrad anbelangt, so muß die bekannte Beziehung gelten:

$$a_1 = a_0 - \left(h_1 + h' + \frac{c^2}{2\,g}\right) \geqq 0, \ \ldots\ldots\ 252)$$

wobei wie früher a_0 den äußeren Luftdruck, a_1 den Druck im Spalt am Laufradeintritt, h' die Reibungshöhe infolge der Widerstände bis zum Laufradeintritt, h_1 die Saughöhe, c die absolute Eintrittsgeschwindigkeit bedeuten. Gleichung 252) zeigt, daß für große Saughöhen (h' ist ebenfalls Funktion von c) eine große Sauggeschwindigkeit bezw. Eintrittsgeschwindigkeit c in das Laufrad nicht rationell, eventuell sogar unzulässig ist. Fließt dagegen die Flüssigkeit zu, oder ist die Saughöhe gering, so ist nach Ansicht des Verfassers ein größerer Wert von c, je nach Umständen bis $3\frac{1}{2}$ Meter pro Sek. und darüber angezeigt, u. zw. aus folgenden Gründen. Sei Q das zu fördernde Flüssigkeitsvolumen pro Sek, so muß (Fig. 79) sein:

$$Q = (r_1{}^2\,\pi - r^2\,\pi)\,c. \qquad \ldots \ldots \ldots \quad 253)$$

Da das Maß 2 r (Wellen- bezw. Nabendurchmesser) von der Leistung und Tourenzahl nach Festigkeitsrücksichten zu wählen

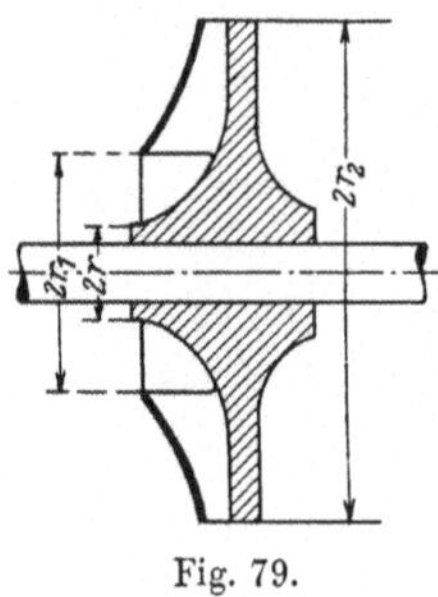

Fig. 79.
(schematisch.)

ist, so hängt das Maß r_1 (Eintrittsradius) wesentlich von der Wahl von c ab. Größeres c ermöglicht daher bei gleichem r_2 ein kleineres $\dfrac{r_1}{r_2}$ und damit, wie wir sahen, eine geringere nötige Umfangsgeschwindigkeit u_2 oder bei fest gewähltem $\dfrac{r_1}{r_2}$ ein kleineres Rad, d. h. eine billigere Pumpe.

Die Vergrößerung von c bewirkt aber noch in anderer Weise eine Verminderung von u_2. Wir sahen (Fig. 77), daß ein kleinerer $\triangle\,\alpha_1$ bei gleicher Schaufelkrümmung u_2 verkleinert. Fig. 78 zeigt nun, daß bei sonst gleichen Verhältnissen eine Vergrößerung von c tatsächlich $\triangle\,\alpha_1$ und somit die Umfangsgeschwindigkeit u_2 verringert.

Hierbei sei bemerkt, daß für gewöhnlich ein Fußventil am Saugrohr angebracht ist, und die Pumpe zur Inbetriebsetzung mit Flüssigkeit gefüllt wird. Sollte es sich in speziellen Fällen darum handeln, anzugeben, wie hoch die Pumpe ohne vorherige Füllung ansaugt, so ist die Depression, welche sie erzeugen kann, wie bei einem Ventilator bezw. bei mehrrädrigen Pumpen wie für Verbundventilatoren zu rechnen.

IV. Einfluß der Winkel α_2 und α_3.

Nachdem nun die Einflüsse der Verhältnisse am Laufradeintritt auf u_2 besprochen sind, soll noch die Einwirkung der Laufradaustrittsverhältnisse, d. i. der Winkel α_2 und α_3 angegeben werden.

Die Gleichung 225)

$$u_2 = \sqrt{\frac{hg}{\eta_h} \cdot \frac{\sin(\alpha_2 + \alpha_3)}{\sin\alpha_3 \cos\alpha_2}}$$

läßt sich auch schreiben:

$$u_2 = \sqrt{\frac{hg}{\eta_h}(1 + \operatorname{tg}\alpha_2 \cot\alpha_3)} \quad \ldots \ldots \quad 254)$$

254) läßt erkennen, daß u_2 größer sein muß für ein kleineres α_3, es ist daher ein großes α_3 anzustreben, unser in Tabelle S. 93 mit 77^0 angenommener $\triangle\,\alpha_3$ ist schon als groß anzusehen; die Grenze für α_3 bilden Herstellungsgründe (zu spitze Schaufeln) und die Rücksicht auf genügende lichte Weite der Diffuserleitkanäle.

Was den $\triangle\,\alpha_2$ anbelangt, so zeigt Gleichung 254), daß seine Verminderung eine kleinere Tourenzahl zur Folge hat. Von diesem Standpunkte aus ist daher ein kleiner (eventuell negativer) Wert von α_2, der schließlich zur „vorwärts gekrümmten" Schaufel (III, Fig. 80) führt, günstig. Dieses Thema ist in der Literatur vielfach behandelt worden[1]). Daher soll hier auf diese Frage nicht weiter eingegangen und nur kurz erwähnt werden, daß von Prof. Bartl auf theoretischem, von Stanton auf dem Versuchswege gezeigt wird, daß der Wirkungsgrad für rückwärts gekrümmte Schaufeln (Fig. 80, I) sich wesentlich günstiger stellt als für vorwärts gekrümmte (Fig. 80, III), eine

---

[1]) Hermann, „Graphische Theorie der Turbinen und Kreiselpumpen", 1900, S. 207 ff.; Prof. G. Lindner, Zeitschrift des Vereines deutscher Ingenieure, 1895, S. 611 ff. „Ungleichmäßigkeit der Strömung in Ventilatoren"; Bartl, „Zur Auswahl der zweckmäßigsten Schaufelformen für Kreiselpumpen", Zeitschr. des Vereines deutscher Ingenieure, 1891, S. 1046 ff.; Dr. R. Mollier, „Über Zentrifugalpumpen", Verhandlungen des Vereines zur Beförderung des Gewerbefleißes, 1895, S. 211; Th. E. Stanton, D. Sc., „Centrifugal pumps", Engineering, 1903, S. 745 ff.; ferner ebenda S. 719 ff. etc. etc.

Erscheinung, die auch der Verfasser zu beobachten wiederholt Gelegenheit hatte. Den Übergang von der vor- zur rück-gekrümmten bildet die ebene Schaufel (Fig. 80, II). Theoretisch ist gegen diese Form nichts einzuwenden, auch ihre Herstellung ist einfacher als die einer gekrümmten Schaufel, sie hat jedoch den großen Nachteil, daß der Winkel α_2 nicht mehr frei wählbar, sondern infolge der geraden Form schon durch die Verhältnisse am Eintritt bestimmt ist. Man kann daher für verschiedene $\angle\ \alpha_1$ nicht dasselbe α_2 erhalten, was bei den anderen Formen durch Veränderung der Krümmungsradien in gewissen Grenzen möglich ist. Die ebene Schaufel ist daher zu einer Normalisierung ungeeignet. Hierin dürfte auch der Grund ihrer seltenen Anwendung in der Praxis zu suchen sein.

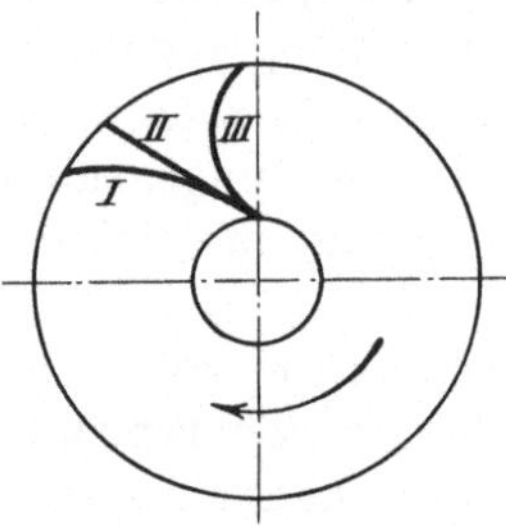

Fig. 80.

Die Schaufelkurve muß einen guten, allmählichen Übergang vom Eintritts- zum Austrittswinkel bilden, so daß ein sanfter Übergang der Flüssigkeitsgeschwindigkeit erfolgen kann.

Bezüglich der Schaufellänge wurde schon hervorgehoben, daß sie im Vereine mit der Form der Schaufelkurve eine sichere Flüssigkeitsführung ermöglichen muß. Zu beachten ist, daß eine zu lange Schaufel die Reibungsverluste erhöht.

Leicht zurückgekrümmte Schaufeln scheinen sich in der Praxis am besten zu bewähren.

V. Einfluß von η_h und Winkel α_2.

Im Anschluß an die vorstehenden Bemerkungen sei an einem Ziffernbeispiel kurz der Einfluß des $\angle\ \alpha_2$ bezw. des manometrischen Wirkungsgrades η_h auf die Umfangsgeschwindig-keit u_2 gezeigt.

In Fig. 81 ist für $\alpha_2 = 48^0$ die Schaufel „eben", für $\alpha_2 = 60^0$ rück-, für $\alpha_2 = 35^0$ vorgekrümmt.

Der Tabelle S. 93 entnehmen wir für diese rückgekrümmte Schaufelform $u_2 = C_0 \cdot 1\cdot1209 \sqrt{h}$, für diese vorwärtsgekrümmte Schaufelform $u_2 = C_0 \cdot 1\cdot0776 \sqrt{h}$, also eine Differenz des nötigen u_2 von $0\cdot0433 \sqrt{h} \cdot C_0$; d. i. nur ca. $3\cdot8\%$ Geschwindigkeitsverminderung bei der schon ziemlich bedeutenden Winkeländerung von 25^0 (C_0, h ungeändert).

Nun betrachten wir C_0 (Wirkungsgradsfunktion). Gleichung 227) S. 92 gibt für

$$\eta_h = 70\% \qquad\qquad C_0 = 3\cdot7455,$$

daher

$$u_2 = B_0 \cdot 3\cdot7455 \sqrt{h}$$

analog für

$$\eta_h = 65\% \qquad\qquad u_2 = B_0 \cdot 3\cdot8869 \sqrt{h}.$$

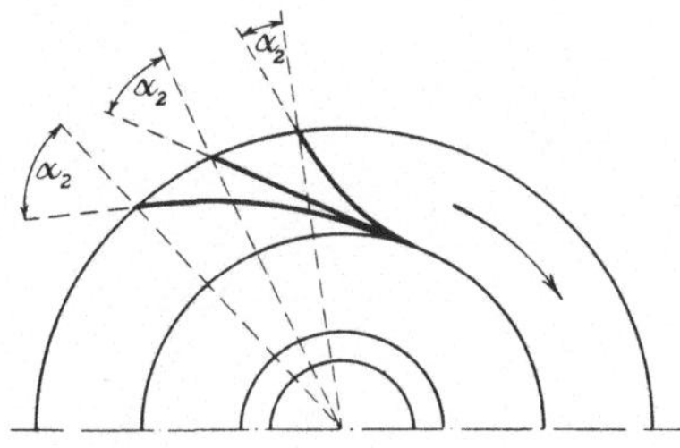

Fig. 81.

Das Zurückgehen des Wirkungsgrades um 5% ergibt hier eine nötige Tourenzahlsteigerung von $0\cdot1434 \, B_0 \sqrt{h}$, d. i. ca. $3\cdot75\%$.

Man ersieht, daß durch ungünstigeren Wirkungsgrad der Gewinn theoretisch geringerer Tourenzahl leicht wieder aufgewogen werden kann. Tatsächlich zeigen Versuch und Theorie (s. die S. 101 zitierte Literatur), daß die Vorwärtskrümmung der Schaufeln gegenüber der Rückwärtskrümmung größere hydraulische Verluste aufweist, daher in Gleichung $u_2 = B_0 \cdot C_0 \sqrt{h}$ zwar B_0 kleiner, jedoch C_0 größer wird als bei Rückkrümmung der Schaufelform (siehe Versuchsresultate S. 115 (Tafel III, Fig. 2)).

Hiermit sind alle Einzeleinflüsse auf die Größe der nötigen Umfangsgeschwindigkeit u_2 für den gewöhnlich vorliegenden einfachen Fall, daß von der Pumpe nur eine Aufgabe verlangt wird, besprochen. Soll jedoch eine Pumpe, wie in der Einleitung erwähnt, mehreren Zwecken dienen, so wird man nach Ausrechnung aller ihrer in Betracht kommenden Dimensionen für den stoßfreien Fall durch Anwendung unserer Gleichungen der früheren Abschnitte sich überzeugen können, ob und inwieweit dieselbe auch anderen an sie gestellten Anforderungen genügen kann, und eventuell ihre Dimensionen entsprechend abändern müssen.

3. Kontrolle der Umfangsgeschwindigkeit.

Es soll noch eine Kontrolle der Berechnung von u_2 für den stoßfreien Fall empfohlen werden, welche in der Berechnung der „Gleichgewichtsgeschwindigkeit" (S. 29) besteht.

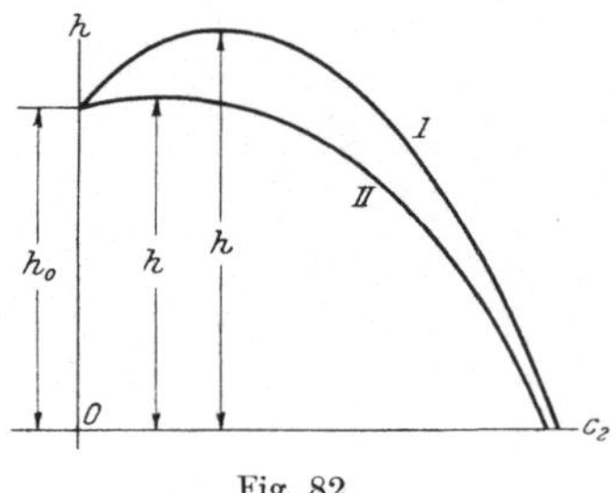

Fig. 82.

Wir fanden für diese Gleichung 65) S. 29

$$C\,u_2{}^2 = 2\,g\,h_0 \quad . . . . \quad 255)$$

h_0 der Druck (Förderhöhe), C Koeffizient nach Gleichung 31) S. 10; C ist nur von ζ_0 und α_1 abhängig, daher schnell berechnet. Man bestimme nun für die aus der gewöhnlichen Rechnung (Gleichung 221) bezw. 225)) sich ergebende Umfangsgeschwindigkeit u_2 das h_0 nach Gleichung 255) (Fig. 82) (d. i. die Druckhöhe für die „ganz geschlossene Pumpe"). Man kann dann bei einiger Übung leicht schätzen, ob die Differenz $h - h_0$ (der verlangten Förderhöhe und der nach Gleichung 255)

gerechneten Förderhöhe „Gleichgewichtshöhe") eine genügende
Sicherheit bietet. Hierbei soll nochmals erinnert werden, daß
h_0 von a_2 und a_3 unabhängig ist, daß ferner für Hochdruckpumpen
die $h\,c_2$-Kurve etwa den Verlauf nach I, für Niederdruckpumpen
hingegen nach II (Fig. 82) nimmt, was für die Beurteilung von
$h - h_0$ zu beachten ist. Zeuner („Vorlesungen über Theorie der
Turbinen" S. 325, 330) empfiehlt u_2 für den Betrieb um 0·5 bis
1·5 m/sek größer zu wählen als die Gleichgewichtsgeschwindigkeit; dem Verfasser scheint dies unter Umständen, besonders
für Niederdruckpumpen, eine zu geringe Sicherheit zu sein.

B. Die Radbreiten.

1. Laufrad.

Sind an der Laufradeintrittstelle (Fig. 83, I) keine Leitschaufeln vorhanden, und ist ein Flüssigkeitsvolumen Q per
Sekunde zu fördern, so ist aus

$$Q = c\,(r_1{}^2\,\pi - r^2\,\pi) \quad \ldots \ldots \ldots \quad 256)$$

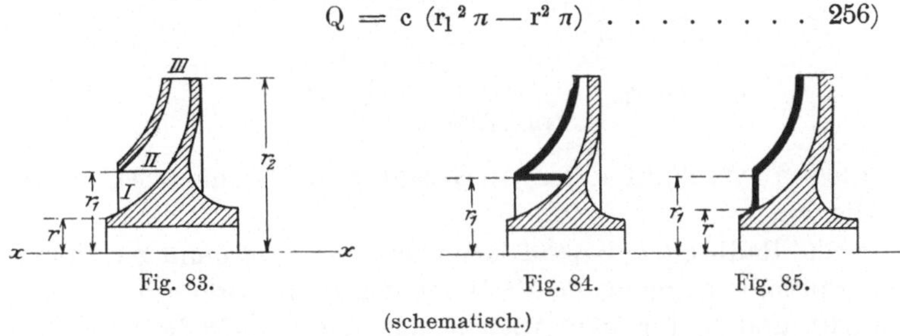

Fig. 83.   Fig. 84.   Fig. 85.

(schematisch.)

(c wie früher die absolute Eintrittsgeschwindigkeit) der Radius
r_1 zu rechnen. Der Radius r ist durch die aufzuwendende
Leistung (Wellen- und Nabenstärke) bei gegebener Tourenzahl
bestimmt, (welche also zunächst wenigstens approximativ zu
berechnen ist). Sind an dieser Stelle Leitschaufeln vorhanden,
so ist je nach ihrer Anordnung analog zu verfahren und ihre
Dicke zu berücksichtigen.

Nun zu der Eintrittstelle in den geschaufelten Teil des
Laufrades. Hier sei zunächst darauf hingewiesen, daß die
Schaufelbegrenzung nach Fig. 84 vor der Fig. 85 den Vorteil
hat, daß der Radius längs der ganzen Eintrittslinie konstant

bleibt, daher auch die Umfangsgeschwindigkeit u_1 und somit auch der $\angle\ \alpha_1$; daher ist diese Schaufel wesentlich einfacher herzustellen als die Schaufel Fig. 85. Denn hier verändert sich der Eintrittsradius von r bis r_1, mithin auch die Umfangsgeschwindigkeit, α_1 bleibt für die ganze Eintrittstelle nicht mehr gleich. Es müßte eine Schaufelung ähnlich wie am Laufradaustritt der Francis-Turbinen (vergl. Speidel-Wagenbach, „Über Francis-Turbinenschaufelung, Zeitschr. des Vereines deutscher Ingenieure 1899, S. 581 f.) angebracht werden, die wesentlich komplizierter ist.

Soll nun zur Berechnung der Laufradbreiten geschritten werden, so muß die Schaufelkurve (Fig. 87), die ja nach dem

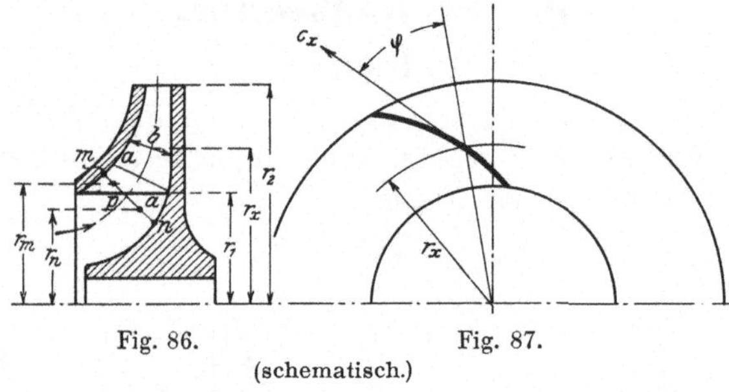

Fig. 86.   Fig. 87.
(schematisch.)

in diesem Abschnitt unter A. Gesagten zu rechnen ist, schon vorliegen.

Die Radbreiten b sind senkrecht zur Strömungsrichtung der Flüssigkeit gemessen. Soll nicht nur die Breite b_1 für den Eintritt und b_2 für den Austritt aus dem Laufrade berechnet werden, sondern auch die Breite eines dazwischenliegenden Schnittes, so ist noch eine Annahme über die Änderung der relativen Geschwindigkeit längs der Schaufel von c_1 für den Eintritt bis zu c_2 für den Austritt zu treffen.

So sei z. B. angenommen, daß dieser Übergang der relativen Geschwindigkeit von c_1 auf c_2 (für Hochdruckpumpen ist dies eine Abnahme) der Zunahme des Radius von r_1 zu r_2 verkehrt proportional sei. Ist c_x die relative Geschwindigkeit längs der Schaufel für den Radius r_x (Fig. 87), so heißt diese Bedingung:

$$-\int_{c_1}^{c_2} d\,c_x = \frac{c_1 - c_2}{r_2 - r_1} \int_{r_1}^{r_2} d\,r_x \quad \dots \dots \quad 257)$$

mithin

$$c_x = c_1 - (c_1 - c_2)\ \frac{r_x - r_1}{r_2 - r_1} \quad \ldots \ldots \ldots \text{258)}$$

Gleichung 258) bestimmt somit c_x. Mitunter wird auch ein gerader Kranzquerschnitt vorgeschrieben, dann sind die Breiten der Zwischenschnitte schon durch geradlinige Verbindung der Endpunkte der Breiten am Eintritt und Austritt festgelegt.

Ist b die jeweilige Radbreite, i die „lichte Weite" des Schaufelkanales senkrecht zu b und senkrecht zur Strömungsrichtung gemessen, φ der Winkel nach Fig. 87, e die Schaufeldicke, z die Schaufelzahl, so gelten die bekannten Gleichungen der Turbinentheorie:

$$i = \frac{2\,\pi\,r}{z}\ \cos\varphi - e \quad \ldots \ldots \ldots \text{259)}$$

$$\frac{Q}{\eta_v} = b\,.\,z\,.\,i\,.\,c_x \quad \ldots \ldots \ldots \text{260)}$$

(Q Flüssigkeitsvolumen per Sek., η_v volumetrischer Wirkungsgrad). Mit Rücksicht auf den Flüssigkeitsverlust durch den Spalt etc. ist mit $\dfrac{Q}{\eta_v}$ statt mit Q zu rechnen.

Für die Ein- bezw. Austrittstelle geht $\measuredangle\ \varphi$ in α_1 bezw. α_2 über. Die auf diese Art erhaltenen Werte für die Breite gelten voll erst von a a (Fig. 86) an, denn erst hier tritt die Gesamtmenge der Flüssigkeit in den geschaufelten Teil des Rades ein. Für die vorher liegenden Übergangsstellen, etwa den Querschnitt $\overline{mn}$, ist so zu rechnen, daß für $\overline{pn}$, etwa nach der Guldinschen Regel, der Querschnitt und die durch den Teil $\overline{pn}$ des Schnittes $\overline{mn}$ fließende Flüssigkeitsmenge q bestimmt wird, zu (Fig. 86)

$$q = 2\,\pi\,.\,r_n\,.\,\overline{pn}\,.\,c\,.\ \ldots \ldots \ldots \text{261)}$$

Die für den übrigen Teil der Flüssigkeitsmenge, das ist $\dfrac{Q}{\eta_v} - q$, erforderliche Breite ist entsprechend dem mittleren Radius von $\overline{mp}$, d. i. r_m, nach den Gleichungen 259) und 260) zu berechnen.

Zu beachten ist, daß schließlich ein allmählicher Übergang von einer Breite zur nächsten herzustellen ist.

2. Leiträder.

Erst in den letzten Jahren werden Leitschaufeln am Eintritt in den Diffuser bei Zentrifugalpumpen für größere Förderhöhen beinahe allgemein angewendet, hingegen werden die Leitschaufeln vor dem Eintritt in das Laufrad auch jetzt, besonders bei kleinen Pumpen, der konstruktiven Komplikation halber meist weggelassen, oder unter $\alpha = 0^0$ gestellt.

Jedenfalls haben Leitschaufeln an der Radeintrittstelle den Vorteil, daß sie das Mitrotieren der Flüssigkeit an der Nabe und der Eintrittstelle überhaupt hemmen und dadurch das Einhalten der der Berechnung zugrunde gelegten Winkelwerte tatsächlich herbeiführen.

Weitaus wichtiger und nach Ansicht des Verfassers für Hochdruckpumpen unerläßlich sind die Leitschaufeln im Diffuser. Sie sind es, welche den Übergang von der großen absoluten Austrittsgeschwindigkeit aus dem Laufrade zu der normalen Geschwindigkeit der Flüssigkeit im Gehäuse und im Druckrohr zu vermitteln haben. Sie sind daher mit großer Sorgfalt zu konstruieren, lang genug und in genügender Zahl anzubringen, so daß eine sichere und allmähliche Flüssigkeitsführung gewährleistet erscheint. Nur bei ihrer Verwendung können Kreiselpumpen genau gerechnet werden, da das früher ausschließlich übliche Spiralgehäuse, welches das Laufrad ohne Leitschaufeln direkt umschloß, nur eine rohe Schätzung des $\triangle\ \alpha_3$ zuließ sowie Verluste mit sich brachte, die sich rechnungsmäßiger Behandlung vollständig entziehen. Tatsächlich zeigen auch Versuche den günstigen Einfluß der Leitschaufeln (vergl. die früher erwähnte Arbeit Stantons im Engineering 1903; auch der Verfasser konnte bei Pumpenerprobungen den Unterschied in der erreichten Druckhöhe bei Anwendung bezw. Hinweglassung von Diffuserleitschaufeln konstatieren).

Was die Berechnung der Leitschaufelbreiten anbelangt, so gilt hier analog den Gleichungen 259) und 260):

$$ i = \frac{2\,\pi\,r_x}{z}\cos\psi - e \ \dots\dots\dots\ 262) $$

$$ Q = z\,.\,b\,.\,i\,.\,w_x \ \dots\dots\dots\ 263) $$

i, z, b, e haben die den früheren entsprechende Bedeutung jedoch für die Leitschaufeln, ψ ist der Winkel, den die absolute Geschwindigkeit w_x mit dem Radius r_x bildet. Für die Leitradeintrittstelle ist $\psi = a_3$, $w_x = w_2$, $r_x = r_2$. Für das andere Ende des Leitrades ist $w_x = c_3$.

Bezüglich der allmählichen Abnahme von w_x von w_2 bis c_3 ist analog wie bei der relativen Geschwindigkeit längs der Laufradschaufel eine Annahme zu treffen, oder es ergibt sich dieser Übergang durch Anwendung konstanter Schaufelbreite oder einer anderen gewählten Breitenform.

Falls die Leitschaufeln im Durchmesser D radial enden, so rechnet sich die nötige Breite b an dieser Stelle aus

$$Q = (D\pi - z \cdot e)\, c_3 \cdot b \quad \ldots \ldots \ldots \quad 264)$$

C. Kraftbedarf.

Bezüglich des Kraftbedarfs sei auf S. 75f. des III. Abschnittes verwiesen und nur wiederholt, daß der Kraftbedarf in PS sich schreibt:

$$N = \frac{Q \cdot H \cdot \gamma}{\eta_e \cdot 75} \quad \ldots \ldots \ldots \ldots \quad 265)$$

(H manometrische Förderhöhe (Meter), Q Flüssigkeitsvolumen (m³/sek), γ spezifisches Gewicht (kg/m³), η_e effekt. Wirkungsgrad.)

Versuchsergebnisse.

———

Die vorangegangenen Abschnitte geben Mittel an die Hand, das Verhalten von Zentrifugalpumpen in allen Fällen klarzustellen. Es bleibt noch übrig zu erwähnen, daß die Ausführung den vollen Wert der theoretischen Ergebnisse nicht ganz erreichen wird, daher für die Rechnung Koeffizienten bedarf. Die Bestimmung der Größe derselben, als lediglich von Güte der Ausführung und Art der Konstruktion abhängig, muß dem Versuch überlassen bleiben, den jede ausführende Fabrik für ihre Erzeugnisse wird machen müssen.

Verfasser führte im Auftrage der Direktion der Maschinenfabrik Andritz A.-G. in Andritz-Graz vielfache Erprobungen und Versuche an Kreiselpumpen durch und wurde ihm von derselben gestattet, außer den S. 71 angegebenen Versuchsdaten noch nachstehende Resultate mitzuteilen, um die Übereinstimmung seiner Theorie mit dem Verhalten ausgeführter Pumpen zeigen zu können. Es sei vorausgeschickt, daß einzelne der angeführten Ergebnisse an Versuchspumpen erzielt wurden, deren relativ geringer Maximalwirkungsgrad eine Folge des zu Messungszwecken abnormal breit gehaltenen Spaltes war.

A. Versuchsanordnung.

Die Versuchsanordnung ist im wesentlichen in Tafel I dargestellt. Die Versuchspumpen saugten Wasser aus einem Behälter, förderten dasselbe in kurzer Druckleitung in ein

3·5 m langes Holzgerinne, aus welchem es über einen aus Eisenblech hergestellten Überfall in das Reservoir zurückfloß. In der Saug- und in der Druckleitung war je ein Schieber eingebaut. Indes war bei allen nachstehend angeführten Versuchen der Saugleitungsschieber, welcher zur künstlichen Herstellung größerer Saughöhen diente, ganz geöffnet, daher nur die natürliche, etwa 0·5 m betragende, Saughöhe zu überwinden. Zur Druckmessung wurde hinter dem ersten Laufrad jeder Pumpe ein Quecksilbermanometer angeschlossen, ferner auf jeder Pumpe ein Bourdon-Manometer (Schäffer & Budenberg), und in der Saugleitung ein Vakuummeter angebracht. Behufs Bestimmung der Wassermenge war ca. 1 m vor der Überfallkante, wo das Wasser einerseits schon ruhig floß, ohne jedoch andererseits bereits eine Senkung des Spiegels zu zeigen, ein Maßstab befestigt, welcher die Wassermenge Q direkt abzulesen gestattete.[1]) Die Tourenzahl wurde mit einem Hornschen Tachometer gemessen und mit einem Tourenzähler kontrolliert. Der Antrieb der Pumpen erfolgte von einem Gleichstrom-Nebenschluß-Motor von 220 Volt Spannung, dessen Wirkungsgradkurve von der liefernden Fabrik bekannt gegeben worden war, mittels einfacher Riemenübersetzung; die Bestimmung des Kraftbedarfs geschah durch Messung von Spannung und Stromstärke mit Hilfe von Meßinstrumenten. Die Tourenzahlen wurden durch Verwendung verschieden großer Riemenscheiben variiert. Die Änderung der Druckhöhen und Wassermengen geschah durch den in der Druckleitung eingebauten Schieber.

Es wurden nun stets die zusammengehörigen Werte von manometrischer Förderhöhe, Wassermenge, Tourenzahl der Pumpe, ferner die Volt und Ampère abgelesen, dann der Kraftbedarf und Gesamtwirkungsgrad der Pumpe unter Berücksichtigung des Motorwirkungsgrades und des Verlustes durch die Riemenübertragung berechnet.

---

[1]) Für den vollkommenen Überfall gilt die bekannte Gleichung: $Q = \frac{2}{3}\,\mu\,b\,h\,\sqrt{2\,g\,h}$, der Wert des Koeffizienten $\frac{2}{3}\,\mu$ wurde nach der Freseschen Formel (vgl. Zeitschrift des Vereines deutscher Ingenieure, 1890, S. 1285—1376) berechnet.

B. Versuchsergebnisse.

1. Kurven für Förderhöhe, Kraftbedarf, Wassermenge.

Auf diese Weise ergaben sich die Kurven, Tafel II, Fig. 1
bis 4, welche die theoretisch nachgewiesene Erscheinung, daß der
maximale Druck bei Förderung (und nicht bei geschlossenem
Druckrohr) auftritt, durchwegs zeigen. Dieselben wurden

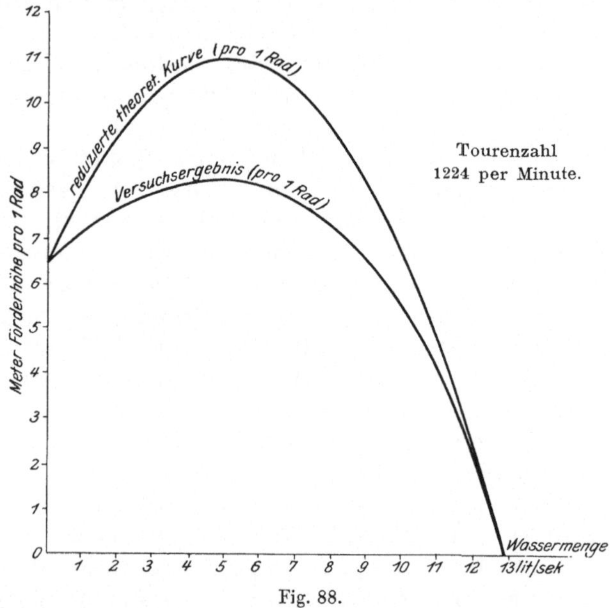

Fig. 88.

mit einer vierräderigen Versuchspumpe erzielt, deren Lauf-
raddimensionen denen unserer Pumpe in Beispiel 1, S. 12
genau gleich waren, demnach Räder mit radialem Schaufelende. Zur Ermöglichung eines genaueren Vergleichs der theoretischen mit den praktischen Ergebnissen sei nunmehr zu je
einer praktisch gewonnenen Förderhöhen- und Kraftbedarf-
kurve die theoretische hinzugefügt.

a) Förderhöhen-Wassermengen-Kurve.

Als solche ist in Fig. 88 die Versuchskurve Tafel II Fig. 2 für n = 1224 T. p. Min. gezeichnet, u. zw. auf 1 Rad bezogen (also $^1/_4$ der Höhen bei gleichen Wassermengen). Bezüglich der theoretischen Kurve in Fig. 88 sei erwähnt, daß dieselbe mit dem Koeffizienten A = 10·2 gerechnet ist, bezüglich aller übrigen Werte sei auf Seite 12 f. (Beispiel 1) verwiesen, wo für ein gleiches Laufrad die Berechnung der entsprechenden Kurve durchgeführt worden ist. Es muß nur noch bemerkt werden, daß die Druckhöhe für den Gleichgewichtszustand (Wassermenge = o) theoretisch sich zu ca. 8·9 m, praktisch zu 6·5 m pro 1 Laufrad ergibt; in diesem Verhältnis reduziert ist die theoretische Kurve in Fig. 88 eingezeichnet. Man sieht eine gute Übereinstimmung in der allgemeinen Form der Kurven, ferner eine gute Übereinstimmung der maximalen Wassermenge und der Wassermenge für den größten Druck (beide Kurven haben ihr Maximum bei gleicher Wassermenge), dagegen liegt der Druck unter dem theoretischen. Verfasser glaubt dies abgesehen davon, daß die Koeffizienten ζ nicht genau bekannt sind, dem, wie erwähnt, abnormal breit ausgeführten Spalt sowie dem Umstande zuschreiben zu sollen, daß die Laufradaustrittsbreite dieser Pumpe nur 3 mm betrug, was infolge der dadurch bewirkten weitgehenden Zerteilung der Wasserstrahlen bei relativ großer Oberfläche derselben nachteilig gewesen sein dürfte.

b) Kraftbedarf-Wassermengen-Kurve.

Dieser Vergleich werde mit der Kurve Tafel II Fig. 1 vorgenommen, das ist mit derselben 4-rädrigen Pumpe, jedoch bei 890 T. pro Min. (u_2 = 9·3 m/sek). Wir haben für diese Versuchspumpe (pro 1 Laufrad) S. 78 f. Beispiel 1 bei 1500 T. p. Min. die Kraftbedarfberechnung durchgeführt; analog erhalten wir bei 890 Touren (von mechanischen etc. Verlusten abgesehen) mit unseren früheren Bezeichnungen:

$$L_0 = -\ 0{\cdot}073\ c_2{}^2 \text{ in PS, } c_2 \text{ in m/sek}$$

$$L_1 = -\ 0{\cdot}0000406\ c_2{}^2 - 0{\cdot}0032\ c_2 + 0{\cdot}0705$$

$$L_2 = +\ 0{\cdot}00235\ c_2{}^2 + 0{\cdot}0892\ c_2 - 0{\cdot}204$$

somit für die Gesamtsekundenarbeit in PS

$$L \; = \; 0{\cdot}07 \, c_2{}^2 + 0{\cdot}086 \, c_2 - 0{\cdot}1235$$

für jedes Laufrad, und für die ganze Pumpe das Vierfache
von L. Der stoßfreie Punkt liegt (da nach S. 48 $c_2 = 0{\cdot}232 \, u_2$
$= 0{\cdot}232 \, . \, 9{\cdot}3 = 2{\cdot}16$ m/sek und $F_2 = 14{\cdot}3$ qcm) für 890 Touren
bei $Q = 3{\cdot}1$ lit/sek Wasser. Die Gleichung für den Kraft-
bedarf bei 890 Umdrehungen pro Minute zeigt eine Parabel,
deren Durchschnitt mit der L-Achse ($c_2 = 0$, $Q = 0$) ein $L =$
$- 0{\cdot}1235$ PS entspricht, deren Scheitel die Ordinate (minimaler
Kraftbedarf pro 1 Rad) $= - 0{\cdot}0718$ PS und die Abszisse
$c_2 = 0{\cdot}61$ m/sek ($Q = 0{\cdot}825$ lit/sek) zukommt. Diese Zahlen

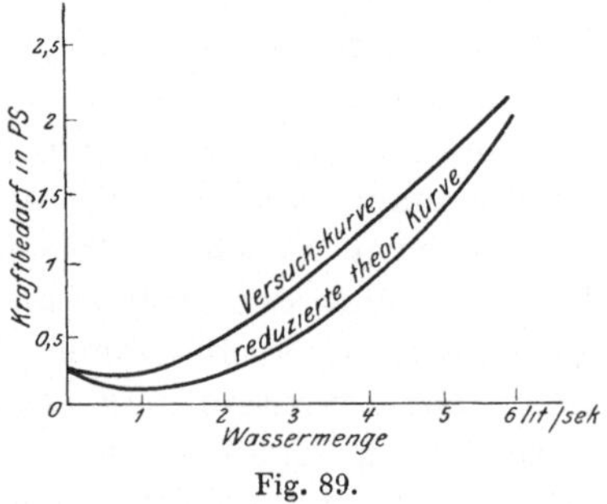

Fig. 89.

für L mit 4 multipliziert zeigen, daß die Versuchskurve
(Fig. 89) noch unter der theoretischen Kurve liegt; dies erklärt sich daraus, daß eben bei dieser Pumpe durchwegs bedeutend weniger Arbeit/sek geleistet wurde, als theoretisch der
Fall sein müßte; wir sahen ja, daß hier die theoretische Förderhöhe nicht erreicht wurde, daher das Produkt $Q \, . \, H$, somit
auch L praktisch viel kleiner ist, als es bei voller Erreichung
der theoretischen Förderhöhe sein müßte; tatsächlich sind
(Fig. 89) die Differenzen gegenüber der theoretischen Kurve
dort am größten, wo auch die Förderhöhenkurve des Versuches
am meisten unter der entsprechenden theoretischen Vergleichs-
kurve liegt. Zum Vergleich der Form der Kraftbedarfkurven,
wurde die theoretische Kurve mit Hilfe eines konstanten Fak-
tors derart reduziert in Fig. 89 eingezeichnet, daß ihr Schnittpunkt mit der L-Achse mit dem entsprechenden Punkt der Ver-

suchskurve übereinstimmt. Wenn man bedenkt, daß bei dieser „reduzierten theoretischen Kraftbedarfskurve" die mechanischen etc. Verluste nicht einbezogen sind, und daß diese, da für kleine Belastungen prozentuell größer als für große Belastungen, eine Verflachung der theoretischen Kurve bewirken, muß der allgemeine Charakter beider Kurven als gut übereinstimmend bezeichnet werden, umsomehr, als auch der Scheitel beider Kurven ca. dieselbe Abszisse aufweist.

In Fig. 1 (Tafel III) sind die Kurven für Wassermenge und Förderhöhe bei den 4 Tourenzahlen der Figuren Tafel II übersichtshalber zusammengestellt.

2. Vergleich von Laufrädern mit vor- bezw. rückgekrümmten Schaufeln.

Fig. 2 (Tafel III) zeigt die Beziehung der Wassermenge und Förderhöhe 1. für ein Versuchslaufrad mit radialen Schaufelendelementen, 200 mm Durchmesser, dessen Dimensionen nach Beispiel 1 (S. 12) gewählt waren, und 2. bei gleicher Tourenzahl die entsprechende Kurve für ein Rad desselben Durchmessers, für die gleiche Wassermenge konstruiert, bei dem jedoch $\measuredangle \, \alpha_2 = 42^0$ war (entsprechend einer leicht zurückgekrümmten Schaufelform). Man ersieht aus dieser Figur, daß das Rad mit Rückkrümmung der Schaufeln bei gleicher Tourenzahl die größere Förderhöhe aufweist, obwohl theoretisch das Verhalten umgekehrt sein sollte. Diese Erscheinung ist den geringeren hydraulischen Verlusten bei Rückkrümmung gegenüber Vorwärtskrümmung der Schaufeln zuzuschreiben (worauf S. 103 hingewiesen wurde). Dagegen erreicht das Rad mit radialem Schaufelende das Maximum der Förderhöhe bei einer größeren Wasserlieferung als das mit rückgekrümmten Schaufeln, was mit der Theorie im Einklang steht (S. 27 f.).

3. Gleichgewichtszustand. Koeffizient ζ_0.

In Fig. 3 (Tafel III) wurden die auf dem Versuchswege erhaltenen Druckhöhen einer Pumpe mit 6 Rädern von 150 mm Durchmesser für den Gleichgewichtszustand (Druckrohr geschlossen) samt den zugehörigen Tourenzahlen verzeichnet.

8*

Die bezügliche theoretische Kurve rechnet sich aus $C \cdot u_2^2 = 2\,g\,h_0$ (S. 29, Gleichung 65)) pro jedes Laufrad.

Hierbei ist

$$C = 1 + (\zeta_0 \sin^2 \alpha_1 - 1)\left(\frac{r_1}{r_2}\right)^2$$

(Gleichung 31) S. 10).

Im vorliegenden Falle ist

$$\frac{r_1}{r_2} = 0.5 \quad \text{und} \quad \alpha_1 = 77^0\,30';$$

mit
$$\zeta_0 = 1.25$$

wird $C = 1.0475$. Sei H_0 die Gleichgewichtshöhe für alle 6 Räder zusammen, n die Tourenzahl pro Minute, so ergibt sich aus:

$$6 \cdot C\left(\frac{2\,r_2\,\pi}{60}\right)^2 \cdot n^2 = 2\,g\,H_0$$

nach Einsetzen vorstehender Ziffernwerte die Beziehung

$$n^2 = 51\,000 \cdot H_0$$

(H_0 in Metern). Diese theoretische Kurve ist in Fig. 3 (Tafel III) ebenfalls eingezeichnet und deckt sich fast vollkommen mit der auf dem Versuchswege erhaltenen Kurve, ein Beweis, daß der von Zeuner mit 1.25 angegebene Koeffizient ζ_0 für den obigen Fall richtig gewählt ist.

Berechnet man nämlich aus $C\,u_2^2 = 2\,g\,h_0$ nach unseren Zahlen[1]) das C und aus diesem C das ζ_0, so ergibt sich in der Tat als Mittelwert $\zeta_0 = 1.26$, mithin eine sehr gute Übereinstimmung mit dem Zeunerschen Wert, welche, wie ein

---

[1]) Der Versuch ergab für diese Pumpe nachstehende Zahlen:

Tourenzahl pro Minute	h_0 in m pro 1 Rad	Tourenzahl pro Minute	h_0 in m pro 1 Rad
2180	15.5	1375	6.03
2170	15.41	1250	5.3
2140	15.83	1125	4.3
2000	13.05	1000	3.3
1875	11.3	875	2.66
1750	10.3	750	2.0
1625	9.0	625	1.3
1500	7.5		

früheres Beispiel (S. 70) zeigte, durchaus nicht in allen Fällen eintritt.

Es wurde ebendort (S. 71) schon darauf hingewiesen, daß der Ausdruck für die Gesamtsekundenarbeit bei $c_2 = 0$ mit $\zeta_0 = 1\cdot25$ oft zu große Werte ergibt. Die folgenden zwei Beispiele mögen zeigen, daß der Koeffizient ζ_0, aus der im Gleichgewichtszustand erreichten Höhe h_0 (nach Gleichung 65) und 31)) zurückgerechnet, ziemlich abweichende Werte annehmen kann.

Beispiel 1. Es ergab eine Pumpe mit 8 Laufrädern von 300 mm Durchmesser, deren $\triangle\, a_1 = 75^0$, $2\,r_1 = 150$ mm, $2\,r_2 = 300$ mm betrug, bei 1050 Touren p. M. ($u_2 = 16\cdot5$ m/sek) eine Gleichgewichtshöhe von $109\cdot6$ m (d. i. pro Rad $h_0 \sim 13\cdot7$ m), und damit aus $C\,u_2{}^2 = 2\,g\,h_0$ zurückgerechnet,

$$C = 0\cdot99$$

(für $\zeta_0 = 1\cdot25$ wäre $C = 1\cdot0412$).

Aus

$$C = 1 + (\zeta_0 \sin^2 a_1 - 1)\left(\frac{r_1}{r_2}\right)^2 = 0\cdot99$$

folgt

$$\zeta_0 = \mathbf{1\cdot02}\,.$$

Beispiel 2. Zwei gleich gebaute Pumpen mit je 6 Laufrädern von 250 mm Durchmesser hatten $\triangle\, a_1 = 75^0\,30'$, $\frac{r_1}{r_2} = 0\cdot5$. Bei einer Tourenzahl von 1240 p. M. ($u_2 = 16\cdot25$ m/sek) war die Gleichgewichtshöhe jeder Pumpe ~ 75 m, daher $C \sim 0\cdot925$ und

$$\zeta_0 = \mathbf{0\cdot74}$$

(für $\zeta_0 = 1\cdot25$ wäre $C = 1\cdot0424$).

Man ersieht aus diesen Beispielen, wie sehr es zu wünschen wäre, über die Größe des Koeffizienten ζ_0, der auch in der Turbinentheorie von großer Wichtigkeit ist, genaue Kenntnis zu erlangen; nur dann wäre es möglich, in allen Fällen zwischen theoretischer Vorausberechnung und praktischem Ergebnis volle Übereinstimmung zu erzielen.

Literatur.

a) Theorie.

Zeuner, „Vorlesungen über Theorie der Turbinen" Leipzig, Arthur Felix, 1899.

A. Linnenbrügge, „Beitrag zur Theorie der Zentrifugalpumpen". Zeitschrift des Vereins deutscher Ingenieure, 1870, S. 5 und 97.

Dr. R. Pröll, „Über den hydraulischen Wirkungsgrad von Turbinen bei ihrer Verwendung als Kraftmaschinen und Pumpen". Berlin, J. Springer, 1904.

(Die beiden letztgenannten sind die einzigen dem Verfasser bekannten theoretischen Aufsätze, welche Zentrifugalpumpen mit Leitschaufeln voraussetzen.)

Hermann-Weisbach, „Ingenieur- und Maschinenmechanik". 2. Aufl. 1880, III. Teil, 2. Abt., S. 1001 f.

Hermann, „Graphische Theorie der Turbinen- und Kreiselpumpen" 2. Aufl. 1900.

Hartmann-Knoke, „Die Pumpen". Berlin, J. Springer, 2. Aufl.

Müller, „Über Zentrifugalpumpen". Zeitschrift des Vereins deutscher Ingenieure („Z. d. V. d. I.") 1886, S. 787.

Ebel, „Zur Theorie der Zentrifugalpumpen". Z. d. V. d. I. 1887, S. 456.

K. E., „Über Zentrifugalpumpen". Z. d. V. d. I. 1887, S. 1071.

R. R. Werner, „Überdruckturbinen und Kreiselpumpen". Z. d. V. d. I. 1888, S. 263, 290.

Lindner, „Theorie der Schleuderpumpen". Z. d. V. d. I. 1891, S. 576, 977.

Bartl, „Zur Auswahl der zweckmäßigsten Schaufelform der Zentrifugalpumpen". Z. d. V. d. I. 1891, S. 1046.

Pelzer, „Diffuser bei Ventilatoren und Zentrifugalpumpen". Z. d. V. d. I. 1892, S. 189, 442.

Lindner, „Ungleichmäßigkeit der Strömung in Ventilatoren". Z. d. V. d. I. 1895, S. 611.

Dr. R. Mollier, „Über Zentrifugalpumpen". Verhandlungen des Vereines zur Beförderung des Gewerbfleißes 1895, S. 211

Budau, „Die mechanischen Grundgesetze der Flugtechnik". Sonder-
abdruck aus der Zeitschrift des Österr. Ingenieur- und Architekten-
Vereines 1903, nebst einem Anhange (Erwiderung auf die gemachten
Einwendungen).

E. Marchand, „Nouvelle théorie des pompes centrifuges". Paris, E. Bernard,
1896.

b) Beschreibungen von Hochdruckzentrifugalpumpen
bezw. Versuche mit denselben.

Dr. F. Heerwagen, „Wasserhaltung der Compañia Minera y Metalurgica
del Horcajo". Z. d. V. d. I. 1901, S. 1549 f.

Prof. Gutermuth, „Die Weltausstellung in Paris 1900". Pumpen. Z. d.
V. d. I. 1901, S. 1448 ff.

Dr. Hoffmann, „Die Industrie- und Gewerbeausstellung in Düsseldorf 1902",
„Die Elektrizität im Berg- und Hüttenwesen". Z. d. V. d. I. 1902,
S. 1235 f.

Rateau-Esser, „Zentrifugalpumpen und Ventilatoren für hohe Kompression".
Glückauf 1902, S. 353 f.

Diviš, „Hochdruckkreiselpumpen und Hochdruckventilatoren, System A. Ra-
teau". Österr. Zeitschrift für Berg- und Hüttenwesen 1904, S. 331 f.

Dubbel, „Hochdruckkreiselpumpen". Z. d. V. d. I. 1904, S. 1003.

Thomas E. Stanton, D. Sc., „Centrifugal pumps". Engineering 1903, S. 745.

„Efficiency of Centrifugal pumps". (Diskussion zu vorstehender Abhandlung),
Engineering 1903, S. 719.

„Centrifugal pump tests". Journal of the American Society of Naval
Engineers. Vol. XVI, No. 2, 1904. (Deutsch in der „Zeitschrift für
das gesamte Turbinenwesen" 1904, S. 65, von Ing. Berg).

„High pressure multistage turbine pumps with special balancing device".
Engineering News 1904, S. 324 f.

„Some forms of Westinghouse Centrifugal pumps" in „The Iron Age" vom
21. 4. 1904, S. 8.

Sosnowski, „Pompe centrifuge à haute pression système de Laval".
Mémoires et Compte rendu des Travaux de la Société des Ingénieurs
Civils de France 1904, S. 233 f.

Versuchsanordnung.

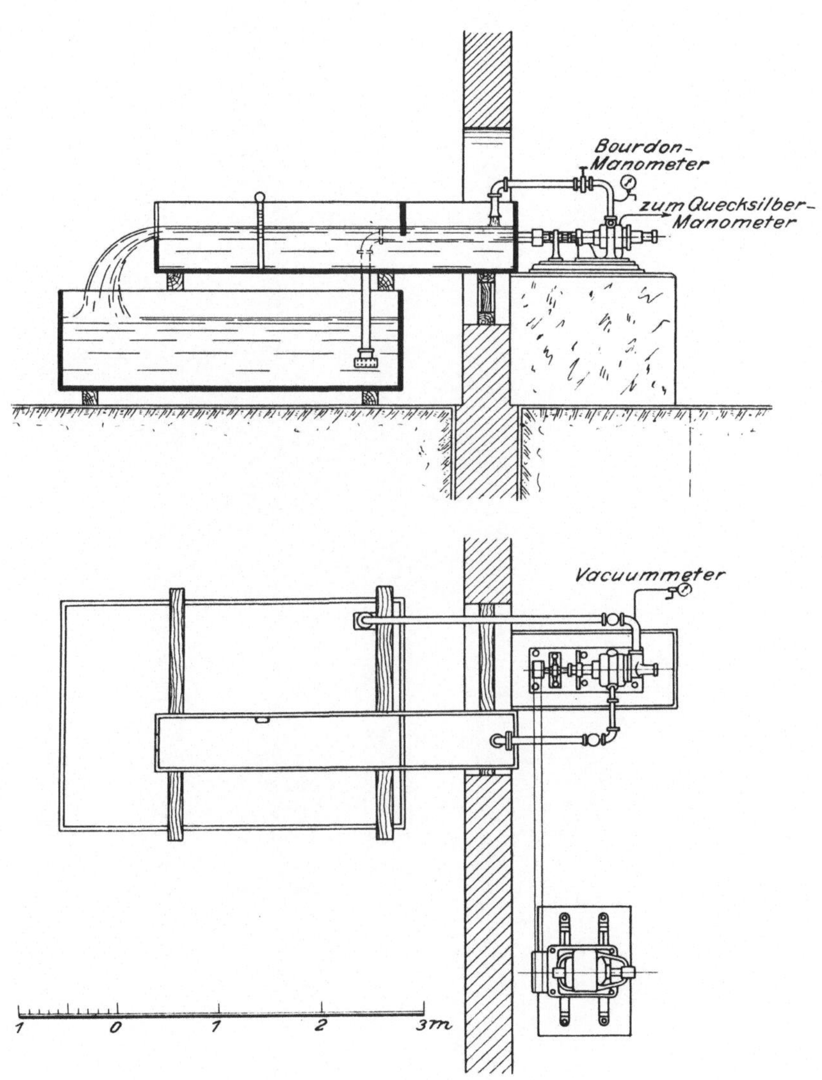

Tafel II.

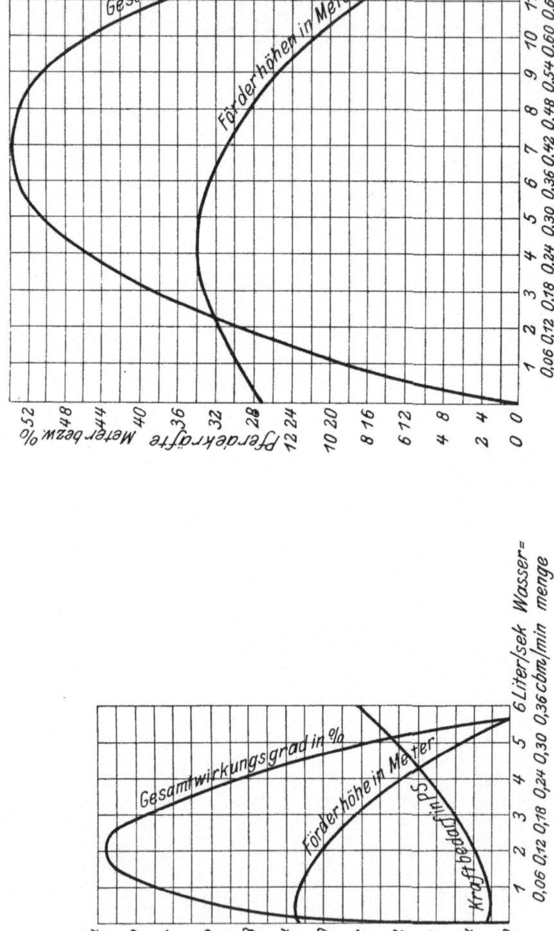
Gesamtwirkungsgrad in %
Förderhöhen in Meter
Pferdekräfte / Meter bezw. %
52 48 44 40 36 32 28 24 20 16 12 8 4 0
1 2 3 4 5 6 7 8 9 10 11 12 13 Liter/sek Wasser=
0,06 0,12 0,18 0,24 0,30 0,36 0,42 0,48 0,54 0,60 0,66 0,72 0,78 cbm/min menge
Mittlere Tourenzahl 1224 p. Min.
Fig. 2.
Gesamtwirkungsgrad in %
Förderhöhe in Meter
Kraftbedarf in PS
Pferdekräfte / Meter / %
6 Liter/sek Wasser=
0,06 0,12 0,18 0,24 0,30 0,36 cbm/min menge
Mittlere Tourenzahl 890 p. Min.
Fig. 1.

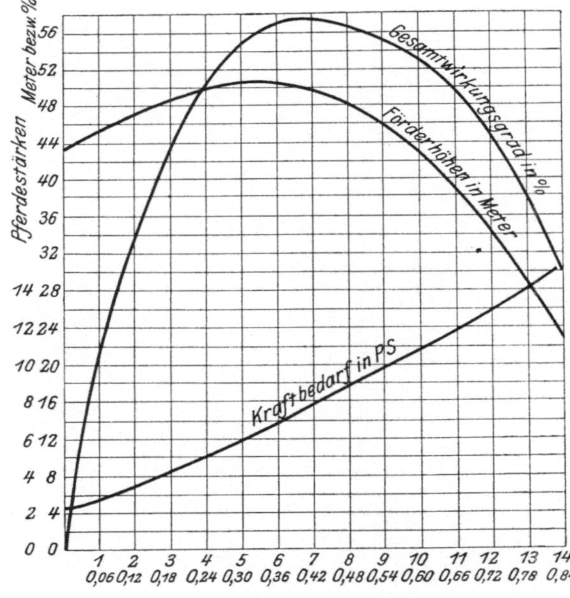

Mittlere Tourenzahl 1355 p. Min.

Fig. 3.

Mittlere Tourenzahl 1530 p. Min.

Fig. 4.

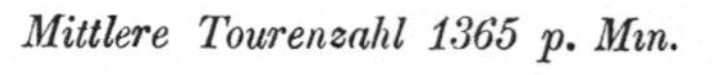

Fig. 1.

Mittlere Tourenzahl 1365 p. Min.

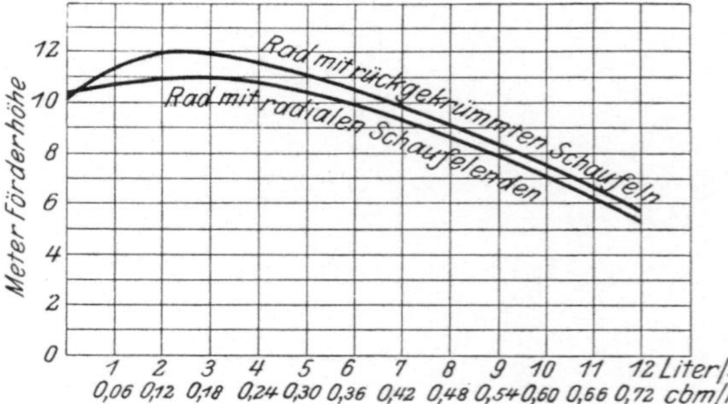

Fig. 2.

Manomtr. Druck in Meter Wassersäule
100
90
80
70
60
50
40
30
20
10
Versuchsergebnis
Theoretische Kurve
500
1000
1500
2000
Tourenzahl per Minute.

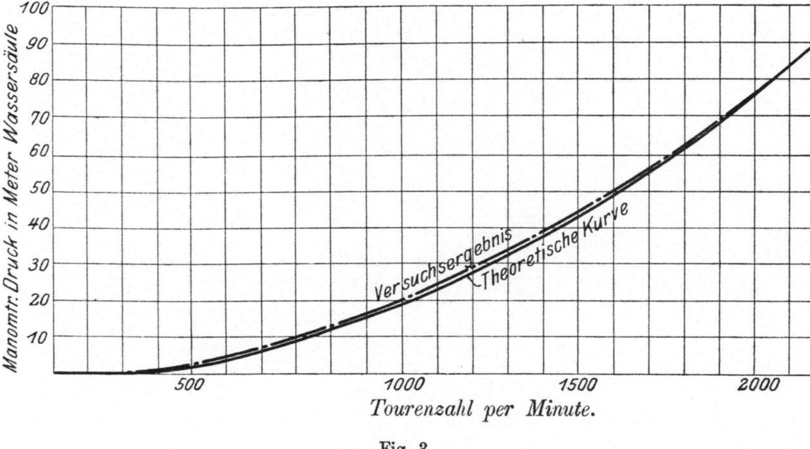

Fig. 3.

Krauß · Meldau

Wetter- und Meereskunde für Seefahrer

Fortgeführt von

W. Stein und R. Höhn

Siebente, verbesserte Auflage

Mit 121 Abbildungen
und drei Tafeln

Springer-Verlag Berlin Heidelberg GmbH 1983

Dr. **Walter Stein**
Dozent i. R., Hochschule für Nautik
Bremen

Dr. **Rudolf Höhn**
Leitender Direktor und Professor a. D.
Deutscher Wetterdienst, Seewetteramt
Hamburg

Additional material to this book can be downloaded from http://extras.springer.com

CIP-Kurztitelaufnahme der Deutschen Bibliothek
Krauss, Joseph:
Wetter- und Meereskunde für Seefahrer / Krauss ; Meldau.   Fortgef. von W. Stein u. R. Höhn. – 7., verb. Aufl.

ISBN 978-3-642-68718-1   ISBN 978-3-642-68717-4 (eBook)
DOI 10.1007/ 978-3-642-68717-4

NE: Meldau, Heinrich; Stein, Walter [Bearb.]

2060/3020-543210

Vorwort

Die erste Auflage dieses Buches erschien im Jahre 1917 unter dem Titel „Krauß, Grundzüge der maritimen Meteorologie und Ozeanographie". Im Jahre 1931 erschien die zweite Auflage unter Mitarbeit von Professor Dr. Meldau, Seefahrtschule Bremen. An Stelle des 1937 verstorbenen Professor Dr. Meldau trat mit der dritten Auflage Dr. Walter Stein, Seefahrtschule Bremen, als Mitarbeiter ein. Die dritte Auflage erschien im Jahre 1952, eine vierte im Jahre 1958. Die fünfte Auflage wurde 1963 von Dr. Stein allein herausgegeben, nachdem Direktor Krauß im Jahre 1961 verstorben war.

Mit Direktor Krauß verlor die deutsche Schiffahrt einen ihrer besten Lehrer und Erzieher. Es ist den Herausgebern ein tief verpflichtender Auftrag, dieses Buch, das dem Verstorbenen immer besonders am Herzen lag, in seinem Sinne und nach seinen Plänen weiterzuentwickeln.

Dieses Buch, das seit der zweiten Auflage den Titel „Wetter- und Meereskunde für Seefahrer" trägt, will in erster Linie eine Hilfe für den Unterricht in der Wetter- und Meereskunde an den Seefahrtschulen sein. Es kann aber auch dem Sportsegler und dem Seefischer Verständnis für die Vorgänge in der Luft und im Wasser vermitteln.

Der für die Navigation verantwortliche Nautiker muß sich natürlich über den allgemeinen Rahmen dieses Buches weit hinausgehende Kenntnisse von den meteorologischen und hydrographischen Verhältnissen seines Fahrtgebietes erwerben. Dafür stehen ihm die einschlägigen Veröffentlichungen des Seewetteramtes und des Deutschen Hydrographischen Institutes in Hamburg zur Verfügung, deren genaues Studium für ihn unerläßlich ist.

Für die fünfte Auflage wurde das Buch im wesentlichen unverändert gelassen. Nur an den Stellen, an denen die Entwicklung der Wetter- und Meereskunde Ergänzungen notwendig machte, wurde es erweitert.

Die sechste Auflage, an der Dr. Rudolf Höhn als Mitherausgeber beteiligt war, zeigte schon in ihrer äußeren Gestaltung und ihrem Aufbau einige Änderungen. Darüber hinaus erfolgte aber auch entsprechend der schnellen Entwicklung in der Meteorologie und Meereskunde sowie der zunehmenden Bedeutung der Wettervorhersage, Routenwahl und Laderaummeteorologie eine Erweiterung des Stoffes und eine Vertiefung der physikalischen Grundlagen.

In der vorliegenden siebenten Auflage wurden nur geringe Veränderungen vorgenommen. Sie ergaben sich vor allem auf Grund einer Schlüsseländerung im

Kapitel I für die Durchführung und Abgabe von Wetterbeobachtungen sowie in den Teilen IV und V bezüglich der Ausübung des praktischen Beratungsdienstes.

Unser Dank gilt allen, die uns durch Hinweise, Anregungen und Überlassung von Abbildungen unterstützten, insbesondere dem Seewetteramt des Deutschen Wetterdienstes und dem Deutschen Hydrographischen Institut in Hamburg und ihren Mitarbeitern, insbesondere Herrn Reg. Dir. Dr. G. Olbrück vom Seewetteramt, der als Berater bei der Umarbeitung der oben genannten Abschnitte wesentliche Hilfe leistete.

Bremen/Hamburg
im Oktober 1982   **Walter Stein**   **Rudolf Höhn**

Inhaltsverzeichnis

Einleitung

Wetter- und Meereskunde haben für den Seefahrer auch im Zeitalter des Dampf- und Motorschiffes ihre große Bedeutung behalten. Um eine möglichst schnelle und sichere Reise zu machen, muß der Schiffsführer die Wind-, Wetter- und Strömungsverhältnisse, die ihn auf seiner Reise erwarten, kennen, muß Stürmen aus dem Wege gehen oder ihr Gebiet wenigstens so günstig wie möglich durchqueren, kurz, er muß *meteorologisch navigieren*!

Die Erkenntnisse der modernen Wetter- und Meereskunde, die ihm dies ermöglichen, konnten nur durch die Mitarbeit der Seefahrer als Beobachter gewonnen werden. Jeder Seefahrer wird auch in Zukunft sich in die Reihen der freiwilligen Mitarbeiter an diesem Werk einordnen müssen, wenn weitere Fortschritte auf diesem Gebiet zu seinem eigenen Nutzen erzielt werden sollen. Aus diesem Buch wird er daher zunächst lernen, wie er die Grundgrößen des Wetters beobachten und messen kann und wie er sie im meteorologischen Tagebuch niederlegt oder in Wettertelegrammen weitergibt. Dann werden die wichtigsten Wettergesetze dargestellt und die Hauptwindsysteme und Meeresströmungen beschrieben. Nach einer Darstellung aller Wetterberatungsmöglichkeiten und der Technik des Zeichnens und Auswertens von Wetterkarten an Bord wird dann die meteorologische Navigation behandelt.

I. Die Grundgrößen des Wettergeschehens und ihre Beobachtung

1. Die Atmosphäre

Unsere Erdkugel ist umgeben von einer Lufthülle, *der Atmosphäre*, die durch die Schwerkraft festgehalten wird, an der Erddrehung teilnimmt und Sitz aller Wettererscheinungen ist. *Wetter* ist der Zustand der Lufthülle unserer Erde in einem bestimmten Augenblick. Er läßt sich nicht durch eine einzelne Größe, sondern nur durch die Gesamtheit der verschiedenen Elemente wie Lufttemperatur, Luftdruck, Wind, Luftfeuchtigkeit, Niederschlag, Bewölkung, Sicht usw. als Ganzes charakterisieren. Der *Wetterkunde* (einem Teilgebiet der modernen *Meteorologie*) fällt die Aufgabe zu, die Zusammenhänge und das Zusammenspiel zwischen diesen Elementen und damit auch die verschiedenen Wettererscheinungen mittels physikalischer Gesetze zu erfassen und zu erklären.

Die Untersuchung der Vorgänge im Meer und der Kräfte, die diese Vorgänge bewirken, ist Aufgabe der *Meereskunde (Ozeanographie)*. Beide Wissenschaften sind eng miteinander verknüpft, da Lufthülle und Meer in einer dauernden Wechselwirkung stehen und zusammen das Wetter gestalten.

1.1 Die Höhe der Atmosphäre

Sie läßt sich nicht genau angeben, da sie allmählich, d. h. ohne scharfe Grenze, in den Weltenraum übergeht. Diesen Schluß legten schon die Beobachtungen der Sternschnuppen, Polarlichter und elektrisch reflektierenden Schichten nahe, weil diese Erscheinungen, die sich in Höhen von hundert bis zu mehreren hundert Kilometern abspielen, ohne das Vorhandensein atmosphärischer Bestandteile nicht möglich und erklärbar sind. Diese Auffassung fand eine glänzende Bestätigung durch die in den letzten Jahren mit Raketen und Satelliten durchgeführten Messungen. Während bis 1957 die höchste von einem Menschen erreichte Höhe noch bei 31 km lag (Ballonaufstieg von Simons 1957), wurde mit dem Flugzeug inzwischen schon eine Höhe von 113 km erreicht und neuerdings drangen bemannte Satelliten (Astronauten) schon in den Weltraum vor und landeten auf dem Mond. Unbemannte, mit Instru-

menten ausgerüstete Ballone, die lange Zeit das wesentliche Hilfsmittel
für die direkte Erforschung der Atmosphäre bildeten und auch heute
noch zum Teil bilden, gaben zwar regelmäßig Aufschluß bis zu 20—30 km,
gelegentlich bis zu 40—50 km Höhe, aber erst nachdem seit etwa 1950
Raketen und seit 1956 die Erde umkreisende Satelliten für Meßzwecke

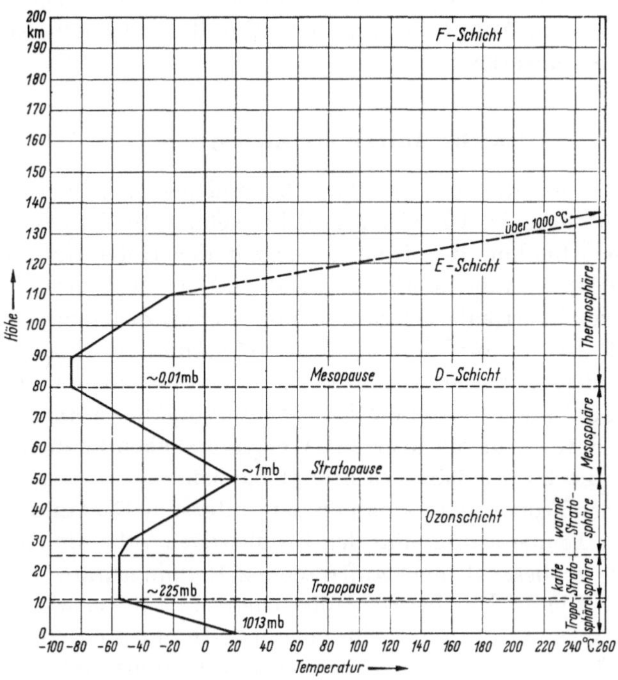

Abb. 1. Aufbau der Atmosphäre.

eingesetzt wurden, konnten die Kenntnisse über die hohen Atmosphärenschichten bestätigt und erweitert werden. Raketen lieferten
dabei Daten bis maximal 400 km Höhe. Satelliten drangen je nach Aufgabenstellung mehrere tausend km hoch vor, während spezielle Wettersatelliten die Erde vorzugsweise in Höhen zwischen 1000 und 1400 km
circumpolar umkreisen (ESA 2 etwa 1400 km) und schon wichtige
Anhaltspunkte nicht nur für die weitere Erforschung der Atmosphäre,
sondern auch für den praktischen Wetterdienst liefern. Seit einigen
Jahren werden sie ergänzt durch Synchronsatelliten, die in 36000 km
Höhe über einem Punkt des Äquators feststehen und große Gebiete der
Erde zwischen 70° N und 70° S überwachen. So z. B. ATS 1, der seit
September 1966 bei 151° W über dem Äquator stand und den größten
Teil des Pazifik erfaßte. Seit 1981 liefert Meteosat 2, ein europäischer
Satellit bei 0° über dem Golf von Guinea, laufend Informationen über das

atmosphärische Geschehen im atlantischen und europäischen Raum. Mit
4 Synchronsatelliten über dem Äquator läßt sich so das gesamte Gebiet
zwischen 70° N und 70° S dauernd überwachen.

Aus all diesen Unterlagen und Messungen hat sich ergeben, daß die
Lufthülle sich in ihrem Verhalten in bezug auf verschiedene Erscheinungen und meteorologische Elemente mit der Höhe wesentlich ändert.
Dies führt zu der in Abb. 1 dargestellten Einteilung der Atmosphäre in
verschiedene Stockwerke.

1.2 Der Aufbau der Atmosphäre

Die unterste, im Mittel etwa 10 km hochreichende Schicht wird als
Troposphäre (Sphäre der Umwälzungen) bezeichnet. Sie ist gekennzeichnet durch die Abnahme der Temperatur mit der Höhe, die im Mittel
5—8° C auf 1 km beträgt, sowie auf- und absteigende Luftströme, die
für eine dauernde vertikale Durchmischung sorgen. Zusammen mit dem
Wasserdampf der Atmosphäre, der fast vollständig in dieser Schicht
enthalten ist, sind sie vor allem für die Bildung von Wolken und Niederschlag und damit auch für wesentliche Wettervorgänge verantwortlich.
Die späteren Betrachtungen über das Wettergeschehen können deshalb
praktisch auf die Troposphäre beschränkt bleiben.

Innerhalb der Troposphäre kommen den untersten 1500 m durch den
unmittelbaren Temperatureinfluß der Erdoberfläche, die als Heizfläche
wirkt, und die in dieser Schicht auftretenden Reibungskräfte besondere
Bedeutung zu. Die Schicht bis zur Höhe von etwa 1500 m wird deshalb
auch Grund- oder Reibungsschicht genannt. In ihr sind abweichend
von der im Mittel vorhandenen Temperaturabnahme mit der Höhe
häufig Temperaturzunahmen nach oben, sogenannte Temperaturumkehrschichten *(Inversionen)*, zu finden, die teilweise mit scharf
ausgeprägten Dunstobergrenzen verknüpft sind. Häufig fällt die auch
als *Peplopause* bezeichnete Obergrenze der Grundschicht mit ihnen
zusammen.

Die Troposphäre als Ganzes reicht in mittleren Breiten durchschnittlich 10—11 km, an den Polen 8—10 km und in den Tropen bis etwa
17 km hoch. Die Lufttemperatur beträgt an der Obergrenze in mittleren
Breiten —50° C bis —60° C, über den Polen —45° C, über dem Äquator
etwa —80° C. Die Obergrenze der Troposphäre wird durch den Übergang
von der Temperaturabnahme zu einem Gleichbleiben der Temperatur *(Isothermie)* oder auch zu einer Temperaturzunahme mit der Höhe
charakterisiert. Dabei handelt es sich nicht um eine scharfe Begrenzungs-
fläche, sondern um eine mehr oder weniger dicke, *Tropopause* genannte,
Übergangsschicht von etwa 2—4 km Mächtigkeit. Sie unterliegt nicht
nur räumlich, sondern auch jahreszeitlich und im Zusammenhang mit

der Wetterlage bezüglich ihrer Höhenlage und Temperatur erheblichen Schwankungen. Einer hochliegenden Tropopause entspricht dabei im allgemeinen eine niedrige Temperatur und umgekehrt einer niedrigen Tropopause eine hohe Temperatur. Der mittlere Luftdruck beträgt an ihr in mittleren Breiten etwa 225 mbar, d. h., drei Viertel der Luftmasse unserer Atmosphäre liegen in der Troposphäre.

Das anschließende Stockwerk, die *Stratosphäre* (Sphäre stabilerer Schichtung), erstreckt sich bis 50 km Höhe. In ihr herrschen zunächst bis etwa 25 km gleichbleibende Temperaturen (Isothermie), die entsprechend der Temperaturverteilung an der Tropopause in den gemäßigten Breiten im Mittel −55° C, über den Polen −45° C und dem Äquator −80° C betragen. Da oberhalb von 25 bis 30 km die Temperatur bis 50 km wieder auf +10° C bis +20° C ansteigt, wird der untere Teil bis 30 km auch als kalte, der darüberliegende Teil als warme Stratosphäre bezeichnet. Zurückzuführen ist die Erwärmung im oberen Teil auf das zwischen 25 und 50 km Höhe in der Atmosphäre vorhandene *Ozon*, das den größten Teil der von der Sonne kommenden *Ultraviolettstrahlung* absorbiert. Diese Schicht stellt damit eine zweite Heizfläche dar, die Wärme nach oben und unten abgibt. An der *Stratopause*, der Obergrenze der Stratosphäre, herrscht nur noch ein Luftdruck von etwa 1 Millibar. Von hier an nimmt die Temperatur bis zu 80 km Höhe wieder auf −80° C bis −90° C ab und charakterisiert damit die als *Mesosphäre* bezeichnete Schicht, die nach oben von der *Mesopause* begrenzt wird und wegen des nach oben gerichteten Temperaturgefälles auch als Zone kräftiger vertikaler Durchmischungen angesehen wird.

Oberhalb 80 km beginnt die *Thermosphäre*, die bis an die Grenze der Atmosphäre reicht. In ihr nimmt die Temperatur ab 90 km zunächst langsam, ab 110 km mit der Höhe wieder schnell zu und erreicht bei 300 km schon Werte von weit über 1000° C. Obwohl diese hohen Temperaturen nach der Bewegung der Moleküle physikalisch richtig begründet sind, dürfen sie nicht mit einer entsprechenden „Hitze" in Verbindung gebracht werden, da bei der geringen Zahl der in jenen Höhen vorhandenen Moleküle nicht viel Wärmeenergie übertragen werden kann.

Der untere Teil der Thermosphäre bis etwa 500 km Höhe wird auch als *Ionosphäre* bezeichnet. In dieser Schicht werden durch die von der Sonne kommende Ultraviolett- und gelegentlich auch Korpuskularstrahlung, die auch die *Polarlichter* verursacht, bei den in diesen Höhen vorhandenen niedrigen Drucken aus den Molekülen Elektronen abgespalten, so daß sich *Ionen* bilden. Sie werden nach einiger Zeit, besonders nachts, durch Wiedervereinigung wieder vernichtet. Die Ionisierung erfolgt nicht in allen Höhen gleichmäßig und führt zur Ausbildung einiger mit Ionen besonders angereicherter Schichten — *F-Schicht* zwischen 200 und 400 km, *E-Schicht* zwischen 100 und 150 km, *D-Schicht* zwischen 80 und 100 km —, die elektrische Wellen bestimmter Wellen-längen nicht durchlassen, sondern reflektieren und damit für die Kurz-wellenausbreitung von besonderer Bedeutung sind (s. Lehrbuch der Navigation[1], E- und F-Schicht, S. 7.45).

Der obere Teil der Thermosphäre ab 500 km, in dem der allmähliche Übergang der Atmosphäre in den interstellaren Raum erfolgt, wird auch *Exosphäre* genannt.

1.3 Die Zusammensetzung der Atmosphäre

In der Troposphäre ist die Luft der Hauptsache nach ein Gemisch von ¾ Raumteilen *Stickstoff* (78%), ¼ Raumteil *Sauerstoff* (21%) und geringen Beimischungen von *Kohlendioxyd* (0,03%), *Wasserstoff*, *Ozon* und sogenannten Edelgasen *(Argon, Helium, Neon)*. Außerdem enthält sie *Wasserdampf*, d. h. Wasser in Gasform. Dieser ist unsichtbar und wechselt in seiner Menge stark. Er kann bis zu 4 Volumenprozent aus-machen und schwankt im Mittel zwischen 3% über den tropischen Ozeanen und 0,1 bis 0,2% bei den tiefsten Kältegraden der Polargegen-den. Trotz des geringen Anteils an der Zusammensetzung der Luft ist der Wasserdampf von außerordentlicher Bedeutung für die Mehrzahl der Wettererscheinungen, weil bei diesen Vorgängen oft das Wasser vom gasförmigen in den flüssigen oder auch festen Zustand und um-gekehrt übergeführt wird. Dabei werden erhebliche Wärme- bzw. Energiemengen umgesetzt, die für die Wetterentwicklung oft von ent-scheidender Bedeutung sind. Abgesehen vom Wasserdampf, der wie schon erwähnt wurde, im wesentlichen auf die Troposphäre beschränkt ist, ändert sich die prozentuale Zusammensetzung der Luft bis etwa 120 km Höhe nicht. Erst darüber setzt infolge des dort herrschenden Diffusionsgleichgewichtes eine Entmischung ein, wobei der Anteil der leichteren Gase auf Kosten der schwereren (Sauerstoff) zunimmt. Nach neuesten — noch nicht ganz gesicherten — Ergebnissen ist in Höhen oberhalb 500 km der Übergang zu einer Helium-Schicht und oberhalb von 1000 km, d. h. in der Exosphäre, zu einer Wasserstoffschicht an-zunehmen. Letztere besteht aber dann im wesentlichen nur aus Atom-kernen des Wasserstoffs, Protonen, die den Übergang zum interstellaren Raum darstellen.

In den unteren Schichten enthält die Luft außerdem noch einen mehr oder weniger großen Anteil an Beimengungen in Form von Staubteil-chen, Pollen, Spuren von Säuren und Salzkristallen, die als Trübungs-ursache und als Kondensationskerne bei der Wolken- und Niederschlags-bildung eine Rolle spielen.

---

[1] Meldau/Steppes, Lehrbuch der Navigation, Bremen: Verlag Geist 1963.

2. Der Luftdruck

Die Luftmoleküle unterliegen — wie jegliche andere Materie auf der Erde — der Schwerkraft. Die Luft hat deshalb auch ein Gewicht. Dies hängt von ihrer Masse bzw. Dichte ab, die nach den Gasgesetzen wiederum von Druck und Temperatur bestimmt wird.

Durch ihr Gewicht übt die Luft einen Druck auf ihre Unterlage aus, der als *Luftdruck* bezeichnet wird. Der an irgendeiner Stelle der Atmosphäre herrschende Luftdruck wird also hervorgerufen durch das Gewicht der über der Meßstelle lagernden, bis zur Grenze der Atmosphäre reichenden Luftsäule. Der Luftdruck ist daher am Erdboden am größten und nimmt mit der Höhe ab. An der Erdoberfläche ist er auf Grund einiger, noch später zu besprechender Bedingungen örtlich und zeitlich verschieden. Diese Unterschiede sind entscheidend für die meisten Strömungen und Wettererscheinungen in der Lufthülle.

2.1 Maßeinheiten

Gemessen wurde der Luftdruck früher in Millimeter „Quecksilbersäule". Dieses Maß rührt vom Quecksilberbarometer her. Bei ihm hält eine Quecksilbersäule von bestimmter Höhe, die in Millimetern gemessen wird, der Luftsäule das Gleichgewicht.

Der Druck, den eine Quecksilbersäule von 1 mm Höhe bei 0° C im normalen Schwerefeld der Erde ausübt, wird auch als Torr bezeichnet. Daher wird der Luftdruck gelegentlich auch in Torr angegeben.

Auf Grund internationaler Vereinbarungen wird seit 1977 der Luftdruck nur noch in Bar, bzw. seinem Tausendstel Teil, dem Millibar (mbar) angegeben. Ein Bar ist definiert als 100000 Pascal (Pa), der physikalischen Maßeinheit. Ein Millibar ist also gleich 100 Pascal.

Der Luftdruck in Höhe des Meeresspiegels ist im Mittel größer als 1000 mbar. Er beträgt 1013 mbar, was etwa 760 mm Quecksilberdruck bei 0° C entspricht. Der Druck einer Quecksilbersäule von 760 mm bei 0° C und Normalschwere wurde daher auch als Druck der physikalischen Atmosphäre festgelegt. Er läßt sich leicht in Pascal bzw. Millibar ausrechnen, sofern die für die Festlegung von Pascal zu beachtenden Einheiten m und kg zugrunde gelegt werden.

Bei einem Querschnitt von 1 m² hat die Quecksilbersäule entsprechend ihrer Länge von 0,76 m bei 0° C das Volumen 0,76 m³. Daraus ergibt sich bei einer Dichte des Quecksilbers von 13595 kg/m³ und einer Normalschwere von 9,80665 m/s² als Druckkraft

$$13595 \times 0,76 \times 9,80665 = 101325 \text{ Pa,}$$

d. h., eine physikalische Atmosphäre ist im physikalischen Maßsystem gleich 1,011325 bar, gleich 1013,25 mbar.

Sollte einmal aus irgendwelchen Gründen, insbesondere bei Verwendung älterer Beobachtungen, eine Umrechnung von mm Quecksilberdruck in Millibar und umgekehrt erforderlich sein, so gelten folgende einfache Beziehungen:

$$1 \text{ mbar} = {}^3/_4 \text{ mm Hg}$$

$$1 \text{ mm Hg} = {}^4/_3 \text{ mbar}$$

Der Luftdruck nimmt mit zunehmender Höhe ab, und zwar nahe der Erdoberfläche für je 8 m um 1 mbar. In 6 km Höhe beträgt er nur noch etwa die Hälfte, in 15 km etwa ein Zehntel des Bodenwertes. Je größer die Höhe ist, desto langsamer nimmt der Luftdruck mit der Höhe ab, da die Dichte der Luft mit der Höhe geringer wird.

2.2 Meßgeräte und Messung

Zum Messen des Luftdrucks dienen Barometer. Auf Schiffen sind wegen der einfacheren Handhabung heute meistens *Aneroidbarometer* im Gebrauch. Sie enthalten als Meßelement eine oder auch mehrere

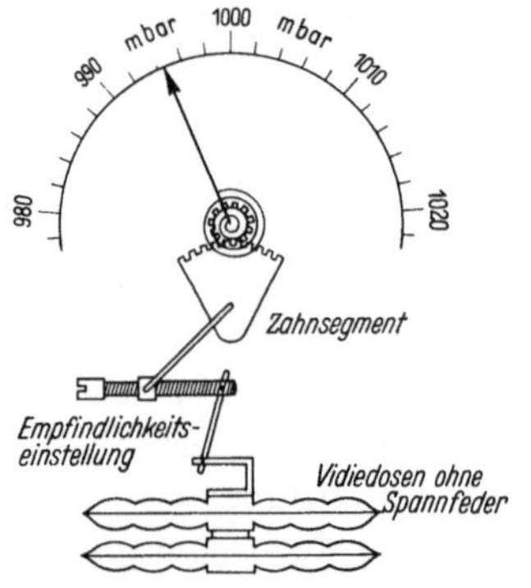

Abb. 2. Aneroidbarometer.

fast luftleer gepumpte dünnwandige Metalldosen (Vidiedosen), die aus Kupfer-Beryllium oder Stahl bestehen und durch eine Feder zusätzlich gespannt werden. Die Elastizität dieser Dosen hält dem äußeren Luftdruck das Gleichgewicht. Steigt der Luftdruck, so werden die Dosen stärker belastet und zusammengepreßt, fällt er, so spreizen sie sich infolge ihrer Elastizität auseinander. Diese Änderungen werden von einem auf dem Mittelpunkt der Dosen sitzenden Stift über ein stark vergrößerndes Hebelwerk (Abb. 2) durch einen Zeiger auf eine Skala übertragen. Die Bewegungen der Dose, die nur wenige Zehntel Millimeter ausmachen, werden dabei mehrere hundert Mal vergrößert. Die

Übertragung muß deshalb sehr sorgfältig gearbeitet sein. Temperatureinflüsse werden durch Verwendung eines kleinen Bimetallstreifens in der Übertragung kompensiert. Moderne Instrumente haben infolgedessen keine nennenswerten Temperaturfehler.

Aneroidbarometer werden durch Vergleich mit einem Quecksilber-Normalbarometer *geeicht*, sollten aber trotzdem öfter kontrolliert werden, da bei eventuellen Materialfehlern im Dosensatz die Messungen unzuverlässig werden. Für die Einstellung bzw. Justierung befindet sich an der Rückseite gewöhnlich eine Stellschraube, mit der der Stand berichtigt werden kann. Sie soll aber an Bord *nicht* betätigt werden. Dies ist Aufgabe der mit dem Kontrolldienst beauftragten Überwachungsstellen (*Hafendienst*, **IV**[1]). Vor der Ablesung sollte man wegen eventueller Reibungsfehler im Übertragungsmechanismus, die ein Nachhinken verursachen können, leicht gegen das Glas klopfen. Stärkere Erschütterungen sind aber zu vermeiden, sie könnten dem Instrument schaden. An der Bewegung, die der Zeiger dabei ausführt, läßt sich die *Tendenz* des Luftdrucks erkennen, d. h. es ist zu sehen, ob er steigt oder fällt.

Am zuverlässigsten läßt sich der Luftdruck mit dem Quecksilberbarometer bestimmen, das deshalb fast allgemein an Landstationen verwendet wird. Auch auf Schiffen kamen früher — teilweise auch noch heute — besonders konstruierte Quecksilberbarometer, sogenannte Schiffs-Barometer (*Marine-Barometer*) zum Einsatz. Bei diesen Schiffsbarometern handelt es sich um Gefäßbarometer, bei denen die Glasröhre in der Mitte stark verengt ist (Abb. 3), damit das Quecksilber bei den Stampf- und Rollbewegungen des Schiffes nicht „pumpt", d. h. sich nicht zu stark auf- und niederbewegt und so die genaue Ablesung unmöglich macht.

Diese notwendige Dämpfung hat aber den Nachteil, daß ein solches Barometer schnellen Luftdruckänderungen nur langsam folgt, schnell vorübergehende Schwankungen also oft gar nicht anzeigt.

Jedes Quecksilberbarometer enthält eine Luftfalle (Abb. 4). Sie soll verhindern, daß Luftteilchen, die sich bei längerem Gebrauch zwischen Glaswand und Quecksilber vorwärtsschieben könnten, in den luftleeren Raum über dem Quecksilber gelangen und damit die Meßgenauigkeit beeinträchtigen.

Das Schiffsbarometer wird kardanisch aufgehängt. Ein oder zwei Spiralfedern sollen eventuell auftretende Pendelbewegungen hemmen. Pumpt das Barometer trotzdem, ist Geduld beim Ablesen nötig. Es darf nur abgelesen werden, wenn das Barometer senkrecht hängt. Bei starkem

---

[1] Die halbfetten Ziffern verweisen jeweils auf die verschiedenen Abschnitte des Buches.

Überholen des Schiffes und gleich darauf darf nicht abgelesen werden. Eventuell muß aus mehreren Ablesungen des höchsten und niedrigsten Standes gemittelt werden.

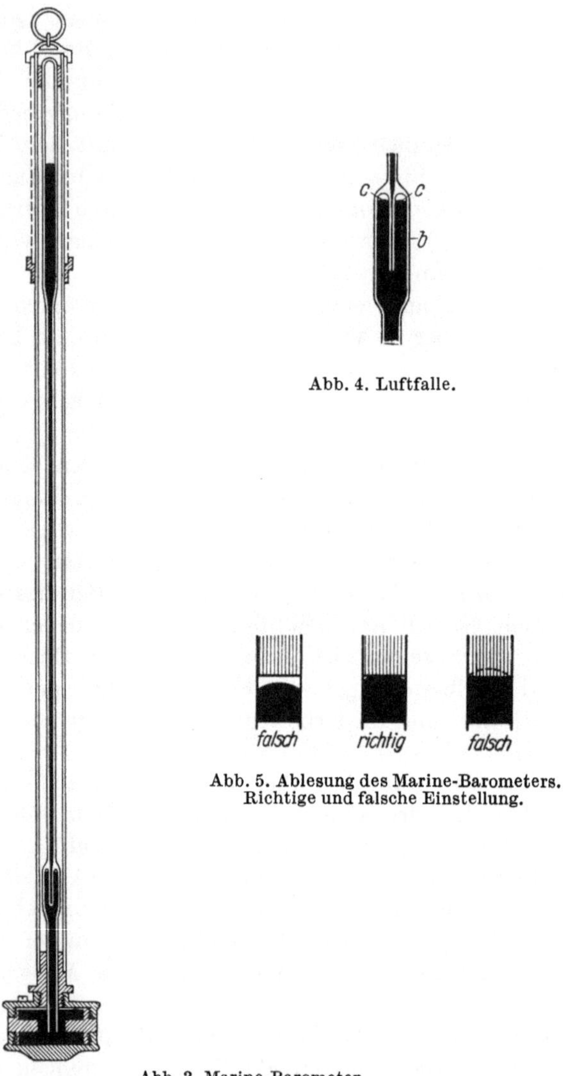

Abb. 4. Luftfalle.

Abb. 5. Ablesung des Marine-Barometers.
Richtige und falsche Einstellung.

Abb. 3. Marine-Barometer.

Die genaue Ablesung erfolgt auf Zehntel Millibar mit einem Nonius. Beim Ablesen ist darauf zu achten, daß die Mitte der Kuppe gerade die untere Kante des Schiebers zu berühren scheint, wie Abb. 5 zeigt. Dabei ist eine „Parallaxe" zu vermeiden, indem Vorder- und Hinterkante des

Ableseschiebers in Deckung gebracht werden und erst dann auf die Kuppe eingestellt wird.

Vorher ist das Thermometer abzulesen, das in der Mitte des Barometers angebracht ist (s. Beschickungen).

Etwaige Fehler des Instrumentes werden durch Vergleich mit Normalinstrumenten festgestellt. Quecksilberbarometer, die eventuell noch für den Wetterbeobachtungs- und Klimadienst an Bord verwendet werden, sollten auf jeden Fall von einer amtlichen Stelle geprüft sein. Der Prüfschein, der angibt, welche Instrumentenverbesserung an den abgelesenen Werten anzubringen ist, sollte an Bord sein und jedes Jahr erneuert werden. Das Barometer ist so anzubringen, daß es möglichst geringen Temperaturschwankungen ausgesetzt ist, d. h. es muß gegen Sonnenstrahlen und Heizungseinflüsse geschützt sein.

Sollten die an Bord mit einem Quecksilberbarometer gemessenen Luftdruckwerte in einer Wettermeldung mit verwendet werden, müssen die abgelesenen Barometerstände erst *beschickt* werden. Als Einheitsbeobachtung gilt eine Beobachtung bei 0° C der Quecksilbersäule, Messung am Meeresspiegel (Augeshöhe 0) und bezogen auf die Schwerkraft in 45° Breite.

An der Ablesung eines Quecksilberbarometers sind dann folgende Beschickungen anzubringen:

1. Beschickung auf 0° C (Temperaturbeschickung). Da sich Quecksilber bei steigender Temperatur ausdehnt, nimmt dieselbe Quecksilbermenge bei höherer Temperatur eine größere Höhe im Glasrohr ein. Für Temperaturen über 0° ist daher diese Beschickung negativ, für solche unter 0° positiv. Maßgebend ist die Temperatur am Barometer, die von der Außentemperatur wesentlich abweichen kann.

2. Beschickung auf den Meeresspiegel (Höhenbeschickung). Da der Luftdruck mit der Höhe abnimmt, ist diese Beschickung stets zu addieren. Sie hängt etwas von der Außentemperatur ab.

3. Beschickung auf 45° Breite (Schwerebeschickung). Da die Schwerkraft an den Polen der Erde größer ist als am Äquator, würde ein Quecksilberbarometer bei gleichem Luftdruck am Pol einen niedrigeren Stand haben als am Äquator. Wenn man auf den Wert der Schwerkraft auf 45° Breite beschickt, ist die Beschickung für höhere Breiten positiv, für niedrigere negativ.

Die Beschickungen werden Tafeln entnommen, die den älteren Beobachtungsanweisungen beigegeben waren.

```
Ablesung . . . . . . . . . . . . . .  752,3 mm Hg
Instrumentenfehler . . . . . . . . .  +1,1 mm Hg
Zu beschickender Barometerstand  . .  753,4 mm Hg

Temperaturbeschickung  . . −2,4 ⎤
Höhenbeschickung . . . . . +1,7 ⎬ +   0,1 mm Hg
Schwerebeschickung . . . . +0,8 ⎦
Beschickter Barometerstand . . . . . 753,5 mm Hg
```

Für das Seeobstelegramm
in mbar umgewandelt = 1 004,6 mbar

Beispiel für die Beschickung der Ablesung eines Quecksilberbarometers (s. S. 11):
Ablesung 752,3 mm Hg. Therm. am Bar.: +20° C, Höhe des Gefäßes über dem
Meeresspiegel: 18 m, Temperatur der Außenluft: +8° C, geographische Breite:
57°, Instrumentenfehler nach Prüfschein: +1,1 mm Hg.

An den Ablesungen am Aneroidbarometer werden *keine* Beschickungen angebracht, da sie temperaturkompensiert und von der Schwerkraft unabhängig sind. Außerdem stellt der technische Außendienst des Seewetteramtes *(Hafendienst)* beim Einbau des Gerätes den Zeiger des Instrumentes so, daß die Höhenbeschickung im Mittel berücksichtigt ist. Dies erfolgt unter der Annahme einer mittleren Eintauchtiefe des betreffenden Schiffes.

Weil Aneroidbarometer die Schwankungen des Luftdrucks besser anzeigen, bequemer abzulesen und anzubringen sind als Marinebarometer, werden sie heute allgemein bevorzugt.

Da der Siedepunkt des Wassers von dem Druck der Luft abhängt, die über der Flüssigkeitsoberfläche lagert, läßt sich der Luftdruck auch mit einem Thermometer messen, indem die Siedetemperatur des Wassers mit sehr genau gehenden Thermometern festgestellt wird (*Thermobarometer*, auch *Hypsometer* genannt, weil es meistens dazu dient, die Höhe des Beobachters über der Erdoberfläche zu bestimmen). Gute Instrumente dieser Art werden auch zur Kontrolle von Aneroidbarometern benutzt.

Eine Aufzeichnung des Luftdruckganges ermöglicht der *Barograph* oder Luftdruckschreiber (Abb. 6). Als Meßelement enthält er mehrere

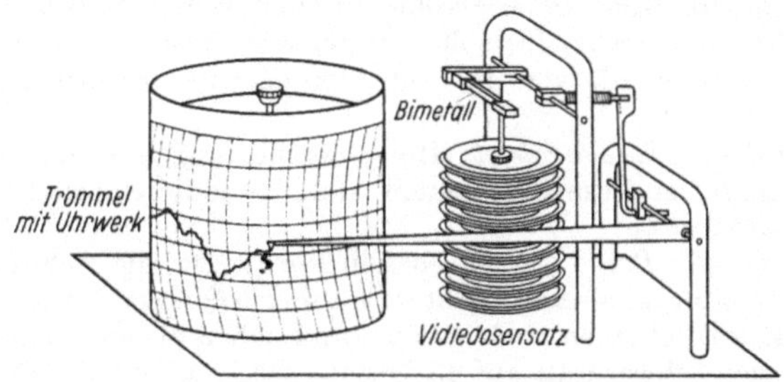

Abb. 6. Barograph.

Vidiedosen übereinander. Durch einen Schreibhebel werden die Luftdruckänderungen auf einen Papierstreifen aufgezeichnet, der auf einer sich drehenden Trommel befestigt ist und einmal in der Woche an der Feder vorbeibewegt wird. Der Barograph ist ein wichtiger Helfer der Schiffsleitung, da die registrierte Kurve wertvolle Schlüsse auf das kommende Wetter zuläßt. Denn eine ruhige, glatte Kurve läßt gutes, eine unruhige, zackige Kurve schlechtes Wetter erwarten (vgl. Abb. 7).

Die mit gewöhnlichen Barographen gewonnenen Registrierungen sind infolge starker Abhängigkeit von den Schiffsbewegungen im Seegang und von den Schwingungen, die im Schiff von den Schiffsmaschinen erzeugt werden, oft verschmiert. Diese Einwirkungen können aber durch

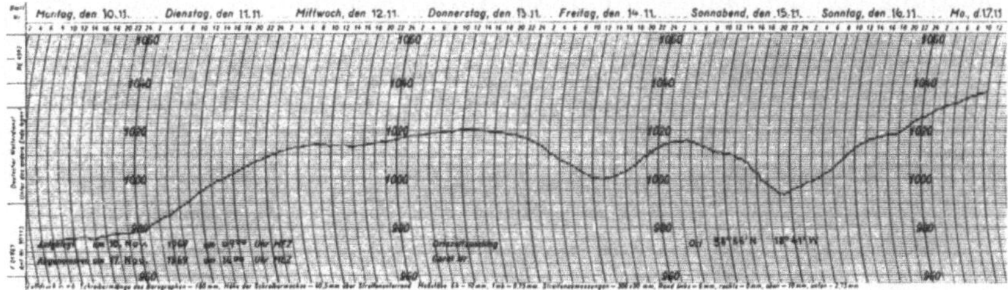

Abb. 7. Barographenkurve aus der gemäßigten Zone.

eine Öldämpfung, die in das Übertragungssystem eingebaut ist, beseitigt oder stark vermindert werden (Schiffsbarograph mit Öldämpfung nach Baier und Friedrichs).

2.3 Zeitliche Schwankungen des Luftdrucks

Der Luftdruck auf der Erde ist überall Schwankungen unterworfen, die zum Teil periodisch wiederkehren. So tritt auf der ganzen Erde mit Ausnahme der Polargebiete eine Schwankung des Luftdrucks mit *halb-*

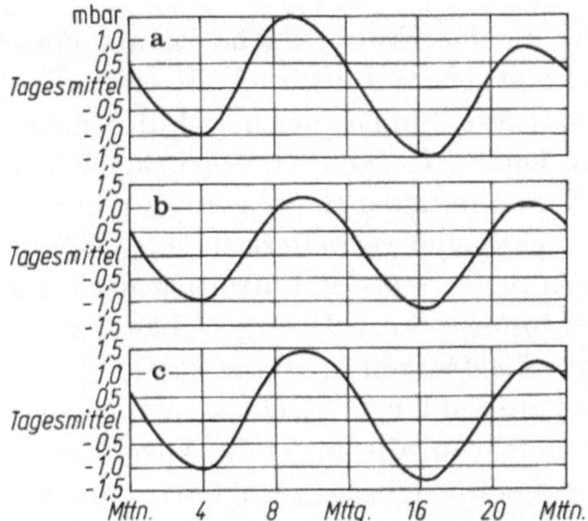

Abb. 8. Mittlere tägliche Luftdruckschwankung in den Tropen.
a) Äquatorialer Atlantischer Ozean.
b) Äquatorialer Indischer Ozean.
c) Äquatorialer Pazifischer Ozean.

tägiger Periode auf. Nach Ortszeit liegen die Wellenberge dieser halbtägigen Luftdruckschwankung etwa um 10 und 22 Uhr und ihre Wellentäler um 4 und 16 Uhr. Die Schwankung ist in den Tropen am größten. Sie beträgt dort im Mittel 3—4 mbar. Die Abb. 8 zeigt, daß sie in allen tropischen Ozeanen mit großer Regelmäßigkeit auftritt. In unseren Breiten ist diese Schwankung kleiner als 1 mbar und wird von erheblich größeren unregelmäßigen Schwankungen überlagert, so daß sie im allgemeinen nur schwer festzustellen ist. In den Tropen dagegen ist jeder Abweichung von der täglichen Periode Aufmerksamkeit zu schenken. Sie ist fast immer als Anzeichen atmosphärischer Störungen zu werten.

Die doppelte tägliche Luftdruckwelle, deren Ursache noch nicht eindeutig geklärt ist, nimmt mit der Höhe ab.

Neben ihr kommt noch eine schwächere, einfache tägliche Luftdruckwelle vor, die an ungestörten Tagen auch in unseren Breiten zu beobachten ist und mit dem täglichen Temperaturgang gekoppelt ist.

Die *jährlichen* Schwankungen des Luftdrucks über einem Gebiet hängen eng mit dem Gang der Erwärmung im Laufe des Jahres und mit der Verteilung von Wasser und Land zusammen. Im Sommer der betreffenden Halbkugel hat der Luftdruck über Landgebieten, im Innern der Kontinente ein Minimum, über dem Meer ein Maximum. Im Winter ist es umgekehrt. Diese Luftdruckschwankungen sind mit ausschlaggebend für die Witterungsverhältnisse auf der Erde.

2.4 Isobaren und Gradient

Die Luftdruckverteilung an der Erdoberfläche ist am besten zu erfassen, wenn alle Orte mit gleichem Luftdruck in einer Karte durch Linien verbunden werden. Diese Linien gleichen Luftdrucks, die sich niemals schneiden können, heißen *Isobaren* (Luftdruckgleichen). In den Wetterkarten werden die Isobaren in der Regel von 5 zu 5 mbar gezeichnet. In Abb. 8 sind die wichtigsten *Grundformen* dargestellt, die auftreten können. Gebiete, von denen aus der Luftdruck nach allen Seiten abnimmt, heißen *Hochdruckgebiete* (kurz Hoch), Gebiete, von denen er nach allen Seiten zunimmt, *Tiefdruckgebiete* (kurz Tief).

Hoch- und Tiefdruckgebiete sind von geschlossenen, meistens elliptisch geformten Isobaren umgeben, die meist in Abständen von 5 zu 5 mbar, aber auch — besonders in englischen Karten — von 4 zu 4 mbar angegeben werden. Ein Hoch kann einen *Keil* höheren Druckes zwischen zwei Tiefdruckgebiete aufwölben oder durch einen *Rücken* hohen Druckes mit einem anderen Hoch verbunden sein. In ähnlicher Weise kann ein Tief eine *Zunge* tiefen Druckes oder einen *Tiefausläufer* zwischen zwei Hochdruckgebiete einschieben, oder mehrere Tiefdruckgebiete können eine *Furche* oder *Rinne* tiefen Druckes bilden. Ein *Sattel* ist da vorhanden, wo nach zwei entgegengesetzten Richtungen hin der Druck ansteigt, während er in der senkrecht dazu gelegenen Richtung fällt.

Als extreme Druckwerte gelten zur Zeit 873 mbar als Tiefstwert, der am 23. 9. 1958 in dem Taifun „Ida" östlich von Luzon gemessen wurde, und 1083,8 mbar als Höchstwert, der am 31. 12. 1968 in Sibirien in Agatameer (66° 51′ N, 93° 28′ E) beobachtet wurde.

Unter *Luftdruckgradient* oder *Luftdruckgefälle* ist der Luftdruckunterschied in Millibar auf einer Strecke von 60 sm (111 km) zu verstehen. Er ist senkrecht zu den Isobaren zu messen.

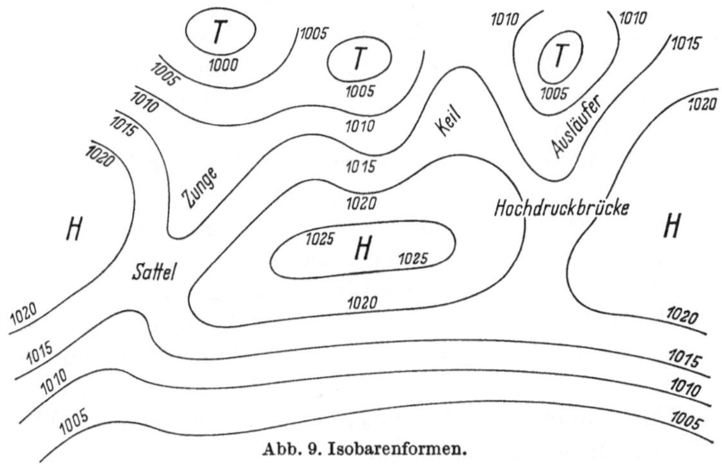

Abb. 9. Isobarenformen.

In Wetterkarten mit Isobaren erkennt man anschaulich die Größe des Druckgefälles in den verschiedenen Gegenden des „Druckfeldes". Wo die Isobaren dicht gedrängt aufeinander folgen, ist der Gradient groß; je weiter sie auseinander liegen, um so geringer ist das Luftdruckgefälle.

Praktisch läßt sich nur die Größe des *mittleren* Gradienten über eine gewisse Strecke messen. Man mißt den Abstand zweier aufeinanderfolgender Isobaren entlang derjenigen Geraden, die am besten den senkrechten Abstand zwischen ihnen angibt. Beträgt der Abstand der 1000-mbar-Isobare zur 995-mbar-Isobare z. B. 100 sm, dann ist der Gradient an dieser Stelle $\dfrac{5 \times 60}{100} = 3{,}0$ mbar/60 sm.

3. Der Wind

Luftdruckunterschiede zwischen verschiedenen Orten der Erde versucht die Atmosphäre auszugleichen. Die Luft setzt sich daher — wie es auch sonst bei Druckunterschieden in Gasen ist — vom höheren zum tieferen Druck in Bewegung, es entsteht ein *Wind.*

3.1 Definition und Maßeinheiten

Als Richtung wird die rechtweisende Richtung angegeben, *aus der* der Wind kommt. Ein Südwind weht also aus Süden, ein Westwind aus

Westen usw. Die internationalen Abkürzungen für die Hauptrichtungen sind:

$$N = Nord,\ E = Ost,\ S = Süd\ und\ W = West.$$

Die Zwischenwindrichtungen ergeben sich durch Kombination benachbarter Bezeichnungen wie z. B. Nordost = NE.

Im Wetterdienst wird die Richtung heute in Dekagraden, d. h. von 10 zu 10 Grad festgelegt, früher — und in der seemännischen Praxis teilweise auch noch heute — erfolgte die Einteilung häufig in Strich (1 Strich = 11¼ Grad).

Die *Stärke* des Windes, d. h. die Geschwindigkeit der Luftströmung, kann in Meter pro Sekunde, Kilometer pro Stunde oder in Knoten ausgedrückt werden. Im Wetterdient ist in den Ostblockstaaten die Angabe nach Metersekunden, in den anderen Staaten nach Knoten üblich. In der seemännischen Praxis wird die Windgeschwindigkeit jedoch noch vielfach nach Stärkegraden der Beaufort-Skala bezeichnet, die im Zusammenhang mit der Segelführung der Segelschiffe früher aufgestellt wurde.

Für die Umrechnung der Maßeinheiten ineinander können folgende einfache Beziehungen benutzt werden:

$$m/s \times 4\ minus\ 10\% = km/h$$
$$m/s \times 2 = Knoten$$

Die den einzelnen Beaufort-Graden zuzuordnenden Knotenzahlen müssen allerdings einer Tabelle im Anhang entnommen werden, da zwischen Beaufort-Stärken und Knoten kein linearer Zusammenhang besteht.

3.2 Scheinbarer und wahrer Wind

Die Windbestimmung an Bord ist dadurch erschwert, daß Beobachter und Meßgerät *nicht ortsfest* sind. An Bord eines fahrenden Schiffes ist daher zu unterscheiden zwischen dem *gefühlten* oder *scheinbaren Wind*, der allein gemessen werden kann, und dem *wahren Wind*, d. h. dem Wind, der auf einem stilliegenden Schiff beobachtet werden würde.

Der gefühlte Wind ist die Resultante aus dem wahren Wind und dem *Fahrtwind*, der von vorne mit einer der Fahrt des Schiffes entsprechenden Geschwindigkeit kommt. Der gefühlte Wind ist daher immer vorderlicher als der wahre: der Wind *schralt*, wenn das Schiff Fahrt aufnimmt.

Abb. 10 stellt das *Winddreieck* dar. Winkel α ist die Richtung (Seitenpeilung) des gefühlten, β die Richtung des wahren Windes.

Die Richtung des wahren Windes findet man so:

Man trägt im Schiffsort A den rechtw. Kurs und die Fahrt des Schiffes (in kn) an = $A\,B$ und den gefühlten Wind nach rechtw. Richtung und Stärke in kn!) $= A\,C$. Die Verbindungslinie $C\,B$ ist dann die rechtw. Richtung und Stärke des wahren Windes.

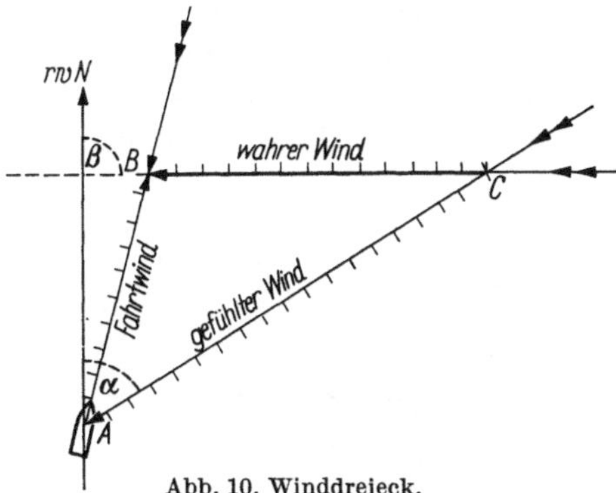

Abb. 10. Winddreieck.

Rechnerisch kann die Aufgabe gelöst werden, indem man die entgegengesetzte Fahrt an den gefühlten Wind ankoppelt (Gradtafel!).

Beispiel. Ein Schiff steuert rechtw. 15° mit 10 kn Fahrt und beobachtet den gefühlten Wind 60° 18 kn.

$$195° \; 10\,\text{kn}\; b = 9{,}7\,\text{S} \quad a = 2{,}6\,\text{W}$$
$$60° \; 18\,\text{kn}\; b = 9{,}0\,\text{N} \quad a = 15{,}6\,\text{O}$$
$$\overline{\phantom{195° \; 10\,\text{kn}\;\;} b = 0{,}7\,\text{S} \quad a = 13{,}0\,\text{O.}}$$

Wahrer Wind: S 87° O 13 kn.

3.3 Meßgeräte und Beobachtungsmethodik

Die *Stärke* des gefühlten Windes mißt man an einer Stelle, die einen durch Decksaufbauten, Aufwind von der Schiffsseite oder vom Frontschott des Brückenaufbaus möglichst wenig gestörten Windzustrom aufweist, mit einem *Anemometer* (Windmesser). Am gebräuchlichsten ist das *Schalenkreuz*-Anemometer, wie es Abb. 11 andeutet. In der Lage der Abb. bietet die Schale A dem Wind einen größeren Widerstand als B und C, das Schalenkreuz wird sich im Sinne des Uhrzeiger drehen.

Fernanzeigende Windmesser können in freier Lage am Mast angebracht werden. Die Anzeige erfolgt dann über ein Kabel auf der Brücke oder im Kartenhaus, indem ein vom Schalenkreuz bewegter kleiner Dynamo eine mit steigender Windgeschwindigkeit wachsende Spannung liefert. Diese Instrumente zeigen sogar die Böenspitzen an, können aber ihre Werte nicht aufschreiben. Will man für die nachträgliche meteorologische Auswertung die Windgeschwindigkeit aufschreiben, verwendet man Kontakt-Anemometer, die nach einer einem „Windweg" von 500 m entsprechenden Umdrehungszahl den Stromkreis eines Akkus schließen, wodurch auf der Schreibtrommel eine Marke entsteht. Je näher die Marken aufeinander folgen, um so stärker ist der Wind. Diese Anemometer sollen frei vom Einfluß der Aufbauten angebracht sein, doch nicht unbedingt auf der Mastspitze, da mit zunehmender Höhe die Windgeschwindigkeit zu groß angezeigt wird, einmal wegen der normalen Zunahme der Windgeschwindigkeit mit der Höhe, aber auch durch den fälschenden Einfluß der mit der Höhe zunehmenden Schiffsschwankungen.

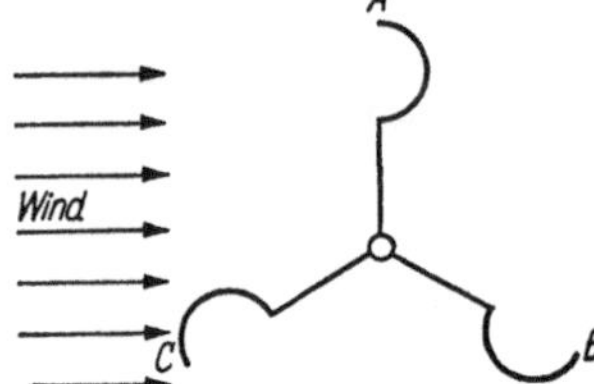

Abb. 11. Prinzip des Schalenkreuz-Anemometers.

Hand-Windmesser können einfach einen umlaufenden Zeiger betreiben, wobei mit einer Stoppuhr die Windversetzung für eine bestimmte Zeit (z. B. für eine Minute) gemessen und mit Tabellen in kn umgewandelt wird. Oder es wird der von der Geschwindigkeit des Schalenkreuzes abhängige Ausschlag eines Fliehkraftpendels auf einer Windskala angezeigt. Während mit dem erstgenannten Gerät nur mittlere Windgeschwindigkeiten ermittelt werden können, lassen sich an den letzteren auch Augenblickswerte, d. h. Böen, ablesen.

Die Windgeschwindigkeit läßt sich auch, wie bei dem (schwedischen) Ventimeter, dadurch bestimmen, daß man den Druck mißt, mit dem eine Meßplatte in einem Hohlzylinder angehoben wird.

Auch die Windrichtung kann mittels einer Fernanzeige ermittelt und aufgezeichnet werden. Sind hierfür keine besonderen Geräte vorhanden, kann auf einem Dampfer die Richtung des gefühlten Windes festgestellt werden, indem die Rauchfahne des Schiffes beobachtet wird. Um perspektivische Täuschungen zu vermeiden, stellt man sich dabei in der Nähe des Schornsteins auf.

Meistens sind jedoch an Bord wegen der durch die Fahrt des Schiffes und vor allem auch die durch die Schiffsschwankungen und die Schiffsaufbauten bedingten fälschenden Einflüsse keine Windmesser aufgestellt, da sie aus den eben genannten Gründen keine einwandfreien Resultate ergeben. Denn es ist außerordentlich schwierig, an Bord einen störungsfreien Aufstellungsort zu finden. Der Wind muß daher geschätzt werden. In der Bordpraxis wird deshalb im allgemeinen nicht der gefühlte, sondern der *wahre Wind* beobachtet, indem die Auswirkungen des Windes auf die Meeresoberfläche beobachtet werden. Hierbei werden die *Windsee*, kurz die „Seen" mit dem Peilkompaß zur Festlegung der Windrichtung gepeilt und die Stärke nach bestimmten

Merkmalen der Windsee beurteilt. Schwierigkeiten ergeben sich dabei nur bei durcheinanderlaufender hoher See in der Nähe von Sturmzentren — Überlagerung von Windsee und kurzer Dünung — und bei einer Winddrehung, der die See nicht sofort folgt. Sehr gut eignen sich zur Festlegung von Richtung und Geschwindigkeit die von Windstärke 7 Bft an auftretenden Schaumstreifen.

Die Stärke des Windes auf Grund der Seegangserscheinungen wird nach einer Seegangsskala beurteilt, die Kapitän Petersen aufstellte. Sie enthält zur Beurteilung optische und akustische Merkmale (Seegangsgeräusche), die in Tafel 1 im Anhang aufgeführt sind. Weil aber die Seegangsgeräusche auf der Brücke eines fahrenden Dampfers kaum wahrgenommen werden, bringt der Wetterschlüssel ab 1949 nur noch die sichtbaren Merkmale der Petersen-Skala. Das Heulen und Pfeifen des Windes um Masten, Aufbauten oder Wanten kann aber dem geübten Beobachter gelegentlich doch einen weiteren Anhalt bieten.

Die Schätzung der Windstärke nach der Petersen-Skala erfordert allerdings einige Erfahrung, da sie eigentlich nur für die offene See gilt. Insbesondere treten in Küstennähe bei ablandigen Winden Abweichungen auf, da die Windsee zu ihrer Entwicklung eine gewisse Anlaufstrecke (fetch) braucht. Auch Gezeitenströme und Meeresströmungen, die der See entgegenlaufen, können das Seegangsbild verändern, ebenso wie starke Niederschläge das Aussehen der Meeresoberfläche beeinflussen. Auch die Entwicklung des Temperaturgefälles Wasser—Luft spielt eine Rolle bei der Entwicklung der Windsee und beeinflußt damit letzten Endes das Beobachtungsergebnis.

Die Tabelle im Anhang enthält auch die Knotenzahlen, die den einzelnen Beaufort-Stufen der Windstärke nach dem zur Zeit von der WMO (World Meteorological Organisation) festgelegten Regelung zuzuordnen sind. Sie basiert auf zahlreichen Messungen, die auf verschiedenen Expeditionen und Feuerschiffen gewonnen wurden, und wissenschaftlichen Untersuchungen, ist aber wegen teilweise unterschiedlicher Ergebnisse noch nicht völlig gesichert und noch änderungsbedürftig.

Die Beaufort-Skala erfaßt mit der Stufe 12 (voller Orkan) alle Winde von 64 Knoten und mehr. Eine versuchsweise Erweiterung der Skala auf 17 Stärkegrade zur besseren Unterteilung der Windgeschwindigkeiten von 64 bis 109 kn hat sich nicht durchgesetzt. Sie wurde wieder aufgegeben, weil für diese Bereiche keine Schätzungsmerkmale auf Grund des Seegangs vorliegen und deshalb eine weitere Unterscheidung der Windgeschwindigkeiten von 64 kn und mehr auf Grund des Seegangs nicht möglich ist. Der oben genannte Wert von 109 kn wurde übrigens in tropischen Orkanen noch erheblich überschritten, so z. B. im Taifun „Ida" (s. Abb. 75). In ihm ergaben im September 1958 Messungen im Orkanzentrum Windgeschwindigkeiten von mehr als 225 kn. Die Beziehung zwischen Knoten und Beaufort-Skala erlaubt es, gegebenenfalls auch Zwischenwerte zwischen den Beaufort-Stufen anzugeben. Da der Wind nie gleichmäßig weht, wird im Wetterdienst der Mittelwert gemeldet, um den der Wind in den letzten 10 Minuten pendelte. Der Zug der Wolken darf zur Bestimmung des Bodenwindes nicht benutzt werden, da er sowohl hinsichtlich der Richtung als auch der Geschwindigkeit wegen der Windänderung mit der Höhe (Rechtsdrehen und Zunahme) vom Bodenwind abweicht.

Der Seemann nennt auf Nordbreite das Drehen des Windes mit dem Uhrzeiger (z. B. von SE über S nach NW), vor allem wenn es sprunghaft erfolgt, *ausschießen* und das Drehen gegen den Uhrzeiger (z. B. von W über S nach E) *krimpen*. Auf Südbreite ist ein *Krimper* ein Wind, der *mit* dem Uhrzeiger dreht.

3.4 Darstellung des Windes in Karten

In Karten wird der Wind durch *Windpfeile* dargestellt, die mit dem Winde fliegen. Stärke und Beständigkeit des Windes kann durch die Länge und Dicke der Pfeile ausgedrückt werden. In Wetterkarten wird die Windstärke durch ganze und halbe Federchen dargestellt, die auf Nordbreite an die linke Seite des Windpfeiles gesetzt werden, auf Südbreite an die rechte (Näheres **V. 1.1**).

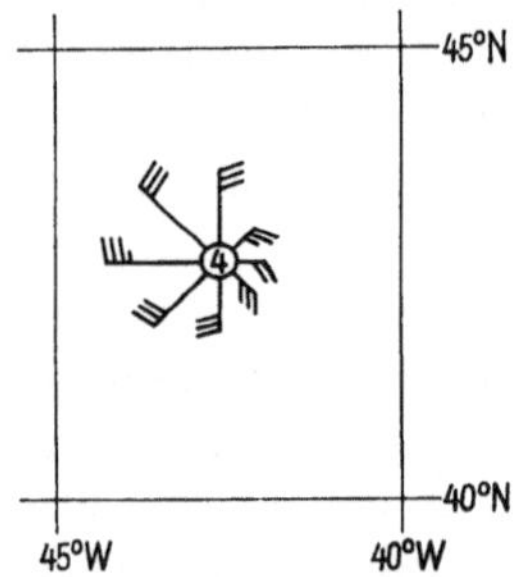

Abb. 12. Windrose aus der Monatskarte für Januar, Nordatlantischer Ozean.

Will man die Windverhältnisse eines Gebietes im Verlauf eines längeren Zeitraumes darstellen, wie etwa in den Monatskarten, verwendet man *Windrosen*, bei denen die Länge der Pfeile nach einem

Dieser Pfeil bedeutet, daß 46% aller Windbeobachtungen dieses Gebietes ENE-Wind waren, davon hatten 17% die Stärke 1–3 Beaufort, 12% die Stärke 4–5 Beaufort, 10% die Stärke 6–7 Beaufort, 7% die Stärke 8 Beaufort.

Abb. 13. Windstärkepfeil aus Klimadarstellungen.

beigegebenen Maßstab die prozentuale Häufigkeit der betr. Windrichtung und die Anzahl der Federn die mittlere Windstärke nach Beaufort ausdrückt. Die Zahl im Stationskreis gibt die Anzahl der Windstillen an.

In weitergehenden Darstellungen findet man eine Unterteilung des Windstärkepfeiles nach dem Anteil der Windstärkenstufen nach nebenstehendem Muster (Abb. 13).

3.5 Das Messen des Höhenwindes

Die Kenntnis der Vorgänge in den höheren Schichten der Troposphäre, insbesondere auch der Strömungsvorgänge, ist für die Wetterentwicklung von größter Bedeutung. Deshalb werden auch heute noch an vielen Orten der Erde, vor allem in wolkenarmen Zonen, sogenannte Pilotballonaufstiege durchgeführt. Hierbei handelt es sich um kleine mit Wasserstoff gefüllte Gummiballone, die eine konstante, von dem Gewicht und Auftrieb des Ballons abhängige Steiggeschwindigkeit haben. Aus dieser und der Aufstiegszeit — Zeit vom Augenblick des Starts bis zur Meßzeit — ergibt sich für das Ende jeder Minute die Höhe h, in der sich der Ballon befindet. Die gleichzeitige Vermessung der Ballonflugbahn bzw. Feststellung der Abtrift des Ballons mit einem Theodoliten liefert die Peilung (Azimut) und den Höhenwinkel des Ballonortes. Aus Höhenwinkel α und Höhe h läßt sich für das Ende jeder Minute die Horizontalentfernung e des Ballons nach der Beziehung

$$e = h \cot \alpha$$

festlegen. Wird dieser Wert e in der Richtung der jeweiligen gleichzeitigen Peilung von einem Punkte aus aufgetragen, so ergibt sich die Horizontalprojektion der Ballonbahn. Aus dieser kann die horizontale Wegstrecke pro Minute für den Ballon und damit seine Horizontalgeschwindigkeit für die Höhe h, in der er sich gerade befand, bestimmt werden. Da der Ballon mit der Luftströmung driftet, ist dies zugleich die Geschwindigkeit des Höhenwindes, dessen Richtung ebenfalls aus der Horizontalflugbahn des Ballons für jede Höhenschicht entnommen wird.

Auch auf deutschen Handelsschiffen wurden vor dem zweiten Weltkrieg noch regelmäßig Höhenwindbeobachtungen angestellt. Die Durchführung und Auswertung ist aber schwieriger als an Land, weil sich infolge der Fahrt des Schiffes der Beobachtungsort von Meßzeit zu Meßzeit verschiebt und bei arbeitendem Schiff die Horizontalebene des Theodoliten schwankt. Derartige Beobachtungen sind daher auch nur mit besonders konstruierten Theodoliten, sogenannten *Schiffstheodoliten* nach Kuhlbrodt, möglich. Die Horizontierung wird bei diesen durch kardanische Aufstellung und einen aufgesetzten Spiegel erzielt, durch den die Kimm (Horizont) ähnlich wie beim Sextanten in das Blickfeld des Theodoliten gespiegelt wird.

Wenn auch mit dieser Methode gelegentlich Höhen von mehr als 20 km erreicht wurden, so hat sie doch den Nachteil, daß bei bedecktem oder stark bewölktem Wetter, der Ballon schnell durch Wolken verdeckt wird und die Meßhöhe dadurch stark beeinträchtigt wird. Deshalb hat sich mehr und mehr die elektronische Vermessung der Ballonflugbahn mittels besonderer Funkmeßgeräte (Radar und Radiotheodolit) durchgesetzt. Bei derartigen Messungen, die heute an vielen Orten der Erde, auch auf den ständigen Wetterschiffen und zum Teil auf Forschungsschiffen, gelegentlich auch schon auf Handelsschiffen, ausgeführt werden, tragen die Ballone je nach Art des angewandten Meßverfahrens einen leichten, elektrische Wellen gut reflektierenden Rahmen (Target bei Radarmessungen) oder einen kleinen Sender (Messungen mit dem Radiotheodoliten), welche die automatische Nachführung der Bodenmeßgeräte und damit die Entnahme der Meßwerte wie z. B. Azimut, Höhenwinkel und Schrägentfernung beim Radargerät ermöglichen.

Die mittleren Höhen betragen bei dieser Methode etwa 20 km, aber auch Höhen von 30 km und mehr werden gelegentlich erreicht.

Oft erfolgen diese Höhenwindmessungen auch in Verbindung mit sogenannten Radiosondenaufstiegen. Sie werden an vielen Stationen der Erde, auch auf den ständigen Wetterschiffen sowie versuchsweise auf Handelsschiffen, zu bestimmten *synoptischen* Terminen (00^h und 12^h MGZ) ausgeführt und dienen dazu, neben den Höhenwinden auch Luftdruck, Lufttemperatur und Luftfeuchtigkeit in den höheren Schichten zu messen.

In diesen Fällen erhält der Ballon ein kleines automatisch arbeitendes Meßgerät, dessen Meßfühler die Werte von Luftdruck, Lufttemperatur und Luftfeuchtigkeit über einen kleinen mit dem Meßgerät gekoppelten Kurzwellensender zur Bodenstation übermitteln, an der die Meßwerte automatisch aufgezeichnet und teilweise auch automatisch ausgewertet werden.

4. Der Seegang

Auch der Zustand der Meeresoberfläche, der *Seegang*, wird beobachtet. Dabei ist zwischen der vom Wind unmittelbar aufgeworfenen *Windsee* und der *Dünung* zu unterscheiden, die entweder die Nachwirkung eines früheren Windfeldes ist (Wind hat gedreht oder abgeflaut, Sturmfeld ist abgezogen) oder aus einem entfernten ausgedehnten Sturmfeld heranrollt. Während die Windsee unter der direkten Einwirkung des Windes verhältnismäßig steile Wellen mit mehr oder weniger scharfen, häufig überbrechenden Kämmen aufweist, besteht die Dünung aus Wellen mit rundlichem Profil und geringer Steilheit. Ihre Länge kann zuweilen sehr erheblich sein.

4.1 Skalen für Windsee und Dünung

Die Windsee auf offener See steht in engem Zusammenhang mit dem herrschenden Winde (**I. 3.3**). Ihre Stärke wird an Bord im Schiffsjournal durch die Petersen-Skala 0—9 erfaßt, wie sie in der Tafel 1 im Anhang den entsprechenden Windstärken zugeordnet ist. Mit dieser Skala wird die Auswirkung des Windes auf einen größeren Teil der Meeresoberfläche, also ein Gesamtbild erfaßt. Die Eigenschaften der vorherrschenden Wellen wie Wellenlänge, Wellenperiode, Höhe usw. sind dabei nicht zu berücksichtigen. Die Charakteristika dieser Skala bauen nur auf dem äußeren Erscheinungsbild auf und gelten an sich nur für die offene Hochsee mit großer Wassertiefe. Sie sind aber auch in der Flachsee zu finden, weil sich der Wind auf der Wasseroberfläche der freien Flachsee kaum anders auswirkt als auf dem Ozean. Das Gesamtbild der Wellenerscheinung und die Beziehung zwischen Wind und Windsee, wie sie in Tafel 1 des Anhangs aufgezeigt ist, gilt daher sowohl für die Hochsee wie auch für die Flachsee. Es ist jedoch dabei zu beachten, daß die Windsee erst einige Zeit nach dem Einsetzen des Windes ihre volle Stärke erreicht.

Die Richtung, aus der die Windsee kommt, wird mit dem Peilkompaß ermittelt.

Die *Dünung* wird im *Schiffsjournal* nach ihrer Richtung (Peilkompaß) sowie nach Höhe und Länge beschrieben, die geschätzt werden müssen (z. B. mittelhohe kurze Dünung). Oft sind aber auch mehrere durcheinanderlaufende Dünungen zu beobachten.

4.2 Beobachtung der Wellen

Obwohl als Auswirkung des Windes überall dieselben Erscheinungsformen beobachtet werden, sind die Ausmaße der Windsee, d. h. die Länge und Höhe der Meereswellen dabei in den einzelnen Meeresgebieten recht verschieden, da sie sehr wesentlich von der Wassertiefe abhängen. Es ist daher nicht möglich, zwischen Wellenhöhe oder Wellenlänge und Windstärke eine allgemein gültige Zuordnung zu finden, wie sie zwischen der Gesamterscheinung der Windsee und der Windstärke besteht. Wenn auch diese allgemeinen Angaben für die Beschreibung der angetroffenen Seegangsverhältnisse in den Schiffsjournalen ausreichen, so genügt diese Skala doch nicht für meteorologische Zwecke und eignet sich vor allem nicht für eine weitere rechnerische Auswertung und Bearbeitung in modernen Rechenanlagen, die mehr und mehr in den Vordergrund treten. Auch werden für schiffbautechnische Fragen exaktere Unterlagen über die in den verschiedenen Seegebieten auftretenden Wellen gefordert. Deshalb werden im Rahmen der meteorologischen Beobachtungen Windsee und Dünung durch die Bestimmung von Wellenrichtung und Wellenperiode erfaßt, deren Werte im *meteorologischen Tagebuch* notiert werden. Die *Wellenhöhe*, d. h. der senkrechte Abstand des Wellenkammes vom Wellental, wird geschätzt. Dazu können gegebenenfalls Hilfsmaßstäbe benutzt werden, wie z. B. die Plattenhöhe der Schiffsaußenhaut. Dabei ist jedoch auf eine eventuelle Verfälschung durch die Bugwelle zu achten. Bei großen Wellen ist der Standort am besten so zu wählen, daß Wellenkamm und Kimm in Deckung sind, wenn das Schiff im Wellental auf ebenem Kiel liegt. Die Blickrichtung ist dann ungefähr waagerecht und die Höhe des Beobachters über der Wasserlinie, die *Augeshöhe*, die er in diesem Augenblick hat, ist gleich der Wellenhöhe. Auf schlingerndem Schiff werden die Wellenhöhen häufig überschätzt, weil es schwierig ist, in waagerechter Richtung zu blicken. Außerdem ist zu berücksichtigen, daß nicht alle Wellen die gleiche Höhe haben. Bei genauer Betrachtung der Wellenvorgänge ist festzustellen, daß mehreren höheren Wellen, etwa 3—7, wieder niedrigere Wellen folgen. Es kommt also zur Ausbildung von *Wellengruppen*, die aus einem Gemisch von Wellen mit unterschiedlicher Höhe bestehen. Hierbei sind die höheren Wellen als die markanten bzw. *charakteristischen* oder *kennzeichnenden* Wellen in diesem *Wellenspektrum* anzusehen. Sie stellen die Wellen dar, die der zu der herrschenden Windstärke gehörenden voll ausgebildeten Windsee entsprechen, und machen etwa ein Drittel des gesamten Wellenspektrums aus. Nur dieses Drittel der markanten Wellen soll der Beobachtung zu Grunde gelegt werden.

Unter *Wellenperiode* ist die in Sekunden gemessene Zeit zu verstehen, die an einem festen Beobachtungsort zwischen dem Eintreffen zweier aufeinanderfolgender Wellenkämme verfließt. Dazu wird mit einer Stoppuhr die Zeit gemessen, in der an einer festen Marke (Boje, auffälliger Schaumfleck) die Wellen vorbeilaufen. Es dürfen nur *markante* Wellen, die in Luv weit vor dem Schiff liegen, beobachtet werden (Feldstecher benutzen). Auch sollte man sich vorher auf den Takt der Wellen einstellen und zumindest mehrere Wellenkämme passieren lassen und aus der dafür gemessenen Zeit die mittlere Periode bestimmen, da die Perioden ebenso wie die Wellenhöhen ein Spektrum aufweisen. Treten mehrere Wellensysteme auf, ist insbesondere Dünung vorhanden, so sollte zwischen den verschiedenen Systemen klar unterschieden werden. Die Dünungswellen werden immer die längeren Perioden haben und laufen im allgemeinen auch aus einer anderen Richtung, so daß sie von den Windseewellen meist gut zu unterscheiden sind. In seltenen Fällen kann aber auch Dünung aus der gleichen Richtung laufen wie die Windsee. Zur Vermeidung einer Verwechslung längerer Perioden der Windseewellen mit Dünungswellen sollte dabei beachtet werden, daß in diesen Fällen die Periode der Dünungswellen um 4 Sekunden und mehr größer ist als diejenige der Windseewellen. Im Gegensatz zur Windsee haben Dünungswellen rundere Kämme.

In besonders markanten Fällen können *Wellenlänge* und *Wellenrichtung* auf dem Schirm des Radargerätes erkannt und ausgemessen werden (s. Meldau/Steppes, Lehrbuch der Navigation). Aus der Wellenlänge läßt sich dann die Wellenperiode (**III.4.1**) berechnen. Doch ist dabei Vorsicht geboten, da die Reflexionen von den Wellenkämmen sich oft überlagern.

5. Die Lufttemperatur

Für das Wettergeschehen in der Lufthülle ist der Wärmezustand der Luft von entscheidender Bedeutung. Da die in einem Körper enthaltene Wärme und seine *Temperatur* vom Bewegungszustand seiner Moleküle abhängt, ist die Temperatur, die ein Maß für den Mittelwert der Energie der Moleküle darstellt, am besten geeignet, diesen Wärmezustand zu charakterisieren. Das gilt, so lange keine Änderung des Aggregatzustandes eintritt, wie das bei dem in der Luft vorhandenen Wasserdampf der Fall ist, was später noch besonders zu beachten ist.

5.1 Temperaturmessung und Maßeinheiten

Zum Messen der Temperatur dienen *Thermometer*, in der Regel *Quecksilberthermometer*, gelegentlich auch *Alkoholthermometer*. Zur Bestimmung der höchsten und tiefsten Werte, die die Lufttemperatur während eines Tages angenommen hat, finden *Extremthermometer* verschiedener Bauart Verwendung, die jedoch im Borddienst nicht benutzt werden.

Als Skala wird meist die Gradeinteilung nach Celsius (0° = Gefrierpunkt, 100° = Siedepunkt reinen Wassers bei normalem Luftdruck) benutzt. In einigen englischsprechenden Ländern ist teilweise die Fahrenheit-Skala (32° F = Gefrierpunkt, 212° F = Siedepunkt des Wassers) in Gebrauch. Dazu kommt noch die Kelvin-Skala für die absolute Temperatur. Für die Umrechnung stehen Tafeln zur Verfügung wie z. B. die Tafel Nr. 42 der Nautischen Tafeln von Fulst. Es können aber auch die nachstehenden Beziehungen benutzt werden:

$$t° \text{ C} = (t° \text{ F} - 32) \cdot 5/9$$
$$t° \text{ F} = t° \text{ C} \cdot 5/9 + 32$$

Die Ablesung soll auf Zehntel Grad möglich sein und erfolgen.

5.2 Meßtechnik an Bord

Das *Messen der wahren Lufttemperatur an Bord* ist schwierig. Wenn ein Thermometer die wahre Temperatur der frischen Außenluft anzeigen soll, muß es gegen die direkte Sonnenstrahlung sowie gegen die vom

Schiffskörper reflektierte Strahlung und die Eigenstrahlung benachbarter Eisenmassen geschützt sein, weil sich Glas unter dem Einfluß dieser Strahlung anders erwärmt als die Luft. Außerdem muß trotz dieses Schutzes vor der Strahlung sichergestellt werden, daß das Thermometer mit möglichst viel frischer Luft in Berührung kommt, d. h. es muß im Luftzug aufgehängt werden. Gleichzeitig muß aber darauf geachtet werden, daß es nicht durch Regen, Spritzwasser oder sonstige Einwirkungen feucht wird, weil ihm infolge der dann einsetzenden Verdunstung Wärme entzogen wird, so daß die Temperatur sinkt und eine zu niedrige Temperatur angezeigt wird. Nach eingehenden Untersuchungen ergeben sich bei Unterbringung des Thermometers in einer Bordhütte, einem kleinen Holzkasten mit Jalousiewänden, auf der Brücke oder auch in

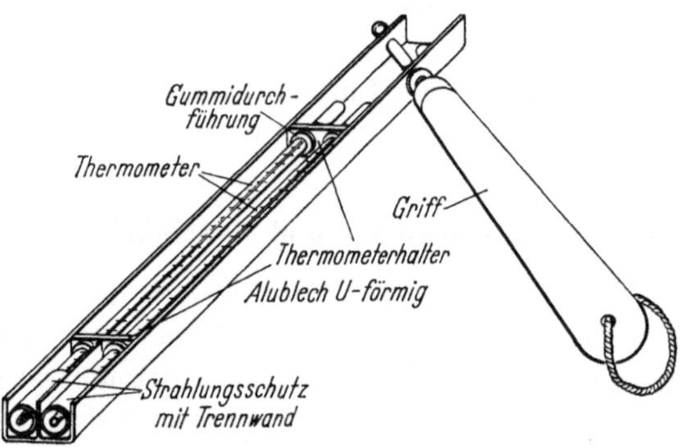

Abb. 14. Schleuderpsychrometer.

einer normalen auf dem Peildeck aufgestellten englischen Hütte (Konstruktion wie bei Landstationen, d. h. Jalousiewände, doppelter Boden, weiß lackiert, Aufstellung 1 m über dem Deck) Abweichungen vom richtigen Wert, die mehrere Grad ausmachen können, besonders wenn infolge mitlaufenden Windes an Bord nahezu Windstille herrscht, so daß keine ausreichende Ventilation in der Hütte vorhanden ist. Einwandfreie Temperaturmessungen sind nur zu erzielen, wenn möglichst weit luvwärts (bei vorderlichen Winden auf der Brückennock oder der Back, bei achterlichen Winden auf dem Achterdeck) gemessen wird. Die einwandfreiesten Werte liefert das Assmannsche *Aspirations-Thermometer*, bei dem durch eine Turbine ein kräftiger Luftstrom an der Thermometerkugel vorbeigesaugt wird (**I.7.3**).

Heute werden im Bordbetrieb keine Hütten mehr verwendet. Die Schiffe werden zumeist mit *Schleuderthermometern (Thermo-Schleudern)* oder auch *Schleuder-Psychrometern (Psychro-Schleudern)* (s. a. **I.7.3**) ausgerüstet (Abb. 14). Die Thermo-Schleudern bestehen aus einem Thermometer, dessen Thermometerkugel in einem verchromten Messingrohr sitzt, das als Strahlungsschutz dient. Es wird um einen leicht drehbaren Griff in kreisende Bewegungen gesetzt (2 Umdrehungen in der Sekunde). Durch dieses Schleudern strömt am Thermometer ähnlich wie beim Assmann ein dauernder Luftstrom vorbei, der das Thermometer belüftet. Bei der Messung wird das Instrument zur Angleichung an die Lufttemperatur erst eine Weile in den Wind gehalten und dann solange geschleudert, bis wiederholte Ablesungen denselben Wert anzeigen. Dabei sind zunächst die Zehntelgrade abzulesen, bevor die Temperatur am Thermometer durch die Körperwärme des Ablesenden beeinflußt werden kann und zu steigen oder zu fallen beginnt. Gelegentlich werden auch Feststellthermometer verwendet, bei denen der Quecksilberfaden nach der Messung abreißt. Es kann dann in Ruhe und bei gutem Licht abgelesen werden. Die Schleuderthermometer liefern ebenso wie der Assmann einwandfreie Ergebnisse, sofern die Messung in Luv vorgenommen werden. Bei Windstärken über 4 Beaufort genügt es, das Thermometer in den Wind zu halten.

Eine Ablesung auf Zehntelgrade ist unbedingt nötig für die Lösung wichtiger Fragen des Wärmeaustausches zwischen der Oberfläche des Meeres und der darüber lagernden Luft.

Die für den Wetterdienst benutzten Thermometer müssen amtlich geprüft sein.

Ähnlich wie andere Wetterelemente kann auch die Temperatur durch *Thermographen* selbsttätig auf einen Papierstreifen aufgezeichnet werden, der um eine Trommel gelegt ist, die von einem Uhrwerk einmal in der Woche gedreht wird. Als Meßelemente haben diese Instrumente meistens Bimetallthermometer, die aus zwei gekrümmten, aufeinandergeschweißten Streifen von Metallen verschiedener Wärmeausdehnung bestehen. Änderungen der Temperatur bewirken Krümmungsänderungen des Streifens, die durch eine Hebelübertragung auf dem Streifen aufgezeichnet werden. Andere Thermographen enthalten eine gekrümmte flache Röhre aus dünnem Metallblech, die unter Druck mit Alkohol gefüllt wurde *(Bourdon-Röhre)*. Bei steigender Temperatur dehnt sich die Flüssigkeit aus und streckt die Röhre. Entsprechendes gilt für sinkende Temperaturen. Auch diese Bewegungen werden durch ein Hebelsystem auf eine Schreibfeder übertragen.

An Bord werden Thermographen kaum eingesetzt. Falls es erfolgt, sollten sie strahlungsgeschützt auf dem Peildeck aufgestellt werden. Aber auch dann liefern sie keine einwandfreien Werte, da wegen ihres festen Standortes die für Temperaturmessungen an Bord zu beachtenden Richtlinien nicht erfüllt werden können (Messungen immer in Luv).

6. Das Messen der Wassertemperatur

Auch die Wassertemperatur muß auf Zehntelgrade genau bestimmt werden. Man schlägt dazu das Wasser mit einer Pütz (besser aus Zinkblech als aus Segeltuch) so weit vorne auf, daß kein Wasser hochgeholt wird, das schon durch den Schiffskörper oder Ausflüsse des Schiffes in seiner Temperatur verfälscht wurde. Die Pütz muß die Temperatur des Meerwassers angenommen haben, bevor sie heraufgeholt wird. Die Ablesung sollte möglichst im Schatten und an windgeschützter Stelle

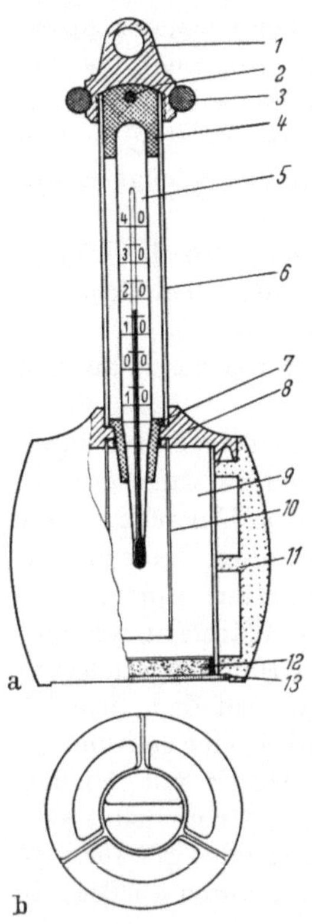

Abb. 15. a—c Marine-Pütz.

 1 Halteöse
 2 Haltebolzen
 3 Gummiring
 4 Gummihalterung oben für Thermometer
 5 Wasserthermometer
 6 Thermometerrohr
 7 Gummihalterung unten für Thermometer
 8 Gußring
 9 Wassertopf
10 Ms. Rohr
11 Gummipuffer
12 Korkisolierung
13 Pützboden

sofort nach dem Aufschlagen erfolgen, während die Thermometerkugel *im* Wasser steckt. Dabei sollte das Thermometer vorher etwa eine Minute umgerührt und mehrere Male abgelesen werden, bis der Stand sich nicht mehr ändert. Wenn der Nautiker die Messung nicht selbst ausführt, sollte er für genaue Anweisung und gelegentliche Kontrolle sorgen.

Neuerdings sind besondere *Schöpf*-Wasserthermometer *(Marine-Pütz)* (Abb. 15) entwickelt worden. Sie bestehen aus einem stabilen

Metallgefäß, das gegen Strahlungseinflüsse und zum Schutz gegen das Schlagen an die Bordwand gut abgepolstert ist und ein fest eingebautes Thermometer enthält, das also gleichzeitig mit dem Gerät ins Wasser gelassen wird. Es paßt sich der Wassertemperatur schnell an und kann nach dem Aufholen des Instrumentes sofort abgelesen werden. Die Temperatur des Wassers aus der Deckwaschleitung und des Kühlwassers, das die Maschine aus mehreren Metern Tiefe entnimmt, ist *nicht* die *wahre Oberflächentemperatur!*

Da Messungen mit der Pütz bei schnell fahrenden Schiffen gelegentlich große Schwierigkeiten machen, werden manchmal auch die am Seewasserstutzen der Maschine gemessenen Temperaturen eingetragen. Dies sollte aber in jedem Falle aus dem vorstehend genannten Grunde besonders gekennzeichnet werden.

7. Der Wasserdampf in der Luft

7.1 Die Bedeutung des Wasserdampfes und seine Verteilung in der Atmosphäre

Wie schon an anderer Stelle erwähnt wurde, enthält die Luft eine zwischen 0 und 4 Volumenprozenten wechselnde Menge Wasser in gasförmigem Zustand, d. h. *unsichtbaren Wasserdampf.* Bei den in der Atmosphäre vorhandenen Druck- und Temperaturverhältnissen können aber auch die beiden anderen Aggregatzustände des Wassers vorkommen, d. h. in der Atmosphäre tritt auch Wasser in fester und flüssiger Form auf. Dieser Wechsel zwischen den verschiedenen Aggregatzuständen des Wassers in der Atmosphäre bestimmt nicht nur weitgehend die Erscheinungsformen des Wetters, sondern beeinflußt auch wesentlich die Wetterentwicklung und den Wetterablauf, weil er mit erheblichen Energieumwandlungen und Energietransporten verbunden ist. Derartige Übergänge von einem Aggregatzustand in einen anderen treten bei den anderen Bestandteilen der Atmosphäre nicht auf, sie sind unter den in der Atmosphäre herrschenden physikalischen Bedingungen unveränderliche (permanente) Gase.

Wasserdampf ist leichter als Luft. Feuchte Luft ist infolgedessen leichter als trockene Luft derselben Temperatur. In die Atmosphäre gelangt der Wasserdampf durch *Verdunstung* von Wasser an der Erd- und Wasseroberfläche. Das Verdunsten findet bei jeder Temperatur, auch unter 0°C, statt und wird mit steigender Temperatur stärker. Es hört auf, wenn die Luft über dem Wasser oder der feuchten Erdoberfläche mit Wasserdampf gesättigt ist, setzt aber sofort wieder ein, sobald Luftströmungen den gebildeten Wasserdampf wegführen, bzw. die feuchte Luft bei aufkommendem Wind durch trockene ersetzt wird.

Da die Luft ihre Feuchtigkeit durch Verdunstung erhält, also vom Untergrund her, nimmt der Wasserdampfgehalt mit der Höhe meist ab. Er ist im allgemeinen am Tage größer als in der Nacht, weil die Verdunstung mit steigender Temperatur zunimmt. Warmluftmassen sind infolgedessen wasserdampfreicher als Kaltluftmassen. Die größten Werte des Wasserdampfgehaltes sind daher in den Tropen, die niedrigsten — abgesehen von ausgesprochenen Trockengebieten — in den Polargegenden zu finden.

Zum Verdunsten von einem Kilogramm Wasser wird eine Wärmemenge von etwa 2500 kJ (kJ = Kilojoule) verbraucht, die dem verdunstenden Körper bzw. der verdunstenden Fläche entzogen werden. Da nach dem ersten Hauptsatz der Wärmelehre keine Energie verloren geht, muß diese *Verdunstungswärme* in dem gebildeten Wasserdampf enthalten sein. Sie wird als *latente* Wärme bezeichnet und bei Kondensation eines Kilogramms Wasserdampf wieder als *Kondensationswärme* frei.

In der Atmosphäre kommen aber auch Übergänge des Wassers direkt vom festen in den gasförmigen Zustand (z. B. Verdunstung bei Temperaturen unter 0° C von Schnee- und Eisflächen) und umgekehrt vor. Bei diesen Vorgängen kommt zur Verdunstungs- bzw. Kondensationswärme noch die *Schmelz-* bzw. *Erstarrungswärme* von 335 kJ, die beim Schmelzen von 1 kg Eis von 0° C bzw. Gefrieren der entsprechenden Wassermenge von 0° C umgesetzt wird. *Die Sublimationswärme* (*Sublimation* = Übergang von Wasserdampf direkt in Eis) entspricht danach einer Wärmemenge von 2835 kJ.

Da am Kreislauf des Wassers in der Atmosphäre (Verdunstung–Kondensation–Niederschlag–Verdunstung) große Wassermengen beteiligt sind, werden — wie auch die obigen Zahlen erkennen lassen — dabei riesige Wärmemengen umgesetzt und gegebenenfalls auch in andere Gegenden transportiert. Sie spielen in der Gesamtzirkulation der Atmosphäre eine entscheidende Rolle.

7.2 Maßeinheiten für den Wasserdampfgehalt

Der Gehalt der Luft an Wasserdampf läßt sich in verschiedenen Maßen angeben. Sie haben unterschiedliche Vorzüge und sind je nach Art der damit durchzuführenden Untersuchungen im Einzelfall für die besondere Aufgabenstellung mehr oder weniger gut geeignet. Sie lassen sich aber gegebenenfalls — wenn auch nicht immer ohne Schwierigkeiten — ineinander überführen, wofür dann Tabellen und Diagramme zur Verfügung stehen.

Als *absolute Feuchte* wird die Wasserdampfmenge in Gramm bezeichnet, die in einem Kubikmeter feuchter Luft enthalten ist.

Sie läßt sich bestimmen, indem ein Kubikmeter Luft über eine stark hygroskopische (d. h. wasseranziehende) Substanz, z. B. Chlorkalzium geleitet und die Gewichtszunahme des Chlorkalziums ermittelt wird.

Die absolute Feuchte kann bei gegebener Temperatur einen bestimmten Höchstwert, die *Sättigungsfeuchte*, nicht überschreiten, d. h. bei einer bestimmten Temperatur kann in einem Luftvolumen von einem Kubikmeter nur eine bestimmte Höchstmenge von Wasserdampf vorkommen. Diese Höchst- bzw. *Sättigungsmengen* betragen für einen Kubikmeter Luft bei:

0° C	4,8 g
10° C	9,4 g
20° C	17,3 g
30° C	30,4 g

Weitere Werte können der Tafel 2 im Anhang entnommen werden. Das Verhältnis der wirklich vorhandenen Feuchte zu dem für dieselbe Temperatur gültigen Höchstwert in Prozenten ausgedrückt heißt *relative Feuchte*.

Luft von 20° C enthalte z. B. im Kubikmeter 8,7 g Wasserdampf. Da sie bei dieser Temperatur nach Tafel 2 17,3 g aufnehmen kann, ist ihre relative Feuchte $\dfrac{8,7 \cdot 100}{17,3} \cong 50\%$. Wird diese Luft erwärmt, sinkt die relative Feuchte, weil der Höchstwert der Wasserdampfmenge, die sie enthalten könnte, steigt. Bei 30° C ist die relative Feuchte dieser Luft bei gleichem Wasserdampfgehalt demnach nur noch $\dfrac{8,7 \cdot 100}{30,4} = 29\%$.

Sinkt dagegen die Temperatur, so steigt die relative Feuchte, bis die Luft gesättigt ist, d. h. 100% relative Feuchte erreicht hat. In diesem Beispiel wäre das bei etwa 8,8° C der Fall.

Bei noch weiterer Abkühlung tritt Kondensation des überschüssigen Wasserdampfes ein, während die relative Feuchte 100% bleibt. Die Temperatur, bei der die Kondensation einsetzt, heißt *Taupunkt*. Auch er wird vielfach zur Charakterisierung der Feuchte benutzt und ist für jede Luftmasse eine charakteristische Größe, d. h. solange kein Wasserdampf zu- oder abgeführt wird, ändert er sich nicht. Aus der Differenz zwischen Lufttemperatur und Taupunkt wird die *Taupunktdifferenz* ermittelt. Sie gibt den Betrag an, um den die Luft bei gleichbleibendem Wasserdampfgehalt abkühlen muß, bevor Kondensation eintritt.

Wie aus dem Beispiel zu ersehen ist, ändern sich relative Feuchte und Taupunktdifferenz bei Temperaturänderungen trotz gleichbleibenden Wasserdampfgehaltes. Die absolute Feuchte und die Taupunkttemperatur sind dagegen auch bei Temperaturänderungen unveränderlich, vorausgesetzt daß der Luft kein Wasserdampf zugeführt oder entzogen wird.

Mit der absoluten Feuchte stimmt der *Dampfdruck* zahlenmäßig fast überein. Das ist der Druck, den der Wasserdampf ausüben würde, wenn er allein das von der feuchten Luft eingenommene Volumen ausfüllen würde. Er wird in Millibar angegeben und hängt von der Temperatur und der relativen Feuchte der Luft ab.

Die Abhängigkeit des *Sättigungsdampfdruckes E* von der Temperatur wird angenähert durch die von Tetens verbesserte Formel nach Magnus gegeben:

$$E = 6{,}10 \cdot 10^{\frac{a \cdot t}{t + b}} \text{ (mbar)}$$

t bedeutet die Temperatur in Grad Celsius, a und b sind Konstante, die folgende Werte haben:

	über Wasser	über Eis
$a =$	7,5	9,5
$b =$	237,3	265,5

Die verschiedenen Begriffe zur Charakterisierung der Feuchte sind von größter Bedeutung für das Verständnis der Fragen der *Laderaummeteorologie*. Denn über jeder Ladung stellt sich ein Oberflächen-Dampfdruck ein, der von der Temperatur der Ladung und ihrem Wassergehalt abhängt. Da Feuchte vom höheren zum tieferen Dampfdruck fließt, ist die Kenntnis des Dampfdrucks der freien Raumluft, der Luft über dem Ladegut und im Ladegut entscheidend für die Beurteilung des Laderaumklimas und damit für die Vermeidung eventueller Ladungsschäden. Auch der Taupunkt ist eine Größe, die in der *Laderaummeteorologie* (**IV.2.3.7**) Beachtung verdient, weil sich daraus Hinweise für eine eventuelle Schweißwasserbildung und die Lüftungstechnik ergeben. Denn an allen Gegenständen, die kälter sind als der Taupunkt der umgebenden Luft, kondensiert Wasserdampf, d. h. es bildet sich Tau bzw. in diesem speziellen Falle *Schweißwasser*.

Ein weiteres für bestimmte Untersuchungen besonders geeignetes Maß ist das *Sättigungsdefizit*. Es ist als Unterschied zwischen Sättigungs- und absoluter Feuchte definiert und daher in Gramm Wasserdampf pro Kubikmeter Luft anzugeben.

In der Meteorologie ist als Feuchtigkeitsmaß außerdem noch die *spezifische Feuchte* in Gebrauch. Sie ist festgelegt als die in einem Kilogramm *feuchter* Luft enthaltene Wasserdampfmenge in Gramm. Zahlenmäßig nur wenig verschieden davon ist das *Mischungsverhältnis*, das den Wasserdampfgehalt in Gramm pro Kilogramm *trockener* Luft angibt. Beide Größen sind bei Vertikalbewegungen — solange keine Kondensation eintritt — unveränderlich, da sich dabei zwar das Volumen der vertikal verschobenen Luftmassen, aber nicht ihr Gewicht ändert.

7.3 Das Messen der Luftfeuchte

Einfache Instrumente zum Messen der relativen Feuchte sind die
Haarhygrometer. Da menschliches Haar sich mit zunehmender Feuchte
verlängert, wird in diesen Geräten die Längenänderung eines aus-
gespannten Haares bzw. Haarbündels zur Messung der relativen Feuchte
benutzt. Auch andere Wasserdampf absorbierende (hygroskopische)
Stoffe wie z. B. Goldschlägerhaut und verschiedene Kunststoffasern
(Nylon) besitzen diese Eigenschaft und lassen sich als Meßelemente
in diesen Geräten verwenden. Auch in den Feuchtigkeitsschreibern
(Hygrographen) findet diese Meßmethodik Anwendung. Die Angaben
aller auf dieser Basis arbeitenden Geräte müssen aber häufig nach-
geprüft werden, da infolge Verschmutzung der Meßelemente und anderer
Einflüsse leicht Verfälschungen auftreten. Genauer lassen sich die Werte
für die Luftfeuchte über die Temperaturbestimmung nach dem Prinzip
des *Psychrometers* ermitteln. Es besteht aus zwei genau übereinstimmen-
den Thermometern, die vor Strahlung geschützt sind. Die Kugel des einen
ist mit einem Strumpf aus feinem Musselin überzogen, der mit *destilliertem* Wasser, das etwa die Außentemperatur hat, feucht gehalten
wird. Während das trockene Thermometer die Lufttemperatur anzeigt,
wird dem feuchten durch Verdunstung des in dem Musselinstrumpf
enthaltenen Wassers Wärme entzogen. Es zeigt daher weniger an als
das trockene. Je trockener die Luft, um so stärker ist die Verdunstung,
um so größer ist also auch der Unterschied in den Ablesungen an den beiden Thermometern, für die sich für jeden Temperatur- und Feuchtig-
keitszustand ein Gleichgewichtszustand und damit eine bestimmte Differenz, die *psychrometrische* Differenz, ergibt. Aus ihr kann z. B. mit der
Tabelle 2 im Anhang oder auch mit anderen ausführlichen Tabellen bzw.
mit graphischen Hilfsmitteln die absolute und relative Feuchte, der
Taupunkt und auch der Dampfdruck bestimmt werden.
Die genauesten Werte ergibt das *Aspirationspsychrometer* nach
Assmann, das auch zur genauen Bestimmung der Lufttemperatur benutzt wird (**I.5.2**). Bei ihm ist jedes Thermometer von einem hochglanz-
poliertem Rohr umgeben, das als Strahlungsschutz dient und für die
Ablesung auf einer Seite mit einem Schlitz versehen ist. Die blanken
Flächen werfen die meisten auftreffenden Wärmestrahlen zurück. Damit
für den Fall einer geringen Erwärmung des Rohres die Thermometerkugel davon unbeeinflußt bleibt, ist im Innern des Rohres um das Ther-
mometergefäß nochmals ein kleiner isolierter Metallzylinder als weiterer
Strahlungsschutz angebracht. Die Ventilation der Thermometer wird
durch eine kleine, zumeist von einem Uhrwerk angetriebene Turbine
bewirkt, die oberhalb der Thermometer auf die Rohre aufgesetzt ist
und einen kräftigen Luftstrom an den Thermometern vorbei durch die

Rohre saugt. Bei der Feuchtebestimmung an Bord ist auch in diesem
Falle wegen der möglichen Temperaturverfälschung an einer möglichst
freien Stelle auf der Luvseite zu messen. Das Instrument soll vom Körper fort, dem Wind entgegen gehalten werden. Nachdem das Uhrwerk
aufgezogen ist und die Turbine läuft, wird das Instrument etwa 3—5
Minuten so gehalten und dann auf Zehntel genau abgelesen.

An Bord wird aber zumeist mit dem *Schleuder-Psychrometer* oder der
Psychroschleuder beobachtet. Sie wurde aus dem Schleuderthermometer
weiterentwickelt und besteht aus zwei in einer besonderen Halterung
angebrachten Thermometern, die herumgeschleudert werden (Abb. 15).
Das eine Thermometer ist mit einem Musselinstrumpf versehen, der vor
der Messung mit *destilliertem* Wasser angefeuchtet wird.

8. Kondensationserscheinungen

(Dunst, Nebel, Wolken, Niederschlag)

8.1 Allgemeines

Jede *ungesättigte* Luft kann — wie aus dem Vorangegangenen hervorgeht — bei entsprechender Abkühlung in den *Sättigungszustand* über-
führt werden und muß bei weiterer Abkühlung den überschüssigen
Wasserdampf ausscheiden. Dies erfolgt mit dem Unterschreiten des
Taupunktes bei Temperaturen über 0° C durch Kondensation und Übergang des Wasserdampfes in die flüssige Phase und bei Temperaturen
unter 0° C durch Gefrieren von Tröpfchen, die sich zunächst bilden,
gegebenenfalls aber auch durch Sublimation und Bildung von Eiskristallen direkt aus dem Wasserdampf unter Auslassung der flüssigen Phase.
Der Wasserdampf geht dabei in die sichtbare Form des Wassers über.

Die Art der entstehenden Kondensationsprodukte ist in Abhängigkeit
von den verursachenden Abkühlungsvorgängen, auf die an anderer
Stelle noch eingegangen wird, verschieden. In flüssiger Form schlägt sich
das Wasser dabei als *Tau* an festen Gegenständen am Erdboden nieder
oder es bildet unter bestimmten Voraussetzungen feine Wassertröpfchen
in der Luft, die in bodennahen Luftschichten Nebel, in höheren Wolken
erzeugen. In fester Form entstehen auf Grund des reinen Sublimations-
vorganges an sich nur Eiskristalle in mehr oder weniger feiner Verteilung.
Am Boden setzen sie sich als *Reif* ab, wobei gelegentlich auch gefrorene
Tröpfchen beteiligt sind, wenn der Prozeß bei Temperaturen von über
0° C begonnen hat. In höheren Schichten treten diese fein verteilten
Eiskristalle in Form bestimmter hoher Wolken, *Eiswolken*, in Erscheinung. Bei der Bildung von Schnee, Graupel und Hagel sind daneben
noch andere, später zu besprechende Vorgänge (**I.8.5**) wesentlich beteiligt.

Im vorangegangenen Abschnitt wurde der Kondensationsprozeß bzw. die Sublimation so dargestellt, als ob der Übergang des Wasserdampfes in Wasser bzw. Eis erfolgen würde, sobald die Luft gesättigt ist, bzw. der Taupunkt unterschritten wird. Wie die Erfahrung und entsprechende wissenschaftliche Untersuchungen gezeigt haben, reicht das allein aber dafür nicht aus. Ein durch die Vereinigung von mehreren Wassermolekülen in der Luft gebildetes Wassertröpfchen wäre sehr klein und hätte demzufolge eine sehr stark gekrümmte Oberfläche. Die Oberflächenspannung ist aber bei einem Tröpfchen um so geringer, je größer die Oberflächenkrümmung ist. Da die Wassermoleküle in den Tröpfchen durch die Oberflächenspannung zusammengehalten werden, können sie aus derartig kleinen Tröpfchen sehr leicht wieder entweichen. Die Verdunstung ist also über sehr kleinen Tröpfchen im Vergleich zu derjenigen über einer ebenen Wasserfläche wesentlich erleichtert. Das bedeutet umgekehrt, daß der Sättigungsdampfdruck über Tröpfchen um so größer sein muß, je kleiner sie sind. Dies hat zur Folge, daß zur Tröpfchenbildung in der Luft durch Aneinanderlagerung von Wasserdampfmolekülen eine Sättigungsfeuchte erforderlich ist, die einer relativen Feuchte von mehreren hundert Prozent über einer ebenen Wasserfläche entspräche, auf die sich die früher angegebenen Zahlenwerte der Sättigungsfeuchte usw. bezogen. Derartige Übersättigungen kommen aber in der Atmosphäre nicht vor. Gelegentlich auftretende Übersättigungen bis etwa 104% reichen nicht aus, um auf diese Weise eine Kondensation einzuleiten. Nur wenn Körper mit einer weniger gekrümmten Oberfläche vorhanden sind, an die sich die Wasserdampfmoleküle anlagern können, kann Kondensation eintreten, weil derartige Übersättigungen nicht erforderlich sind. Deshalb kommt es auch am leichtesten an der Erdoberfläche bzw. festen Gegenständen zu Kondensations- und Sublimationserscheinungen, wie die Tau- und Reifbildung zeigen.

Aber auch in der Luft gibt es genügend Teilchen, die groß genug sind und nur eine geringe Oberflächenkrümmung haben, so daß sich Wasserdampfmoleküle leicht an sie anlagern können, ohne daß Übersättigungen notwendig sind. Solche Teilchen, die die Kondensation begünstigen, werden als *Kondensationskerne* bezeichnet. Sie sind stets in genügender Menge in der Atmosphäre vorhanden und bestehen aus winzig kleinen festen oder auch flüssigen Partikeln. Über dem Meer sind das zumeist Salzteilchen, die bei Stürmen durch Zerstäuben der Wellenkämme zunächst als Wassertröpfchen in die Luft gelangen und dann nach der Verdunstung der Wassertröpfchen übrigbleiben. Außerdem kommen Moleküle der Salpetersäure und des Ammoniaks hinzu, die bei elektrischen Entladungen in größeren Höhen der Atmosphäre gebildet werden können. Aber auch Staub- und Rauchteilchen, chemische Abgase wie

z. B. schweflige Säure, sowie elektrisch geladene Moleküle der Luft selbst, sogenannte Ionen, können als Kondensationskerne dienen. Besonders wirksam sind dabei solche, die hygroskopisch sind, wie z. B. Salzpartikel, Tröpfchen von schwefliger Säure u. a., weil über hygroskopischen Substanzen bzw. Lösungen der Sättigungsdampfdruck erheblich herabgesetzt ist. Der Wasserdampf wird dadurch aus der Luft herausgezogen.

8.2 Dunst

Schon bevor es zur eigentlichen Kondensation kommt, können sich daher bereits bei relativen Feuchten von 70%, d. h. ehe der Sättigungszustand erreicht ist, Wasserdampfmoleküle an derartige Kondensationskerne anlagern, ohne daß damit eine Tropfenbildung verbunden ist. Durch diese *Vorkondensation* „quellen" die Kerne; sie werden größer und beeinträchtigen als *Dunst* und *Dunsttrübung* die Sicht.

Wenn die Kondensationskerne quellen, wird gleichzeitig die Konzentration der „Lösung" verringert. Da der Sättigungsdampfdruck aber über einer Lösung um so größer ist, je geringer die Konzentration ist, steigt damit auch der erforderliche Sättigungsdampfdruck wieder an. Der Kondensationsprozeß wird infolgedessen zunächst unterbrochen und geht erst weiter, wenn die relative Feuchte allgemein weiter zunimmt. Erst dann sind die Bedingungen für das Anwachsen zu kleinen Tröpfchen gegeben. Es sei aber nochmals ausdrücklich betont, daß Dunst keine Tröpfchen enthält.

Von diesem *feuchten Dunst* (rel. Feuchte 80% und mehr) sind zu unterscheiden *Staubtrübungen*, die vor allem über den Kontinenten auftreten, aber auch über See vorkommen, wenn Staubmassen bei ablandigen Winden nach See verfrachtet werden. Dies ist z. B. oft der Fall über dem Nordatlantik vor Westafrika *(Harmattan)*, wenn aus der Sahara stammende Staubmassen vom Wind weit nach See mitgenommen werden und gelegentlich noch vor der Küste Brasiliens zu beobachten sind. In anderen Meeresgebieten treten derartige Staubtrübungen vor allem auf, wenn in Trockenzeiten über den angrenzenden Festländern infolge der Austrocknung sowie durch Steppen-, Busch- und Waldbrände viel Staub produziert wird. Aber auch ganze Luftmassen können „dunstig" sein, wie es z. B. für subtropische Luftmassen besonders charakteristisch ist, so daß Dunst als direktes Merkmal für diese Luftmassen gilt und auf ihre Herkunft hinweist. Dunst sollte daher im meteorologischen Tagebuch besonders notiert werden.

Dunst tritt auch als *Seegangsdunst* über dem Meer bei starkem Seegang sowie als *Brandungsdunst* an der Küste in Erscheinung.

In engem Zusammenhang mit dieser Trübung der Luft steht deren Sichtigkeitsgrad, bzw. die *Sicht*. Sie wird nach der Entfernung festgelegt, in der bekannte Sichtziele noch zu erkennen sind. Als nahe Sichtziele können Teile des Schiffes dienen, für größere Abstände — soweit vorhanden — Inseln, Gebirge, eventuell auch andere Schiffe und vor allem die Kimm und deren Schärfe (verwaschen, klar, messerscharf). Als Anhaltspunkt mag hier dienen, daß bei einer Brückenhöhe von 5 m über der Wasseroberfläche der Horizont, d. h. die Kimm sich in einer Entfernung von 5 sm und bei einer Brückenhöhe von 10 bis 13 m in einer solchen von etwa 7 sm befindet. Die Trübung der Luft ist in den einzelnen Himmelsrichtungen oft verschieden. In solchen Fällen soll im meteorologischen Tagebuch immer die schlechteste Sicht eingetragen werden.

8.3 Nebel

Bei weiterer Anlagerung von Wasserdampf erfolgt der Übergang zu dem eigentlichen Kondensationsstadium und es setzt Tropfenbildung ein, wobei sich die Kondensationskerne in den Tröpfchen auflösen. Die vorher noch einigermaßen klare bzw. dunstige Luft wird durch die sich bildenden Wassertröpfchen undurchsichtig. Findet dies nahe der Wasseroberfläche, bzw. dem Erdboden statt, wird das als *Nebelbildung* bezeichnet, erfolgt es in größerer Höhe, handelt es sich um *Wolkenbildung*. *Nebel* und *Wolken* sind ihrer Natur nach also dasselbe, nämlich sichtbare Ansammlungen von kleinen, in der Luft schwebenden Wassertröpfchen (nicht Wasserteilchen!) oder Eisteilchen oder auch von beiden. Vorbedingung für ihre Entstehung ist das Vorhandensein von Wasserdampf und Kondensationskernen in der Luft und ein Abkühlungsprozeß. Während die Kondensationskerne, auch wenn sie schon quellen wie im Vorkondensationsstadium, nur Durchmesser von 0,000 001 bis 0,000 1 mm haben, betragen diese für Nebeltröpfchen 0,004—0,08 mm. Sie bewirken eine erhebliche Sichtverschlechterung.

In physikalischem Sinne ist Nebel also erst dann vorhanden, wenn in der Luft tatsächlich Tröpfchen vorkommen. Da dies aber bei der Beobachtung nicht immer einwandfrei festzustellen ist, die durch Tröpfchenbildung verursachte Sichtverschlechterung aber etwa mit der Sichtgrenze von 1000 m zusammenfällt, sollte von *Nebel* allgemein erst gesprochen werden, wenn *die horizontale Sichtweite kleiner als 1000 m* ist. Nebel kann — in Abhängigkeit von dem die Sättigung auslösenden Vorgang — verschiedene Ursachen haben:

1. Warme Luft wird durch eine kältere Wasseroberfläche abgekühlt (Abkühlungsnebel).

2. Kalte Luft mischt sich mit feuchtwarmer Luft (Mischungsnebel).

3. Kalte Luft streicht über wärmeres Wasser und nimmt durch Verdunstung zusätzliche Feuchtigkeit auf (Verdunstungsnebel).

Für die Schiffahrt sind auf Grund dessen folgende Möglichkeiten für die Nebelbildung und das Nebelvorkommen zu beachten:

1. *Nebel über kalten Meeresströmungen.* Strömt warme Luft über

kälteres Wasser, so geben die den Meeresspiegel berührenden Luftschichten durch Leitung Wärme an das Wasser ab und die etwas höher liegenden strahlen einen Teil ihrer Wärme dem kälteren Wasser zu. Liegt die Temperatur der Wasseroberfläche unter dem Taupunkt der Luft, so kann die Luft eventuell unter ihren Taupunkt abgekühlt werden, so daß dann Kondensation eintreten muß. Nebel sind daher charakteristische Begleiterscheinungen kalter Meeresströmungen, weil beim Heranführen feuchtwarmer Luftmassen (relativ hoher Taupunkt, bzw. hohe relative Feuchte) diese Bedingungen oft gegeben sind. So bilden sich z. B. die berüchtigten *Neufundlandnebel* besonders am Ostrand der Neufundlandbank, wo die kalten Wassermassen des Labradorstromes von Norden herankommen. Diese Nebel sind am dichtesten und am häufigsten in den Frühsommermonaten (Mai—Juli, s. Tabelle), wenn südliche Winde die warme Golfstromluft über das kalte Wasser führen. Im Winter, besonders im Februar, wenn kalte, wasserdampfarme nordwestliche Landwinde wehen, geht die Nebelbildung stark zurück.

Nebelvorkommen in % aller Schiffsbeobachtungen
(nach Handbuch der Fischereigebiete des NW-Atlantischen Ozeans, DHI 1964)

	Jan.	März	April	Mai	Juni	Juli	Aug.	Okt.	Dez.
Flämische Kappe 48° N, 48° W	7	15	25	40	40	48	38	17	12
vor Sable Island 43°—44° N, 59°—60°W	5	12	10	30	40	42	17	7	2

Der Nebel über kalten Meeresströmungen wird um so dichter und beständiger, je größer der Temperaturunterschied zwischen Luft und Wasser ist und je länger dieser besteht.

Aus denselben Gründen wird die Nordostküste Asiens im Sommer oft von dichten Nebeln heimgesucht. Es sind hier die aus dem Beringsmeer und dem Ochotskischen Meer herabkommenden kalten Wasser, die von warmer Luft überflutet werden.

Als Gegenstück ist auf Südbreite infolge ähnlicher Bedingungen in der entsprechenden Jahreszeit vielfach Nebel zu finden zwischen dem La Plata und den Falkland-Inseln über dem Falkland-Strom, an der Westküste Südamerikas über dem Humboldt-Strom und vor Südostafrika auf der Algulhas-Bank durch das Zusammentreffen der Westwindtrift mit dem Algulhas-Strom.

Auch die über der offenen Hochsee vor allem im Sommer vorkommenden, große Flächen überdeckenden *Seenebel* gehören letzten Endes hierher. Sie treten auf, wenn Warmluft in breitem Strome polwärts befördert wird und von der kälteren Meeresoberfläche immer weiter abgekühlt wird. Diese Nebellagen können besonders hartnäckig sein und werden meist erst mit einer Änderung der Windrichtung beendet. Diese sogenannten *Warmluftnebel* bringen z. B. im nördlichen Nordmeer und der Barentssee die größte Nebelhäufigkeit in den Monaten Juni bis

August, wie aus einer Aufstellung für die Bäreninsel von Rodewald hervorgeht.

Prozentuale Nebelhäufigkeit im Seegebiet der Bäreninsel

Jan.	Febr.	März	April	Mai	Juni	Juli	Aug.	Sept.	Okt.	Nov.	Dez.
0	0	0	0	0	11	14	11	5	1	0	0

Auch bei den Färöer und bei Island fällt das Maximum der Nebelhäufigkeit aus dem gleichen Grunde auf den Monat Juli, im Bereich der nördlichen und mittleren Nordsee auf den Juni.

2. *Nebel über küstennahem Auftriebswasser* bilden sich häufig in niederen Breiten, wenn die Gebiete mit kaltem Aufstriebswasser von feuchter, wärmerer Meeresluft überstrichen werden. Diese Nebel sind meistens sehr flach, oft nur 10—100 m hoch, so daß manchmal die Brücke des Schiffes schon über den Nebel hinausragt. Diese Nebel können, auch wenn sie nicht sehr dicht sind, leicht über die Entfernung zur Küste täuschen. Zu diesen Nebeln gehören u. a. der *Garua* an der Küste Perus, die Nebel an der kalifornischen Küste, an der westafrikanischen Küste von Marokko südwärts und an der Somaliküste zur Zeit des Südwestmonsuns. Werden diese Seenebel von einer Seebrise über Land getrieben, lösen sie sich meistens kurz hinter der Küstenlinie schnell auf.

3. *Nebel über Randmeeren.* Randmeere, wie z. B. die Ostsee, werden im Frühjahr oft von Luftmassen überströmt, die eine höhere Temperatur haben als die noch kalte Meeresoberfläche. Sie sind in diesen Monaten daher besonders nebelreich. In der östlichen und nördlichen Ostsee fällt infolgedessen das Maximum der Nebelhäufigkeit auf die Monate April/Mai, wie die nachstehende Aufstellung für das Seegebiet südlich Gotland zeigt.

Nebelhäufigkeit in % aller Schiffsbeobachtungen
bei 56°—57° N, 18°—20° O

(nach Klimatologie der Nordwesteuropäischen Gewässer, DWD/SWA Einzelveröffentlichung Nr. 10)

Jan.	Febr.	März	April	Mai	Juni	Juli	Aug.	Sept.	Okt.	Nov.	Dez.
2.2	3,1	3,7	8,7	7,2	5,5	2,7	1,6	1,9	3,0	1,5	2,2

Die nach der Tabelle schon im Oktober und Dezember angedeutete vorübergehende leichte Zunahme der Nebelhäufigkeit weist aber auch darauf hin, daß noch ein anderer Einfluß mit wirksam sein muß, der seine Ursache im winterlichen Nebelmaximum der umliegenden Küstengebiete hat. Offensichtlich greifen die über Land in klaren Winternächten gebildeten Nebel (s. unter 5) bei ablandigen Winden weit auf das vorgelagerte Seegebiet über und bedingen diesen winterlichen Anstieg in der Nebelhäufigkeit.

4. *Küstennebel.* Sie werden durch den Gegensatz von Land und See im Verlauf der wechselnden Sonnenbestrahlung hervorgerufen. Typisch dafür sind die häufigen und für die Schiffahrt gefahrbringenden dichten

Nebel an der kalifornischen Küste, bei denen die *Mischung* eine wesentliche Rolle spielt.

Im Sommer tritt dieser Nebel nachmittags auf, sobald die kühle Seebrise bei ihrem Vordringen die feuchtwarme Luft über Land durch Mischung abkühlt. Mit überraschender Regelmäßigkeit wächst an Sommernachmittagen in San Franzisko der Wind zur Stärke 5—6 an, und gleichzeitig dringt eine mächtige Nebelwand von durchschnittlich 500 m Höhe durch das Golden Gate. Die Temperatur der Luft sinkt dabei, bis sie etwa gleich der Temperatur der Meeresoberfläche ist. Von den größeren Erhebungen in der Umgebung aus gesehen, gewährt die Oberfläche dieses Nebels oft das fesselnde Bild eines gewaltigen Polarmeeres mit ungeheuren in der Sonne glitzernden Schneemassen und großen Eisbergen. Über dem Nebel herrscht meist wolkenloser Himmel, klare Luft und Sonnenschein, sowie eine Nachmittagstemperatur von 25—30° C. Dieses Nebelmeer, das nur selten weit ins Land hineinreicht, löst sich in den ersten Nachtstunden wieder auf.

Im Winter dagegen, wenn die Landoberfläche in den Morgenstunden viel kälter ist als die Meeresoberfläche, bewegt sich das Nebelmeer (s. Landnebel unter 5) vormittags vom Lande nach See zu. Es ist dann durchschnittlich nur 30 bis 40 m hoch, liegt dicht an der Meeresoberfläche und löst sich über See bald auf

Auch an der *chinesischen* Küste erschweren oft Küstennebel die Schiffahrt, vor allem im Frühjahr, wenn beim Abflauen des Nordostmonsuns feuchtere Luftmassen von See sich mit der noch über dem Land lagernden kalten Luft mischen. Diese Nebel reichen nur bis etwa 50 sm vor die Küste.

5. *Landnebel (Strahlungsnebel).* Er entsteht, wenn sich in klaren Nächten der Boden und die darüberliegenden Luftschichten durch Ausstrahlung so stark abkühlen, daß der Taupunkt unterschritten wird. Der Boden bedeckt sich dann mit einer allmählich dichter werdenden, von unten nach oben wachsenden Nebelschicht.

Für die Schiffahrt können auch diese Landnebel gefährlich werden, wenn sie an Land die Leuchtfeuer verhüllen oder wenn sie, durch den Wind nach See oder in die Flußmündung getrieben, unvermutet das Schiff mit ihren Schwaden umgeben.

Ihr Häufigkeitsmaximum liegt entsprechend der verstärkten Ausstrahlung in den Wintermonaten, wie z. B. aus der nachstehenden kleinen Zusammenstellung über das Nebelvorkommen in der Deutschen Bucht und der westlichen Ostsee hervorgeht. (Alle Zahlen hierzu wurden den vom Deutschen Hydrographischen Institut herausgegebenen Seehandbüchern entnommen.)

Mittlere Anzahl der Tage mit Nebel

	Jan.	März	April	Juni	Aug.	Okt.	Dez.
FS „Borkumriff"	8,5	7	4,5	2,5	1	2	7
FS „Weser"	9	9	5	2	1,5	4	10
FS „Elbe 1"	8	8,5	4	1	0,7	2,5	8
Emden	6,5	5	1,5	0,5	2	5	8
Hamburg	8,5	5,5	2,5	0,5	1,5	7	9,5
Kiel	7	4	2	1	1	4	8
FS „Kiel"	7	7	4	1	1	4	7
FS „Gedser Rev"	8,5	8,5	4,5	2	1	4	8,5

Verunreinigungen der Luft durch Rauch, Salze oder Säure, wie sie in Industriegebieten und Städten vorkommen, geben diesen Nebeln zuweilen ein gelbes oder schwarzes Aussehen. Durch solche besonders dichte Stadtnebel ist z. B. London berüchtigt.

6. *Arktischer Seerauch (Verdunstungsnebel)*. Er bildet sich, wenn sehr kalte Luft über wärmeres Wasser weht und durch die Verdunstung an der Wasseroberfläche, die gemäß der Wassertemperatur erfolgt, mehr Wasserdampf erzeugt wird, als die kalte Luft ihrer Temperatur entsprechend aufnehmen kann. Es wird dann ein Teil des Wasserdampfes sofort wieder als Tröpfchen kondensieren (vergleichbar mit dem „Dampfen" eines Gefäßes mit warmem Wasser in einem kühlen Raum). Diese Nebel sind — wie auch der Name schon sagt — vor allem eine Erscheinung der hohen Breiten, treten aber im Winter gelegentlich auch in niedrigeren Breiten, wie z. B. in der Ost- und Nordsee, im Golfstrom-Gebiet vor der USA und im Golf von Mexiko und anderen Gewässern bei geeigneten Wetterlagen auf. Sie sind meist ziemlich flach, so daß schon die Brücke oder die Aufbauten das Nebelfeld überragen. Oft treten sie schwadenförmig auf und verwehen bei stärkerem Wind schnell. Die Temperaturdifferenz Wasser—Luft muß mindestens 10° C betragen, damit solcher Seerauch entstehen kann.

Es wurde hier versucht, die verschiedenen Nebelarten nach ihrer Entstehungsursache zu klassifizieren. In der Praxis ist das allerdings oft nicht so leicht, da häufig mehrere Vorgänge zusammenwirken, z. T. auch solche, die hier nicht behandelt wurden.

Den Übergang zu Wolken bilden Nebel, die sich luvwärts von oft nur niedrigen Küsten dadurch bilden, daß nahezu gesättigte Luft an ihnen emporsteigen muß. Auf diese Weise können unter Umständen kleine Inseln wie mit einer Tarnkappe überzogen sein.

8.4 Wolken

Die Beobachtung der Wolken und ihre Beschreibung in den Wettermeldungen der Schiffe ist von großer Bedeutung für die Wetterbeurteilung, weil häufig schon allein die Wolken Auskunft bzw. wichtige Hinweise über die Vorgänge in der Lufthülle geben können. Der Zug der Wolken zeigt die Windrichtung und -stärke in den höheren Schichten an.

Die Form der Wolken gibt Anhaltspunkte über die vertikale Temperaturverteilung und eventuelle Vertikalbewegungen sowie im Zusammenhang damit über den zu erwartenden Grad der Böigkeit und auch eventuell über die Art der Luftmasse. Wolken sind keine festen, in ihrer Höhe unveränderlich schwimmenden Gebilde. Sie sind in ständiger Umwandlung, d. h. in Auflösung und Neubildung begriffen und müssen als Ausdruck eines Vorganges gesehen werden. Sie zeigen z. B., wo eine starke Aufwärtsbewegung oder eine Sperrschicht vorhanden ist, wo warme Luft auf kalte aufgleitet usw. Einem guten Kenner der Wolkenformen und Wolkenentwicklung wird es daher relativ leicht sein, daraus wesentliche Hinweise für die Wetterentwicklung zu gewinnen.

8.4.1 Einteilung und Beobachtung der Wolken. Da sich die Wolken laufend in Entwicklung und Umbildung befinden, zeigen sie einen unendlichen Formenreichtum. Trotzdem ist es möglich, die Wolken nach bestimmten, auf der ganzen Erde vorkommenden und häufig beobachteten Formen einzuteilen in:

1. Haufenförmige Wolken, d. h. einzelne, scharf begrenzte Wolken mit vertikaler Entwicklung, auch als *Cumulus-Wolken*, abgekürzt *Cu*, bezeichnet.

2. Schichtförmige Wolken, d. h. großräumige, rein horizontal erstreckte, gleichmäßige Wolkendecken ohne Gliederung, auch *Stratus-Wolken*, abgekürzt *St*, genannt.

Diese Formen sind eng mit der Entstehungsgeschichte der Wolken, bzw. ihrer Herkunft verknüpft. Denn Haufenwolken mit ihren runden, blumenkohlartigen Formen sind Ausdruck eines unregelmäßigen vertikalen Aufsteigens der Luft, Schichtwolken mit ihrer vorwiegend horizontalen Ausdehnung treten auf, wenn warme, feuchte Luft über großen Gebieten langsam aufsteigt, bzw. aufgleitet oder wenn Luft durch nächtliche Ausstrahlung großräumig abgekühlt wird (Bildung von Hochnebel).

Die Beobachtungen haben weiterhin ergeben, daß die Wolken im allgemeinen nur in bestimmten Höhenbereichen vorkommen, die in den Tropen bis 18 km, in mittleren Breiten bis 13 km und in den Polargegenden bis 8 km hinaufreichen. Diese Höhenbereiche, die praktisch nur der Troposphäre angehören, werden nach Übereinkommen in drei Stockwerke gegliedert. Diese Unterteilung ist aber keineswegs willkürlich, sondern stimmt weitgehend mit der physikalischen Einteilung der Wolken überein, die sich aus der Beschaffenheit der Wolkenelemente und der Temperaturverteilung ergibt. Danach werden unterschieden:

1. Wasserwolken im Temperaturbereich oberhalb $-10°$ C. Sie bestehen nur aus Wassertröpfchen, die gegebenenfalls unterkühlt und infolgedessen instabil sind und bei der geringsten Erschütterung gefrieren. (Unterkühlte Wassertröpfchen können bis -35 °C vorkommen.)

2. Mischwolken im Temperaturbereich zwischen $-10°$ C und $-35°$ C. Sie enthalten unterkühlte Wassertröpfchen und Wasser in fester Form, vor allem Eiskristalle, aber teilweise auch Schneesterne, Graupel oder Hagel je nach dem Entwicklungszustand und der Art der Wolke.

3. Eiswolken im Temperaturbereich unter $-35°$ C. In ihnen sind nur Eiskristalle vorhanden.

In mittleren Breiten entsprechen diesen Temperaturgrenzen im Mittel etwa folgende Höhen:

$$0° \text{C}\quad 2\,\text{km}, \quad -10° \text{C}\quad 4\,\text{km}, \quad -35° \text{C}\quad 7\,\text{km}$$

Daraus ergeben sich die mittleren Höhenbereiche für die Wolkenstockwerke in den gemäßigten Breiten:

Tiefes Stockwerk: Nicht unterkühlte Wasserwolken, 0—2 km

Mittleres Stockwerk: Unterkühlte Wasser- und Mischwolken, 2—7 km

Oberes Stockwerk: Eiswolken, 7—13 km

Im Polargebiet und im Winter liegen diese Grenzen entsprechend der Temperatur tiefer, in den Tropen und im Sommer höher. Aus der mittleren vertikalen Temperaturverteilung der Erde ergeben sich daher in Übereinstimmung mit den Beobachtungen folgende Höhen für die Wolkenstockwerke:

Stockwerk	Polare Zone km	Gemäßigte Zone km	Tropische Zone km
oberes	3—8	5—13	6—18
mittleres	2—4	2— 7	2— 8
unteres	0—2	0— 2	0— 2

Die Grenzen der Stockwerke überschneiden sich also etwas und ändern sich mit der geographischen Breite. Nur das untere Stockwerk ist in allen Zonen gleich. Es besteht im wesentlichen aus der Grundschicht der Atmosphäre, in der die thermischen und dynamischen Vorgänge und damit auch die Wolkenbildung weitgehend vom Untergrund beeinflußt werden. Diese Schicht reicht allgemein etwa 2 km hoch.

Zusammen mit den Wolkenformen ergeben sich aus dieser Höheneinteilung unter Berücksichtigung der Übergangsformen zwischen den beiden Hauptformen die nachstehend aufgeführten zehn *Wolkengattungen*, die auf Grund weiterer Merkmale noch in Arten und Unterarten unterteilt werden können.

Wolkengattungen

oberes Stockwerk (hohe Wolken)	Cirrus (Ci), Cirrocumulus (Cc), Cirrostratus (Cs)
mittleres Stockwerk (mittelhohe Wolken)	Altocumulus (Ac), Altostratus (As)
unteres Stockwerk (tiefe Wolken)	Cumulus (Cu), Cumulonimbus (Cb), Stratocumulus (Sc), Stratus (St), Nimbostratus (Ns)

Diese Wolkengattungen liegen auch der Verschlüsselung der Wetterbeobachtungen für die Wettertelegramme zugrunde. Die Wolkentafeln, die dem Buch beigegeben sind, zeigen Beispiele dieser Wolken, deren Hauptmerkmale gemäß den im internationalen Wolkenatlas gegebenen Definitionen im folgenden kurz zusammengestellt sind.

1. *Tiefe Wolken.*

Stratus (St): Eine durchgehend graue, niedrige, ungegliederte Wolkenschicht, evtl. gehobener Nebel mit ziemlich einförmiger Untergrenze. Aus der Schicht können Sprühregen, Eisprismen und Schneegriesel fallen. Ist die Sonne durch die Wolke sichtbar, so sind ihre Umrisse klar erkennbar. Stratus kommt manchmal auch in Form zerfetzter Schwaden vor, die als Stratus fractus (Stfra) bezeichnet werden.

Cumulus (Cu): Haufenwolken mit relativ niedriger Basis und ausgeprägten Quellformen. Es handelt sich um isolierte, durchweg scharf abgegrenzte Wolken, die sich in der Vertikalen in Form von Hügeln, Kuppeln oder Türmen entwickeln, deren obere Teile oft wie ein Blumenkohl aussehen. Die von der Sonne beschienenen Teile dieser Wolken sind meist leuchtend weiß. Ihre Untergrenze ist verhältnismäßig dunkel und verläuft fast horizontal.

Sie entwickeln sich häufig an schönen Sonnentagen und sind ein Anzeichen für das Aufsteigen der am Boden erwärmten Luft *(Schönwetter-Cumulus, cumulus humilis)*. Gelegentlich sind die Cumulus-Wolken auch zerfetzt bzw. von Fetzen begleitet. Diese werden *Cumulus fractus (Cu fra)* genannt.

Stratocumulus (Sc): Sehr häufige Übergangsform aus grauen und/oder weißlichen Flecken oder Schichten von Wolken, die sich aus mosaikartigen Schollen, Ballen oder Walzen usw. zusammensetzen. Insbesondere letztere können auch in Form von Wogenwolken angeordnet sein. Die Wolken sind von nicht-faseriger Struktur und weisen fast stets dunkle Stellen auf. Sie können vollständig zusammengewachsen sein, aber auch Lücken aufweisen, durch die der Himmel sichtbar ist. Stratocumulus kann aus Cumulus- und aus Stratusbewölkung entstehen.

Nimbostratus (Ns): Graue, häufig dunkle Wolkenschicht von großer Mächtigkeit, aus der mehr oder weniger anhaltend Regen oder Schnee fällt. Die Schicht ist so dicht, daß die Sonne unsichtbar ist. Es handelt sich um eine ausgesprochene Schlechtwetterbewölkung, bei der unterhalb der Wolkenschicht häufig niedrige zerfetzte Wolken vorhanden sind, die mit ihr zusammenwachsen können.

Cumulonimbus (Cb): Eine massige und dichte Wolke von beträchtlicher vertikaler Ausdehnung, die in Form eines hohen Berges oder mächtigen Turmes bis in große Höhen (10000 m und mehr), d. h. durch alle Schichten emporquillt. Der obere Wolkenabschnitt weist, zumindest teilweise, glatte Formen auf oder ist faserig oder streifig und fast stets abgeplattet. Dieser Teil breitet sich vielfach amboßförmig oder wie ein großer Federbusch aus.

Unterhalb der häufig sehr dunklen Untergrenze befinden sich oft niedrige zerfetzte Wolken, die mit der Hauptwolke zusammenwachsen können.

Aus diesen Wolken gehen meist starke Regen-, Schnee-, Graupel-
oder Hagelschauer nieder, die häufig mit Gewittern verbunden sind.

2. Mittelhohe Wolken.

Altostratus (As): Graue oder bläuliche Wolkenfelder oder Schichten
von streifigem, faserigem oder einförmigem Aussehen, d. h. ohne er-
kennbare Gliederung. Sie bedecken den Himmel ganz oder teilweise
und sind stellenweise so dünn, daß Sonne und Mond schwach wie durch
Mattglas in ihren Umrissen *(dünner As, As translucidus)* oder als Aufhellung *(dichter As, As opacus)* zu erkennen sind. Bei Altostratus treten
keine Haloerscheinungen auf. Altostratus ist ein Anzeichen für langsames Aufsteigen bzw. Aufgleiten wärmerer Luft über großen Gebieten.

Altocumulus (Ac): Weiße und/oder graue Flecken, Felder oder
Schichten von Wolken, im allgemeinen mit Eigenschatten, aus schuppen-
artigen Teilen, Ballen („Grobe Schäfchen)", Walzen usw. bestehend,
die manchmal teilweise faserig oder diffus aussehen und in Wogen angeordnet, aber auch zusammengewachsen sein können.

3. Hohe Wolken.

Cirrus (Ci). Isolierte Wolken in Form weißer, zarter Fäden, bzw.
überwiegend weißer Flecken oder schmaler Bänder. Diese Wolken
zeigen ein faseriges (haarähnliches) Aussehen oder einen seidigen Schimmer oder beides. Sie sind meist regellos am Himmel verteilt, zeitweise
aber auch in Banden angeordnet (Polarbanden) oder gleichgerichtet, an
einem Ende hakenförmig umgebogen und in einem Büschel endigend
(Cirrus uncinus). Diese Cirrus oder Federwolken, die aus Eisnadeln
bestehen, sind Anzeichen für atmosphärische Störungen und deren
Herkunftsrichtung (Windwolken, Windbäume) und geben Hinweise
auf die Luftströmungen in großen Höhen.

Cirrostratus (Cs): Durchscheinender, gleichmäßiger weißlicher Schleier
von faserigem (haarähnlichem) oder glattem Aussehen, durch den die
Sonne sichtbar bleibt. Er bedeckt den Himmel ganz oder teilweise. Der
blaue Himmel ist dabei oft nur milchig getönt. Cirrostratus besteht aus
Eisnadeln und ruft häufig Haloerscheinungen (**I.11**) hervor. Er ist ein
Anzeichen für das Aufgleiten wärmerer Luft in großen Höhen.

Cirrocumulus (Cc): Dünne, weiße Flecken, Felder oder Schichten von
Wolken ohne Eigenschatten, die aus sehr kleinen, körnig oder gerippelt
(„kleine Schäfchen") oder ähnlich aussehenden, miteinander verwach-
senen oder isolierten Wolkenteilen bestehen und mehr oder weniger
regelmäßig, oft auch in Reihen oder Wogenform angeordnet sind. Sie
entstehen häufig durch Auflösung einer Cirrusdecke.

Als besondere Wolkenformen, die Hinweise auf Vorgänge in der
freien Atmosphäre geben, seien noch erwähnt:

1. *Linsenform (lenticularis, abgekürzt len)* haben Wolken, die in Auflösung begriffen sind. Sie sind häufig sehr langgestreckt, haben meist deutliche Umrisse und sind typisch für absteigende Luftbewegungen. Sie kommen deshalb besonders häufig als Wolkenform auf der Leeseite der Gebirge (Föhn) vor, können aber auch sonst in der freien Atmosphäre bei großräumigen absteigenden Luftbewegungen auftreten.

2. *Wogenform (undulatus, abgekürzt un)* haben häufig Wolken, die den Himmel in engen Parallelstreifen überziehen. Sie werden durch Wellenbewegungen verursacht, die an der Grenzfläche zweier verschieden temperierter Luftmassen unter geeigneten Bedingungen entstehen können (Temperatur- und Windsprung). Ist die untere Luftschicht dabei mit Wasserdampf gesättigt, so tritt bei der Hebung im Wellenberg Kondensation ein, während die Wellentäler frei bleiben. Der Himmel bezieht sich in solchen Fällen weithin mit parallelen Wolkenstreifen.

3. *Türmchenform (castellanus, abgekürzt cas)* haben häufig Cumulusköpfe, die aus Altocumulus wie kleine Türme aufragen. Sie zeigen stärker aufsteigende Luftbewegungen in mittleren und höheren Schichten an und sind damit Anzeichen für Gewitterneigung. Sie kommen besonders häufig in der wärmeren Jahreszeit über Landgebieten vor, treten aber auch gelegentlich als Vorboten von Kaltfronten auf (s. **II. 4.8**).

4. *Cumulus mammatus (mam)* ist eine Wolkenform, bei der die Unterfläche der Wolkendecke nicht eben erscheint, sondern mit Schwellungen bedeckt ist, die beutelförmig herabhängen.

5. *Amboßform:* Stößt ein aufsteigender Cumuluskopf gegen eine Sperrschicht mit wärmerer Luft in der Höhe, so breitet er sich häufig unter ihr seitwärts aus, weil in der wärmeren Luft der Auftrieb für weiteres Aufsteigen nicht mehr ausreicht. Er nimmt dadurch eine pilz- oder amboßartige Form an.

Hat der aufquellende Cumulus dagegen genügend Auftrieb, durchstößt er gelegentlich die Grenzschicht. Dabei wird die über ihm befindliche Luft etwas angehoben. Falls diese mit Wasserdampf gesättigt ist, bildet sich in ihr ein feines, weißes Wölkchen mit zarten Umrissen, das den Cumuluskopf wie eine Kappe bedeckt und von ihm durchstoßen wird.

Der Beobachter an Bord findet eine Auswahl typischer Wolkenbilder in dem internationalen Wolkenatlas (Ausgabe von 1978), der aber nur auf wenigen Schiffen vorhanden ist, und in dem Heft „Wolkentafel für Wetterbeobachter auf See", herausgegeben vom Seewetteramt. Zu jedem Wolkenbild ist darin eine ausführliche Beschreibung mit den typischen Merkmalen gegeben. Die letztgenannten Wolkenbilder sind auch diesem Buch auf 2 Tafeln beigefügt.

Es ist zu beachten, daß die meisten Aufnahmen des Wolkenatlas über Land gemacht sind und infolgedessen vor allem bei den vom Untergrund beeinflußten Wolken (Cumuluswolken) über See Abweichungen möglich sind.

8.4.2 Ursachen der Wolkenbildung. Wolkenbildung setzt ein, wenn die Luft unter ihren Taupunkt abgekühlt ist (s. **I.7.2** und **8.4**). Die Abkühlung kann erfolgen durch *Ausstrahlung* und *Expansion* (Ausdehnung) der Luft beim Aufsteigen in größere Höhen, wobei Wärmeenergie verbraucht wird, wie an anderer Stelle (**II.1.7**) noch gezeigt wird.

Die Abkühlung durch *Ausstrahlung*, die nur nachts und besonders im Winterhalbjahr wirksam ist, beschränkt sich, abgesehen von den erdbodennahen Luftschichten vor allem auf Dunstschichten in den unteren Schichten der Troposphäre. Sie spielt daher nur eine untergeordnete Rolle und führt nur zu Hochnebelfeldern und ausgedehnter Schichtbewölkung.

Die Abkühlung durch Aufsteigen ist dagegen die häufigste Ursache für die Wolkenbildung.

Bei diesem Vorgang ist zu unterscheiden zwischen einem *freiwilligen Aufsteigen* der Luft infolge freien Auftriebes, der sogenannten *Konvektion*, auf Grund eines Wärmeüberschusses gegen die umgebende Luft und einer *erzwungenen Hebung* bei großräumiger horizontaler Bewegung, der *Advektion*, wenn Luftmassen gegen irgendwelche Hindernisse strömen und diese überqueren müssen. Gelegentlich können auch beide Vorgänge zusammenwirken.

Typische *Konvektionswolken* sind z. B. die *Haufenwolken (Cumuluswolken)*, die sich an warmen Sommertagen über Land entwickeln (Schönwettercumuli). Die über einem bestimmten Bereich des Untergrundes im Verhältnis zur Umgebung stärker erwärmte Luft steigt innerhalb der übrigen Luft auf, wobei das Emporquellen durch die Wolkenbildung sichtbar wird, sobald beim Aufsteigen der Taupunkt unterschritten wird. Aber auch beim Vordringen kälterer Luftmassen in Gebiete mit einer wärmeren Unterlage entstehen innerhalb der kälteren Luftmassen verbreitet derartige Haufenwolken. Sie zeigen sich besonders eindrucksvoll, wenn kalte Luftmassen warme Meeresströme überqueren, wie z. B. bei Nordwestlagen über dem Golfstrom vor der norwegischen Küste. Aber auch die Passatbewölkung ist letzten Endes dadurch bedingt; denn mit der Passatströmung dringt kältere Luft in immer wärmere ozeanische Gebiete vor. Im äquatorialen Bereich, wo die Passate gegeneinander strömen und eine Konvergenz, die sogenannte *Intertropische Konvergenzzone* (ITCZ) bilden, wird durch diesen horizontalen Zusammenfluß das Aufsteigen noch verstärkt. Die Bildung mächtiger Haufenwolken *(Cumulonimben)*, die starke Regenfälle und Schauer bringen, ist die Folge. Da bei diesem Zusammenfluß dauernd neue Luftmassen aus Norden und Süden herantransportiert werden, kann dies schon als ein gewisser advektiver Anteil angesehen werden. Auch im Bereich der tropischen Orkane sind letzten Endes beide Vorgänge an der Wolkenbildung beteiligt.

Auf überwiegend *advektive Vorgänge* sind dagegen die meisten großräumigen Schichtwolkenfelder zurückzuführen, die sich vor allem dann bilden, wenn feuchtwarme Luft auf kältere Luft trifft und sich langsam über diese hinaufschiebt, bzw. an ihr aufgleitet (s. **III.4.7**). Auch die Wolkenfelder, die sich oft an der Luvseite eines Gebirges finden, hängen mit derartigen Advektionsvorgängen zusammen. Die gegen das Gebirge anströmende Luft muß, um dieses zu überwinden, zwangsweise aufsteigen. Bei entsprechender Hebung und genügender Feuchte kann dieses zur Wolkenbildung führen. Dies ist z. B. die Ursache dafür, daß die Küste Norwegens infolge der vorherrschenden Westwinde besonders wolken- und niederschlagsreich ist; denn die feuchte vom Meere kommende Luftströmung wird durch die Gebirgsbarriere gebremst und gestaut (*Wolkenbildung* durch *Stau*) (s. a. **II.1.7**). Auch für andere Küstengebirge ist diese Erscheinung bei auflandigen Winden typisch. Auf Grund dieses Staueffektes sind die Luvseiten der Gebirge allgemein wolkenreicher als die Leeseiten.

Das scheinbare *Schweben* der Wolken erklärt sich aus der Kleinheit der Wassertropfen, bzw. Wolkenelemente, aus denen sie bestehen. Je kleiner ein Tröpfchen ist, um so langsamer fällt es, weil der Luftwiderstand, den es findet, im Verhältnis zu seinem Gewicht groß ist. Schon eine schwache Aufwärtsbewegung der Luft genügt dann, das Tröpfchen in der Schwebe zu halten. Daß jede Wolke stets mehr oder weniger in Umbildung, in ständigem Werden und Vergehen begriffen ist, kann am auffälligsten an den sogenannten *Hinderniswolken* gesehen werden. Steigt an der Luvseite eines Berges, einer Insel oder einer Küste Luft auf, so tritt oft nach Erreichen einer bestimmten Höhe Kondensation ein. Am höchsten Punkt des Berges hängt dann eine Wolke, die aber, wie es scheint, keineswegs mit dem Winde triftet, sondern stets an ihrer Stelle bleibt. In Wirklichkeit bildet sich die Wolke luvwärts immer neu und löst sich auf der Leeseite in dem absteigenden Luftstrom wieder auf. Sie besteht also aus fortwährend wechselnden Wasserteilchen. Das Tafeltuch über der Kuppe des Tafelberges bei Kapstadt, das bei S- oder SO-Wind auftritt, ist wohl die berühmteste dieser Hinderniswolken.

8.4.3 Örtliche und zeitliche Verteilung der Wolken. Im Äquatorialgebiet liegt eine Zone starker Bewölkung von mehr als 5/8 im Mittel, bestehend aus mächtig aufquellenden Haufenwolken. Die beiderseits angrenzenden Passatzonen sind wolkenärmer. Hier überwiegen Stratocumuluswolken. Die anschließenden Roßbreiten zeigen überwiegend heiteren Himmel. Die Westwindzonen sind die Gebiete der mannigfaltigsten Wolken und Mischformen. In den kalten Zonen überwiegen die Schichtwolken.

Die Neigung zur Bildung von Haufenwolken in heißem Klima und Schichtwolken in kaltem Klima, die in dem Vorstehenden zum Ausdruck kommt, zeigt sich auch in der gemäßigten Zone im Wechsel der Bewölkung mit den Jahreszeiten. Über Land überwiegt Haufenbewölkung im Sommer, Schichtbewölkung im Winter.

Der *Grad der Himmelbedeckung* wird in Achteln *(Okta)* geschätzt. Bei der Feststellung der Himmelsbedeckung ist aber Vorsicht geboten, weil leicht der Betrag der horizontalen Bewölkung infolge einer gewissen Kulissenwirkung überschätzt wird.

Die Himmelsbedeckung ist im Mittel über See größer als über Land, was auf die höhere Feuchte der Luft über See zurückzuführen ist. Charakteristisch ist dabei das Überwiegen der Schichtformen, auch das häufige Auftreten von Fractus-Formen. Die Wolkenuntergrenze liegt über See — letzten Endes als Folge der hohen Feuchtigkeit der bodennahen Luftschichten — im Durchschnitt niedriger als über Land.

Die *Wolkenhöhe* wird zumeist geschätzt, nur auf den Wetterschiffen wird sie bei niedrigen Wolkenhöhen nachts mit Wolkenscheinwerfern gemessen. Tagsüber können besondere Wolkenhöhenmeßgeräte zum Einsatz kommen. Sie sind aber alle nur brauchbar, wenn sich die Wolken genau über dem Meßort befinden. Zeitweise werden Wolkenhöhen auch noch mit Pilotballonen ermittelt. Diese haben eine bestimmte Steiggeschwindigkeit. Aus ihr und der Zeit bis zum Verschwinden des Ballons in der Wolkendecke kann dann die Wolkenhöhe leicht errechnet werden.

Unter der Voraussetzung, daß eine richtige Wolkenhöhenbestimmung oder Schätzung vorliegt, können durch Messung des Wolkenzuges mit einem *Wolkenspiegel* auch brauchbare Angaben über die Zuggeschwindigkeit der Wolken und damit auch für den Wind in diesen Höhen gewonnen werden.

8.5 Niederschläge

Werden die Wolkenelemente so groß, daß ihr Gewicht größer wird als die Kraft des Auftriebes bzw. der aufsteigenden Luftbewegung, so können sie nicht mehr in der Schwebe verbleiben. Sie beginnen zu fallen und werden zu Niederschlagselementen. Um den Erdboden zu erreichen, müssen sie aber beim Verlassen der Wolken eine gewisse Mindestgröße haben. Denn die Luft unter der Wolke ist nicht gesättigt, so daß infolge der sofort einsetzenden Verdunstung die Teilchen auf ihrem weiteren Weg immer kleiner werden und gegebenenfalls ganz verdampfen, d. h. den Erdboden nicht mehr erreichen. Dies ist häufig an den aus den Wolken herabhängenden Fallstreifen zu beobachten. Für das Anwachsen zu Niederschlagselementen reicht die Kondensation im allgemeinen allein nicht aus. Hierbei spielen vor allem die Vereinigung mehrerer Tröpfchen, die *Koagulation*, und das Wachsen der Wolkenelemente durch *Sublimation* von übersättigtem Wasserdampf an festen Wolkenelementen sowie auch die Anlagerung unterkühlter Wassertröpfchen an feste Wolkenelemente beim Zusammenstoß mit diesen eine Rolle. Die gebildeten Niederschlagselemente sind dabei in Abhängigkeit von den beteiligten Vorgängen verschieden.

Auf Grund ihrer physikalischen Struktur werden flüssige und feste Niederschläge unterschieden, die noch wie folgt unterteilt werden:

1. *Flüssige Niederschläge*

a) *Regen (Landregen)* fällt meistens aus Wolken größerer Mächtigkeit und entsteht hauptsächlich in den Grenzgebieten zwischen warmen und kalten Luftmassen oder auch in Staugebieten an Gebirgen. Er dauert meist einige Stunden, in Einzelfällen auch länger als einen Tag an.

b) *Sprühregen (Nieseln)* ist ein gleichförmiger Niederschlag aus vielen winzig kleinen Wassertröpfchen, der meist aus niedrigen Stratuswolken fällt, aber auch bei Nebel auftreten kann.

c) *Regenschauer* fallen aus kräftig entwickelten Haufenwolken (Cumulonimbus, gelegentlich auch Cumulus congestus). Sie bestehen aus großen Regentropfen, setzen meist schlagartig ein, hören aber ebenso plötzlich auf.

Einen Anhaltspunkt über die Größenordnung der Tröpfchen in Wolken und beim Niederschlag sowie die dabei auftretenden Fallgeschwindigkeiten gibt die nachstehende Tabelle (nach Berg, Wetter und Atmosphäre).

Art	Durchmesser mm	Fallgeschwindigkeit cm/s
Nebel- u. Wolkentröpfchen	0,004–0,08	0,05– 20
Nieseltröpfchen	0,08 –0,6	20 –270
Regentropfen	0,6 –6	270 –800

2. *Feste Niederschläge*

a) *Schnee* besteht aus kleinen verzweigten Eiskristallen, sechsstrahligen Sternchen. Er entsteht bei sehr tiefen Temperaturen in großen Höhen und wächst aus kleinsten Eisplättchen, an die sich weitere Kristalle anlagern. Bei Temperaturen zwischen 0° C und $-10°$ C bilden sich durch Verkettung und Anlagerung der Kristalle größere Schneeflocken. Schnee kann auch in Schauerform fallen.

b) *Eiskörner* entstehen, wenn Regentröpfchen durch eine bodennahe Frostluftschicht fallen und dabei gefrieren. Es sind durchsichtige bis halbdurchsichtige, kugelförmige oder unregelmäßige harte Eiskörner von 1—4 mm Durchmesser, die auf eine harte Unterlage hörbar aufprallen.

c) *Griesel* nennt man weiße, undurchsichtige Körnchen von schneeiger Struktur. Sie haben eine abgeplattete, längliche Form und meist weniger als 1 mm Durchmesser. Die Grieselkörner bestehen aus vergraupelten und zusammengeballten Eisnadeln bzw. Schneesternen. Grieselniederschlag tritt nur bei sehr kalter Witterung auf und fällt nur in kleinen Mengen, nie als Schauer.

d) *Eisnadeln* (*Eis-* oder auch *Diamantstaub*) werden die bei sehr niedrigen Temperaturen in der Luft entstehenden Eiskristalle genannt, die infolge ihres geringen Gewichtes in der Luft schweben und im Sonnenlicht durch ihr Flimmern sichtbar werden (daher Diamantstaub). Die Erscheinung tritt vorwiegend in polaren Gegenden auf und wird deshalb auch als *Polarschnee* bezeichnet.

e) *Reifgraupeln* sind weiße, undurchsichtige runde, gelegentlich auch kegelförmige Körner von schneeähnlicher Beschaffenheit. Sie bilden sich durch Zusammenstöße unterkühlter Tröpfchen mit noch sehr kleinen Eiskristallen in den tröpfchenarmen Bereichen von Mischwolken, also bei tiefen Temperaturen. Reifgraupeln kommen vor allem bei Temperaturen um 0° C vor und treten meist vor oder zusammen mit Schnee auf. Sie lassen sich leicht zwischen den Fingern zerdrücken und zerspringen oft beim Aufprall auf eine harte Unterlage.

f) *Frostgraupeln* sind halbdurchsichtige, runde, seltener auch kegelförmige Körner von 2—5 mm Durchmesser aus gefrorenem Wasser. Sie sehen glasiert aus, weil bei ihnen ein Kern von Reifgraupeln mit einer dünnen Eisschicht überzogen ist. Sie bilden sich, wenn die Zahl der mit einem Eiskristall zusammenstoßenden unterkühlten Wassertröpfchen so groß wird, daß sie nicht mehr sofort gefrieren können. Um den Graupelkern entsteht infolgedessen zuerst eine dünne Flüssigkeitsschale, die dann schnell zu einer glasigen Schicht gefriert. Frostgraupeln sind naß, weil sie meistens bei Bodentemperaturen über 0° C und oft zusammen mit Regen in Schauerform aus Cumulonimben fallen.

g) *Hagel* besteht aus Eiskugeln oder Eisstücken, deren Durchmesser 5—50 mm und auch noch mehr betragen kann. Hagelstücke sind entweder ganz durchsichtig oder abwechselnd aus klaren und schneeähnlichen Schichten aufgebaut. Sie entstehen bei besonders starken Vergraupelungsprozessen. Hagel tritt fast ausschließlich in engbegrenzten Schauern und meist in Verbindung mit Gewittern auf.

Als sogenannte abgesetzte Niederschläge, d. h. Kondensations- und Sublimationsprodukte, die sich direkt am Erdboden absetzen, sind noch zu erwähnen *Tau, Reif, Rauhreif und Rauhfrost.*

Tau entsteht durch Kondensation von Wasserdampf an der Erdoberfläche, Pflanzen oder anderen festen Gegenständen, wenn sich diese — z. B. in klaren Nächten — unter den Sättigungspunkt, d. h. den Taupunkt der Luft abgekühlt haben.

Reif bildet sich als Ablagerung feiner Eiskristalle durch Sublimation des Wasserdampfes aus der Luft, wenn der Taupunkt der Luft in bezug auf Eissättigung unter 0° C liegt und die Abkühlung der Erdoberfläche diesen Wert unterschreitet. Gelegentlich kommt es allerdings vor, daß die Kondensation schon bei einer Temperatur wenig über 0° C mit Taubildung einsetzt und daß bei weiterer Abkühlung zunächst diese Tautröpfchen gefrieren und dann erst die Sublimation einsetzt.

Rauhreif entsteht durch starkes Sublimationswachstum bei starker Eisübersättigung und Temperaturen unter $-10°$ C, wenn die Bedingungen für Reifbildung erfüllt sind und bei windschwachem Wetter gleichzeitig Nebel oder Dunst vorhanden ist. Das Sublimationswachstum findet dabei hauptsächlich an Ecken oder Kanten statt, auch kann das Auskristallisieren von Nebeltröpfchen, die sich auf festen Gegenständen absetzen, bei diesen Temperaturen mitwirken. Rauhreif wächst dem Winde entgegen und kann zu langen Fahnen oder Schichten zusammenwachsen.

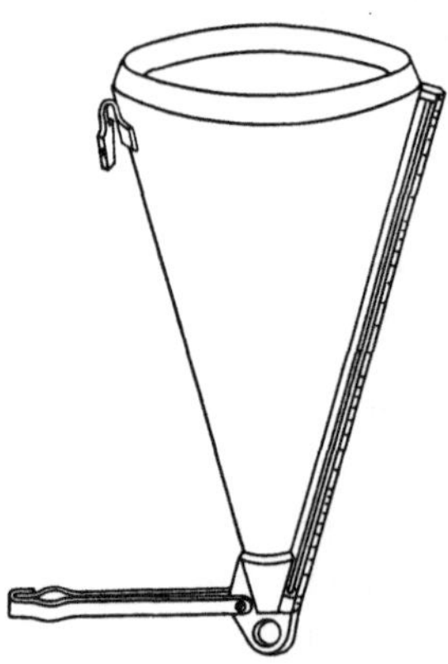

Abb. 16. Konischer Regenmesser an Bord.

Für *Rauhfrost* sind die gleichen Bedingungen wie für Raureif erforderlich, nur sind dazu stärkerer Wind und nässender Nebel weitere Voraussetzungen. Das Anfrieren der unterkühlten, an die Gegenstände angewehten Tröpfchen überwiegt den Sublimationsvorgang und erfolgt schlagartig, ähnlich dem Vergraupelungsprozeß in Mischwolken und unterkühlten Wasserwolken. Es bildet sich ein fester, undurchsichtiger und rauher Eisansatz, der dem Winde entgegenwächst. Er verursacht durch die schwere Eisbelastung oft große Schäden im Wald und an Freileitungen. Ähnlich ergeben sich auf See bei Fahrt durch Nebelfelder mit Lufttemperaturen unter $0°$ C oft Eisablagerungen auf dem Schiff, die vor allem die Aufbauten erfassen. Diese *Vereisung* ist aber bei weitem nicht so gefährlich wie diejenige, die durch unterkühlten Regen oder durch unterkühltes Spritzwasser bei Sturm mit Lufttemperaturen unter $0°$ C (*Froststurm*) hervorgerufen werden kann. Diese *Schiffsvereisung* ist um so stärker, je tiefer die Temperaturen von Luft und Wasser liegen und je stärker Wind und Seegang sind, weil davon die Menge des überkommenden Spritzwassers abhängt. Diese Art der Vereisung kann vor allem für kleinere Fahrzeuge, z. B. Fischereifahrzeuge sehr gefährlich werden, weil durch die Eislast, die manchmal an den Aufbauten bis zu 40 cm dick wird, die Stabilitätsverhältnisse des Schiffes verändert werden und dadurch die Gefahr des Kenterns entsteht.

Zum Messen der Menge des gefallenen Niederschlages dient an Land der *Regenmesser*. Er besteht aus einem Auffangtrichter von genau bekannter Öffnung und einem darunter stehenden Meßgefäß. Der Regenmesser wird möglichst frei in einer Höhe von 1 m fest über dem Erdboden aufgestellt. Schnee, Reif und Hagel werden vor der Messung geschmolzen. Als Maß für die Niederschläge gilt die Höhe in Millimetern, mit der sie Erde bedecken würden, wenn kein Tropfen von ihnen verdunsten, versickern oder abfließen würde.

Der Bordbeobachter kann im allgemeinen nur die Stärke (Intensität) der Regenfälle angeben. Neuerdings werden Versuche mit konischen Regenmessern an Bord durchgeführt. Sie werden 10—15 m über den Meeresspiegel aufgeheißt, um sie der verfälschenden Wirkung der Aufbauten zu entziehen. Die Niederschlagsmenge wird bei diesen Regenmessern nach dem Prinzip der kommunizierenden Röhren an der geeichten Skala eines mit dem Auffanggefäß in Verbindung stehenden Meßrohres (Abb. 16) abgelesen. Durch die konische Form wird bei kleineren Regenmengen eine größere Meßgenauigkeit erreicht.

9. Das Eis des Meeres

Neueis besteht zunächst aus einzelnen Eiskristallen, die im Wasser schweben oder zu *Eisbrei* zusammenfrieren und evtl. mit Schnee vermischt sind. Bei tieferen Temperaturen entstehen daraus aber rasch festere Eisarten, wie z. B. *Pfannkucheneis*, kleine runde Eisstücke von 20 bis 30 cm Durchmesser, oder eine dünne elastische, durchscheinende Eiskruste von wenigen Zentimeter Dicke. Fährt ein Schiff hindurch, ist ein Klirren zu hören.

In Buchten oder in Küstennähe bildet sich aus *Kerneis* oder fest zusammengeschobenem Eisbrei eine geschlossene Eisdecke, die von heller Farbe ist und sich vom dunklen Wasser gut abhebt. Ist die Schicht mehr als 15 cm dick, muß das Schiff meist Eisbrecherhilfe haben, um durchzubrechen. Wind, Strom und Seegang brechen diese Decken außerhalb der Buchten bald in einzelne Felder oder *Schollen* auf. Diese Schollen können bei erneutem Frost wieder zu einer geschlossenen Decke zusammenfrieren. Beginnt *Festeis* sich unter dem Einfluß von warmer Luft oder Strahlung aufzulösen (zu „verrotten"), so bietet es den Schiffen nur noch geringen Widerstand.

Unter dem Einfluß von Wind und Strom treiben die Eisschollen *(Treibeis)*. Evtl. kann Treibeis zusammen mit Eisbrei einen Seeraum völlig bedecken. Da die einzelnen Schollen dann nicht mehr auseinandergeschoben werden können, ist die Schiffahrt im Treibeis selbst für eisverstärkte Schiffe erschwert.

Wird das Treibeis von Wind und Seegang auf- und übereinandergeschoben, so entsteht *Packeis*, in dem die Schiffahrt nur mit Eisbrecherhilfe möglich ist. Oft triften losgelöste große Teile einer Packeisfläche. Sie sind häufig so groß, daß ihre Grenzen nur durch Flugzeugerkundung gefunden werden können. Auch Satellitenaufnahmen bieten neuerdings eine wesentliche Hilfe.

Wird die Eisbedeckung einer Küste durch stark ablandigen Wind abgetrieben, so kann etvl. dicht unter der Küste eine offene *Seerinne*, ein befahrbarer Schiffsweg entstehen.

Die Nähe größerer Treibeisfelder ist auf dem Meer schon von weitem an einer Aufhellung des Himmels zu erkennen, auch wenn das Eis selbst noch unter der Kimm ist. Entsprechend sind offene Wasserstellen im Eis an einer dunkleren Färbung des Himmels über der offenen Stelle kenntlich.

Die Bezeichnung der Eisarten ist international festgelegt, im Zusammenhang damit auch die Verschlüsselung (s. **I.12.4** und **III.3.5**).

10. Elektrische Erscheinungen in der Atmosphäre

Die elektrischen Entladungen in der Atmosphäre, die besonders bei Gewittern als Blitze sichtbar werden, gehören zu den eindrucksvollsten Erscheinungen in der Atmosphäre. Zurückzuführen sind sie auf die Anhäufung elektrischer Ladungen, die schon 1752 von Benjamin Franklin in Gewitterwolken nachgewiesen wurden und große Spannungsgefälle verursachen. Aber auch in Schönwettergebieten ist ein elektrisches Spannungsgefälle vorhanden, wie im gleichen Jahr schon Lemonnier erkannte. Nach den Forschungen der letzten Jahre besteht zwischen der Erdoberfläche und den höheren Atmosphärenschichten ab etwa 60 km, d. h. der Untergrenze der elektrisch leitenden Schichten der Atmosphäre — der Ionosphäre — dauernd ein elektrisches Feld. Seine Kraftlinien stehen senkrecht zur Erde, während die Flächen gleicher Spannung (Potentialflächen) in der näheren Umgebung der Erde parallel zum Erdboden liegen. Durch leitende Gegenstände wie Häuser, Bäume, Schiffmasten usw. werden sie allerdings in Erdbodennähe gestört und in die Höhe gehoben. Das *Spannungsgefälle*, das mit der Höhe schnell abnimmt, beträgt in Erdbodennähe in Schönwettergebieten im Mittel 130 V/m, ist aber mit der geographischen Breite, Tages- und Jahreszeit, vor allem aber auch mit den einzelnen Wettererscheinungen stark veränderlich. Es steigt bei Nebel leicht auf 1000 V/m an und erreicht in Gewittern kurzfristig Werte von mehreren hunderttausend Volt pro Meter.

In Schönwettergebieten trägt die Erdoberfläche eine negative elektrische Ladung. Die Hochatmosphäre bildet also den Pluspol des Systems, in dem den Kraftlinien folgend ein elektrischer, durch Transport von Luftionen bedingter Strom zur Erde vorhanden ist. Wenn dieser auch nur sehr gering ist, würde er doch bald zu einem Ausgleich des Spannungsgefälles führen, wenn nicht in Schlechtwettergebieten, besonders in Gewittern, in denen die Erdoberfläche eine positive Ladung trägt, ein umgekehrter Strom in die Atmosphäre fließen würde. Dadurch wird das elektrische Feld der Erde aufrecht erhalten bzw. immer wieder regeneriert. Als Ganzes ist die Erdoberfläche elektrisch neutral, weil sie in den Schlechtwettergebieten positiv, in den Schönwettergebieten dagegen negativ aufgeladen ist.

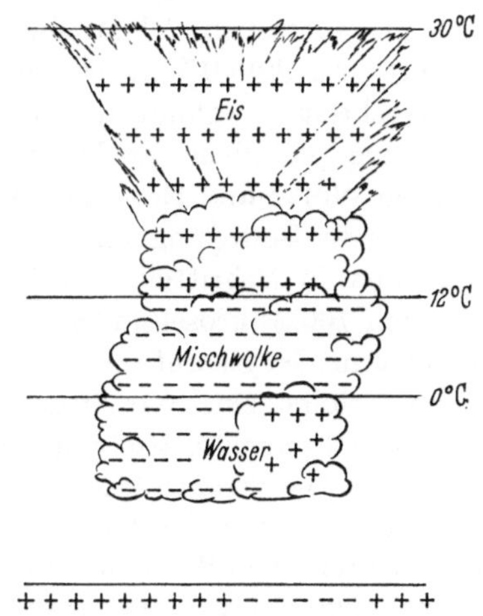

Abb. 17. Ladungsverteilung in einer Gewitterwolke.

Zur Erklärung der großen elektrischen Ladungen, die in Schlechtwettergebieten, besonders in Schauer- und Gewitterwolken vorkommen, wurden verschiedene Theorien entwickelt. Sie befriedigen aber alle noch nicht ganz, weil sie die in Gewitterwolken tatsächlich vorhandene Ladungsverteilung nicht vollständig erklären können.

Nach neueren Anschauungen entstehen bei dem Zusammentreffen unterkühlter Wassertröpfchen mit Eiskristallen und dem sich dabei abspielenden Vergraupelungsprozeß starke elektrische Ladungen. Die großen und kleinen Wolken- bzw. Niederschlagselemente enthalten dabei eine unterschiedliche, d. h. positive, bzw. negative Ladung. Entsprechend der Größenordnung der Wolkenelemente erfolgt durch die in den Wolken vorhandenen aufsteigenden Luftströme, die auch von wechselnder Stärke sein können, die Ladungstrennung, bzw. die Anhäufung positiver und negativer Ladungen in bestimmten Bereichen der Wolke. Ob diese Auffassung den wirklichen Verhältnissen gerecht wird, ist allerdings noch nicht erwiesen. Doch scheint einwandfrei festzustehen, daß die Bildung der für das Gewitter erforderlichen Ladungen auf jeden Fall mit den starken Kondensationserscheinungen zusammenhängt, wie sie bei den kräftigen Vertikalbewegungen in Cumulonimben auftreten.

Nach den bisherigen Untersuchungen ergeben sich in einer Gewitterwolke drei Raumladungszentren (Abb. 17). Der obere Teil der Wolke ist bei Temperaturen von $-12°$ C bis $-30°$ C und tiefer positiv geladen, ebenso ein eng begrenztes Gebiet unterhalb der 0°-C-Grenze. Der übrige Teil der Wolke ist negativ aufgeladen.

Bei dieser Ladungsverteilung können zwischen den einzelnen Wolkenteilen einerseits sowie Wolkenteilen und der Erdoberfläche andererseits große Spannungsunterschiede entstehen. Wenn diese Spannungsdifferenzen schließlich den Wert von 30000 Volt pro cm, das sogenannte Durchschlagspotential überschreiten, erfolgt in einer Zeitspanne von wenigen Zehntelsekunden eine plötzliche Entladung durch die Luft. Bei einer Entladung zwischen Wolke und Erde setzt sich die elektrische Ladung lawinenartig abwärts in Bewegung und dringt mit einer Geschwindigkeit von 50000 km/s in Schritten von 50—100 m mit dazwischenliegenden Pausen von 100 Mikrosekunden vor. Dieser Vorgang wird auch Vorentladung genannt. Ist sie auf etwa 15—30 m an die Erdoberfläche herangekommen, erfolgt eine plötzliche starke Entladung in diesem Kanal in umgekehrter Richtung, also von der Erde zur Wolke, die eigentliche Hauptentladung. Die Stromstärke kann dabei in weniger als 10 Mikrosekunden zu Spitzenwerten von 200000 Ampere ansteigen. Da dieser Wert aber nur Bruchteile von Sekunden andauert, beträgt die Energie eines Blitzes nur 200—300 Kilowattstunden.

Diese — wenn auch nur kurze Zeit andauernde — riesige Stromstärke führt aber zu einer solch starken Erhitzung und Ionisation der Luft im Entladungskanal, daß er als helle Lichterscheinung, d. h. als *Blitz*, aufleuchtet und in günstigen Fällen dadurch bis zu 150 km Entfernung sichtbar ist. Oft folgen in diesem *Blitzkanal*, für den ein Durchmesser von 10—50 cm angenommen wird, weitere Entladungen.

Entsprechend diesem Entladungsvorgang gehören die meisten Blitze zu den vielfach verzweigten und verästelten *Linienblitzen*. Auch bei den *Flächenblitzen* handelt es sich sicherlich zu einem großen Teil um Linienblitze, die durch Wolken verdeckt sind, doch sind auch gleichzeitig an vielen Tropfen oder Kristallen auftretende Büschel- und Glimmentladungen über größere Teile der Wolkenoberfläche denkbar. In seltenen Fällen kann in der Blitzbahn auch eine Kette von sich relativ langsam fortbewegenden Lichtpunkten beobachtet werden, was als *Perlschnurblitz* bezeichnet wird. Seine Natur ist aber bisher ebenso ungeklärt wie die des ebenfalls sehr selten auftretenden *Kugelblitzes*.

Durch die plötzliche starke Erhitzung der Luft in der Blitzbahn wird sie hier explosionsartig auseinandergetrieben, stürzt dann aber ebenso plötzlich zurück. Außerdem wird durch die Funkenentladung das in der Luft im Bereich der Blitzbahn befindliche Wasser in Wasserstoff und Sauerstoff zerlegt, d. h. es bildet sich Knallgas, das explodiert. Beides verursacht an sich nur einen Schlag, der aber nur dann als kurzer Knall zu hören ist, wenn die Entladung, d. h. der Blitz, in unmittelbarer Nähe erfolgte. Bei entfernten Entladungen erreichen die davon ausgehenden Schallwellen infolge von Reflexionen an Wolken, Inversionen und der Erdoberfläche unser Ohr zu verschiedenen Zeiten, woraus sich das Rollen des *Donners* erklärt. Dieses ist bis zu etwa 30 km hörbar. Da der Blitz infolge der hohen Lichtgeschwindigkeit sofort sichtbar ist, während der Donner wegen der verhältnismäßig geringen Schallgeschwindigkeit von 330—340 m/s erst etwas später zu hören ist, läßt sich aus dem Zeitunterschied zwischen Blitz und Donner in Sekunden die ungefähre Entfernung des Gewitters abschätzen. Eine Teilung der Sekundenzahl durch 3 ergibt die Entfernung in Kilometern, durch 5 die in Seemeilen.

Ist der Blitz so weit entfernt, daß der Donner nicht zu hören ist, wird von *Wetterleuchten* gesprochen.

Elektrische Entladungen können auch als ruhiges *Glimmlicht* oder auch als Büschelentladungen vorkommen, wie z. B. beim *Elmsfeuer* auf Blitzableitern, Turm- und Mastspitzen. Infolge der Anhebung der Flächen gleicher Spannung von der Erdoberfläche bis zur Höhe dieser Erhebungen tritt in diesem Niveau eine Drängung der Flächen gleicher Spannung und damit ein verstärktes Potentialgefälle auf, das die Entladung begünstigt. Deshalb schlägt der Blitz auf der Erde auch gern in herausragende Objekte wie Türme oder einzeln stehende Bäume ein.

Da jede Wolke je nach den in ihr vorhandenen Wolken- und Niederschlagselementen elektrisch geladen ist, spielen auch alle anderen Niederschläge beim Ausgleich und Transport der elektrischen Ladung in der Atmosphäre eine Rolle. Landregen z. B. führt meist positive Ladung zur Erde.

Von Blitzentladungen gehen elektromagnetische Wellen aller Frequenzen aus, die Störungen des FT-Empfanges bringen *(spherics)*. Die Anpeilung, Zählung und Untersuchung dieser Spherics gibt wichtige Erkenntnisse von Vorgängen in der Atmosphäre, die sonst nicht erfaßt werden können. Insbesondere ist damit die Vorhersage und Erfassung weitentfernter Sturm- und Gewittergebiete möglich (s. **II.5.5.7** Peilung des Orkanzentrums).

11. Optische Erscheinungen in der Atmosphäre

Die Wassertröpfchen und Eiskristalle, die nach Eintritt der Kondensation in der Luft enthalten sind, verursachen gelegentlich *optische* Erscheinungen, die für die Wettervorhersage wichtige Hinweise liefern können.

Scheinen Sonne oder Mond durch eine Wolkenschicht hindurch, die aus Wassertröpfchen besteht, so kann um sie ein *Hof* auftreten, der aus einem weißlichen oder gelblichen Feld von etwa 2° Halbmesser besteht, das außen braunrot umsäumt ist. Diese Höfe sind auf die Beugung des Lichtes an den Wassertröpfchen zurückzuführen. Sie sind um so größer,

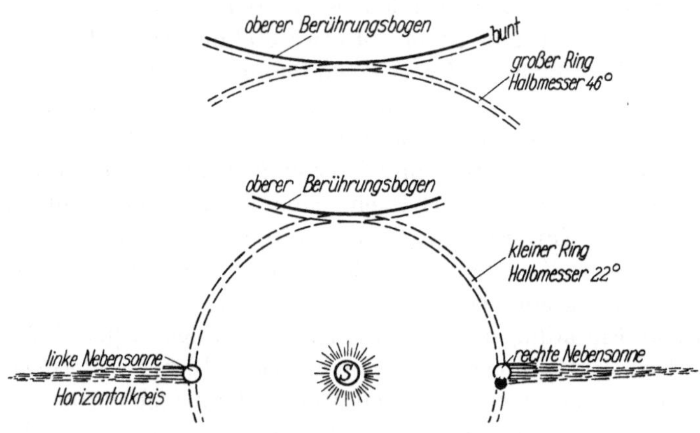

Abb. 18. Haloerscheinungen.

je kleiner die Tropfen sind, und kommen um so besser heraus, je gleichförmiger die Wolke ist (dünner Altostratus).

Farbige oder *weiße Ringe* um Sonne oder Mond, sogenannte *Haloerscheinungen*, werden durch Brechung oder Beugung bzw. Spiegelung der Lichtstrahlen an kleinen in der Luft schwebenden Eisteilchen, also in Eiswolken, verursacht. Der „kleine" Ring hat einen Halbmesser von rund 22°, der „große" einen von 46°. Manchmal läßt sich auch ein *Horizontalring* oder eine *vertikale Lichtsäule* durch die Sonne beobachten. An den Schnittpunkten dieser Kreise zeigen sich gelegentlich heller leuchtende Stellen, die *Nebensonnen*. Zuweilen sind an den Ringen auch oben und unten noch *Berührungsbogen* zu sehen (Abb. 18). Diese Erscheinungen können sowohl einzeln als auch zusammen vorkommen. Dabei sind die Ringe meist farbig, während Horizontalring und Lichtsäule farblos sind.

Damit sich diese Haloerscheinungen ausbilden können, müssen viele gleichartige Eiskristalle in gleicher Orientierung in der Luft schweben oder sehr langsam fallen, wie dies bei Cirruswolken oft der Fall ist. Haloerscheinungen sind daher vielfach ein Hinweis darauf, daß Cirrusbewölkung vorhanden ist. Damit geben sie auch einen Hinweis für die Wetterbeurteilung und örtliche Wettervorhersage (**II.4.7**).

Scheint die Sonne seitlich gegen einen Regenschauer, so kann ein *Regenbogen* entstehen. Er hat einen Radius von 41° und seinen Mittelpunkt im Gegenpunkt der Sonne. Er steht also um so tiefer, je höher die Sonne steht und zeigt die Spektralfarben, und zwar außen rot und innen violett. Häufig ist gleichzeitig ein zweiter lichtschwächerer Regenbogen, ein *Nebenregenbogen* zu sehen. Er hat einen Halbmesser von 52° und die Farbfolge in umgekehrter Reihenfolge. Ein Regenbogen entsteht durch die Lichtbrechung beim Ein- und Austritt und einmalige Spiegelung des Lichtstrahles in den fallenden Wassertropfen. Tritt zweimalige Spiegelung des Lichtstrahles im Wassertropfen auf, so entsteht der Nebenregenbogen. Die Farbintensität wächst mit der Tropfengröße. Bei Tropfen unter 0,05 mm Durchmesser ist der Regenbogen weiß.

Ohne Mitwirkung von Eisteilchen oder Wassertröpfchen, d. h. irgendwelcher Kondensationsprodukte entstehen die in bodennahen Luftschichten gelegentlich zu beobachtenden Luftspiegelungen (Fata Morgana), bei denen oft ein oder mehrere, meist über dem eigentlichen Objekt liegende, mehr oder weniger verzerrte aufrechte, gelegentlich auch umgekehrte Bilder zu sehen sind. Verursacht werden sie durch einen anomalen Verlauf der Lichtstrahles *(Anomale Refraktion* und *Totalreflexion)* in den bodennahen Luftschichten, der bei bestimmten Temperaturverteilungen in den unteren Luftschichten (Bodeninversionen) auftreten kann. Auch die dem Seemann so bekannte Hebung entfernter Objekte oder Küsten über die Kimm, wodurch eine kürzere Entfernung vorgetäuscht wird, ist auf einen anomalen, durch die Temperaturverteilung in den unteren Luftschichten bedingten Strahlengang (anomale Refraktion) zurückzuführen.

Wenn auch diesen Erscheinungen keine prognostische Bedeutung zukommt, so sollten sie doch notiert werden, da sie gegebenenfalls Hinweise für die derzeitige Wettersituation geben und dadurch für spätere Untersuchungen Bedeutung haben können.

12. Meteorologisches Tagebuch und Wetterverschlüsselung

12.1 Das meteorologische Tagebuch

Die an Bord anzustellenden meteorologischen Beobachtungen bestehen zum Teil aus *Augenbeobachtungen*, zum Teil aus *Messungen*. Die Augenbeobachtungen betreffen die Art, Menge und Höhe der Wolken, die Sichtweite, besondere Wettererscheinungen wie z. B. Niederschläge, Gewitter und Nebel sowie eventuell vorkommende optische Erschei-

nungen wie Sonnenringe usw. Gemessen mit Instrumenten werden Luft-
und Wassertemperatur, Luftdruck, Luftfeuchte und eventuell der Wind.
Aus diesen Einzelelementen ergibt sich die Gesamtheit des Wetters zur
Zeit der Beobachtung sowie für den Zeitraum seit der letzten Beobachtung. Die Instrumente und Beobachtungsmethoden wurden schon in den
vorangehenden Abschnitten besprochen. Auf die richtige Unterbringung
und Behandlung sowie Ablesung dieser Instrumente und die nötigen-
falls an ihren Angaben anzubringenden Berichtigungen ist größtes
Gewicht zu legen.

Um zuverlässiges und allgemein vergleichbares Material sowohl für den
praktischen Wetterdienst wie auch für die meteorologische Forschung
zu erhalten, werden den Schiffen vom Seewetteramt besondere Markierungsbogen oder auch Tagebuchvordrucke für die Eintragung der Beobachtungen zur Verfügung gestellt. Diese sind nach besonderen „Anweisungen" zu führen, die nach den in internationalen Übereinkommen
festgelegten Richtlinien zusammengestellt sind. Sie entsprechen dem
jeweils neuesten Stand, so daß auch international gesehen ein gleich-
artiges Material gesichert ist. Derartige besondere meteorologische Tage-
bücher, die freiwillig geführt werden, wurden auf Vorschlag von *Maury*
eingeführt (1853 auf Anregung von Maury in Brüssel erste internationale
Tagung zur Vereinheitlichung der Wetterbeobachtungen an Bord). Seitdem werden an Bord vieler Schiffe der meisten seefahrenden Nationen
mit großer Zuverlässigkeit und Gewissenhaftigkeit Wetteraufzeichnungen ausgeführt. Diese Beobachtungen bilden die Grundlage unserer
Kenntnisse der maritimen Meteorologie und der Oberflächenströmungen
der Meere.

Durch das gewissenhafte Führen dieses Tagebuches trägt der Seemann zur wissenschaftlichen Erforschung der von ihm befahrenen Meere
bei. Aber er hat auch selbst großen Nutzen davon, da er durch seine
Beobachtertätigkeit zu tieferer Beschäftigung mit den Wettervor-
gängen und damit zum Verständnis des Wettergeschehens gelangt, das
eine Vorbedingung für eine erfolgreiche meteorologische Navigation ist.

Um dem Beobachter Arbeit zu sparen, ist für den Aufbau des Tagebuches bzw. des Markierungsbogens (s. Beispiel) der Schlüssel für Seeobs-
Telegramme zugrunde gelegt, so daß das abzugebende Telegramm daraus
sofort entnommen werden kann.

12.2 Hinweise für die Durchführung und Eintragung der Beobachtungen

Beobachtet werden sollte auf jeden Fall zu den international festgelegten vier synoptischen Hauptterminen, 00, 06, 12 und 18 Uhr MGZ,
wenn möglich auch zu den Zwischenterminen 03, 09, 15 und 21 Uhr
MGZ. Die wichtigsten Termine, die immer eingehalten werden sollten,
sind 00 und 12 Uhr MGZ, da zu diesen Terminen die ganze Hemisphäre

umfassende Wetterkarten erstellt werden und diese Beobachtungen dafür wichtige Grundlagen darstellen. Läßt sich aus irgendwelchen Gründen eine Beobachtung nicht ausführen, muß sie ausfallen. Spätere Eintragungen aus dem Gedächtnis sollten unterbleiben, da sie zu groben Irrtümern führen können, die schlimmer sind als leere Zeilen im Tagebuch.

Der Beobachter soll selbstverständlich das Wetter nicht nur zu den Terminen beobachten, sondern die Entwicklung auch zwischen den Terminen verfolgen. Nur so erlebt er die Wetterentwicklung mit und gewinnt einen vertieften Einblick in das Wettergeschehen.

Auf der ersten Seite des Tagebuchs sind die Namen des Schiffes, der Beobachter und die Nummern der Instrumente zu vermerken, mit denen beobachtet wird.

Die übrigen Seiten sind für die Aufzeichnung der Wetterbeobachtungen vorgesehen, wobei Wind, Sicht, Wetter, Luftdruck, Luft- und Wassertemperatur, Wolken und Wellenbeobachtungen entsprechend der im Wetterschlüssel vorgesehenen Reihenfolge in Gruppen eingetragen werden. Außerdem ist unter „Ergänzende Bemerkungen" genügend Raum vorhanden, um zwischen den Beobachtungsterminen auftretende besondere Wettererscheinungen wie Böen, Gewitter, Luftspiegelungen, Wasserhosen und andere Besonderheiten wie Nordlicht, Treibsel auf dem Wasser usw. zu notieren, wobei genaue Orts- und Zeitangaben gemacht werden sollten.

Überhaupt soll jeder Beobachtung, wie es im Tagebuch auch vorgesehen ist, grundsätzlich Jahreszahl, Monat, Tag, Termin und Position vorangestellt werden, damit die Beobachtung eindeutig ausgewertet werden kann.

Einzelne Hinweise — besonders in bezug auf die Augenbeobachtungen — seien zu deren leichteren Durchführung noch vorangestellt.

Die Sicht wird nach Seemeilen geschätzt und mit der entsprechenden Seeobsschlüsselzahl eingesetzt. Wenn die Sichtverhältnisse in verschiedenen Himmelsrichtungen sehr verschieden sind, ist die schlechteste Sicht anzugeben. Vorübergehende Wettererscheinungen, welche die Sicht nur ganz begrenzt einschränken, sind nicht zu berücksichtigen.

Die Windrichtung wird rechtweisend in Zehner-Grad, die Windgeschwindigkeit in Knoten (nach Umrechnung der in Beaufort geschätzten Stärkegrade) aufgeschrieben.

Die Himmelsbedeckung mit Wolken wird in Achteln angegeben. Sind überhaupt keine Wolken vorhanden, ist 0 einzutragen. Herrscht Nebel und sind über dem Nebel Wolken zu erkennen, so ist ihr Betrag abzuschätzen und so zu melden, als ob kein Nebel vorhanden wäre. Ist der Himmel wegen Nebel oder Sandsturm nicht zu erkennen oder ist die Bewölkung wegen Dunkelheit nicht angebbar, wird 9 notiert (s. Seeobsschlüssel).

Die Beobachtung der Wolken erfolgt nach den unter **8.4** gegebenen Hinweisen und die Eintragung ins Beobachtungstagebuch nach Einordnung der Wolken in die entsprechende Wolkengattung und Art mittels der zugehörigen Schlüsselzahlen (siehe die vom Seewetteramt herausgegebenen Beobachteranweisungen, Schlüsseltafeln, Wolkenbilder sowie die Wolkentafeln im Anhang dieses Buches). Die untere Wolkenuntergrenze kann an Bord im allgemeinen nur geschätzt werden, muß aber im Einklang mit den angeführten Wolkenarten stehen.

Das Wetter zur Zeit der Beobachtung kann durch 100 Schlüsselzahlen beschrieben werden, die in Dekaden angeordnet sind und praktisch alle Wettererscheinungen erfassen. Die ersten fünf Dekaden (00—49) schildern alle Fälle, in denen kein Niederschlag zur Zeit der Beobachtung an der Station fällt, die letzten fünf Dekaden (50—99) die Fälle, in denen Niederschlag fällt (Dekade 5: Nieseln, 6: Regen, 7: Schnee, 8: Schauer ohne Gewitter, 9: Gewitter). Um die Fälle des Passierens einer Front zeitlich besser festlegen zu können, wird in der Dekade 2 auch Niederschlag gemeldet, der in der letzten Stunde, aber nicht mehr zur Zeit der Beobachtung gefallen ist. Die Dekade 3 ist vorgesehen für Staub- und Sandstürme sowie Schneetreiben, welche die Sicht stark herabsetzen. Die Dekade 4 ist zu benutzen beim Auftreten von Nebel. Ist die Sicht durch Dunst oder Gischt herabgesetzt, aber noch über 1/2 sm, dann kommen die Zahlen 05 oder 10 bzw. 07 in Frage. Die Zahlen 00 bis 03 werden gebraucht, wenn keine besonderen, d. h. signifikanten Wettererscheinungen am Beobachtungsort auftreten.

Bei der Auswahl der Schlüsselzahl für das Wetter wählt man zunächst die Dekade, die für den herrschenden Wettercharakter am besten paßt, und findet leicht innerhalb der Dekade die Schlüsselzahl, die das herrschende Wetter am besten beschreibt. Die Angaben müssen natürlich zu dem übrigen Inhalt der Beobachtung passen. So kann z. B. beim Wetter nicht Nebel verschlüsselt und gleichzeitig eine Sichtweite von 5 sm gemeldet werden.

Ergänzend zum Wetter soll der Witterungsverlauf nicht das Wetter zur Zeit der Beobachtung berücksichtigen, sondern einen möglichst genauen Überblick über den Charakter der Witterung in der Zeit seit dem letzten Haupt-Beobachtungstermin geben. Hierfür stehen nach der Schlüsseltafel die Zahlen von 0—9 zur Verfügung. Die Beachtung der in der Schlüsselanweisung gegebenen Hinweise ist hierbei besonders wichtig.

Zu den Augenbeobachtungen gehören letzten Endes auch die Wellen. Gemäß der unter **1.4.1** und **1.4.2** gegebenen Hinweise ist dabei grundsätzlich zwischen Windsee- und Dünungswellen zu unterscheiden. Sie sind getrennt in die dafür vorgesehenen Rubriken mit Periode und Wellenhöhe nach Halbmeterstufen, bei der Dünung auch mit der Richtungsangabe einzutragen.

Bei den instrumentellen Ablesungen sind die früher bei der Beschreibung der Instrumente aufgezeigten Hinweise zu beachten.

Der Luftdruck wird nach den unter 2.2 gegebenen Vorschriften auf Zehntelmillibar abgelesen und eingetragen. Ergeben sich für den Luftdruck zufällig ganze Millibar, so muß als Dezimalstelle sowohl in der Eintragung wie auch in der späteren Funkwettermeldung eine Null stehen (also nicht 1012 sondern 1012,0). Es ist besonders darauf zu achten, daß das Aneroidbarometer vom Hafendienstbeauftragten des Wetterdienstes (**IV.1**) wenigstens nach jeder zweiten Reise kontrolliert wird.

Ist ein Barograph an Bord, soll auch die Änderung des Luftdrucks in den letzten drei Stunden in Zehntelmillibar sowie die Art der Änderung (Form der Barographenkurve) eingetragen werden. Ist kein Barograph an Bord und wird dreistündig beobachtet, so soll der Betrag der Luftdruckänderung aus den dreistündigen Ablesungen bestimmt werden; für die Art der Änderung wird aber nur die allgemeine Tendenz (fallend oder steigend) durch die entsprechende Schlüsselzahl zum Ausdruck gebracht.

Luft- und Wassertemperaturen sind nach den unter **1.5.2** und **1.6** gegebenen Richtlinien auf Zehntel genau zu bestimmen und einzutragen. Ist eine Psychroschleuder an Bord vorhanden, wird neben der Lufttemperatur auch noch die Temperatur am feuchten Thermometer (Feuchttemperatur) in Zehntelgraden abgelesen und eingetragen. Mit Hilfe von Tabellen wird aus ihr der ebenfalls in Zehntelgraden einzutragende und zu meldende Taupunkt bestimmt.

Auch Beobachtungen über eventuelle Schiffsvereisung oder auftretendes Meereis sind in den dafür vorgesehenen Spalten mittels der in Sonderschlüsseln festgelegten Schlüsselzahlen oder unter Bemerkungen zu notieren und zu melden.

12.3 Das Verschlüsseln der Beobachtungen für die Funkwettermeldung

Nach dem Schiffssicherheitsvertrag hat jedes schiffahrttreibende Land die Verpflichtung eine mehr oder weniger große Anzahl von Schiffen mit meteorologischen Instrumenten auszurüsten und zur Teilnahme am internationalen Wetterbeobachtungs- und Wettermeldedienst anzuhalten. Diese sogenannten *selected* oder auch *supplementary ships* sollen ihre terminmäßigen Beobachtungen nach einem international festgelegten Schlüssel verschlüsseln und in dieser Form an die nächstgelegene Küstenfunkstelle, die gebührenfrei Funkwettermeldungen *(Obse)* annimmt, zwecks Weiterleitung an die zugehörige meteorologische Sammelstelle übermitteln. Angaben über die Organisation und Durchführung der Sammlung von Schiffswettermeldungen, insbesondere auch über Küstenfunkstellen, die an diesem Dienst mitwirken, finden sich im Nautischen Funkdienst, Bd. III. Von den einzelnen Sammelstellen werden die Schiffswettermeldungen im Rahmen des internationalen Wetternachrichtenaustausches wieder weiterverbreitet, so daß sie praktisch allen Diensten schon in relativ kurzer Zeit nach dem Beobachtungstermin zur Verfügung stehen können. Aus den europäischen Gewässern und dem Nordatlantik setzen die deutschen Beobachtungsschiffe ihre Meldungen zumeist direkt über Norddeich oder Kiel Radio ab.

Kann ein Telegramm nicht innerhalb von 6 Stunden nach dem Beobachtungstermin übermittelt werden, nützt es für den aktuellen Beratungsdienst meist nichts mehr. Es sollte deshalb, um Kosten zu sparen, nicht mehr abgesandt werden. Dies gilt aber nicht für die beobachtungsarmen Gebiete, die sogenannten *sparse areas*, die sich vor allem auf der Südhalbkugel befinden. In diesen kann selbst eine 12 Stunden alte Beobachtung noch von großem Wert sein und sollte daher abgegeben werden. Unabhängig von der Übermittlung oder Übermittlungsmöglichkeit sollte aber zu jedem Termin beobachtet werden, da auch nicht abgesetzte Beobachtungen für die nachträgliche wissenschaftliche Auswertung ihren Wert behalten.

Jedes Telegramm mit einer Wettermeldung muß als Kennung den Dringlichkeitsvermerk „Obs" enthalten, um damit eine schnellere Beförderung sicherzustellen. Außerdem ist die Anschrift der Sammelstelle (s. Nautischer Funkdienst, Bd. III) anzugeben, für Deutschland „Meteo Hamburg" (Kurzanschrift des Seewetteramtes für den Obs-Sammeldienst).

Das Verschlüsseln der Meldungen erfolgt nach dem von der Weltorganisation für Meteorologie (WMO) festgelegten Schlüssel, der für alle Länder der Welt verbindlich und in seiner jetzigen Form seit dem 1. 1. 1981 in Kraft ist. Die so verschlüsselten und abgesetzten Meldungen können von jeder Wetterdienststelle und jedem Schiff aufgenommen und ausgewertet werden.

Für die Abgabe von Schiffswettermeldungen wird international der Schlüssel FM 13 VII benutzt.

Dieser Schlüssel besteht aus Gruppen von 5 Ziffern. Der vollständige Schlüssel FM 13 VII hat die nachstehende Form:

$$YYGGi_w \ 99L_aL_aL_a \ Q_cL_oL_oL_oL_o \ i_Ri_xhVV \ Nddff \ 1s_nTTT \ 2s_nT_dT_dT_d \ 4PPPP$$
$$5appp \ 7wwW_1W_2 \ 8N_hC_LC_MC_H \ 222D_sv_s \ Os_nT_wT_wT_w \ 2P_wP_wH_wH_w \ 3d_{w_1}d_{w_1}$$
$$d_{w_2}d_{w_2}4P_{w_1}P_{w_1}H_{w_1}H_{w_1}5P_{w_2}P_{w_2}H_{w_2}H_{w_2}6i_sE_sE_sR_sICEc_iS_ib_iD_is_i \ \text{oder Klartext}$$

In diesem Schlüssel enthält von der 6. Gruppe an jede Gruppe nur ein Wetterelement und als erste Ziffer eine Kennzahl. Diese wurde zur sicheren Erfassung der verschiedenen Wetterelemente bei der automatischen Datenverarbeitung mit Computern eingeführt. Sie sorgt dafür, daß es nicht zu Verwechslungen kommen kann, wenn eine Gruppe einmal nicht gemeldet wurde, wenn das Wetterelement nicht beobachtet wurde, oder wenn die Gruppe aus irgend einem anderen Grunde einmal ausfiel.

Im einzelnen bedeuten die Buchstabensymbole in den verschiedenen Gruppen folgendes:

In der 1. Gruppe gibt YY das Datum (Monatstag) und GG die Uhrzeit der Beobachtung nach UTC (Universal Time Coordinated = Weltzeit) an. i_w ist eine Indexzahl in bezug auf die Angabe und Ermittlung der Windgeschwindigkeit. Bei Schätzung nach dem Seezustand, wie es meist der Fall ist, und Verschlüsselung in Knoten ist $i_w = 3$.

Die 2. und 3. Gruppe geben mit $L_aL_aL_a$ und $L_oL_oL_oL_o$ den Standort des Schiffes zur Beobachtungszeit in ganzen und zehntel Graden nach Breite und Länge. Q_c ist eine Schlüsselzahl für den jeweiligen Erdoktanten.

Eine Beobachtung am 12. eines Monats um 18 Uhr UTC auf 62° 0′ N 33° 2′ W wäre demnach in den ersten drei Gruppen wie folgt zu verschlüsseln: 12183 99620 70330.

Die 4. Gruppe enthält mit h die geschätzte Wolkenuntergrenze und mit VV die geschätzte Sichtweite in Seemeilen nach Schlüsselziffern. i_R ist ein Indikator, der angibt, ob Niederschlagsmessungen ausgeführt wurden. Da dies auf Handelsschiffen und Fischereifahrzeugen kaum der Fall ist, wird bei diesen i_R 4 gesetzt. i_x ist ein Indikator für die Art der Station (Schiff oder Plattform) und ein Hinweis darauf, ob die Gruppe $7wwW_1W_2$ für den Wetterzustand und den Witterungsverlauf gemeldet wird.

Bei einer Wolkenhöhe von 700 m und einer Sicht von 6 sm würde diese Gruppe bei Benutzung der vom Seewetteramt herausgegebenen Schlüsseltafel und Beob-achteranweisung dann heißen: 41597. Diese Tafeln und Anweisungen sind auch bei allen übrigen Gruppen zu Hilfe zu nehmen.

Die 5. Gruppe gibt mit N die Gesamtbedeckung des Himmels mit Wolken in Achteln, mit dd die Windrichtung in Zehnergrad und die Windgeschwindigkeit ff in Knoten auf Grund der geschätzten und um-gerechneten Beaufort-Stärke.

Für ganz bedeckten Himmel und einen Wind aus WSW, Stärke 4, müßte die Gruppe dann lauten 82513.

In der 6. Gruppe bedeutet TTT die Lufttemperatur in Zehntelgrad Celsius. 1 ist die Kennzahl der Gruppe, s_n die Vorzeichenangabe für die Temperatur (0 positiv, 1 negativ).

Bei einer Lufttemperatur von 2,8° C würde diese Gruppe also heißen: 10028, bei —6,0° C 11060.

Die 7. Gruppe mit der Kennzahl 2 enthält die Taupunktstemperatur $T_dT_dT_d$, die aus der Lufttemperatur und der Feuchttemperatur $T_fT_fT_f$

(s. Tagebuch) aus Tabellen bestimmt und auch in Zehntelgraden angegeben wird. s_n ist wieder der Vorzeichenindex.

Bei einer Feuchttemperatur von 2,0° C und einer Lufttemperatur von 2,8° C ergäbe sich z. B. eine Taupunktstemperatur von 1,1° C und damit die Gruppe als 20011.

In der 8. Gruppe mit der Kennung 4 wird der Luftdruck in Millibar auf Zehntel genau (PPPP) erfaßt.

Bei einem Luftdruck von 1020,7 mbar müßte die Gruppe also 40207 lauten.

Die 9. Gruppe mit der Kennzahl 5 liefert mit a die Art der Luftdruckänderung und mit (ppp) ihren Betrag in Zehntelmillibar.

Fiel der Luftdruck z. B. in den letzten 3 Stunden zunächst und blieb dann gleich, wobei der Gesamtbetrag der Änderung 1,1 mbar ausmachte, ergäbe sich für die Gruppe 56011.

In der 10. Gruppe mit der Kennzahl 7 soll mit ww das Wetter zur Zeit der Beobachtung und mit W_1W_2 die Wetterentwicklung seit dem letzten Hauptbeobachtungstermin möglichst vollständig erfaßt werden.

Z. B.: Wetter zum Beobachtungstermin 18 Uhr UTC; leichter Regen, von 12—15 Uhr UTC bedeckt, von 15—18 Uhr UTC leichter Regen ergibt 76162.

Die 11. Gruppe mit der Kennzahl 8 enthält Bewölkungsangaben. N_h gibt in Achteln den Anteil der in der Höhe h befindlichen niedrigen Wolken an der Gesamtbedeckung des Himmels an, während unter C_L, C_M, C_H die Art der tiefen, mittelhohen und hohen Wolken gemeldet wird.

In unserem Beispiel (s. auch 5. Gruppe) betrage der Anteil des niedrigen Schlechtwetter-Stratusfractus 5/8, darüber liege eine geschlossene Altostratus-Nimbostratusdecke. Dann müßte die Gruppe lauten: 8572/.

Die 12. Gruppe mit der Kennung 222 liefert die Werte für Schiffskurs (D_s) und die Schiffsgeschwindigkeit (v_s) nach Schlüsselzahlen und trennt die rein meteorologischen Angaben von den meereskundlichen der folgenden Gruppen.

Bei einem Kurs von 230° und einer Fahrt von 12 kn würde die Gruppe lauten 22253.

Die 13. Gruppe mit der Kennung 0 gibt die Wassertemperatur $T_wT_wT_w$ in Zehntelgraden Celsius. s_n ist der Index für das Vorzeichen der Temperatur.

Für eine Wassertemperatur von 5,2° C lautet die Gruppe dann 00052.

Die 14.—17. Gruppe mit den Kennzahlen 2 bis 5 beziehen sich auf Angaben über den Seegang, der möglichst genau in bezug auf die verschiedenen Wellensysteme von Windsee und Dünung (eventuell zwei verschiedene Dünungen) beobachtet werden soll.

Die 14. Gruppe, Kennung 2, soll mit P_wP_w die Wellenperiode in Sekunden und mit H_wH_w die Wellenhöhe für die Windsee liefern. Eine Rich-

5*

tungsangabe ist hier im Gegensatz zur Dünung nicht erforderlich, weil die Wellen der Windsee mit dem Wind laufen.

Die 15., 16. und 17. Gruppe enthalten die entsprechenden Angaben über die Dünung.

In der 15. Gruppe mit der Kennzahl 3 wird unter $d_{w_1}d_{w_1}d_{w_2}d_{w_2}$ die Richtung der Dünung nach Zehnergraden für die erste und eventuell auch zweite Dünung angegeben. Die zugehörigen Wellenperioden und Wellenhöhen in Halbmeterstufen werden für die erste Dünung in der 16. Gruppe mit der Kennzahl 4 unter $P_{w_1}P_{w_1}H_{w_1}H_{w_1}$ und für die zweite Dünung in der 17. Gruppe mit der Kennzahl 5 unter $P_{w_2}P_{w_2}H_{w_2}H_{w_2}$ gemeldet.

Für eine beobachtete Windsee mit einer Wellenperiode von 6 s und einer Wellenhöhe von 2 m und eine Dünung aus 290° mit einer Wellenperiode von 11 s und einer Wellenhöhe von 3 m würden die Gruppen also lauten: 20604 329// 41106. Die nächste Gruppe entfällt, da keine 2. Dünung beobachtet wurde.

Die 18. Gruppe mit der Kennung 6 ist eine Zusatzgruppe, um eventuell auftretende Schiffsvereisung zu melden, die im Winter in bestimmten Fahrtgebieten vorkommen kann. Dabei wird unter 1_s (Schlüsselzahl) die Ursache der Vereisung, unter $E_s E_s$ die Dicke des Eisansatzes in Zentimeter und mit R_s (Schlüsselzahl) die Änderung des Eisansatzes (z. B. Zu- oder Abnahme) gemeldet.

Für winterliche bzw. polare Verhältnisse ist noch eine weitere Zusatzgruppe mit der Kennung ICE vorgesehen, mit der Angaben über eventuell beobachtetes Meereis übermittelt werden können. Sie können aber auch als Klartextzusatz gegeben werden. Weitere Hinweise hierzu siehe unter **12.4.**

Wie schon bei der Besprechung der verschiedenen Gruppen und Symbole erwähnt wurde, sind alle für die Verschlüsselung benötigten Schlüsselzahlen in einer leicht zu handhabenden Tabelle *Schlüsseltafel für die Eintragung der Wetterbeobachtungen auf See*, die vom Seewetteramt herausgegeben wurde, zusammengestellt. Weitere Anweisungen, die bei der Ausführung der Beobachtungen und ihrer Verschlüsselung beachtet werden sollten, sind in der *Anweisung für das Anstellen und Verschlüsseln von Wetterbeobachtungen an Bord deutscher Schiffe* gegeben. Sie gelten für die Schlüsselform **FM 13 VII.**

Das abgedruckte Schema eines Markierungsbogens, wie er heute an Bord deutscher Schiffe in Gebrauch ist, enthält als Beispiel die Eintragungen, die bei folgendem Wetter zu machen sind:

Auf einem Schiff, das am 25. Juni auf 47° 12′ N 28° 18′ W steht und rw 85° mit 14 kn läuft, beobachtet man um 18 Uhr UTC:
Wind aus 220°, Stärke 5, Himmel 5/8 bedeckt, davon 3/8 niedrige Wolken, Sicht über 10 sm, Luftdruck um 15 Uhr UTC 997,6 mbar, erst noch gleichbleibend, dann bis 18 Uhr UTC stark steigend auf 1 009,2 mbar, Lufttemperatur 16,1° C,

Temperatur am feuchten Thermometer der Psychroschleuder 15,8° C, Wassertemperatur 15,3° C.

Von 15.10 bis 15.20 Uhr UTC Böenwolke über dem Schiff, in der der Wind kurzzeitig auf 280° sprang, schwerer Schauer, anschließend häufig Schauer. Zur Zeit der Beobachtung Regenschauer im Gesichtskreis, aber kein Niederschlag am Beobachtungsort. Zwischen 12.00 bis 15.10 Uhr UTC wolkig bis bedeckt, aber kein Niederschlag.

Bewölkung zur Beobachtungszeit: Mächtige, aufgetürmte Cu-Wolkentürme, deren Untergrenze etwa bei 800 m liegt. Darüber flockige Altocumulus-Wolken und faserige Cirren.

Wellen aus 220° (Windsee) mit einer Periode von 7 s und einer Höhe von etwa 2 m, Dünung aus 180° mit einer Periode von 9 s und einer Höhe von etwa 1 m.

Das auf Grund dieser Beobachtung abzusetzende Wettertelegramm ergibt sich aus den nicht schattierten Spalten des Markierungsbogens. Es würde also lauten:

„OBS METEO HAMBURG" 25183 99472 70283 41498 52218 10161 20141 49976 53116 71581 83281 22223 00153 20704 318// 40902

12.4 Eismeldungen

Schiffe, die Eis gesichtet haben, hängen dem Obs die Zusatzgruppe ICE $c_i S_i b_i D_i z_i$ an. Darin bedeuten c_i die Konzentration des Eises, S_i dessen Entwicklungszustand, b_i im Meer vorkommendes Landeis wie Eisberge und Growler, D_i die Richtung, in der die Eisgrenze beobachtet wird, und z_i die augenblickliche Eissituation und deren Entwicklung in den vergangenen drei Stunden, insbesondere in bezug auf die Lage des Schiffes.

Im Schlüssel wird die früher zu meldende Art des Eises jetzt sowohl unter c_i wie auch bei S_i, dem Entwicklungszustand, mit erfaßt, wie die Begriffe Treibeis und Festeis bei c_i sowie Neueis, junges Eis, altes Eis usw. unter S_i zeigen. Die früher übliche Bezeichnung Packeis ist nicht mehr vorhanden, läßt sich aber unter S_i durch eine Schlüsselzahl mit der entsprechenden Eisdickenangabe ersetzen, bzw. durch zusätzliche Klartextangabe übermitteln.

Beobachtet z. B. ein Schiff in etwa 1/2 sm Abstand im Nordosten leichte Treibeisfelder sowie zusätzlich zwei Eisberge, würde die Zusatzgruppe lauten ICE 64110.

Die Meldung von Meereis oder an Land entstandenem Eis in der Wettermeldung, sei es nun mit der Zusatzgruppe oder im Klartext, entbindet nicht von der Meldepflicht für Meereis und Eisberge gemäß dem „Internationalen Übereinkommen zum Schutz des menschlichen Lebens auf See".

Weitere Auskünfte über Eisbeobachtungen und damit zusammenhängende Fragen gibt das kleine Heft „Eisdienst", das als Anlage zu den Nachrichten für Seefahrer erscheint. Weitere Hinweise sind auch unter **IV.2.3.3.** d zu finden.

Für spezielle Eisbeobachtungen hat die WMO gesonderte Schlüssel herausgebracht, die aber für diesen Beobachtungsdienst kaum in Frage kommen, aber der Vollständigkeit wegen erwähnt seien.

12.5 Sonstige Beobachtungen

Der Schiffsoffizier als Wetterbeobachter an Bord sollte auch allen anderen Erscheinungen in der Luft und auf dem Wasser seine Aufmerksamkeit schenken. Durch solche zusätzlichen Beobachtungen kann er gegebenenfalls der Wissenschaft wertvolle Dienste leisten, denn es gibt noch viele meteorologische und meereskundliche Fragen, für deren Lösung der Forschung noch nicht genügend Beobachtungsmaterial zur Verfügung steht. Erwünscht sind jederzeit Beobachtungen über Böen (Pamperos u. a.), Wind- und Wasserhosen, Meeresleuchten, Stromkabbelungen, Luftspiegelungen usw. Kleine Skizzen oder photographische Aufnahmen können die Beschreibung des Vorganges wesentlich ergänzen. Selbstverständlich müssen derartige Berichte auch genaue Positions- und Uhrzeitangaben enthalten, auch sollten sorgfältige Messungen anderer Wetterelemente beigefügt werden. Auch besondere Erscheinungen am Himmel wie Nordlichter oder Sternschnuppen und Beobachtungen im Wasser wie Treibsel und über Tiere und Vögel sind wichtig. Sie werden vom Seewetteramt den zuständigen Forschungsstellen zugleitet und evtl. in Fachzeitschriften veröffentlicht. Wertvoll sind auch Wolkenaufnahmen als Ergänzung zu den Wolkenbeobachtungen bei besonderen Wolkenformen. Für die Aufnahmen sollten möglichst Farbfilme verwendet werden oder auf jeden Fall pan-chromatisches Aufnahmematerial mit entsprechenden Gelbfiltern.

12.6 Die Beaufort-Wetterskala für die Eintragung im Schiffstagebuch

Zu unterscheiden von diesen Beobachtungen sind die von jeder Wache im Schiffstagebuch vermerkten Wetteraufzeichnungen. Sie sind auf jedem Schiff — unabhängig davon ob Wetterbeobachtungsschiff oder nicht — auszuführen und erfolgen nach der Beaufort-Wetterskala, die nachstehend angegeben ist.

Beaufort-Wetterskala für Eintragungen ins Schiffstagebuch

b	blue sky wether with clear or hazy atmosphere	blauer Himmel mit klarer oder dunstiger Luft
c	cloudy, detached opening clouds	wolkig, durchbrochene Bewölkung
d	drizzle or fine rain	Nieseln oder feiner Regen

e	wet air without rain falling	feuchte Luft, ohne Niederschlag
f	fog	Nebel
fe	wet fog range of visibility less than 1.100 yards	nässender Nebel, Sichtweite weniger als 1000 m
g	gloomy	„düsteres" Himmelsbild
h	hail	Hagel
l	lightning	Blitz, Blitzen
m	mist, range of visibility 1.100 yards or more but less than 2.200 yards	dichter feuchter Dunst (stark diesig), Sichtweite zwischen 1000 und 2000 m
o	overcast the whole sky covered with one impervious cloud	bedeckt, der ganze Himmel mit einer geschlossenen Wolkendecke bezogen
p	passing showers	Schauerwetter
q	squally	Böenwetter
r	rain	Regen
s	snow	Schnee
rs	sleet	Schneeregen
t	thunder	Donner
tl	thunderstorm	Gewitter
u	ugly, threatening	drohende Luft (meist vor Unwettern)
v	unusual visibility	ungewöhnlich gute Sicht
w	dew	Tau
x	hoar frost	Reif
y	dry air less than 60 percent relative humidity	trockene Luft (relative Feuchte kleiner als 60%)
z	dust haze range of visibility 1.100 yards or more but less than 2.200 yards	dichter trockner Dunst (Staubdunst); Sichtweite zwischen 1000 und 2000 m

12.7 Übungsaufgaben

(Lösungen S. 295 f.)

Die folgenden Wettermeldungen sind zu verschlüsseln:

1. Ein Schiff steht am 12. 10. 1950 um 12 Uhr UTC auf 45° 12′ N 6° 18′ W und beobachtet: Luftdruck 1031,5 mbar. Lufttemperatur +11° C. Wind NO 1. Sicht 30 sm. Wolkenlos. Auch in den letzten 6 Stunden heiter.

2. Ein Schiff steht am 5. 11. 1981 auf etwa 53° 54′ N 41° 05′ W und beobachtet um 0 Uhr UTC: Wind W 6. Lufttemperatur +7,1° C. Luftdruck 989,2 mbar. Himmel $^4/_8$ bedeckt mit Stratocumulus, Wolkenhöhe nicht angebbar. Sicht 10 sm. In den letzten Stunden Aufklaren, um 19 Uhr UTC einzelne Regenschauer.

3. Ein Dampfer steht am 1. 1. 1950 um 6 Uhr UTC auf 15° 37′ N 159° 11′ W und beobachtet: Wind NO 4. Luftdruck 1012,4 mbar. Lufttemperatur +21,3° C.

Sicht 10 sm. Himmel $^6/_8$ bedeckt mit Stratocumulus. Untere Wolkengrenze etwa 1000 m. Wetter in den letzten 6 Stunden unverändert.

4. Ein Fischdampfer steht am 12. 5. um 6 Uhr UTC auf 72° 16′ N 0° 02′ O und beobachtet: Wind NW 8, Luftdruck 996,4 mbar. Lufttemperatur +3° C. Sicht 2 sm. Starker Regenschauer, in den letzten Stunden Sprühregen. Ganz bedeckt mit niedrigen Wolken (Cb), Fractocumulus, untere Wolkengrenze 300 m.

5. Ein Segler steht am 20. 8. um 18 Uhr UTC auf 2° 55′ N 21° 15′ W und beobachtet: Luftdruck 999,3 mbar Wind S 1. Lufttemperatur +28° C. Sicht 10 sm. Bewölkung: $^2/_8$ bedeckt mit Cumulus, abnehmend. Vor 2 Stunden starkes Gewitter mit Regen.

6. Ein Segler steht am 18. 7. 12 Uhr UTC auf etwa 54° 11′ S 91° 30′ W und beobachtet: Wind WzN 9. Luftdruck 997,9 mbar. Lufttemperatur —1° C. Himmel ganz bedeckt mit Cumulonimben und zerrissenen Schlechtwetterwolken. Starke Regenböen. Sicht zeitweilig unter $^1/_2$ sm. In den letzen 6 Stunden Regen- und Hagelschauer.

7. Ein Dampfer steht am 12. 4. um 8 Uhr Zonenzeit auf 22°36′N 123°28′O und beobachtet: Wind ONO 9. Lufttemperatur +22° C. Barometerstand 1003,4 mbar. Seit 5 Uhr um 2,0 mbar gefallen, erst langsamer, dann schneller. Starke Regengüsse ohne Unterbrechung, auch vor dem Beobachtungstermin. Sicht 1000 m. Ganz bedeckt mit niedrigen Cb und Cu fra, untere Wolkengrenze 500 m. Kurs 75°. Fahrt 10 kn.

8. Ein Dampfer steht am 3. 2. um 13 Uhr MEZ auf 57°10′N 20°00′ O und beobachtet: Wind SO 1. Luftdruck 1032,4 mb. Lufttemperatur —5° C. Sicht sehr gut. Himmel $^3/_8$ bedeckt mit aufziehenden hakenförmigen Zirren. Heiter. Treibeis, das die Schiffahrt für schwache Dampfer erschwert, wird in Richtung NW in einer Seemeile Abstand beobachtet. Eisgrenze läuft von NO nach SW.

9. Ein Dampfer steht am 25. 1. um 6 Uhr UTC auf 54° 10′ N 7° 14′ O und beobachtet: Wind 200° 12 kn. Luftdruck 1005,2 mbar, in den letzten drei Stunden gleichmäßig um 0,8 mbar gefallen. Lufttemperatur —1° C Feuchttemperatur —1,3° C, Wassertemperatur +1° C. Taupunkt —2° C. Anhaltende leichte Schneefälle. Sicht 5 sm. Ganz bedeckt. Davon $^3/_8$ mit niedrigen Wolken. Dünner Altrostatus und Stratus. Wolkenhöhe 1300 m. Wellen aus 200°. Wellenperiode 8 s. Mittlere Wellenhöhe 2 m. Kurs 124°, 12 kn Fahrt.

10. Ein Dampfer steht am 10. 2. auf 49° 45′ N 39° 13′ W und beobachtet um 18 Uhr UTC: Wind WNW 7, um 1730 Böenfront mit Hagel und Regen passiert. Lufttemperatur —1,1° C. Wassertemperatur +1° C. Luftdruck 1001,0 mbar steigend, vorher fallend, um 15 Uhr UTC 999,2 mbar. Sicht 10 sm. Keine Niederschläge. Himmel $^6/_8$ mit Schauerwolken bedeckt. Untere Wolkenhöhe 600 m. Keine mittleren und hohe Wolken sichtbar. Etwa 4 m hohe Wellen aus WNW, Wellenperiode 9 s. Eisberg gesichtet. Kurs 260°, 12 kn.

Entschlüsselungen. Die folgenden Seeobstelegramme sind zu entschlüsseln:

1. 15033 99090 10624 41998 33624 10250 40109 70311 80006
2. 10123 99446 10130 41/98 40237 10125 40193 70211
3. 15063 99180 10643 41598 62330 10260 49998 70222 863//
4. 12063 99503 10356 41395 82930 11020 49998 58003 78988
       889// 22264 01015 20807
5. 15123 99550 10129 41997 71805 11050 40164 57003 70311
       8701/ 22263 ICE 32012

Weitere Entschlüsselungsübungen bei den Orkanaufgaben: (**VI.4**)

II. Die Grundgesetze des Wettergeschehens

1. Wärmehaushalt und Temperatur

1.1 Strahlungs- und Wärmehaushalt der Erde

Aus dem Zusammenspiel der verschiedenen, im vorhergehenden Teil besprochenen Wetterlemente, entstehen die verschiedensten Wettervorgänge. Diese sind zumeist mit irgendwelchen Bewegungsvorgängen verknüpft. Zu ihrer Erhaltung bedürfen sie einer Kraft bzw. Energie, weil sie an der Erdoberfläche durch Reibung laufend gebremst werden. Dadurch wird eine nicht unbeträchtliche Energiemenge aufgezehrt. Der in der Atmosphäre vorhandene Energievorrat würde infolgedessen bald aufgebraucht sein, wenn er nicht immer wieder von außen ergänzt würde.

Der Energienachschub ist für die Erde und Atmosphäre in Gestalt der Sonnenstrahlung laufend vorhanden. Sie ist es letztlich, die das ganze Wettergeschehen in Gang hält. Die Atmosphäre ist dabei als eine große Wärmekraftmaschine — wie noch gezeigt wird — anzusehen, in der die von der Sonne kommende Strahlungs- bzw. Wärmeenergie in Bewegung umgewandelt wird. Das Wetter ist der sichtbare Ausdruck dieser Vorgänge.

Die Sonne sendet beständig gewaltige Energiemengen in Form von *Strahlung* in den Weltenraum. Von dieser Strahlung, die aus elektrischen Wellen, Wärmestrahlen, Lichtstrahlen und Ultraviolettstrahlen besteht, gelangt aber nur ein geringer Bruchteil zur Erde. Aus langjährigen schwierigen Messungen auf hohen Bergen, die inzwischen auch durch Messungen von Satelliten ihre Bestätigung gefunden haben, ergab sich, daß die Sonne der Erde an der Grenze der Atmosphäre bei senkrechtem Einfall eine Energie von 1,37 kW pro Quadratmeter zustrahlt. Die Größe von 1,37 kW m^{-2} wird auch als *Solarkonstante* bezeichnet. Sie unterliegt infolge der unterschiedlichen Entfernung der Erde von der Sonne und atomarer Vorgänge auf der Sonne geringen Schwankungen, kann im Mittel aber nach dem bisherigen Stand der Erkenntnisse als unveränderlich angesehen werden. Die gesamte der Erde während eines Jahres zugestrahlte Wärmemenge ist so groß, daß sie bei Abwesenheit der Atmosphäre ausreichen würde, eine die ganze Erde umgebende Eisschicht von 36 m Mächtigkeit abzuschmelzen.

Trotz dieser immerwährend zugeführten Energiemengen ändert die Erde ihre Temperatur, die im Mittel bei etwa 14° C liegt, aber nicht. Es muß also angenommen werden, daß die durch die Sonnenstrahlung erwärmte Erde wieder soviel Wärme an den Weltenraum zurückstrahlt, daß Gleichgewicht zwischen der einkommenden und ausgehenden Strahlung besteht. Eine Berechnung der mittleren Temperatur der Erde unter dieser Voraussetzung mit Hilfe physikalischer Strahlungsgesetze würde aber für die Erde bei Abwesenheit der Atmosphäre nur eine mittlere Temperatur von —32 °C ergeben. Die Ursache für die wesentlich höhere Temperatur der Erde ist in dem Wärmeschutz, der sogenannten *Glashauswirkung*, der Atmosphäre zu suchen. Sie ist auf das unterschiedliche Verhalten der Lufthülle gegenüber der Strahlung in den verschiedenen Wellenbereichen zurückzuführen. Nach astrophysikalischen Messungen sowie nach den physikalischen Strahlungsgesetzen strahlt die Sonne wie ein Körper mit einer Temperatur von etwa 6000° C. Dementsprechend umfaßt die gesamte Sonnenstrahlung den Wellenlängenbereich von 0,286 bis 12 μm (1 μm = $^1/_{1000}$ Millimeter), der in die Strahlungsbereiche des sichtbaren Lichtes von 0,36 bis 0,76 μm, des Ultraviolett unter 0,36 μm und des Infrarot über 0,76 μm unterteilt wird. Das Energiemaximum der Sonnenstrahlung liegt im sichtbaren Bereich bei 0,47 bis 0,48 μm (blaugrün). Die von der Erde ausgehende Strahlung ist gemäß ihrer Temperatur eine dunkle Wärmestrahlung, deren Maximum etwa bei 10 μm liegt. Es wird deshalb auch allgemein zwischen der langwelligen Strahlung der Erde und der — im Verhältnis dazu — kurzwelligen Strahlung der Sonne unterschieden, um so mehr als der langwellige Anteil der Sonnenstrahlung oberhalb 2 μm sehr energiearm ist. Bezüglich der von der Sonne einkommenden Strahlung und der von der Erde ausgehenden Strahlung verhält sich die Atmosphäre aber recht verschieden.

Die aus dem Weltenraum ankommende Sonnenstrahlung erfährt bei ihrem Auftreffen auf die Atmosphäre und ihrem weiteren Weg durch die Lufthülle gewisse Veränderungen. Teilweise wird sie verschluckt (absorbiert), teilweise zurückgeworfen (reflektiert), und nur ein Teil gelangt zur Erdoberfläche.

Bei der Absorption, die für die einzelnen Wellenlängenbereiche verschieden ist, wird die Strahlungsenergie in Wärmeenergie umgewandelt. So wird in den höheren Schichten der Stratosphäre (20—50 km) von dem dort vorhandenen Ozon der ultraviolette Anteil des Spektrums, die UV-Strahlung (etwa 1% der Gesamtstrahlung), fast restlos absorbiert. Daraus erklärt sich auch die Erwärmung der Atmosphäre in 50 km Höhe (s. a. **I.1.2**). In tieferen Schichten der Lufthülle werden durch den Gehalt an Wasserdampf und Kohlensäure die langwelligen Anteile der Sonnenstrahlung verschluckt. Da sie aber sehr energiearm sind, tragen sie auch nur wenig zur direkten Erwärmung der Atmosphäre bei.

Bei der Reflexion ist zu unterscheiden zwischen der *Reflexion* der Gesamtstrahlung an gröberen Teilchen, wie sie an Wolken, Dunstschichten und der Erdoberfläche stattfindet und einer solchen an kleinen Teilchen wie Molekülen, deren Durchmesser in der Größenordnung der Wellenlängen des Lichtes liegen. Diese Reflexion an Molekülen wird auch als *diffuse Zerstreuung* bezeichnet. Die Strahlen werden dabei in alle Richtungen — auch zurück in den Weltenraum — zerstreut, je nachdem, wie sie auftreffen. Die Streuung an den Luftmolekülen ist für kurzwelliges Licht (z. B. blau) stärker als für langwelliges (rot). Daher erscheint die Luft über uns, der „Himmel", blau. Die gelben und roten Strahlen werden dagegen weniger zerstreut, gehen also durch die Luft im wesentlichen hindurch. Die Sonne erscheint daher gelb. In erdnahen Schichten sind viele gröbere Trübungsteilchen enthalten, die auch den roten Anteil der Sonnenstrahlung zerstreuen. Deshalb sieht die Sonne rot aus, wenn

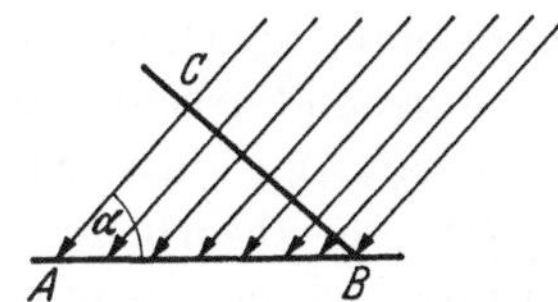

Abb. 19. Abnahme der Einstrahlung
mit dem Sinus des Einfallwinkels α

sie am Horizont steht und die Sonnenstrahlen bis zum Auge des Beobachters einen langen Weg durch die bodennahen Luftschichten zurückzulegen haben. Nur die infraroten Strahlen kommen ziemlich ungestreut durch.

Feiner Nebel z. B. besteht aus kleinen Tröpfchen, die das sichtbare Licht so stark streuen, daß wir nicht hindurchsehen können. Nur infrarote Strahlen gehen noch unabgelenkt durch. Mit infrarotempfindlichen Photoplatten kann daher durch schwächeren Nebel hindurchphotographiert werden, und mit besonderen für diese Strahlen empfindlichen Meßgeräten lassen sich Hindernisse, etwa im Kurs des Schiffes befindliche Eisberge oder auch andere Schiffe, bei Nebel wahrnehmen.

Die direkte Strahlung ist an der Erdoberfläche am wirksamsten bei senkrechtem Einfall, also wenn die Sonne im Zenit steht. Dann verteilt sich die Energie eines Strahlenbündels auf die kleinste Bodenfläche. Je niedriger die Sonne steht, um so größer ist die Fläche, auf die die in einem Strahlenbündel von gegebenem Querschnitt enthaltene Energie entfällt. Die Abnahme ist dem Sinus des Einfallswinkels α proportional (s. Abb. 19).

Je niedriger die Sonne steht, desto länger ist außerdem der Weg der Strahlen durch die Lufthülle, desto mehr wird also verschluckt und diffus zerstreut und desto kleiner wird die am Boden ankommende Energie. Von der gesamten an der Grenze der Atmosphäre ankommenden Strahlung werden nur 58%, nach neueren, aber noch nicht endgültig gesicherten Untersuchungen 70%, für das System Erde—Atmosphäre wärmewirksam, 42%, bzw. nach den neueren Anschauungen 30%, der ankommenden Strahlung werden durch die oben genannten Vorgänge wie diffuse Zerstreuung, Reflexion an Wolken und Dunstschichten sowie an der Erdoberfläche gleich wieder in den Weltenraum zurückgeworfen. Das Verhältnis reflektierte Strahlung zur Gesamtstrahlung wird auch als *Albedo* bezeichnet. Die Albedo beträgt also für die Erde 42% bzw. evtl. nur 30%.

Der Anteil der Sonnenstrahlung, der bis zur Erdoberfläche gelangt, wird hier absorbiert und in Wärmeenergie umgesetzt. Entsprechend der dabei erreichten Temperatur strahlt die Erdoberfläche, wie schon erwähnt wurde, eine langwellige dunkle Wärmestrahlung aus. Diese kann aber die Atmosphäre nicht wie die „kurzwellige" Sonnenstrahlung ungehindert durchsetzen. Sie wird schon in den unteren Schichten durch den in der Luft vorhandenen Anteil an Wasserdampf und Kohlendioxyd (meist als Kohlensäure bezeichnet), die im Bereich von 9 bis etwa 12 μm stark absorbieren, weitgehend geschwächt. Es kommt also an der Grenze der Atmosphäre nur ein Teil dieser Strahlung an, die dann in den Weltenraum zurückgeht. Der absorbierte Anteil dient zur Erwärmung der entsprechenden Luftschichten, die nun wieder gemäß ihrer Eigentemperatur nach allen Seiten — auch gegen den Erdboden — eine dunkle Wärmestrahlung aussenden. Auf dieser sogenannten *Gegenstrahlung der Atmosphäre* im Zusammenhang mit der unterschiedlichen Durchlässigkeit der Lufthülle in bezug auf die „kurzwellige" Sonnenstrahlung und die „langwellige" Ausstrahlung der Erde beruht der Wärmeschutz, die *Glashauswirkung* der Atmosphäre, welche die höhere Mitteltemperatur der Erde zur Folge hat.

Die Betrachtungen über die Ausgeglichenheit des Strahlungshaushaltes gelten natürlich nur für die Erde als Ganzes. Selbstverständlich gibt es auf der Erde Gebiete, in denen die Einstrahlung und solche, in denen die Ausstrahlung überwiegt, wie etwa die Äquator- bzw. Polarregionen. Wenn sich diese Unterschiede für die Erde als Ganzes im Mittel auch aufheben, so wirken sie sich doch im Wettergeschehen aus, so daß für dessen Überwachung eigentlich die laufende Beobachtung der Strahlungsverhältnisse in den verschiedenen Gebieten der Erde erforderlich wäre. Derartige Beobachtungen sind jedoch recht kompliziert, so daß sie bisher nur an wenigen Orten laufend durchgeführt werden können. Die Messung der Lufttemperatur, in der sich die zugeführte Strahlung irgendwie äußern muß, bietet jedoch einen hinreichenden Ersatz dafür, um so mehr als sie mit einfachen Mitteln an vielen Orten vorgenommen

werden kann. Selbstverständlich müssen dazu aber auch die Zusammenhänge zwischen Strahlung und Lufttemperatur, bzw. der Erwärmung
der Luft bekannt sein.

1.2 Der Einfluß des Untergrundes bei der Erwärmung der Luft

Aus dem vorangehenden Abschnitt ergibt sich, daß die Erwärmung
der Atmosphäre im wesentlichen auf dem Umweg über die Erdoberfläche
erfolgt. Denn nur ein geringer Anteil der Sonnenstrahlung wird in der
Atmosphäre absorbiert und trägt direkt zu ihrer Erwärmung bei. Der
Hauptanteil geht bis zur Erdoberfläche durch und erwärmt zunächst
diese. Dadurch wirkt diese ihrerseits als Heizfläche für die Atmosphäre,
die also von unten her erwärmt wird. Die Tatsache, daß die Temperatur
der untersten Luftschichten in starkem Maße von der Temperatur des
Untergrundes abhängig ist und daß die Temperatur in der Troposphäre
mit der Höhe abnimmt, findet damit ihre einfache Erklärung.

Bei dem Wärmeübergang von der Erdoberfläche an die Luft sind verschiedene Vorgänge beteiligt, auf die zum Verständnis des Folgenden
kurz eingegangen werden muß.

1. Übergang der Wärme vom Untergrund an die berührende Luftschicht durch molekulare Wärmeleitung, was jedoch von untergeordneter
Bedeutung ist.

2. Abgabe von Wärmeenergie durch langwellige Wärmestrahlung des
Erdbodens. Diese wird durch den Wasserdampfgehalt der Luft in den
untersten Atmosphärenschichten weitgehend absorbiert und liefert den
Hauptanteil für die Erwärmung.

3. Weitergabe der Wärme an höhere Luftschichten durch Konvektion.
Unter Konvektion wird das Auf- und Absteigen von mehr oder weniger
großen Luftballen im Rahmen unregelmäßiger, thermisch bedingter
Vertikalbewegungen verstanden. Die am Boden auf Grund der unter
1 und 2 genannten Vorgänge erwärmte Luft hat eine geringere Dichte.
Sie steigt infolgedessen auf, während dafür kühlere Luft aus der Höhe
absinkt. Dieser Vorgang, bei dem sich regelrechte „Thermikschläuche"
ausbilden können, ist über Wüstengebieten, an heißen Sommertagen
aber auch in unseren Breiten, in Bodennähe gelegentlich am Flimmern
der Luft zu erkennen. Zurückzuführen ist dies auf den verschiedenen
Brechungsindex der unterschiedlich temperierten auf- und absteigenden
Luftschlieren, die von den Lichtstrahlen durchlaufen werden. Außerdem
ist der Konvektionsvorgang bei ausreichender Feuchte der aufsteigenden
Luft und genügender Hebung häufig an der Bildung von Cumuluswolken
sichtbar.

4. Die Turbulenz der Luftbewegung, die durch laufende Richtungsund Stärkeschwankungen des Windes hervorgerufen wird, hat eine

ähnliche Wirkung wie die Konvektion und sorgt für den vertikalen Austausch größerer und kleinerer Luftquanten. Sie trägt damit ebenfalls zum vertikalen Wärmetransport bei. Turbulenz und Konvektion werden auch, da sie in ihrer Wirkung häufig nur schwer voneinander zu trennen sind, als *vertikaler Massenaustausch* zusammengefaßt. Mit ihm ist also der vertikale Wärmetransport in der Atmosphäre eng verknüpft.

5. Kondensationsvorgänge, die sich bei den aufsteigenden Luftströmen mit abspielen können, tragen ebenfalls wesentlich zum vertikalen Wärmetransport bei. Denn am Boden wird im allgemeinen ein Teil der zur Verfügung stehenden Wärmeenergie für die Verdunstung verbraucht und steckt dann als latente Wärme in der Luft. Sie wird aber wieder frei und steht der Luft zur Verfügung, sobald infolge aufsteigender Bewegung und der dadurch bedingten Abkühlung Kondensation eintritt. Für den vertikalen Wärmetransport kommt gerade diesem Vorgang besondere Bedeutung zu.

Neben diesen Vorgängen spielt bei dem Wärmeumsatz am Boden und der damit zusammenhängenden Erwärmung die Art des Untergrundes eine wesentliche Rolle, da er sich bei gleichen zur Verfügung stehenden Strahlungs- bzw. Wärmemengen recht verschieden verhält. Eine bestimmte Wärmemenge bewirkt zum Beispiel bei einer Wasserfläche eine wesentlich geringere Temperaturerhöhung als bei der gleichen Fläche festen Bodens. Aber auch dieser wird je nach Bodenart und Bebauung sowie seiner sehr verschiedenen spezifischen Wärme und Wärmeleitfähigkeit recht unterschiedlich aufgeheizt. Die spezifische Wärme liegt für natürlichen Boden zwischen $2-3\ \mathrm{J/cm^3\,°C}$ und nähert sich für sehr feuchten Boden, etwa Moorboden, dem Wert $4{,}2\ \mathrm{J}$, der für Wasser gilt. Feuchte Böden erwärmen sich daher bei der gleichen Wärmeaufnahme im Laufe eines Tages nicht so stark wie trockene. Sie geben deshalb auch nur einen geringeren Wärmeanteil an die darüberliegende Luft ab als trockene Böden, weil sie infolge ihrer geringeren Temperatur eine geringere langwellige Wärmestrahlung aussenden. Ein ähnlicher Unterschied in der Wärmeabgabe an die Luft besteht zwischen festen und lockeren Böden. Denn feste Böden haben eine bessere Wärmeleitfähigkeit als lockere, so daß die Wärme besser und schneller in tiefere Schichten abgeleitet wird als in lockeren Böden. Damit verteilt sich die Wärmemenge aber auf ein größeres Volumen, so daß die Oberfläche sich nicht so stark erwärmt und damit die Wärmeabgabe an die darüberliegende Luftschicht durch Wärmestrahlung auch geringer ist als bei lockeren Böden. Eine sehr schlechte Wärmeleitfähigkeit hat z. B. lockerer frischgefallener Schnee. Er gibt fast die gesamte Wärmemenge wieder an die Luft ab, wirkt aber für den Boden als Wärmeschutz, weil er die aus den tieferen Bodenschichten nachdringende Wärme wegen seiner schlechten Wärmeleitfähigkeit nicht nach oben durchläßt.

Während sich die Schneeoberfläche infolgedessen stark abkühlt, bleibt der darunterliegende Boden warm. Beim festen Boden erfaßt der tägliche Temperaturgang etwa die Schichten bis zu ein Meter Tiefe, während der jährliche Temperaturgang je nach Bodenbeschaffenheit sich bis in Tiefen von 7—8 m bemerkbar macht. Beim Wasser liegen die Verhältnisse infolge anderer am Wärmeumsatz beteiligter Vorgänge jedoch wesentlich anders. Einmal ist die spezifische Wärme wesentlich höher als bei festem Boden, worauf schon hingewiesen wurde, zum anderen aber dringt die Strahlung auch 10—20 m tief in das Wasser ein, so daß sich die zugestrahlte Wärme damit auch auf ein größeres Volumen verteilt. Außerdem wird an der Wasseroberfläche noch ein Teil der zugeführten Wärme gleich wieder für die Verdunstung verbraucht. Schon aus diesen Gründen wäre die Erwärmung der Wasseroberfläche wesentlich geringer. Als besonders wirksamer Faktor kommt jedoch noch die

Wärmeaufteilung zwischen Erdboden und Luft bei unterschiedlichem Untergrund

	in den Untergrund %	an die Luft %
Granit und Sandstein	53	47
Heide und Moor	42	58
Sand	32	68
Eis	20	80
Schnee	14	86
Schnee, frisch gefallen und locker	8	92
Wasser	99,4	0,6

laufende turbulente Durchmischung des Wassers durch Wind und Wellen hinzu. Sie sorgt dafür, daß an der Oberfläche erwärmtes Wasser mit kälterem Wasser der darunterliegenden Schicht vermischt, bzw. durch dieses ersetzt wird und daß dadurch der Erwärmungsvorgang bis in größere Tiefen fortschreitet. Auch die an der Oberfläche stattfindende Verdunstung wirkt in gleicher Richtung, weil dadurch die Teilchen an der Oberfläche salzreicher und schwerer werden, so daß sie absinken und durch leichtere Teilchen ersetzt werden. Im Winter kommt zu diesem Austausch noch ein ganz wesentlicher thermisch bedingter, konvektiver Anteil, weil die an der Oberfläche abgekühlten Teilchen infolge ihrer größeren Dichte und Schwere nach unten absinken und von dort durch aufsteigende leichtere Teilchen ersetzt werden. Dieser gesamte Austauschvorgang hat zur Folge, daß in tiefen Binnenseen der gemäßigten Breiten Schichten bis zu 100 m und in den Weltmeeren der warmen Zonen solche bis zu 300 m Tiefe an dem Wärmeumsatz im Wasser im Jahresgange teilnehmen. Vor allem darauf ist es zurückzuführen, daß der Jahresgang der Temperatur der Wasseroberflächen so gering ist und daß die

Erwärmung wie auch die Abkühlung großer Seegebiete so zögernd vor sich geht.

Wie stark auf Grund all dieser Besonderheiten die Unterschiede in der Verteilung der Wärmeanteile sind, die an den Untergrund und die darüberliegende Luftschicht gehen, ist für einige Bodenarten und Wasser der von W. Schmidt zusammengestellten Tabelle zu entnehmen.

Es ist verständlich, daß unter diesen Umständen der Temperaturgang der Meeresoberfläche den täglichen und jährlichen Schwankungen der Sonnenstrahlung nur sehr wenig und zögernd folgt, während der tägliche Gang für festen Untergrund sehr ausgeprägt ist. So beträgt der tägliche Gang an der Meeresoberfläche im Mittel nur wenige Zehntel Grad und der jährliche Gang etwa 6—12° C, für festen Boden jedoch 25—40° C.

1.3 Der tägliche Gang der Lufttemperatur

Im Laufe eines Tages schwankt die Lufttemperatur an einem Beobachtungsort. Diese Änderung wird, wenn von allen sonstigen Einflüssen abgesehen wird, allein von dem Temperaturgang des Untergrundes bestimmt. Dieser aber wird durch die wechselnden Ein- und Ausstrahlungsverhältnisse, die von der geographischen Breite und dem Sonnen-

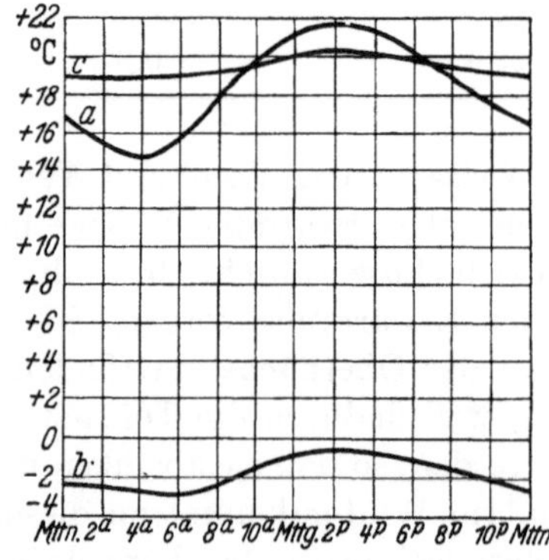

Abb. 20. Mittlerer täglicher Temperaturgang der unteren Luftschichten

a in Berlin im Juli,
b in Berlin im Januar,
c im Nordatlantischen Ozean
(etwa 30° N)

stand — und damit von der Jahreszeit — abhängen, und dem Wärmeumsatz im Untergrund selbst festgelegt. Die tägliche Schwankung ist daher auch am größten bei ungestörtem Strahlungswetter, d. h. bei windstillem oder windschwachem und wolkenlosem Wetter. Die Kurven a und b der Abb. 20 stellen den täglichen Gang der Lufttemperatur in Berlin an klaren Tagen im Juli und Januar als Beispiel für die in Mitteleuropa herrschenden Verhältnisse dar. Die niedrigste Temperatur herrscht wegen der nächtlichen Ausstrahlung etwa bei Sonnenaufgang.

Mit steigender Temperatur erwärmen sich die unteren Luftschichten vom
Erdboden aus mehr und mehr. Von Mittag an beginnt die Einstrahlung
abzunehmen, übertrifft aber zunächst noch die Ausstrahlung. Etwa
2 oder 3 Stunden nach Mittag werden beide gleich. Nun kühlt bei sinkender Sonne allmählich der Boden ab und damit auch die Luft, bis
am nächsten Morgen kurz vor Sonnenaufgang die niedrigste Temperatur
erreicht ist.

Die für klare Januartage geltende Kurve *b* zeigt eine mittlere Temperatur unter Null. Die Schwankung beträgt nur ⅓ der Schwankung der
Sommerkurve. Das Minimum tritt entsprechend dem späteren Sonnenaufgang erst später am Vormittag ein.

Den großen Gegensätzen über Land steht die Ausgeglichenheit über
See gegenüber. Die tägliche Temperaturschwankung des Meerwassers
liegt meist unter 1° C, die der Luft darüber ist nur wenig größer, 1—2° C.
Daß sie, wie die Kurve *c* für das Meer auf etwa 30° Nordbreite zeigt,
etwas größer ist und das Maximum etwas näher an die Zeit des höchsten
Sonnenstandes heranrückt, läßt darauf schließen, daß bei der Erwärmung der Luft über dem Meer zum Teil die unmittelbare Absorption
der Sonnenstrahlung etwas mehr beteiligt ist. Die Schwankungen in den
Wüsten- und Steppengebieten derselben Breite können bis zu 30° C
betragen.

Bei gleicher Beschaffenheit des Untergrundes ist die tägliche Schwankung am Äquator am größten. Im Polargebiet verschwindet sie während
der Polarnacht ganz.

Mit der Höhe nimmt die tägliche Temperaturschwankung ab. Oberhalb der Grundschicht, d. h. etwa oberhalb 1500 m ist sie in der freien
Atmosphäre kleiner als 1° C.

1.4 Der jährliche Gang der Lufttemperatur

Der jährliche Gang der Lufttemperatur zeigt ähnliche Abhängigkeiten
wie der tägliche und wird ebenfalls weitgehend durch die Strahlungsverhältnisse bestimmt, denen sich jedoch die anderen Einflüsse wie vor
allem die Wirkung des Untergrundes stark überlagern. Beim normalen
Typ, wie er vorwiegend in den gemäßigten und polaren Breiten auftritt,
ist entsprechend dem Sonnenstand ein Minimum Ende Januar und ein
Maximum Ende Juli, d. h. einen Monat nach dem Sonnentiefst- bzw.
-höchststand vorhanden. Die Schwankung nimmt dabei mit wachsender
Breite zu, wie die Kurven *b* bis *d* der Abb. 21 zeigen. In der Tropenzone
ist die Jahresschwankung sehr gering, wie die Temperaturkurve für
Djakarta (Kurve a) in der Abb. 21 erkennen läßt. Entsprechend den
zwei Zenitdurchgängen der Sonne treten hier zwei Maxima und zwei
Minima auf. Durch jahreszeitliche Winde oder Regenzeiten kommen aber

in manchen Gebieten wie z. B. Indien und Kalifornien beträchtliche Abweichungen von diesen Typen vor.

Da das Meer sich weniger stark und langsamer erwärmt als das Land, sind auch die jährlichen Schwankungen der Lufttemperatur über dem Meer und an den Küsten gering. Die Extreme treten außerdem mit größerer Verspätung gegen den Sonnenstand ein als über Land. Es wird

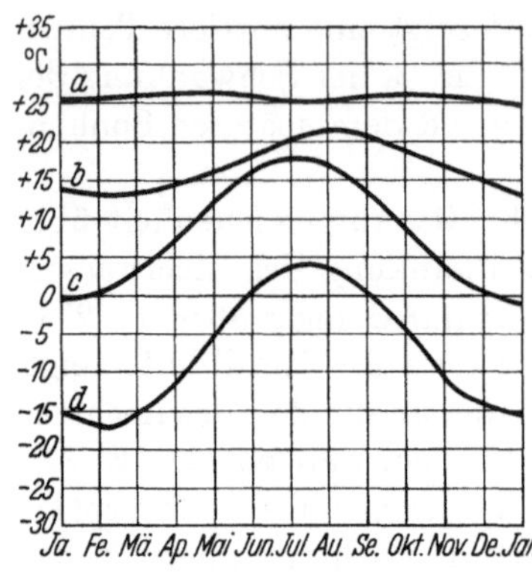

Abb. 21. Mittlerer jährlicher Temperaturgang der unteren Luftschichten
a in Djakarta,
b in Ponta Delgada (Azoren),
c in Berlin,
d in Nowaja Semlja

deshalb zwischen *Seeklima* mit ausgeglichenen Temperaturverhältnissen und *Land- oder Kontinentalklima* mit starken Temperaturgegensätzen unterschieden. Das Seeklima ist dementsprechend durch kühle Sommer und milde Winter charakterisiert, während das Landklima sich durch heiße Sommer und kalte Winter auszeichnet. Einige Zahlen mögen dies erläutern:

In Valencia (Irland) schwankt die mittlere Monatstemperatur zwischen +7° C (Januar) und +15° C (Juli), also um 8° C; auf derselben Breite, in Berlin aber zwischen −1° C und +18° C, also um 19° C. Für Thorshavn (Färöer) betragen die entsprechenden Werte +3° C und +11° C und die Jahresschwankung 8° C, während sie auf der gleichen Breite in Jakutsk (Sibirien) bei −45° C und +17° C liegen, woraus sich eine Jahresschwankung von 62° C ergibt.

Mit der Höhe nimmt der jährliche Temperaturgang zwar ab, ist aber in 10 km Höhe immer noch wahrnehmbar. Die Extreme zeigen dabei eine mit der Höhe zunehmende Verspätung gegen den Sonnenstand und treten etwa ein Vierteljahr später ein als am Boden.

1.5 Die horizontale Temperaturverteilung

Um einen Überblick über die Temperaturverteilung in einem Gebiet oder auf der ganzen Erdoberfläche zu gewinnen, verbindet man in Karten alle Orte mit gleicher Temperatur durch *Isothermen* (Temperaturgleichen).

Die Temperaturverteilung auf der Erdoberfläche ist bedingt durch die

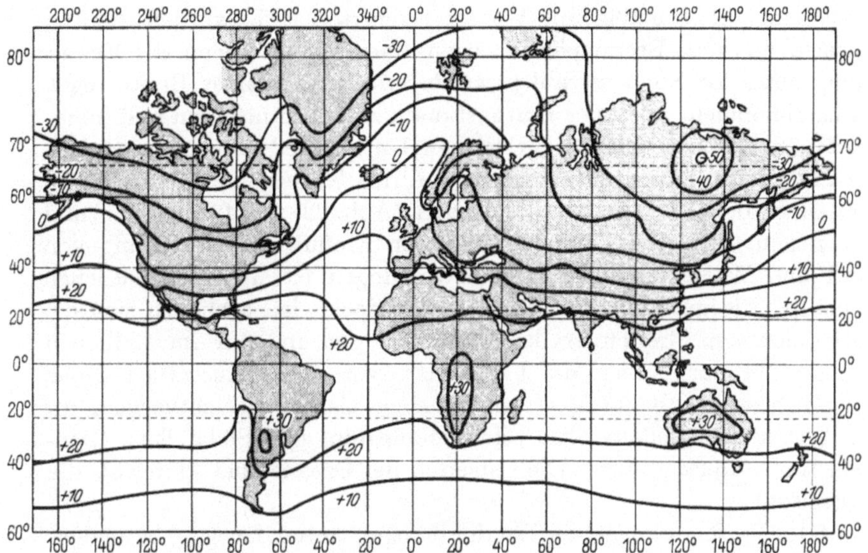

Abb. 22. Januar-Isothermen an der Erdoberfläche (Temperaturangaben in °C).

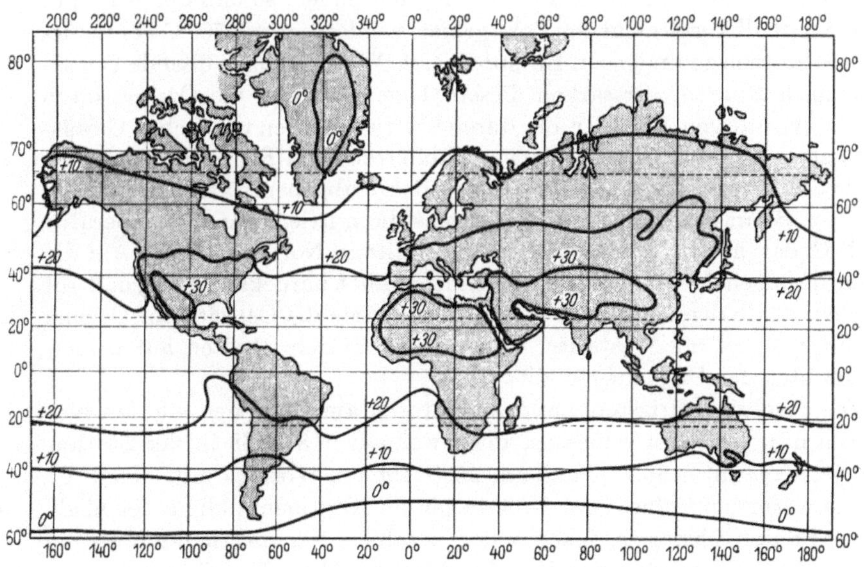

Abb. 23. Juli-Isothermen an der Erdoberfläche (Temperaturangaben in °C).

geographische Breite, durch den Luftaustausch in Richtung der Meridiane, durch die Verteilung von Land und Meer und warme oder kalte Meeresströmungen.

6*

Auf einer gleichmäßig mit Wasser bedeckten Erde würden die Isothermen mit den Breitenparallelen zusammenfallen. Denn die Erwärmung durch die Sonnenstrahlen würde mit zunehmender Breite regelmäßig abnehmen. Auch der Luftaustausch zwischen niederen und höheren Breiten würde keine ostwestlichen Unterschiede ergeben, sondern
nur die Temperaturgegensätze zwischen den Tropen und den höheren
Breiten mildern. Die Isothermenkarten (Abb. 22, 23) für Januar und
Juli zeigen, wie groß demgegenüber der Einfluß der Verteilung von
Land und Wasser und der Meeresströmungen ist. Auf der südlichen
Erdhälfte, die größtenteils mit Wasser bedeckt ist, schließen sich die
Isothermen den Breitenparallelen ziemlich gut an. Nur im südlichen
Sommer (Januar) haben die Festländer, vor allem Australien, hohe
Temperaturwerte. Kalte Meeresströmungen ziehen die Isothermen an
den Westküsten Südamerikas (Humboldtstrom) und Südafrikas (Benguelastrom) äquatorwärts. Die Ostseiten der Ozeane sind kälter als die
Westseiten.

Auf der Nordhalbkugel, der Landhalbkugel, treten dagegen, besonders
im Winter starke Abweichungen der Isothermen von den Breitenkreisen auf. Sie zeigen im Januar über den Kontinenten, die äußerst
kalt werden, ausgeprägte Kältezungen nach Süden, so daß der Kältepol
der Nordhalbkugel nicht im Polargebiet, sondern mit $-70°$ C bei Oimekon in Sibirien zu finden ist. Entsprechende Wärmezungen über den Ozeanen nach Norden, verstärken diesen Gegensatz, weil die Ozeane ihren
Wärmevorrat vom Sommer, der durch kräftige aus den tropischen Gewässern stammende Meeresströmungen (Golfstrom und Kuroshio) noch vermehrt wird, nur langsam an die Atmosphäre abgeben. Infolgedessen beträgt z. B. an der Westküste Norwegens die mittlere Januartemperatur
$+2°$ C, dagegen $-50°$ C auf derselben Breite in Nordostsibirien. Auf die
Einwirkungen der Meeresströmungen ist es auch zurückzuführen, daß auf
der Nordhalbkugel von etwa $40°$ N an polwärts die Ostseite der Ozeane
wärmer ist als die Westseite, während für niedere Breiten auf beiden
Erdhälften das Umgekehrte gilt.

Die absolut niedrigsten Lufttemperaturen am Erdboden wurden bisher in der Antarktis gemessen, und zwar am 9. 8. 1958 in der Station
Sowjetskaja mit $-86,7°$ C und am 24. 8. 1960 in Wostock mit $-88,3°$ C.

Die wärmsten Gebiete der Erde liegen im Kontinentalklima der niedrigen Breiten (Südasien, insbesondere Arabien, Sahara, Südkalifornien,
Australien) im Sommer der betreffenden Erdhälfte. Der *Wärmeäquator*
der Erde fällt, durch die Verteilung der Landmassen bedingt, nicht mit
dem geographischen Äquator zusammen, sondern liegt bei etwa $10°$
Nordbreite. Die höchsten Temperaturen wurden bisher im südlichen
Tripolis in der Oase El Azizia mit $57,8°$ C gemessen.

1.6 Die Temperaturverteilung in der Vertikalen

In den vorangegangenen Abschnitten hatte sich ergeben, daß die Atmosphäre nur in geringem Umfange von der Sonnenstrahlung direkt erwärmt wird, weil nur ein kleiner Anteil von ihr in der Lufthülle absorbiert wird. Der Hauptanteil dagegen geht durch sie hindurch und wird am Erdboden umgesetzt. Die unmittelbare Erwärmung der Atmosphäre ist dabei im wesentlichen auf die Schichten oberhalb 20 bis 25 km beschränkt und auf die Absorption der Ultraviolettstrahlung durch das in diesen Höhen vorhandene Ozon zurückzuführen. Die Temperaturzunahme oberhalb 25—30 km und die warme Schicht in etwa 50 km Höhe mit Temperaturen von 10° C bis 20° C werden dadurch verursacht, wie schon an anderer Stelle (**I.1.2**) erwähnt wurde.

Wie schon unter **II.1.2** gezeigt wurde, erfolgt die Erwärmung der bodennahen Luftschichten im wesentlichen durch die langwellige Wärmestrahlung des Erdbodens. Sie wird in den unteren Atmosphärenschichten absorbiert, so daß — von einigen Sonderfällen abgesehen, auf die noch an anderer Stelle eingegangen wird —, die bodennahen Schichten im allgemeinen am wärmsten sind. Von hier aus wird der weitere Wärmetransport nach oben vor allem durch den Vertikalaustausch, d. h. durch Vertikalbewegungen bewirkt.

Da die von unten zugeführten Wärmemengen räumlich und zeitlich starken Schwankungen unterliegen, ist zu erwarten, daß die Temperaturänderung mit der Höhe auch recht unterschiedlich ist. Auf Grund bestimmter physikalischer Gesetzmäßigkeiten, die vor allem mit den Austauschvorgängen zusammenhängen, ist das jedoch nur in bestimmten Grenzen möglich. Für das Wettergeschehen sind die dabei auftretenden Unterschiede jedoch von wesentlicher Bedeutung.

Im Mittel beträgt die Temperaturabnahme mit der Höhe etwa 0,65° C/ 100 m. Sie nimmt in größeren Höhen auf etwa 0,8° C/100 m zu und reicht in unseren Breiten bis etwa 10 km Höhe. Diese durch die Heizplatte Erde erwärmte Schicht, die sich durch Temperaturabnahme mit der Höhe, vertikale Durchmischung und Wolkenbildung auszeichnet, stellt die Troposphäre dar. In der über ihr liegenden Stratosphäre herrscht bis etwa 25 km Temperaturgleichheit *(Isothermie)* und fehlen Vertikalbewegungen und Wolkenbildung fast völlig.

Aus dieser Wirkung der Heizplatte Erde erklärt sich auch, daß die Troposphäre in den Tropen höher hinauf reicht (17 km) als in den polaren Breiten (8 km) und im Sommer höher reicht als im Winter (über Europa im Sommer 11,3 km, im Winter 9,4 km). In den Tropen herrschen daher auch trotz der viel höheren Temperaturen am Boden an der oberen Grenze der Troposphäre niedrigere Temperaturen als in höheren Breiten (im Mittel am Äquator −80° C gegen −55° C in Europa). Dem Temperaturgefälle vom Äquator zum Pol an der Erdoberfläche steht also an der Obergrenze der Troposphäre bzw. in der unteren Stratosphäre ein Temperaturgefälle vom Pol zum Äquator gegenüber.

In den gemäßigten Breiten schwankt die Höhe der Troposphäre je nach der Wetterlage oft beträchtlich; ihre tiefste Lage erreicht die Troposphärengrenze mit 6—7 km über kräftigen Polarluftstößen („kalte Rückseite" von Tiefdruckwirbeln).

1.7 Das Verhalten trockener und feuchter Luft bei Vertikalbewegungen

Die angegebene Temperaturabnahme mit der Höhe ergibt sich aus bestimmten physikalischen Gesetzen, nach denen die Vertikalbewegungen in der Luft ablaufen. Steigt ein Luftquantum aus irgendeinem Grunde auf, so kommt es wegen der Druckabnahme mit der Höhe unter geringeren Druck und dehnt sich infolgedessen aus. Für diese Ausdehnungsarbeit braucht es Energie. Unter der Voraussetzung, daß Wärmeenergie weder zu- noch abgeführt wird, d. h. daß der Vorgang adiabatisch erfolgt, kann diese Energie nur der inneren Energie des Luftquantums, d. h. seiner Wärmeenergie entnommen werden. Die Luft kühlt sich infolgedessen ab — ebenso wie sich alle anderen Gase bei schneller Expansion abkühlen — (Verwendung des Prinzips in Kühlmaschinen).

> Diese adiabatische Temperaturabnahme, die sich auch mit den physikalischen Gasgesetzen theoretisch berechnen läßt, beträgt für trockene Luft entsprechend der Druckabnahme pro 100 m Hebung etwa 1° C.

Wenn die Luft nicht trocken ist, sondern eine gewisse Menge Wasserdampf enthält, wird sie beim Aufsteigen infolge der laufenden Abkühlung relativ feuchter, bis im Taupunkt die Kondensationsgrenze erreicht ist. So lange die Luft noch ungesättigt ist, kühlt sie sich wie trockene um 1° C für je 100 m Hebung ab. Sobald die Luft sich aber bei weiterem Steigen unter den Taupunkt abkühlt, kondensiert der in der Luft enthaltene Wasserdampf. Dabei wird die Wärmemenge, die früher für die Verdampfung gebraucht wurde und „*latent*" in dem Wasserdampf enthalten war, jetzt als Kondensationswärme frei. Sie steht nunmehr für die Erwärmung des aufsteigenden Luftquantums zur Verfügung und verlangsamt damit die weitere Abkühlung.

> Feuchte Luft kühlt sich deshalb, sobald der in ihr enthaltene Wasserdampf kondensiert, nur um etwa $\frac{1}{2}$° C bei 100 m Hebung ab.

In den hohen Troposphärenschichten beträgt der Wert etwa 0,8° C/ 100 m, weil hier infolge der niedrigen Temperaturen der Wasserdampfgehalt niedriger ist. Bei Kondensationsvorgängen wird daher in diesen Höhen weniger latente Wärme frei, die der Luft zugeführt werden könnte.

Sinkt die Luft herab, erwärmt sie sich dynamisch. Dabei wird sie relativ immer trockener. Die Temperaturzunahme ist daher für feuchte und trockene Luft beim Absinken dieselbe.

Feuchte *und* trockene **Luft** erwärmen sich beim *Absinken* um etwa 1° C pro 100 m Abwärtsbewegung.

Diese Werte sind unabhängig davon, in welcher Schicht der Troposphäre sich diese Verlagerung abspielt.

Weil die in der Atmosphäre auftretenden aufsteigenden Luftbewegungen wegen des meist hohen Wassergehaltes der unteren Luftschichten fast immer mit Kondensationsvorgängen verknüpft sind, ist es leicht erklärlich, daß das mittlere Temperaturgefälle in der Troposphäre bei 0,65° C/100 m liegt.

Stellt man (s. Abb. 24) die Temperaturänderung aufsteigender Luft mit der Höhe graphisch dar, erhält man *Adiabaten*, die für feuchte, d. h. mit Wasserdampf

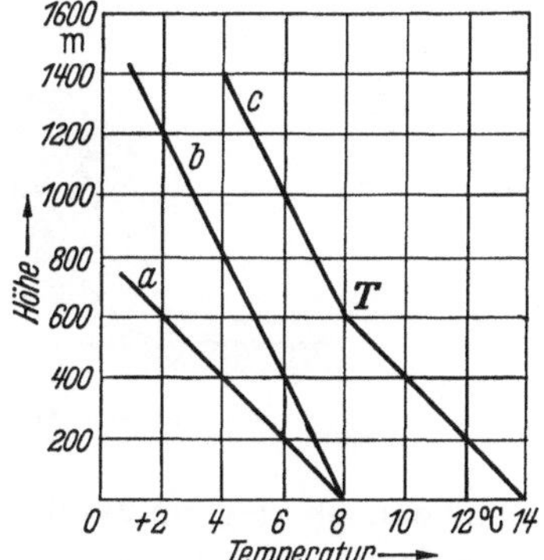

Abb. 24. *a* Trockenadiabate, *b* Feuchtadiabate, *c* Temperaturänderung aufsteigender feuchter Luft. Bis zur Temperatur T, bei der Kondensation eintritt, kühlt sich die Luft nach der Trockenadiabate ab.

gesättigte Luft, steiler sind als für trockene Luft (Feuchtadiabate b und Trockenadiabate a). Steigt ein Luftquantum z. B. mit der Anfangstemperatur 14° C vom Boden auf, so wird es seine Temperatur um 1° C/100 m ändern, bis der Taupunkt *T* erreicht ist. Von dieser Temperatur an wird die Abkühlung nach der Feuchtadiabate verlaufen. Die Kurve der Temperaturänderung hat also bei *T* einen Knick. In dieser Höhe liegt die Wolkenuntergrenze.

Das *Kondensationsniveau*, d. h. die Untergrenze von Wolken, die bei Hebungsvorgängen entstehen, läßt sich leicht mit nachstehender Beziehung abschätzen: Kondensationsniveau in Metern = 125 ($t - T$), wenn t = Temperatur, T = Taupunkt der Luft im Ausgangsniveau ist.

Das verschiedene Verhalten trockener und mit Feuchte gesättigter Luft bei meteorologischen Vorgängen sei noch an einem Beispiel erläutert. Ein Wind wehe auf ein 2000 m hohes Gebirge zu, und die Luft sei gezwungen am Gebirge empor- und auf der Leeseite wieder hinabzusteigen. Ist die Luft trocken, so wird sie sich beim Emporsteigen um 20° C abkühlen und beim Herabgleiten vom Gebirge wieder um 20° C erwärmen, so daß sie wieder dieselbe Temperatur hat wie vor dem Aufsteigen. Enthält Luft von +15° C z. B. aber so viel Wasserdampf, daß es nach Erreichen der Höhe 400 m zur Kondensation kommt, so kühlt sie sich bis zu dieser Kondensationsgrenze um 4° C auf 11° C ab, für die übrigen 1600 m aber wegen der andauernden Kondensation und Wolkenbildung und damit des Freiwerdens der Kondensationswärme nicht um 16° C, sondern nur um 8° C. Sie hat sich also beim Aufsteigen nur insgesamt um 12° C abgekühlt und erreicht den Gebirgskamm mit +3° C. Nimmt man an, daß auf der Luvseite das gesamte kondensierte Wasser in Form von Niederschlag ausfällt, wie das auch im Beispiel der Abb. 25 vorausgesetzt ist, so müßte nach Überschreiten des Gebirgskammes auf der Leeseite beim Abstieg der Luft schon von dieser Höhe ab adiabatische Erwärmung einsetzen. Denn die Luft ist in dieser Höhe gerade eben gesättigt, weil ja vorausgesetzt wurde, daß das kondensierte überschüssige Wasser auf der Luvseite ausgefallen ist. Die Luft

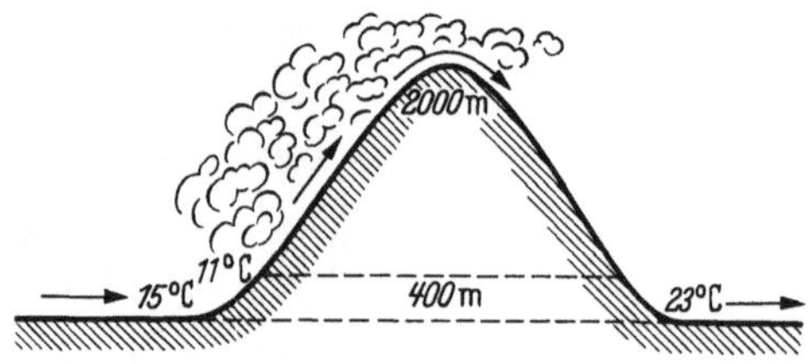

Abb. 25. Föhn.

wird sich beim Abstieg um 2000 m also um 20° C erwärmen und in ihrem Ausgangsniveau um 8° C wärmer ankommen (s. Abb. 25 Erwärmung durch *Föhn*). Gleichzeitig verdampfen mit dem beginnenden Absinken ab Kammhöhe die Wolkenelemente, so daß sich die Bewölkung schon kurz hinter dem Kamm auflöst. (*Wolken-* und *Niederschlagsbildung* durch *Stau* auf der Luvseite der Gebirge und *Wolkenauflösung* auf der Leeseite durch *Föhn*). In der Praxis ist es allerdings so, daß das kondensierte Wasser meist nicht vollständig auf der Luvseite als Niederschlag ausfällt. Es wird dann mit nach der Luvseite hinübertransportiert und die Wolkenauflösung mit adiabatischer Erwärmung beginnt erst unterhalb des Gebirgskammes, d. h., die Wolken quellen als Wulst über den Gebirgskamm herüber. Die Erwärmung beim Abstieg bis ins Ausgangsniveau ist dann auch nicht so groß.

Die an Luftmassengrenzen und Fronten sich abspielenden Vorgänge und Erscheinungen, die unter **II.4** behandelt werden, sind ähnlicher Art. Dem ortsfesten Gebirgshindernis bei der Stau- und Föhnlage entspricht in diesen Fällen eine in der allgemeinen Grundströmung mehr oder weniger schnell wandernde Kaltluftmasse, die sich gegen die Warmluft verschiebt und für die leichtere Warmluft ein Hindernis darstellt. In ihr treten infolgedessen Vertikalbewegungen auf, die nach den gleichen Gesetzen ablaufen wie bei Stau und Föhn.

1.8 Stabile und labile Luftschichtung

Neben diesen erzwungenen Vertikalbewegungen kommen aber in der Atmosphäre recht häufig freie Vertikalbewegungen vor, denen im allgemeinen Wettergeschehen wegen des damit verbundenen Wärmetransportes nach oben wie auch hinsichtlich der Wolkenbildung eine große Bedeutung zukommt. Sie entwickeln sich, wenn infolge ungleichmäßiger Erwärmung der Luftmassen über verschiedenem Untergrund einzelne Luftpakete wärmer werden als die Luft in der Umgebung. Diese erhalten dadurch freien Auftrieb im Verhältnis zur umgebenden Luft und steigen infolgedessen auf. Wie die Vorgänge dabei im einzelnen weiter ablaufen, hängt von der vertikalen Temperaturverteilung in der umgebenden Luft ab. Sie kann diese Vorgänge behindern *(stabile Schichtung)*, aber auch begünstigen *(labile Schichtung)*.

Nimmt die Temperatur einer ruhenden *trockenen* Luftmasse mit der Höhe gleichmäßig für je 100 m um 1° C ab, so befindet sich diese Luft im *indifferenten Gleichgewicht*. Denn jedes Teilchen, das aus niederen in höhere Luftschichten gebracht wird, ist in jeder Höhe wieder im Gleichgewicht mit der Umgebung, da es durch Volumenänderung die Temperatur dieser Schicht annimmt.

Nimmt aber die Temperatur um weniger als 1° C für 100 m ab oder nimmt sie gar mit der Höhe zu, was gelegentlich bei *Inversionen*, sogenannten *Temperaturumkehrschichten* (s. **II.1.9**) vorkommen kann, so befindet sich die Luft an diesem Ort im *stabilen Gleichgewicht*, d. h. jede Luftmenge, die in höhere Schichten gebracht wird, sinkt wieder in ihre Ausgangslage zurück. Denn sie würde in der höheren Schicht infolge der adiabatischen Abkühlung von 1° C auf 100 m mit einer niedrigeren Temperatur ankommen, als die Umgebung besitzt. Damit ist sie dichter und schwerer und muß in ihr Ausgangsniveau zurücksinken (s. Abb. 26). Stabile Luftschichtung läßt sich abgesehen von Messungen auch daran erkennen, daß der Rauch aus dem Schornstein nicht aufsteigt, sondern sich in langgezogenen Rauchschwaden flach über das Wasser bzw. den Boden zieht und eventuell die Sicht beeinträchtigt.

In Abb. 26 zeigt die gestrichelte Linie die wahre Temperaturabnahme mit der Höhe, die ausgezogene Linie die Trockenadiabate, die derselben Bodentemperatur entspricht. Wird ein Teilchen vom Boden (Temperatur 15° C) auf 500 m gehoben, kühlt es sich adiabatisch auf 10° C ab. In dieser Höhe herrschen aber 13° C. Das Teilchen ist also kühler und schwerer als die umliegende Luft und sinkt zurück. Wird ein Teilchen etwa aus 800 m Höhe (11,7° C) um 800 m nach unten verschoben, so käme es am Boden infolge der adiabatischen Erwärmung mit 19,7° C, also wärmer als 15° C an. Es wäre also leichter als die umgebende Luft und stiege wieder bis zu seinem Ausgangsniveau auf.

Es ist also immer das Bestreben vorhanden, den alten Zustand wiederherzustellen, das *Gleichgewicht* ist *stabil*.

Würde aber ein Luftquantum infolge besonderer Untergrundverhältnisse in diesem Falle im Laufe des Tages am Boden z. B. auf 18° C erwärmt, so wäre es damit wärmer als die umgebende Luft. Es wäre damit auch leichter und hätte Auftrieb, so daß es infolgedessen aufsteigen würde. Dabei würde es sich pro 100 m um 1° C abkühlen, d. h., es hätte in 500 m nur noch eine Temperatur von 13° C. Diese herrscht aber auch in der umgebenden Luft. Das aufsteigende Luftquantum wäre also hier wieder im Gleichgewicht mit der Umgebung und müßte hier zur Ruhe kommen. Es würde also nicht wieder in seine Ausgangslage zurücksinken. Auch in diesem Falle herrscht stabiles Gleichgewicht. Denn die infolge der Übererwärmung am Boden eingeleitete Vertikalbewegung wird schon in geringer Höhe (hier 500 m)

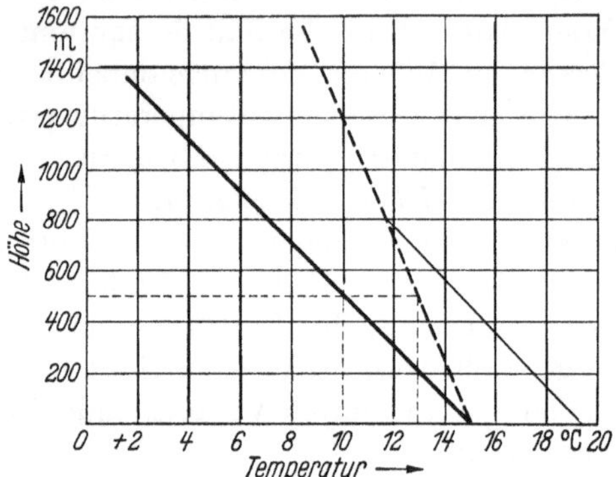

Abb. 26. Stabile Schichtung „trockener" Luft.

wieder abgebremst. Würde dieses Luftquantum infolge seines Beharrungsvermögens in bezug auf die Vertikalbewegung über seine Gleichgewichtslage hinausschießen, käme es in allen höheren Schichten kälter an, als die umgebende Luft ist. Es müßte also in sein Gleichgewichtsniveau von 500 m zurücksinken.

Nimmt dagegen die Temperatur mit der Höhe um mehr als 1° C pro 100 m ab, sind also die unteren Luftschichten im Vergleich zu den oberen zu warm, so würde eine Luftmenge, die aus niederen in höhere Luftschichten gebracht wird, dort zu warm ankommen und noch höher steigen. Denn es kühlt sich beim Aufsteigen selbst um 1° C pro 100 m ab, die Temperaturabnahme in der Umgebung ist aber größer, d. h., sein Temperaturüberschuß gegen die Umgebung wird mit der Höhe immer größer. Entsprechend würde ein aus höheren Luftschichten in niedrigere verfrachtetes Luftquantum hier zu kalt ankommen und deshalb weiter sinken. Bei einer derartigen Temperaturverteilung wird von *labilem Gleichgewicht* gesprochen, weil der geringste Anlaß genügt, eine Umschichtung in der Troposphäre herbeizuführen. Der Rauch steigt in diesem Falle in die Höhe, die horizontale Sicht wird von ihm nicht getrübt, die Kimm bzw. der Horizont bleibt klar.

Für Luft, die mit Wasserdampf gesättigt ist, gelten andere Zahlenwerte. Aber auch dann können in bezug auf diese Zahlenwerte unter Berücksichtigung der Kondensationsvorgänge dieselben Feststellungen getroffen werden. Der feuchtadiabatische Gleichgewichtszustand liegt bei einer Temperaturabnahme von 0,6° C/100 m, weil beim Einsetzen der Kondensation infolge Freiwerdens der *latenten* Wärme (Kondensationswärme) die Temperaturabnahme mit der Höhe nur noch diesen Betrag ausmacht. Entsprechend den trockenadiabatisch, d. h. ohne Konden-

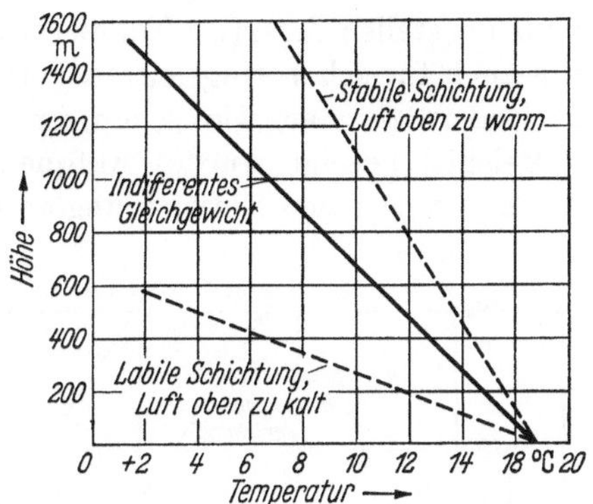

Abb. 27. Stabiles, labiles, indifferentes Gleichgewicht „trockener" Luft.

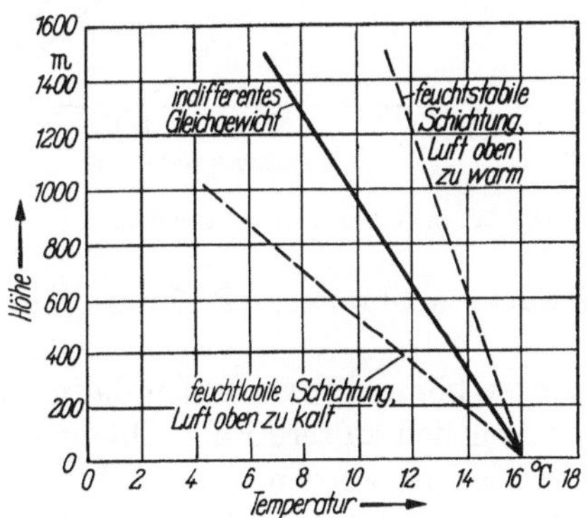

Abb. 28. Stabiles, labiles, indifferentes Gleichgewicht „feuchter" Luft.

sation, ablaufenden Vorgängen ist bei Beteiligung von Kondensationsvorgängen die Schichtung *feuchtstabil*, wenn die Temperaturabnahme mit der Höhe kleiner, und *feuchtlabil*, wenn sie größer ist als 0,6° C/100 m (Abb. 28).

Feuchtlabile Schichtungen sind z. B. für Schauer und Gewitterlagen charakteristisch. Sie zeigen an, daß einmal eingeleitete Vertikalbewegungen sich durch alle Schichten fortsetzen und sich infolgedessen vertikal mächtig entwickelte Wolken bilden können.

1.9 Inversionen

Wie schon erwähnt wurde, sind besonders stabile Schichtungen vorhanden, wenn die Temperatur mit der Höhe nicht abnimmt sondern zunimmt, d. h. wenn sogenannte *Temperaturumkehrschichten* oder *Inversionen* auftreten. Sie können in allen Höhen der Troposphäre vorkommen. Da bei einer Inversion wärmere, d. h. leichtere Luft über kälterer schwerer Luft liegt, stellen derartige Temperaturumkehrschichten für den Beginn wie auch für schon eingeleitete Vertikalbewegungen *Sperrschichten,* bzw. Hindernisse dar, wie schon im vorhergehenden Abschnitt an einem Beispiel gezeigt wurde. Aufquellende Cumuluswolken werden z. B. in ihrer vertikalen Entwicklung an ihnen gebremst,

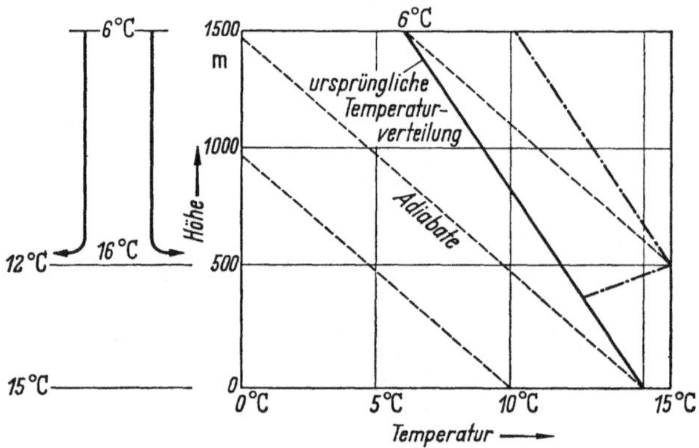

Abb. 29. Entstehung einer Inversion.

so daß die sich seitwärts ausbreiten (Bildung von Stratocumulusfeldern).

In der freien Atmosphäre können Inversionen dadurch entstehen, daß sich warme Luft über wesentlich kältere Luft schiebt und auf diese aufgleitet. Derartige Inversionen werden auch als *Aufgleitinversionen* bezeichnet. Sie treten bei bestimmten Wetterentwicklungen im Zusammenhang mit Luftmassengrenzen und Fronten auf und trennen verschiedene Luftmassen.

Im allgemeinen versteht man aber unter Inversionen nur Temperaturumkehrschichten, die in einer einheitlichen Luftmasse auftreten. Sie entstehen bei Absink- oder Schrumpfungserscheinungen in einheitlichen Luftmassen in einem Hochdruckgebiet, wenn also bei bestimmten Strömungsverhältnissen die Luft über größeren Gebieten in den unteren Schichten auseinanderfließt und dann als Ersatz Luft aus höheren Schichten nach unten nachsinkt. Greift diese Absinkbewegung nicht bis zum Boden durch, so behalten die unteren Schichten ihre Temperatur bei, während die darüberliegenden sich um 1° C auf 100 m Absinkbewegung erwärmen. So wird also z. B. Luft, die in 1500 m Höhe (s. Abb. 29) eine Temperatur von 6° C hatte, sich beim Absinken bis 500 m Höhe auf 16° C erwärmen. Ursprünglich herrschte aber in dieser Luft bei einer Bodentemperatur von 15° C und einer Temperaturabnahme von 0,6° C/100 m in 500 m eine Temperatur von 12° C. Die von oben nachsinkende Luft, deren Erwärmung längs der gestrichelt eingezeichneten Trockenadiabaten beim Absinken vor sich geht, kommt also in 500 m zu warm an, so daß hier eine Temperaturumkehrschicht entsteht.

Da die Absinkbewegung zugleich mit einer Austrocknung der Luft, bzw. einer Abnahme der relativen Feuchtigkeit verbunden ist, fällt an einer *Absinkinversion* die *Temperaturzunahme* mit einer *Feuchteabnahme* zusammen, während an einer *Aufgleitinversion* eine *Feuchtezunahme* auftritt.

In klaren Nächten sowie über kaltem Untergrund bilden sich infolge der Abkühlung vom Boden her häufig sogenannte *Bodeninversionen* aus. Dabei kann die Mächtigkeit dieser Bodeninversionen von wenigen Metern bis zu mehreren hundert Metern reichen. Auch sie verhindern den Vertikalaustausch und begünstigen dadurch die Anreicherung von Dunstpartikeln und Wasserdampf in den bodennahen Luftschichten und damit die Bildung von Nebel und Dunstschichten. Weil die vertikale Temperaturverteilung, insbesondere die Stabilität oder Labilität der Schichtung im Wettergeschehen eine so bedeutende Rolle spielt, wird die vertikale Temperatur- und teilweise auch Windverteilung regelmäßig an vielen Orten mittels Radiosonden (fernmeldenden, automatisch arbeitenden Meßgeräten) oder auch teilweise noch mit Flugzeugaufstiegen, neuerdings auch schon mit Raketensondierungen gemessen. Aus den dabei gewonnenen Temperaturkurven läßt sich u. a. die Stabilität oder Labilität leicht ablesen.

Wie eine derartige Messung und ihre Auswertung aussieht, ist der Abb. 30 zu entnehmen, für die eine ältere Messung benutzt wurde, weil sie einzelne Vorgänge besonders charakteristisch erkennen läßt.

Sie zeigt die Temperaturverteilung bis 3000 m, die die „Meteor" am 28. 3. 1927, 09 Uhr, auf 12,7° N 47,6° W bei einem Drachenaufstieg feststellte, bei dem das Registriergerät wieder zum Boden zurückgeholt und dann genau ausgewertet wurde. Vom Boden bis 500 m Höhe beträgt die Temperaturabnahme mit der Höhe etwa 1° C/100 m. Die Schichtung ist also für Vorgänge, die ohne Kondensation ablaufen würden, indifferent. Zwischen 500 und 1500 m beträgt das vertikale Temperaturgefälle 0,8° C/100 m, d. h., die Schichtung ist in bezug auf Vorgänge, die ohne Kondensationserscheinungen ablaufen würden, stabil, in bezug auf Kondensationsvorgänge aber feuchtlabil. Oberhalb 1500 m befindet sich eine Inversion, eine Schicht mit Temperaturzunahme nach oben, d. h. eine eindeutig stabile Schicht, da warme Luft über kälterer liegt.

Wie die Darstellung zeigt, beträgt die Bodentemperatur etwa 24,5° C. Schon eine geringe Erwärmung der Bodenluft, z. B. auf 26° C, würde dazu führen, daß diese bis etwa 500 m aufsteigt, da die Temperaturabnahme in den unteren 500 m 1° C/100 m ausmacht und die Schichtung indifferent ist. Eine einmal eingeleitete Bewegung würde im Bereich dieser Schicht sich fortsetzen, allerdings ohne Beschleunigung, da die Temperaturdifferenz zwischen aufsteigendem Teilchen und der Umgebung bis 500 m etwa gleich bleiben würde. Oberhalb 500 m würde dann Gleichgewicht eintreten müssen, da sich das Teilchen, solange keine Kondensation einsetzt weiter mit 1° C/100 m abkühlt, die Umgebung aber nur mit 0,8° C/100 m. Die über See lagernde Luft ist aber ziemlich feucht. Sie würde beim Aufsteigen und der damit verbundenen Abkühlung in 500 m gesättigt sein. Von hier aus, der *Kondensationshöhe*, würde das Aufsteigen dann bei gleichzeitiger Kondensation weiter gehen. Die Temperaturänderung der aufsteigenden Luft würde dann nur noch 0,6° C/100 m ausmachen. Da die Temperaturabnahme in der Umgebung aber 0,8° C/100 m beträgt, würde die aufsteigende Luft gegen die Umgebung pro 100 m einen Temperaturüberschuß von 0,2° C gewinnen. Die Temperaturdifferenz zwischen aufsteigender Luft und Umgebung würde also mit der Höhe zunehmen und damit auch ihr Auftrieb. Das Luftquantum müßte daher beschleunigt weiter

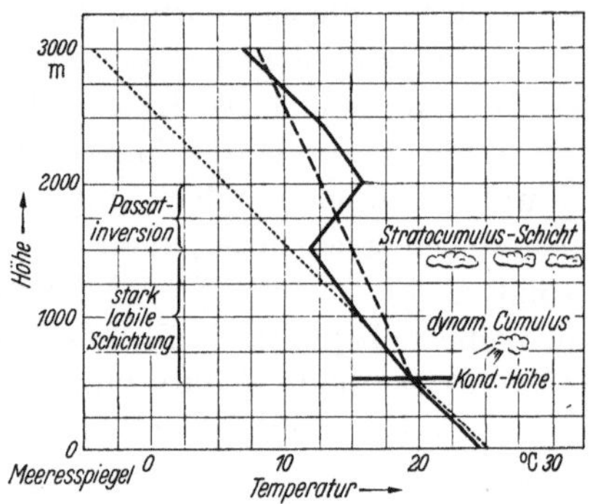

Abb. 30. Ein Drachenaufstieg auf der „Meteor".
—— Lufttemperatur, ... Trockenadiabate, – – – Feuchtadiabate.

steigen, und es würde zu starken vertikalen Umlagerungen kommen, wenn nicht oberhalb 1500 m eine mächtige Temperaturumkehrschicht vorhanden wäre. An dieser müßte es in etwa 1750 m Höhe (Schnittpunkt der Feuchtadiabaten durch die Kondensationshöhe mit der aktuellen Meßkurve) die gleiche Temperatur wie die Umgebung haben. Damit befände es sich also in dieser Höhe wieder im Temperaturgleichgewicht, so daß es zur Ruhe kommen müßte. Die Wolkenbildung wäre also auf die Schicht zwischen 500 m und der Inversion beschränkt.

Die Temperatur, bei der die freien Vertikalbewegungen eingeleitet werden, wird als *Auslösetemperatur* bezeichnet. Bei stärkerer Erwärmung am Erdboden würde die Kurve für die Temperaturänderung der aufsteigenden Luft parallel nach rechts verschoben sein, d. h. die Feuchtadiabate würde ebenfalls weiter rechts laufen, so daß sie die Inversion eventuell erst in 1900 m Höhe schneiden würde. In diesem Falle ist die Sperrschichtwirkung nicht mehr so groß. Infolge ihres Bewegungsimpulses können die Luftquanten dann zunächst über ihr Gleichgewichtsniveau hinausschießen und damit die Inversion durchbrechen und auflösen. Sobald sie aber dann Anschluß an die Schichten oberhalb 2000 m gewonnen haben, steigen sie weiter, da hier die Schichtung wieder feuchtlabil ist. Schon bei einer geringen

Übererwärmung von etwa 3° C am Boden würde in diesem Falle die Feuchtadiabate die Inversion nicht mehr schneiden, d. h. für Luft von 28° C Bodentemperatur wäre die gesamte Schichtung trotz der Inversion noch feuchtlabil. Es sind
also, wie das Beispiel zeigt, in jedem Einzelfalle die Verhältnisse besonders gegeneinander abzuschätzen.

2. Zusammenhang zwischen Temperatur, Druckfeld und Wind

2.1 Thermische Hoch- und Tiefdruckgebiete

Befände sich über einer überall gleich warmen Erdoberfläche die Luft
im Gleichgewicht, so würde überall derselbe Luftdruck herrschen. Mit
der Höhe würde der Luftdruck abnehmen, und zwar in den unteren
Schichten um 1 mbar für je 8 m Hebung.

Wird ein Teil der Erdoberfläche durch die Sonnenstrahlung stärker
erwärmt als seine Umgebung, so erwärmt sich die Luft über dieser Stelle
und dehnt sich aus. Nach den Seiten kann sie nur am Rand des erwärmten Gebietes ausweichen, die Ausdehnung erfolgt daher im wesentlichen

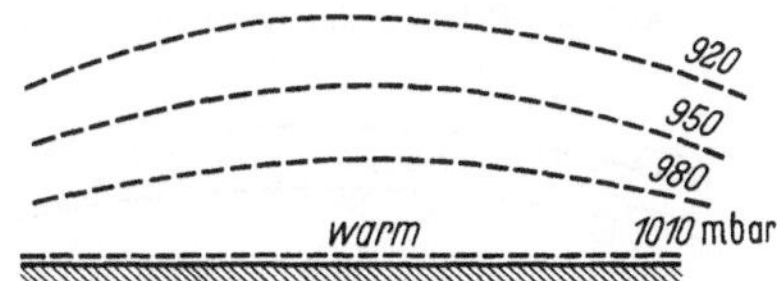

Abb. 31. Flächen gleichen Druckes *vor*
Abfließen der Luft in der Höhe.

nach oben. Die über jedem Quadratzentimeter lagernde Luftsäule wird
damit höher. Da sie aber dasselbe Gewicht behält, bleibt der Luftdruck
am Boden zunächst derselbe. Anders in höheren Schichten. Hier steigt
der Druck, weil Luft, die bisher unter der betreffenden Schicht lag,
infolge der Ausdehnung über diese gehoben wird und deshalb die be-
lastende Masse vermehrt. Die Flächen gleichen Druckes wölben sich
also über dem erwärmten Gebiet auf, wie es die Abb. 31 zeigt.

Nun fließt die gehobene Luft oben nach allen Seiten auseinander.
Dadurch entsteht in der Höhe über dem Erwärmungsgebiet nunmehr
ein Massenverlust, der am Boden Druckfall und damit die Entstehung
tiefen Druckes verursacht. Da die Luft das Bestreben hat, dieses dadurch gegebene Druckgefälle auszugleichen, setzt sie sich am Boden aus
der kälteren Umgebung zur Erwärmungszone hin in Bewegung. Bei
Fortbestand des Erwärmungsvorganges bzw. dieser Temperaturverteilung stellt sich schließlich ein Gleichgewichtszustand mit der in der
Abb. 32 dargestellten Zirkulation ein. Sie ist gekennzeichnet durch Ausströmen in den oberen Schichten und Einströmen in Bodennähe, sowie
Aufsteigen im inneren Gebiet und Absteigen der Luft in den Randgebieten, d. h. in der kälteren Umgebung.

Kühlt sich dagegen die Erdoberfläche an einer Stelle mehr ab als ihre Umgebung, etwa durch starke Ausstrahlung, so kühlt sich auch die darüberliegende Luft ab und sinkt zusammen. Zunächst bleibt der Druck am Boden derselbe, in höheren Schichten nimmt er jedoch ab, da Luft die vorher über der betreffenden Höhe lag, unter sie herabsinkt. In diesem Falle wird also in höheren Schichten Luft von den Seiten her zuströmen,

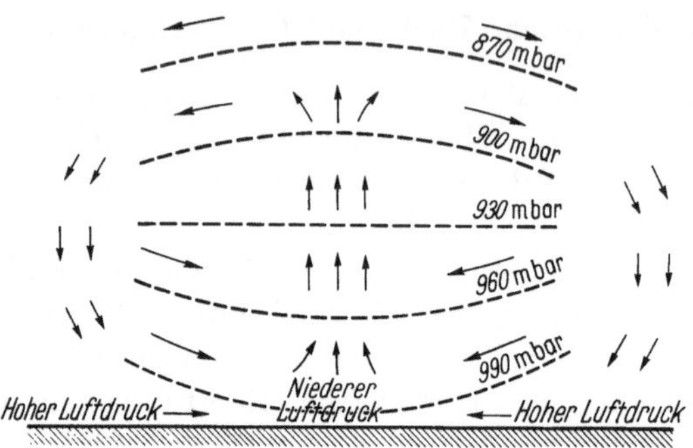

Abb. 32. Flächen gleichen Druckes *nach* Abfluß der Luft in der Höhe.

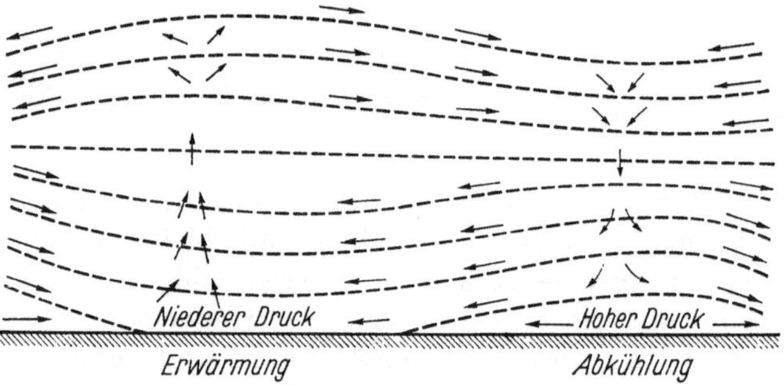

Abb. 33. Tiefdruck- neben Hochdruckgebiet.

so daß damit die über dem abgekühlten Gebiet lagernde Luftmasse vermehrt wird und der Luftdruck infolgedessen am Boden steigt. Demgemäß setzt nunmehr am Boden ein Ausströmen und damit insgesamt gesehen eine umgekehrte Zirkulation ein.

Es gilt also ganz allgemein:

> Wird ein Teil der Erdoberfläche mehr erwärmt als seine Umgebung, so bildet sich über ihm ein Tiefdruckgebiet (T), wird er stärker abgekühlt, so entsteht über ihm ein Hochdruckgebiet (H).

Die Abb. 33 zeigt ein erwärmtes Gebiet mit niedrigem Luftdruck neben einem abgekühlten Gebiet mit hohem Luftdruck und den Verlauf der Isobarenflächen.

Am auffälligsten wird die Abhängigkeit des Luftdrucks von der Temperatur über ausgedehnten Festländern, die in mittleren Breiten liegen. So zeigt Asien im Januar mittlere Luftdruckwerte von 1040 mbar gegen 1000 mbar im Juli, während Australien Januarwerte von 1005 mbar, aber Juliwerte von 1020 mbar aufweist. Auch Nord- und Südamerika zeigen ähnlich große Schwankungen des mittleren Luftdruckes. Demgegenüber zeigt der Luftdruck über den Ozeanen nur geringe jahreszeitliche Schwankungen (vgl. Karten Abb. 43 u. 44).

Die in diesen Hoch- und Tiefdruckgebieten auftretenden Luftbewegungen sind in dieser Abbildung schon mit angedeutet:

> Im Hochdruckgebiet sinkt die Luft herab, an der Erdoberfläche weht der Wind vom Hoch zum Tief, im Tiefdruckgebiet steigt die Luft hoch, um in der Höhe zum Hochdruckgebiet zurückzukehren.

Die Abbildungen sind stark überhöht gezeichnet. Die horizontale Ausdehnung dieser Gebiete ist sehr viel größer als die vertikale. Deshalb sind auch die horizontalen Luftbewegungen bedeutend kräftiger als die vertikalen, bei denen es sich nur um ein langsames Auf- und Absteigen der Luft handelt im Gegensatz zu den Aufwinden, wie sie z. B. an Gebirgen vorkommen oder vertikalen Böen, die sogar Flugzeugen verhängnisvoll werden können. Diese Kreisläufe werden so lange anhalten, wie die Temperaturgegensätze bestehen bleiben, die sie in Gang brachten. Auf Grund ihrer Entstehung werden diese Hoch- und Tiefdruckgebiete auch als *thermisch* bezeichnet.

Bei diesen Luftbewegungen spielt der Wasserdampf eine große Rolle. Enthält die aufsteigende Luft Wasserdampf, so kommt es wegen der dynamischen Abkühlung *(Hebungsabkühlung)* zur Kondensation. Dabei liefert die freiwerdende Kondensationswärme einen weiteren Auftrieb bzw. Energiezuwachs, außerdem bilden sich Wolken.

Wenn die Luft herabsinkt, erwärmt sie sich dynamisch und wird dann relativ trockener. In Hochdruckgebieten ist also Auflösung der Wolken und damit meistens klarer, wolkenloser Himmel zu erwarten.

Über See sind allerdings im Hochdruckgebiet häufig ausgedehnte Stratocumulus-Decken vorhanden, die unter einer Inversion liegen. (Über Nebel, Dunst und Bewölkung in Hochdruckgebieten Näheres in **II.4.16**). Es ist also allgemein zu folgern:

> Gebiete, in denen sich die Luft in aufsteigender Bewegung befindet, sind im allgemeinen Schlechtwettergebiete, solche mit absteigender Luftbewegung Schönwettergebiete.

2.2 Die Ablenkung der Winde infolge der Erddrehung

Auf ruhender Erde würde die Luft direkt aus dem Hochdruckgebiet in das Tiefdruckgebiet einströmen. Dabei würden die Luftteilchen unter der Wirkung des *Luftdruckgefälles*, der Gradientkraft, eine beschleunigte

Bewegung ausführen, bis in kurzer Zeit der Luftdruck ausgeglichen ist. Die Drehung der Erde um ihre Achse hat aber nun einen eigentümlichen Einfluß auf alle auf der Erde vor sich gehenden Bewegungen: Wie in der Physik gezeigt wird, erfahren alle sich horizontal bewegenden Körper auf der nördlichen Erdhälfte eine Ablenkung nach rechts, auf der südlichen Erdhälfte nach links von der Bahn, die sie auf ruhender Erde nehmen würden.

Diese ablenkende Kraft der Erdrotation, auch *Corioliskraft* genannt, ist eine Scheinkraft, die keine Bewegung erzeugen und keine Arbeit leisten kann. Sie tritt erst auf, wenn die Bewegung eingeleitet ist.

Bezeichnet ω die Winkelgeschwindigkeit der Erde, φ die geographische Breite und v die Windgeschwindigkeit, so gilt für die ablenkende Kraft a der Erdrotation die Beziehung:

$$a = 2\,\omega \cdot \sin \varphi \cdot v.$$

Sie zeigt klar, daß für den Ruhezustand, d. h. $v = 0$ die ablenkende Kraft a der Erdrotation Null ist, daß diese aber auch am Äquator — und das

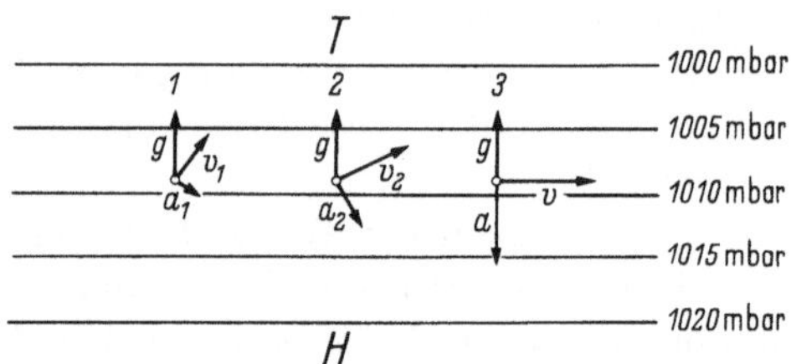

Abb. 34. Entstehung des Gradientwindes.

unabhängig von der Geschwindigkeit v — immer gleich Null ist. Am Äquator hängt also die Luftbewegung nur vom Luftdruckgefälle ab. Die Strömung folgt hier direkt dem Gradienten. Das hat zur Folge, daß im Gegensatz zu anderen Breiten der Druckausgleich auf direktem Wege erfolgt und sich infolgedessen auch keine stärkeren Druckgegensätze entwickeln bzw. halten können. Weiterhin ergibt sich aber aus der Beziehung, daß die ablenkende Kraft der Erdrotation mit dem Sinus der geographischen Breite sowie der Windgeschwindigkeit wächst. Setzt sich die Luft unter der Wirkung des Luftdruckgefälles in Bewegung, so ist sie zunächst entsprechend der geringen Geschwindigkeit noch klein. Nimmt nun infolge der Beschleunigung durch die Gradientkraft die Geschwindigkeit zu, so wird auch die ablenkende Kraft entsprechend der Geschwindigkeitszunahme größer, d. h. der Wind wird mehr und mehr aus der Richtung g des Gradienten abgelenkt, wie es der Zustand 1 und 2 der Abb. 34 zeigen. Schließlich wird die ablenkende Kraft a, die immer senkrecht zur Bewegungsrichtung angreift, so groß, daß sie der Gradientkraft gleich, aber entgegengesetzt gerichtet ist, wie es der Zustand 3 erkennen läßt. Die Luftbewegung erfolgt dann in Richtung der Isobaren mit gleichbleibender Geschwindigkeit und stellt den Gleichgewichtszustand dar. Eine weitere Rechtsablenkung würde bedeuten, daß die Luft dann gegen den hohen Druck fließen müßte. Dies würde das Druckgefälle vergrößern und wäre nur möglich, wenn die Corioliskraft Arbeit leisten könnte.

Diesen Gleichgewichtswind nennt man — geradlinige Isobaren vorausgesetzt — den *geostrophischen Wind*, der aber nur in Höhen oberhalb der Reibungsschicht der Atmosphäre anzutreffen ist.

Die Geschwindigkeit v für den geostrophischen Wind läßt sich dabei aus dem Gradienten und der Corioliskraft mit der nachstehenden Beziehung leicht ermitteln:

$$v = \frac{\text{Gradient}}{2 \cdot \omega \cdot \sin\varphi \cdot \varrho}.$$

ϱ ist hier die Luftdichte.

Aus dieser Formel ist leicht zu ersehen, daß dem gleichen Gradienten in niederen Breiten eine wesentlich höhere Windgeschwindigkeit entspricht als in höheren Breiten, da $\sin\varphi$ im Nenner steht und mit abnehmender Breite kleiner wird. Das bedeutet aber auch, daß schon bei relativ niedrigem Luftdruckgefälle in niederen Breiten stärkere Windgeschwindigkeiten auftreten können. Einige Zahlen, die einer Tabelle von Hann-Süring entnommen sind, mögen dies etwas erläutern.

Bei einem Gradienten von 1 mbar/100 km und einer Luftdichte von 0,001 15 g/cm³ entsprechend einer Temperatur von 0° C und einem Luftdruck von 900 mbar (etwa 1000 m Höhe, also Obergrenze der Reibungsschicht) wäre die Geschwindigkeit des geostrophischen Windes für:

geographische Breite	10°	30°	50°	70°
	3,44	1,19	0,78	0,63 m/s

In 30° Breite würde also der gleiche Gradient eine fast doppelt so große, in 10° Breite eine mehr als fünfmal so große Windgeschwindigkeit erzeugen als in 70° Breite.

Da in den meisten Fällen die Isobaren und dementsprechend auch die Windbahnen gekrümmt sind, treten aber oft erhebliche Abweichungen von diesen Werten auf, weil in diesen Fällen als weitere Kraft die Fliehkraft hinzukommt. Sie treibt die Luftteilchen nach der Außenseite der Bahn, ist also beim Tiefdruckgebiet der Gradientkraft entgegengesetzt, beim Hoch gleichgerichtet. Bei zyklonaler Krümmung der Isobaren ist infolgedessen bei gleichem Gradienten der zugehörige *zyklostrophische Wind* (Gradientwind unter Berücksichtigung der Isobarenkrümmung) schwächer als der geostrophische Wind *(Gradientwind bei geradlinigen Isobaren)*, bei antizyklonaler Isobarenkrümmung

7*

dagegen stärker. Die Zentrifugalkraft ist besonders stark bei tropischen Wirbelstürmen bzw. Orkanen sowie Wind- und Wasserhosen. Sie bewirkt, daß die Luft schließlich in engen Kreisen um diese Gebilde herumwirbelt. Bei den Zyklonen der gemäßigten Breiten ist die Zentrifugalkraft etwa vier- bis fünfmal kleiner als die ablenkende Kraft der Erdrotation, bei tropischen Wirbelstürmen dagegen bis zu vierzigmal so groß.

2.3 Der Einfluß der Reibung auf die Luftbewegung und das barische Windgesetz

Bei den bisherigen Betrachtungen wurde die Reibung vernachlässigt. Sie ist aber an der Erdoberfläche immer vorhanden und bremst die Luftbewegung. Ihre Geschwindigkeit ist daher geringer als sie dem Gradienten entsprechend sein müßte. Infolgedessen ist auch die ablenkende Kraft der Erdrotation, die ja der Windgeschwindigkeit direkt proportional ist, kleiner und nicht mehr so groß, daß sie den Wind in die

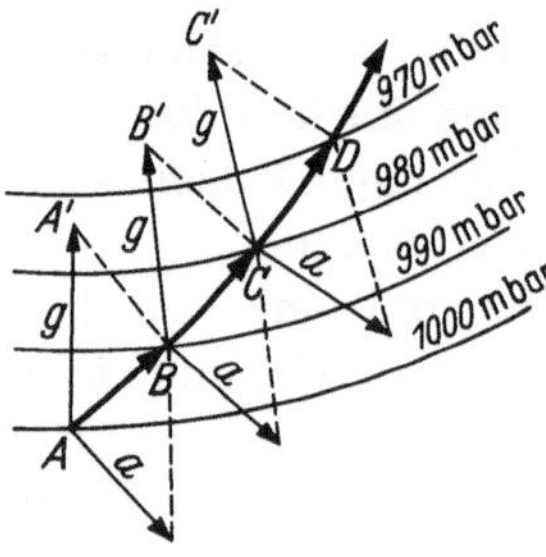

Abb. 35. Einströmen der Luft in ein Tief auf Nordbreite.

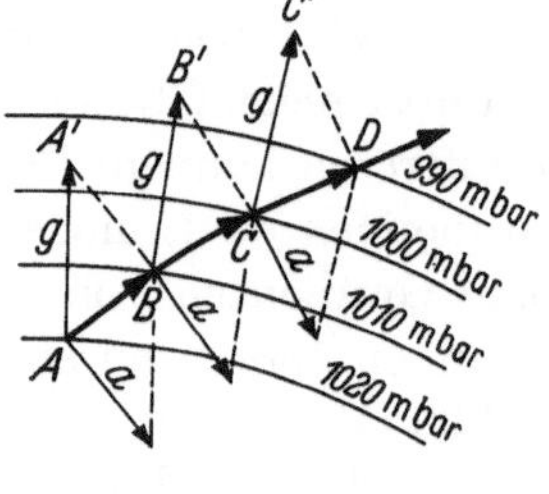

Abb. 36. Ausströmen der Luft aus einem Hoch auf Nordbreite.

Isobarenrichtung drehen könnte, wie es im Gleichgewichtsfall sein müßte, wenn nur Gradient und ablenkende Kraft der Erdrotation wirksam wären. Die Bodenreibung hat daher nicht nur eine Geschwindigkeitsverminderung, sondern auch eine Richtungsänderung zur Folge, die sich so auswirkt, daß der Wind am Boden etwas gegen den tiefen Druck hin weht. Die Luft strömt infolgedessen in Spiralbahnen in das Tief ein und aus dem Hoch heraus, wie es die Abb. 35 und 36 für Nordbreite zeigen. In ihnen ist nur die Gradientkraft g und die senkrecht zur Bewegungsrichtung wirkende ablenkende Kraft a unter Berücksichtigung der Reibung angesetzt. Aus beiden ergibt sich nach dem Parallelogramm der Kräfte die in der Bewegungsrichtung wirkende Kraft und damit auch die Luftbewegung in den Spiralbahnen.

Die in Abb. 35 dargestellte Bewegung der Luft in Spiralbahnen um
das Tief herum wird zyklonal, die in Abb. 36 dargestellte um das Hoch
herum antizyklonal genannt. Dementsprechend heißt ein Tief mit den
umgebenden Winden eine Zyklone und ein Hoch eine Antizyklone.

Abb. 37 zeigt das Windfeld, wie es sich am Boden bei nebeneinander-
liegenden Tief- und Hochdruckgebieten auf Nord- und Südbreite ergibt.

Der wesentliche Unterschied zwischen Nord- und Südbreite ist daraus
leicht zu ersehen.

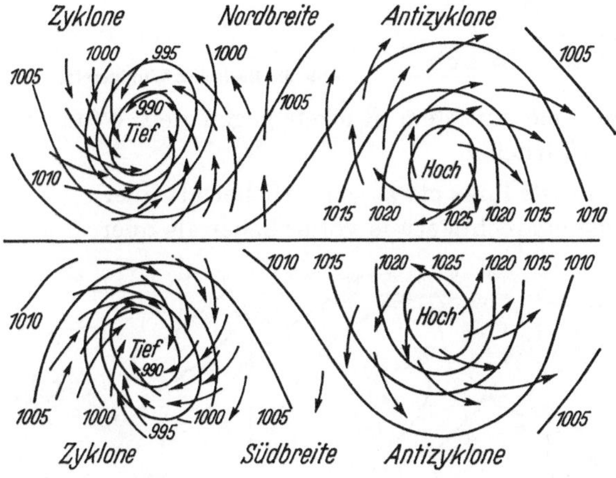

Abb. 37. Zyklonen und Antizyklonen.

Es gilt ganz allgemein:

> Auf Nordbreite strömt der Wind in ein Tiefdruckgebiet in Spiralen
> *gegen* den Uhrzeiger ein, aus dem Hochdruckgebiet in Spiralen *mit*
> dem Uhrzeiger aus. Auf Südbreite strömt der Wind in ein Tief-
> druckgebiet in Spiralen *mit* dem Uhrzeiger ein, aus einem Hoch-
> druckgebiet *gegen* den Uhrzeiger heraus.

Über dem Meer ist die Reibung der Luft an der Unterlage wesentlich
geringer als über dem Festland. Daher weht der Wind dort mehr in
Richtung der Isobaren.

Da die Reibung mit der Höhe in zunehmendem Maße verschwindet
und in Höhen oberhalb 1000—1500 m kaum noch anzutreffen ist, nimmt
der Wind in dieser Schicht auch mit der Höhe zu und dreht gleichzeitig
mehr und mehr in die Isobarenrichtung ein (oberhalb der Reibungsschicht weht im wesentlichen der Gradientwind). Ein Flugzeug stellt
daher beim Aufsteigen durch die untersten 1000 bis 1500 m — abgesehen
von der Windzunahme — auch eine Winddrehung fest, die auf Nordbreite nach rechts und auf Südbreite nach links erfolgt.

Der Zusammenhang zwischen Bodenwind und Luftdruckfeld läßt sich in einem zuerst von Buys-Ballot festgelegten Gesetz, dem sogenannten *barischen Windgesetz*, gut erfassen (Abb. 38).

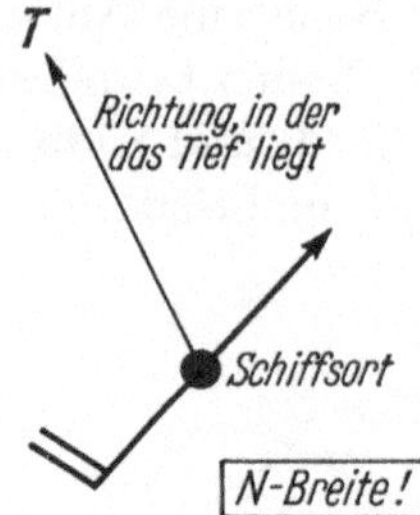

Abb. 38. Barisches Windgesetz.

Stellt man sich mit dem Rücken gegen den Wind, so liegt der niedrige Luftdruck

auf *Nordbreite* links etwas vorderlicher als quer,
auf *Südbreite* rechts etwas vorderlicher als quer.

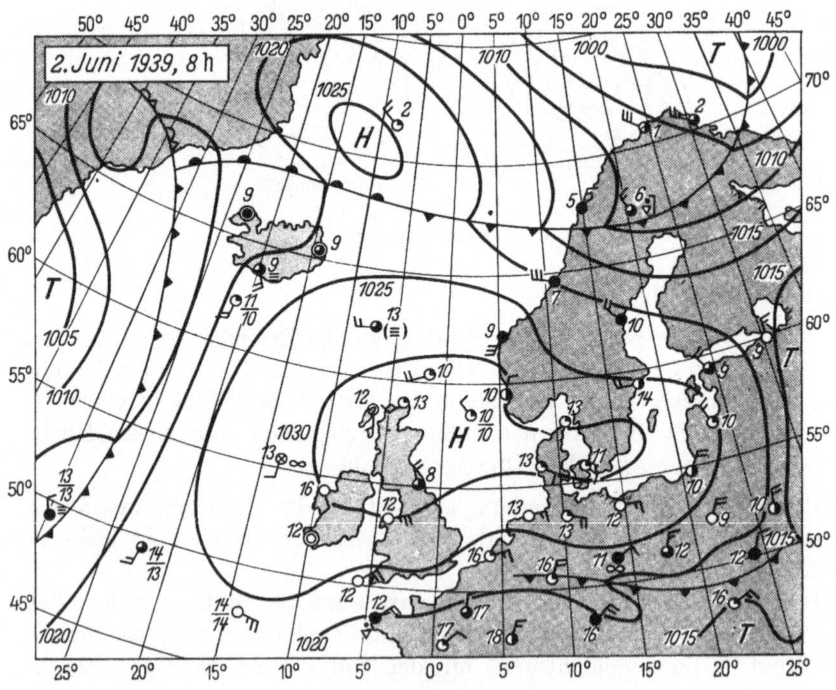

Abb. 39. Wetterlage vom 2. Juni 1939, 8ʰ, Hoch über der Nordsee (aus dem Nordsee-Handbuch).

Oder: Denkt man sich vor dem Winde segelnd, so hat man auf Nordbreite den tiefen Luftdruck etwa 2 Strich vorderlicher als dwars an Backbord, auf Südbreite etwa 2 Strich vorderlicher als dwars an Steuerbord.

Vergleiche auch die Wetterkarten Abb. 39, 58, 69, 71, 117.

Selbstverständlich können lokale Abweichungen von dieser Regel auftreten, wenn die Luftströmung durch ein Gebirge, eine Steilküste oder sonstige Hindernisse abgelenkt wird (**II.2.5**).

2.4 Die Stärke des Windes

Wie schon im Vorangegangenen erwähnt wurde, hängt die Stärke des Windes, bzw. die Windgeschwindigkeit von der Größe des Luftdruckgefälles, der geographischen Breite, der Reibung an der Erdoberfläche und der Krümmung der Isobaren ab, wobei im allgemeinen den beiden erstgenannten Größen der überwiegende Einfluß zukommt.

Ganz allgemein gilt dabei — gleiche sonstige Bedingungen vorausgesetzt —, daß die Windgeschwindigkeit um so größer ist, je größer das Luftdruckgefälle ist (s. a. Formel unter **II.2.2**).

So ist z. B. bei einem Abstand der 5-mbar-Isobaren von 300 sm in 50° Breite mit Windstärke 3 B zu rechnen, während bei einem Abstand von 80 sm Windstärke 7—8 B zu erwarten ist.

In niederen Breiten würde diesen Isobarenabständen aber eine wesentlich höhere Windgeschwindigkeit entsprechen, wie auch schon unter **II.2.2** mit erwähnt wurde. Wenn also aus der *Isobarendichte* auf die zu erwartende *Windstärke* geschlossen werden soll, ist in jedem Falle die *geographische Breite* zu berücksichtigen. Da eine derartige Abschätzung aber selbst bei längerer Erfahrung schwierig ist, wurden, ausgehend von der in **II.2.2** gegebenen Beziehung, *Gradientwindnomogramme* entwickelt, die es gestatten, aus dem Isobarenabstand in den Wetterkarten die Windgeschwindigkeit zu ermitteln. Eines der brauchbarsten Windnomogramme, in dem auch die Isobarenkrümmung berücksichtigt ist und das auch unabhängig vom Wetterkartenmaßstab ist, wurde von Rudloff (Abb. 116) entwickelt. Es ist u. a. auch in der *Fax-Fibel* von M. Rodewald veröffentlicht. Mit seiner Hilfe lassen sich die Windgeschwindigkeitswerte direkt aus dem Druckfeld der Wetterkarte für die gewünschten Positionen ermitteln. Aber auch mit den im Nautischen Funkdienst, Bd. III im Abschnitt D (Verwendung der Wetterfunksprüche an Bord) enthaltenen Tabellen, denen die gleichen Zahlenwerte zugrunde liegen, können die Windstärken aus der Wetterkarte leicht ermittelt werden.

Die höchsten Windgeschwindigkeiten sind infolge der geringeren Reibung auf dem Meer zu finden, da hier der Gradient fast voll für die Erzeugung der Luftbewegung zur Verfügung steht. Er gleicht sich auch langsamer aus als über Land, weil wegen der geringeren Reibung über See das Einströmen in das Tief unter einem flacheren Winkel erfolgt als über Land. Starke Tiefdruckgebiete sind daher über See im allgemeinen wesentlich langlebiger als über Land. Sie füllen sich nur langsam auf, so daß infolgedessen die damit verbundenen starken Winde auch länger anhalten als über Land.

Aus diesem Zusammenhang erklärt sich auch, daß die höchsten Windgeschwindigkeiten bisher über dem Meere oder an der Küste beobachtet wurden, so u. a. bei den Scillys 78 kn, bei Holyhead 128 kn und in tropischen Orkanen 225 kn.

Die unterschiedliche Größe der Reibung über Meer und Land ist auch deutlich zu bemerken, wenn der Wind von See auf Land übertritt. Die an der Küste gebremste Luft kann nicht schnell genug ausweichen und zwingt die nachdrängende daher zum Aufsteigen. Dabei kommt es häufig zu so starker Abkühlung, daß der Wasserdampf kondensiert. Dann zieht sich parallel zur Küste eine Wolkenbank hin, die schon von See her den Küstenverlauf erkennen läßt.

Letzten Endes ist auch der tägliche Gang der Windgeschwindigkeit am Boden, der besonders über Land zu beobachten ist, auf die Reibung im Zusammenwirken mit der Stabilität der unteren Luftschichten zurückzuführen. Am Tage wird die bodennahe Luftschicht am stärksten erwärmt (s. täglicher Temperaturgang). Da diese Erwärmung aber nicht überall gleichmäßig erfolgt, entstehen dadurch auf- und absteigende Luftströme, wie schon gezeigt wurde. Dieser Durchmischungsvorgang hat mit zur Folge, daß zwischen den oberen und unteren Luftschichten eine stärkere Verzahnung besteht. Infolgedessen teilt sich die höhere Geschwindigkeit der oberen Luftschichten bis zu einem gewissen Grade den unteren mit und führt tagsüber zum Auffrischen des Windes. In der Nacht kommt infolge der starken Abkühlung der bodennahen Luftschichten die Durchmischung in Wegfall. Damit fällt die mitschleppende Wirkung der höheren Schichten weg, und die Geschwindigkeit des Bodenwindes nimmt wieder ab. Dieser tägliche Gang des Windes ist besonders an wolkenarmen Tagen, wenn keine sonstigen Änderungen im Druck- und Windfeld auftreten, immer wieder zu beobachten.

2.5 Beeinflussung des Windes durch die Küstengestaltung

Die Winde werden oft stark durch die örtliche Gestalt der Küsten und Inseln, auf die sie stoßen, beeinflußt. Das betrifft nicht nur gelegentliche Richtungsänderungen infolge einer Ablenkung an der Küste, sondern damit verbunden auch oft erhebliche Geschwindigkeitsänderungen.

Trifft der Wind senkrecht auf eine Steilküste, so tritt ein *Stau* ein, der sich oft in Staubewölkung, Niederschlägen und Dunst äußert. Unter der Küste nimmt die Geschwindigkeit dann ab. Wehen Winde längere Zeit entlang einer Gebirgsküste, die rechts von der Windströmung liegt, so wird die Luft durch die ablenkende Kraft der Erdrotation gegen die

Küste gedrängt. Der Wind frischt infolgedessen im Küstengebiet auf, evtl. kommt es dabei auch zu Niederschlägen. Typische Beispiele für die Wirkung dieses *Drängungseffektes* sind das Auffrischen an der südnorwegischen Küste bei südlichen Winden und vor der südgrönländischen Ostküste bei nördlichen Winden.

Bei ablandigen Winden tritt infolge der größeren Windgeschwindigkeit über See (s. Reibungseinfluß) an der Küste ein *Sog* auf, so daß die Winde in den Tälern und Fjorden der Küste oft stürmisch auffrischen. Muß der Wind ein Kap oder ein nach See vorspringendes Gebirge umströmen, kommt es vor der Küste zu einer Drängung der Strömungslinien, was ein Auffrischen des Windes zur Folge hat. Die Wirkung dieses sogenannten *Eckeneffektes* ist um so ausgeprägter, je höher die Küste ist. Er ist in Westeuropa an den Kaps der Bretagne, bei Kap Finisterre und Kap Villano in NW-Spanien bei südwestlichen und nordöstlichen Winden zu finden. Besonders ausgeprägt tritt er auch an der Westküste Südnorwegens in Erscheinung, wenn über dem Nordmeer tiefer Druck und über der südlichen Ostsee hoher Druck herrscht. Dann können die in einem schmalen Streifen an der Küste sich entwickelnden starken Südost- und Süd-Winde Sturmesstärke erreichen. Diese Verstärkung des Windes wird besonders deutlich, wenn die Luft auch keine Möglichkeit hat, das Gebirge etwa zu überströmen, weil eine ausgeprägte Inversion die Luft am Aufsteigen hindert. Dies gilt z. B. für das Umströmen der Kanaren und Kapverden durch den Passat. Er wird durch die in etwa 1000 m Höhe liegende Passatinversion am Ausweichen nach oben gehindert und frischt beim Umströmen der Inseln infolgedessen oft von 3—4 B auf 7—8 B auf. In Lee der Inseln bildet sich in diesen Fällen ein regelrechter Totluftraum, dessen Grenze durch hohen Seegang und weiße Schaumköpfe erkennbar ist.

Auch die große Sturmhäufigkeit bei Kap Hoorn auf der Südhalbkugel ist letzten Endes mit eine Wirkung dieses Eckeneffektes, weil hier die Zone der braven Westwinde durch die Anden Südamerikas eingeengt wird.

Gelegentlich kommt es auch vor, daß die Luft zwischen zwei Gebirgen oder hohen Inseln hindurchströmen muß, wobei die Strömung wie in einer *Düse* zusammengedrängt und dadurch beschleunigt wird. Infolge dieser sogenannten *Düsenwirkung* treten in solchen Engstellen häufig hohe Windstärken auf, die nach deren Passieren schnell wieder abnehmen, weil sich dann die Luft fächerförmig ausbreitet. Ein Beispiel für solch eine Düse ist die Straße von Gibraltar, an die sich von beiden Seiten hohe Gebirge heranschieben, die die Strömung einengen. Die engste Stelle der Straße hat nur eine Breite von 8 sm. Liegt über dem Mittelmeer ein Hoch und über dem Atlantik ein Tief, so ist bei Tarifa häufig Ost 8—9 B zu beobachten, während bei der Annäherung an

Mellila nur noch leichter Ost bis Südost vorzufinden ist. Die von diesem Wind aufgeworfene Dünung ist im Atlantik noch westlich von 12° Länge anzutreffen.

Ein anderes Beispiel finden wir in der wesentlich breiteren Dänemarkstraße zwischen Island und Grönland. Wenn im Seegebiet südlich Island ein Tief und über Grönland ein Hoch liegt, so fließt Kaltluft durch die Dänemarkstraße und über Island nach Südwesten. Dabei wird der Nordostwind in der Dänemarkstraße durch den Düseneffekt zwischen den 2000 m hohen Gebirgen von Island und Grönland verstärkt.

Die angeführten Beispiele lassen sich erheblich erweitern, denn derartige Verstärkungen der Windgeschwindigkeit im Küstenvorfeld können bei entsprechender Strömungsrichtung überall dort auftreten, wo die allgemeine Strömung durch gebirgige Küsten behindert oder eingeengt wird. Deshalb sollte solchen Gebieten — unabhängig von der allgemeinen sonstigen Lage — immer besondere Aufmerksamkeit gewidmet werden.

2.6 Strömungsfeld, Konvergenzen und Divergenzen

Diese Beispiele zeigen schon, daß für die Wetterbeurteilung nicht nur die Luftdruckverteilung bzw. die Luftdruckunterschiede allein herangezogen werden dürfen. Denn das Wetter steht in engster Beziehung zu den Strömungsverhältnissen der Luft. Die strömende Luft bringt ihre Temperatur und ihre Feuchte aus der Gegend mit, aus der sie kommt, und bedingt dadurch Veränderungen in der Lufthülle und der Druckverteilung, die sich ihrerseits nun wieder auf das Strömungsfeld auswirken.

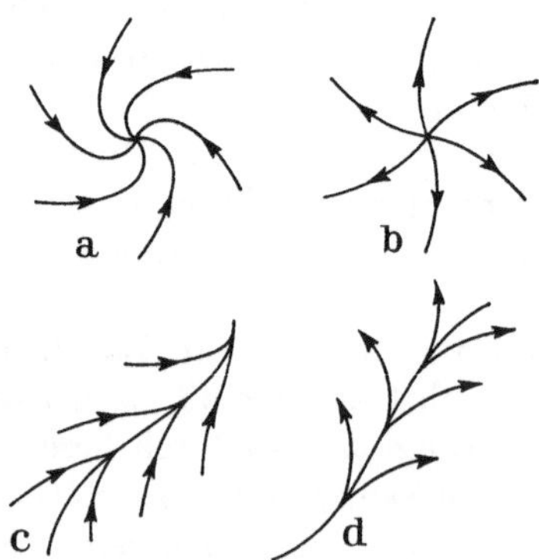

Abb. 40. Konvergenz und Divergenz.

In der Wetterkarte werden daher Druckfeld *und* Strömungsfeld, die sich gegenseitig bedingen und beeinflussen, gleichzeitig betrachtet. Deshalb sollen hier noch einige Besonderheiten in bezug auf das Strömungsfeld kurz erläutert werden.

Das Stromfeld läßt sich an den herrschenden Winden erkennen, und wird durch Stromlinien dargestellt, die sich ähnlich wie eine Wetterkarte für einen bestimmten Zeitpunkt aus dem Windfeld zeichnen lassen, wenn man von Punkt zu Punkt jeweils in Richtung der herrschenden Windrichtung fortschreitet. Die stückweise Aneinanderreihung dieser Richtungen ergibt die Stromlinie, die also die Richtung der Strömung für einen bestimmten Zeitpunkt anzeigt. Die Stromlinien stellen also nur ein Augenblicksbild dar, das laufenden Veränderungen unterworfen ist und nicht wie die Windrichtung im reibungslosen, stationären Fall mit den Isobaren zusammenfällt.

Da die Strömungsvorgänge in der Natur stetig sind, können sich die Strömungslinien nicht schneiden. Sie können aber in sich zurücklaufen. Unstetigkeitsstellen, wie sie die Abb. 40 in der Draufsicht darstellt, sind für die Wetterbeurteilung von großer Bedeutung.

In einem *Konvergenzpunkt* (a), in dem die Stromlinien zusammenlaufen, muß die von allen Seiten herangeführte Luft in die Höhe steigen. In einem *Divergenzpunkt* (b) von dem die Stromlinien nach allen Richtungen auseinanderstreben, muß die Luft von oben nachsinken, also absinken. Laufen zwei Luftströme aus verschiedenen Richtungen zusammen (c), so entsteht eine *Konvergenzlinie.* Auch hier wird die Luft zum Aufsteigen gezwungen. Laufen die Strömungen nach verschiedenen Richtungen auseinander (d), entsteht eine *Divergenzlinie,* die mit saugender Wirkung, also absinkender Luft, verbunden ist.

2.7 Höhenwinde

Die letzten Betrachtungen gaben auch wieder einen Hinweis darauf, daß bei der Wetterentwicklung nicht nur die Bodenschichten, sondern auch höhere Luftschichten beteiligt sind. Es ist deshalb zweckmäßig, diese mit in die Betrachtungen einzubeziehen. Dies geschieht durch die Darstellung der Luftdruck- und Windverhältnisse der höheren Luftschichten, in sogenannten Höhenwetterkarten, die auf verschiedene Niveaus bezogen sein können. Im allgemeinen wird die Schicht zwischen 5000 und 6000 m bevorzugt. Sie eignet sich besonders gut, weil in diesen Höhen der Luftdruck etwa 500 mbar beträgt und damit die Hälfte der Atmosphäre über und die andere Massenhälfte unter dieser Schicht liegt. Die Betrachtung dieser Karten zeigt, daß die starken Einflüsse der Erdoberfläche hier schon weitgehend ausgeglichen sind. Es kommt praktisch nur noch die großräumige Luftmassenverteilung zur Geltung, in der lediglich die Verteilung von Land und Meer im jahreszeitlichen Gang spürbar wird (z. B. die Kaltluftmasse im Winter über Asien). Wenn auch derartige Karten von einem Nautiker nicht gezeichnet werden

und ihm höchstens gelegentlich einmal durch Faksimileaufnahmen zur
Verfügung stehen können, so sei doch hier einiges zur Art dieser Karten
und ihrer Bedeutung gesagt, weil sie — wenn sie vorliegen — wichtige
Aufschlüsse für die weitere Weiterentwicklung geben können, vorausgesetzt, daß man sie zu lesen versteht.

In den Höhenwetterkarten wird dargestellt, in welcher Höhe über
dem Meeresspiegel ein bestimmter Luftdruck, z. B. 500 mbar beobachtet wird. In der Karte werden dann alle Orte verbunden, in denen
500 mbar in einer bestimmten Höhe erreicht wird. Die Linien sind also
Höhenschichtlinien, auch Isohypsen genannt. Sie werden meist von
4 zu 4 Dekameter gezeichnet. Die Zahl 524 an einer solchen Isohypse
bedeutet also, daß an diesen Orten der Luftdruck 500 mbar in 5240 m
über dem Meeresspiegel angetroffen wird. Diese Höhenwetterkarten
stellen also die Höhenlage der 500-mbar-Fläche über dem Meeresspiegel
dar, weshalb sie auch als *absolute Topographie* der 500-mbar-Fläche bezeichnet werden. Entsprechend können auch die absoluten Topographien
anderer Hauptdruckflächen, wie z. B. der 300-mbar-Fläche, gezeichnet
werden. Voraussetzung für das Zeichnen derartiger Topographien sind
Temperatur-, Druck- und Feuchtewerte aus der freien Atmosphäre, bzw.
den Zwischenschichten vom Boden bis zu dieser Druckfläche. Sie werden
durch Messungen bei Flugzeug- und Radiosondenaufstiegen gewonnen,
wie schon an anderer Stelle erwähnt wurde, und neuerdings durch Satel-
litenmessungen ergänzt.

Die 500-mbar-Fläche liegt in unseren Breiten durchschnittlich in
5500 m Höhe, über dem warmen Azoren-Hoch 5800 m, über dem kalten
Island-Tief etwa 5000 m hoch. Denn der Luftdruck nimmt in warmer
Luft mit der Höhe langsamer ab als in kalter Luft. In der Höhe liegt
also über dem Äquator hoher Druck, der zum Pol hin abfällt. Diese
Darstellung der absoluten Topographie einer Haupt-Druckfläche gibt
damit auch die Druckverteilung in der Höhe an.

Liegt z. B. die 500-mbar-Fläche in der warmen Luftsäule in 5600 m
und in der kalten in 5200 m, so bedeutet das — bezogen auf eine einheitliche Höhenlage wie etwa 5400 m —, daß in dieser Höhe in der Warmluft noch ein Druck von über 500 mbar, etwa 515 mbar, und in der Kaltluft ein solcher unter 500 mbar, etwa 485 mbar, anzutreffen ist. Die durch
die Höhenwetterkarten angezeigten Aufwölbungen bzw. Einsenkungen
der 500-mbar-Fläche entsprechen also auch den Hoch- und Tiefdruckgebieten, die sich ergeben würden, wenn der Höhendruck für eine bestimmte
Höhe eingetragen und dann für diese Höhe eine Isobarenkarte gezeichnet
würde. Aus arbeitstechnischen Gründen wurde die Darstellung der
Höhendruckverteilung als *Topographie* vorgezogen.

Auch für sie gelten die gleichen Gesetze bezüglich der Luftbewegung.
Die Höhenwindströmung weht zu den kälteren Gebieten (s. o. — tieferer

Druck) hin, wird aber durch die Erddrehung so abgelenkt, daß sie parallel zu den Höhenschichtlinien *(Isohypsen)* verläuft. (Beispiele für solche Höhenwetterkarten s. Abb. 47 u. 98.)

An Stellen, wo die Höhenschichtlinien dicht gedrängt und gerade sind, wo also ein schmaler Streifen starken Luftdruckgefälles liegt, wird ein besonders starker Wind auftreten. In solchen *Strahlströmen (jetstream)*, die erst in und nach dem zweiten Weltkrieg entdeckt und genauer erforscht wurden, können riesige Windgeschwindigkeiten (bis zu 300 kn sind gemessen) auftreten.

In dem Blockschema der Abb. 41 zeigt H. Seilkopf anschaulich die Lage eines solchen Strahlstromes.

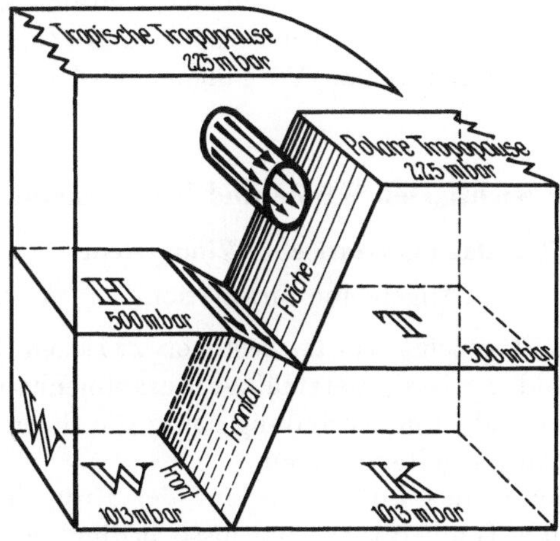

Abb. 41. Strahlstrom im Blockschema nach H. Seilkopf.

Es wird davon ausgegangen, daß an der Erdoberfläche überall der gleiche Druck von 1013 mbar herrschen soll. Über der Erdoberfläche liege links hochreichende Warmluft (W), rechts hochreichende Kaltluft (K) nebeneinander. Die zwischen ihnen liegende Grenzfläche muß, wenn Gleichgewicht herrschen soll, etwas schräg stehen. Sie heißt *Frontfläche* und schneidet die Erdoberfläche in einer *Frontlinie*. Wie die Tropopause (etwa bei 225 mbar) bei hochreichender Warmluft hoch, bei Kaltluft niedriger liegt, so besteht auch in allen Zwischenschichten, also auch in der 500-mbar-Schicht, ein Gefälle und daher am „Abhang" ein parallel zur Frontfläche wehender Höhensturm, der in der oberen Hälfte der Troposphäre am stärksten ist (s. Stromröhre der Abb. 41). Die Geschwindigkeit dieses Höhenwindes kann aus der Neigung der Isobarenfläche bzw. der Drängung der Isohypsen auch mittels der für den Boden benutzten Gradientwindnomogramme entnommen werden (5-mbar-Schritt am Boden entspricht 4-dam-Schritt in der Höhe). Dies ist wichtig, weil sich aus der Geschwindigkeit der Höhenwinde wichtige Anhaltspunkte für die Verlagerung der Druckgebilde ergeben.

Außerdem gestalten die Vorgänge in der Höhe weitgehend das Wetter am Erdboden. Sie sind daher für die Wettervorhersage von größter Wichtigkeit. Laufen zum Beispiel die parallelen Höhenschichtlinien an einer Stelle auseinander, so divergieren an dieser Stelle auch die Höhenwinde. Dies bedeutet aber, daß sich die mit dem Wind transportierten Massen nunmehr auf ein größeres Gebiet als bisher verteilen müssen, was einem Massenverlust in der Höhe gleichkommt und einen Luftdruckfall darunter am Boden zur Folge hat. Es entsteht also ein Tief, das in diesem Fall nicht thermisch, sondern *dynamisch* bedingt ist, weil es durch die Strömungsverhältnisse verursacht wurde. Auf diese Zusammenhänge, insbesondere das Wechselspiel und Zusammenwirken von thermischen und dynamischen Vorgängen, wird noch an anderer Stelle einzugehen sein.

3. Die wichtigsten Winde und Windsysteme

3.1 Das planetarische Windsystem
(Allgemeine Zirkulation)

Wie schon in **II.2.1** gezeigt wurde, bestehen zwischen Temperatur-, Druck- und Windfeld gewisse gesetzmäßige Zusammenhänge, die auch für die Temperatur- und Druckverteilung sowie die Strömungsverhältnisse der Erde als Ganzes gelten müssen.

Wenn die Verteilung des Luftdrucks auf der Erde nur thermisch, d. h. allein durch die Temperaturverhältnisse bedingt wäre, wie es in **II.2.1** bei den thermischen Hoch- und Tiefdruckgebieten vorausgesetzt wurde, müßte am Boden in Äquatornähe der niedrigste und an den Polen der höchste Luftdruck herrschen. Da in den warmen tropischen Luftmassen der Luftdruck mit der Höhe langsamer abnimmt als in der Kaltluft über den Polargebieten, ist es in der Höhe umgekehrt. Es besteht ein Druckgefälle vom Äquator zum Pol. Diesem folgend setzen sich die Luftmassen in der Höhe vom Äquator zu den Polen hin in Bewegung. Die dadurch bedingten Massenänderungen in der Höhe — Massenverlust am Äquator, Massenzuwachs am Pol — haben am Boden die Ausbildung niedrigen Druckes am Äquator und hohen Druckes in den Polgebieten zur Folge. Entsprechend dem daraus am Boden resultierenden Druckgefälle vom Pol zum Äquator setzt am Boden eine vom Pol zum Äquator gerichtete Ausgleichsströmung ein. Auf einer sich nicht drehenden Erde müßte sich daraus zusammen mit der polwärts gerichteten Strömung in der Höhe ein regelrechter Kreislauf entwickeln, der über dem Äquator seinen aufsteigenden und über den Polen seinen absteigenden Ast aufweist.

Auf der rotierenden Erde verhindert die ablenkende Kraft der Erde jedoch, daß diese Kreisläufe in so einfacher Form zustande kommen. Wenn die am Äquator aufgestiegene Luft in der Höhe nach N und S abfließt, nimmt die Ablenkung dieses Windes aus der meridionalen Richtung rasch zu, so daß die Luft schon in 30° Breite west-östlich fließt. Alle nachfolgenden aus der Äquatorgegend heranströmenden Luftmassen führen daher in den subtropischen Breiten in der Höhe zu einer Massenanhäufung. Am Boden bewirkt diese einen Druckanstieg

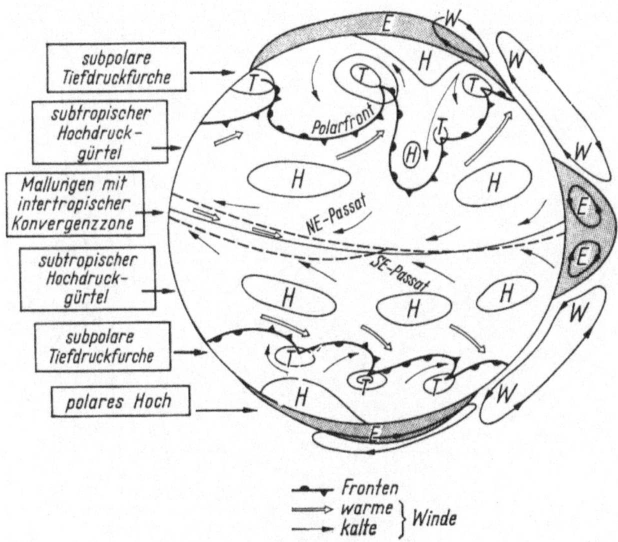

Abb. 42. Schema der allgemeinen Zirkulation.

und verursacht damit in dieser Zone die Ausbildung des *Hochdruckgürtels* der sogenannten *Roßbreiten*. Diese Antizyklonen, die im Gegensatz zu den polaren warm sind, werden auch als *dynamische Hochdruckgebiete* bezeichnet, weil sie durch die Strömung bedingt sind. In ihrem Bereich sinkt die Luft ab und fließt dann am Boden wieder zum Äquator zurück. Die Kreisläufe, die sich auf ruhender Erde zwischen Polen und Äquator abspielen würden, werden unter Einwirkung der Erdrotation also in Teilzirkulationen aufgelöst. Sie umfassen zwei auf die niederen Breiten beschränkte Kreisläufe zu beiden Seiten des Äquators, zwei polare Zweige zwischen den polaren und den gemäßigten Breiten als Restglied des gesamten Kreislaufes Äquator—Pol und ein drittes Glied zwischen Subtropen und gemäßigten Breiten, das sich aus der Auflösung in diese Teilzirkulationen, wie wir noch sehen werden, zwangsläufig ergibt (Abb. 42).

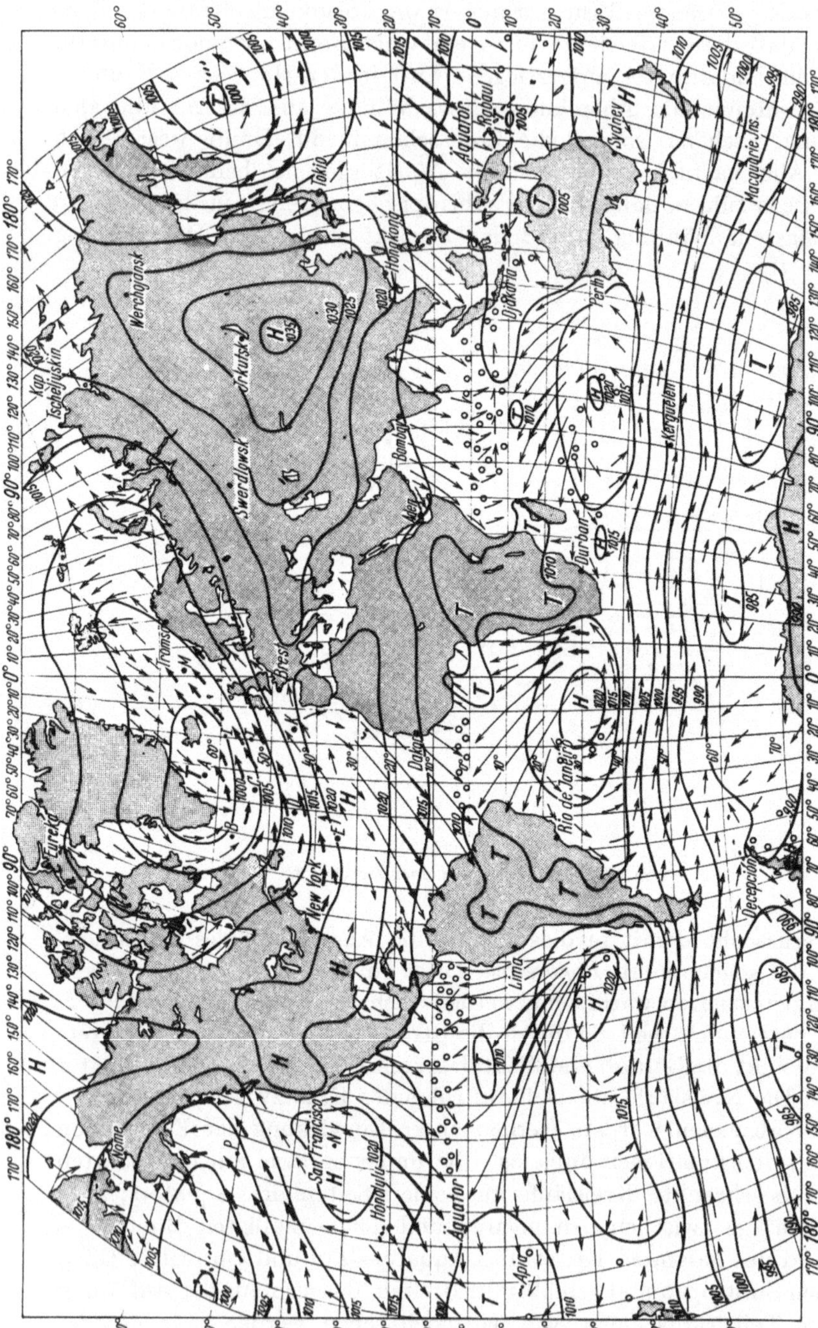

Abb. 43. Mittlere Luftdruckverteilung Januar.

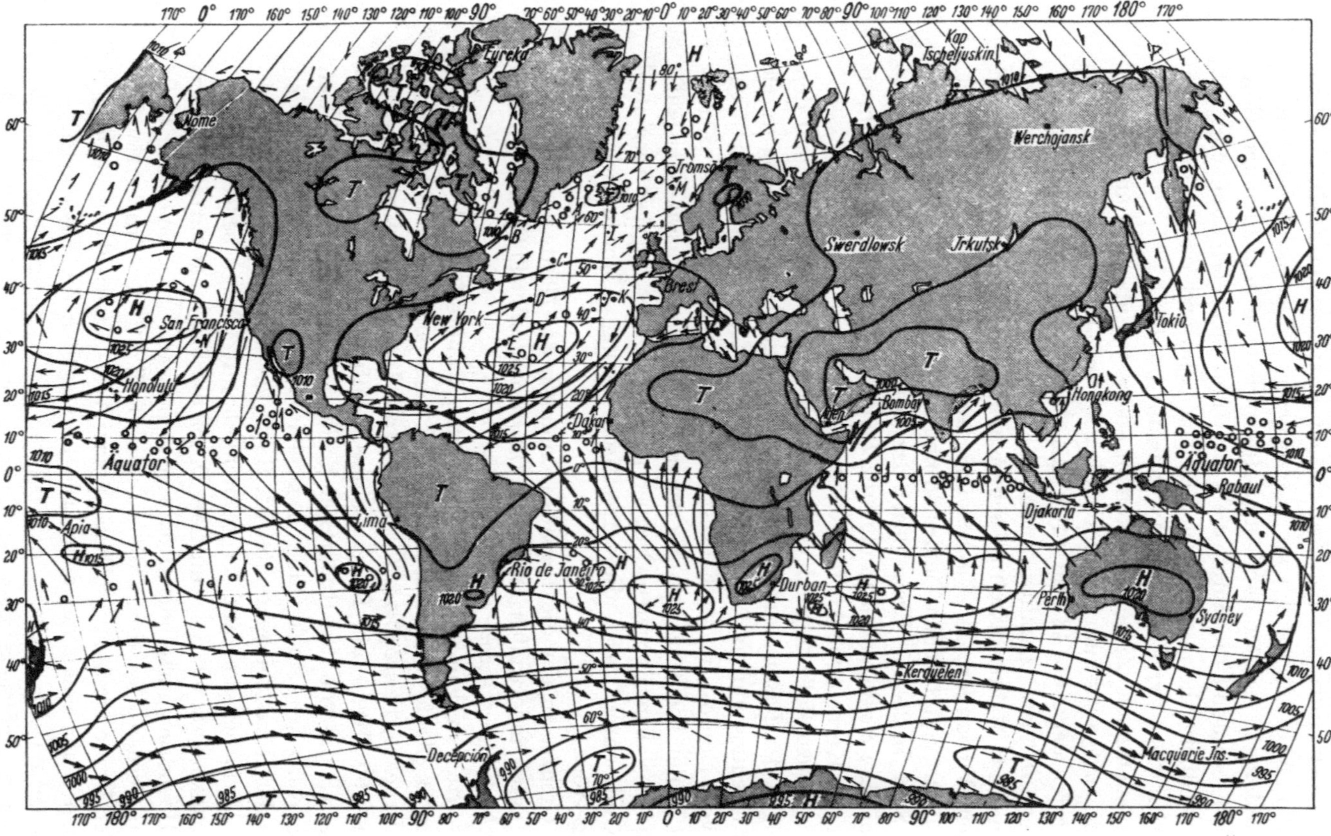

Abb. 44. Mittlere Luftdruckverteilung Juli.

Zu den Karten 43/44. Kleine Kreise: Häufige Windstille. Pfeile geben die vorherrschende Windrichtung.
Je länger die Pfeile, um so beständiger weht der Wind. Je kräftiger die Pfeile, um so größer ist die Windstärke.

Diese durch die ungleiche Erwärmung der Äquator- und Polargebiete in Zusammenwirken mit der Erdrotation entstehenden Kreisläufe und Winde (s. Abb. 42) werden als *planetarisches Windsystem* bezeichnet, das unabhängig von der Land- und Meerverteilung dem Planeten Erde zukommt, während die durch die Land- und Meerverteilung und das unterschiedliche thermische Verhalten von Land und Wasser bedingten Luftströmungen *terrestrische* Winde genannt werden.

Die planetarische Zirkulation kommt am besten über den ungestörten Flächen der Ozeane zum Ausdruck. Sie zeigt im allgemeinen (s. Abb. 42 und Karten der Abb. 43 und 44) in der Äquatorgegend einen ostwestlich verlaufenden, ziemlich schmalen Gürtel niedrigen Luftdruckes (1010 mbar im Jahresmittel) mit schwachen, unbeständigen Winden und häufigen Windstillen, der *Kalmengürtel*, auch *Mallungen* genannt wird.

Von dieser äquatorialen Tiefdruckrinne aus nimmt der Luftdruck nach N und S zu. In 25—35° Breite liegen dann die Zonen hohen Druckes, die *subtropischen Hochdruckgürtel* oder die *Roßbreiten* (1016 mbar im Jahresmittel, mit Kernen von 1020—1025 mbar).

Dem Druckgefälle folgend wehen zwischen den Roßbreiten und den Mallungen die *Passate* zum Äquator hin, infolge der Ablenkung durch die Erddrehung auf der Nordhalbkugel als *Nordost-Passat* in der Richtung von Nordost nach Südwest auf der Südhalbkugel als *Südost-Passat* in der Richtung von Südost nach Nordwest (Passat-Kreislauf). Sie sind vor allem über den Ozeanen gut ausgebildet, werden aber über den Kontinenten durch die terrestrisch bedingte Monsunzirkulation stark gestört.

Die Grenze, an der die Passat-Strömungen der Nord- und Südhalbkugel aufeinandertreffen, wird als *Intertropikfront* (ITF) oder *Intertropische Konvergenzzone* (ITCZ) bezeichnet.

Polwärts von dem dynamisch bedingten Roßbreitenhoch ergibt sich dann zwangsläufig zwischen diesem und dem polaren Hoch eine Zone tiefen Druckes, die *subpolare Tiefdruckfurche*. Der Luftdruck nimmt darin bis etwa 60° Breite ab. Dabei ist dieses Luftdruckgefälle stärker ausgeprägt als das von den Roßbreiten gegen den Äquator gerichtete, weil die Richtung des Druckgefälles zwischen 30° und 60° Breite am Boden und in der Höhe gleichgerichtet ist. Besonders ausgeprägt ist diese subpolare Tiefdruckrinne auf der größtenteils mit Wasser bedeckten Südhalbkugel, wo auf 60° S der mittlere Druck nur 989 mbar beträgt. Die aus dem Hochdruckgürtel der Roßbreiten polwärts abströmenden Luftmassen werden aber durch die ablenkende Kraft der Erdrotation, die mit der Breite zunimmt, schnell in eine West-Ost-Richtung umgelenkt und bilden hier einen die ganze Erde umfassenden *Westwindgürtel*.

Auf Grund des zwischen den polaren Hochdruckgebieten und den subpolaren Tiefdruckrinnen bestehenden Druckgefälles strömt aus den

Polargebieten Kaltluft nach niederen Breiten ab, die aber bald in die Richtung Ost—West zum Ostwind abgelenkt wird. Auch hier bildet sich ein Kreislauf, der polare Ast aus, da diese Luft in den Breiten um 60° wieder aufsteigt und in der Höhe mit der Süd- bis Südwestströmung wieder zurückfließt zum Pol. Hier sinkt sie ab und ersetzt die abgeflossene Kaltluft.

Zwischen dem Passat- und Polarkreislauf liegt also ein Gebiet, in dem die warmen Luftmassen aus dem Roßbreitenhoch (aus S bis SW) auf die kalten Luftmassen stoßen, die aus dem Polarhoch stammen. Die Grenzen dieser Luftmassen und Strömungen sind besonders wichtig, weil sich an ihnen Wirbel ausbilden, die uns als *wandernde Tiefdruckgebiete*, Zyklonen, in Abschnitt **II.4** beschäftigen werden. Sie ergeben insgesamt die Zone niedrigen Luftdrucks zwischen Roßbreiten und Polarhoch für die das *Nebeneinander* warmer und kalter Luftströme charakteristisch ist im Gegensatz zu dem *Übereinander* der Strömungen im Passatgürtel.

Natürlich ist die hier gegebene Darstellung stark schematisiert, da sich auf Grund des wechselnden Sonnenstandes im jahreszeitlichen Wechsel gewisse meridionale Verschiebungen dieser Zonen ergeben, die außerdem noch weitere Veränderungen durch die Einwirkung der Land- und Meerverteilung erfahren. Auf die hieraus resultierenden Abweichungen wird bei der Behandlung der einzelnen Zirkulationsglieder noch gesondert eingegangen.

3.2 Die Mallungen

Die Kalmen, auch Mallungen, Doldrums, oder Mallpassate genannt, nehmen das Gebiet zwischen den beiden Passaten ein. Sie sind, wie schon erwähnt wurde, Gebiete niedrigen Luftdruckes mit schwachen, unbeständigen (mallenden) Winden oder Windstillen, starker Bewölkung, großem Regenreichtum und starken Gewittern als Folge der aufsteigenden Bewegung der warmen wasserdampfreichen Luft, die hier durch die Passate herangeführt wird. Diese Zone der Zenitalregen ist besonders im Bereich der ITCZ ausgeprägt, an der die Ausläufer der Passate zusammentreffen und eine aufwärts gerichtete Bewegung verursachen. Begünstigt wird diese durch das starke vertikale Temperaturgefälle, da in dieser tropischen Tiefdruckmulde am Boden eine sehr hohe und in der Höhe an der Grenze der Troposphäre eine sehr niedrige Temperatur herrscht. Zusammen mit der sehr großen Feuchte der Luft ergibt sich daraus eine sehr labile Luftschichtung. Die Bewölkung ist daher auch durch gewaltige Quellwolken gekennzeichnet, so daß die ausgedehnten Tropenregen vorwiegend in Schauerform fallen. Die Schauer sind oft mit heftigen Böen und Gewittern verbunden. Das Maximum der Gewittertätigkeit liegt dabei nachts, was auf die zusätzliche Abkühlung an der Wolkenoberfläche und die damit verbundene Verstärkung der Labilisierung in den Nachtstunden zurückzuführen ist.

Infolge der größeren Landbedeckung der Nordhalbkugel liegt die Zone der Mallungen wie auch der Wärmeäquator im Atlantischen und Stillen Ozean durchweg auf nördlicher Breite zwischen 0° und 10° N. Im Indischen Ozean sind nur Andeutungen eines Kalmengürtels zwischen dem Äquator und 10° S vorhanden. Die meridionale Ausdehnung der Kalmen beträgt auf dem Atlantik im Mittel 300 sm, im Stillen Ozean nur 150 sm. Im Atlantik bildet das Mallungengebiet im Winter ein Dreieck, dessen Basis sich an der Küste Afrikas befindet und dessen Spitze nach Westen gerichtet ist. Das ganze System „Roßbreitenhoch-Mallungen-Passate" wandert mit dem Sonnenstand im Laufe des Jahres nach N und S, aber nicht wie die Sonne um insgesamt 47°, sondern nur um 5—8 Breitengrade. Dabei bleibt es ein volles Vierteljahr gegen die Sonne zurück, so daß die nördlichste Lage im September, die südlichste im März erreicht ist.

Bei dieser jährlichen periodischen Verschiebung werden die Kalmenzonen im Nordsommer breiter, weil der NO-Passat mit der Sonne mehr nach Norden zurückweicht als der SO-Passat nachfolgt. Dies gilt besonders für den Atlantischen Ozean.

Diese Tatsache war für die Segelschiffahrt von großer Bedeutung. Im Nordwinter, wenn der Kalmengürtel klein und keilförmig ist, mußte man für die Fahrt nach Südamerika möglichst die Spitze des Keils aufsuchen, also so weit westlich gehen, wie es wegen der brasilianischen Küste tunlich war, im Nordsommer dagegen wurde die Linie östlicher geschnitten, um das Monsungebiet an der afrikanischen Küste (**II. 3.5**) auszunutzen.

Das Barometer zeigt in dieser Zone nur geringe Schwankungen. Da aber die ablenkende Kraft der Erdrotation hier nur gering ist, die Ausgleichsbewegungen der Luft also fast ungehindert vor sich gehen können, genügen schon geringe Luftdruckunterschiede, um Winde hervorzurufen. Im Kalmengürtel treten daher vorwiegend unregelmäßige Winde aus verschiedenen Richtungen auf. Selten herrscht dagegen in größeren Gebieten längere Zeit völlige Windstille (s. auch Karten Abb. 43 u. 44 sowie Monatskarten dieser Meere).

In Wirklichkeit treten die Verhältnisse — wie neuere Untersuchungen gezeigt haben — in dieser einfachen Form nur über den zentralen Teilen der großen Wasserflächen auf, besonders über dem Stillen Ozean. Denn über den Festländern verlagert sich im jeweiligen Sommer der Halbkugel infolge der Überhitzung die „äquatoriale" Tiefdruckrinne viel weiter polwärts, bzw. weitet sie sich weiter nach Norden aus und nimmt einen wesentlich breiteren Raum ein als über den Ozeanen. Die in ihr liegende ITCZ wandert auf diese Weise z. B. über Indien bis zu 30° nördlicher Breite, während sie über Afrika je nach der Jahreszeit zwischen

20° nördlicher und südlicher Breite pendelt und im Südsommer über Australien auch bis 20° Südbreite polwärts vordringt. Wenn sich die ITCZ so weit vom Äquator entfernt, bildet sich aber hier eine neue Konvergenzzone aus. Auf den Nordsommer bezogen, wird die nach Norden verlagerte ITCZ die *nördliche* ITCZ (NITCZ) und die im Äquatorgebiet neu entstandene Konvergenzzone die *südliche* ITCZ (SITCZ) genannt. Der tiefste Druck ist aber dabei im Bereich der NITZ vorhanden, da sich hier die kontinentalen Hitzetiefs auswirken, die die starke nördliche Verlagerung verursachen. Es herrscht infolgedessen hier ein vom Äquator nach Norden gerichtetes Luftdruckgefälle, so daß sich zwischen den beiden Konvergenzzonen eine Südwest- bis Westströmung einstellt, die bis 3 km hoch reicht. Eine ähnliche Erscheinung ist auch im Südsommer durch eine entsprechende Zone nordwestlicher Winde in einigen Gebieten südlich des Äquators zu finden. Der Bereich zwischen den beiden Konvergenzzonen, der also letzten Endes ein Teil des Kalmengürtels ist, wird auch als *äquatoriale Westwindzone* bezeichnet. Sie ist — wie auch gemäß ihrer oben aufgezeichneten Entstehungsbedingungen nicht anders zu erwarten ist — vor allem über Asien und Afrika sowie den angrenzenden Meeresgebieten zu beobachten, während sie im Zentralgebiet des Stillen Ozeans und an der Ostküste Südamerikas nicht festgestellt werden kann. Sie umfaßt damit immerhin annähernd 60% des Erdumfanges.

3.3 Die Roßbreiten

Die Hochdruckgebiete der Roßbreiten liegen auf den Meeren zwischen 25 und 35° Breite. Wie in den Kalmen herrschen auch hier meistens nach Richtung und Stärke unbeständige und schwache Winde oder Windstillen. Im Gegensatz zu der Kalmenzone ist hier aber relativ hoher Luftdruck vorhanden, der allerdings örtlich und zeitlich erheblich schwankt (1020—1040 mbar). Auf seiner polaren Seite gehen die Winde dann in die Westwinddrift, auf der äquatorialen in die Passate über.

Da die Luft in den Hochdruckgebieten am Boden nach den Seiten ausströmt und infolgedessen immer wieder durch Luft aus der Höhe ersetzt werden muß, sinkt die Luft im Hochdruckgebiet allgemein ab, wie auch schon an anderen Stelle gezeigt wurde. Dies hat Wolkenauflösung und damit klaren Himmel, schönes Wetter und Regenarmut in diesen Gebieten zur Folge. Auch die Roßbreitengürtel wandern mit der Sonne, im Sommer etwas polwärts, im Winter äquatorwärts. Im Sommer zerfällt der Hochdruckgürtel, weil über den stark erwärmten Kontinenten infolge des thermischen Druckfalles die Neigung zur Ausbildung von Tiefdruckgebieten besteht. Das ist besonders auf der Nordhalbkugel der Fall (s. Juli-Karte Abb. 44). Auch über der südlichen Halbkugel ist dieser Zerfall bemerkbar, indem über Südafrika und besonders über

Australien Tiefdruckgebiete entstehen. Die verbleibenden Teilgebiete werden auch als nordatlantische, nordpazifische, südatlantische, südpazifische und südindische Antizyklone bezeichnet. Wie die Karten zeigen, sind diese Antizyklonen sowohl im Atlantik als auch im Pazifik nach der Ostseite des betreffenden Ozeans verschoben, weil an der Ostseite der Ozeane kalte Meeresströmungen bis in die Breiten des Hochdruckgürtels führen und so noch eine thermische Unterstützung für die Erhöhung des Luftdruckes geben.

3.4 Die Passate

In den Passaten, die das ganze Jahr hindurch mit großer Regelmäßigkeit von den Roßbreiten zum Kalmengürtel hin wehen, herrscht im Mittel eine Windstärke von 4 Beaufort. Das Wetter im Passatgebiet ist heiter mit geringen Niederschlägen und stellt die beständigste Witterung dar, die überhaupt auf der Erde angetroffen wird. Die doppelte tägliche Periode der Luftdruckschwankungen (**1.2.3**) mit dem Maximum um 10 und 22 Uhr und Minimum um 4 und 16 Uhr Ortszeit läßt sich im Passatgebiet fast immer unmittelbar am Barographen ablesen. Um so mehr sind auch kleine Abweichungen im Luftdruckverlauf zu beachten, da sie Anzeichen atmosphärischer Störungen sein können. Entstehen doch die tropischen Orkane meistens an der Grenze der Kalmen- und Passatgebiete.

Wie die Kalmen liegen auch die Passatgebiete im atlantischen und pazifischen Ozean nicht symmetrisch zum Äquator, sondern etwas nach Norden verschoben. Der Südost-Passat überschreitet daher in der Regel den Äquator um einige Grade nach Norden, im Nordsommer etwas mehr als im Nordwinter. Die mittleren Grenzen der Passatgebiete ergibt die folgende Zusammenstellung:

Mittlere Grenzen der Passate

Passate	Im Atl. Ozean		Im Stillen Ozean		Im Indischen Ozean	
	NO	SO	NO	SO	NO	SO
Im Sept.	10°—34°N	3°N—26°S	10°—32°N	7°N—23°S	—	8°S—25°S
Im März	3°—25°N	0° —28°S	5°—25°N	3°N—30°S	NO-Monsun	11°S—30°S
Mittl. Breite des Passatgürtels	23°	28°	21°	31°	—	18°

Die Passate haben an der Ostseite der Ozeane eine mehr meridionale, an der Westseite eine etwas mehr ost-westliche Richtung. Im Atlantik wehen sie im allgemeinen stärker als im Pazifik. Die Windstärke ist im

Winter der betreffenden Halbkugel größer als im Sommer. Sie kann in Abhängigkeit von der Luftdruckverteilung zwischen leichten und stürmischen Winden schwanken. Die Passatwinde reichen im allgemeinen 1 bis 2 Kilometer hoch. Die über ihnen aus den Tropen abströmenden Luftmassen des Antipassats sind über große Strecken in leicht absinkender Bewegung und erwärmen sich dabei dynamisch. Deshalb liegt an der Grenze zum Passat in der Höhe eine sehr kräftige Inversion (bis zu 10° C Temperatursprung), die *Passatinversion*. Unter ihr schwimmen Stratocumulus- oder Cumuluswolken, die typische Passatbewölkung.

Die Lage und Ausdehnung der Passate, Kalmen und Roßbreitengebiete war ausschlaggebend für die Routen der großen Segelschiffe. Diese Routen wurden zuerst um die Mitte des vorigen Jahrhunderts von dem amerikanischen Seeoffizier Maury entworfen. Sie sind seitdem mit der fortschreitenden Kenntnis der meteorologischen Verhältnisse immer feiner ausgearbeitet worden, nicht zuletzt durch die Mitarbeit deutscher Kapitäne unter Führung der Deutschen Seewarte. In den von der Deutschen Seewarte herausgegebenen Karten der mittleren Segelschiffswege kann die Rücksichtnahme auf die jahreszeitmäßig zu erwartenden Winde und Meeresströmungen in allen Einzelheiten verfolgt werden (**VI. 3**).

3.5 Die Monsune

Die planetarisch bedingte Passatzirkulation, die auf einer Erde mit einheitlichem Untergrund in einem die ganze Erde umspannenden Gürtel zwischen dem subtropischen Hochdruckgürtel und der Kalmenzone vorhanden sein müßte, wird verschiedentlich durch die Land- und Meerverteilung gestört und verändert. Infolge der unterschiedlichen Erwärmungsverhältnisse von Land und Meer bilden sich im Sommer über den schnell erwärmten Festlandsmassen (s. a. **II.2.1**) thermische Tiefdruckgebiete aus, während im Winter infolge der schnelleren Abkühlung der Landmassen über diesen Hochdruckgebiete entstehen, bzw. die Neigung zur Ausbildung hohen Druckes verstärkt wird. Während also im Winter der subtropische Hochdruckgürtel über den Kontinenten durch diesen thermischen Effekt noch verstärkt wird (s. Abb. 43 u. 44), findet im Sommer dadurch eine Abschwächung bzw. Auflösung statt. Entsprechend den dadurch bedingten Druckverhältnissen ist also im Winter überall eine dem Passat entsprechende Strömung von den Subtropen zum Kalmengürtel zu erwarten. Im Sommer dagegen ist das Druckgefälle infolge des Zerfalls des subtropischen Hochdruckgürtels und der Entwicklung großräumiger thermischer Tiefdruckgebiete über den Kontinenten in weiten Gebieten umgekehrt, d. h. in diesem Falle vom Meer zum Land gerichtet. Die Luft strömt jetzt also in umgekehrter Richtung vom Meer zum Land, d. h. die Passatzirkulation ist hier nunmehr unterbrochen. Der Wind, der im Winter einem normalen Passat entspricht, wechselt also jahreszeitlich seine Richtung. Derartige *jahreszeitlich* *wechselnde Winde*, die terrestrisch bedingt sind und sich dem planetarischen Windsystem überlagern, werden als *Monsune* bezeichnet (nach dem arabischen Wort Mausim = bestimmte Zeit im Jahr). Sie sind als großräumiges Windsystem ebenfalls ein Bestandteil der allgemeinen Zirkulation. Die hier gegebene klassische Darstellung als thermische Zirkulation reicht allerdings als Erklärung nicht völlig aus. Nach neueren Untersuchungen sind noch andere Vorgänge beteiligt, auf die aber hier nicht eingegangen werden soll.

Sie entwickeln sich vor allem dort, wo ausgedehnte Festländer in mittleren Breiten inmitten großer Meeresflächen liegen, wie dies insbesondere bei Asien und Australien der Fall ist. Die Ausbildung der thermischen Tiefdruckgebiete über den Festländern hat zugleich zur Folge, daß dadurch die äquatoriale Tiefdruckfurche polwärts ausgeweitet und auch die in ihr liegende ITCZ weit polwärts verschoben wird (über Indien im Sommer z. B. bis 30° N). Am Äquator bildet sich dabei, wie schon gezeigt wurde, in der äquatorialen Westwindzone gleichzeitig eine zweite ITCZ aus.

Das Umsetzen der Monsune dauert in der Regel 2—4 Wochen und findet in den Monaten März—April—Mai sowie im Oktober—November statt. Es ist mit veränderlichen Winden, Windstillen und böigem Wetter verbunden. Die *Hauptmonsungebiete* sind:

1. *Nordindischer Ozean und Chinasee.* Wie die Karten der mittleren Luftdruckverteilung für Januar und Juli zeigen, treten über Südasien starke jahreszeitliche Luftdruckschwankungen auf. Im nördlichen Sommer fällt infolge der starken Erwärmung des Landes der Luftdruck bis auf 1000 mbar, so daß der Luftdruck hier tiefer ist als in der äquatorialen Tiefdruckrinne. Entsprechend diesem Luftdruckgefälle strömen vom Indischen Ozean und der Chinasee maritime Luftmassen nach Südasien. Da auf diese Strömung aber außer dem Luftdruckgefälle noch die ablenkende Kraft der Erdrotation wirkt, weht der *Sommermonsun* in Indien aus Südwesten *(SW-Monsun)*, im Chinesischen Meer dagegen aus Süd bis Südost. Der Wind ist sehr stark, da das Luftdruckgefälle groß ist. Er weht im arabischen Meer mit Stärke 6—8 B, im Golf von Bengalen mit 5—7 B, kann aber maximal im Juli auch 9—10 B erreichen. Im Chinesischen Meer ist er im allgemeinen etwas schwächer und liegt bei 3—5 B.

Der Südwestmonsun reicht bis in Höhen von 4000 bis 5000 m. Darüber liegt die entgegengesetzte Strömung des *Antimonsuns*, der vom Monsun durch eine mehr oder weniger mächtige Schicht von schwachen unbeständigen Winden getrennt ist.

Die mit dem Sommermonsun herantransportierten maritimen Luftmassen stammen letzten Endes aus der äquatorialen Westwindzone. Sie sind sehr feucht und labil geschichtet und mit Regen und stärkeren

Schauern durchsetzt. Sie bringen infolgedessen den angrenzenden Ländern wie z. B. Indien Regen und Fruchtbarkeit. Durch das Aufsteigen der Luftmassen an den gebirgigen Küsten — Stauerscheinung — wird dabei die Niederschlagstätigkeit noch verstärkt. Die starken und zum Teil länger andauernden und mit schweren Gewittern verbundenen Niederschläge der Monsungebiete sind jedoch mit dem langsamen Durchzug der intertropischen Konvergenzzone verbunden, die über Indien ja bis 30° N vordringt. Auf Grund dieser Gesamtwirkung gehören die Monsungebiete teilweise zu den niederschlagsreichsten Gebieten der Erde. So beträgt z. B. in Kassia Hills in Indien die jährliche Niederschlagsmenge 10000 bis 11000 mm.

Im Winter steigt der Luftdruck über dem erkaltenden Festland und führt zur Ausbildung eines thermischen Hochdruckgebietes, das sich in den subtropischen Hochdruckgürtel eingliedert und diesen wieder schließt. Die Luft fließt infolgedessen jetzt wieder vom Festland zum Meer ab. Unter Einwirkung der Erdrotation ergibt dies im Nordindischen Ozean einen Nordostwind, der damit dem planetarischen Nordost-Passat entspricht, der hier an sich wehen müßte. Im Chinesischen Meer kommt der Wintermonsun aus nördlicher und nordwestlicher Richtung. Da das Hoch seinen Kern weit im Norden über Sibirien hat, ist das Gefälle zum Meer hin viel schwächer als im Sommer, der *Nordostmonsun* daher schwächer als der *Südwestmonsun*. Er erreicht im Mittel nur die Windstärke 4. Der NO-Monsun ist als Landwind trocken und bringt dem Arabischen und Bengalischen Meer weniger als $\frac{1}{4}$ Bewölkung.

Das Monsungebiet des nördlichen Indischen Ozeans reicht im allgemeinen bis zum Äquator, nur an der afrikanischen Küste wird der NO-Monsun durch die Erwärmung des Landes bis 10° S über den Äquator hinweggezogen, wobei er mehr und mehr zum Ostwind wird. Der Südwestmonsun dagegen hat teilweise seine Wurzeln in den Ausläufern des Südostpassats des südlichen Indischen Ozeans, die im Westteil des Indischen Ozeans teilweise über den Äquator hinwegreichen und über die äquatoriale Westwindzone in den Südwestmonsun einbezogen werden.

Der Übergang vom SW- zum NO-Monsun vollzieht sich in den Monaten Oktober—November durch allmähliches Verdrängen des SW-Monsuns von Norden her. Während dieser Zeit nehmen Windstillen und veränderliche, böige Winde oft weite Meeresgebiete ein.

2. *Die Meeresteile nördlich von Australien* und die angrenzenden Teile des Indischen und Stillen Ozeans stehen im Südsommer unter dem Einfluß eines Tiefs von etwa 1005 mbar, das sich über dem erwärmten australischen Festland ausbildet. Die von Norden zuströmende Luft wird durch die Erdrotation nach links abgelenkt und bildet den NW-Monsun, der vom Dezember bis Februar am kräftigsten entwickelt ist und an den

asiatischen Wintermonsun des Chinesischen Meeres anschließt, bzw. als dessen Ausläufer angesehen werden kann.

Im Südwinter haben die Meeresteile nördlich Australiens SO-Passat. Während dieser im Ostteil des Indischen Ozeans nur bis 4—5° S vordringt, geht er im Bereich des Chinesischen Meeres in die S- bis SO-Strömung des asiatischen Sommermonsuns über.

3. *Der Golf von Guinea im Atlantischen Ozean.* Im Nordsommer bewirkt die starke Erwärmung Nordwestafrikas die Ausbildung eines Tiefdruckgebietes über dem Lande. Die von Süd zufließende Luft wird nach rechts abgelenkt und zu einem regenreichen SW- bis W-Monsun.

Ihm steht aber kein ausgeprägter Wintermonsun gegenüber, weil sich Nordafrika wegen seiner niedrigen geographischen Breite nur wenig abkühlt. Es weht daher im Nordwinter hier nur ein fast südlicher Passat.

4. *Die südafrikanische Ostküste* weist ebenfalls Monsunerscheinungen auf. Im Südwinter strömt die Luft aus dem südafrikanischen Hoch aus und wird über dem Indischen Ozean wegen der Linksablenkung zum SW-Wind, der in den SW-Monsun der Nordhalbkugel übergeht, so daß dadurch im gesamten Bereich zwischen Ostafrika und Indien der SW-Monsun herrscht. Im Südsommer bildet sich unter dem Einfluß des südafrikanischen Wärmetiefs an der ostafrikanischen Küste eine Ost- bis Nordostströmung aus, die mit der Richtung des hier auslaufenden indischen Wintermonsuns übereinstimmt. Es besteht also auch hier wieder zwischen Indien und Ostafrika eine einheitliche durchgehende NO-Strömung, was vor allem in der Segelschiffszeit für die Schiffahrt von besonderer Bedeutung war.

5. *Die Westküste Mittelamerikas im Stillen Ozean.* An der Westküste Kolumbiens und Kostarikas liegen die Verhältnisse ähnlich wie an der Küste Guineas. Im nördlichen Sommer wehen SW-Winde, im Winter NO-Winde. Abgesehen von kleineren und schwächer ausgeprägten Monsungebieten, z. B. an der Westseite Nordamerikas, an der südkalifornischen und mexikanischen Küste gibt es in Amerika keine weiteren charakteristischen Monsungebiete.

6. *Die Nordküste Afrikas.* An ihr kommt im Winter häufig ein als *Harmattan* bezeichneter ablandiger Wind vor, der den Wintermonsun darstellt. Er stellt sich ein, wenn über der Sahara hoher Druck herrscht, und führt oft riesige Mengen feinster rötlicher Staubteilchen bis weit in den Atlantik hinaus und trübt die Luft. Oft kommt es dabei über dem Meer bis in das Seegebiet westlich der Kap Verden zu Staubfall, der auch Passatstaubfall genannt wird, da er bis in das Passatgebiet hineinreicht.

Derartige mit dem Wintermonsun verbundene Staubfälle, treten auch in anderen Ozeanen auf, wenn im Winter stärkere ablandige Winde aus dem trockenen Kontinent, insbesondere aus Wüstengebieten, auf das Meer wehen. Dies gilt z. B. auch für den SW-Monsun an der Küste

Somalias sowie für den NO-Passat im Persischen Meer im Winter.

7. *Die Mittelmeerküste Vorderasiens* zeigt unter dem Einfluß des großen asiatischen Wärmetiefs im Sommer eine monsunale Strömung, die durch die im östlichen Mittelmeer im Sommer vorherrschenden NW-Winde charakterisiert wird, die auch *Etesien* genannt werden. Im Gegensatz zu anderen Sommermonsunen bringen sie dem östlichen Mittelmeer Trockenheit, weil die Luft aus höheren nach niederen Breiten strömt und dabei infolge der laufenden Erwärmung relativ trocken bleibt.

Monsunartige Erscheinungen, die sich zwar nicht in einer beständigen einheitlichen Windströmung äußern, treten selbst noch jenseits des Polarkreises an der Nordküste Asiens im Weißen Meer sowie an den Küsten großer Binnensee, wie z. B. dem Kaspischen Meer auf. Sie wirken sich hier in der Häufung bestimmter Windrichtungen aus, die einem jahreszeitlichen Gang unterliegen.

Selbst in Deutschland kann auf diese Weise von Monsunwetterlagen gesprochen werden. Sie entsprechen im Winter unter dem Einfluß des oft bis nach Osteuropa vorstoßenden sibirischen Hochs dem häufig auftretenden kalten Südostwindlagen, während unter der Wirkung des kontinentalen sommerlichen Tiefs, dessen Kern oft über Fennoskandien liegt, der Sommermonsun durch eine Häufung der NW-Winde im Juni und Juli charakterisiert wird. Er bringt kühle Meeresluft nach Mitteleuropa (s. Abb. 117) und damit relativ kühle, regnerische Sommer, wenn er sich richtig durchgesetzt hat.

Monsun und Höhenwetterlage. Über den im Sommer stark erhitzten Gebieten Europa—Asiens bildet sich in 5000 m Höhe ein Höhenhochdruckgebiet aus (vgl. das Blockschema der Abb. 45). Die Luftmassen fließen seitlich ab. Dadurch fällt am Erdboden der Luftdruck, es entsteht ein thermisches Tief (**II.2.1**). Wie schon beschrieben wurde, setzen die dadurch in den tieferen Schichten hervorgerufenen auflandigen Winde im Mai ein und wehen in Südasien als SW-Monsun, in Ostasien als SO-Monsun, an der Eismeerküste und über Europa charakterisiert durch die entsprechenden Windhäufigkeiten als NO- bzw. NW-Monsune. Die zunächst lokalen Monsunwinde werden aber verstärkt durch die Luftmassen, die dem langsam nach Nord sich verschiebenden subtropischen Hochdruckgürtel über dem südlichen Indischen Ozean entströmen, und zunächst als SO-Passat bezeichnet, nach Überschreiten des Äquators nach rechts abgelenkt werden und sich als feuchter Monsun nach Indien ergießen.

Zwischen dem Höhenhoch über Asien und den hochreichenden Hochdruckzellen des subtropischen Hochdruckgürtels über Atlantik und Pazifik liegen Höhentröge (Abb. 45) mit tiefem Luftdruck und kalter Luft.

Entsprechend liegt im Winter über dem erkalteten Festland in der Höhe ein Tief, während über den benachbarten Ozeanen Warmluft mit relativ hohem Druck in der Höhe zu finden ist. Abb. 46 zeigt, wie über den Ozeanen die Warmluft in der Höhe mit einem Hochdruckkeil weit nach Norden reicht und die Kaltluft einen Höhentrog in Richtung Südwest (bzw. Südost) erstreckt. Zwischen den beiden Höhentrögen wölbt sich flach ein Hoch im Innern des Festlandes auf.

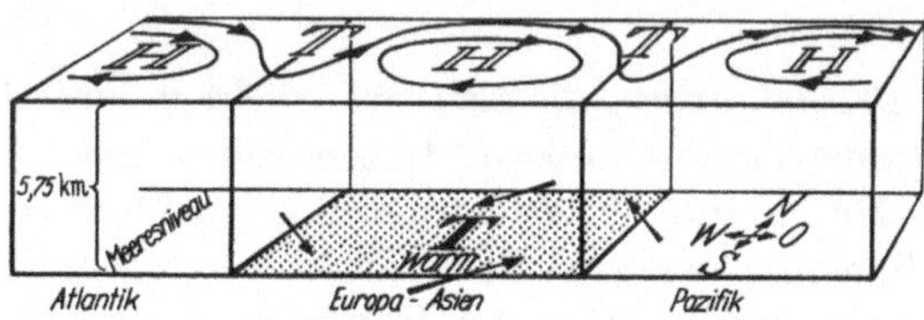

Abb. 45. Sommermonsun über Asien im Blockschema nach H. Seilkopf.

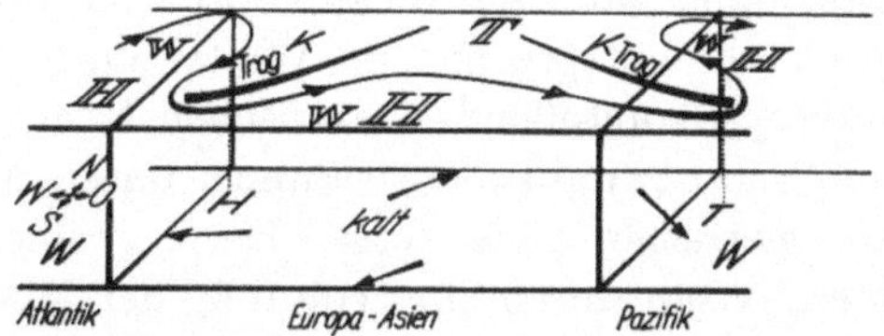

Abb. 46. Wintermonsun über Asien im Blockschema nach H. Seilkopf.

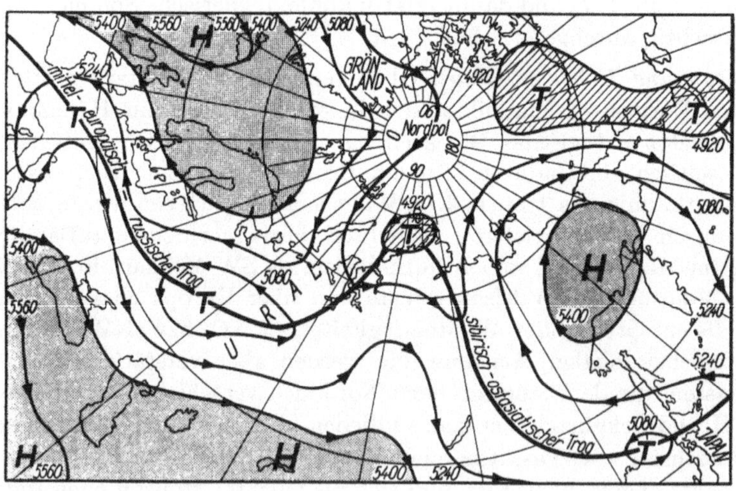

Abb. 47. Höhenwetterkarte vom 31. 1. 1954.

Die Höhenwetterkarte vom 31. 1. 1954 (Abb. 47) läßt zum Beispiel zwischen diesen Hochs (H) und Tiefs (T) deutlich diese Höhentröge erkennen.

3.6 Land- und Seewinde

Land- und Seewinde sind Winde mit täglicher Periode, die annähernd senkrecht zur Küste wehen. Sie entstehen durch die periodisch im Laufe eines Tages wechselnde Erhitzung und Abkühlung des Landes und entsprechen damit hinsichtlich der Ursache letzten Endes den auf die unterschiedliche Erwärmung von Land und Meer zurückzuführenden jahreszeitlich wechselnden Monsunen. Während das Meer Tag und Nacht fast gleich warm bleibt, steigt die Temperatur des Landes während des Tages sehr stark an. Am Erdboden erhitzt sich die Luft und dehnt sich infolgedessen aus. Dadurch werden über Land in der Höhe die isobaren Flächen gehoben (s. a. Abb. 45), so daß in der Höhe nunmehr ein Druckgefälle vom Land zum Meer entsteht. Diesem folgend fließt die Luft in der Höhe nach See. Auf Grund des dadurch bedingten Massenverlustes setzt über Land am Boden nunmehr Druckfall ein, der die Entstehung eines flachen Tiefs zur Folge hat. In dieses strömt Luft von See her ein, so daß sich am Tage eine *Seebrise* einstellt. Sie setzt zuerst auf See in einer mehr oder weniger großen Entfernung von der Küste ein und dringt dann langsam gegen diese vor.

In der Nacht kühlen sich das Land und die darüberliegende Luft durch Ausstrahlung stark ab. Die Luft sinkt infolgedessen in sich zusammen. Dadurch wandern in der Höhe die isobaren Flächen wieder nach unten, so daß in der Höhe ein Druckgefälle vom Meer zum Land entsteht. Diesem folgend strömt nunmehr die Luft in der Höhe vom Meer zum Land und verursacht damit einen Druckanstieg am Boden und den Aufbau hohen Druckes über Land. Aus diesem fließt am Boden die Luft als *Landwind,* der in den Morgenstunden vor Sonnenaufgang am stärksten ist, zum Meer ab. Die Seebrise ist fast immer kräftiger als der Landwind. Beide erreichen jedoch selten eine Mächtigkeit von mehr als 100 bis 400 Meter. Land- und Seebrise sind am besten ausgeprägt in niederen Breiten, weil hier der Temperaturgegensatz zwischen Tag und Nacht am größten ist. Während sie hier ganzjährig auftreten, entwickeln sie sich in außertropischen Gebieten nur in der wärmeren Jahreszeit an ruhigen, heiteren Tagen.

Ihre Geschwindigkeit und Reichweite sind um so größer je größer die Temperaturdifferenzen zwischen Land und Meer sind. An der deutschen Ostseeküste umfaßt die Seewindzirkulation nur etwa einen 10—15 km breiten Streifen beiderseits der Küstenlinie, während sie in Schweden von etwa 30 bis 40 km vor der Küste bis teilweise 30 km landeinwärts reicht. In tropischen Gebieten ist die seewärtige Zone dagegen teilweise über 100 km breit.

Charakteristisch für die Seewindzirkulation ist auch das Wolkenbild im Küstenbereich. Es zeigt über Land im aufsteigenden Ast der Zirkulation häufig die Entwicklung von Haufenwolken, die mit der ablandigen Oberströmung nach See driften und sich dort in dem abwärts gerichteten Zirkulationszweig wieder auflösen, so daß ein mehr oder weniger breiter Streifen vor der Küste dann wolkenarmes Wetter aufweist. Bei Nebellagen kommt es gelegentlich vor, besonders an der kalifornischen Küste, daß die Nebel vom Land und Seewind hin- und hertransportiert werden.

3.7 Fallwinde

Die Land- und Meerverteilung wirkt sich aber nicht nur auf Grund der thermischen Unterschiede auf die Windverhältnisse aus, sondern auch die Oberflächengestaltung kann gelegentlich eine nicht zu vernachlässigende Rolle spielen (s. a. **II.2.5**). So entstehen durch das Herabfallen kalter, schwerer Luftmassen von Gebirgen oft starke Fallwinde. Für die Seefahrt sind sie an vielen Stellen der Erde, wo die Gebirgsketten an das Meer grenzen, bedeutungsvoll. Sie sind als *Bora, Mistral* und *Schirokko* im Mittelmeer, als *White squalls* in den westindischen Gewässern, als *Williwaws* an den Steilküsten des Feuerlandes und Südpatagoniens, als *Sumatras* in der Malaccastraße bekannt, treten aber auch in anderen Gebieten wie z. B. in den Fjorden Norwegens und Islands auf.

Am genauesten untersucht sind von diesen Fallwinden der Föhn, die Bora, der Mistral und der Schirokko des westlichen Mittelmeeres.

Als *Föhn* bezeichnet man seit alten Zeiten einen warmen, trockenen Wind an der Nordseite der Alpen. Man hielt ihn zunächst für einen warmen Südwind der Sahara. Erst als auch auf der Südseite der Alpen entsprechende Winde aus Nord und auch in anderen Gebirgsländern ähnliche Winde beobachtet wurden, erkannte man, daß die Wärme und Trockenheit der Föhnluft erst durch das Herabsteigen vom Gebirgskamm und die dabei auftretende dynamische Erwärmung zustande kommen.

In **II.1.7** wurde das Übersteigen eines Gebirgskammes durch einen Luftstrom besprochen. Der an der Leeseite des Gebirges herabwehende warme und trockene Wind wird *Föhn*, der an der Leeseite beobachtete Abbruchrand der luvseitigen Wolkenmasse *Föhnmauer* genannt. Die Föhnluft ist klar und bringt meistens außergewöhnlich gute Sicht.

Föhnartige Winde können auch an den Abhängen ausgedehnter Hochflächen entstehen, wenn der Temperaturunterschied mit der Höhe weniger als 1°C für 100 m beträgt. Es herrsche z. B. bei einer Temperatur von $+20°$ C im Tiefland auf dem 2000 m hohen Hochplateau eine Temperatur von $+10°$C, so daß also die Temperaturabnahme für je 100 m nur 0,5° C beträgt. Wird dann, etwa durch ein auf der rechten Seite der Abbildung 48 vorbeiziehendes Tief die Luft des Vorlandes abgesogen, so stürzt die Luft vom Vorland herunter und erwärmt sich dabei dynamisch um 20° C, kommt also unten mit 30° C und entsprechend trocken an, da sie inzwischen kein Wasser aufgenommen hat (Föhn als *warmer Fallwind*).

Bora. Die Bora ist ein trockener, oft schneidend kalter, in heftigen Stößen aus Richtungen zwischen NNO und O wehender böiger Wind, der zuweilen mit orkanartiger Stärke an den kahlen Westabhängen des

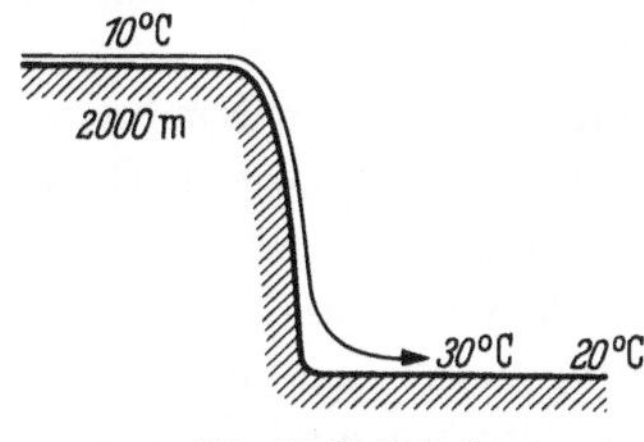

Abb. 48. Fallwind.

Karstes, der Dalmatinischen und Albanischen Küstengebirge als Fallwind gegen die See herabstürzt und rasch eine kurze, spitze See aufwirft. Obwohl sich die Luft beim Herabfallen vom Gebirge dynamisch erwärmt, kommt sie unten doch verhältnismäßig kalt an, weil ihre Temperatur auf dem Gebirge ungewöhnlich niedrig ist und der Höhenunterschied für eine Erwärmung über die im Meeresniveau herrschenden Temperaturen hinaus nicht ausreicht. Mit zunehmender Entfernung von der Ostküste der Adria wird die Bora schwächer und erreicht gelegentlich auch die italienische Küste, aber nur selten als Sturm.

Die eigentliche Bora-Jahreszeit ist der Winter, wenn der Temperaturunterschied des hohen kalten Gebirges gegen die relativ warme Adria am größten ist. Im Sommer dauert die Bora meistens nur einen Tag, oft nur wenige Stunden, im Winter dagegen manchmal, mit zeitweiligen mehr oder weniger kurzen Unterbrechungen, einige Wochen, besonders dann, wenn über dem Balkan ein Hochdruckgebiet liegt.

Die Bora hat einen ausgeprägten täglichen Gang. Wenn das Hinterland starke Temperaturunterschiede zwischen Tag und Nacht aufweist, flaut sie in den frühen Nachmittagsstunden meistens merklich ab.

Die Bedingungen für das Entstehen einer Bora, das Druckgefälle vom kalten Land gegen das warme Wasser, kann dadurch erfüllt werden, daß der Luftdruck über dem kalten Hinterland der Küste rasch steigt. Es handelt sich dann um eine *antizyklonale* Bora. Der steile Gradient kann aber auch dadurch erzeugt werden, daß über dem Meer ein Tief liegt. Dann wird dies als *zyklonale* Bora bezeichnet. Die stärksten Winde entstehen, wenn beide Bedingungen erfüllt sind, d. h. über dem Festland ein Hoch *und* über dem Meer ein Tief liegt.

Die antizyklonale Bora bringt heiteres, trockenes Wetter bei hohem Barometerstand mit meistens nur mäßiger Kälte. Die zyklonale Bora ist dagegen mit trübem Wetter bei stark fallendem Luftdruck, heftigen Niederschlägen und großer Kälte verbunden.

Die Bora kündigt sich durch Wolkenbildung an den Kämmen der Küstenberge an. Die Wolken entstehen, wenn die herabsinkende kalte Höhenluft die feuchte warme Tiefenluft unter den Taupunkt abkühlt. Nach einiger Zeit reißen sich von den Wolkenmassen einzelne Wolken los, gleiten in die Tiefe und lösen sich infolge der Erwärmung der herabsinkenden Luft wieder auf.

Ähnliche Fallwinde kommen an vielen Küsten vor, wo kaltes Hinterland gegen ein warmes Meer abfällt, wie z. B. an der NO-Küste des schwarzen Meeres bei Noworossisk.

Mistral. Der Mistral der Provence und der französischen Mittelmeerküste von der Ebro-Mündung bis in den Golf von Genua hinein entsteht ebenso wie die Bora. Über dem warmen Golf du Lion liegt im Winter fast ständig ein Tief, während die angrenzenden kalten Hochflächen Frankreichs und Spaniens im Winter als Kältezentren häufig Hochdruckgebiete aufweisen. Es weht dann ein NW-Wind, der alle Eigenschaften der Bora hat, vor allem auch das stoßweise Wehen. Vertieft sich der Luftdruck über dem Meer oder steigt der Druck über dem kalten Hochland, so kann ein sehr starkes Druckgefälle entstehen, das dann einen wütenden Sturm und auf dem Meer wilde, hohe Wellen hervorruft.

Das Haupt-Mistral-Gebiet ist das Rhone-Delta. Im Rhonetal selbst werden die Luftmassen in einen verhältnismäßig schmalen Raum zusammengepreßt und dadurch beschleunigt (Düseneffekt), wodurch im Tal Sturmwindstärken entstehen, während der Wind in den Höhen normale Stärke hat. Auf See breitet sich der Luftstrom dann fächerartig aus. Herrscht über See ein genügendes Druckgefälle, kann der Mistral als *Seesturm* bis in das Gebiet zwischen den Balearen und Sardinien reichen. Im Lee der Westalpen und der Pyrenäen sind die Grenzen zwischen der dort lagernden ruhenden Luft und dem Mistral oft scharf ausgeprägt. In Sardinien ist dann im Norden Windstille zu beobachten, während im Süden schwerer Nordweststurm bis 10 B weht, der an der SW-Ecke (Kap Sperone) noch durch einen Ecken-Effekt verstärkt ist.

Der Mistral tritt an der Küste sehr häufig auf, im Mittel an jedem vierten Tag. Die Dauer ist meistens kurz. Eintägiger Mistral ist am häufigsten. Winter und Frühling sind bevorzugt. Der Mistral weht im Gegensatz zur Bora frühnachmittags am stärksten, im Sommer verschiebt sich das Maximum zum Vormittag hin.

Schirokko. Der Schirokko ist ein heißer, trockener Wind aus Süd bis Südost im westlichen Mittelmeer. Er tritt zu allen Jahreszeiten auf, ist jedoch im Juli und August am drückendsten. Hervorgerufen wird er durch ein Tief vor der nordafrikanischen Küste. Beim Überschreiten des Atlasgebirges nimmt er föhnartigen Charakter an und wird dabei heiß und trocken. In den Küstenstädten Marokkos, Algeriens und Tunesiens wurden während starker Schirokkos Temperaturen von 40—50° C beobachtet. Dabei nimmt die Temperatur zuweilen sehr plötzlich zu. Der heiße Wind dauert oft nur Stunden, gelegentlich aber auch 2—3 Tage. Meistens folgt dem Schirokko Windstille und dann NW-Wind mit leichtem Regen.

Stürmische Schirokkos führen häufig Wüsten- und Steppenstaub mit sich (Gibli, Samum), die dann die Luft verfinstern. An der Küste sind bei Schirokkolagen oft Luftspiegelungen, Wasserhosen und auch schwere Böen zu beobachten.

Der im östlichen und mittleren Teil des Mittelmeeres als Schirokko bezeichnete stürmische Wind ist kein Fallwind, er hat mit dem eigentlichen Schirokko nur die südliche bis südöstliche Windrichtung und die hohe Temperatur gemeinsam. Er ist feucht, schwül und oft regenbringend. Er entsteht meistens an der Ostseite eines von Westen herannahenden Tiefdruckgebietes. Zieht dieses dann in nordöstlicher Richtung weiter, so frischt der Schirokko in der Regel bei fallendem Luftdruck mit schweren Regenfällen zu seiner größten Stärke auf, um dann, oft unter Gewittererscheinungen in einer Bö aus SW plötzlich bis NW auszuschießen (vgl. Zyklonentheorie).

3.8 Gewitter und Gewitterböen

Wenn auch Gewitter vor allem durch die mit ihnen verbundenen starken elektrischen Entladungen und Schauerniederschläge charakterisiert sind (**I.10**), so müssen sie doch im Rahmen der Windsysteme mit behandelt werden, weil sie oft eine Störung des allgemein herrschenden Windsystems und kräftige, von der herrschenden Windströmung abweichende Windstöße, Böen, bringen können, die für kleine Seefahrzeuge gefährlich sein können.

Bei Gewittern ist zwischen *Wärmegewittern* und *Frontgewittern* zu unterscheiden. Beiden gemeinsam sind aber die kräftigen labilen vertikalen Umlagerungen, die mit sehr kräftigen aufwärts gerichteten, hochreichenden Luftbewegungen verbunden sind.

So entstehen z. B. *Wärmegewitter* an heiteren, windstillen Sommertagen durch die starke Überhitzung der unteren Luftschichten infolge der ungehinderten Sonneneinstrahlung. Dadurch stellt sich eine labile Luftschichtung ein (**II.1.8**), die durch einen geringfügigen Anlaß gestört und zu einer schnellen vertikalen Umlagerung führen kann. Die übererwärmte Luft dringt dann an irgendeiner Stelle durch die darüberliegenden kühleren Schichten empor und steigt in um so größere Höhen, je mehr Wasserdampf sie enthält, da die freiwerdende Kondensationswärme den Auftrieb in Gang hält. Es quellen dann mächtige, hochreichende Cumulus-Türme auf. Starke elektrische Ladungen der Wolken sind die Folge der plötzlichen Kondensationsvorgänge (**I.10**).

Sinken die Temperaturen in den oberen Schichten bei dem Aufsteigen erheblich unter 0° C ab, so wird der obere Teil des Cumulonimbus (**I.8.4**) zur Eiswolke und die Quellköpfe breiten sich zu Amboßformen aus. Den unteren Teil der Gewitterwolke umgeben dunkle Wolkenmassen, die von der Front der heranziehenden Gewitterwolke gesehen, zuweilen einen großen Bogen über einen Teil des sonst noch hellen Himmels spannen *(Böenkragen)*. Während der Quellkopf in Höhen von 4—10 km emporschießt, gehen aus der Wolke starker Regen, Hagel, Graupel- oder Schneeschauer mit Blitz und Donner nieder.

Nach dem Vorübergang eines Gewitters heitert es auf und tritt wieder normale Witterung ein. Wärmegewitter werfen das Wetter nicht um, im Gegensatz zu Frontgewittern.

Das Gewitter kann am Ort der Entstehung erlöschen; in der Regel jedoch breitet sich der Gewitterprozeß aus. In Europa ziehen die meisten Gewitter mit der oberen Luftströmung von West nach Ost. Starke Abkühlung, Niederschlag in Form von Platzregen oder Hagel kennzeichnen den Durchzug, der oft von heftigen Windstößen oder Gewitterböen eingeleitet wird. Die Gewitterböen hängen mit den starken vertikalen Umlagerungen zusammen. Infolge der vom Boden in die Höhe emporstrudelnden Luft wird am Boden von allen Seiten her die Luft kräftig angesaugt und in das Zirkulationssystem der Wolke mit einbezogen. Dadurch kommt es oft zu unregelmäßigen starken Böen, die am Boden auch gegen die Zugrichtung des Gewitters gerichtet sein können, so daß es so aussieht, als ob das Gewitter gegen den Wind zieht. Das ist aber nicht der Fall, denn die Wolke wandert immer mit der herrschenden Oberströmung. Da aus dieser auch wieder Luftpakete mit ihrer größeren Geschwindigkeit und auch eventuell anderen Richtung unregelmäßig nach unten durchgreifen können, ist der stark böige Charakter des Windes bei Gewittern verständlich.

Wärmegewitter gehören in den Tropen zu den regelmäßig wiederkehrenden Erscheinungen der Regenzeit; dagegen fehlen sie in den Polargegenden. Auch auf See sind sie seltener. Sie treten hier vor allem im Herbst und Winter nach dem Einbruch hochreichender labil geschichteter Kaltluftmassen auf, weil in diesen Jahreszeiten das Wasser im Vergleich zur Luft erheblich wärmer ist. Das gilt z. B. für die oft im Herbst über der Ostsee auftretenden Nachtgewitter, wie auch für die über dem Golfstrom im Herbst und Winter häufiger vorkommenden nicht frontgebundenen Gewitter.

Trockenheit der Luft ist für die Entstehung von Gewittern ungünstig. Ebenso entwickeln sie sich selten in Hochdruckgebieten, denn in diesen ist zwar Windstille und im Sommer starke Erwärmung vorhanden, die Luftmassen sind aber in absteigender Bewegung. Am günstigsten sind Rinnen tiefen Druckes zwischen zwei Hochdruckgebieten.

Auch das Emportreiben feuchtwarmer Luftmassen an steilen Küsten oder durch Präriebrände oder Vulkanausbrüche kann zu Gewittern führen. Bei *Frontgewittern* wird das Emporsteigen der Luft gewaltsam durch einen dynamischen Vorgang verursacht, indem kalte Luft gegen Warmluft vordringt und diese plötzlich in große Höhen empordrückt, wie dies näher in (**II.4.8**) beschrieben wird.

Als Beispiel heftiger Gewitterböen, die auf das Meer übergreifen, seien die westafrikanischen *Tornados* und die *Sommerpamperos* in der Nähe der La-Plata-Mündung angeführt.

Die Tornados[1] treten an der Westküste Afrikas von 10—25° N, besonders zwischen dem Äquator und 10° N bis tief in die Guineabucht hinein auf. Die Böenwolke zieht fast immer aus nordöstlicher bis südöstlicher Richtung gegen den hier vorherrschenden südlichen oder südwestlichen Unterwind langsam herauf. Am Tag zeigt die Wolke eine fahle, gelbliche oder kupfrige Färbung. Der vordere obere Rand der Wolke hebt sich scharf vom blauen Himmel ab, während der hintere, untere unregelmäßig zerfranst ist. Das Heraufziehen der Wolke nimmt im allgemeinen 2—3 Stunden in Anspruch, kann jedoch auch sehr rasch vor sich gehen. Ist die pilzförmige Gewitterwolke etwa 40—60° hoch, so beginnt der Sturm plötzlich in einer schweren Bö aus NO zu wehen. Während der Sturm mit voller Stärke weht, ändert er seine Richtung nur wenig. Strömender Regen und heftige Gewitter begleiten ihn. Wenn der Wind nach 1—4 Stunden abzuflauen beginnt, dreht er durch O und SO wieder nach SW und W. Meistens treten nach dem Tornado schwache, veränderliche Winde oder Windstillen ein. Die Temperatur sinkt mit dem Einsetzen des Regens sehr rasch um 3—5° C.

Die Tornados kommen am häufigsten vor, wenn die Kalmenzonen nach Süden gerückt sind, also von Oktober bis April, und in den Monaten des Monsunwechsels März—April und Oktober—November. Sie treten tagsüber häufiger auf als nachts. Ihre größte Häufigkeit erreichen sie Anfang und Ende der Regenzeit, während sie mitten in der Regenzeit und Trockenzeit seltener sind. Das Herannahen eines Tornados ist meistens lange genug im voraus zu erkennen, um auf dem Schiff alle notwendigen Vorsichtsmaßregeln zu treffen.

Die Sommerpamperos an der La-Plata-Mündung sind ebenfalls unseren Sommergewittern verwandt. Kennzeichnend für sie ist eine von W gegen den herrschenden Unterwind heraufziehende Gewitterwolke, heftige Niederschläge und Windstöße in Verbindung mit großartigen elektrischen Erscheinungen, Steigen des Luftdrucks und Fallen der Temperatur. (Winterpamperos s. **II.4.15**.)

---

[1] Das Wort „Tornado" ist von diesen Gewitterböen auf heftige Stürme in Nordamerika übertragen worden, die jedoch einen völlig anderen Charakter haben, nämlich aus Wirbeln mit senkrechter Achse bestehen, also zu den Tromben gehören (s. **II.5.4**).

4. Die Stürme der gemäßigten Zonen

4.1 Die Westwindgürtel

Zwischen den Hochdruckgebieten über den Polen und den Hochdruckgürteln der Roßbreiten liegen mächtige Tiefdruckrinnen, die sich aus der Aufspaltung der Zirkulation Äquator—Pol durch die Erdrotation in einen äquatorialen und polaren Kreislauf ergeben (**II.3.1**). Da die Luft, die dem Gefälle vom Roßbreitenhoch zur Tiefdruckrinne hin folgt, auf Nordbreite nach rechts, auf Südbreite nach links abgelenkt wird, entstehen ausgeprägte Zonen westlicher Winde. Diese westlichen Winde sind auf der Südhalbkugel am regelmäßigsten entwickelt, da hier wegen der geringen Landbedeckung kaum störende Einflüsse durch die Land- und Meerverteilung (monsunale Effekte) auftreten. Zwischen 40 und 60° S liegt der Gürtel der *braven Westwinde*, die Zone der „roaring forties" und der „furious fifties", in denen sehr häufig stürmische Westwinde anzutreffen sind.

Der Charakter der Winde in diesen Westwindgürteln ist ganz anders als der der Passate. Während die Passate stetig und mit nahezu unveränderter Stärke aus derselben Richtung wehen, wechselt der Wind in den Westwindgürteln häufig seine Richtung (auf Nordbreite von S über W nach N, auf Südbreite von N über W nach S) und schwankt dabei vielfach zwischen leichter Brise und Orkanwindstärke. Der Grund hierfür liegt darin, daß wandernde Hoch- und Tiefdruckgebiete als wandernde Störungen das Gebiet westlicher Winde von West nach Ost durchziehen. Dabei werden Luftmassen aus höheren in niedrigere Breiten und umgekehrt verlagert. Der Luftaustausch, der in den Tropen durch die *übereinander* liegenden Luftströme Passat—Antipassat überwiegend in meridonaler Richtung geschieht, wird in den mittleren Breiten wesentlich durch *nebeneinander* fließende Luftströme besorgt (**II.3.1**). Jede synoptische Wetterkarte läßt diese Luftströme erkennen, die aus Luft ganz bestimmter Eigenschaften bestehen und sich eventuell über Tausende von Seemeilen erstrecken sowie einige Kilometer in die Höhe, manchmal sogar bis in die Stratosphäre reichen. Oft versuchen sie einander zu verdrängen. Das Wetter ist infolgedessen äußerst wechselhaft und hängt ganz davon ab, welche Luftströmung das Gebiet zur Zeit überdeckt oder ob hier die Grenzzone verläuft.

4.2 Luftmassen

Um die in den gemäßigten Breiten ankommende verschiedenartige Luft zu charakterisieren, wurde der Begriff der *Luftmasse* geprägt. Unter einer Luftmasse ist eine Luftmenge großen Ausmaßes zu verstehen, die ein großes Gebiet überdeckt und — abgesehen von einer Bodenstörungsschicht — in der Höhe einheitlich aufgebaut ist. Sie besitzt also bezüglich Temperatur, Feuchtigkeit, Sicht, Bewölkung und Stabilitätsverhältnissen überall die gleichen Eigenschaften, die sie entsprechend der in ihrem Entstehungsgebiet herrschenden Strahlungsbedingungen angenommen hat. Innerhalb einer Luftmasse sind die meteorologischen Verhältnisse also einheitlich bzw. ändern sie sich nur stetig und wenig. Sie werden allein durch die tägliche Ein- und Ausstrahlung gesteuert.

Es wäre daher falsch, die Luftmassen nur nach der Bodentemperatur in Warmluft oder Kaltluft einzuteilen, weil dann infolge des täglichen Temperaturganges — z. B. bei Strahlungswetter in den Übergangsjahreszeiten — dieselbe Luftmasse nachts und morgens als Kaltluft, tagsüber aber als Warmluft bezeichnet werden müßte, obwohl sie nach ihrem ganzen sonstigen Aufbau ihren Charakter nicht geändert hat. Auch bei der Wanderung von Luftmassen wäre dieser Begriff nicht eindeutig, da er relativ ist und von den Temperaturverhältnissen der Umgebung abhängt. So würde z. B. Kaltluft, die im Winter aus dem Nordwesten über die warme Nordsee in das kalte Festland einströmt, hier am Boden als Warmluft erscheinen, während sie nach ihrem ganzen vertikalen Aufbau aber eine Kaltluft ist. Denn eine Luftmasse verändert zwar während ihrer Wanderung auf Grund der Beeinflussung durch den Untergrund ihre Eigenschaften in der Bodenschicht, der sogenannten Bodenstörungsschicht, teilweise sehr stark, in der Höhe dagegen nur sehr langsam und verhältnismäßig wenig, da sich die Bodeneinflüsse — abgesehen von Ausnahmefällen — verhältnismäßig langsam nach oben fortpflanzen.

Die Luftmassen werden deshalb auch besser nach ihren Ursprungsgebieten gekennzeichnet. Wie aus dem Vorstehenden schon hervorgeht, können einheitliche Luftmassen nur dort entstehen, wo über größeren Räumen etwa einheitliche Bedingungen vorhanden sind und die Luftmassen längere Zeit verweilen können, so daß sie unter dem Einfluß der hier herrschenden Strahlungsbedingungen einheitliche Eigenschaften nach Temperatur, Feuchtigkeit usw. annehmen können. Nach dem Schema der allgemeinen Zirkulation (**II.3.1**) sind diese Voraussetzungen nur in den subtropischen Hochdruckgürteln und den Hochdruckgebieten über den Polargebieten gegeben, die sich besonders über den Landmassen der Nordhalbkugel im Winter weit nach Süden ausweiten können. Nur diese Gebiete sind also als Entstehungsgebiete einheitlicher Luftmassen anzusprechen.

In den gemäßigten Breiten wird deshalb großräumig nur zwischen *Tropikluft* (T) aus den subtropischen Hochdruckgürteln und *Polarluft* (P) aus dem Gebiet nördlich des Polarkreises unterschieden. Direkt aus dem Kerngebiet der polaren Antizyklone stammende, sehr kalte und frische Polarluft wird dazu gelegentlich noch als *Arktikluft* (A) bezeichnet.

Sie spielt vor allem bei den Wettererscheinungen auf den nördlichen Fangplätzen zeitweise eine Rolle. Die aus den Subtropenhochs zum Äquator abfließenden Luftmassen, die in der äquatorialen Kalmenzone zur Ruhe kommen und hier umgewandelt werden, werden auch *äquatoriale Luftmassen* genannt. Sie sind sehr warm, meist über 27 °C und besitzen über dem Meer und den Vegetationsgebieten der Kontinente einen hohen Wasserdampfgehalt (meist über 20 g/m³ absolute Feuchte). Sie dringen aber kaum in unsere Breiten vor.

Da die Polarluftmassen beim Vordringen in gemäßigte Breiten hier im allgemeinen eine Abkühlung bewirken und im Verhältnis zur Unterlage kalt sind, werden sie auch oft als *Kaltluftmassen* bezeichnet, während die Tropikluftmassen entsprechend auch *Warmluftmassen* genannt werden. Mit dieser Einteilung werden letzten Endes auch die Begriffe Kalt- und Warmluftmassen erfaßt. Sofern diese allerdings selbständig gebraucht werden, sollte die Charakterisierung der Luftmassen nur auf Grund ihrer Eigenschaften in der Höhe erfolgen, da die Bodentemperaturen täuschen können.

Arktische Luftmassen sind sehr kalt und haben schon auf Grund ihrer sehr niedrigen Temperatur nur einen geringen Wasserdampfgehalt. Er liegt zumeist unter 5 g/m³. Da sie meist auch nur geringe relative Feuchte und wenig Kondensationskerne haben, herrscht in ihnen überwiegend gutsichtiges wolkenarmes Wetter, das durch die Tendenz zum Absinken im Bereich der polaren Antizyklone noch gefördert wird. Die Schichtung ist dabei stabil.

Der arktischen Luft entsprechen in ihren Eigenschaften auch etwa die im Winter über dem Festland im asiatischen Hoch entstehenden *kontinentalen Polarluftmassen* (cP). Sie sind ebenfalls sehr kalt und trocken sowie stabil geschichtet, so daß auch in ihnen wolkenarmes Wetter überwiegt. Wie wesentlich aber auch bei den Luftmassen der Untergrund des Entstehungsgebietes für ihre Eigenschaften mitspricht, zeigt sich bei den Polarluftmassen, die über den Meeresgebieten polwärts der Polarkreise entstehen und als *maritime Polarluftmassen* (mP) bezeichnet werden. Infolge der Wärme- und Feuchteaufnahme vom Wasser her sind sie wesentlich wärmer und außerdem in den unteren Schichten wasserdampfreicher. Dies führt dazu, daß diese Luftmassen oft, insbesondere in den Wintermonaten über See, labil geschichtet sind, womit die Neigung zur Wolken- und Niederschlagsbildung wächst.

Auch bei der Tropikluft sind die Eigenschaften unterschiedlich, je nachdem ob sie sich über den subtropischen Meeres- oder Festlandsgebieten entwickelte. So gelten z. B. für die *maritime Tropikluft* (mT) in ihrem Entstehungsgebiet Temperaturen von 20—26° C und ein Wasserdampfgehalt von etwa 14—18 g/m³ absoluter Feuchte. Sie ist infolgedessen auch nicht so gutsichtig wie Polarluft, sondern diesig und neigt zur Bildung von Dunst- und Nebelfeldern oder auch tiefliegender Schichtbewölkung. Aus den subtropischen Festlandsgebieten, z. B. der Sahara stammende *kontinentale Tropikluft* (cT) ist dagegen noch wärmer, aber trockener. Da sie aber eine Menge Staubteilchen enthält, ist auch sie verhältnismäßig diesig.

Selbstverständlich bringen diese Luftmassen, wenn sie in die gemäßigten Breiten vordringen, diese Eigenschaften nicht unverändert mit. Sie werden sowohl hinsichtlich der Temperatur, Feuchtigkeit und auch Schichtung auf ihrem Wege von der Unterlage her beeinflußt und zumindest in den unteren Schichten mehr oder weniger stark umgeformt.

So wird z. B. Luft, die aus kühleren in wärmere Gebiete einströmt, von unten erwärmt und dadurch *labil* geschichtet. Wenn sie genügend Feuchte enthält, bzw. von der Meeresoberfläche aufgenommen hat, bilden sich Haufenwolken (Cu, Cb), wobei auch Schauer auftreten können, wie das besonders bei maritim-polarer Luft zu beobachten ist. Durch die dabei erfolgenden starken vertikalen Umlagerungen, wird die Erwärmung bis in große Höhen gebracht, wodurch eine allmähliche Umwandlung der Luft erfolgen kann.

Der Wärmeeinfluß des Meeres ist sehr erheblich. Kommen z. B. Kältewellen aus dem kalten nordamerikanischen Kontinent über das Golfstromgebiet, können Temperaturdifferenzen bis zu 25° C auftreten. Es kommt dann gelegentlich zu trombenartiger Konvektion (spiralige Dampfsäulen).

Luft, die aus warmen in kältere Gebiete vordringt, wird unten abgekühlt und dadurch *stabil* geschichtet. Ihre Bewölkung besteht vorzugsweise aus Schichtwolken. Der Wärmeaustausch bzw. die Abkühlung beschränkt sich auf die unteren Schichten, während in den höheren Schichten praktisch keine Veränderung eintritt.

Strömt z. B. subtropische Warmluft über das kühlere Wasser des Labradorstromes, so wird sie stabil geschichtet, die starke Abkühlung der unteren Schichten bringt Anstieg der relativen Feuchtigkeit und damit die Neigung zur Ausbildung von Dunst- und Nebelfeldern, niedrigen Schichtwolkenfeldern und gelegentlich auch Nieselregen.

Arktikluft, die in hohen Breiten auf der Rückseite eines Tiefdruckgebietes vordringt, kann von diesem herumgeführt werden und als *rückkehrende Polarluft* wieder polwärts fließen. Sie hat dann aber ihren Charakter weitgehend geändert, insbesondere ist sie wärmer und feuchter geworden.

4.3 Die Polarfront und Frontalzonen

Aus den in Abb. 43 und 44 dargestellten mittleren Luftdruckverteilungen und großräumigen Strömungsverhältnissen für Januar und Juli ist leicht zu erkennen, daß diese verschiedenen Luftmassen aus ihren

Ursprungsgebieten ausfließen und laufend mehr oder weniger stark gegeneinander geführt werden. So strömen die arktischen bzw. polaren Luftmassen mit Ost- bis Nordostwinden aus der Polarkalotte der Nordhalbkugel aus und werden damit gegen die aus Südwesten im Rahmen der Westdrift nach Norden vordringenden warmen subtropischen Luftmassen geführt. Auf der Südhalbkugel sind es dementsprechend die kalten Ost- bis Südostwinde, die gegen die warmen Nordwestwinde der südlichen Westdrift vorstoßen. Es befinden sich also immer zwei Luftmassen mit praktisch entgegengesetzter Strömung nebeneinander, die sich infolge ihres Temperaturunterschiedes auch in ihrer Dichte bzw. in ihrem spezifischen Gewicht unterscheiden. Die schwerere Kaltluft hat dabei das Bestreben, bei ihrem Vordringen in die gemäßigteren Zonen am Boden zu bleiben, während die leichtere Warmluft nach oben ausweichen kann. Die schwerere Kaltluft schiebt sich daher bei diesem Prozeß von den Polarkalotten aus keilförmig unter die Warmluft. Die schmalen Grenz- bzw. Übergangszonen, die dabei sowohl am Boden wie auch in der Höhe entstehen, werden als *Frontalzonen* bezeichnet. Sie sind besonders durch langgestreckte, schmale Gebiete mit scharfen Temperaturgegensätzen charakterisiert und umspannen oft die ganze Hemisphäre, wie die Wetterkarten häufig zeigen. Da in Kaltluft der Luftdruck mit der Höhe schneller abnimmt als in der Warmluft, muß sich in der Höhe an dieser Grenze von Warm- und Kaltluft infolge dieses starken Temperaturunterschiedes auch ein sehr starkes polwärts gerichtetes Druckgefälle ausbilden, dem starke (s. barisches Windgesetz) westliche Winde entsprechen müssen. Die letzten Endes durch das planetarische Windsystem bedingte Frontalzone fällt also in der Höhe mit einer Starkwindzone zusammen. Derartige im Zusammenhang mit Frontalzonen auftretenden Starkwindfelder werden auch *Jetstream* bzw. nach Prof. Seilkopf *Strahlstrom* genannt. Sie sind normalerweise am stärksten unterhalb der Tropopause.

Die Grenzlinie dieser planetarischen Frontalzone am Boden, d. h. die Schnittlinie der geneigten Grenzfläche zwischen den beiden Luftmassen mit dem Erdboden, wird auch als *Polarfront* bezeichnet (Abb. 42). Sie trennt die artverschiedenen aus niederen Breiten stammenden *Tropikluftmassen* von den *Polarluftmassen* und verläuft z. B. über dem Nordatlantik im Winter von den Bermudas nach Südengland, im Sommer nördlicher, etwa von Neufundland nach Schottland.

Selbstverständlich gibt es gelegentlich auch *Fronten zwischen artverwandten Luftmassen*, so z. B. zwischen frischer und gealterter Polarluft oder vor allem in den polaren Breiten zwischen frischer *Arktikluft* und *Polarluft* die *Arktikfront*, sowie in äquatorialen Breiten die *Intertropikfront*. Doch können diese Fronten im allgemeinen als zweitrangig betrachtet werden, zumindest in bezug auf die allgemeine Zirkulation, denn sie stellen praktisch nur interne Fronten dar, an denen keine krassen Gegensätze vorhanden sind.

Die Grenzfläche, die die Luftmassen auch in der Höhe trennt, ist — wie schon erwähnt wurde — geneigt. Ein stetiges dauerndes Strömen der beiden Luftmassen nebeneinander und damit auch ein Gleichgewichtszustand der Grenzfläche ist jedoch nur möglich, wenn sie eine bestimmte Neigung gegen die Erdoberfläche hat. Sie wird durch die Temperaturdifferenz und Strömung der beteiligten Luftmassen bestimmt. Wird dieses eventuell vorhandene Gleichgewicht, also dieser stationäre Zustand, gestört, z. B. durch eine Veränderung der Strömung in einer der beteiligten Luftmassen oder durch eine Änderung des Temperaturgegensatzes, so hat das auch Störungen an der Frontalzone zur Folge. Diese versucht entsprechend den neuen Bedingungen eine neue Gleichgewichtslage einzunehmen, schwingt dabei aber wie ein aus der Ruhelage gebrachtes Pendel einige Male um die Gleichgewichtslage hin und her. Dadurch bedingt treten an der Polarfront wellenartige Ausbuchtungen auf, in denen kalte Luftmassen in niedere und warme Luftmassen in höhere Breiten vorstoßen.

Solche Entwicklungen werden noch durch eine Druckverteilung mit kreuzweiser Anordnung von Hoch- und Tiefdruckgebieten, ein sogenanntes *Viererdruckfeld* (Abb. 49) begünstigt. Zwischen ihnen liegt ein sogenannter *neutraler Punkt* (N), von dem aus der Druck wie bei einem

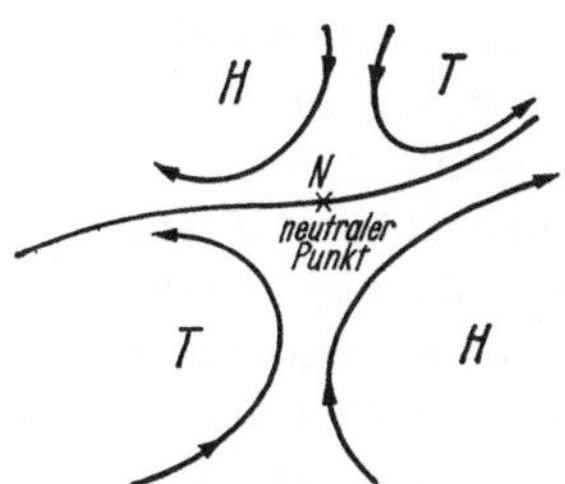

Abb. 49. Viererdruckfeld.

Sattel nach zwei Seiten ansteigt und nach zwei Seiten fällt. Bei der dabei herrschenden Strömungsanordnung werden die warmen und kalten Luftmassen stärker gegeneinander geführt, wodurch die Temperaturgegensätze auf engem Raum und damit die Frontalzone verstärkt wird. Damit wird der bisherige Gleichgewichtszustand an der Frontalzone gestört, so daß es zu einer Deformation an ihr und zur Wellenbildung kommt.

Derartige Störungen an der Polarfront werden auch durch geographische Hindernisse wie z. B. Gebirgszüge oder Landmassen gefördert, die aus dem Meere aufragen und das Strömungsfeld beeinflussen. So werden

z. B. die polaren Ostwinde an der Ostküste Grönlands gestaut und abgelenkt. Ebenso geben die großen meridional verlaufenden Gebirgszüge
wie das nordamerikanische Felsengebirge, Spitzbergen, Franz-Josephs-
Land, Nowaja-Semlja und der Ural Anlaß zu Strömungsänderungen
in der Kaltluft und damit auch zu gelegentlichen Kaltluftvorstößen.
Auf Südbreite wirkt das weit nach Süden vorspringende Südamerika
in ähnlicher Weise.

Nach den Anschauungen der *norwegischen Meteorologenschule von
V. Bjerknes, Solberg* und anderen entwickeln sich aus diesen wellenartigen Vorgängen die *wandernden Tiefdruckgebiete*, die als *Wellen und
Wirbel* an der Polarfront entlanglaufen. Diese Anschauung über die Entstehung der Zyklonen wird als *Polarfronttheorie* bezeichnet. Sie wurde
zwar später auf Grund neuerer Erkenntnisse, besonders bezüglich der
Vorgänge in der Höhe noch ergänzt, ist aber auch heute im wesentlichen
noch gültig. Mit dem von V. Bjerknes dafür entwickelten Zyklonenmodell ist es möglich, die Wettererscheinungen der wandernden Tiefdruckgebiete in den gemäßigten Breiten weitgehend zu erfassen und zu
erklären.

4.4 Die Entwicklung einer Zyklone

In Abb. 50 ist die Entwicklung eines Tiefdruckgebietes an der Polarfront nach J. Bjerknes und H. Solberg dargestellt. In der Zeichnung
zeigen die einfachen Pfeile die Strömung in der Kaltluft an, während die
doppelten die Warmluftströmung charakterisieren. Die mit Zacken und
Halbkreisen besetzten Linien geben die Frontalzone an, also die Grenze
zwischen den beiden Luftmassen.

Während 50a noch den ungestörten Zustand der Frontalzone zeigt,
ist in 50b eine kleine wellenförmige Deformation angenommen, die
einer Störung des Gleichgewichtszustandes entspricht und sich weiter
entwickelt (Abb. 50c und 50d). Dabei dringt einesteils Warmluft nach
Norden bis Nordosten vor und ersetzt dort schwerere Kaltluft, so daß
hier infolgedessen Druckfall eintritt. Andererseits stößt auf der Rückseite die schwere Kaltluft nach Süden bis Südosten vor und verdrängt
die leichtere Warmluft, so daß in diesen Gebieten Druckanstieg einsetzt. Mit diesen *thermisch bedingten Druckänderungen* ist die Entwicklung des Tiefdruckgebietes eingeleitet. Den Druckänderungen bzw. dem
durch sie veränderten Druckfeld folgend setzt dann auch die zyklonale
Strömung ein, wie sie sich aus dem barischen Windgesetz ergibt und durch
die Pfeile in der Abbildung dargestellt ist.

Allerdings haben Untersuchungen gezeigt, daß die bei Tiefdruckgebieten oft auftretenden starken Druckschwankungen nicht allein auf
diese thermisch bedingten Druckänderungen zurückgeführt werden
können, die sich aus dem Verschieben verschiedener Luftmassen bzw.

verschieden temperierter Luftkörper gegeneinander ergeben. R. Scherhag und andere konnten zeigen, daß dabei vor allem noch dynamische Vorgänge in der Höhe mitwirken, die sich an der in der Höhe über der Frontalzone befindlichen Starkwindzone abspielen. Sie ist zumeist dynamisch instabil, so daß die Bildung von Wellen und Wirbeln dadurch begünstigt wird.

In Abb. 51 sind deshalb die Verhältnisse in der Höhe, d. h. für das 500-mbar-Niveau — den einzelnen Entwicklungsphasen der Abb. 50 ent-

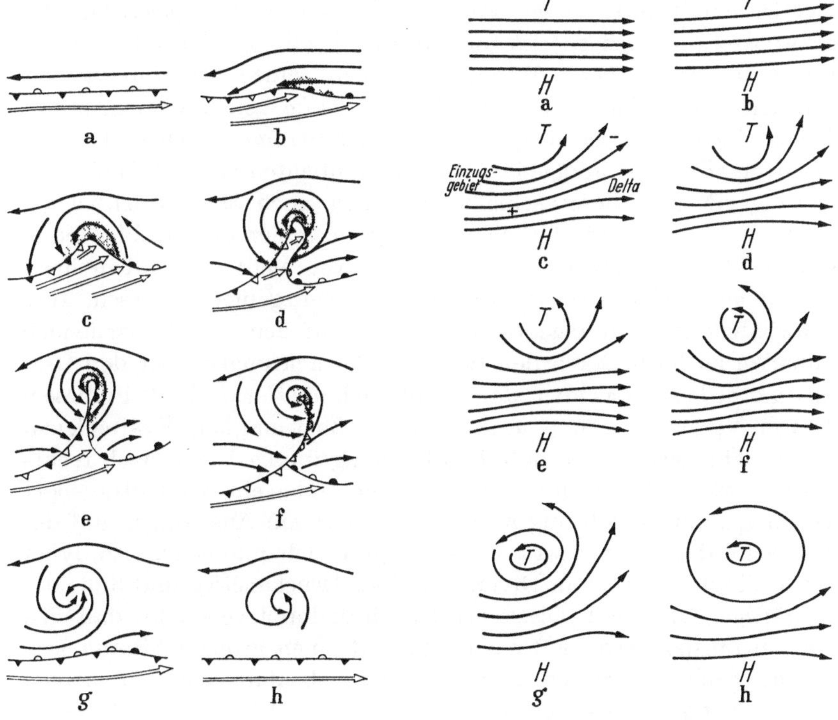

Abb. 50. Entwicklung einer Zyklone im Bodendruckfeld.

Abb. 51. Entwicklung einer Zyklone im Höhendruckfeld 500 mb.

sprechend — nach Scherhag dargestellt. Dem ungestörten Zustand der Frontalzone von 50a entspricht in der Höhe eine gleichmäßige Westströmung, die aber auf Grund der an der Frontalzone herrschenden scharfen Temperaturgegensätze eine ausgeprägte Starkwindzone ist. Durch die wellenartige Deformation an der Frontalzone (50b) und die damit zusammenhängenden Massenverschiebungen wird sie ebenfalls gestört. Die auf der Ostseite nach Norden ausgreifende Warmluft bedingt infolge der geringeren Druckabnahme in der Warmluft mit der Höhe, daß in diesem Gebiet der Druck in der Höhe steigt, während er auf der Westseite bzw. Rückseite in der Höhe mit der nach Süden vorstoßenden Kaltluft fällt. Dies hat zur Folge, daß die Isohypsen aus ihrer Richtung gedreht werden und dabei gleichzeitig im östlichen Teil etwas auffächern, während sie im westlichen Teil über der vordringenden Kaltluft etwas zusammenrücken, wie es in 51b angedeutet und in 51c ausgeprägter dargestellt ist. Dieses Auffächern bzw. *Divergieren* der Höhenströmung ist für die weitere Entwicklung der Zyklone von wesentlicher Bedeutung, weil damit nach der *Divergenztheorie* von *Ryd* und *Scherhag* bemerkenswerte Druckänderungen verbunden sind.

Der Druckfall unter diesem Auffächerungs- bzw. *Divergenzgebiet* der Starkwindzone bzw. des *Jetstreams*, das auch mit der Aufteilung eines Stromes in verschiedene Mündungsarme in seinem Mündungsgebiet verglichen werden kann und deshalb auch *Delta* genannt wird, ergibt sich aus einem gewissen Trägheitseffekt der Strömung. Diese hat vor dem Divergenzgebiet infolge des starken Gradienten eine sehr hohe Geschwindigkeit. Mit dieser schießt sie (daher auch *Strahlströmung* genannt) in das gradientschwächere Divergenzgebiet ein. Infolge einer gewissen Trägheitswirkung kann sie sich aber nicht sofort dem herrschenden geringeren Druckgefälle im Divergenzgebiet anpassen. Ihre Geschwindigkeit ist infolgedessen bezogen auf den hier herrschenden Gradienten zu hoch. Nach den früheren Betrachtungen über den Gradientwind bedeutet das aber, daß damit auch die Corioliskraft in diesem Gebiet im Verhältnis zum Gradienten zu groß ist und kein Kräftegleichgewicht mehr herrscht, so daß die Strömung infolgedessen nach rechts abgelenkt wird. Damit findet aber in der Höhe ein Massentransport quer zur Strömungsrichtung nach rechts, bzw. ein Auspumpen auf der linken Seite des Deltas statt. Daraus ergibt sich nunmehr, also dynamisch bedingt, rechts vom Divergenzgebiet Druckanstieg und links davon kräftiger Druckfall. Dieser wird noch dadurch verstärkt, daß sich die herantransportierte Luftmasse jetzt auf einen größeren Raum verteilt und nach den Seiten ausbreitet, was ebenfalls einem relativen Massenverlust gleichzusetzen ist.

Dieser durch die Höhendivergenz verursachte Druckfall verändert nun seinerseits in stärkerem Maße das Bodendruckfeld, dem sich das Windfeld am Boden wieder anpaßt. Dadurch wird wiederum die Warmluft (50c) etwas stärker nach Norden und die Kaltluft stärker nach Süden in Bewegung gesetzt. Die thermisch und dynamisch bedingten Druckänderungen wirken also in gleichem Sinne. Erst damit läßt sich der bei Zyklonen oft beobachtete starke Druckfall voll erklären.

Es läßt sich leicht zeigen, daß im sogenannten *Einzugsgebiet* der Strömung infolge der Strömungskonvergenz die Verhältnisse umgekehrt liegen, d. h. daß Druckfall rechts und Druckanstieg links von der Strömung zu finden sind.

Die vordringenden Warm- und Kaltluftmassen verändern nun ihrerseits das Höhendruckfeld weiter, so daß sich die Divergenz auf der Vorderseite und die Konvergenz auf der Rückweite weiter verstärken. Das verursacht aber wieder einen verstärkten Druckfall auf der Vorderseite der Störung und eine erhebliche Vertiefung ihres Zentrums, während der Druckanstieg auf der Rückseite zu einer weiteren Verstärkung der Gegensätze beiträgt. Für die Bodenströmung bringt dies eine entsprechende Beschleunigung, so daß die Luftmassen kräftiger vordringen und demgemäß die „Welle" größer wird, bzw. die Fronten weiter ausgreifen, wie es in 50c und 50d dargestellt ist. Figur 50d zeigt allerdings auch, daß das von der Warmluft eingenommene Gebiet seine größte Ausdehnung schon überschritten hat und kleiner wird. Verursacht wird dies durch das steilere Druckgefälle in der Kaltluft. In der Kaltluft ist infolgedessen die Windgeschwindigkeit größer als in der Warmluft. Der Frontabschnitt, an dem die Kaltluft aktiv ist und vordringt, d.h. die *Kaltfront*, wandert infolgedessen schneller als die Front an der Vorderseite, die *Warmfront*, an der die Warmluft aktiv ist. Begünstigt wird dies noch dadurch, daß sich die Warmfront nur mit der frontsenkrechten Komponente des *Bodenwindes* in der vorgelagerten und abziehenden Kaltluft bewegt, während sich die Kaltfront mit der frontsenkrechten Komponente des *Gradientwindes* in der folgenden Kaltluft verlagert.

Die schnellere Verlagerung der Kaltfront hat zur Folge, daß der *Warmsektor*, das Warmluftgebiet zwischen Warm- und Kaltfront, immer mehr eingeengt und damit von seinem Ursprungsgebiet abgeschnitten bzw. *okkludiert* wird (Abb. 50d, e). Im weiteren Verlauf holt die Kaltfront die Warmfront ganz ein, so daß für kurze Zeit eine einzige Bodenfront entsteht, die als *Okklusion* bezeichnet wird. Beim Vorgang des Okkludierens tritt die Kaltluft der Rückseite wieder mit der Kaltluft der Vorderseite in Verbindung. Die Warmluft wird völlig vom Boden abgehoben und ist nur in Form einer in die Kaltluft eingebetteten Schale in der Höhe vorhanden (Abb. 50f). Damit hat das Tief den Höhepunkt seiner Entwicklung überschritten. Denn mit dem weiteren Anwachsen der Kaltluft wird die Warmluft immer weiter nach oben und außen abgedrängt, so daß die Temperaturgegensätze nicht nur am Boden, sondern auch in der Höhe immer mehr verschwinden. Damit verliert die Zyklone, die nunmehr allseitig von Kaltluft umflossen ist (50g, h), auch ihre Energiequelle. Die Zyklone wird zu einem frontenlosen Wirbel, denn die Fronten wurden im Verlauf der Entwicklung des Tiefs durch dieses selbst zerstört. Über ihm liegt in der Höhe ein abgeschlossenes Tief, wie es die Abb. 50g und 51h zeigen. Mit dem Wegfall der Temperaturgegensätze ist aber in den höheren Luftschichten auch das Gleichgewicht zwischen Coriolis- und Gradientkraft wiederhergestellt, so daß kein Auspumpen (Divergenzeffekt) und dadurch bedingter Druckfall mehr auftritt. Da aber in den unteren Luftschichten wegen der Bodenreibung die Luft gegen das Zentrum weiterhin einströmt, setzt nunmehr die Auffüllung des Tiefdruckgebietes ein. Sie geht um so schneller vor sich, je stärker die Bodenreibung und damit das Einströmen gegen das Zentrum ist. Deshalb füllen sich Tiefdruckgebiete über Land auch schneller auf als über See.

Da die Deltas der großen Frontalzonen zumeist über den Meeren liegen, haben die Zyklonen auch hier ihre stärkste Entwicklung, gekennzeichnet durch einen ausgeprägten Warmsektor (z. B. häufig über dem Nordatlantik), während sie das Festland, z. B. Europa, meist erst in okkludiertem Zustand erreichen.

Diese in den Abb. 50 und 51 gegebenen Darstellungen lassen auch leicht erkennen, daß sich die Zyklone mit fortschreitender Entwicklung sowohl in horizontaler wie auch in vertikaler Richtung stark ausweitet, wobei sie häufig bis in die untere Stratosphäre (Stadium g und h) hinaufreicht und dann als kaltes Höhentief oft von längerem Bestand ist.

Eine Zeitdauer für die einzelnen Entwicklungsstufen läßt sich kaum angeben. Im Mittel wird zwischen den Phasen a und b, b und c ein halber Tag, zwischen c und d ein Tag liegen. Bis zum völligen Absterben vergehen dann wieder ein bis zwei Tage.

Eine Zyklone entwickelt sich um so stärker, d. h. der Luftdruck ist in ihrem Zentrum um so tiefer, und sie ist um so lebenskräftiger, je größer der Temperaturgegensatz ist, der zu ihrer Bildung führte. Davon wird im allgemeinen auch das Luftdruckgefälle vom Rand zum Zentrum abhängen, so daß die Stürme der gemäßigten Breiten fast immer nur im Gefolge solch kräftiger Entwicklungen auftreten.

Wie Rodewald gezeigt hat, sind bei der Entwicklung eines Tiefdruckgebietes gelegentlich sogar drei Luftmassen beteiligt. Dies tritt ein, wenn in ein schon bestehendes Tief eine neue Luftmasse, z. B. eine frische arktische Kaltluft oder eine subtropische Warmluft einbezogen wird. Dann werden die Temperaturgegensätze besonders stark, so daß eine sehr kräftige Entwicklung die Folge ist. Eine derartige *Dreimassenecklage* unter Beteiligung subtropischer Warmluft, gealterter Polarluft und frischer arktischer Luft ist in Bild 52 mit den Bodenfronten dargestellt. Daraus ist schon zu erkennen, daß der Haupttemperaturgegensatz zwischen der subtropischen Warmluft und der frischen arktischen Kaltluft besteht. Die Starkwindzone in der Höhe spricht darauf entsprechend an. Derartige Entwicklungen, die zu schweren Stürmen bzw. Orkanen führen, treten in den gemäßigten Breiten vor allem in den Wintermonaten auf, so z. B. im Raum Neufundland, Grönland, Island, wo im Winter die Bedingungen auf Grund der durch die Land- und Meerverteilung sowie die Meeresströmungen gegebenen Temperaturverhältnisse dafür besonders günstig sind.

Außer den vorstehend angeführten Entstehungsursachen können auch, wie schon erwähnt wurde, orographische Hindernisse, wie große Gebirgszüge oder auch größere gebirgige Inseln die Entwicklung eines Tiefdruckgebietes auslösen, wenn sie durch die Abbremsung oder auch durch

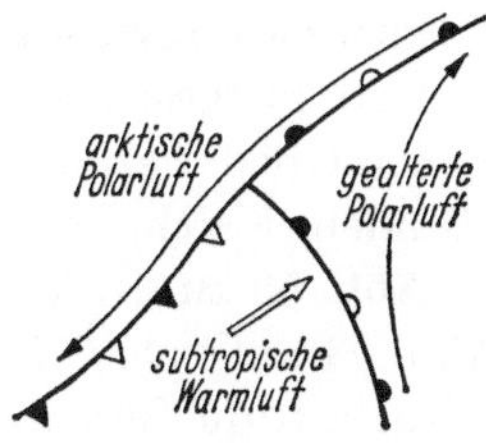

Abb. 52. Dreimasseneck.

Ablenkung und Beschleunigung einer Strömung das Gleichgewicht der an der Frontalzone beteiligten Strömungen stören. So wird z. B. die Neubildung von Zyklonen an der Südspitze von Spitzbergen und Grönland sowie am nordamerikanischen Felsengebirge durch derartige Effekte gefördert.

4.5 Die Zyklonenfamilien

Zumeist treten die Zyklonen in einer Serie von mehreren auf. Nach einer mehr oder weniger langen Unterbrechung folgt dann im allgemeinen eine neue Serie. Wegen ihrer Zusammengehörigkeit werden die Zyklonen einer solchen Serie auch als *Zyklonenfamilie* bezeichnet. Dieses serienweise Auftreten ist leicht aus der wellenartigen Entwicklung der Zyklonen

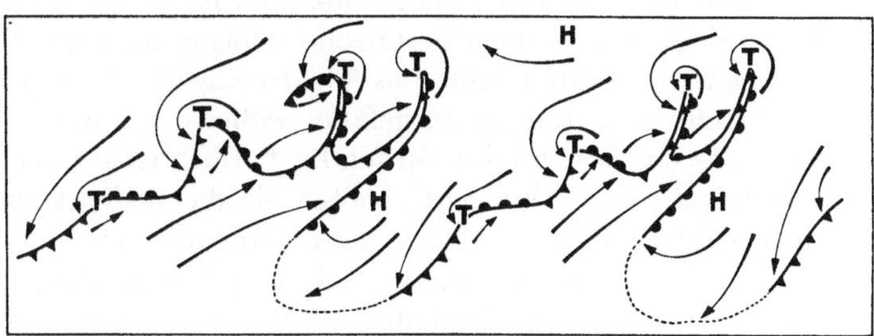

Abb. 53. Zyklonenfamilie.

zu erklären. Ebenso wie an einer Wasseroberfläche beim Auftreten einer Welle die dadurch gestörte glatte Oberfläche nicht gleich wieder in ihre Ruhelage zurückkehrt, findet die aus ihrer Gleichgewichtslage entfernte Frontalzone nicht sofort in diese zurück, sondern schwingt einige Male hin und her, d. h. der ersten Welle bzw. Störung folgen weitere. Sie entstehen z. B. dadurch, daß die auf der Rückseite der ersten Welle nach Süden vordringende Kaltluft erneut eine Ausgleichsbewegung der Warmluft hervorruft. Dies hat wieder eine Deformation der Frontalzone und damit eine neue Wellenbildung zur Folge, die allerdings etwas südlicher ansetzt und eine südlichere Bahn einschlägt. Für jede folgende gilt das Gleiche, wobei der Entwicklungszustand der zuletzt entstandenen Störung noch nicht so weit fortgeschritten ist wie derjenige der ersten. Man hat sich die einzelnen Glieder an dem südwestlich verlaufenden Vorderrand der vorstoßenden Kaltluftmassen etwa in den Entwicklungsstadien f, e, d, c der Abb. 50 zu denken, wie es auch nochmals für 2 Zyklonenfamilien in Abb. 53 aufgezeigt ist. Die Bildung weiterer Zyklonen hört auf, wenn die Kaltluft die Subtropen erreicht hat und im subtropischen Hoch umgewandelt wird oder in den Passatkreislauf einbezogen wird. Die Serie reißt damit ab. Die Zyklonen, für deren Entstehung die Frontalzone also eine Vorbedingung ist, sind damit letztlich zugleich ihre Zerstörer. Eine neue Serie setzt an, wenn die Frontalzone sich neu gebildet hat.

Zu einer Familie gehören nach der Auffassung der norwegischen Meteorologenschule im allgemeinen 4—5 Zyklonen. In Norwegen wurde 1921 der Vorübergang von etwa 66 Familien festgestellt, woraus für den Durchzug einer Familie eine Dauer von durchschnittlich 5,5 Tagen folgt. Für die einzelne Zyklone wird etwa eine Lebensdauer von einer Woche angenommen.

4.6 Die Verlagerung der Zyklonen
(Zugstraßen und Geschwindigkeit)

Die Zyklonen liegen während ihrer Entwicklung, wie in (**II.4.4**) aufgezeigt wurde, nicht fest. Nach dem dort Gesagten ist es leicht einzusehen, daß die Verlagerung an der Frontalzone erfolgen muß und zwar so, daß die warme Seite rechts bleibt. Das Tiefdruckgebiet bewegt sich also immer senkrecht zum Temperaturgefälle, wobei die warme Seite auf der rechten Seite der Bewegungsrichtung liegt. Doch ist bei der Anwendung dieser Regel gewisse Vorsicht geboten, da die Bodentemperaturen gelegentlich durch Bodeneinflüsse stark verändert sein können, die gegebenenfalls ein anders gerichtetes (falsches) Temperaturgefälle vortäuschen. Aus der kritiklosen Benutzung der Bodentemperatur könnten also Fehlschlüsse hergeleitet werden. Es ist auf jeden Fall darauf zu achten, daß die Bodenstörungsschicht ausgeschaltet und die Temperaturverteilung der Schichten darüber als Ganzes in Rechnung gestellt wird. Da auch die Höhenströmung mit der Temperaturverteilung gekoppelt ist und ebenfalls senkrecht zum Temperaturgefälle erfolgt, wobei sich die warme Seite ebenfalls auf der rechten Seite der Strömungsrichtung befindet (s. a. **II.4.3** und **4.4**), ergibt sich, daß sich ein Tiefdruckgebiet in Richtung der über ihm herrschenden Höhenströmung verlagert.

Die Höhenströmung in der Warmluft ist also die Führungsströmung. Damit erklärt sich die schon von *Bjerknes* auf Grund der Erfahrung aufgestellte *Warmsektorregel*. Nach dieser verlagert sich eine Zyklone in Richtung der *Strömung im warmen Sektor*, also parallel zu den Isobaren im warmen Sektor. Deren Richtung stimmt — vor allem in jüngeren Zyklonen — weitgehend mit der Warmluftströmung in der Höhe überein. Die Regel ist jedoch nur anwendbar, solange ein echter Warmsektor vorhanden ist. Dies ist über Land, vor allem über Europa, relativ selten der Fall, kommt über See aber häufiger vor, so daß die Regel hier oft mit gutem Erfolg angewandt werden kann. Auf andere Regeln bezüglich der Zugrichtung der Zyklonen in Zusammenhang mit Druckänderungen usw., die sich aus der Entwicklungsgeschichte ergeben und im Wetterdienst oft bei der Berechnung der Vorhersagekarten benutzt werden, wird an anderer Stelle kurz eingegangen.

Ist ein Tiefdruckgebiet erst okkludiert und füllt es sich auf, so bewegt es sich langsamer und meist in einer etwas nach links ausscherenden Richtung oder es wird — wenn es ganz verwirbelt ist — gegebenenfalls stationär. Dies zeigt sich u. a. auch in den Abbildungen 50e—50h und 51e—h, die verschiedene Phasen des Okklusionsprozesses am Boden zusammen mit den zugehörigen Änderungen der Höhenströmung darstellen.

Am häufigsten ist bei den außertropischen Zyklonen eine Verlagerung von West nach Ost bzw. Westsüdwest nach Ostnordost (Südhalbkugel Westnordwest nach Ostsüdost) zu beobachten.

Früher, als die Zusammenhänge zwischen Temperaturverteilung, Höhenströmung und Verlagerungsrichtung der Druckgebilde noch nicht bekannt waren, wurde versucht, aus der tatsächlich erfolgten Verlagerung von Tiefdruckgebieten mittels statistischer Methoden bestimmte Regeln für die Bewegung der Zyklonen abzuleiten. Eine erste derartige Untersuchung für den atlantisch-europäischen Raum unternahm gegen Ende des 19. Jahrhunderts Van Bebber. Er erhielt dabei die in Abb. 54 dargestellten *Zugstraßen*, die er mit Zahlen belegte. Die größte Häufigkeit weist danach die Zugstraße I auf, die etwa dem Golfstrom folgt und damit den Zusammenhang mit der großräumigen Temperaturverteilung erkennen läßt, wie sie sich im atlantisch-europäischen Raum auf Grund des Einflusses des Golfstromes überwiegend einstellt. Auch die anderen Zugstraßen sind letzten Endes nur Abbilder der mittleren Temperaturverteilungen, wie sie sich in diesem Raum auf Grund jahreszeitlicher Veränderungen im Temperaturgegensatz zwischen Land und Meer häufig einstellen. Das gilt vor allem für die sogenannte Zugstraße Vb, die vom westlichen Mittelmeer um die Ostalpen herum nach Nor-

den bis Nordosten führt. Sie wird besonders im Frühjahr und Frühsommer benutzt, wenn das Festland und die darüberliegende Luft
sich schon stark erwärmen, während die Erwärmung auf dem Atlantik nur zögernd voranschreitet. Dadurch ergibt sich jetzt ein Ost-West,
bzw. SE-NW gerichtetes Temperaturgefälle, d. h. eine von Süden nach
Norden verlaufende Frontalzone, woraus sich die Bewegungsrichtung
der Zyklonen zu dieser Zeit und damit auch die Zugstraße zwanglos

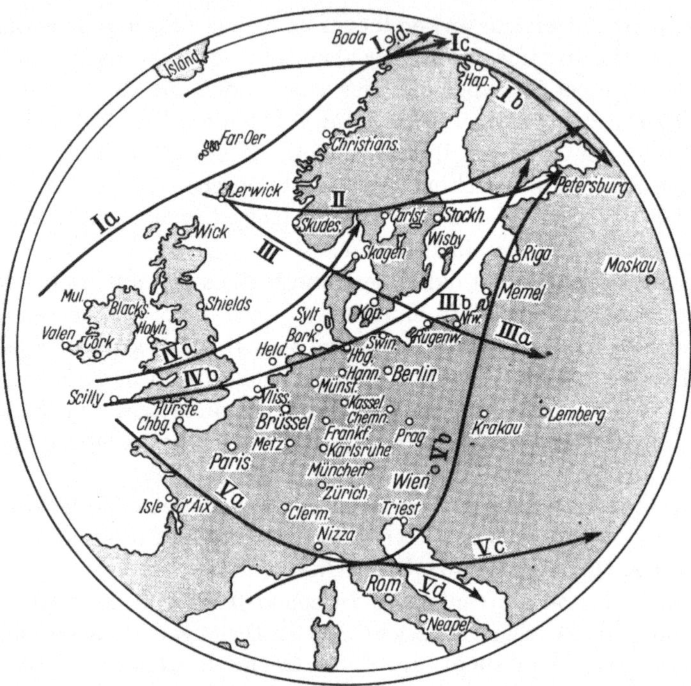

Abb. 54. Zugstraßen der Zyklonen über Europa in der historischen Darstellung von
Köppen und van Bebber.

erklären. Diese „Zugstraße" wird von Tiefdruckgebieten auch gern ein-
geschlagen, wenn gelegentlich hochreichende Kaltlufteinbrüche bis ins
Mittelmeer vordringen und dabei die Richtung der Frontalzone entsprechend ändern.

Die sogenannten Vb-Tiefs, meist kleinere Tiefdruckgebiete, sind
deshalb besonders bemerkenswert, weil sie im mitteleuropäischen Raum
häufig eine überraschende Wetterverschlechterung hervorrufen. In
manchen Fällen sind sie von starken, anhaltenden Regenfällen begleitet,
die Hochwasser im Gebiet der Oder und Weichsel, gelegentlich auch der
Elbe verursachen können, Abgesehen von der Bezeichnung Vb-Tief
bzw. Vb-Wetterlage, die noch gelegentlich zur Charakterisierung einer

Lage benutzt wird, hat diese Zugstraßenklassifikation aber keine Bedeutung mehr, da sie für Vorhersagezwecke nicht geeignet ist.

Ebenso wie die Zugrichtung ist auch die Verlagerungsgeschwindigkeit der Zyklonen mit der Höhenströmung gekoppelt. Dies ergibt sich leicht aus der in **II.4.4** aufgezeigten Entwicklungsgeschichte, nach der sich die Druckänderungen aus einem advektiven Anteil, der durch die Verlagerung der Luftmassen bedingt ist, und einem damit zusammenhängenden strömungsmäßigen Anteil (Divergenz- und Konvergenzeffekte) zusammensetzen. Die Druckänderungen und damit letzten Endes auch die Tiefdruckgebiete selbst sind also bezüglich ihrer Verlagerungsgeschwindigkeit weitgehend an das Strömungssystem gebunden. Sie beträgt bei sehr jungen Zyklonen bis zu 80%, bei vollentwickelten Zyklonen im allgemeinen bis zu 40—50% der Windgeschwindigkeit in 5000 m Höhe. Bei absterbenden Zyklonen nimmt die Verlagerungsgeschwindigkeit schnell ab, vielfach wird die Zyklone sogar stationär, was besonders dann der Fall ist, wenn sie schon stark verwirbelt ist und das Höhentief über dem Bodentief liegt (s. Abb. 50 u. 51 g—h).

Im allgemeinen liegen aber dem Nautiker keine Höhenkarten vor. Ersatzweise kann dann mit etwa *zwei Drittel der Gradientwindgeschwindigkeit im Warmsektor* gerechnet werden (s. a. Warmsektorregel). Ist kein Warmsektor mehr vorhanden, hilft nur ein „Weiterkoppeln" des Tiefs auf Grund seiner bisherigen Bewegungsrichtung und Geschwindigkeit, wie sie sich aus den vorliegenden Wetterkarten ergeben. Dabei sollte jedoch berücksichtigt werden, daß ein schon okkludiertes Tief langsamer wird und die Tendenz hat, nach links auszuscheren.

Als weitere Anhaltspunkte können folgende, aus statistischem Material gewonnenen Zahlen dienen. Danach beträgt die durchschnittliche Verlagerungsgeschwindigkeit außertropischer Zyklonen über den ozeanischen Gebieten etwa 20—25 kn. Im Winter ist sie etwas größer als im Sommer. Sehr junge Zyklonen erreichen jedoch gelegentlich auch Zuggeschwindigkeiten von 45—50 kn, während absterbende bzw. in Auflösung befindliche Zyklonen stationär werden können.

4.7 Der Aufgleitvorgang. Warmfront

Wie in **II.4.4** gezeigt wurde, bilden sich bei der Entwicklung einer Zyklone an der Frontalzone zwei besondere Frontabschnitte heraus, an der Vorderseite die *Warmfront*, an der die Warmluft aktiv ist, und auf der Rückseite die *Kaltfront*, an der die Kaltluft aktiv ist. Sie sind beide durch besondere Wettererscheinungen gekennzeichnet.

Ist die Warmluft aktiv und strömt gegen einen ruhenden oder sich langsamer bewegenden Kaltluftberg an, so wird sie diese Kaltluft nur langsam zurückdrängen können. Sie wird — wie leichtere über schwerere

Flüssigkeit — auf die Kaltluft *aufgleiten*. Die Linie auf der Erde, an der sich die Warmluft vom Erdboden abzuheben beginnt, nennt man *Warmfront* oder *Aufgleitfront*. Die Grenzfläche der beiden Luftmassen, die *Aufgleitfläche*, steigt nur sehr schwach an. Die Steigung liegt etwa bei 1:300 bis 1:100, ist jedoch in der Abb. 55 zur Veranschaulichung des Vorgangs stark überhöht.

Aufgleiten bedeutet langsame Hebung (Vertikalgeschwindigkeit nur wenige cm/s) und damit dynamische Abkühlung. Dabei wird die Luft relativ feuchter und nähert sich ihrem Sättigungszustand, was bei weiterer Hebung zur Kondensation führt. Wenn die aufgleitende Warmluft maritimen Ursprungs, d. h. schon am Boden sehr feucht ist, wie es

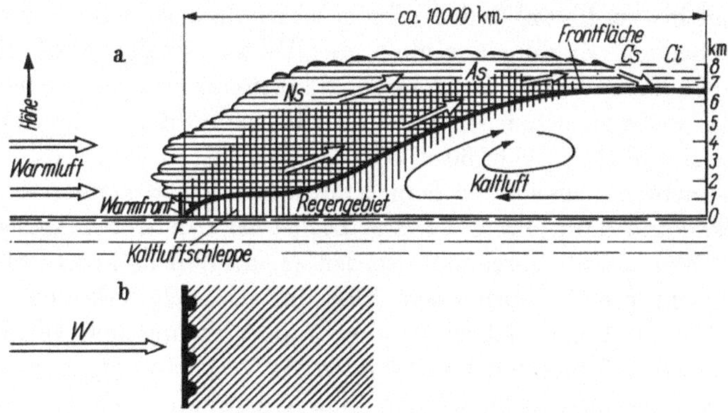

Abb. 55. Warmfront und Aufgleitvorgang. Oben (a): Seitenansicht, unten (b): Aufsicht, Bild in der Wetterkarte.

Abb. 56. Beispiel einer Warmfront in der Wetterkarte

über den Meeren meistens der Fall ist, tritt diese Kondensation oft schon nach verhältnismäßig geringer Hebung ein. Da sich die Warmluft schneller bewegt als die Kaltluft, eilt sie in der Höhe der Bodenfront weit voraus und schiebt sich entsprechend der geneigten Grenzfläche immer höher auf die Kaltluft hinauf. Dabei findet bis in die höchsten Schichten laufend Kondensation statt, so daß sich längs der Grenzfläche, schon weit vor der Bodenfront einsetzend, ein ausgedehntes Schichtwolkenfeld bildet. Aus ihm fallen in Frontnähe, wo die Wolken entsprechend der

Lage der Grenzfläche am niedrigsten und mächtigsten sind, anhaltende Niederschläge. An der oberen Grenze (über 5000 m) bestehen die Wolken schon aus Eiskristallen, in denen die Sonne oft Haloerscheinungen hervorruft. Wie die Abb. 55 und 56 andeutet, erscheinen bei einer herannahenden Front dem Beobachter zuerst die hohen Ci-, Cs-Wolken, die die Front ankündigen. Ihnen folgen As-, Ns-Wolken, die zuweilen in Streifen parallel zur Front angeordnet sind. Aus diesen Wolken fällt Niederschlag, der aber erst aus den mächtigen Nimbostratus-Wolken zu Beginn des Aufgleitvorganges den Boden erreicht.

Das Regengebiet ist manchmal bis zu 200 sm breit. In ihm fällt leichter gleichmäßiger *Landregen*. Bei niedrigen Temperaturen sind die entsprechenden Schneefallgebiete oft sogar 250 sm breit. In der Nähe der Front, wo die Grenzfläche am steilsten ansteigt, ist der Niederschlag etwas stärker. Die zurückweichende Kaltluft hinterläßt am Boden manchmal eine dünne Haut kalter Luft, eine *Kaltluftschleppe*, an deren Grenze sich *Frontalnebel* bilden kann. Im Winter kann es daher über dem Festland oder auch über eisbedeckten Seegebieten vorkommen, daß der Boden mit einer Kaltluftschicht bedeckt ist, die von der herankommenden Warmluft nicht weggeräumt werden kann. Die Warmfront tritt dann nur als sogenannte *Höhenwarmfront* auf, die über die Kaltluft hinweg wandert und nur durch aerologische Aufstiege richtig nachgewiesen werden kann.

Weil sich die Warmluft wegen der besonders stabilen Luftschichtung an der Warmfront (warm über kalt!) nur langsam bis zum Boden durchsetzen kann, wandern die Warmfronten im allgemeinen auch nur langsam.

4.8 Der Einbruchsvorgang. Kaltfront

Die Wettererscheinungen sind ganz anderer Art, wenn die kalte Luft aktiv ist, d. h. wenn kalte Luft gegen ruhende oder sich langsamer bewegende Warmluft vorstößt, wie es an der *Kaltfront* der Fall ist. Dann schiebt sich die schwerere Kaltluft keilförmig unter die Warmluft und treibt diese gewaltsam in die Höhe. Infolge der Bodenreibung wird der untere Teil der vordringenden Keilfläche sehr steil, und die Windgeschwindigkeitszunahme mit der Höhe bewirkt sogar, daß die Kaltluft in der Höhe oft vorauseilt und in die Warmluft einschießt (aktive Kaltfront = *Kaltfront I. Art*). Die Grenzfläche (s. Abb. 57) steht dadurch praktisch senkrecht bzw. kippt manchmal sogar nach vorne über. Weil bei diesem Vorgang oft in größeren Bereichen Kaltluft über Warmluft zu liegen kommt, entsteht im engeren Frontbereich dabei eine Zone mit mehr oder weniger stark labiler Luftschichtung. In dieser kommt es zu starken vertikalen Umlagerungen, durch welche die gewaltsame Hebung der Warmluft noch unterstützt wird. An der Vorderseite der vordringenden Kaltluft entwickelt sich infolgedessen in der Warmluft eine Kette mächtiger Cumulonimben entlang der ganzen Front mit entsprechend heftigen Niederschlägen in Form von Schauern, Regenböen, manchmal mit Hagel, Graupeln und Gewitter (Abb. 57 und 58).

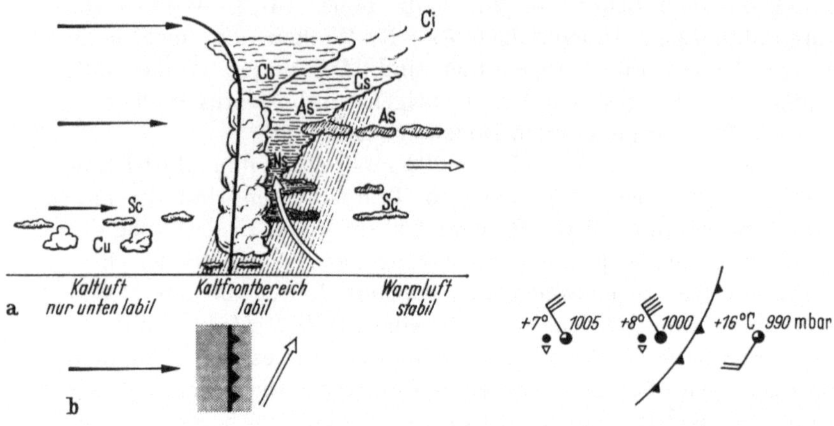

Abb. 57. Kaltfront I. Art.   Abb. 58. Kaltfront in der Wetterkarte

Vor der Front ist dabei häufig ein *Böenkragen* zu finden, hinter dem die Kaltluft plötzlich einbricht. Die Grenzfläche zwischen Warm- und Kaltluft, die zumeist senkrecht steht, wird auch *Einbruchsfläche* genannt. Ihre Schnittlinie mit der Erdoberfläche ist die *Einbruchsfront* oder *Kaltfront* (auch Böenfront genannt).

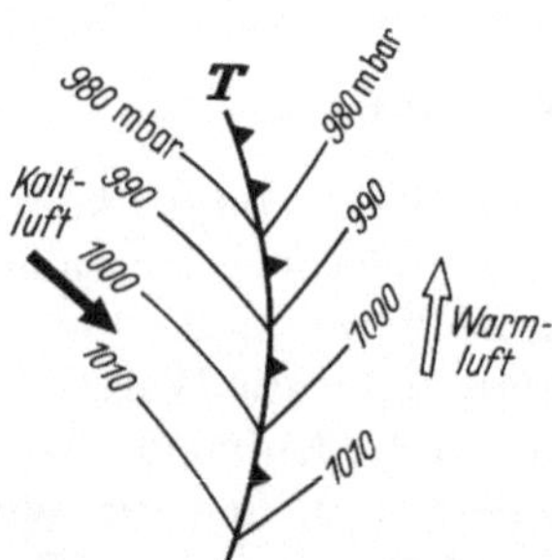

Abb. 59. „Knick" in den
Isobaren an der Kaltfront.

Die Böenstöße werfen rasch einen starken Seegang (weiße Schaumköpfe) auf.

Wenn die Temperaturgegensätze sehr groß sind, nimmt der Kondensationsvorgang heftige Formen an, und es kommt entlang der ganzen Front zu Gewittern *(Frontgewittern)*. Diese unterscheiden sich von den Wärmegewittern durch geringere Abhängigkeit von der Jahres- und Tageszeit, durch die große Länge der Gewitterfront, die rasche Fortbewegung und dadurch, daß sie eine erhebliche Änderung des Wetters bringen. In den Isobaren der Wetterkarten verraten sie sich durch eine V-förmige Ausbuchtung (Abb. 59). In der Barographenkurve zeigt sich beim Passieren dieser Front eine deutliche „Druckstufe" mit steilem Druckanstieg nach dem Vorübergang der Front.

Da die Einbruchsfläche praktisch senkrecht steht und die von ihr bedeckte Zone, bzw. die Labilitätszone an ihr schmäler ist als die beim Aufgleitvorgang erfaßte Zone, dauert der Kaltfrontregen nicht so lange wie der Landregen vor der Warmfront. Der Kaltlufteinbruch kann aber evtl. auch ohne Schauer-Niederschläge und Bewölkung erfolgen („weiße Böen"). Kaltfronten wandern schneller als Warmfronten, wie auch schon in II.4.4 gezeigt wurde.

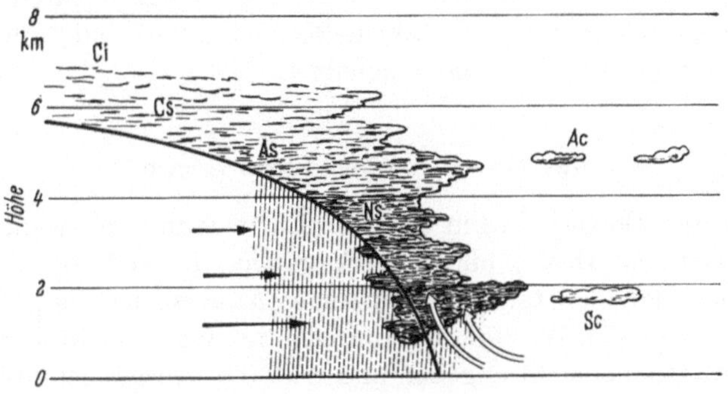

Abb. 60. Kaltfront II. Art.

Aber nicht immer spielt sich der Wetterablauf bei einem Kaltfrontdurchgang in der Form ab, die hier für den Normalfall geschildert wurde. Gelegentlich, besonders wenn die Kaltluft nicht so mächtig ist, kommt es vor, daß die frontsenkrechte Komponente der Strömung in der Kaltluft mit der Höhe abnimmt. Eine derartige Kaltfront wird auch als *Kaltfront II. Art* oder als *passive Kaltfront* bezeichnet. Die Kaltluft rückt zwar auch in diesem Falle langsam vor und verdrängt die Warmluft am Boden, jedoch schiebt sich die Kaltluft hierbei in Form eines sehr flachen Keiles unter die Warmluft, die nur langsam zurückweicht. Die Grenzfläche hat infolgedessen nur eine sehr geringe Neigung (ähnlich der Neigung an einer Warmfront). Die Warmluft wird an ihr gleichmäßig angehoben, ohne daß dabei eine Labilisierung eintritt. Es kommt bei diesem Hebungsvorgang infolgedessen zu einem *passiven Aufgleiten* (s. Abb. 60), das im Gegensatz zu dem aktiven Aufgleiten an einer Warmfront nicht durch vorauseilende hohe Wolken angekündigt wird. Die in der Warmluft schwimmenden lockeren Altocumulus- und Stratocumulusfelder gehen gleich in die mächtige Aufgleitwolkenmasse des Nimbostratus über, die dann weit in das Bodenkaltluftgebiet hineinreicht und entsprechend der anwachsenden Mächtigkeit der vordringenden Kaltluft langsam dünner wird und in den Cirrusschirm ausläuft. Wie bei dem aktiven Aufgleiten kommt es auch hier zu anhaltendem Niederschlag, der schon in der Warmluft, also vor der Kaltfront einsetzen kann und auch nach deren Durchgang, d. h. nach eingetretener Abkühlung, noch länger andauert. Gelegentlich kann es auch vorkommen, daß dieses passive Aufgleiten auch mit einer mächtigen Cumulonimbusmasse (anstatt des Nimbostratus) und schauerartigem Regen beginnt, wenn die Warmluft selbst labil geschichtet ist und die Aufgleitbewölkung infolgedessen mit Cumulonimben durchsetzt ist.

Derartige Kaltfronten *II*. Art treten besonders im Winter auf, wenn Kaltluft aus kontinentalen Hochdruckgebieten gegen Warmluft vordringt und die Warmluft langsam abhebt. Da die Kaltfronten *II*. Art oft mit antizyklonalen Kaltluftausbrüchen gekoppelt sind, werden sie auch noch *antizyklonale Kaltfronten* genannt.

4.9 Das Wetter in einer Idealzyklone

Auf Grund der Betrachtungen über die Entwicklung der wandernden Tiefdruckgebiete (s. **II.4.4**) und der Vorgänge, die sich bei der Verschiebung der dabei beteiligten Luftmassen abspielen (s. **II.4.7** u. **II.4.8**) lassen sich die Wettererscheinungen in den verschiedenen Bereichen einer Zyklone leicht angeben und erklären. Ausgangspunkt dafür sei das von Bjerknes entworfene Schema einer Idealzyklone, wie es in Abb. 61 für die Nordhemisphäre im Horizontal- und Vertikalschnitt mit nur geringer Abänderung (im Vertikalschnitt bei der Kaltfront) dargestellt ist. Es entspricht etwa dem Entwicklungszustand c der Abb. 50.

A. Nehmen wir an, daß ein Beobachter das Tiefdruckgebiet längs der Linie A—B durchfährt, so wird er folgende Erscheinungen wahrnehmen:

1. *Vor der Warmfront (Vorderseitenwetter)*. Im Hochdruckgebiet bzw. Zwischenhoch vor der Zyklone hat er Windstille oder schwache östliche bis südöstliche Winde und heiteres klares Wetter beobachtet. Als erstes Anzeichen der Störung sieht er in westlicher Richtung Cirrus-Wolken, evtl. in Form von Windwolken aufziehen. Sie eilen der Warmfront oft 800 bis 1000 km voraus und zeigen an, daß die Warmluft in großer Höhe schon mit großer Geschwindigkeit vordringt und auf die vorgelagerte Kaltluft aufgleitet, wobei die Vertikalbewegung (nur wenige cm/s) im Verhältnis zur Horizontalbewegung infolge der geringen Steigung der Grenzfläche sehr gering ist. Bei weiterer Annäherung an die Front verdichten sich die Wolken zu einer Cirrostratus-Decke, in der Halo-Erscheinungen sichtbar werden können. Allmählich wird die Wolkendecke grauer (Altostratus), Sonne und Mond scheinen nur noch als

blasse Scheiben durch. Dann kommen, immer dichter und niedriger werdend, hochreichende Regenwolken (Nimbostratus), aus denen zuerst spärlich, dann sich verdichtend gleichmäßiger, anhaltender „Landregen", im Winter auch Schnee, fällt. Dieses *präfrontale* Niederschlagsgebiet

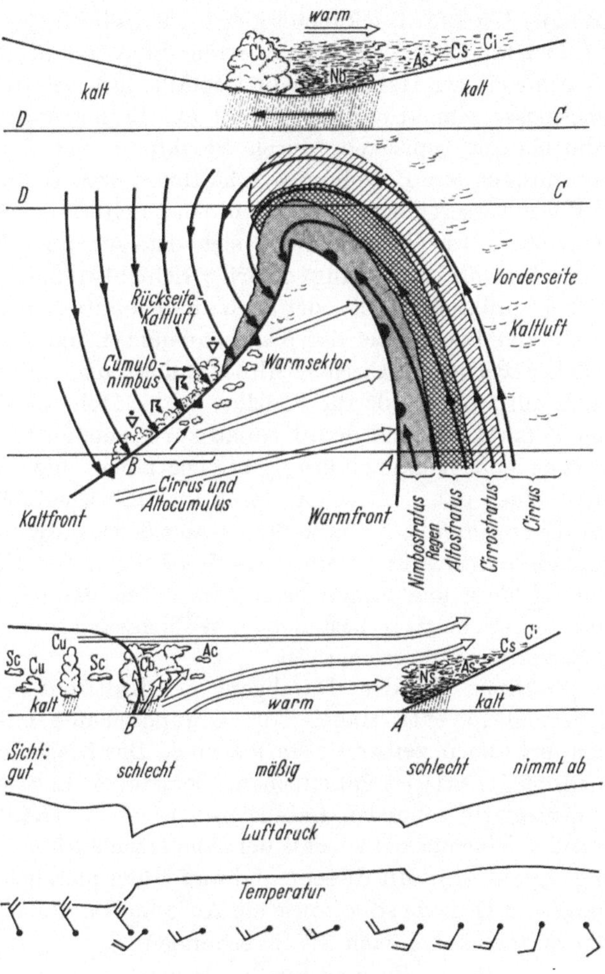

Abb. 61. Zyklonenmodell nach Bjerknes.

kann 100 bis 300 km breit sein. Gleichzeitig mit der Annäherung an die Warmfront frischt der Wind auf und dreht auf S bis SW, die Temperatur steigt schon etwas an, während der Druck (Barogramm) mehr oder weniger stark fällt. Zugleich verschlechtert sich die Sicht, weil Dunst aufkommt, der im Gebiet der Warmfront eventuell in Nebel übergehen kann.

2. *In der Warmfront* geht der Regen in Sprühregen über oder hört ganz auf, der Wind dreht auf SW und frischt auf, gleichzeitig steigt die Temperatur mehr oder weniger stark an, um anschließend gleichzubleiben. Der Luftdruck fällt nicht mehr so stark oder bleibt gleich.

3. *Im warmen Sektor* herrschen warme südwestliche oder westsüdwestliche Winde. Der Luftdruck bleibt gleich oder fällt nur wenig weiter, bis er seinen Tiefstand vor der Kaltfront erreicht hat. Da mit dem Durchgang der Warmfront der Hebungseffekt wegfällt, löst sich die mächtige Nimbostratusmasse schnell auf, bzw. reißt ab. Es herrschen dann die für Warmluftmassen typischen, durch Strahlung und Untergrundsbedingungen gesteuerten Bewölkungsverhältnisse vor. Im Sommer ist daher über Warmwassergebieten und Land meist heiteres, etwas diesiges Wetter anzutreffen. Im Winter bilden sich dagegen über Kaltwasser und Land im Warmsektor häufig niedrige Schichtwolkendecken, aus denen zuweilen Sprühregen fällt, oder auch ausgedehnte Nebelfelder aus.

Je mehr sich der Beobachter der Kaltfront nähert, um so mehr sieht er in westlicher Richtung Cirrus-, Altocumulus- und teilweise Altostratus-Felder aufkommen, da die Kaltluft in der Höhe oft der Bodenfront voraneilt (s. **II.4.8**) und damit Anlaß zur Hebung der Warmluft, zu Labilisierung und Wolkenbildung gibt. Die hohen und mittelhohen Wolkenfelder zeigen dabei oft schon durch ihre mit Quellungen durchsetzte Form (Cirrocumulus, Ac. castellanus oder floccus) die in der Höhe beginnende Labilisierung und damit das Vordringen der Kaltluft an. Diesen Wolkenfeldern folgt schon nach kurzer Zeit die aus mächtigen Cumuli und Cumulonimben bestehende Wolkenwand der Kaltfront, der oft ein Böenkragen vorgelagert ist.

4. *In der Kaltfront.* Mit dem Durchgang der Kaltfront treten kurze heftige Niederschläge, evtl. Hagel- oder Graupelschauer mit Gewitter auf. Die Sicht geht darin zeitweilig stark zurück. Das Niederschlagsband an der Kaltfront (*I.* Art) ist entsprechend der steilen Lage der Grenzfläche und der relativ schmalen Labilisierungszone (s. **II.4.8**) nicht so breit wie an der Warmfront, so daß der Niederschlag kurz nach dem Frontdurchgang aufhört. Mit diesem sind außerdem plötzlicher Temperaturrückgang und Druckanstieg sowie ein Ausschießen des Windes nach NW (auf der Südhalbkugel nach SW!) verbunden.

5. *Hinter der Kaltfront, Rückseitenwetter.* Hinter der Kaltfront ist der Beobachter im Bereich der Kaltluft, in der — wie auch schon im Warmsektor — die Bewölkungs- und Wetterverhältnisse allein durch die Strahlungs- und Untergrundbedingungen gesteuert werden. Die Bewölkung lockert daher nach Frontdurchgang schnell sehr stark auf und geht in mehr oder weniger stark entwickelte Haufenbewölkung über, in der auch noch einzelne Cumulonimben mit Schauern enthalten sein können. Sie lassen jedoch an Stärke und Häufigkeit bei abflachender

Bewölkung bald nach, wenn das nachfolgende Zwischenhoch an Einfluß gewinnt (Rückseitenwetter). Meistens wird, noch ehe die Schauerbewölkung ganz verschwunden ist, neuer Cirrus-Aufzug im Westen das Nahen eines neuen Tiefdruckgebietes ankündigen, weshalb dieses Hoch auch nur als Zwischenhoch (Abb. 62) bezeichnet wird. Es wandert mit den Tiefdruckgebieten.

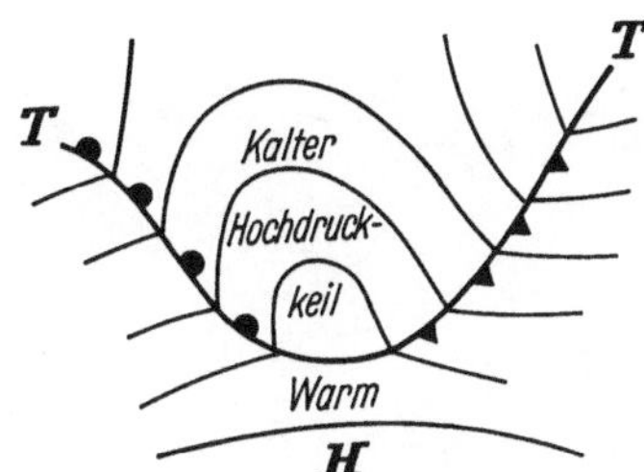

Abb. 62. Zwischenhoch.

B. Ein Beobachter, der polwärts vom Zentrum der Störung, etwa längs der Linie C—D, das Tiefdruckgebiet durchquert, kommt nicht in den warmen Sektor. Er passiert nur die Wolken- oder Regengebiete der schon vom Erdboden abgehobenen Warmluft. Ähnlich wie im Falle A sieht er erst im Südwesten Cirren aufziehen, die in Cirrostratus und Altostratus übergehen. Dann setzt Regen ein, dessen Stärke und Dauer davon abhängt, wie weit der Beobachter vom Zentrum des Tiefs entfernt ist. Ist dieser Abstand sehr groß, erhält er keinen Regen. Der wesentliche Unterschied in diesem Falle besteht aber darin, daß die Fronten und der Warmsektor nicht passiert werden. Die Nimbostratusmasse der Aufgleitbewölkung geht infolgedessen ohne vorherige Zwischenauflockerung in die Cumulonimben der Rückseite über, wobei der Niederschlag Schauercharakter annimmt. Der Wind zeigt dabei keine sprunghaften Änderungen, sondern dreht nur langsam zurück (Krimpen). Im Nordatlantik und Nordpazifik gehen die Zentren der Zyklonen meistens nördlich an den Schiffen vorüber, so daß auf westwärts fahrenden Schiffen das Wetter wie im Fall A geschildert beobachtet wird. Die hier beschriebenen Wettererscheinungen, die einer Idealzyklone entsprechen und durch Satellitenbilder oft bestätigt werden (Abb. 63), sind aber nur in einem gut entwickelten Tiefdruckgebiet in dieser Form zu beobachten.

In den meisten Fällen treten erhebliche Abweichungen davon auf, die durch die verschiedensten Einflüsse bedingt sein können. Je nach den Temperaturunterschieden, dem vertikalen Aufbau (stabil oder labil) und den Feuchtigkeitsverhältnissen der in die Zirkulation einbezogenen Luftmassen sind die Wettererscheinungen in den verschiedenen Sektoren des Tiefdruckgebietes und an seinen Fronten mehr oder weniger stark ausgeprägt.

So bringt z. B. eine Warmfront gelegentlich nur einige Wolkenfelder, während sie in anderen Fällen mit dichten Wolkenmassen und langanhaltenden Regenfällen verbunden ist. Eine Kaltfront verursacht manchmal außer einem Windsprung und Temperaturrückgang keine weiteren Wettererscheinungen, während sie in anderen Fällen von schwersten Gewittern und Sturmböen begleitet ist. Bei dieser Mannigfaltigkeit

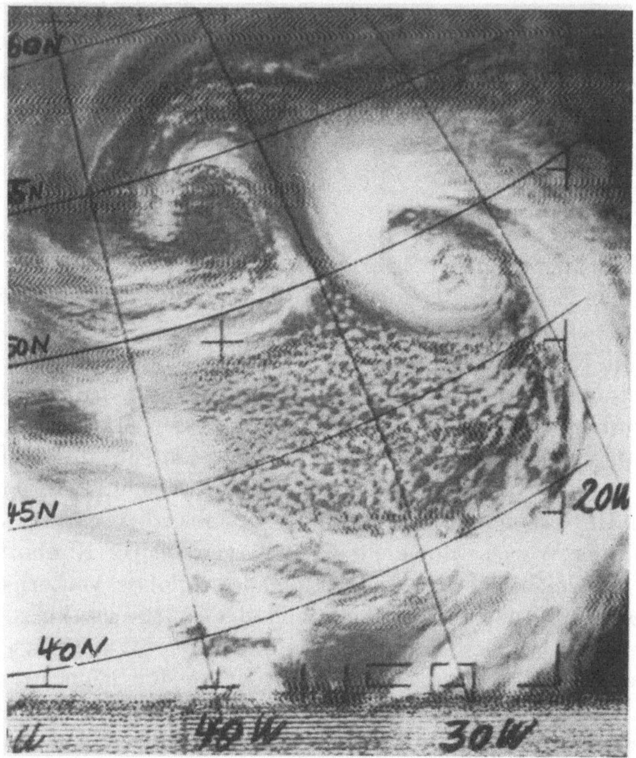

Abb. 63. Satellitenaufnahme eines Zyklonensystems am 16. 1. 1971 über dem Atlantik. Der mächtige Aufgleitwolkenschirm und die lockere Bewölkung in der Kaltluft sind deutlich erkennbar und charakterisieren die Lage der Fronten.

kommt es relativ häufig vor, daß in einem Tief nur eine Front, entweder die Warm- oder die Kaltfront, kräftig ausgebildet ist.

Selbst an einem gut ausgeprägten Frontenzug sind die Wettererscheinungen nicht überall gleich. So kann z. B. das Regengebiet an einer Warmfront stellenweise unterbrochen oder in einer größeren Entfernung vom Tiefdruckzentrum völlig zerfallen sein. Besonders starke Unterschiede sind an Kaltfronten anzutreffen, an denen die Dichte der Wolkenmassen und die Stärke der Schauer und Gewitter infolge der ungeordneten labilen Umlagerungen starken Schwankungen unterliegen können.

Die Intensität der Wettererscheinungen nimmt dabei an Kaltfronten häufig vom Kern aus nach außen zu, so daß Kaltfronten oft am Rande der Zyklonen am stärksten ausgeprägt sind.

Im Warmsektor spielt die Entfernung vom Tiefkern eine große Rolle. Während in Kernnähe noch starke Bewölkung und Niederschläge überwiegen, nehmen nach außen hin die Aufheiterungen zu, was sich wieder in den Temperaturen bemerkbar macht.

Auch auf der Rückseite, in der nachströmenden Kaltluft kann der Wetterverlauf — vor allem in Abhängigkeit von dem vertikalen Aufbau und der Mächtigkeit der Kaltluft — recht verschieden sein. Aber oft wird auch der geschilderte allmähliche Übergang zu besserem Wetter dadurch gestört, daß sich auf der Rückseite des Tiefs eine oder mehrere Strömungskonvergenzen ausbilden. Diese *Konvergenzlinien* sind mit den gleichen Wettererscheinungen gekoppelt wie die Kaltfront selbst, insbesondere bringen sie auch meist einen weiteren Temperaturrückgang. Deshalb spricht man auch davon, daß der Kaltlufteinbruch oft in *Staffeln* erfolgt.

Stärkere Abweichungen von dem geschilderten Schema treten aber vor allem auf, wenn das Tief schon gealtert, d. h. okkludiert ist. Denn die Okklusionsfront stellt in gewissem Sinne nur eine Höhenfront dar, weshalb sie auch gesondert behandelt werden soll.

4.10 Wettererscheinungen an der Okklusion

Im Okklusionszustand hat die Kaltfront die Warmfront eingeholt und damit die Warmluft vom Erdboden abgehoben. Diese ist also nur noch in der Höhe vorhanden und als Warmluftschale zwischen der Kaltluft der Vorderseite und Rückseite eingebettet, wobei die Okklusionsfront der tiefsten Lage der Warmluft entspricht. Mit dem weiteren Vordringen der Rückseitenkaltluft wird diese zunehmend mächtiger, und die Warmluft wird immer weiter nach oben abgedrängt. Damit verliert sie aber immer mehr an Wetterwirksamkeit. Die bei einer Okklusion auftretenden Wettererscheinungen sollten im Normalfall denjenigen entsprechen, die für die Idealzyklone schon geschildert wurden, nur daß sie nicht so stark ausgeprägt sind und daß außerdem das Gebiet des Warmsektors fehlt. Die Aufgleitbewölkung geht infolgedessen direkt in die der Kaltfront entsprechende Cumulonimbus-Masse über, und der Landregen wird gleich von Schauern abgelöst. Der Druck, der vor der Okklusion fällt, beginnt nach ihrem Durchgang sofort zu steigen, während beim Wind zumeist eine Rechtsdrehung zu verzeichnen ist. Bei der Temperatur ist im Normalfalle keine Änderung zu beobachten. Doch ist der Normalfall relativ selten, und gerade bei Okklusionen kommen erhebliche Unterschiede in der Wetterwirksamkeit vor. Sie sind durch den verschiedenen Grad des mit der Okklusion verbundenen *Alterungs- und Auflösungsprozesses* bedingt. Ist dieser schon stärker fortgeschritten, bringt die Okklusion manchmal nur noch einzelne durchziehende Wolkenfelder, während das Niederschlagsfeld so weit zerfallen ist, daß nur noch vereinzelt leichte oder gar keine Niederschläge auftreten.

Auch die Temperaturverhältnisse vor und nach der Okklusion können gelegentlich eine Rolle spielen. Ist die Vorderseitenkaltluft erheblich kälter als die Rückseitenkaltluft, so wirkt letztere gegen die erstere als Warmluft. Die Okklusion hat einen ausgeprägten Warmfrontcharakter, weil die wärmere Kaltluft der Rückseite auf die kältere Kaltluft der Vorderseite aufgleitet. Die Rückseite tritt völlig zurück (Abb. 64). Der Niederschlag fällt in diesem Falle vorwiegend als Landregen, auch ist einige Zeit nach Durchgang der „Höhenfront", wenn sich die Rückseitenkaltluft auch am Boden ganz durchgesetzt hat, oft ein leichter Temperaturanstieg zu beobachten. Solche Erscheinungen kommen be-

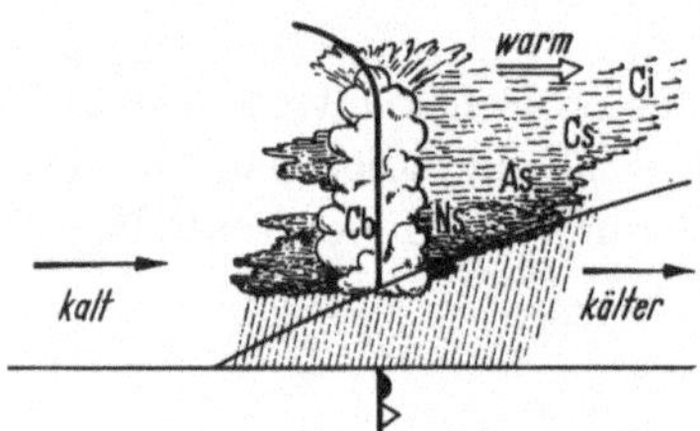

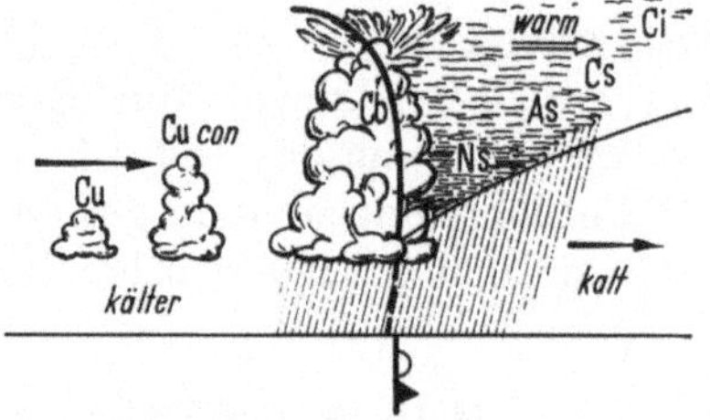

Abb. 64. Okklusion mit Warmfrontcharakter.   Abb. 65. Okklusion mit Kaltfrontcharakter.

sonders im Winter vor, wenn eine Okklusion aufs Festland übertritt und hier gegen die kalten Festlandsluftmassen anläuft.

Ist dagegen die Rückseite kälter, so nimmt die Okklusion Kaltfrontcharakter an (Abb. 65). Die Aufgleitbewölkung ist nur schwach ausgeprägt, während die Quellbewölkung recht kräftig entwickelt ist. Die Niederschläge treten demzufolge überwiegend in Schauerform auf, auch ist mit dem Durchgang der Okklusion stets eine leichte Abkühlung verbunden. Diese Art Okklusionen sind die häufigsten. Sie sind vor allem für die Sommer- und auch Herbstmonate typisch. Okklusionen, die vom Meer auf das Festland übergreifen, treffen hier oft auf Kaltluftmassen, die schon stark angewärmt wurden und ihren Charakter als Kaltluftmasse weitgehend verloren haben, so daß sie gegenüber der ankommenden Rückseitenkaltluft als Warmluft wirken. Dies führt gelegentlich dazu, daß die ankommenden Okklusionen sich wieder in regelrechte Kaltfronten umwandeln, an denen auch starke Gewitter auftreten.

4.11 Teiltiefs, Randzyklonen und Zyklonenregeneration

Bei besonderen Strömungsverhältnissen in der Höhe oder auch durch die Wirkung orographischer Hindernisse ist es möglich, daß am Okklusionspunkt, dem Punkt, in dem Warm- und Kaltfront zusammenstoßen und in die Okklusion übergehen (Abb. 50e), ein Teiltief entsteht. Dies kann besonders dann eintreten, wenn die Okklusion Kaltfrontcharakter hat, weil sich dann am Okklusionspunkt eine dem Dreimasseneck ähnliche Situation ergibt, bei der in der Höhe eine divergente Höhenströmung einsetzt, mit der besonders starker Druckfall verbunden ist. Dieser hat dann die Bildung des Teiltiefs am Okklusionspunkt zur Folge. Es spaltet sich vom Haupttief ab und bewegt sich meist schneller als dieses. Maßgebend für die Wanderung dieses Teiltiefs ist letztlich auch die Höhenströmung, doch läßt sich die Verlagerung, solange noch ein Warmsektor vorhanden ist, auch aus der Bodenströmung mit der Warmsektorregel bestimmen.

So sind z. B. die gefürchteten *Skagerrakzyklonen*, die dem Ostseegebiet häufig schwere Stürme bringen, meist auf eine derartige Teiltiefbildung zurückzuführen. Sie können entstehen, wenn die Warmfront eines über das mittlere oder nördliche Skandinavien vom Nordmeer ostwärts ziehenden Tiefdruckgebietes am skandinavischen Gebirge gebremst wird, während sie über der Ostsee und Mitteleuropa ungehindert weiter nach Osten wandert. Läuft nun die Kaltfront vor dem norwegischen Gebirge auf die abgebremste Warmfront auf, so entsteht zwischen der über der Ostsee vorangeeilten Warmfront und der noch über der Nordsee liegenden Kaltfront ein neuer großer Warmsektor, dessen Spitze über Südnorwegen in dem hier befindlichen Okklusionspunkt liegt. Die Voraussetzungen für die Bildung eines kräftigen Teiltiefs sind damit gegeben.

Gelegentlich kommt es vor, daß in absterbenden Tiefdruckgebieten der Luftdruck erneut fällt und dadurch das Tief *regeneriert* wird. In vielen Fällen ist dies darauf zurückzuführen, daß in die Zirkulation des Tiefs neue Kalt- oder Warmluftmassen einbezogen wurden, wodurch die Temperaturgegensätze wieder verschärft wurden und das Tief neue Energie erhielt. Gelegentlich kann sogar der Untergrund, über den die Zyklone hinwegzieht, Anlaß zur Regeneration geben, so z. B. im Winter beim Übertritt einer okkludierten Zyklone vom Festland auf das warme Meer oder im Sommer beim Übertritt vom Meer auf das überhitzte Festland.

In anderen Fällen aber geschieht die Wiederbelebung durch Einbeziehung von Tochter- oder von Folgezyklonen der Serie, die schneller wanderten und das Haupttief einholten. Denn häufig sind dem großen Wirbel, dem Haupttief, kleinere *Randtiefs* angelagert, die das *Zentraltief* in zyklonalem Sinne umkreisen. Oft werden sie diesem dabei einverleibt und übernehmen dann seine Rolle. Das kann sich mehrmals wiederholen und führt dazu, daß über einem Gebiet ein sich mehrmals erneuerndes quasistationäres Tiefdruckgebiet liegt. Randzyklonen entwickeln sich nur auf der äquatorialen Seite der Tiefdruckgebiete — die polare Seite ist frei davon —, weil nur hier günstige Bedingungen dafür bestehen. Wie aus den Abb. 50g und h sowie 51g und h hervorgeht, verschiebt sich die Frontalzone bei der Verwirbelung des Tiefdruckgebietes immer weiter nach Süden, wobei sie nicht selten eine strömungsparallele Lage einnimmt. An dieser nunmehr südlicher gelegenen Frontalzone, die bezüglich ihrer Orientierung wieder weitgehend dem Ausgangszustand a und b der Abb. 50 und 51 entspricht, entwickeln sich oft neue Wellen, die unter schneller Vertiefung rasch an ihr entlanglaufen. Sie können sich vom Haupttief ablösen, das dann weiter an Energie verliert, oder aber auch in dieses hineinlaufen und ihm neue Energie zuführen.

4.12 Troglagen, Flautefront

Von dem normalen Wetterablauf abweichende, jedoch besonders intensive Wettererscheinungen sind oft nach dem Durchzug einer Kaltfront oder einer Okklusion zu beobachten, wenn dieser ein *Trog* (Tiefdrucktrog) folgt. Derartige Tröge, die nicht mit den Trögen in Höhenwetterkarten verwechselt werden dürfen, sind auf besondere Vorgänge in den höheren Luftschichten zurückzuführen. Sie bilden sich in der Regel auf der Südseite (Südhalbkugel Nordseite) der Tiefdruckgebiete, wenn diese kurz vor der Okklusion stehen oder noch nicht lange okkludiert sind und ihre Verlagerung verlangsamen. Der Trog folgt also der Kaltfront oder auch Okklusion nach und bewirkt, daß der tiefste Druck nicht unmittelbar an der Kaltfront — wie im Normalfalle — sondern weit dahinter im Trog liegt. Der räumliche Abstand zur Kaltfront bzw. Okklusion kann dabei 250 bis 400 sm und der zeitliche Abstand 12—20 Stunden, manchmal jedoch auch weniger, betragen.

Bei Tiefdruckgebieten mit einer solchen Trogentwicklung (s. Abb. 66) wird daher nach dem Durchgang der Kaltfront der Wind nicht auffrischen sondern *abnehmen* und auch nur wenig rechtsdrehen. Auch der Luftdruck steigt nur wenig oder gar nicht an und beginnt bald wieder zu fallen bei gleichzeitigem Rückdrehen und Auffrischen des Windes, der im Trog dann seine größte Stärke erreicht. Das stärkste Sturmfeld auf der Rückseite der Zyklone ist also in diesen Fällen an den Trog gebunden. Erst nach seinem Durchgang steigt der Luftdruck mehr oder weniger stark, während der Wind bei schneller Rechtsdrehung (Südhalbkugel Linksdrehung) allmählich abflaut. Wie aus der schematischen Darstellung der Bodenströmung im Trog (Abb. 67) hervorgeht, konvergiert die Windströmung längs der Trogachse. Diese ist also gleichzeitig eine Konvergenzlinie, an der sich kräftige aufsteigende Luftströmungen entwickeln. Dabei kommt es in der labil geschichteten Kaltluftmasse infolge der Hebungskühlung in diesem Bereich zur Bildung mächtiger Cumulonimbus- und Nimbostratus-Bewölkung, aus der kräftige Schauer,

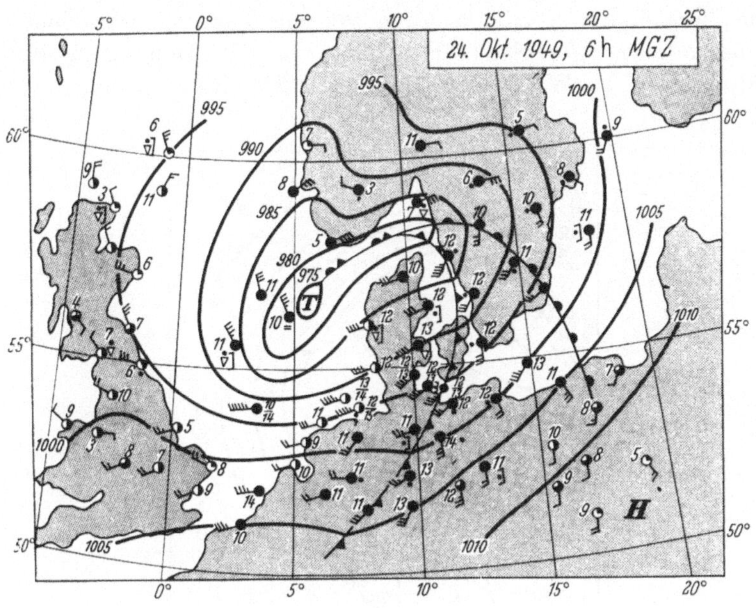

Abb. 66. Troglage.

gelegentlich auch anhaltender Regen niedergehen. Es sei aber nochmals betont, daß es sich dabei um keine fronthaften Vorgänge handelt; denn auf beiden Seiten der Troglinie befinden sich die gleichen Kaltluftmassen.

Abb. 67. Troglage schematisch.

Der Wind springt daher auch bei ihrem Durchgang nicht um wie an einer Front, sondern dreht mehr oder weniger schnell nach rechts (Südhalbkugel nach links).

Wie die Abb. 66 zeigt, ist auch im Trogbereich die stärkste Isobarendrängung erst in einem größeren Abstand vom Zentrum der Zyklone zu finden. Daher beginnt bei diesen Trogstürmen, die zu den gefährlichsten und schwersten Stürmen der außertropischen Breiten gehören, das schwerste Wetter im allgemeinen erst in einem Abstand von 75 bis 120 sm vom Kern des Tiefs zu finden. Die Breite dieses Streifens beträgt ebenfalls etwa 75 bis 120 sm, d. h. in etwa 150 bis 240 sm Entfernung vom Tiefzentrum nimmt der Sturm nach außen langsam ab.

Da die Tröge im allgemeinen relativ langsam wandern, bildet sich in ihrem Bereich durch Überlagerung verschiedener Wellensysteme oft eine besonders schwere See (z. B. Windsee aus SW, Dünung aus W oder Windsee aus W bis WNW und Dünung aus NW) mit sehr hohen Einzel-

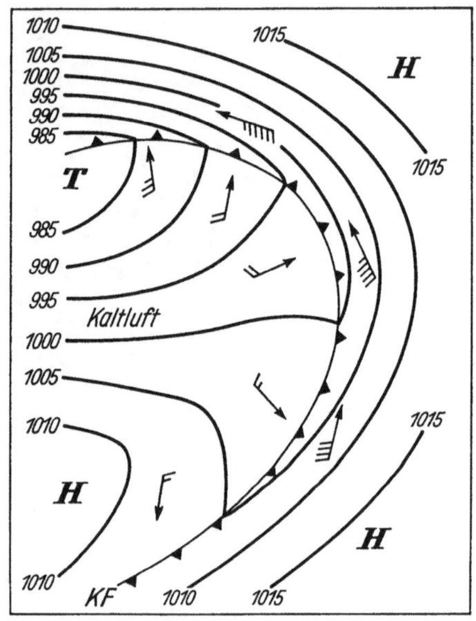

Abb. 68. Auffächerung der Isobaren hinter einer Kaltfront.

wellen aus, die auch größeren Schiffen gefährlich werden können. Voll ausgebildete Trogstürme sollten daher auch von ihnen gemieden werden.

Hinter der Kaltfront bzw. Okklusion selbst ist bei diesen Troglagen meist eine starke Auffächerung der Isobaren zu beobachten, d. h. das Druckgefälle nimmt nach dem Frontdurchgang ab. Damit flaut aber auch der Wind hinter der Front stark ab, anstatt aufzufrischen, wie es nach der Zyklonentheorie im Normalfalle zu erwarten wäre (s. Abb. 68). Diese Fronten, für die neben der Windabnahme mit dem Frontdurchgang auch ein deutlicher Windsprung charakteristisch ist, werden deshalb auch *Flautefronten* genannt. Sie sind oft sehr markant. So beobachteten z. B. Fischdampfer bei Island, wie orkanartiger Sturm aus O bis SO nach Frontdurchgang von einer mäßigen bis schwachen Brise aus S bis SW abgelöst wurde. Dieses Beispiel läßt sich durch beliebig viele, auch aus anderen Seegebieten, z. B. der Nordsee, ergänzen.

In den meisten Fällen folgt den Flautefronten ein Trog mit einem entsprechenden Starkwind- oder Sturmfeld nach, weshalb dem Druck- und Windverlauf nach ihrem Durchgang besondere Aufmerksamkeit geschenkt werden sollte (evtl. neuer Druckfall und Rückdrehen des Windes als erste Anzeichen).

4.13 Höhentrog, Kaltlufttropfen

Von diesem Trog hinter einem Tief ist zu unterscheiden der *Höhentrog*. Die Abb. 69 und 70 zeigen nebeneinander die Boden- und Höhendruckverteilung des 7. 9. 1953 über dem Nordatlantik. Die Höhenwetterkarte weist eine großräumige Ausbuchtung der Höhenschichtlinien nach Süden in Form eines großen, nach Norden offenen U auf, das von zwei Hochdruckkeilen eingeschlossen ist. Dieses Gebilde wird als *Höhentrog* bezeichnet.

In amerikanischen Wetterberichten wird unter Trog (trough) das mit diesem Höhentrog gekoppelte langgestreckte Gebiet niedrigen Luftdrucks, im allgemeinen sogar jeder Tiefausläufer, verstanden (im Gegensatz zu ridge = Rücken hohen Druckes). Es ist also ein Gebiet, das mehrere Tiefs enthält, die zusammengehören und in dem sich, besonders am Südende, neue Zyklonen entwickeln können.

Höhentröge treten vor allem im Winter vor den Küsten kalter Landmassen auf, so z. B. vor den Küsten Asiens und Amerikas (s. **II.3.5**). An ihren Flanken wehen häufig Höhenstürme, während in der Trogachse selbst die Windgeschwindigkeit abnimmt. Sie spielen für die Verlagerung der Bodenstörungen eine große Rolle, weil diese — wie schon früher betont wurde — weitgehend von der Höhenströmung gesteuert werden. So werden die Bodenstörungen in diesem Beispiel auf der Ostflanke des Troges nach Norden gesteuert.

In manchen Fällen wird der südliche Teil eines derartigen Höhentroges durch Warmluftvorstöße von beiden Seiten her abgeschnürt (z. B. durch die beiden warmen Hochdruckkeile der Abb. 69). Es bildet sich dann ein isolierter *Kaltlufttropfen*, der in allen Höhenwetterkarten der Troposphäre deutlich ausgeprägt ist (hier T bei etwa 45° N, 33° W), aber in den Isobaren der Bodenwetterkarte nicht oder kaum zu erkennen ist. Abgeschlossene Kaltlufttropfen haben Durchmesser von etwa 250 bis 500 sm. Sie halten sich oft sehr lange und erneuern sich immer wieder, vor allem über wärmerem Untergrund (im Winter über dem Meer) durch dauernde Aufwärtsbewegung und die dabei auftretende Hebungsabkühlung. Nach ihrer Abspaltung bewegen sie sich unabhängig vom Höhentrog weiter. Die Bestimmung ihrer Verlagerungsrichtung und

Geschwindigkeit bereitet jedoch große Schwierigkeiten, da diese oft scheinbar völlig willkürlich erfolgt. Als Anhaltspunkt kann im allgemeinen lediglich die Erfahrungstatsache dienen, daß seine Bewegung mit der Bodenströmung gekoppelt ist.

Die beim Durchzug eines Kaltlufttropfens auftretenden Wettererscheinungen entsprechen etwa denjenigen, die beim Durchzug eines Tiefdruckgebietes auftreten, allerdings in umgekehrter Reihenfolge. An der Vorderseite des Kaltlufttropfens treten infolgedessen vor allem im Winter Wolkenformen und schauerartige Niederschläge auf, wie sie

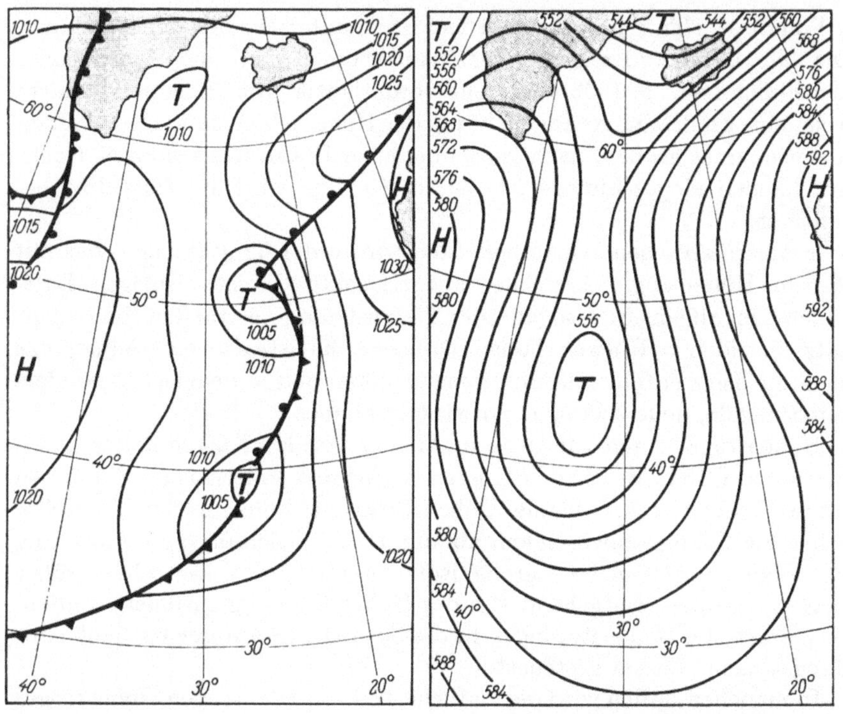

Abb. 69. Wetterlage am 7. 9. 1953,
0 Uhr MGZ.

Abb. 70. Höhenwetterkarte vom 7. 9. 1953,
3 Uhr MGZ (aus Wetterlotse 63/64).

für eine Kaltfront charakteristisch sind, während für seine Rückseite wegen der in der Höhe schneller nachströmenden Warmluft, die sozusagen mitgeschleppt wird, Aufgleitvorgänge mit Nimbostratusmassen und anhaltenden Niederschlägen wie bei einer Warmfront charakteristisch sind. Deshalb wird in diesen Fällen auch von einer *Warmluftschleppe* gesprochen. Wegen der meist langsamen Wanderung der Kaltlufttropfen herrscht in ihren Bereichen meist länger anhaltendes schlechtes Wetter. Im Sommer ist dieser Ablauf jedoch meist nicht so stark ausgeprägt.

4.14 Das Wetter in den nördlichen Fischereigebieten. Die Arktikfront

Die Wetterverhältnisse in den nördlichen Fischereigebieten werden teilweise bestimmt durch die Zyklonen, die sich an der *Arktikfront* bilden. Die Arktikfront, an der die zwischen Gröndland und Norwegen nach Süden strömenden Kaltluftmassen auf wärmere Luft stoßen, die nach Norden strömt, verläuft im Mittel von der Barents-See zur Nordwestecke Islands. An ihr laufen die Zyklonen dieser Gebiete in der Richtung WSW—ONO. Greift ein Hoch über Rußland steuernd ein, so verschiebt sich diese Grenzlinie stark nach Nordwesten, evtl. bis nördlich Spitzbergen. Liegt dagegen ein starkes Hoch über Ostgrönland, so liegt die arktische Front südöstlich und verläuft von Nordschottland nach dem Baltikum.

Die Zyklonen bewegen sich dabei mit Geschwindigkeiten von 500 bis 600 sm pro Tag. Die Verlagerungsrichtung ist auch bei ihnen bestimmt durch die Temperaturverteilung beiderseits der Frontalzone und die damit zusammenhängende Höhenströmung. Ebenso wie die Zyklonen an der Polarfront folgen sie einander gern in Serien, wobei die nächste immer etwas südlicher ausgreift als die vorhergehende (s. II.4.5).

Im Gegensatz zur eigentlichen Polarfront treffen an der arktischen Front keine subtropischen Luftmassen auf die Kaltluft, sondern es handelt sich bei der Warmluft um *gealterte Polarluft*, die evtl. schon von Labrador kommend, sich auf dem weiten Weg über den Ozean erwärmt hat.

Entsprechend der atlantischen Arktikfront ist im Stillen Ozean oft die *pazifische Arktikfront* gut ausgeprägt, die sich vom Aleutentief bis in die Nähe des amerikanischen Seengebietes (amerikanische Arktikfront) erstreckt.

4.15 Einige besondere Stürme

In manchen Gegenden haben die mit wandernden Zyklonen verbundenen Stürme besondere Namen.

Stürmische *Kaltlufteinbrüche* sind alle Winde vom *Norder-Typus*, wie die Norder im Golf von Mexiko, die *Blizzards* in den USA, die *Pamperos* und *Su-Estados* an der argentinisch-südbrasilianischen Küste (hier selbstverständlich mit Winden aus S bis SW).

Diese Stürme hängen mit Einbrüchen polarer Kaltluftmassen zusammen, die mit einem starken Ansteigen des Luftdrucks und damit einer starken Gradientverschärfung verbunden sind.

Der nordamerikanische Kontinent mit seinem nahezu meridional verlaufenden Felsengebirge ist für den Vorstoß von Kaltluftmassen aus dem Polargebiet günstig, vor allem im Winter. Diese Vorstöße erreichen dann nicht selten den Golf von Mexiko und rufen dort den als *mexikanischen Norder* bekannten Sturm hervor. Der Verlauf eines Norders wird folgendermaßen beschrieben:

Einige Tage vorher beginnt der Luftdruck zu fallen, Temperatur und Feuchte nehmen bei leichten südlichen Winden zu, so daß eine drückende, treibhausartige Schwüle herrscht, bei der oft Meeresleuchten und Luftspiegelungen beobachtet werden. Der Norder kann bei klarem Wetter einsetzen, kündigt sich jedoch meistens durch Wolken in den höheren Luftschichten an, die nach Süden ziehen. Während der Südwind ganz einschläft, sieht man plötzlich am Nordhimmel die Böenfront mit dunkler Wolkenwand und Wetterleuchten heraufziehen. In etwa einer Viertelstunde hat sie den Zenit erreicht, und plötzlich setzt der Nordwind mit einem kräftigen Stoß ein. Der Luftdruck steigt, die Temperatur fällt um Beträge bis zu 10° C und 15° C. Der Norder dauert manchmal nur wenige Sekunden (einige Böenstöße), in der Regel aber ein bis zwei Tage.

Auch an den Küsten von Peru und Nordchile wird ein aus nördlicher oder nordöstlicher Richtung wehender Sturm als Norder bezeichnet.

Die *Blizzards* sind in Nordamerika sehr gefürchtete Schneestürme, die große Verheerungen hervorrufen können. Sie wehen vor allem vor oder an den Küsten des nordöstlichen Nordamerika.

Der *Winter-Pampero* an der La-Plata-Mündung ist ein getreues Spiegelbild der Zyklonen des Nordatlantiks (Abb. 71). Auch hier wird

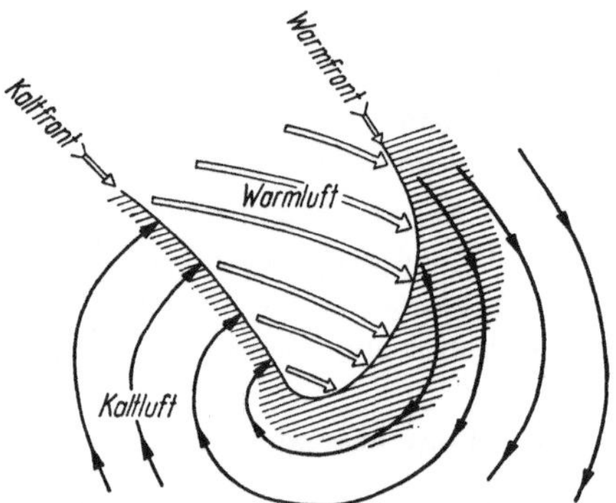

Abb. 71. Zyklone auf Südbreite.

an der Südspitze von Südamerika die westöstliche Bewegung der Luft durch die meridional verlaufenden Anden in die N-S-Richtung gedrängt. Nordwestlich von der Mündung des La Plata liegt in der Regel ein flaches Tief, dessen warme NO-Seite feuchtwarme Luftmassen im Gebiet des Parana und des Uruguay bilden, die eine Rinne tiefen Druckes in die Gegend des La Plata erstrecken. Dem Tief gegenüber auf der Westseite des Kontinents liegt über den Anden ein Hoch. Die hier entstehenden Zyklonen werden im Seehandbuch wie folgt beschrieben:

Dem Pampero gehen meistens einige Tage lang schwache nordöstliche bis nordwestliche Winde mit großer Wärme und fallendem Luftdruck voraus. Die Luft vor dem Pampero ist meistens sehr sichtig und reich an Insekten. Dann fängt der südwestliche Himmel an, sich zu beziehen. Die Luft wird feucht und es treten Wetterleuchten und auch Luftspiegelungen auf. Bei Flaute oder leichten nördlichen

Winden steigt an dem meist klaren Himmel im SW die Böenwalze der Böenfront auf. Der Wind wird unbeständig, zeigt Neigung nach W zu drehen, und große Insektenschwärme ziehen über das Schiff hin. Wenn die rasch aufsteigende Pamperowolke den Zenit erreicht hat, schießt der Wind plötzlich in einer schweren Böe nach SW aus und weht einige Zeit aus dieser Richtung mit großer Heftigkeit bei rasch steigendem Luftdruck und stark fallender Temperatur. Zu gleicher Zeit setzt meistens ein heftiger Regen ein, der von Blitz und Donner begleitet wird. Dauer und Heftigkeit der Pamperos sind verschieden. Manche haben in einer halben Stunde ausgeweht, andere halten mehrere Tage an. Nach dem Pampero dreht der Wind nach S und SO und flaut ab.

Die Pamperos wehen mitunter weit in die See hinaus und erstrecken sich nordwärts bis 31° S.

Näheres über diese lokalen Stürme ist in den Seehandbüchern über die betreffenden Meeresteile zu finden.

4.16 Wandernde und ortsfeste Hochdruckgebiete

Bei den bisherigen Betrachtungen der Zyklonen hatte sich ergeben, daß sich zwischen die Tiefdruckgebiete einer Serie *Zwischenhochs*, also Hochdruckkeile, einschieben. Sie werden durch den Druckanstieg in der Kaltluft auf der Rückseite der Zyklonen aufgebaut, woran der statische Druckeffekt der einfließenden Kaltluft einen wesentlichen Anteil hat. Diese Zwischenhochs sind infolgedessen ähnlich wie die thermischen Tiefs verhältnismäßig flach und erstrecken sich nur etwa 4000 bis 5000 m hoch. Wegen dieses Aufbaus (auch in der Höhe kalt) werden sie auch *kalte* oder *niedrige* Antizyklonen genannt. Bei ihrer Verlagerung sind sie an die Bewegung der Rückseitenkaltluft gebunden. Sie wandern daher mit der vorherrschenden Höhenströmung etwa im gleichen Rhythmus und Tempo wie die auslösenden Tiefdruckgebiete. Infolgedessen bringen sie meist auch nur eine kurze Wetterbesserung von 1—2 Tagen Dauer. Da die schwerere Kaltluft das Bestreben hat, sich am Boden auszubreiten, bzw. auseinanderzufließen, und die Luft in den unteren Schichten aus den Gebieten hohen Luftdrucks nach den Seiten ausströmt, herrscht im Zwischenhoch, vor allem in den zentralen Teilen, eine Absinkbewegung vor. Diese führt zu Wolkenauflösung und heiterem Wetter. An der Ostseite dieser wandernden Hochdruckgebiete treten meist noch böige, allmählich abflauende NW-Winde (Südhemisphäre SW-Winde) mit Quellwolkenfeldern und Regenschauern bei guter Sicht auf, wie es für eine abklingende Rückseite typisch ist. Auf der Westseite greift jedoch schon wieder das Aufgleiten der neuen Störung mit den ersten Wolkenfeldern über.

Wenn die Kaltluft zur Ruhe kommt, können sich diese wandernden Zwischenhochs in *ortsfeste* bzw. *stationäre* Hochs umwandeln. Sie ändern dann auch ihren vertikalen Aufbau, weil infolge der andauernden absinkenden Bewegung in der Höhe relativ schnell eine föhnartige Erwärmung der Luft einsetzt. Dadurch gehen sie in *warme* Hochdruckgebiete über. Diese sind zwar am Boden noch kalt, aber etwa ab 500—1000 m, d. h. oberhalb der Absinkinversion, warm.

Aber nicht alle ortsfesten Hochdruckgebiete sind zugleich warme Hochdruckgebiete. So sind z. B. die quasistationären großen winterlichen *Strahlungshochs* über den Kontinenten wie das sibirische Hoch kalte Hochs. Infolge der andauernden starken Produktion von Kaltluft, bedingt durch die starke Ausstrahlung, sind diese Hochs trotz der starken Absinkbewegung in der Höhe noch kalt, was unter anderem daran zu erkennen ist. daß über dem Bodenhoch in der Höhe niedriger Druck liegt, wie es für kalte, niedrige Antizyklonen typisch ist.

Zu den warmen Hochdruckgebieten gehören alle *dynamischen* Hochdruckgebiete, wie z. B. die Hochdruckzellen der subtropischen Hochdruckgürtel. Sie werden durch die allgemeine Zirkulation verursacht und sind längere Zeit ortsfest und infolge der langanhaltenden Absinkbewegung in allen Höhen bis zur Tropopause warm. Sie weisen daher über dem Bodenhoch auch in allen Höhen bis zur Tropopause hohen Druck auf. Diese dynamischen Hochdruckgebiete, die zugleich die Produktionsstätten und die Quellgebiete der Luftmassen sind (**II.4.2**), wirken daher auch als Steuerungszentren für die Tiefdruckgebiete. Denn bei ihrer großen Beständigkeit bestimmen sie die Höhenströmung entscheidend mit.

Auf Grund der absteigenden Luftbewegung enthalten alle Hochdruckgebiete, vor allem die stationären und dynamisch bedingten, ausgedehnte, mehr oder weniger kräftige Inversionen, welche die kälteren unteren Schichten von den wärmeren in der Höhe trennen. Infolge der früher beschriebenen Wirkung der Inversion als Sperrschicht (**II.1.9**), sammeln sich unter ihr Dunst- und Wasserdampf an. Dadurch wird bei ausreichendem Wasserdampfgehalt, bzw. bei hoher relativer Feuchte, vor allem im Winter die Ausbildung von tiefliegenden Wolken oder Hochnebel begünstigt, der manchmal bis zum Boden herunterwächst und zu tagelang andauerndem Nebel führen kann. Während am Boden die Lufttemperatur immer weiter absinkt, herrscht oberhalb der Inversion, z. B. auf Berggipfeln oft relativ warmes und heiteres bis wolkenloses Wetter. Dabei treten gelegentlich zwischen Boden und Höhe Temperaturunterschiede von 15—20° C auf.

Im Sommer bringen Hochdruckgebiete, insbesondere die dynamisch bedingten warmen quasistationären, dagegen oft Hitze- und Trockenperioden. Tiefliegende Wolken oder Nebelfelder, die sich eventuell bei der relativ kurz wirkenden nächtlichen Ausstrahlung gebildet haben können, werden mit der einsetzenden Erwärmung morgens schnell wieder aufgelöst, wobei sich mit der einsetzenden Thermik unterhalb der Inversion kleine Schönwetter-Cumuli bilden. Bei stärkeren Vertikalbewegungen an heißen Sommertagen wird gelegentlich auch die Inversion durchbrochen, so daß die Cumuli über die Inversionshöhe hinauswachsen. Doch besteht auch dann nur selten die Gefahr von Wärmegewittern, weil es oberhalb der Inversion zu trocken ist. Die Wolken verdampfen infolgedessen meist schnell wieder in die Umgebung, ohne daß es zu einer starken vertikalen Entwicklung kommt, die nur bei ausreichendem Feuchtenachschub vom Boden und labiler Schichtung möglich ist.

Über See ist infolge der laufenden Wasserdampfaufnahme von der Meeresoberfläche her immer ein genügender Feuchtevorrat unter der Inversion vorhanden, so daß dort in den stationären, warmen Hochdruckgebieten stark bewölktes bis bedecktes Wetter mit ausgedehnten Schichtwolkenfeldern vorherrscht. Heiteres Wetter tritt meist nur kurzfristig in den schnell wandernden Zwischenhochs auf der Rückseite der Zyklonen auf.

5. Wirbelstürme

5.1 Allgemeine Charakteristik

Wirbelstürme sind Luftwirbel mit vertikaler Achse. Sie haben in Abhängigkeit von ihrer Größe verschiedene Eigenschaften. Wird davon abgesehen, daß auch die unter Beteiligung verschiedener Luftmassen entstehenden Zyklonen der gemäßigten Breiten nach ihrer endgültigen Verwirbelung oft zu den atmosphärischen Wirbeln gerechnet werden, so sind unter diesen Wirbeln mit vertikaler Achse im engeren Sinne nur zu verstehen *Staubwirbel*, *Wind-* und *Wasserhosen*, *Tornados* und *tropische Orkane* bzw. *tropische Zyklonen*. Äußerlich unterscheiden sich diese Formen vor allem durch das Verhältnis des horizontalen Wirbeldurchmessers zur Länge der Achse. *Staubwirbel* sind gleichsam einzelne dünne Wirbelfäden von geringer Höhe. Wenig ausgedehnt im Vergleich zu ihrer Höhenerstreckung sind auch die *Wind- und Wasserhosen*, während bei den *Tornados* der Durchmesser schon etwa bis zu einem Viertel der Höhe ausmachen kann. Die tropischen Zyklonen sind dagegen mit flachen Scheiben vergleichbar, deren Durchmesser etwa das Fünfzigfache ihrer Höhe beträgt.

5.2 Staubwirbel

Die kleinsten Wirbel mit vertikaler Achse sind *Kleintromben*. Sie entstehen oft über stark erhitztem Boden, insbesondere Wüstengebieten, wenn infolge eines stark überadiabatischen Temperaturgefälles in der bodennahen Luftschicht die überhitzte Luft auf eng begrenztem Raume stürmisch emporstrudelt. Die aufsteigende Luft gerät dabei schnell in

Wirbelbewegung, so daß sich kleine Luftschläuche bilden. Da beim Aufstrudeln der Luft auch der am Erdboden liegende Staub mitgerissen wird, werden diese Kleintromben auch *Staubwirbel* genannt. Zur Kondensation von Wasserdampf kommt es in ihnen nicht, da die überhitzte Bodenluft zu trocken ist und die Staubwirbel nur wenige Dekameter hoch reichen, so daß das Kondensationsniveau nicht erreicht wird. Der Drehsinn der rotierenden Luft ist unbestimmt, da bei der Kurzlebigkeit dieser Staubwirbel und ihrem geringen Durchmesser die Fliehkraft den Einfluß der Erdrotation überwiegt.

5.3 Wasserhosen oder Windhosen

Wasserhosen oder Windhosen, gemeinsam auch *Tromben* genannt, sind heftige Luftwirbel mit vertikaler oder nur wenig geneigter Achse. Im Gegensatz zu den Kleintromben, die vom Boden ausgehen und nach oben wachsen, entwickeln sie sich in einigen 100 m bis 1000 m Höhe aus Cumulonimbus-Wolken. Es handelt sich also um eine völlig andere Erscheinung. Der Wirbel bildet sich in der Höhe und erstreckt seinen Wirbeltrichter in Gestalt eines sich verjüngenden Schlauches nach unten, wobei er oft die Meeres- bzw. Erdoberfläche erreicht. Dementsprechend wird auch von *Wasserhosen* bzw. *Windhosen* gesprochen. Obwohl die Tromben bis zum Erdboden nach unten wachsen können, schöpfen sie ihre Energie doch aus dem oberen Niveau. Sichtbar werden diese aus der unteren Wolkenbasis heraushängenden Schläuche, die durch einen rotationssymmetrischen Querschnitt gekennzeichnet sind, durch die aus der Wolke mit nach unten gerissenen Kondensationsprodukte. Der äußerst kräftige Wirbelwind, der am Fuß der Trombe kreist, zerstäubt auf See das Wasser, so daß der Fuß von einem Kranz von Wasserstaub umgeben ist. Durch diesen erscheint der Schlauch der Trombe, der einen Durchmesser bis zu 100 m hat, über dem Meer undurchsichtig. Dies erweckt dann den Anschein, als sauge die Wolke Wasser aus dem Meer in die Höhe. Über Land richten die Windhosen, in denen Windgeschwindigkeiten bis zu 200 km vorkommen können und die einen Durchmesser von 200 bis 300 m haben, oft starke Verwüstungen an. Sie entwurzeln und brechen Bäume ab, werfen Masten um, decken Häuser ab, reißen Staub und lockeres Erdreich mit nach oben und verfrachten es oft über große Strecken.

Die großen Windgeschwindigkeiten sind auf das große Druckgefälle zurückzuführen, das bei diesen Wirbeln auf eng begrenztem Raume auftritt. Denn beim Vorbeizug einer Windhose am Beobachtungsort über Land oder einer Wasserhose in der Nähe des Schiffes, wurde immer festgestellt, daß im Innern des Wirbels ein sehr geringer Druck herrscht.

Im allgemeinen ist bei diesen Tromben ein äußerer Mantel von einem inneren hellen Kern zu unterscheiden. Der Mantel ist dabei in heftiger drehender und aufsteigender Bewegung, so daß in seinem Bereich Kondensation eintreten kann. Im Innern ist dagegen absteigende Luftbewegung anzunehmen, wie es in Abb. 72 für eine Trombe dargestellt ist, die noch nicht den Boden erreicht hat. Die Rotation des äußeren Mantels scheint bei den meisten Tromben durch die Erdrotation bestimmt zu sein und zyklonal zu erfolgen, kann jedoch gelegentlich auch antizyklonal sein.

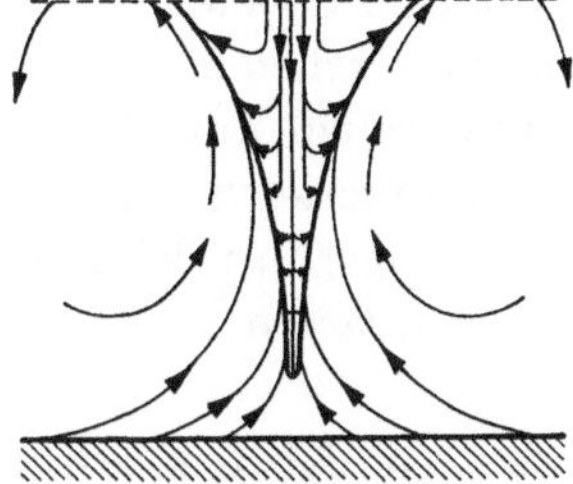

Abb. 72. Vertikalschnitt durch eine Trombe.

Zur Sammlung weiterer Unterlagen über diese Erscheinungen sollten deshalb beim Auftreten von Tromben alle wesentlichen Beobachtungsdaten notiert, und gegebenenfalls sollte die Trombe auch fotografiert oder durch eine Skizze festgehalten werden. Neben der genauen Uhrzeit und der Aufzeichnung aller meteorologischen Elemente interessieren noch Angaben über den Drehsinn der Trombe, ob es sich um mehrere Tromben handelte und ob Gewitter in der Nähe auftraten.

5.4 Tornados

Die *Tornados* Nordamerikas, die besonders im Frühsommer und den heißen Tagesstunden in den Gebieten östlich der Rocky Mountains auftreten, sind Windhosen großen Ausmaßes, die meist einen Durchmesser von 300 bis 500 m, gelegentlich aber auch von 1 km haben. Auch bei ihnen senkt sich ein Wolkenschlauch in Form eines Rüssels aus der Wolkendecke zur Erde. Sie entstehen bevorzugt in dem Gebiet, in dem die Temperaturgegensätze in einer Zyklone besonders groß sind, d. h. in der Nähe der Kaltfront einer Zyklone, wenn vor dieser südliche Winde sehr warme Luft herantransportieren, während in der Höhe mit kräftigem Westwind schon Kaltluft vordringt. Entsprechend der dabei vorhandenen Höhenströmung und der Orientierung der Front bewegen sich die Tornados in der Regel von SW nach NO mit einer Geschwindigkeit von 50—60 km in der Stunde. Auf Grund der besonders instabilen Luftschichtung, die sich aus der angegebenen Luftmassenverteilung ergibt, sind die Tornados weitaus gefährlicher als unsere Tromben. In ihrem Inneren treten Windgeschwindigkeiten von mehreren hundert Kilometern in der Stunde auf, deren größte am Boden beobachtete dabei etwa 800 km in der Stunde betrug. Die Tornados verursachen infolgedessen furchtbare Zerstörungen, die sich auf eng begrenzte Streifen von wenigen hundert Metern bis zu zwei Kilometern Breite verteilen.

Da die von den Tornados ausgehenden Luftdruckänderungen sich nur auf den kleinen Bereich des Tornados selbst beschränken, können sie auch nur selten gemessen werden. Es ist daher auch nicht möglich, auf Grund vorausgehender Luftdruckänderungen eine Warnung zu geben. Von den Staubwirbeln sowie Wind- und Wasserhosen unterscheiden sie sich dadurch, daß sie im Gegensatz zu diesen immer eine zyklonale Zirkulation haben.

Den nordamerikanischen Tornados ähnliche Großtromben treten auch über Nordwestaustralien auf. Dagegen sind die im Golf von Guinea (Afrika) als Tornado bezeichneten Erscheinungen nur örtliche Gewitterstörungen von geringer Ausdehnung, die sich nicht mit diesen Großtromben vergleichen lassen.

5.5 Die tropischen Zyklonen — Allgemeines

Während das Wetter in den Tropen, von örtlichen Wärmegewittern abgesehen, im allgemeinen große Regelmäßigkeit zeigt, treten in gewissen Gebieten des Tropengürtels zu bestimmten Jahreszeiten heftige Wirbelstürme auf, die früher unter dem Sammelbegriff „tropische Orkane" zusammengefaßt wurden. Da nicht alle diese Störungen, die nach Entstehungsgeschichte und Aufbau zusammengehören, Orkanstärke erreichen, ist dieser Begriff in Wirklichkeit irreführend. International hat sich deshalb für diese tropischen Wirbelstürme die Bezeichnung „tropische Zyklonen" (englisch: tropical cyclone) durchgesetzt. Er schließt die Zyklonen von Orkanstärke mit ein.

Bei diesen Wirbeln ist der Durchmesser viel größer als bei den Tromben und Tornados. Der Wind weht — ebenso wie bei den Zyklonen der gemäßigten Breiten — in spiraligen Bahnen auf ein Gebiet niedrigen Luftdrucks in der Mitte zu. Auf Nordbreite erfolgt diese Zirkulation gegen den Uhrzeiger, auf Südbreite mit dem Uhrzeiger. Das Luftdruckgefälle und damit auch die Windstärke sind meistens erheblich größer als in den außertropischen Stürmen. Der Aufbau dieser Wirbelstürme ist, besonders in niedrigen Breiten, auffallend regelmäßig, so daß nach allen Seiten hin in derselben Entfernung von der Mitte die gleichen Gradienten und damit die gleichen Windstärken sowie etwa dieselben Temperaturverhältnisse angetroffen werden. Das Nebeneinander verschiedener, d. h. artfremder Luftmassen am Boden und damit das Auftreten von Fronten, wie es für außertropische Tiefdruckgebiete kennzeichnend ist, fehlt also bei diesen tropischen Wirbelstürmen.

Im übrigen unterscheiden sie sich von den Tiefdruckgebieten der höheren Breiten durch:

1. ihr relativ seltenes Vorkommen nur in bestimmten Gebieten der niederen Breiten,
2. ihren geringen Durchmesser, die steilere Druckabnahme zum Zentrum hin und damit die viel größeren Windgeschwindigkeiten,
3. das windstille Gebiet im Zentrum, das „Auge" des Sturmes,
4. den eng begrenzten Druckfall, der erst dann stark einsetzt, wenn der stürmische Wind schon vorhanden und das Zentrum schon sehr nahe ist,
5. die langsame Verlagerung im Tropengebiet, die — entgegengesetzt zur Wanderung der Tiefdruckgebiete der gemäßigten Breiten — von Ost nach West erfolgt,
6. ihre überwiegende Beschränkung auf Ozeane und ihre schnelle Auflösung, sobald sie auf das Festland übertreten.

5.5.1 Die Entstehungsgebiete tropischer Zyklonen. Die Untersuchung der tropischen Wirbelstürme hat ergeben, daß sie nur über Seegebieten entstehen, über denen die Luftmassen besonders feucht und warm (Mindesttemperatur 26—27° C) und damit stark feuchtlabil geschichtet sind. Bei den feuchtlabilen Umlagerungen, die infolgedessen in diesen Gebieten auftreten können, werden beim Aufsteigen der Luft durch die freiwerdende Kondensationswärme (latente Wärme) große Energiemengen freigesetzt, aus denen der Wirbelsturm im wesentlichen gespeist wird. Trotzdem entstehen derartige Wirbelstürme bei weitem nicht über allen Meeresgebieten und zu allen Jahreszeiten, in denen diese Temperatur- und Feuchtigkeitsverhältnisse erfüllt sind. Denn diese feuchtlabilen Umlagerungen spielen sich meist in einzelnen mehr oder weniger großen Cumulonimben ab. Erst wenn sie, wie z. B. an den Grenzen der äquatorialen Kalmen und Passate durch das Hinzukommen von Konvergenzen, wie z. B. der ITCZ, noch besonders unterstützt werden, können Wirbelstürme aus diesen feuchtlabilen Umlagerungen entstehen, weil diese dann — bedingt durch die Konvergenz — einheitlicher erfolgen und verstärkt werden. Außerdem muß jedoch im Gebiet dieser Umlagerungen die ablenkende Kraft der Erdrotation groß genug sein, damit die am Boden von den Seiten als Ersatz in das Umlagerungsgebiet einströmenden Luftmassen in eine Wirbelbewegung versetzt werden. Am Äquator und in Äquatornähe ist die Corioliskraft aber Null, bzw. fast Null, so daß sie hier keine Wirbelbewegung erzeugen kann. Deshalb ist auch ein Gürtel von etwa 6—8° Breite zu beiden Seiten des Äquators trotz Erfüllung der anderen Voraussetzungen frei von tropischen Wirbelstürmen.

Wenn auch, wie schon betont wurde, in den tropischen Zyklonen keine Fronten festgestellt werden konnten, so deutet doch die Mitwirkung der ITCZ darauf hin, daß bei der Bildung tropischer Wirbelstürme auch verschieden temperierte (aber artverwandte) Luftmassen beteiligt sein können, wie es nach den Untersuchungen von M. Rodewald wahrscheinlich ist. Denn letzten Endes trennt die ITCZ Luftmassen, die von verschiedenen Halbkugeln stammen. Sie können daher durchaus einen verschiedenen thermischen Aufbau haben, der sich vor allem oberhalb der Bodenstörungsschicht oder in noch höherem Niveau auswirken und die Entwicklung der tropischen Wirbelstürme beeinflussen kann. Für die zumindest gelegentliche Beteiligung von Luftmassen, die von der anderen Halbkugel kommen, spricht auch die Tatsache, daß nach den Untersuchungen von H. Seilkopf tropische Wirbelstürme sich gern dort entwickeln, wo Höhentröge auf der orkanfreien Halbkugel (s. Abb. 73)

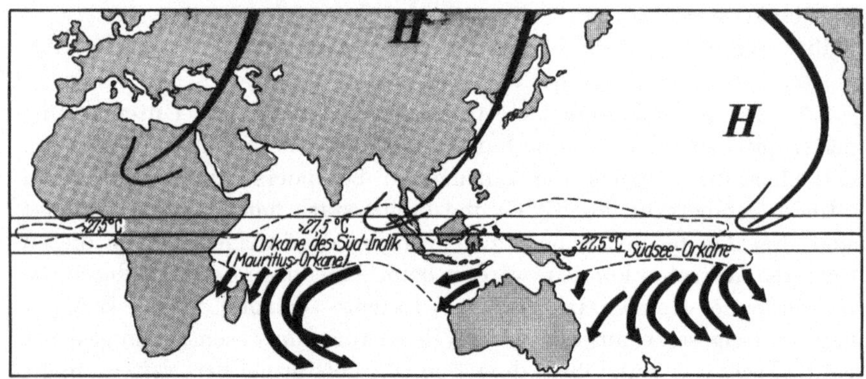

Abb. 73. Tropische Orkane und Höhentröge im Nordwinter und Frühjahr nach H. Seilkopf.

bis in die äquatornahen Gebiete reichen. Dies steht auch in Übereinstimmung mit anderen neueren Untersuchungen, nach denen außer der Labilität auch die Strömungsvorgänge in der Höhe eine wichtige Rolle spielen. Denn sie bewirken den Abtransport der Luftmassen in der Höhe (Auspumpen) und sind damit verantwortlich für den enorm tiefen Druck.

Unter Berücksichtigung der genannten Voraussetzungen, insbesondere der Zonen starker Feuchtlabilität sowie der jahreszeitlichen Verlagerung der ITCZ und der damit verbundenen Wanderung und Veränderung von Konvergenzen lassen sich auch die in den einzelnen Jahreszeiten verschiedenen Entstehungsgebiete der tropischen Wirbelstürme in den allgemeinen Rahmen der atmosphärischen Zirkulation einordnen und verstehen.

So entstehen die Orkane im Atlantischen Ozean zwischen der Südgrenze des NO-Passates und dem äquatorialen Kalmengebiet. Diese Zone wandert mit der Jahreszeit. Sie liegt im Winter am südlichsten auf etwa 5° N, im Sommer am nördlichsten und geht dann an vielen Orten weit über 10° N hinaus. Diese „Front", die ITCZ, reicht von Afrika bis Mittelamerika, aber nicht überall entwickeln sich nach den bisherigen

Erkenntnissen gleich viel Wirbelstürme. Am regsamsten sind die Randgebiete bei den Kap Verden und vor der Ostküste Mittelamerikas. Östlich der Antillen entstehen die Westindischen Orkane, die *Hurrikane*, bei den Kap Verden die selteneren *Kapverdischen Orkane*, während die statistischen Unterlagen für den zwischen diesen Hauptgebieten liegenden Seeraum unvollständig sind. Denn von den in diesem Seegebiet entstandenen Orkanen wurden früher viele erst entdeckt, wenn sie bei den Antillen ankamen, weil sie in ihrem Entstehungsgebiet wegen der hier herrschenden geringen Schiffahrtsdichte nicht erfaßt wurden. Die Überwachung dieser Seegebiete durch Satelliten hat diesem Mangel in den letzten Jahren weitgehend abgeholfen, so daß sich daraus im Laufe der Zeit eine Änderung bezüglich der Verteilung ergeben kann.

Im nördlichen Stillen Ozean sind nach den bisherigen Beobachtungen ebenfalls die Randgebiete des langgestreckten Grenzgebietes zwischen NO-Passat und Mallungen aktiv bei der Bildung von tropischen Zyklonen. Östlich der Philippinen liegt die Geburtsstätte der *Taifune* (Baguios), an der Westküste Mexikos entwickeln sich die *Mexikanischen Orkane* (Cordonazos). Über die wenig befahrenen Weiten des mittleren Stillen Ozeans ist bisher wenig bekannt, doch besteht hier noch mehr die Möglichkeit als im Atlantik, daß ein tropischer Wirbelsturm nicht bemerkt wurde. Auch hier dürften wie in allen anderen wenig befahrenen Seegebieten die Beobachtungen von Satelliten bald neue Erkenntnisse bringen.

Im nördlichen Indischen Ozean entstehen tropische Wirbelstürme (hier früher auch als Zyklone, Einzahl Zyklon, bezeichnet) hauptsächlich an der Nordseite des im April, Mai vorrückenden oder des im Oktober, November zurückweichenden SW-Monsuns. Im Bengalischen Meerbusen liegen die Ursprungsstätten westlich der Andamanen und nordwestlich der Nicobaren, im Arabischen Meer in der Nähe der Lakkediven und Malediven.

Auf Südbreite bleibt der Atlantische Ozean frei von tropischen Wirbelstürmen, weil der Kalmengürtel und auch die ITCZ ganz auf Nordbreite liegen. Dasselbe gilt aus denselben Gründen auch für den östlichen Teil des Stillen Ozeans. Der westliche Teil ist dagegen sehr orkanreich, weil das seichte und von vielen flachen Inseln durchsetzte Südmeer im Südsommer abnorm hohe Temperaturen aufweist und gleichzeitig die ITCZ südlich des Äquators liegt. Die Voraussetzungen zur Bildung tropischer Wirbelstürme, der *Südsee*-Orkane, sind daher hier besonders günstig (s. a. Tabelle der Häufigkeitsstatistik in 5.5.4). Die Wirbelstürme von Nord- und Westaustralien heißen *Willy-Willy* (Mehrzahl Willies-Willies).

Im südlichen Indischen Ozean weicht im Südsommer die Nordgrenze des SO-Passates nach Süden zurück, während der Kalmengürtel nachrückt. Entlang einer langen Konvergenz, der ITCZ, von Afrika nach

Australien sind damit günstige Bedingungen für das Entstehen von Orkanen gegeben. Ihre Haupttätigkeit liegt nach den bisherigen Beobachtungen nordöstlich von Madagaskar. Da diese Wirbelstürme seit langem vom Observatorium auf Mauritius besonders überwacht werden, nennt man sie auch *Mauritius-Orkane*. Doch mögen auch gerade für dieses Seegebiet Satellitenbeobachtungen im Laufe der Jahre wesentlich neue Aufschlüsse geben.

Wie die Karte in der Abb. 74 eindeutig erkennen läßt, entstehen diese tropischen Wirbelstürme, wie nochmals betont sei, also nicht in Gebieten

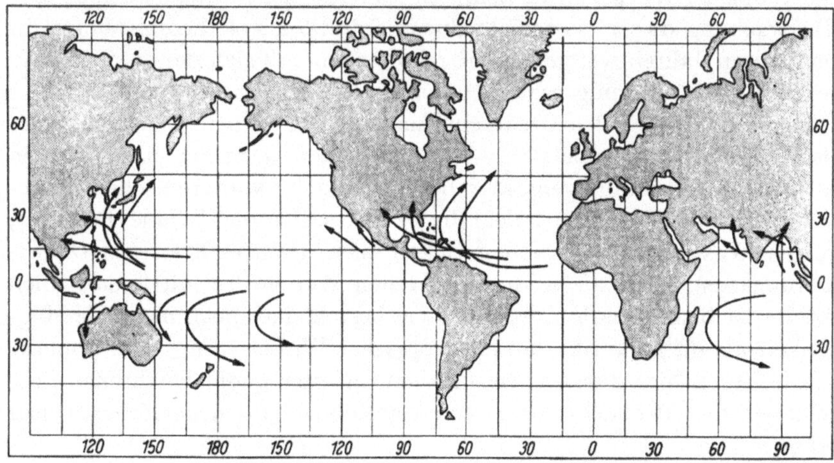

Abb. 74. Übersicht über die Orkangebiete der Erde.

stetigen Windes, wie den Passat- und Monsungebieten, sondern immer nur unter bestimmten Voraussetzungen in ihren äquatorseitigen Grenzgebieten. Außerdem sind die großen tropischen Wirbelstürme, wie ebenfalls in der Karte angedeutet ist, auf die Meere beschränkt. Sie überschreiten wohl gelegentlich Inseln, aber sie sterben in der Regel schnell ab, wenn sie auf ausgedehntere Landflächen übertreten, und sind auch nicht imstande, hohe Bergzüge zu überschreiten, weil infolge der höheren Reibung über Land die Winde am Boden stärker gegen das Zentrum einströmen. Dadurch ergibt sich ein schnellerer Druckausgleich und damit ein Auffüllen und Absterben des Wirbelsturmes, außerdem ist zumeist über Land nicht mehr die starke feuchtlabile Schichtung wie über See vorhanden, so daß damit die Energiequelle für den Wirbelsturm abstirbt.

5.5.2 Die Hauptorkanzeiten. Die meisten tropischen Wirbelstürme beobachtet man im allgemeinen in den Spätsommermonaten der betreffenden Halbkugel, wenn die Kalmengürtel ihre größte Breite erreicht haben. Dann kann die ablenkende Kraft der Erdrotation in diesen

Mulden niedrigen Luftdrucks am wirksamsten sein und die Bildung von Wirbeln am meisten fördern.

Die Hauptorkanmonate sind also:

auf Nordbreite: Juli, August, September, Oktober,

auf Südbreite: Januar, Februar, März, April.

Die tropischen Wirbelstürme des nördlichen Indischen Ozeans haben entsprechend dem zweimaligen Monsunwechsel zwei Maxima, eins in den Monaten April, Mai, Juni und ein zweites im Oktober, November.

Die Häufigkeit der tropischen Wirbelstürme für jeden Monat in % der Jahressumme in den wichtigsten Orkangebieten gibt folgende Zusammenstellung:

Monat	Jan.	Febr.	März	April	Mai	Juni	Juli	Aug.	Sept.	Okt.	Nov.	Dez.
Westindische Orkane (Hurrikane)	0	0	0	0	1	6	6	18	34	27	7	1
Orkane vor der nord- u. mittelamerik. Westküste	0	0	0	0	2	12	12	15	36	20	2	1
Taifune	5	3	3	2	5	5	14	15	18	16	9	5
Orkane im Arabischen Meer	3	0	2	14	19	28	0	1	5	7	16	5
Orkane im Golf von Bengalen	1	0	1	6	15	8	8	2	10	16	23	10
Südsee-Orkane	29	17	28	6	1	0	0	0	2	1	3	12
Orkane im südlichen Indischen Ozean	22	22	19	13	5	1	0	0	0	1	6	11

Selbstverständlich treten diese Wirbelstürme in den einzelnen Jahren mit sehr unterschiedlicher Häufigkeit auf, so daß es gelegentlich vorkommt, daß der Monat mit dem Häufigkeitsmaximum in einem Jahr sogar orkanfrei bleibt. Andererseits treten manchmal an einer Stelle mehrere tropische Wirbelstürme nacheinander auf und dann wieder jahrelang keine. Die Tabelle kann daher nur als Hinweis dafür dienen, wo und zu welchen Zeiten eventuell derartige Wirbelstürme auftreten können und deshalb besondere Aufmerksamkeit darauf gerichtet werden sollte. Die durchschnittliche Zahl an tropischen Wirbelstürmen pro Jahr (Windgeschwindigkeit $\geq$ 34 kn) bzw. Orkanen (Windgeschwindigkeit $\geq$ 64 kn, Zahl in Klammern) für die verschiedenen Seegebiete unter Berücksichtigung neuer Satellitenbeobachtungen nach Dick De Angelis (Mariners Weather Log 19, 1975, Nr. 6) zeigt die folgende Zusammenstellung:

Westlicher Nordpazifik	25,3	(17,8)
Östlicher Nordpazifik	15,2	(5,8)
Westlicher Südpazifik u. Australien	14,8	(3,8)
Westlicher Südindik	11,2	(3,8)
Nordatlantik	9,4	(5,2)
Nordindik	5,7	(2,2) (Zyklonen mit Wind $\geq$ 48 kn)

5.5.3 Aufbau und Eigenschaften tropischer Wirbelstürme. Tropische Wirbelstürme sind Tiefdruckgebiete von verhältnismäßig geringem Umfang. Sie werden von Isobaren umschlossen, die gelegentlich kreisförmig, zumeist aber elliptisch gekrümmt sind. Der größte Durchmesser dieser Ellipsen, der zumeist in der Zugrichtung liegt, ist im Mittel etwa anderthalb mal so groß wie der dazu senkrecht stehende kleine Durchmesser.

Die Gradienten sind in tropischen Wirbelstürmen im allgemeinen viel steiler als in den außertropischen Stürmen, weil das Gebiet, auf das sich der Luftdruckfall bezieht, viel kleiner ist (s. Abb. 75 u. 76). Während in 150 Seemeilen vom Zentrum der Gradient in der Regel den Wert 1—2 mbar hat, wächst er bis 60 sm auf 8—10 mbar, unter 60 sm Abstand

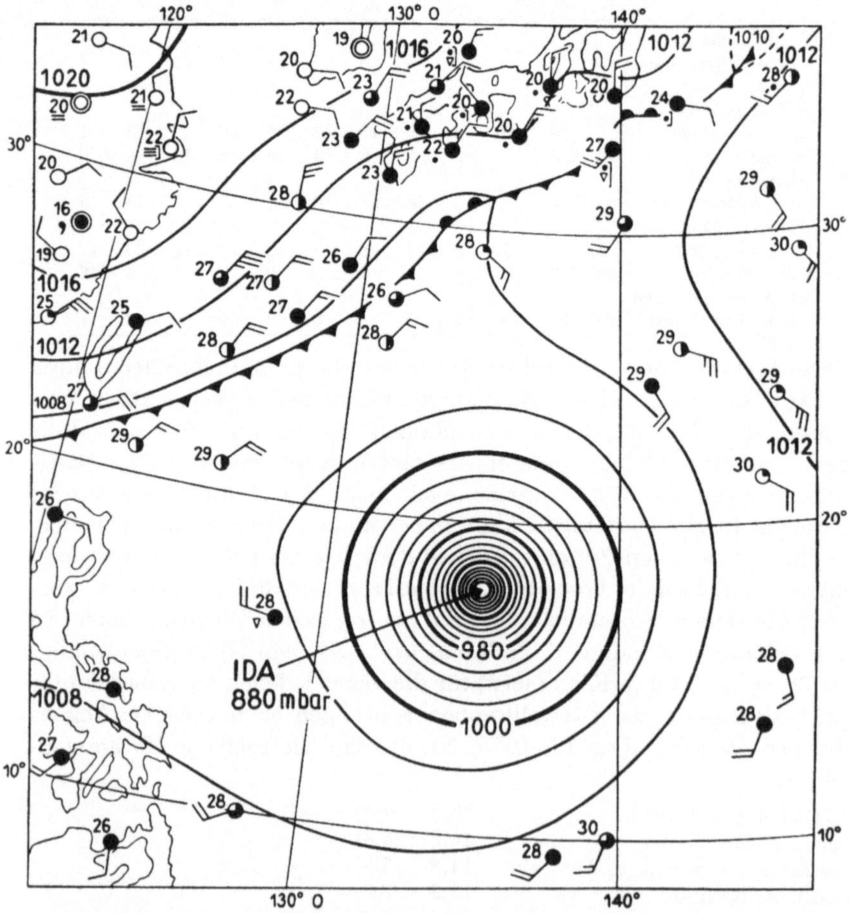

Abb. 75. Taifun „Ida" auf dem Höhepunkt seiner Entwicklung, nach einer japanischen Wetterkarte. (Aus den Monatskarten für den Indischen Ozean, 1960, mit freundlicher Genehmigung des Deutschen Hydrographischen Institutes, Hamburg).

vom Zentrum, entsprechend dem tiefen Druck in diesem, auf 20 mbar und mehr an. Da der Druckgradient zum Zentrum hin so stark zunimmt, ist es unmöglich (s. Abb. 75) in der Wetterkarte die eng beieinander liegenden Isobaren im 5-mbar-Abstand zu zeichnen. Deshalb werden zur Darstellung tropischer Wirbelstürme in Wetterkarten meist besondere Symbole benutzt. Sie kennzeichnen zugleich ihren Drehsinn und sind für Nordbreite (⚡) und Südbreite (⚡) verschieden.

Die tiefsten Barometerstände, die bisher beobachtet wurden, stammen aus tropischen Orkanen. So wurde am 23. September 1958 im Pazifik im Zentrum des Taifuns „Ida" 873 mbar (s. Abb. 75) gemessen, während in außertropischen Gebieten ein Luftdruck unter 920 mbar bisher noch nicht festgestellt wurde.

Den großen Werten des Gradienten entsprechend entstehen äußerst hohe Windstärken, für welche die Zählung nach Beaufort bis 12 nicht

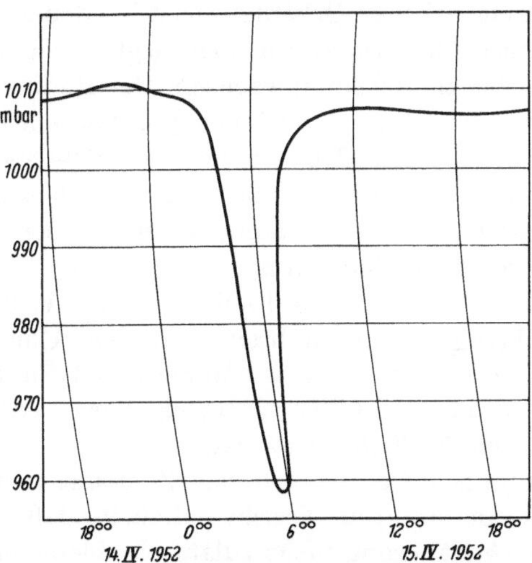

Abb. 76. Barographenkurve in einem Orkan. Lindi-Zyklone vom 15. 4. 1952. (Aus den Monatskarten für den Indischen Ozean, 1960, mit freundlicher Genehmigung des Deutschen Hydrographischen Institutes, Hamburg).

im entferntesten ausreicht. Während die Windstärke 12 schon für eine Windgeschwindigkeit von 65 kn gilt, sind in Orkanen Windgeschwindigkeiten von über 200 kn beobachtet worden. Entsprechend den hohen Windgeschwindigkeiten besitzt der Wind in diesen Orkanen auch eine außerordentliche Böigkeit, in der auch die eigentliche zerstörende Kraft liegt.

Der Maximalwind läßt sich für die freie See aus der Luftdruckdifferenz zwischen der äußersten geschlossenen Randisobare und dem Kerndruck nach folgender Formel von Robert D. Fletcher angenähert berechnen:

$$v_{(max)} \text{ (in kn)} = 16 \times \sqrt{p_{(Rand)} - p_{(Zentrum)}} \text{ (Druck in mbar).}$$

Zum Beispiel ist bei einer Randisobare von 1010 mbar und einem Kerndruck von 994 mbar

$$v_{(\text{max})} = 16 \times \sqrt{16} = 64\,\text{kn},$$

d. h. es herrscht Orkanwindstärke.

Der Japaner Takahashi hat 1939 eine andere Formel angegeben, die etwas niedrigere Werte ergibt. Sie lautet:

$$v_{\text{max}} = 14 \times \sqrt{1013 - p_{(\text{Zentrum})}}\ .$$

Die Fletcher-Formel gibt dabei Maximalwerte, die aber meist nicht erreicht werden und bei Kerndrücken unter 975 mbar um etwa 10% höher liegen als die mit der Formel von Takahashi errechneten Werte. Da diese also der Wirklichkeit etwas mehr entsprechen, wird jetzt in den Vorhersagezentren (z. B. National Hurricane Center in Miami/Florida) meist mit der zweiten Formel gearbeitet.

Der Radius des eigentlichen Orkanfeldes ist bei den einzelnen Wirbelstürmen recht verschieden. Im allgemeinen liegt er bei 50—60 sm, kann aber bei Taifunen bis zu 100 sm anwachsen. Der Radius für das Gebiet mit vollem Sturm (Windstärke 9 und mehr) ist beträchtlich größer. Bei voll entwickelten tropischen Orkanen kann er 200—300 sm und mehr betragen. Gewöhnlich wächst die Größe des Sturmfeldes mit wachsender geographischer Breite, vor allem dann, wenn mit dem Breitengewinn zugleich eine Vertiefung verbunden ist.

Das Orkanzentrum wird auf Nordbreite von den Winden ausnahmslos gegen den Uhrzeiger, auf Südbreite mit dem Uhrzeiger umkreist (s. auch vorstehende Symbole). Das ist ein Zeichen dafür, daß die Wirbelbewegung nicht irgendwie zufällig verursacht wird, sondern eine Folge der Ablenkung durch die Erdrotation ist.

Die in spiralförmigen Bahnen auf das Zentrum zuströmende Luft erhält schließlich eine so große Geschwindigkeit, daß die Zentrifugalkraft eine weitere Annäherung nicht zuläßt. So bleibt in der Mitte des Wirbelsturms ein windstiller Raum, meistens in Form einer kleinen Ellipse, deren Durchmesser zwischen 5—30 sm schwankt und deren große Achse ungefähr mit der Zugrichtung des Orkans zusammenfällt.

Um diesen windstillen Raum herum wirbelt die von allen Seiten heranströmende Luft in die Höhe. Dadurch kommt sie unter niedrigeren Druck, dehnt sich aus und kühlt sich ab. Sie erreicht bald den Sättigungspunkt, und das Sturmfeld wird dadurch ein Gebiet gewaltiger Kondensationserscheinungen. Über ihm lagert ein schwerer dunkler Wolkenschild, an dessen Rand zunächst feiner Sprühregen beobachtet wird, der aber mit weiterer Annäherung in Regenböen zunehmender Stärke übergeht, bis sich schließlich wolkenbruchartige Regenfälle aus tief herabhängenden Wolken ergießen.

Während der Wind am Meeresspiegel in Spiralen zum Zentrum hin weht, bewegt sich die mit Regenwolken beladene Luft in mittleren Höhen kreisförmig um die Mitte. Oben wird die Luft, mit Cirro-Cumulus und Cirren durchsetzt, in auswärtsgerichteten Spiralen aus dem Wirbel hinausgeworfen. Über dem inneren windstillen Raum ist der Himmel wegen des Absinkens der Luft meistens aufgehellt oder die Wolkendecke ist völlig durchbrochen, so daß der Regen aufhört und zuweilen sogar blauer Himmel oder Sterne sichtbar werden (*Auge* des Orkans).

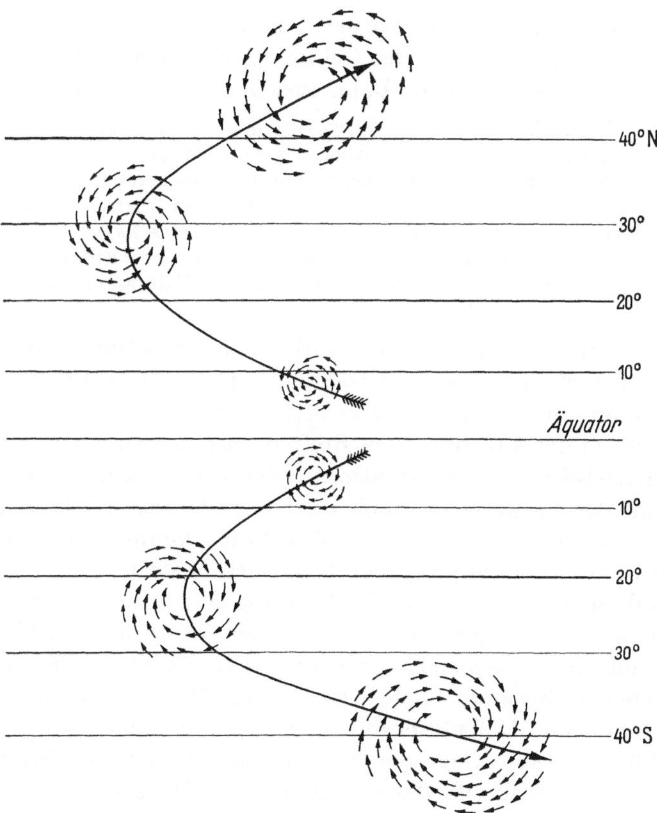

Abb. 77. Ideale Bahnen tropischer Orkane auf N- und S-Breite.

Da das Auge wegen des Absinkens der Luft regenlos ist, kann das Radargerät zu seiner Ortung benutzt werden. Es bildet sich inmitten der Regenechos als dunkler kreisförmiger Fleck ab.

Wenn auch im Zentrum des Wirbelsturms eine windstille bzw. windschwache Zone vorhanden ist, so entsteht doch durch die von allen Seiten heranwehenden Winde, die auch eine Komponente zum Zentrum hin haben, eine hohe, wild durcheinanderlaufende Kreuzsee, die für das Schiff gefährlich werden kann. Denn die um das Zentrum im Orkanbereich aufgeworfene Windsee strahlt in der Richtung bis zu 30° nach den Seiten ab und pflanzt sich außerdem als Fremdsee (Dünung) in das Gebiet des Zentrums fort.

5.5.4 Die Orkanbahnen. Die tropischen Wirbelstürme treten bald nach ihrer Entstehung Wanderungen mit oft recht eigentümlichem Bahnverlauf an. Nachdem sie zunächst im Entstehungsgebiet selbst unregelmäßig hin und her pendeln, folgen sie dem in der Tropenzone allgemeinen Zug nach Westen. Bald macht sich ein Streben nach höheren Breiten bemerkbar; die Bahn wendet sich mehr polwärts, bis der Wirbelsturm, wenn er langlebig genug ist, in das Gebiet der westlichen Winde gelangt, mit denen er dann eine östliche Bahn einschlägt (s. Abb. 77).

So griffen z. B. im Herbst 1950 mehrere Hurrikane in das europäische Wetter ein. Einer von ihnen stand am 12. 8. östlich der Antillen, am 26. 8. über England und am 4. 9. über dem Nordsibirischen Eismeer. Selbstverständlich verändern sie auf dem langen Wege nach Europa ihren thermischen Aufbau. Sobald sie die atlantische Frontalzone erreicht haben, bekommen sie eine kalte Rückseite und steigern entsprechend dem neuen Energiezuwachs ihre Geschwindigkeit oft beträchtlich. Auch im Stillen Ozean lassen sich manche Taifune bis Kamtschatka verfolgen.

Die Bahnen dieser Wirbelstürme werden weitgehend durch die Druckverteilung in den Subtropen mitbestimmt. Denn die parabelförmigen Bahnen schmiegen sich an das Hochdruckgebiet an, das zur Zeit des Spätsommers in den subtropischen Breiten über den Ozeanen liegt. Die tropischen Wirbelstürme werden also von den subtropischen Hochdruckgebieten auf der Äquatorseite nach Westen gesteuert und biegen dann an der Westseite der Hochdruckzelle polwärts um, vorausgesetzt, daß nicht eine neue weiter westlich gelegene Hochdruckzelle die Steuerung übernimmt und eine weitere West-Verlagerung verursacht. Die *Scheitel* dieser Orkanbahnen liegen annähernd in der Breite der Wendekreise, auf Nordbreite in der Regel mehr polwärts als auf Südbreite. Im einzelnen kommen aber im Zusammenhang mit der Ausbildung und Ausdehnung der subtropischen Hochdruckzellen erhebliche Abweichungen vor (s. Abb. 78). Die Breitenlage der Scheitel ändert sich mit den Jahreszeiten. Genauere Auskunft darüber geben die Monatskarten und die Seehandbücher. Bei vielen Orkanen ist nur ein Teil der idealen Bahn vorhanden. So fehlt z. B. bei Südsee-Orkanen häufig der äquatoriale Ast ganz oder ist verkümmert.

Nicht selten folgt auf der Bahn, die ein Orkan beschrieben hat, ein zweiter. Es sei vor allem nochmals darauf hingewiesen, daß ein tropischer Wirbelsturm nicht als eine sich im Kreise drehende, gleichbleibende Luftmasse anzusehen ist, sondern eher als ein sich vorwärts bewegendes kräftiges Tief mit starker vertikaler Luftbewegung, das auf seiner Bahn fortschreitend von allen Seiten immer neue Luftmassen einbezieht, in drehende Bewegung setzt und in der Höhe nach allen Seiten wieder ausschleudert. Die unteren Luftmassen dienen also gewissermaßen nur zur Speisung des Wirbels und können dessen Bahnrichtung wenig beeinflussen. Die Bahnrichtung der tropischen Wirbelstürme hängt mehr — wie schon erwähnt wurde — von den Höhenströmungen ab.

Die *Marschgeschwindigkeit* der Wirbelstürme in ihrer Bahn schwankt zwischen ganz kleinen Werten und 30 kn und mehr. In der Regel beträgt sie auf dem äquatorialen Ast der Bahn etwa 10—20 kn, gelegentlich auch 30 kn. An den Umbiegungsstellen geht sie wieder auf 10 kn und weniger

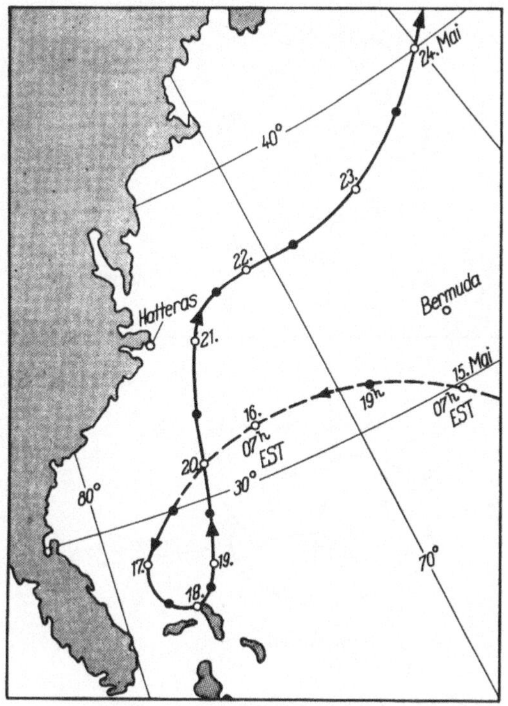

Abb. 78. Bahn des Hurrikans „Able".

zurück *(Trödlerstadium)* und steigt auf dem polaren Ast wieder auf 30 kn und mehr an.

Bahnrichtung und Marschgeschwindigkeit können sich ziemlich unvermittelt ändern und stark von den geschilderten Bahnen abweichen, wie es die Bahn des Hurrikans Able in Abb. 78 zeigt.

Die Größe des Sturmfeldes wächst mit dem Fortschreiten in der Bahn von 50—60 sm Durchmesser bis auf das zehnfache dieses Wertes und mehr (auf dem polaren Ast). Gleichzeitig nehmen Windstärke und Intensität ab. Während ein tropischer Wirbelsturm in niedrigeren Breiten ziemlich symmetrisch ist, stellt sich in höheren Breiten mit dem

Eintreten in die Westwindzone eine gewisse Asymmetrie ein, weil die
aus polarer Richtung angesaugten Luftmassen kälter sind als die aus
äquatorialer Richtung kommenden.

5.5.5 Die Quadranten des Sturmfeldes. Das Sturmfeld des fortschreitenden Wirbelsturms wird in Quadranten eingeteilt. In der Fort-
schreitungsrichtung blickend hat man zur rechten Hand den *rechten*,
zur linken Hand den *linken Halbkreis*. Jeder von ihnen wird in einen
vorderen und hinteren Quadranten eingeteilt, wie es Abb. 79 zeigt. Sie

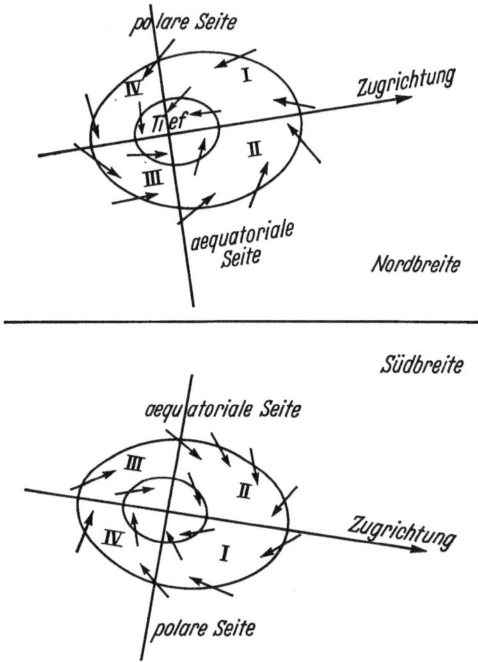

Abb. 79. Die Quadranten des Sturmfeldes.

stellt ein Orkangebiet auf Nordbreite und Südbreite dar, und zwar beide
auf dem östlich gerichteten (polaren Ast) der Bahnparabel. Man muß
sich diese Orkangebiete deshalb in großer Entfernung vom Äquator
denken.

Die Abbildung zeigt, daß ein Schiff in den mit II bezeichneten Quadranten, nämlich auf Nordbreite im vorderen rechten, auf Südbreite
dagegen im vorderen linken Quadranten durch den Wind auf die Sturmbahn zugetrieben wird. Es kommt hinzu, daß auf Nordbreite rechts von
der Bahn der Wind in der Bahnrichtung weht und infolge des Zusam-
menwirkens von Bahn- und Windgeschwindigkeit verstärkt wird, wäh-

rend auf der anderen Seite Wind- und Verlagerungsgeschwindigkeit entgegengesetzt gerichtet sind, so daß hier geringere Windgeschwindigkeiten beobachtet werden.

Außerdem ist dadurch auf Nordbreite auf der rechten, auf Südbreite auf der linken Seite der Bahn die Anfachungsstrecke (Fetch) für den Seegang länger, so daß sich dieser infolgedessen stärker entwickeln kann.

Aus diesen drei Gründen gilt — bezogen auf die Zugbahn — auf Nordbreite der vordere rechte, auf Südbreite der vordere linke Quadrant als der *gefährliche*.

Der gefährliche Quadrant liegt also immer auf der Innenseite der Parabel, d. h. nach dem Hochdruckgebiet hin, um das sich die Bahn herumlegt.

Tropische Wirbelstürme können, wenn sie über Land kommen, riesige Schäden anrichten. Diese werden vor allem so groß durch die Überschwemmungen, die dabei auftreten (Orkanflut). Der niedrige Luftdruck und die riesigen Regengüsse allein können den Wasserspiegel höchstens 1 m steigen lassen. Die oft beobachteten Orkanfluten von 6 oder mehr Meter Höhe entstehen durch die Flutwirkung der Winde, die, auf das Zentrum zuwehend, immer neue Wassermassen heranholen und das Abfließen der angehäuften Wassermassen verhindern. Treffen sie dann noch ungünstige Küstenformen an (Buchten, Flußmündungen), dann können durch diese Sturmfluten verheerende Katastrophen hervorgerufen werden (Kalkutta-Orkan, Oktober 1864, mit 12 m Fluthöhe und dem Verlust von fast 100000 Menschenleben), ein anderer Orkan brachte im November 1970 an der Küste von Ostbengalen den Verlust von etwa 200000 Menschen).

In Orkanen treten sehr starke Stromversetzungen auf. Es ist äußerste Vorsicht bei der Ansteuerung von Küsten nötig, wenn ein Orkan herrscht oder zu kommen droht. Im inneren Sturmgebiet wurden Versetzungen bis zu 8 sm in der Stunde beobachtet.

5.5.6 Anzeichen für das Herannahen eines Orkans. Der Schiffssicherheitsvertrag legt jedem Kapitän die Verpflichtung auf, die Kenntnis von einem tropischen Wirbelsturm sofort weiterzumelden. Durch die Zusammenarbeit der Schiffe und Landstationen kann bei Wirbelstürmen im allgemeinen rechtzeitig die Gefahr erkannt und vermieden werden. Die erste Frage ist also, wie der Orkan rechtzeitig erkannt werden kann.

Das wichtigste Instrument, um das Nahen eines tropischen Wirbelsturmes zu erkennen, ist das Barometer. Für ein Schiff in einer Orkangegend hat jede Störung in der täglichen Periode des Barometerganges, zumal in der Orkanjahreszeit, als Warnung zu dienen. Am einfachsten erkennt man die Störungen am Barographen. Jede Abweichung von der regelmäßigen Wellenlinie mit den Bergen um 10^h und 22^h und den Tälern um 4^h und 16^h Ortszeit (halbtägige Luftdruckschwankung) bedeutet Orkangefahr. Dabei ist zu beachten, daß auch steigender Luftdruck ein

Anzeichen dafür sein kann, denn das Tiefdruckgebiet ist häufig von einem Wall höheren Luftdrucks umgeben, in dem bei hohem Barometerstand trockenes und auffallend klares Wetter mit kühlen, frischen Winden herrscht. Ist kein Barograph an Bord, so muß das Barometer mindestens zweistündlich abgelesen werden. Um das Steigen und Fallen des Luftdrucks, das von den täglichen Schwankungen verdeckt wird, richtig zu erkennen, ist der augenblickliche Luftdruck mit dem Wert vor 24 und 48 Stunden zu vergleichen.

Für jedes Orkangebiet geben die See-Handbücher und spezielle Tafelwerke den *Normalwert* des Luftdrucks. Bildet man aus den eigenen Beobachtungen an Bord das Tagesmittel, so muß dieser Mittelwert mit dem Normalwert übereinstimmen. Auf 10° Breite ist schon 1 mbar Abweichung verdächtig. Bei diesem Verfahren muß aber ein richtigzeigendes Barometer an Bord sein, während der Vergleich mit dem Wert 24 Stunden vorher nur richtiges Anzeigen der Druckänderungen erfordert.

Im Wasser verrät sich der Orkan häufig durch eine sonst nicht erklärliche Dünung, am Himmel durch das Heraufziehen eines Cirrusschleiers, der sich allmählich verdichtet und in dem oft Ringe um die Sonne oder den Mond erscheinen. Die Dämmerung ist verlängert, der Himmel beim Auf- und Untergang der Sonne feurig dunkel-kupferrot und violett gefärbt.

Mit der Trübung des Himmels schlägt die Witterung um. Die frühere Frische weicht feuchtschwülem und regnerischem Wetter. Der Luftdruck beginnt zu fallen.

Bewegt sich der tropische Wirbelsturm an der äquatorialen Grenze eines Passates oder Monsunes entlang, so ist häufig ein starkes Auffrischen dieser Winde zu beobachten, das auch noch mit Richtungsabweichungen verbunden sein kann. Solche Gürtel verstärkten bzw. geänderten Passates oder Monsunes sind in Orkangegenden immer verdächtige Anzeichen. Überhaupt ist jeder ungewöhnliche Wind verdächtig.

Mitunter ist das Herannahen des Wirbelsturms unmittelbar wahrzunehmen, besonders in niedrigen Breiten, wo er noch unverflacht auf engem Raum zusammengedrängt ist. Wenn sich der Wolkenschild des Orkans noch unter dem Horizont befindet, verraten lange, zarte Cirrusstreifen, die auf einen Punkt des Horizontes zusammenlaufen, die Lage des Zentrums. Bei einem jungen Wirbelsturm sind sie schneeweiß und heben sich scharf vom blauen Himmel ab, während sie bei einem älteren Orkan schwach sind und allmählich hinter einem dichter werdenden Cirrusschleier verschwinden. Kommt der Wirbelsturm näher, so steigt eine Wolkenwand, einer fernen Küste ähnlich, aus dem Meere auf. Auch wenn die Regenwolken schon den ganzen Himmel bedecken, bleiben sie in der Richtung, in der das Zentrum liegt, am schwärzesten.

Mit dem Einsetzen des Windes beginnt der Luftdruck stark zu fallen. Während die Wolkenbank sich höher und höher schiebt, löst sich ihr Rand in einzelne Regenwolken auf, die zunächst feinen Sprühregen, dann immer heftigere Regenschauer und Böen bringen. In der Nähe des Zentrums fällt dann meist aus tief herabhängenden Wolken zum Teil wolkenbruchartiger Regen.

Viele Orkane verraten sich rechtzeitig durch Empfangsstörungen in der Bord-FT-Station, die von elektrischen Entladungen im Orkan herrühren. Diese Störungen können mit dem Funkpeiler angepeilt werden. Damit ergibt sich ein weiteres Mittel, rechtzeitig den Wirbelsturm zu erkennen und eventuell seine Lage anzupeilen.

Blitze werden in tropischen Wirbelstürmen auffällig selten beobachtet. Nur die Wirbelstürme im Bengalischen Meerbusen zeigen ihre Lage nachts durch Wetterleuchten weithin an.

Auch das bordeigene Radargerät kann zur Ermittlung des Zentrums herangezogen werden, indem die Lage der intensivsten Niederschläge festgestellt wird.

Je mehr der genannten Anzeichen gleichzeitig oder kurz hintereinander beobachtet werden, desto wahrscheinlicher ist die Nähe eines tropischen Wirbelsturmes. Da diese aber gelegentlich auch plötzlich und ohne diese typischen Merkmale auftreten können, besonders, wenn sie sich noch entwickeln, sollte in orkangefährdeten Zeiten den Wetterberichten für diese Gebiete besondere Aufmerksamkeit gewidmet werden.

Die heute sehr zuverlässigen *Orkanwarndienste*, besonders im mittelamerikanischen Raum, stützen sich auf den Einsatz aller modernen Hilfsmittel wie Seismographen, Flugzeugerkundungen, Radiosonden, Raketen und Satelliten und können infolgedessen meist rechtzeitig zuverlässige Hinweise geben.

Während der Orkanzeit steigen in Amerika und Ostasien mit Radar ausgerüstete Flugzeuge auf, um laufend die Lage von Zentrum, Zugbahn und Geschwindigkeit der tropischen Wirbelstürme festzustellen, denn die Reflexion der elektrischen Zentimeterwellen an Regentropfen gibt die Möglichkeit, auf dem Schirm eines Radargerätes die Position, Größe und Zugrichtung von Regenschauern, Gewitterfronten und auch Orkangebieten zu verfolgen, wobei auch das „Auge des Orkans", wie schon erwähnt wurde, als dunkler Fleck erfaßt werden kann. In dem inneren geschlossenen Niederschlagsgebiet sind häufig ringförmige Streifen starken und schwächeren Regens zu finden.

Die beigegebenen Aufnahmen (Abb. 80 u. 81) von einem Orkan in der Karibischen See zeigen sehr deutlich das Auge des Orkans und die ringförmigen, in der Nähe des Auges spiralig angeordneten Regenfelder. Da die Abstandsringe dieser Bilder 10, 20, 30, 40 sm Abstand vom Beob-

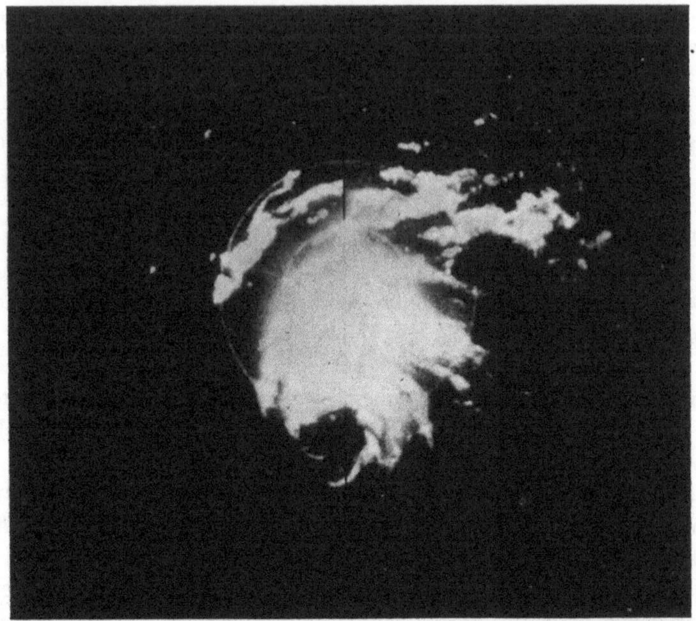

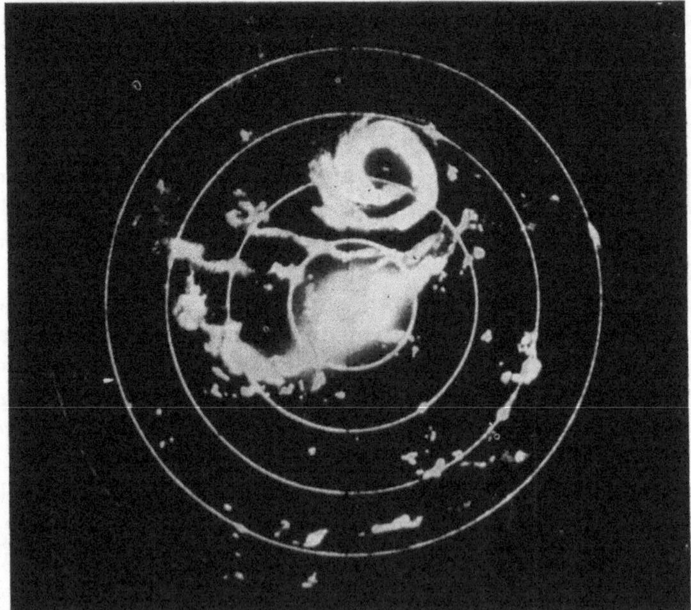

Abb. 80 u. 81: Orkangebiet auf dem Schirm eines Radargerätes. Aufnahmen eines Orkans in der Karibischen See im September 1948 (entnommen aus Bücherei der Funkortung, Band 6. Teil II: „Regionale und meteorologische Funknavigationserfahrungen für die Schiffahrt"; Dortmund: Verkehrs- und Wirtschaftsverlag 1958. Mit freundlicher Genehmigung des Ausschusses für Funkortung und des Verlags).

achtungsort bedeuten, der im Mittelpunkt des Bildes liegt, ergibt sich z. B. als Lage des Orkanzentrums in Abb. 81 NzO 20 sm ab.

Die abgewandte Seite des Orkans (hinter dem Auge) wird oft nicht angezeigt, weil die elektrischen Wellen die davorliegenden Regenwolken nicht durchdringen.

Selbst wenn das echofreie Auge des Orkans sich schon aus dem Schirmbild entfernt hat, kann aus der Krümmung der Starkregenringe auf Richtung und Entfernung des Zentrums geschlossen werden.

Abb. 82. Satelliten-Aufnahme des Hurrikans „Ginger" am 19. 9. 1971, 16.53 MGZ.

Der Erfolg solcher Aufnahmen hängt allerdings weitgehend von der Aufstellung der Antenne, Impulslänge, Wellenlänge und Energie der benutzten Anlage ab. Im Orkanwarndienst werden Antennen benutzt, die so gekippt werden können, daß auch der Gipfel von Orkanwolken erfaßt werden kann, deren Fuß noch unter dem Horizont liegt.

Das wichtigste Hilfsmittel in der Erkennung und Ortung von tropischen Wirbelstürmen stellen neuerdings die mit modernsten Instrumenten ausgerüsteten Wettersatelliten dar, weil sie die gut zu ortenden Wolkenfelder der tropischen Wirbelstürme eindeutig erkennen lassen (s. Abb. 82).

5.5.7 Die Bestimmung der Lage des Orkanzentrums. Für den Kapitän ist es von allergrößter Wichtigkeit, daß er sich nicht von dem Orkan überraschen läßt. Er muß gleich beim ersten Orkanverdacht versuchen, sich über die Lage seines Schiffes zum Orkanfeld und über dessen Bewegungsrichtung Klarheit zu verschaffen, um so früh wie möglich eventuelle Ausweichmanöver einleiten zu können. Wenn auch nicht jeder tropische Wirbelsturm einwandfreie Erkennungszeichen hat oder in Einzelfällen zum Ausweichen kein Raum vorhanden ist, wird doch in den meisten Fällen unter Ausnutzung des Orkan-Warndienstes und in Zusammenarbeit mit den in der Nähe befindlichen Schiffen die Bahn des Orkans und der Abstand von ihm so bestimmt werden können, daß das Schiff nicht gefährdet wird.

In den meisten Gegenden ist ein *Orkanwarndienst* eingerichtet. Die Orkanwarnstellen melden, soweit ihnen das möglich ist, alle zwei Stunden durch Funk den ungefähren Standort des Orkans, die geschätzte oder beobachtete Marschrichtung und Geschwindigkeit desselben, den ungefähren Barometerstand im Zentrum und zuweilen auch noch, ob der Orkan sich ausbreitet, ob er abflaut usw. Auf diese Angaben kann sich der Schiffsführer aber nicht unbedingt verlassen, sondern er muß selbst beurteilen, welchen Weg der Orkan wohl nehmen wird. Wenn auch heute die Ortung der tropischen Orkane mittels der Satelliten zum Teil wesentlich besser möglich ist als in früheren Jahren, so hängt die Zuverlässigkeit der Funkwarnungen doch immer noch weitgehend mit von der Zahl und Güte der Schiffsbeobachtungen ab, die von den Funkstellen aufgenommen wurden. Denn die Druckverteilung und Windverhältnisse in der Umgebung des Wirbelsturmes und in ihm selbst müssen immer noch weitgehend aus diesen Schiffsbeobachtungen erschlossen werden. Da der Kapitän nicht wissen kann, welches Material den Meldungen über tropische Wirbelstürme, die noch kein Land berührt haben, zugrunde liegt, ist es ratsam, sich auf Grund eigener Beobachtungen ein Urteil zu bilden und dieses mit dem des Warndienstes zu vergleichen.

Auch Meldungen eines weit vom Orkan in gutem Wetter fahrenden Schiffes können dabei wichtig sein. Bei den Westindischen Orkanen z. B. sind gerade Luftdruckmeldungen von Schiffen in der Gegend der Bermudas und im Golfstrom wichtig für die Beurteilung der Orkanbahn. Erstreckt sich das in der Mitte des Ozeans meist vorhandene Hochdruckgebiet nämlich bis an das amerikanische Festland heran, so wird der in Westindien westnordwestlich ziehende Orkan wahrscheinlich das Festland betreten. Liegt über dem Golfstrom eine Rinne tiefen Druckes zwischen dem Festland und dem atlantischen Hoch, ist damit zu rechnen, daß der Wirbelstrum vor der Küste abbiegt.

Sind mehrere Schiffe in der Nähe, wird man auf Grund der aufgefangenen Schiffswettermeldungen und selbstgezeichneten Wetterkarten bzw. Wetterkartenskizzen das Orkanzentrum und seine Bewegung festlegen können. In Orkangebieten müssen deshalb alle Schiffe am Wetterbeobachtungs- und Wettermeldedienst mitarbeiten und vor allem zuverlässige Wettermeldungen miteinander austauschen (s. Aufgaben in **IV.4**).

Ist man ausschließlich auf eigene Beobachtungen angewiesen, hat man folgende Mittel, die *Peilung* des Orkanzentrums festzulegen: Die ersten Anzeichen eines fernen tropischen Wirbelsturmes und der Lage seines Zentrums sind Cirrusstreifen, die sich strahlenförmig ausbreiten. Dann sollte in mehrstündigen Zwischenräumen der Ausstrahlungspunkt — annähernd die Orkanmitte — nebst Schiffsort und Zeit in einer Karte festgehalten werden.

Die Richtung aus der die Dünung kommt, die oft weit vorauseilt, gibt ein weiteres Mittel, die Lage der Mitte zu schätzen. Gewisse Vorsicht ist dabei allerdings geboten, weil diese Dünung eventuell schon an nahen Küsten reflektiert worden sein kann und dann aus einer anderen Richtung kommt.

Nicht selten sieht ein erfahrener Beobachter in niedrigen Breiten die Wolke des Wirbelsturmes selbst, mißt ihre Höhe, peilt die Wolke und stellt so fest, in welcher Richtung die Mitte liegt, und ob sie sich nähert oder entfernt. In höheren Breiten ist die Mitte der Orkanwolke selten deutlich zu erkennen.

Befindet man sich bereits im Windbereich des Wirbels selbst, so ergibt sich die Peilung des Zentrums aus dem barischen Windgesetz. Dabei ist zu bedenken, daß die Peilung nach dem Winde eine Größe ist, die von der geographischen Breite, der Windstärke, der Form des Orkangebietes, der Fortbewegungsgeschwindigkeit des Orkans usw. abhängt. Ihre Schätzung wird daher je nach der Vertrautheit des Beobachters mit den Orkanen der betreffenden Gegend genauer oder ungenauer ausfallen. Der Wind wird im äußeren Bereich des Sturmfeldes sowie in niederen Breiten mehr einströmend sein als in der Mitte oder in höheren Breiten, so daß man in diesen Fällen das Zentrum vorlicher als 6 Strich annehmen muß. Küsten zwingen den Wind, mehr längs der Küste zu wehen. Es darf nicht während einer Böe gepeilt werden! Die Schätzung der Peilung nach der Windrichtung kann verbessert werden durch die Beobachtung des Wolkenzuges in mittleren Höhen. Die Wolken umkreisen das Zentrum kreisförmig, so daß man seine Lage quer zur Zugrichtung der Wolken annehmen darf.

Die *Entfernung* der Orkanmitte kann nach der Stärke des Windes und seiner mehr oder weniger schnellen Richtungsänderung geschätzt werden, besonders aber nach dem Stand des Barometers (Abweichung vom Normalwert) und seinem stündlichen Fallen. Sind keine zuverlässigeren Angaben vorhanden, lassen sich für die Abschätzung folgende Tabellen von Piddington benutzen:

Die obere Tabelle (Abweichungsregel) bezieht sich dabei auf die Abweichung des an Bord an einem geeichten Barometer abgelesenen Luftdruckes vom Normalwert des Druckes in dieser Gegend in dem betreffenden Monat. Er läßt sich aus Seehandbüchern und Pilotcharts entnehmen.

Abweichung des Barometerstandes vom mittleren Luftdruck der Gegend in mbar	1—5	5—11	11—20	—
Entfernung des Zentrums in sm	500—120	120— 60	60— 30	
Oder				
Stündliches Sinken des Luftdrucks in mbar	0,5—2	2—3	3—4	4—5
Entfernung des Zentrums in sm	250—150	150—100	100—80	80—40

Bei der Bestimmung der Abweichung ist zu beachten, daß wegen der
täglichen Periode der Luftdruck zum Zeitpunkt der Extremwerte
1—1,5 mbar vom mittleren Wert abweicht und gegebenenfalls entsprechend zu korrigieren ist.

Die untere Tabelle geht von der Luftdruckänderung aus (Tendenz-
regel), ist aber nicht so gut brauchbar. Sie gilt eigentlich nur für den Fall,
daß ein Schiff vor dem Orkan beigedreht liegt und der Orkan sich auf
das Schiff zu bewegt, weil der Druckfall auch durch die Fahrt des Schiffes beeinflußt werden kann. Außerdem ist in der Regel nicht die Wirkung einer möglichen Vertiefung berücksichtigt. Da sich all dieses an
Bord nicht erkennen und in Rechnung stellen läßt, gibt sie nur sehr
grobe Werte. Ganz allgemein sei aber im Zusammenhang mit diesen
Regeln nochmals betont, daß in den Tropen *jede Abweichung des Luftdrucks* vom Normalwert und vom täglichen periodischen Gang auf einen
Wirbelsturm hinweisen kann.

5.5.8 Die Bestimmung der Bahnrichtung. Um die Bahn des tropischen
Wirbelsturmes zu bestimmen, hat man für jede halbe oder ganze Stunde
Besteck abzusetzen und die jeweilige Lage des Zentrums aus Peilung
und Abstand, wie oben geschildert, zu ermitteln. Die gefundenen Orte
verbindet man durch eine gerade Linie, die dann die Bahn darstellt.
Es kommt für das einzelne Schiff nach allen bisherigen Erfahrungen,
mit ganz wenigen Ausnahmen im Entwicklungsgebiet des tropischen
Wirbelsturmes, immer nur ein fast gerades Bahnstück in Frage.

Seehandbücher und Bücher zur Orkankunde enthalten Tafeln der
Orkanbahnen für die einzelnen Gebiete und Monate, die aus dem bisher
vorliegenden Beobachtungsmaterial gewonnen sind (s. Beispiel Abb. 83).
Ein Vergleich der Eigenbeobachtungen mit diesen Normalbahnen kann
oft von großem Nutzen sein.

Wichtig für die Bestimmung des Bahnverlaufs ist es, die großräumige
Luftdruckverteilung zu kennen. Es sind daher laufend Wetterkarten
zu zeichnen, um z. B. Hochdruckgebiete, die den Orkan zur Bahn-
änderung zwingen, rechtzeitig zu erkennen.

Befindet sich das Schiff schon im Windbereich des Wirbels selbst, kann die Bewegungsrichtung des Orkans aus der herrschenden Windrichtung und ihrer Änderung bestimmt werden.

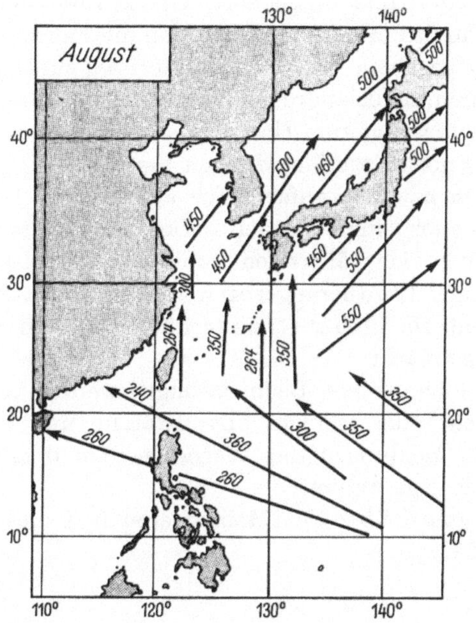

Abb. 83. Wahrscheinliche Richtung und Geschwindigkeit der Taifune im August. Zahlen: Geschwindigkeit in Seemeilen für 24 Stunden.

> Ändert sich bei beigedrehtem Schiff die Windrichtung nicht und wächst gleichzeitig die Windstärke bei fallendem Luftdruck, so steht man auf der Orkanbahn selbst.
>
> Geht der Wind rechts herum, so befindet man sich auf der rechten Seite der Orkanbahn.
>
> Geht der Wind links herum, so befindet man sich auf der linken Seite der Orkanbahn.
>
> Solange der Luftdruck fällt, befindet man sich auf der Vorderseite des Sturmwirbels.
>
> Diese Regeln gelten für Nord- *und* Südbreite.

Man erkennt die Richtigkeit dieser Regeln, wenn man sich das Schiff festliegend und das Sturmfeld darüber hinziehend denkt. Es ist aber zu bedenken, daß Windrichtung und -stärke durch die Eigenfahrt des Schiffes beeinflußt werden. Fährt man dem Sturmfeld entgegen, ändert sich die Richtung schneller als bei stilliegendem Schiff, fährt man in der Bahnrichtung, ändert sie sich langsamer. Fährt das Schiff mit der Geschwindigkeit des Orkans parallel zur Bahn des Orkans, bleibt es relativ zum Sturmfeld in derselben Lage, hat also konstante Windrichtung, ohne auf der Orkanbahn selbst zu stehen. Ein schnelles Schiff, das von hinten in das Sturmfeld einläuft, kann auf der rechten Seite Linksdrehen des Windes beobachten und umgekehrt. Um zuverlässigen Aufschluß über die Winddrehung zu erhalten, müßte man die Fahrt aus dem Schiff bringen. Der früher gegebene und oft befolgte Rat, zunächst zur Beobachtung der Winddrehung beizudrehen, wurde mehr und mehr verlassen, da mit seiner Befolgung Zeit zum Handeln vergeht, und zwar gerade die kostbare Zeit, in der noch Handlungsfreiheit besteht.

Da aus dem Sturm bzw. Orkanfeld nach allen Seiten Dünungswellen herauslaufen, kann auch eine eventuell aufkommende stärkere Dünung ein Hinweis auf einen sich nähernden tropischen Wirbelsturm sein und zur Bestimmung seiner Lage herangezogen werden. Auf Nordbreite (Südbreite) liegt das Zentrum immer etwas rechts (links) von der Richtung, aus der die Dünung anläuft.

Die Schlüsse aus den eigenen Beobachtungen werden aber insgesamt gesehen immer mehr oder weniger unvollständig und unsicher sein. Deshalb sollten die Meldungen der Warndienste und anderer Schiffe immer mit berücksichtigt werden!

Beachte die Aufgaben über das Manövrieren in tropischen Wirbelstürmen auf Seite 291.

III. Das Meer und die Meeresströmungen

1. Meereskundliche Forschung in Deutschland

Wie Deutschland durch die Deutsche Seewarte wertvolle Arbeit in
der Untersuchung der Wettervorgänge in der Lufthülle über den Ozeanen
leistete und deutsche Schiffsoffiziere als Beobachter mehr als 20 Millionen
Beobachtungssätze lieferten, ist auch die Erforschung des Meeres durch
deutsche Forschungen und Expeditionen wesentlich gefördert worden.

Es sei erinnert an die deutschen Forschungsfahrten: 1874/76 „Gazelle", Welt-
reise. 1889 „National", „Nordatlantischer Ozean. 1898/1899 „Valdivia", Atlantischer und Indischer Ozean bis ins südliche Eismeer. 1901/03 „Gauß", Südpolarexpedition. 1911/12 „Deutschland", Südpolarexpedition. Laufende Arbeiten der
Vermessungsschiffe „Planet" und „Möve" in allen drei Weltmeeren während der
ganzen Jahrzehnte vor dem ersten Weltkriege. 1925/27 „Meteor", Südatlantischer
Ozean. Später in Teilabschnitten im Nordatlantischen Ozean fortgesetzt und
ergänzt. 1939 „Schwabenland", Südliches Eismeer im Atlantischen Ozean. Diese
meereskundlichen Arbeiten werden heute vom Deutschen Hydrographischen Institut fortgesetzt (Forschungsschiffe „Gauß" und „Meteor").
Wichtige Arbeiten zur Meereskunde erschienen in den „Annalen der Hydrographie
und maritimen Meteorologie" und im „Archiv der Deutschen Seewarte", denen
seit 1934, mehr für den Praktiker und Fahrensmann bestimmt, der „Seewart"
an die Seite trat. Weitere Arbeiten hat das „Institut für Meereskunde" in unregelmäßig erscheinenden Veröffentlichungen herausgebracht, während die Arbeiten des Deutschen Hydrographischen Instituts zumeist in der „Deutschen Hydrographischen Zeitschrift" oder in Beiheften zu dieser herausgebracht werden.

2. Die Meeresräume

Das Meer bedeckt mit 361 Millionen km² 71% der gesamten Erdoberfläche. Die Oberfläche des Meeres ist rund 2½ mal so groß wie die
von ihm umschlossene Landfläche. Man unterscheidet drei Weltmeere,
deren Wasser miteinander im Zusammenhang steht: den Atlantischen,
den Indischen und den Stillen oder Pazifischen Ozean. Als Grenze dieser
Ozeane gelten in den höheren Südbreiten die Meridiane des Nadelkaps
(20° O), des Südkaps von Tasmanien (147° O) und des Kap Hoorn
(67° W). Die von den Ozeanen sich abgliedernden mehr oder weniger
tief in die Festlandflächen eindringenden Meeresteile nennt man *Nebenmeere.* Werden diese von den Festländern so weit umschlossen, daß nur
Meerengen den Zusammenhang mit dem Hauptozean aufrechterhalten,

heißen sie *Mittelmeere*. Sind sie den Landmassen nur angelagert und durch Halbinseln oder Inseln nur unvollständig vom Ozean geschieden, werden sie *Randmeere* genannt (s. z. B. Abb. 84).

Im einzelnen geltenfolgende Zahlen für die Flächen der Ozeane:

	ohne Nebenmeere		Mit Nebenmeeren	
	km²	% der Oberfläche	km²	% der Oberfläche
Atlantischer Ozean	82,4 Mill.	16,2	106,5 Mill.	20,9
Indischer Ozean	73,4 ,,	14,4	74,9 ,,	14,7
Stiller Ozean	165,2 ,,	32,4	179,7 ,,	35,2
Weltmeer	321,0 ,,	63,0	361,1 ,,	70,8
Zum Vergleich:				
Mittelmeer			3,0 ,,	0,6
Nordsee			0,575 ,,	0,1
Ostsee ohne Kattegat			0,397 ,,	0,08
Europa, Asien, Afrika zusammen			84,0	16,5
Amerika			42,0	8,2

Der Stille Ozean ist also ebenso groß wie die beiden anderen Ozeane zusammen, der Atlantik so groß wie die Erdteile Europa, Asien und Afrika zusammen. Die Nebenmeere sind, verglichen mit den Ozeanen klein.

Im Verhältnis zu der großen horizontalen Ausdehnung der Weltmeere ist ihre Tiefe nur gering, so gewaltig sie auch dem Menschen auf seinem Schiff erscheinen mag.

Das feste Land fällt an den Küsten meistens nicht gleich steil zur Tiefsee ab. Die meisten Küsten sind umsäumt von Bezirken flachen Wassers bis 200 m Tiefe, erst dann senkt sich der Boden stärker und fällt rasch zu großen Tiefen ab. Diese Flachseen heißen Kontinentalstufen oder *Schelf*. Die Ostsee und fast die gesamte Nordsee sind Schelfgebiete. Fast die ganze Hochseefischerei wird in den Gebieten der Flachsee ausgeübt. Im Bereich der Flachsee liegen auch die für die Schiffahrt gefährlichen Riffe, Barren und Bänke.

Der Abfall vom Schelf auf die Durchschnittstiefe der Weltmeere von 4000—5000 m ist steil. Mindestens die Hälfte der Meere ist Tiefsee von 4000—6000 m Tiefe. Messungen der Meerestiefen von mehr als 200 m setzten bis vor wenigen Jahrzehnten besondere Maschinen voraus. Seit Erfindung des Echolotes können sich auch die Handelsschiffe an der Erforschung der Meerestiefen beteiligen. Da sich aber die Schiffahrt immer mehr auf einige wenige „Straßen" beschränkt, mußten systematisch durchgeführte Forschungsfahrten das Bild ergänzen. Dies wurde für den Atlantischen Ozean durch die deutsche *Meteor-Expedition* eingeleitet und so weit fortgesetzt, daß sich ein genaueres Bild von der Tiefenverteilung dieses Meeresgebietes ergab. Wie auf dem Festland herrschen auch auf dem Meeresboden die Formen des Flachlandes vor. Merkwürdig ist der *Atlantische Rücken*, ein unterseeisches Gebirge in der Mitte zwischen Europa—Afrika einerseits und Amerika andererseits, das in S-förmiger Windung den atlantischen Küsten von Island bis

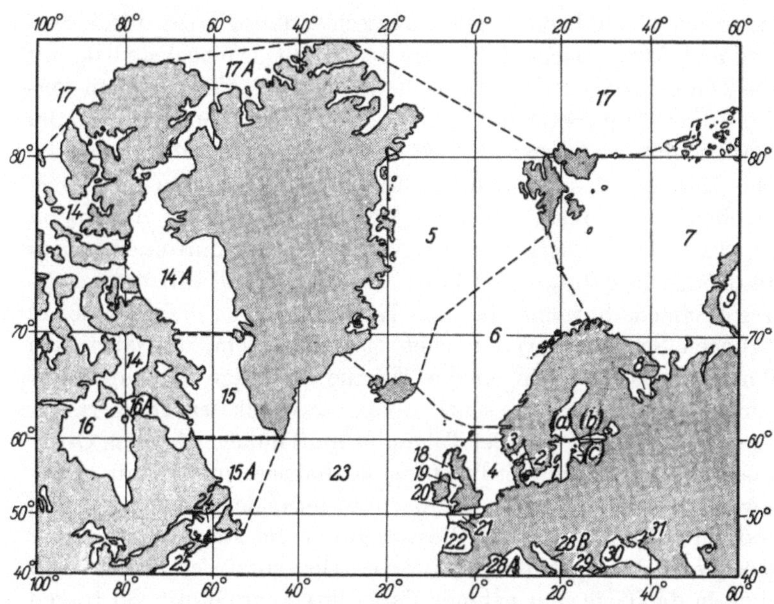

Abb. 84. Begrenzungen der Seegebiete des nördlichen Atlantischen Ozeans nach den Vorschlägen der internationalen Hydrographischen Konferenz in Monaco (1952).

1. Ostsee	9. Kara-See	20. Bristol-Kanal
a) Bottnischer Meerbusen	14. Nordwestpassage	21. Der Kanal
b) Finnischer Meerbusen	14A. Baffin-Bay	22. Golf von Biskaya
c) Rigaer Bucht	15. Davis-Straße	23. Nordatlant. Ozean
2. Kattegatt, Sund und Belt	15A. Labrador-See	24. St.-Lorenz-Golf
3. Skagerrak	16. Hudson-Bay	25. Fundy-Bay
4. Nordsee	16A. Hudson-Straße	28A. Westl. Mittelmeer
5. Grönlandsee	17. Nördl. Eismeer	28B. Östl. Mittelmeer
6. Norwegische See	17A. Lincoln-See	29. Marmara-Meer
7. Barents-See	18. Schottland-See	30. Schwarzes Meer
8. Weißes Meer	19. Irische See	31. Asowsches Meer

60° Süd folgt. Aus diesem Gebirgsrücken, über dem durchschnittlich noch 2000—3000 m Wasser stehen, ragen als Gipfel die Azoren, St. Paul, Ascension, St. Helena, Tristan da Cunha und andere Inseln empor.

Im Stillen Ozean findet man in den Randgebieten *Tiefseegräben*, langgestreckte schmale Einsenkungen von 6000—10 000 m Tiefe. Im Philippinen-Graben östlich von Mindanao lotete der deutsche Kreuzer Emden 1927 10480 m. Die größte heute bekannte Tiefe des Weltmeeres wurde 1958 im Mariannen-Graben gemessen. Sie beträgt 11 034 m (Vitiaz-Tief).

3. Die Eigenschaften des Meerwassers

3.1 Die Temperatur des Meerwassers

Im Gegensatz zur Luft wird das Meerwasser durch die Sonnenstrahlung nur von oben her erwärmt. Die Tagesschwankungen der Wassertemperatur an der Meeresoberfläche betragen, selbst in den Tropen, selten mehr als 1° C, auch die Jahresschwankung beträgt in den gemäßigten Zonen im Durchschnitt nur 4—8° C (auf dem Festland dagegen 20—25° C in derselben Breite). Die Tagesschwankung wird durch Seegang, Wind und etwaige Regenfälle stark beeinflußt. Die höchste bekannt gewordene Temperatur an der Meeresoberfläche beträgt +32° C im Persischen Golf. Das Temperaturmaximum im Laufe des Jahres tritt auf der Nordhalbkugel erst im August bis September, auf der Südhalbkugel im Februar bis März ein, das Temperaturminimum ist ein halbes Jahr dagegen verschoben. Im Jahresmittel ist die Meeresoberfläche um etwa $^1/_2$ bis 1° C wärmer als die darüberliegende Luft. Die Durchschnittstemperatur der Meeresoberfläche beträgt rund 17,5° C. Mehr als die Hälfte der gesamten Meeresoberfläche hat eine ständige Temperatur von mehr als 20° C.

Die täglichen Schwankungen reichen etwa 20—30 m, die jährlichen 100—200 m tief. Das Eindringen der Wärme in tiefere Schichten des Meeres hängt bei ruhiger See wesentlich von der vertikalen Temperatur- und Salzgehaltsverteilung ab. Bei Tage und im Sommer wird das Oberflächenwasser durch starke Verdunstung salzhaltiger und damit spezifisch schwerer als das Wasser der darunterliegenden Schichten. Bei Nacht und im Winter wird das Wasser durch die starke Abkühlung der Meeresoberfläche spezifisch schwerer. Die spezifisch schwereren Teile sinken in die Tiefe und nehmen dabei ihre Wärme mit. So tragen sie im Sommer und bei Tage die Erwärmung, im Winter und bei Nacht die Abkühlung in die Tiefe.

Im allgemeinen nimmt die Temperatur des Meerwassers mit der Tiefe ab; in einer oberen Schicht, die den täglichen und jährlichen Temperaturschwankungen unterworfen ist, nimmt sie rasch ab, etwa 10—20° C auf wenigen hundert Metern, unterhalb dieser Schicht sehr langsam, etwa 1—2° C auf 1000 m.

In ungefähr 1000 m Tiefe beträgt die Temperatur in allen Meeresteilen, die in tiefer und offener Verbindung mit den kalten Meeren stehen, nur noch 2—8° C. Am Meeresboden unter 4000 m Tiefe findet man, unabhängig von der geographischen Breite, überall 0,5—3° C Wassertemperatur.

Ist ein Meeresteil durch unterseeische Schwellen gegen den tiefen Ozean abgegrenzt, dann ist die Temperatur seines Tiefwassers gleich der Ozeantemperatur im Niveau der Schwelle oder gleich der Wintertemperatur des Oberflächenwassers. Ersteres ist meistens in den Tropengegenden, z. B. in der Celebes-See und im Karibischen Meer, letzteres in den gemäßigten und kalten Zonen zu beobachten, z. B. im Mittelmeer, das auch in den größten Tiefen von 4000 m 13—14° C Wassertemperatur hat, während im benachbarten freien Atlantik in 4000 m Tiefe eine Temperatur von 2—3° C herrscht.

3.2 Der Salzgehalt des Meerwassers

Das Meerwasser verdankt seinen salzigen bitteren Geschmack der Beimischung zahlreicher Salze, unter denen das Kochsalz überwiegt.

Ein kg Meerwasser enthält durchschnittlich 35 g Salze, von denen 77,8% Kochsalz (Chlornatrium), 10,9% Chlormagnesium, 4,7% Bittersalz (Magnesiumsulfat), 3,6% Gips (Calziumsulfat), 2,5% schwefelsaures Cali (Caliumsulfat), 0,3% kohlensaurer Kalk (Calziumcarbonat) und 0,2% Brommagnesium (Magnesiumbromür) sind. Das Mischungsverhältnis all dieser Salze im Meerwasser ist überall dasselbe und unabhängig von der Menge des vorhandenen Salzes. Flußwasser, sogenanntes Süßwasser, enthält zwar auch gelöste Salze, doch sind davon etwa 60% kohlensaurer Kalk und nur etwa 5% Kochsalz.

Man gibt den *Salzgehalt des* Meerwassers in Tausendteilen des Gesamtgewichtes des Meerwassers an. Enthält ein kg Meerwasser 35 g Salze, so beträgt der Salzgehalt 35⁰/₀₀.

Der Salzgehalt des Oberflächenwassers schwankt stark. Er ist am größten in der Passatgegend in 10—30° nördlicher und südlicher Breite, wo durch die Passatwinde viel Wasser verdunstet, aber wenig Niederschläge fallen. Am geringsten ist der Salzgehalt in der äquatorialen Zone zwischen 10° nördlicher und südlicher Breite, wo wenig Winde, aber viel Niederschläge auftreten. Im Bereich großer Eistriften, wie bei den Neufundlandbänken, oder im Mündungsgebiet großer Süßwasserströme, z. B. des Amazonasstromes oder des Kongos kann der Salzgehalt erheblich sinken. Vor allem ist dies der Fall in einigen Nebenmeeren, in welche Flüsse des umgebenden Festlandes münden, wie z. B. in der Ostsee oder im Schwarzen Meer. In der Ostsee ist der Salzgehalt bei Bornholm nur noch 7⁰/₀₀, im Bottnischen Meerbusen sinkt er unter 3⁰/₀₀. Andere Nebenmeere dagegen, die in heißen regenarmen Gegenden liegen und wenig Süßwasserzufluß haben, wie das Rote Meer, das Mittelmeer und der Persische Golf weisen einen besonders hohen Salzgehalt auf (bis 41⁰/₀₀). Von etwa 1000 m Tiefe ab bis zum Meeresboden ist der Salzgehalt aller Ozeane fast genau 35⁰/₀₀.

3.3 Die Dichte des Meerwassers

Durch den großen Salzgehalt ist Meerwasser schwerer als Süßwasser von gleicher Temperatur. Ein Liter Ozeanwasser von 17,5° C und 35⁰/₀₀ Salzgehalt wiegt 1028 g. Die *Dichte* dieses Meerwassers ist also 1,028. In der Nähe von Küsten, in fast allen Häfen und in abgeschlossenen, große Flüsse aufnehmenden Meeresbecken ist die Dichte des Meerwassers wegen des geringeren Salzgehaltes oft bedeutend niedriger (Dichte und Tiefgang des Schiffes! Freibordmarken Sommer und Winter Nordatlantik, Frischwasser!). Die Dichte hängt von dem Salzgehalt, der Temperatur des Wassers und dem Druck ab. Sie ist um so größer, je salzhaltiger und je kälter das Wasser ist.

Bestimmt wird die Dichte mit einem *Aräometer*.

Die Dichte ändert sich im Laufe des Jahres periodisch und wird dort besonders klein, wo starke Erwärmung und große Niederschläge zusammenwirken.

Mit zunehmender Tiefe steigt der Druck. Durch den hohen Druck wird das Wasser zusammengedrückt und damit dichter. Im Philippinen-Graben hatte in 10000 m Tiefe das Wasser bei 2,5° C und 34,7°/$_{00}$ Salzgehalt die Dichte 1,072 (Dichte an der Oberfläche 1,028).

3.4 Durchsichtigkeit und Farbe des Meerwassers

Während kleine Mengen reinen Seewassers völlig klar und farblos erscheinen, ist die Farbe des tiefen tropischen Ozeans ein leuchtendes Blau. Das Wasser verschluckt von dem weißen auffallenden Sonnenlicht den roten, gelben und grünen Anteil und läßt nur den blauen Anteil durch. Das zurückgeworfene Licht ist daher um so blauer, aus je größeren Tiefen es kommt. In der Nähe des Festlandes, auf Gründen und in algenreichen Gebieten erscheint das Wasser aber oft blaugrün, olivgrün oder über seichtem Wasser sogar hellgrün, was auf die Beimengung kleinster Organismen (*Plankton*), oder feinster anorganischer Teilchen (Kalk, Kieselerde usw.) und eines gelben Farbstoffes, der bei der Verwesung von Pflanzen entsteht, zurückzuführen ist. In der Nähe von Küsten ist das Wasser oft schmutzfarben durch mitgeführte Sinkstoffe der großen Ströme (z. B. das lehmgelbe Wasser vor der Mündung des Yangtsekiang). Die Durchsichtigkeit kann gemessen werden durch Beobachtung von weißlackierten Scheiben (½ m Durchmesser), die versenkt werden. Sie werden in der Nordsee meist schon in 10 m Tiefe unsichtbar, im ozeanischen Wasser der Roßbreiten erst in 30—50 m. Gelegentlich wird noch größere Durchsichtigkeit beobachtet.

Der *Trübungsgrad* des Wassers ist charakteristisch für eine Wassermasse und kann daher zur Unterscheidung von Wassermassen herangezogen werden.

3.5 Das Eis des Meeres

Süßwasser erreicht seine größte Dichte bei +4° C und gefriert bei 0° C (Gefrierpunkt). Das Meerwasser zieht sich bis zum Gefrierpunkt und bei Unterkühlung auch noch unter diesen zusammen. Der Gefrierpunkt des Meerwassers liegt tiefer, und zwar um so tiefer, je salziger das Wasser ist. Bei einem Salzgehalt von 35‰ liegt der Gefrierpunkt bei —1,9° C, während die größte Dichte erst bei —3,5° C erreicht ist. In den Polarregionen gefriert das Meer im Winter zu dem sogenannten *Feldeis*, 1—2 m dicken Schollen, die durch Wind, Wellen und Pressungen übereinandergetürmt und durch Schneefälle miteinander verkittet das *Packeis* liefern. Dieses polare Meereis wird zuweilen durch Meeresströmungen äquatorwärts verfrachtet. Reich an Meereisbildungen sind viele Nebenmeere, wie die Hudson-Bai, der St. Lorenz-Golf, in der Ostsee der Bottnische und Finnische Meerbusen, im Schwarzen Meer die Bucht von Odessa, ferner das Bering-Meer und die Randmeere Ostasiens. Die Packeisgrenzen schwanken sehr mit der Jahreszeit. In die Monatskarten sind diese Grenzen für jeden Monat als Mittelwert eingetragen.

Eisberge bestehen aus Süßwassereis und stammen von den Gletschern der Gebirge auf dem polaren Festland oder den polaren Inseln. Das spezifische Gewicht dieses Eises ist etwa 0,9. Infolgedessen ragt meistens nur etwa $^1/_{10}$ der Masse des Eisberges aus dem Wasser heraus. Da aber der breitere und schwerere Teil des Eisberges unter Wasser liegt, der Überwasserteil durch Regen, Wind, Spaltenfrost und Wellenschlag stark zerklüftet ist, taucht jedoch der Höhe nach meistens $^1/_5$ bis $^1/_6$ des Berges aus dem Wasser auf. Der Eisberg enthält oft noch Moränenmaterial von dem Ursprungsgletscher. Die Hauptquelle der Eisberge der nördlichen Halbkugel sind die großen Gletscher Grönlands, vor allem an der Westküste, wo es Gletscher gibt, die bis zu 1300 Eisberge im Jahr bilden (Jacobshavner Gletscher in der Disco-Bucht). Evtl. wird aber die Produktion mehrere Jahre durch Eisgürtel blockiert, so daß starke Schwankungen der Eisbergvorkommen bei Neufundland beobachtet werden. Die Eisberge brauchen oft zwei bis drei Jahre, um zu den Neufundlandbänken zu kommen.

Die größten und meisten Eisberge trifft man auf der südlichen Halbkugel. Vor dem antarktischen Festland liegt eine Eisbarriere, von der ganze Tafeln abbrechen. Es sind schon *Tafeleisberge* von mehreren Kilometern Länge und 60 bis 100 m Höhe über Wasser gesichtet worden. Das Auftreten des arktischen Eises in der Neufundlandgegend steht nach Verteilung, Zeit und Menge in engem Zusammenhang mit den Windverhältnissen der vorangegangenen Monate, so daß die einzelnen Jahre große Verschiedenheiten zeigen. Im allgemeinen kann man sagen: Die erste Hälfte des Jahres ist eisreich, der Frühling an Feldeis, der Sommer an Eisbergen, und die zweite Jahreshälfte ist eisarm, der Herbst an Feldeis, der Winter an Eisbergen. Die Eisberge erscheinen im allgemeinen später als das Feldeis, durchschnittlich gegen Ende April oder im Mai. Während das Feldeis von der Ostküste Neufundlands mit dem Oberflächenstrom nach Süden treibt, nimmt es an dessen Unregelmäßigkeiten

teil und steht unter dem Einfluß des Windes, dem es durch seine rauhe
Oberfläche viele Angriffspunkte bietet. Dabei driftet das Eis etwa in
Richtung der Isobaren mit 2% der Windgeschwindigkeit. Im Einzelfall
können davon jedoch in Abhängigkeit von der Art des Feldeises erhebliche Abweichungen auftreten. Die tiefgehenden Eisberge dagegen ziehen
beständig nach Süden, solange sie nicht stranden oder auf die Neufundlandbank geraten, wo keine beständigen Strömungen vorhanden sind.
Die meisten Eisberge schmelzen im warmen Golfstromwasser schnell ab,
einige gelangen auch noch weiter südlich bis in die Sargasso-See, ehe sie
weggeschmolzen sind. Reste von Eisbergen wurden noch 275 sm westlich
von der Biskaya angetroffen. (Siehe die Eiskarten im Handbuch des
Atlantischen Ozeans, 1. Band.)

Durch den großen Unterschied zwischen der Wasser- und Lufttemperatur kommt es über den kalten, eisführenden Meeresströmungen häufig
zu Nebelbildung. Die Eisberge bilden dadurch eine besondere Gefahr
für die Schiffahrt und zwingen zu besonders vorsichtiger Schiffsführung.

Im nördlichen Stillen Ozean gibt es keine Eisberge, da diese nicht
durch die Bering-Straße hindurchkommen. In der Antarktis aber ist
in allen drei Weltmeeren mit Eisbergen zu rechnen. Eisberge triften fast
bis Kapstadt und evtl. bis Montevideo. Vor dem antarktischen Festland
geraten die Schiffe (Walfänger) oft in ganze Herden von Eisbergen. Über
die Eisverhältnisse in den wichtigsten Meeren gibt das DHI *Eisatlanten*
heraus. Dem „Atlas der Eisverhältnisse im Nordatlantischen Ozean"
ist die Abb. 85 als Beispiel entnommen.

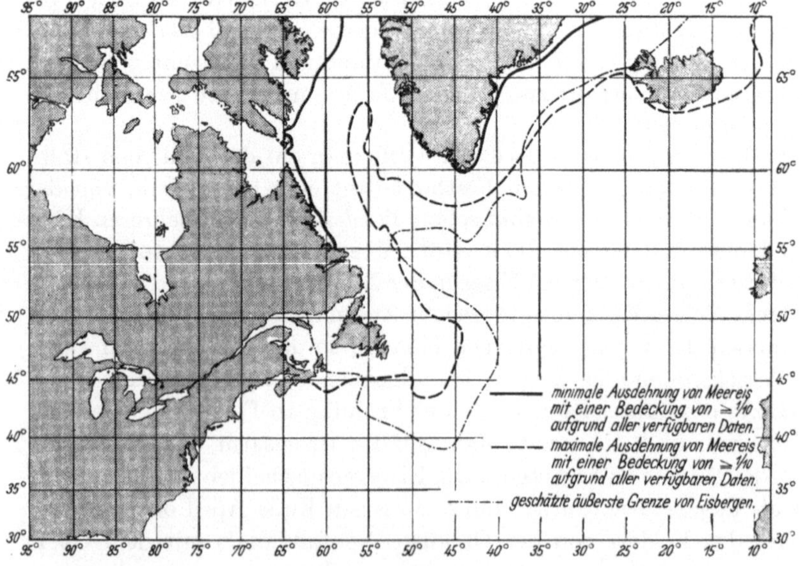

Abb. 85. Die Eisverhältnisse bei Neufundland und Grönland im Mai (Oceanographic Atlas of the
North Atlantic Ocean).

4. Die Veränderungen der Meeresoberfläche

4.1 Windsee und Dünung

Die *Wellen* des Meeres mit ihren Bergen und Tälern, die über das Meer hin zu wandern scheinen, entstehen durch Schwingungen der einzelnen Wasserteilchen in senkrecht gestellten, kreisförmigen oder elliptischen Bahnen, deren Durchmesser mit der Tiefe immer kleiner wird (*Orbitalbewegung*). Im Wellenberg bewegen sich die Wasserteilchen vorwärts, im Wellental rückwärts. Dabei bleiben sie also fast an derselben Stelle, nur die Form der „Welle" bewegt sich über das Meer hin. Bei den meisten Wellen, bei denen die Höhe nicht mehr klein gegenüber ihrer Länge ist, werden die Teilchen allerdings auch ein wenig in Richtung des Windes verschoben, so daß sich diese Orbitalbahnen nicht ganz schließen und ein kleiner Massentransport eintritt.

Man unterscheidet bei einer Wellenbewegung:

1. Wellenhöhe (H), d. h. senkrechter Abstand des Wellenkammes vom Wellental (in Metern).
2. Wellenlänge (L), d. h. Abstand von Wellenkamm zu Wellenkamm (in Metern).
3. Wellenperiode (T), d. h. Zeit (in Sekunden), die für einen festen Beobachtungsort zwischen dem Eintreffen zweier aufeinander folgender Wellenkämme vergeht.
4. Wellengeschwindigkeit (C), d. h. die Geschwindigkeit (in m/s), mit der die Welle durch das Wasser läuft.
5. Steilheit der Welle, d. h. das Verhältnis Wellenhöhe : Wellenlänge.

Nach der klassischen Wellentheorie (Gerstner) hängen diese Größen in folgender Weise zusammen:

Die Geschwindigkeit der Welle über tiefem Wasser ist proportional der Wellenperiode und der Quadratwurzel aus der Wellenlänge. Die Wellenlänge ist proportional dem Quadrat der Wellenperiode. Es gilt:

$$\text{C (in m/s)} = 1{,}56 \cdot \text{T (in s)}; \qquad \text{L (in m)} = 1{,}56 \cdot \text{T}^2$$

Die genauen Formeln lauten:

$$C = \frac{g \cdot t}{2\pi} = \sqrt{\frac{g \cdot L}{2\pi}}; \quad L = \frac{g \cdot T^2}{2\pi}; \quad L = C \cdot T \quad (g = 9{,}81 \text{ m/s}^2).$$

In der Praxis rechnet man in obigen Formeln anstatt mit 1,56 nur mit dem Faktor 1,04, weil in der Windsee viele Wellen winklig zueinander laufen und gleichzeitig „Seegangs-Anteile" verschiedener Länge und Höhe vorhanden sind, die mit unterschiedlicher Geschwindigkeit wandern. Für die ausgereifte Windsee ergibt sich dann — auch theoretisch begründet — der obige Faktor 1,04. Es genügt also, außer der Wellenhöhe, *eine* der Größen T, L, C, zu messen, die anderen lassen sich dann berechnen. An Bord werden Wellenhöhe und Wellenperiode beobachtet. Über die Bestimmung dieser Größen wurde bereits in (**I.4.2**) berichtet.

Exakte *Wellenmessungen* gewinnt man an der Küste durch Auslegen von *Seegangspegeln*, die auf dem Meeresgrund liegen und die Druckschwankungen aufzeichnen, welche die Wellenbewegungen auf dem Meeresboden hervorrufen. Auf hoher See wurden von Forschungsexpeditionen *stereophotogrammetrische* Wellenaufnahmen gemacht, indem dieselbe Welle von zwei 15—25 m voneinander entfernt angebrachten Photokameras aufgenommen wurde (Schumacher). Die größten Wellenhöhen, die bei derartigen Wellenaufnahmen auf dem Nordatlantik vermessen wurden, betrugen 16 m. Die nachträgliche Ausmessung solcher Aufnahmen gestattet auch, die Wassermassen zu berechnen, die in solchen Wassergebirgen enthalten sind. Ein so vermessener Wellenberg auf dem Nordatlantik bei Windstärke 6—7 enthielt 19000 Tonnen Wasser! In neuerer Zeit lassen sich auch auf hoher See mit besonders konstruierten schwimmenden Seegangsbojen, die nach dem Beschleunigungsprinzip arbeiten, Wellenperioden und Wellenhöhen aufzeichnen, aus denen dann die anderen Größen berechnet werden können. Eine Übersicht über beobachtete maximale Größe von Sturmwellen gibt folgende Tabelle (nach Roll, Wetterlotse 22/23):

Seegebiet	Wellen-höhe	Wellen-länge	Wellen-periode	Wellen-geschwindigkeit
	m	m	s	m/s
Westliche Ostsee	3	55—70	6—7	9—10
Südliche Nordsee	6	120	10	12
Nördliche Nordsee	8—9	180—200	11—12	16—17
Nordatlantik (Westwindzone)	16—18	250	13	20

Im Nordatlantik beträgt die häufigste Wellenhöhe in den Wintermonaten 4,5—6 m, im Sommer 1,5—3 m.

Bisweilen entstehen am Boden des Ozeans durch Erdstöße (Seebeben), unterseeische Erdeinstürze oder Vulkanausbrüche, Erschütterungen des Meerwassers, die mächtige Wellen hervorrufen. So erzeugte im Jahre 1946 ein unterseeischer Erdeinsturz bei den Aleuten Wellen von nahezu 200 km Länge (Tsunami), die bei den Aleuten eine Höhe von 35 m, bei den Hawaii-Inseln von 17 m erreichten und große Zerstörungen verursachten. Bei dem Ausbruch des Krakatau (1883) erreichte die Flutwelle an einzelnen Stellen ebenfalls 30—35 m Höhe. Ein Kanonenboot wurde dabei 3300 m weit ins Land geschleudert und lag dann 9 m über dem Meeresspiegel.

Bei genauer Beobachtung der Meeresoberfläche zeigt sich, daß bei einem bestimmten Wind nicht alle Wellen dieselbe Höhe haben. Es wechseln jeweils 3—7 höhere Wellen mit einer Reihe von niedrigeren, es bilden sich *Wellengruppen*. Die höheren Wellen in einem Wellengemisch sollten als die *charakteristischen* Wellen beobachtet und verfolgt werden.

Verfolgt man eine bestimmte Welle, so findet man, daß sie keine unbegrenzte Lebensdauer besitzt, sondern nach einer gewissen Zeit verschwindet. An ihre Stelle treten neue Wellen, die aber eine etwas größere Länge und Höhe haben. Weht der Wind über eine zunächst glatte Wasseroberfläche, so entstehen überall Wellen. Die „charakteristischen" Wellen sind zunächst an allen Orten gleich lang und hoch. Je länger der Wind einwirkt, desto mehr nehmen die Wellen an Höhe und Länge zu, bis sie schließlich einen Endzustand in Höhe und Länge erreicht haben, der der herrschenden Windstärke entspricht. Dieser Endzustand wird auf den freien Weltmeeren bei genügend langer Einwirkungsdauer des Windes stets erreicht. Für Sturmwellen ist dazu wahrscheinlich eine 600 bis 900 sm lange Laufstrecke erforderlich. Da sich im Südatlantik in ost-westlicher Erstreckung der freieste Seeraum der Erde findet, sind dort die längsten und höchsten Wellen zu beobachten. Zwischen Neuseeland und Kap Hoorn wurden Wellenlängen bis 800 m gemessen. Die Wellenhöhen liegen aber meistens unter 20 m. Durch Überlagerung verschiedener Wellensysteme können jedoch gelegentlich höhere Wellen auftreten. So wurden im südlichen Indischen Ozean schon Wellen von 34 m Höhe beobachtet und in der nördlichen Nordsee solche von 18 m Höhe vermessen.

Gefährlich hohe Wellen entstehen in Kreuzseen.

In begrenzten Seeräumen aber kann sich der Seegang nicht bis zu seiner vollen Stärke entwickeln. Die Wellen, die in einem bestimmten Beobachtungsort ankommen, werden zunächst mit der Zeit immer höher und länger werden, aber nur so lange, bis diejenigen Wellen ankommen, die den ganzen zur Verfügung stehenden Seeraum unter dem andauernden Einfluß des einheitlichen Windfeldes bereits durchlaufen haben (Laufstrecke bzw. Fetch). Die Höhe und Länge der hier beobachteten Wellen ist also außer von der Windstärke auch von der Laufstrecke abhängig, die zur Verfügung steht. Man beobachtet das gut in Teichen oder in Nebenmeeren (kleine Meere — kleine Wellen, große Meere — große Wellen).

Nimmt der Wind zu, so wächst die Wellenlänge mehr als die Wellenhöhe, so daß die Wellen um so flacher geböscht sind, je stärker der Wind ist. Die *Steilheit* der Wellen, das Verhältnis von Höhe zur Länge, kann maximal 1:7 sein.

Die moderne Seegangsforschung (Sverdrup u. a.) versucht, mathematische Zusammenhänge zwischen Wellenhöhe, Wellenperiode und Laufstrecken der Wellen herzustellen und Seegangsvorhersagen zu machen.

Die Abb. 86 zeigt ein Diagramm, das bei diesen Forschungen gewonnen wurde und die Wellenhöhe für bestimmte Windgeschwindigkeiten, Laufstrecken und Zeiten zu bestimmen gestattet.

Die ausgezogenen Kurven zeigen das Anwachsen der Wellenhöhe (linker Rand) an einem bestimmten Ort mit der Zeit für sechs verschiedene Windstärken (rechter

Rand). So wird z. B. bei einem Wind von 20 m/s die Wellenhöhe in wenigen Stunden auf 8 m zunehmen, dann langsamer in zwei Tagen auf den größten Wert von 20 m anwachsen. Stehen aber nur begrenzte Laufstrecken zur Verfügung (gestrichelte Linien), dann können wir entnehmen, wie hoch die größtmögliche Wellenhöhe bei dieser Laufstrecke werden kann und nach wieviel Stunden sie erreicht ist.

Diese Werte sind durch ausländische und deutsche Messungen (Neuwerker Watt, Roll) bestätigt worden. Wertvoll wären weitere Kontrollmessungen aus der Praxis.

Die Meereswellen werden durch mitlaufenden oder entgegengesetzt laufenden Gezeitenstrom beeinflußt. Ein mit beträchtlicher Stärke gegen den Seegang setzender Strom vermindert die Wellengeschwindigkeit und erhöht die Steilheit wie auch die Höhe der Wellen erheblich.

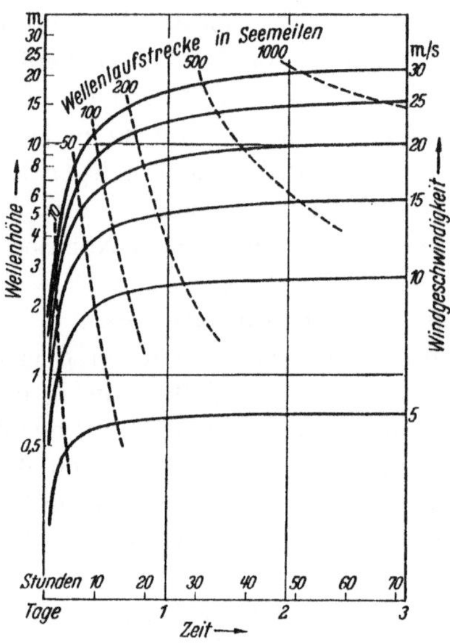

Abb. 86. Wellenhöhe für verschiedene Windgeschwindigkeiten und Laufstrecken.

Wirkt der Wind nicht mehr auf die Wellen, so verschwinden zunächst die kleineren Wellen, der Seegang verliert seine steilen Formen, es bleiben die gerundeteren Formen der *Dünung*. Die Geschwindigkeit der Dünung ist oft sehr groß, sie läuft vielfach schneller als die Sturmzentren selbst, denen sie entstammen, so daß sie diese Stürme dem Seefahrer oft schon lange vorher ankündigt. Sie reicht wegen der großen Wellenlängen weit in die Tiefe und ist sehr langlebig. So stammen die schweren „Roller" auf St. Helena von der Dünung, die den nordatlantischen Stürmen enteilt. Bekannt ist auch die aus hohen Breiten stammende Dünung in den Flauten der Roßbreiten, die *Kalema* an der afrikanischen Westküste und die den tropischen Orkanen vorauseilende Dünung, die diese Orkane anmeldet. Die Dünung ist um so höher, je stärker der wellenerzeugende Wind war, je ausdauernder er wehte und je länger die Windbahn war.

4.2 Brandung

Wenn Dünung oder Seen in flaches Wasser auslaufen, nehmen Geschwindigkeit und Wellenlänge ab, während die Wellenperiode erhalten bleibt. Die Kämme rücken enger zusammen, die Wellen werden höher, so daß sie immer steiler werden. Sobald die Orbitalgeschwindigkeit im Wellenkamm größer ist als die Wellengeschwindigkeit, brechen die Kämme über. Man unterscheidet dabei „stürzende" Brandungswellen (Brecher), bei denen die Welle überkippt, so daß vorübergehend ein Hohlraum an der Vorderseite der Welle entsteht, und schäumende Brandungswellen, die unter Schaumentwicklung in sich zusammenfallen und ihre Höhe allmählich verlieren. Da die Wellenhöhen und damit die an den Strand geworfenen Wassermassen mit Ort und Zeit sehr verschieden sind, kann es an der Küste beim Abfließen zu küstenparallelen Strömen kommen. Das Wasser fließt dann von den Stellen höherer zu den Stellen niedrigerer Brandung. Diese Ströme können die Gezeitenströmungen der betreffenden Küste völlig überdecken. Die Wellen branden bereits auf Sandbänken oder Barren, die der Küste vorgelagert sind.

Brandungswellen können Höhen bis zu 18 m erreichen.

Wellen, die unter einem Winkel zur Strandlinie einfallen, schwenken auf die Küste zu, da die küstennahen Teile der Wellen wegen der geringeren Wassertiefe langsamer vorankommen als die küstenferneren. So entsteht parallel zur Küste die *Strandbrandung* mit ihren Brechern und Rollern. Prallen die Wellen bei auflandigem Sturm gegen tief herabreichende Steilufer, so entsteht die *Klippenbrandung*, bei der das Wasser hochgeschleudert und zerstäubt wird. Die auftretenden Spritzer und Gischtfahnen können mehr als 100 m Höhe erreichen.

Brandungswellen, die gegen Hindernisse wie Uferbefestigungen prallen, können ungeheure Zerstörungen an diesen anrichten. 1877 wurde in Wiek ein 260 t schwerer, fest verankerter Wellenbrecher aus Steinen und Beton (12,5 m lang, 8 m breit, 4,5 m dick) als Ganzes von seinem Fundament weggetragen.

5. Oberflächenströmungen des Meeres

Während die Wellen regelmäßig wiederkehrende Änderungen in der Form des Meeresspiegels sind, werden bei den *Meeresströmungen* die Wassermassen räumlich aus einer Gegend in eine andere versetzt. Als *Richtung* einer Strömung wird die Richtung angegeben, *in die* das Wasser fließt, also gerade umgekehrt wie beim Wind. Ein Weststrom setzt nach Westen, ein Westwind weht nach Osten, bzw. kommt aus Westen. Als Strömungsgeschwindigkeit — *Stromstärke* — gibt man die Anzahl der Seemeilen an, die das Oberflächenwasser in einer Stunde oder in einem Etmal zurückgelegt. Eine Strömung heißt *warm*, wenn ihr Wasser eine höhere Temperatur hat als dem betreffenden Breitenparallel im Mittel zukommt; im entgegengesetzten Fall heißt sie *kalt*. Im allgemeinen sind die aus niederen in höhere Breiten laufenden Ströme warm, die entgegengesetzt laufenden kalt.

Richtung und Strömungsgeschwindigkeit einer Strömung ändern sich häufig, so daß man auf kurzen Strecken oder in kurzen Zwischenzeiten recht verschiedene Versetzungen finden kann.

5.1 Die Ursachen der Meeresströmungen

Man muß nach der Entstehungsursache drei Arten von Strömungen unterscheiden, den *Triftstrom*, der durch die unmittelbare Einwirkung des Windes entsteht, den *Staustrom*, eine mittelbare Wirkung des Windes, indem der Triftstrom das Wasser an den Küsten staut, und den *Gradientstrom*, der durch Dichteunterschiede im Meer entsteht.

Zum Ersatz der Wassermassen, die von den Triften fortgeführt werden, muß Wasser von den Seiten nachströmen. Diese Aufgabe überneh-

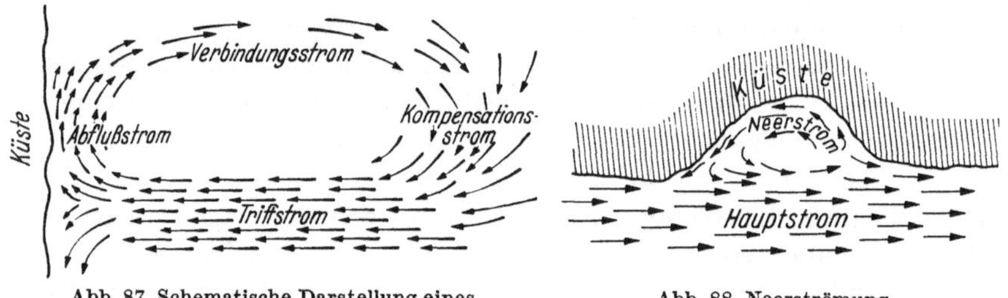

Abb. 87. Schematische Darstellung eines
Stromringes.

Abb. 88. Neerströmung.

men die *Kompensationsströme* oder Ausgleichströme. Wenn ein Triftstrom auf eine Küste stößt und hier das Wasser sich staut, fließt es nach beiden Seiten entlang der Küste ab als *Abflußstrom*. In vielen Fällen bilden sich *Stromringe*, indem der Abflußstrom durch einen *Verbindungsstrom* in den Kompensationsstrom übergeführt wird (Abb. 87).

In Buchten, an denen eine Hauptströmung vorbeisetzt, bilden sich häufig *Neerströme*, die in der Nähe des Landes der Hauptströmung entgegenlaufen (Abb. 88).

Regelmäßige Winde, wie die Passate oder die Monsune, rufen durch die andauernd der Meeresoberfläche mitgeteilten Kräfte im Ozean Strömungen hervor, die auf der Nordhalbkugel nach rechts, auf der Südhalbkugel nach links von der Richtung des Windes abgelenkt sind. Zunächst setzt der Wind nur die obersten Wasserschichten in Bewegung. Bei längerer Einwirkung pflanzt sich die Bewegung in größere Tiefen fort. Nach den Untersuchungen von Ekman überträgt sich die Bewegung schneller in die Tiefe als man früher annahm. Die halbe Oberflächengeschwindigkeit ist z. B. in 20 m Tiefe schon nach etwa 24 Stunden erreicht. Die Ablenkung wiederholt sich bei der Übertragung der Bewegung von einer Schicht in die nächsttiefere. Während die Richtung des reinen Triftstroms im freien Ozean bis zu 45° rechts von der Windrichtung liegt, wird also dieser Ablenkungswinkel bei zunehmender Tiefe rasch größer. Da gleichzeitig die Geschwindigkeit mit der Tiefe schnell abnimmt, ist die Windtrift in 150—200 m Tiefe praktisch erloschen. Dies gilt auch für die beständigsten und stärksten winderzeugten Meeresströmungen der Erde, die von den Passaten erzeugten Äquatorialströme. Windtriften erlöschen daher auch sehr schnell, wenn der erzeugende Wind aufhört, und entstehen schnell bei aufkommendem Wind.

Ganz anders ist das Verhalten der *Gradientströme*, die Mächtigkeiten von 1000 m Tiefe besitzen können und sehr beständig sind. Sie beruhen auf einem Gefälle (Gradienten), das durch verschiedene Dichten entsteht.

Unterschiede in der Dichte entstehen hauptsächlich durch Unterschiede in der Temperatur oder im Salzgehalt. Besonders in den Zugängen zu sehr salzhaltigen oder ausgesüßten Nebenmeeren entstehen so Strömungen. Dabei kommt mehrfach als weitere Ursache hinzu, daß das Nebenmeer Mangel oder Überfluß an Wasser hat.

Im Mittelmeer z. B. oder im Roten Meer verdunstet viel mehr Wasser als durch Flüsse zugeführt wird. Dadurch wird das Wasser salzreicher, also spezifisch schwerer, während der Wasserstand sich erniedrigt. Daher strömt an der Oberfläche durch die Straße von Gibraltar bzw. Bab el Mandeb Wasser in das Nebenmeer hinein. Gleichzeitig setzt in der Tiefe ein Unterstrom des schweren salzhaltigen Wassers in entgegengesetzter Richtung.

Bringen umgekehrt reichliche Niederschläge und große Flüsse dem Nebenmeer mehr Wasser als durch Verdunstung verlorengeht, so kommt es zur Aussüßung des Nebenmeeres, und der Wasserstand erhöht sich. Die Folge ist ein Ausströmen an der Oberfläche. So fließt aus dem an Süßwasserzuflüssen reichen Schwarzen Meer ein Oberflächenstrom aus dem Bosporus und den Dardanellen in das Mittelmeer, während in der Tiefe salzhaltiges Wasser aus dem Mittelmeer in das Schwarze Meer einströmt. Ebenso setzt in den Belten und im Sund im Mittel ein auslaufender Strom schwach salzhaltigen Wassers, dem ein schwächerer einlaufender Unterstrom salzreicheren Nordseewassers entgegenfließt.

5.2 Das Bestimmen der Richtung und Stärke von Strömungen

Die dauernd veränderlichen Strömungen im freien Meer könnte man nur durch längeres Ankern und Beobachten an einzelnen Punkten des freien Ozeans bestimmen. Das ist aber nur in Einzelfällen möglich. So ankerte vor dem zweiten Weltkrieg die „Meteor" zehnmal auf Tiefen über 2000 m. Sie benutzte besondere Strommesser, welche die Richtung und Stärke des Stromes an der Meeresoberfläche und in verschiedenen Tiefen registrierten.

Diese Messungen wurden in den letzten beiden Jahrzehnten mit moderneren Geräten durch Forschungsschiffe verschiedener Nationen weitergeführt. Auch die deutschen Forschungsschiffe beteiligten sich daran und führten damit die alte Tradition weiter.

Außer Propeller- und Schaufelrad-Strommessern verwendet man heute in tiefem Wasser den GEK (geomagnetischen Elektrokinetograph). Es wird der Spannungsunterschied zwischen zwei vom Schiff nachgeschleppten Elektroden gemessen, der dadurch entsteht, daß sich das elektrisch leitende Meerwasser im erdmagnetischen Feld bewegt.

Auch die Beobachtung von treibenden Körpern wie Seetang, Treibholz, Eismassen, Wracks usw. und ihrer Trift kann nur einzelne und wenig zuverlässige Angaben liefern. Das gilt auch von den künstlichen Treibkörpern der *Flaschenposten*. Dies sind versiegelte Flaschen, die eine Urkunde mit Ort, Zeit, Namen des Schiffes sowie eine Angabe, wohin der Zettel bei Auffindung zu senden ist, enthalten. Da alle Treibkörper vom Wind beeinflußt werden, ergeben nur Mittelwerte aus sehr vielen Beobachtungen angenähert richtige Ergebnisse.

Das wichtigste Material für die Erforschung der Meeresströmungen bilden die Besteckversetzungen, die auf den Schiffen aller Nationen in den letzten Jahrzehnten festgestellt wurden. Man erschließt den Strom aus der Besteckversetzung, d. h. durch Vergleich des durch Loggerechnung ermittelten Schiffsortes mit dem astronomisch bestimmten Schiffsort. Es darf dabei aber nicht der vermutete Strom schon eingerechnet worden sein. Da aber das gegißte Besteck infolge ungenauen Steuerns und Loggens, fehlerhafter Deviation und unrichtiger Beurteilung der Abtrift erhebliche Fehler haben kann, so erhält man auf diesem Wege zuverlässige Werte nur als Mittel aus vielen Beobachtungen für ein und dieselbe Gegend.

Etwas leichter ist die Bestimmung des Stromes auf flachem Wasser. Vom verankerten Fahrzeug aus kann man das Relingslog benutzen. In der Nähe der Küste kann man mit guten Peilungen auch vom fahrenden Schiff aus den Strom zuverlässig bestimmen. Da die Kenntnis der Strömungen unter der Küste besonders wichtig ist, sind vor allem gute Strombeobachtungen auf kürzere Strecken von Feuer zu Feuer oder von Huk zu Huk notwendig. Rundet man eine scharfe Huk oder umsteuert man eine Insel, kann der Strom auf der einen Seite den auf der anderen Seite aufheben, so daß am Mittag die Stromversetzung gleich Null ist, während tatsächlich zwei Ströme setzten, die auf diese Art gar nicht in das Material zur Herstellung von Stromkarten eingehen. Deshalb muß der Strom bis zu jeder größeren Kursänderung berechnet werden. Nur durch viele derartige Strombeobachtungen kommt man den wirklichen Meeresströmungen auf die Spur. Das DHI gibt für derartige Strombeobachtungen an der Küste besondere Vordrucke heraus. In Landnähe überwiegen die evtl. vorhandenen Gezeitenströme meistens die beständigen Meeresströmungen erheblich, während sie weiter nach See zu immer mehr hinter den Meeresströmungen zurücktreten.

5.3 Die Darstellung der Oberflächenströmungen in Karten

Die Kenntnis der Meeresströmungen ist erforderlich, um den zu erwartenden Strom bei der Navigation von vornherein berücksichtigen zu können. Das beobachtete Material muß daher dem Kapitän in einer Form wieder zur Verfügung gestellt werden, die es ihm erlaubt, den an seinem Schiffsort herrschenden Strom und den Grad der Wahrscheinlichkeit gerade dieses Stromes der Karte zu entnehmen.

Verschiedene Darstellungsmöglichkeiten für Strömungen zeigen die Abbildungen 89a—c. Es hat sich immer mehr durchgesetzt, die Strömungen durch *Stromrosen* darzustellen.

Das vorliegende Material an Besteckversetzungen wird dafür in Fünfgradfeldern (evtl. kleineren Gebieten) eingetragen. Dann wird festgestellt, wieviel Prozent der Beobachtungen auf jede Richtung der Rose (meist von 2 zu 2 Strich) fallen. Vom Mittelpunkt aus wird nun in den Strichrichtungen die prozentuale Häufigkeit des Stromes in dieser Richtung aufgetragen. Die mittlere Stromstärke dieser Ströme wird durch die Dicke und Schraffierung der Pfeile oder kleine Fiedern dargestellt. In der Ecke des Feldes wird oft die Anzahl der Beobachtungen angegeben, die dieser Stromrose zugrunde liegen. In dem kleinen Kreis um den Mittelpunkt findet man die Angabe der Häufigkeit der beobachteten Stromstillen in Prozent (s. Abb. 89b). Die Abb. 89c zeigt die moderne Darstellung desselben Gebietes in den neuen Monatskarten für den Indischen Ozean (1960, mit freundlicher Genehmigung des Deutschen Hydrographischen Instituts, Hamburg).

Stromrosen haben den Vorzug, daß man den vorherrschenden Strom erkennen, aber auch die möglichen Ausnahmen klar beurteilen kann. Diese Darstellungsart liefert also nautisch brauchbare Angaben. Da die Stromverhältnisse sich stark ändern, muß man versuchen, monat-

liche, oder mindestens vierteljährliche Rosen zu zeichnen. Das hängt
jedoch davon ab, wie viele Strombeobachtungen in dem Gebiet vorliegen.

Karten mit Stromrosen geben aber ein unbefriedigendes Bild von
den großen Strömungen und Stromringen, wie sie im folgenden geschildert werden sollen. Moderne Meeresströmungskarten (wie z. B. Tafel III dieses Buches) geben daher für jedes Feld nur einen mittleren
Strom an, geben aber außer der durchschnittlichen Richtung und

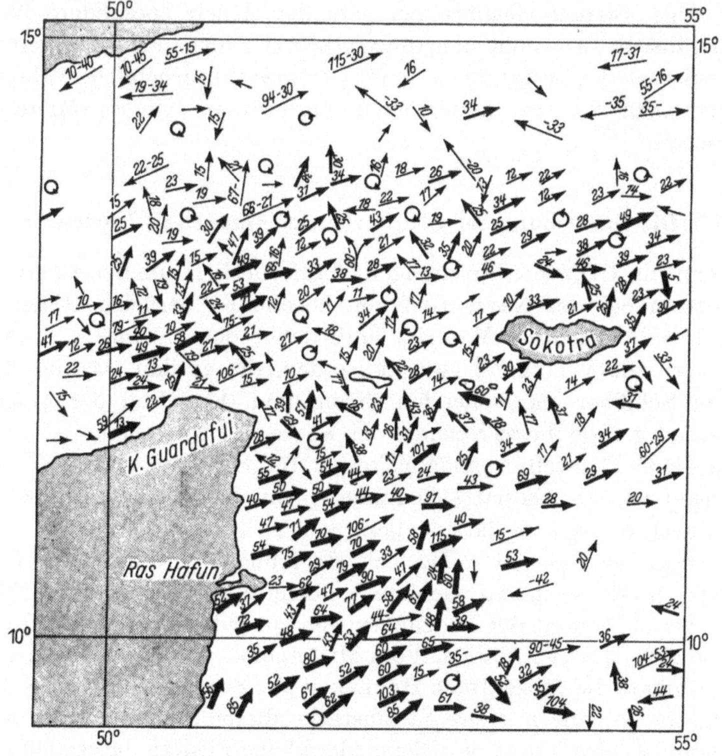

Abb. 89. Strömungen um Kap Guardafui im September (nach Dampferhandbuch
für den Indischen Ozean).
Abb. 89. a) Einzelbeobachtungen im September.

Geschwindigkeit des Stromes seine *Beständigkeit*, d. h. den Grad der
Wahrscheinlichkeit, gerade den angegebenen Strom anzutreffen. Diese
Pfeile ordnen sich zu einem übersichtlichen Gesamtbild der Strömungs-
verhältnisse. Aber sie erfordern an den Stellen, wo wenig oder gar
keine Beobachtungen vorliegen, Ergänzungen, die sich auf theoretische
Erwägungen und Betrachtungen der Temperatur-, Salzgehalts- und
Dichteverhältnisse stützen müssen und daher von der persönlichen Auf-
fassung des Bearbeiters abhängen können.

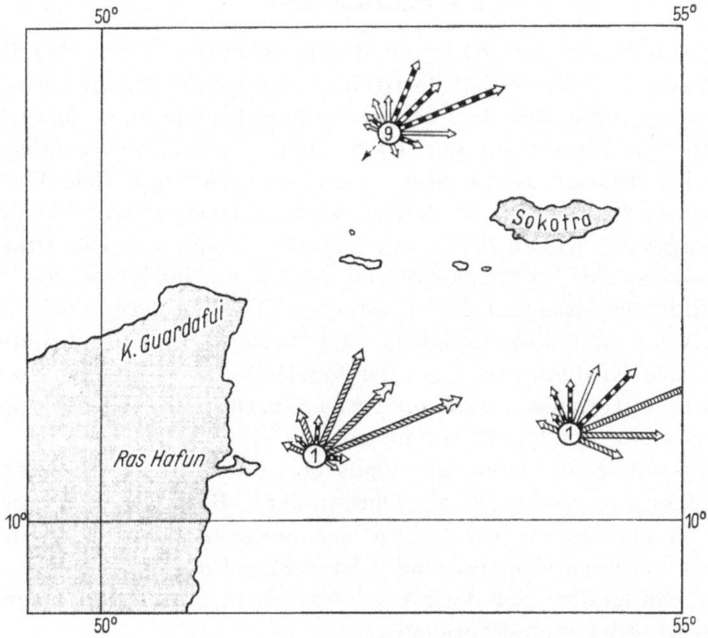

Abb. 89. b) Darstellung mit Stromrosen.

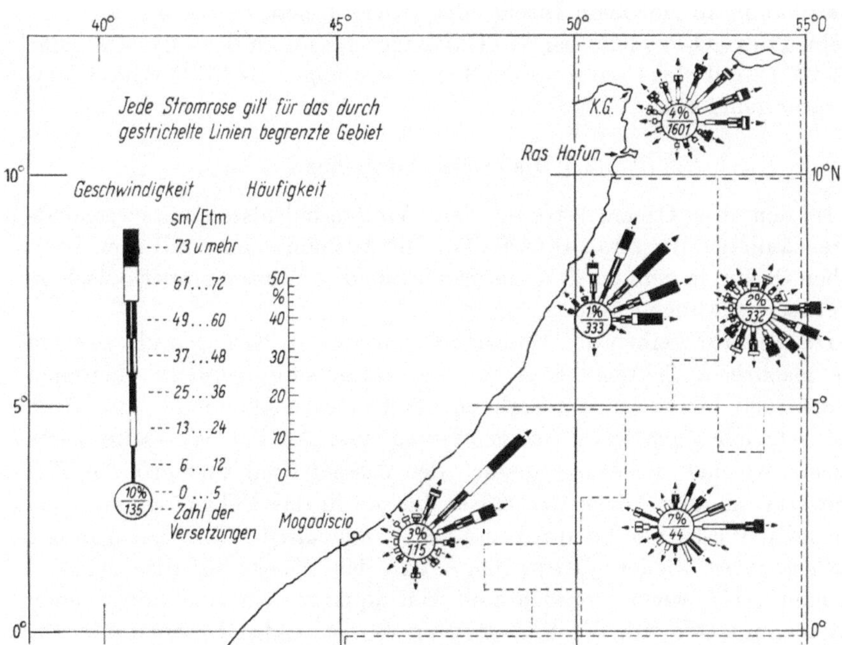

Abb. 89. c) Moderne Darstellung in den Monatskarten für den Indischen Ozean.

5.4 Auftriebwasser

An vielen Stellen der Erde, an denen ablandige Winde das Oberflächenwasser von der Küste forttreiben, erfolgt der Ersatz nicht nur durch Ergänzungsströme von den Seiten her, sondern auch durch Heraufziehen von Wasser aus der Tiefe. Dieses *Auftriebwasser* gibt sich durch seine niedrige Temperatur zu erkennen. Abnorm tiefe Wassertemperaturen findet man überall dort, wo der Passat das Wasser von der Küste wegtreibt, wie an der Nordwestküste Afrikas von Gibraltar bis Cap Verde, an der Südwestküste von Afrika, an der Küste von Peru und Kalifornien, ferner zur Zeit des starken SW-Monsuns an der Somali-Küste. Nebel und Regenlosigkeit sind häufige Begleiterscheinungen dieses kalten Küstenwassers. An der Westseite der tropischen Ozeane finden wir im Gegensatz dazu oft große *Warmwasser*mengen als Folge des Wasserstaus der Passatströmungen.

Auftriebwasser ist reich an Plankton, die Auftriebwassergebiete zeigen daher auch großen Fischreichtum, der z. B. an der peruanischen Küste von ungeheuren Vogelschwärmen ausgenutzt wird („Guano"). Die Inseln in diesen Gebieten sind wüstenartig. Die Gewässer sind auch frei von Riffkorallen, da diese eine Wassertemperatur von mehr als 20° C im kältesten Monat verlangen.

Die verschiedene Wirkung von Windstau und Windsog beobachtet man häufig an einzelnen Inseln oder Inselgruppen. So wurden z. B. im Gebiet des SO-Passates bei den Galapagos-Inseln an der Luvseite mehr als 25° C und gleichzeitig an der Leeseite weniger als 15° C Wassertemperatur gemessen.

5.5 Die großen Stromringe

In den drei Ozeanen treten den Windverhältnissen entsprechende Kreisläufe des Wassers auf (Abb. 90) mit Ausnahme im nördlichen Indischen Ozean, in dem die Strömungen durch den Monsun zu periodischem Wechsel gezwungen werden.

Die Passate treiben das Wasser in westlicher Richtung und erzeugen die mächtigen Triften des *Nord-* und *Südäquatorialstromes.* Zwischen den beiden bildet sich im Kalmengürtel eine rücklaufende, also nach Ost setzende *äquatoriale Gegenströmung* aus. An der Westseite jedes Ozeans weichen die Wassermassen der Passattriften zum größten Teil polwärts aus und folgen der Küste, bis sie in das Gebiet der vorherrschenden Westwinde kommen und als *Westwindtriften* den Ozean in der Richtung Ost wieder überqueren. Wenn das Wasser auf die östlichen Küsten trifft, wendet es sich zum Teil äquatorwärts und bildet einen Ergänzungsstrom für die Passattriften. So ist in den Ozeanen — mehr oder weniger deutlich — nördlich vom Äquator ein *im* Uhrzeigersinn umlaufender, auf der Südhalbkugel ein *gegen* den Uhrzeiger umlaufender Hauptstromring erkennbar.

An diesen Hauptstromkreis schließt sich im nördlichen Atlantischen und Stillen Ozean ein kleiner, gegen den Uhrzeiger umlaufender *arktischer* Stromring an, da das Wasser der Westwindtrift, wenn es auf die östlichen Küsten trifft, zum Teil auch polwärts ausweicht.

Diese allgemeine Schilderung und die nun folgenden Einzelangaben vergleiche man mit der im Anhang beigegebenen Stromkarte, die für

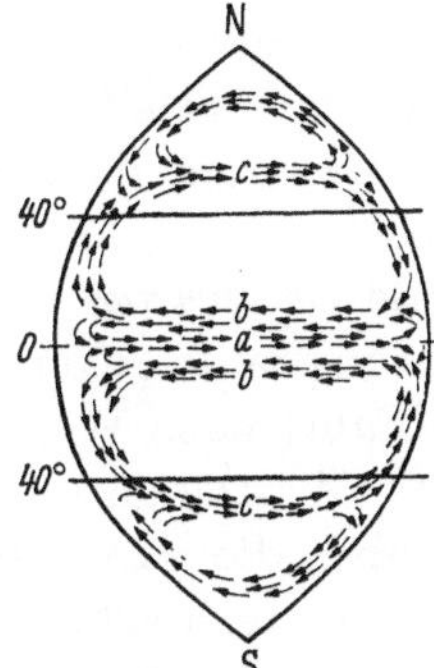

Abb. 90. Die horizontalen Meeresströmungen in einem ideellen Ozean.
a Äquatorialer Gegenstrom,
b Äquatorialströme,
c Westwindtriften.

den Nordwinter gezeichnet ist. Abweichungen für den Nordsommer werden angegeben. Man bedenke aber bei allen diesen Ausführungen und bei der Benutzung derartiger schematischer Stromkarten, was über die Beständigkeit der Strömungen und die Sicherheit unserer bisherigen Kenntnisse gesagt ist. Im Einzelfall sind zur Ergänzung immer das Seehandbuch des betreffenden Meeresteiles und die Stromangaben der Monatskarten heranzuziehen.

Unter der Nummer D 2802 ist im deutschen Seekartenwerk eine „Weltkarte der Meeresströmungen" herausgegeben worden.

5.6 Die wichtigsten Meeresströmungen in den einzelnen Ozeanen

5.6.1 Oberflächenströmungen im Nordatlantischen Ozean. 1. *Die Passat- und Äquatorialströme.* Der Nordäquatorialstrom des Atlantischen Ozeans wird fühlbar bei den Kapverden und vereinigt sich etwa in der Mitte des Ozeans mit dem Südäquatorialstrom. Dieser beginnt, gespeist vom Benguelastrom und kaltem Auftriebwasser, an den Küsten Westafrikas. Beim Auftreffen auf die südamerikanische Küste bei Kap San Roque wird ein Teil in südwestlicher Richtung abgedrängt und fließt als warmer *Brasilstrom* an der Küste Brasiliens entlang bis zum La Plata. Der Hauptteil des Stromes wendet sich bei Kap San Roque nach Westnordwest und fließt als *Guayanastrom* mit großer Geschwindigkeit zu-

sammen mit dem Nordäquatorialstrom an der Küste entlang. Besonders stark ist der Guayanastrom im Nordsommer, wenn er unmittelbar durch den SO-Passat angetrieben wird.

Während die nördlichen Teile der vereinten Strömung als *Antillenstrom* an der Nordseite der Antillen entlangziehen, zwängen sich die südlichen Teile zwischen den Kleinen Antillen hindurch in das Karibische Meer, durchströmen es und treten mit zunehmender Geschwindigkeit um die Halbinsel Yukatan als *Yukatanstrom* in den Golf von Mexiko.

Die äquatorialen Ströme verschieben sich wie die Passatwinde im September—Oktober etwas nach N, im April—Mai nach S. Da der Passat im Winter der betreffenden Erdhälfte stärker ist, ist auch der nördliche Äquatorialstrom im Nordwinter, der südliche im Südwinter stärker entwickelt.

Der äquatoriale *Gegenstrom* des Atlantischen Ozeans führt Wasser in östlicher Richtung in den Golf von Guinea *(Guineastrom)* und hat Bedeutung für die Fahrt nach Westafrika. Der Gegenstrom, der im Frühjahr nur von 20° Westlänge an verfolgt werden kann, zieht sich im September fast über die ganze Breite des Ozeans. Im November beobachtet man eine Unterbrechung, die im Dezember und Januar immer ausgeprägter wird. Es entsteht ein „westlicher Gegenstrom", der dann im Frühjahr wieder soweit zusammenschrumpft, daß er nicht mehr erkennbar ist. Er schwankt sehr und ist durch heftige Stromkabbelungen gekennzeichnet. Die zeitweise Unterbrechung des Gegenstromes hängt mit seiner jahreszeitlichen Verschiebung in nordsüdlicher Richtung zusammen. Diese Störung und Unterbrechung des Gegenstromes vom Spätherbst bis zum Frühling bewirkt der Atlantische Rücken.

2. Das Golfstromsystem. Das bedeutendste Stromsystem des Nordatlantik ist das *Golfstrom*system mit seiner Gesamterstreckung von 7000 sm. Aus dem Yukatanstrom, der nur in die SO-Ecke des Golfs von Mexiko eindringt und sich dann gleich westwärts wendet, und den Wassermassen des Golfes selbst bildet sich der *Floridastrom*, der mit hoher Geschwindigkeit durch die Straße von Florida (Düse!) schießt und sich bei den Bahama-Inseln mit dem Antillenstrom zum Golfstrom vereinigt. Der Floridastrom erreicht in der Enge zwischen Florida und den Bahamas eine Durchschnittsgeschwindigkeit von 72 sm im Etmal, zeitweise steigt die Geschwindigkeit auf über 120 sm im Etmal.

Das Golfstromwasser zeichnet sich durch hohe Temperatur, tiefblaue Farbe und hohen Salzgehalt aus. Sein Kobaltblau hebt sich besonders von dem olivgrünen Wasser der kalten Küstenströmungen ab.

Der Strom folgt außerhalb der 200-m-Grenze zunächst als schmales Band von 25 sm Breite dem Schelfrand der amerikanischen Ostküste in nordöstlicher Richtung bis etwa zum Kap Hatteras. Dann wendet er sich mehr östlich und läuft auf etwa 40° Nordbreite quer über den Atlantik. Dabei nimmt seine Geschwindigkeit und Beständigkeit an der Oberfläche mehr und mehr ab; besonders östlich der Neufundlandbank werden die Grenzen verwaschen und wechselnd. Nicht selten findet man sogar rücklaufende Versetzungen. Aber er reicht bis in große Tiefen (bis 1000 m Tiefe), in denen die Wassermassen mit annähernd

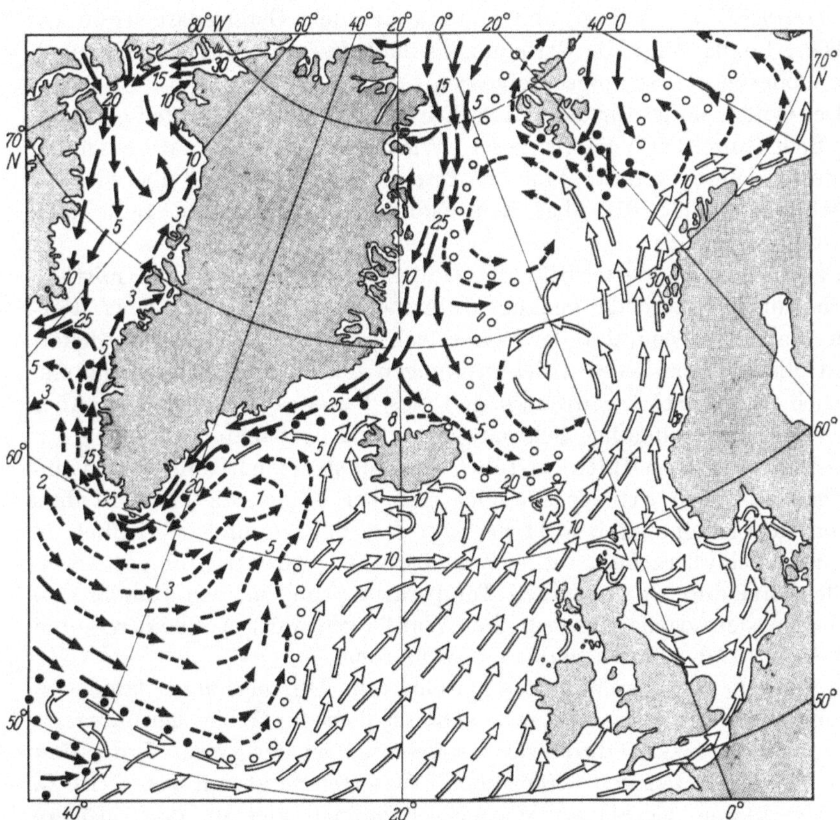

Abb. 91. Oberflächenströmungen im Nordostatlantischen Ozean. Aus Dietrich/Kalle: Allgemeine Meereskunde. Es bedeuten: ====> atlantisches Wasser, ——▶ polares Wasser, — — —▶ Mischwasser, ..oo Polarfront.

gleicher Geschwindigkeit wandern. Durch seine große Mächtigkeit verfrachtet der Golfstrom gewaltige Wasser- und damit Wärmemengen in nördliche Breiten. Weiter fortschreitend beginnt sich der Golfstrom, den man von 35° W an *nordostatlantischer Strom* nennt, fächerförmig zu verteilen. Südöstlich zweigt der *Portugalstrom* ab, der dann südlich setzend als *Kanarenstrom* einen allerdings nur schwachen und unbeständigen Ergänzungsstrom zur Nordäquatorialtrift bildet. Östlich fließende Teile stoßen in die Biskaya und den Kanal vor, nördlich und nordöstlich setzende Teile laufen an der Außenseite der britischen Inseln und als *Norwegenstrom* an der norwegischen Küste hoch. Ihr Einfluß ist bis Spitzbergen und jenseits des Weißen Meeres bei der Insel Nowaja Semlja und im Barentsmeer fühlbar. Das warme, salzhaltige Wasser taucht hier unter das Oberflächenwasser des Polarstromes in die Tiefe. Ein nordwestlicher Teil endlich setzt an der Südküste Islands als *Irmingerstrom* entlang und schließt sich dem Ostgrönlandstrom an.

Die Abb. 91 zeigt die Strömungsverhältnisse im Nordatlantik nach den modernen Forschungsergebnissen.

Der Golfstrom ist für das Klima Europas von nicht zu unterschätzender Bedeutung. Die Vorteile dieser „Warmwasserheizung", wie man den Golfstrom einmal nannte, kommen Europa zugute, weil die überwiegend westlichen Winde die über dem Golfstrom angewärmte Luft nach Westeuropa bringen.

Das hier geschilderte Bild des Golfstromsystems gibt nur mittlere Verhältnisse. Laufende genaue Untersuchungen amerikanischer Forscher haben ergeben, daß der Wassertransport und die Geschwindigkeit des Golfstroms periodische Schwankungen zeigen, die vor allem jahreszeitlich, durch Stärkeschwankungen des Passates bedingt sind. Aber auch ganz unregelmäßige Schwankungen sind beobachtet worden.

Östlich von Kap Hatteras führt der Golfstrom horizontale Schwingungen aus nach Art der Mäander mancher Flüsse, die sich mit dem Strom (Geschwindigkeit $= 11$ sm/Tag) fortpflanzen und schließlich in Stromwirbel übergehen, die sich ablösen. Die Grenzen dieser Stromwellen sind durch den starken Temperatursprung an den Rändern zu erkennen, den sogenannten „Kalten Wall" (cold wall). Auf beiden Seiten des Strombandes laufen schmale Gegenströme.

Innerhalb des geschilderten großen, im Uhrzeigersinn laufenden Stromkreises des Nordatlantischen Ozeans liegt das Gebiet der *Sargasso-See*, das am stärksten durchwärmte Meeresgebiet der ganzen Erde. Man fand hier in Tiefen von 600 m noch Wassertemperaturen von $+10°$ C. In dem klaren, tiefblauen Wasser schwimmen kleinere oder größere Mengen von Blasentang. Dieses „Golfkraut" wird zum kleineren Teil vom Golfstrom aus den westindischen Gewässern mitgebracht, die größere Menge entsteht durch vegetative Vermehrung in der Sargasso-See selbst. Die Sargasso-See ist das Brutgebiet der europäischen und amerikanischen Flußaale. Das Gebiet ist nicht stromfrei, sondern liefert wechselnde Versetzungen. Hier treffen die Wassermassen zusammen, die vom Nordäquatorialstrom nach Norden und vom Golfstrom nach Süden abzweigen. Die entstehende Wasseranhäufung erzwingt einen Ausgleich in der Tiefe [*subtropische Konvergenz*, s. **5.4**].

3. *Arktische Strömungen im Nordatlantik.* An der Ostküste von

Grönland setzt der kalte, mit Treibeis beladene *Ostgrönlandstrom* in südwestlicher Richtung. Infolge der Ablenkung durch die Erdrotation hält sich der Strom eng an der Küste, biegt bei Kap Farvel um die Südspitze Grönlands und bewirkt, daß z. B. der Hafen Julianehaab länger eisbesetzt bleibt als der nördlichere Nordhaab. Den nördlicheren Küstenstrichen kommt nämlich eine Abzweigung des Golfstromes zugute, die an der linken Flanke den kalten, salzarmen Ostgrönlandstrom begleitet. Nördlich von 63° kommt dies warme Golfstromwasser an die Küste, in dem der kalte Strom untertaucht. Der Strom läuft dann, sich an der grönländischen Küste haltend, bis in die Davisstraße.

Die Westseite der Davisstraße steht unter der Herrschaft einer von Norden aus der Baffins-Bucht kommenden kalten, Eisberge mit sich führenden Strömung. Weiter vordringend fließt dieser Strom als *Labradorstrom* hart entlang der Küste und stößt dann an der Ostküste der Neufundlandbank rechtwinklig in die Flanke des Golfstroms, der dadurch weit nach Süden ausbiegt. Die hier auf geringer Entfernung entstehenden großen Unterschiede in der Wassertemperatur führen zu dem schon geschilderten unruhigen und stürmischen Wetter und den berüchtigten Neufundlandnebeln, deren Häufigkeit im Juni auf mehr als 50% steigt.

Der Labradorstrom bringt außer Eisbergen zeitweise auch große Mengen von Feldeis aus den Fjorden Labradors mit sich. Dieses Feldeis erreicht sein Maximum schon im Februar, wenn es durch ablandige Winde von seinen Ursprungsstätten weggetrieben wird.

4. *Strömungen in der Ostsee.* Da die Ostsee große Süßwasserzuflüsse hat, liegt ihr Wasserspiegel höher als der der Nordsee, es setzt also aus dem Bottnischen Meerbusen ein Strom südlich, in der mittleren Ostsee westlich und dann durch Kattegat und Skagerrak in die Nordsee. Im Kattegat ist dieser Strom unter der schwedischen Küste am stärksten. Im Skagerrak setzt er vor allem längs der norwegischen Küste, während an der dänischen Küste bei Westwinden ein Strom nach Osten setzt.

5.6.2 Oberflächenströmungen im Südatlantischen Ozean. Der südliche Teil des Atlantischen Ozeans steht unter der Herrschaft der Westwinde. Die *Westwindtrift* setzt in einem breiten Band um die ganze Erde herum. Nachdem sie als *Kap-Hoorn-Strom* sich durch die Enge zwischen Graham-Land und Kap Hoorn hindurchgezwängt haben, breiten sich die Wassermassen weit aus. Ein Zweig, der *Falkland-Strom*, schwenkt infolge der Ablenkung durch die Erddrehung entschieden nach links ab und dringt an der Außenkante des patagonischen Schelfs bis in die La-Plata-Gegend vor.

Das grünliche, kalte Wasser dieses Stromes ist durch großen Fischreichtum ausgezeichnet, was wiederum zur Folge hat, daß sich große

Scharen von Seevögeln (Albatrosse und Kaptauben) über ihm aufhalten. Wenn östliche oder nördliche Winde vom warmen Brasilstrom herüberwehen, bilden sich über dem kalten Wasser dichte Nebel. Auch hier ist wie bei Golfstrom und Labradorstrom das Zusammentreffen von warmem und kaltem Wasser die Veranlassung zur Entstehung von Stürmen. In manchen Jahren führt die Strömung Eisberge mit sich.

Die Hauptmasse der Westwindtrift nimmt nach dem Passieren der Falkland-Inseln die Richtung ONO an, läuft auf das Kap der Guten Hoffnung zu und entsendet einen Zweig nordwärts, der als *Benguela-Strom* an der Südwestküste Afrikas entlangläuft. Dieser Strom führt dann, nach W umbiegend, vermehrt durch Auftriebwasser, viel kaltes Wasser in den Rücken des *Südäquatorialstromes*. Die Nordgrenze des Südäquatorialstromes verschiebt sich im Laufe des Jahres mit der Grenze des SO-Passates.

Während die Temperatur des nördlichen Atlantik durch den Zufluß des Golfstromwassers übernormal ist, hat der südliche in seinen Oberflächenschichten wegen der Wegführung von warmem Wasser durch den Guayana-Strom und die Zuführung von kaltem Wasser durch den Benguela-Strom erhebliche Untertemperatur, besonders an der Ostseite.

5.6.3 Oberflächenströmungen im Stillen Ozean. Der *Nordäquatorialstrom* setzt im Gebiet des NO-Passates im Raum zwischen dem Wendekreis und 10—15° N von der Küste Amerikas über eine Strecke von mehr als 8000 Seemeilen nach den Philippinen mit einer Geschwindigkeit von 15—25 sm im Etmal. Beim Auftreffen auf die Philippinen zweigt ein kleiner Teil des Wassers nach S ab und geht in den äquatorialen Gegenstrom über, der Hauptteil wendet sich nach N, wobei er im Nordsommer vom SO-Monsun dieses Gebietes angetrieben wird. Es schließen sich ihm in dieser Zeit Wassermassen an, die der Monsun aus den südchinesischen Gewässern heranführt, während umgekehrt im Nordwinter ein Strom in das südchinesische Meer hineinsetzt.

Dieser Strom umfließt dann als *Kuroshio* (blaues Salz) die japanischen Inseln, die durch ihn ein mildes, regenreiches Klima erhalten. Der Kuroshio hat fast alle Eigenschaften des Golfstromes (warm, tiefblaues Wasser, hoher Salzgehalt), nur nicht seine Geschwindigkeit. Wenn der östlich an Japan entlanglaufende Kuroshio auf 40—45° Breite in den Bereich der Westwinde kommt, verläßt er die Küste und durchmißt als *nordpazifischer Strom* den Ozean nach O. An der amerikanischen Küste teilt er sich in den nördlich laufenden *Alaska-Strom* und den südlich setzenden *Kalifornischen Strom*, der den im Uhrzeigersinn laufenden Hauptstromkreis des nördlichen Stillen Ozeans schließt. Immer mehr von der Küste abbiegend, erzeugt er an der Küste ein kaltes Auftriebwassergebiet. Die am Golfstrom gefundenen „Freistrahl"-

Eigenschaften, die auf S. 218 geschildert wurden, sind nach neuen japanischen Forschungen auch für den Kuroshio charakteristisch.

Im Nordwinter treiben im westlichen Berings-Meer starke Nordostwinde kaltes Wasser zwischen Kamtschatka und den Aleuten nach S und SW und im Ochotskischen Meer drängen starke Nordwest- und Nordwinde kaltes Oberflächenwasser durch die Kurilen in den Ozean. Beide Triften vereint bilden den kalten, aber eisfreien *Oyashio*, der an der Ostseite Japans nach SW setzt und auf etwa 38° N dem warmen Kuroshio in die Flanke fällt. Wir finden hier dann ähnliche Verhältnisse wie bei den Neufundlandbänken im Nordatlantik.

Der *Südäquatorialstrom* des Stillen Ozeans setzt schwach an der Küste von Peru ein. Nach W fortschreitend nimmt er an Geschwindigkeit zu und ist bei den Galapagos-Inseln, besonders während des südlichen Winters, recht stark. Wie der Passat greift der Südäquatorialstrom etwas über den Äquator hinüber. Im westlichen Teil des Stillen Ozeans wird der Strom von den wechselnden Monsunen beeinflußt. Im Winter treibt der SO-Passat (der hier SO-Monsun genannt wird) das Wasser in vorwiegend westlicher Richtung. Nördlich von Neu-Guinea biegen dann große Teile der Strömung in den äquatorialen Gegenstrom ein. Im südlichen Sommer dagegen wird der Hauptteil des Südäquatorialstromes schon zwischen den Südsee-Inseln nach S abgedrängt. Nördlich von Australien herrscht dann der NW-Monsun, der kräftige Versetzungen nach O und SO erzeugt. Dadurch wird der an der Ostküste von Australien das ganze Jahr hindurch südlich setzende *Ostaustralische Strom* verstärkt.

Im Stillen Ozean zieht der *äquatoriale Gegenstrom* im Stilltengebiet als 2—5° breites Band von West nach Ost über eine Strecke von 9000 Seemeilen von den Palau-Inseln östlich der Philippinen bis zur Westküste von Mittelamerika. Er ist im Sommer, wo er zwischen 5—10° N zu finden ist, stärker als im Winter, wo sich sein Gebiet auf 5—7° N beschränkt und die Strömung erst östlich der Marschall-Inseln beginnt. Im Mittel werden östliche Versetzungen von 24 sm im Etmal gefunden, doch kommen im Nordsommer stellenweise erheblich höhere Werte vor. Dieser Strom ist ein ausgesprochener Kompensationsstrom, nur an der amerikanischen Seite erhält er im Nordsommer einen Antrieb durch den SW-Monsun. An der amerikanischen Seite teilen sich die Ströme nach N und S und gehen in die Äquatorialströmung über.

Die *Westwindtrift* des Südpazifik nimmt im Südosten von Australien und bei Neu-Seeland den ostaustralischen Strom auf und setzt ihren Weg nach Ost fort. An der amerikanischen Küste spaltet sie sich in etwa 45° Breite. Nordwärts fließt der *Humboldt-Strom* (früher Perustrom genannt). Sein kaltes Wasser wird an der peruanischen Küste noch vermehrt durch kaltes Auftriebwasser, so daß bei der Einmündung in den Südäquatorialstrom noch Wassertemperaturen unter 20° C beobachtet werden. Der südliche Teil umströmt das Feuerland und Kap Hoorn. Er erreicht als *Kap-Hoorn-Strom* durch die Einengung seines Bettes eine ziemliche Stärke.

5.6.4 Oberflächenströmungen im Indischen Ozean. Im südlichen Teil des Indischen Ozeans treffen wir wieder einen gegen den Uhrzeigersinn laufenden Hauptstromring an. Die SO-Passat-Trift reicht hier aber nicht bis zum Äquator, sondern entsprechend dem Passat nur bis etwa 8—10° S. Zur Zeit des SW-Monsuns umströmt der Südäquatorialstrom die Chagos- und Seychellen-Inseln; im Nordwinter dagegen bleibt er südlich davon. Diese große Westbewegung stößt zunächst auf Madagaskar und spaltet sich hier an der Ostküste in der Nähe der Inseln Mauritius und Réunion. Der eine Arm weicht südwärts aus, der andere wendet sich nordwärts und umspült das Kap Amber von SO her nach W und breitet sich dann fächerförmig auf die afrikanische Küste zu aus. Der nach N abbiegende Teil verstärkt während des SW-Monsuns den Triftstrom im Arabischen Meer. Zur Zeit des NO-Monsuns speist er den südlich des Äquators nach O setzenden äquatorialen Gegenstrom. Der durch den Mozambique-Kanal als *Mozambique-Strom* nach S setzende Zweig vereint sich mit dem an der Ostküste Madagaskars nach S fließenden Wasser und bildet mit ihm zusammen den südwestlich entlang der afrikanischen Küste setzenden *Agulhas-Strom* mit Versetzungen bis zu 100 sm im Etmal. Er trifft an der Südspitze Afrikas auf die Westwindtrift und wird von ihr in östlicher Richtung mitgenommen. Zwischen der Küste und dem Agulhas-Strom beobachtet man häufig einen mit 1—2 kn setzenden Gegenstrom (Neerstrom). Der Zusammenstoß des tiefblauen Agulhaswassers mit dem grünlichen, bis zu 10° C kälteren Wasser der Westwindtrift erzeugt ein ungleich temperiertes Wassergemisch, das sich von 10° O bis weit in den Indischen Ozean hinein verfolgen läßt. Reiche Vogelwelt, Nebel und unruhiges Wetter sind auch hier die Begleiter des kalten Wassers bei seinem Zusammentreffen mit der warmen Strömung.

Der Agulhas-Strom ist für die Umsegelung des Kaps der Guten Hoffnung von großer Bedeutung. Für die von O nach W fahrenden Schiffe ist erste Regel, unter Land zu bleiben, um den Agulhas-Strom möglichst auszunutzen und gleichzeitig das Schiff gewissermaßen unter Landschutz vor den starken WNW-Stürmen zu halten. Da Wind und See hier oft entgegengesetzte Richtung haben wie der Strom, entstehen gewaltige, für tiefbeladene Schiffe gefährliche Wellen, die das Kap der Guten Hoffnung bei den Seeleuten berüchtigt gemacht haben.

Von W nach O segelnde Schiffe halten sich, wenn möglich, so weit südlich, daß sie den Gegenstrom vermeiden und zugleich den westlichen Wind gut ausnutzen können.

Nordostwärts bestimmte Schiffe können die oben erwähnten Neerströme unter der afrikanischen Küste ausnutzen, indem sie sich dicht unter der Küste halten.

Die Westwindtrift fließt dann weiter in östlicher Richtung und entsendet an der Westküste Australiens den *Westaustralischen Strom* als Ergänzungsstrom für die Südäquatorialtrift nordwärts.

Im *nördlichen Indischen Ozean* wechseln die Strömungen mit den Monsunen (Monsuntriften).

Im Nordwinter zur Zeit des NO-Monsuns sind die Strömungen schwächer als während des SW-Monsuns. Sie sind nach W gerichtet. An der Ostseite wird das Wasser aus der Malakkastraße herausgesogen; am stärksten läuft der Weststrom südlich von Ceylon, wo 60 sm im Etmal beobachtet werden. An der Westseite wird das Wasser in den Golf von Aden hineingetrieben, so daß in der Straße von Bab el Mandeb ein Strom in das Rote Meer hineinsetzt. An der afrikanischen Küste setzt der Strom kräftig nach SW, wird dann nach Überschreiten des Äquators nach SO und S abgedrängt und geht in den äquatorialen Gegenstrom über.

Im Nordsommer sind die Strömungen im allgemeinen nach O gerichtet. An der afrikanischen Küste zweigt von der Äquatorialtrift ein starker Strom nach NO ab, der als *Somali-Strom* an der Somaliküste mit Versetzungen von über 100 sm im Etmal nordöstlich setzt (s. Abb. 89). Aus dem Golf von Aden wird jetzt das Wasser herausgesogen, so daß in den Monaten Juli-September durch die Straße von Bab el Mandeb ein Strom aus dem Roten Meer heraus setzt. An der Malabarküste läuft entsprechend der Küstenlinie ein starker Strom nach SSO. Am stärksten ist die Ostströmung südlich von Ceylon. Westwärts bestimmte Dampfer legen mit Vorteil ihre Route bis auf 1° N südlich, um weniger durch diesen starken Strom und den kräftigen Monsun behindert zu werden.

Ein *äquatorialer Gegenstrom* ist im Indischen Ozean nur im Nordwinter vorhanden. Zu dieser Zeit biegen die an der Somaliküste nach SW setzende NO-Monsun-Trift und der nördliche Zweig der Äquatorialtrift nach O um. Die dadurch entstehende Gegenströmung wird beim weiteren Fortschreiten nach O noch weiter angetrieben durch den zu dieser Zeit zwischen dem Äquator und 10° S wehenden NW-Monsun.

5.7 Gezeitenströme

Starke Versetzungen kann das Schiff auch durch die *Gezeitenströme* erfahren. Die Gezeitenerscheinungen werden ausführlich in den Lehrbüchern der Nautik behandelt.

Ströme, die von den Gezeiten herrühren, sind auf hoher See sehr viel schwächer als auf den Kontinentalschelfen und in den Küstengewässern.

Ihre Messung auf großen Tiefen ist schwierig; außerdem hebt sich ihr Einfluß auf die Schiffsbewegung im Etmal ungefähr heraus.

Ausführliche Angaben über die Gezeitenströme in den einzelnen Gegenden enthalten die Seehandbücher und der „Atlas der Gezeitenströme für das Gebiet der Nordsee, des Kanals und der Britischen Gewässer".

Die Gezeitenströme werden vielfach stark durch den vorherrschenden Wind beeinflußt.

5.8 Seiches

Außer den Gezeiten gibt es freie oder Eigenschwingungen der Wassermassen eines Meeres oder eines Sees, die man nach den 1869 zuerst untersuchten stehenden Wellen des Genfer Sees jetzt allgemein „Seiches" nennt. Sie haben in ganz oder teilweise abgeschlossenen Gebieten die Form stehender Wellen und sind an den Küsten am periodischen Steigen und Fallen des Wasserspiegels. zu erkennen Sie spielen bei solchen Gewässern eine Rolle, die praktisch den Gezeiten nicht unterliegen, wie z. B. der Ostsee, in der man Seiches beobachtete, deren Knotenlinie etwa auf der Linie Libau-Stockholm lag und in deren Schwingungsbäuchen in der westlichen Ostsee und in der Kronstadter Bucht Wasserstandsänderungen bis zu 2 m auftraten (Periode etwa 27 Stunden).

Seiches entstehen durch äußere Kräfte. Läßt z. B. ein Wind nach, der das Wasser in einer Bucht gestaut hatte, entstehen beim Rückfluten des Wassers Schaukelbewegungen. Auch Luftdruckschwankungen können Seiches erzeugen, besonders wenn ihre Periode mit der Eigenschwingung des Wassers in dem betr. Becken in Resonanz ist.

Wenn in breiten Becken Längs- und Querschwingungen vorhanden sind, entstehen durch Überlagerung *Drehwellen* (Amphidromien, siehe auch Lehre der Gezeiten im Lehrbuch der Navigation).

5.9 Vertikale Zirkulation, Tiefenströme

Die systematische Untersuchung des Atlantischen Ozeans durch die Deutsche Atlantische Expedition seit 1925 und andere Forschungsfahrten hat durch das Messen von Temperatur, Salzgehalt und Dichte des Meerwassers in verschiedenen Tiefen bis zum Meeresboden hinab auf O—W gelegten Querschnitten zu einem genaueren Bild von den Wasserbewegungen auch in der Tiefe geführt. Man fand durch Sprungschichten voneinander abgesetzte Wassermassen bestimmter Eigenschaften, die sich in bestimmter Weise ausbreiten (Abb. 92). Wenn auch diese Tiefenbewegungen für die Navigation nicht wichtig sind, sollen sie hier doch kurz geschildert werden.

An der Meeresoberfläche liegt eine warme, salzreiche Wasserschicht, in welcher sich die horizontalen Meeresströmungen entwickeln, die in

den letzten Abschnitten geschildert wurden. In dieser oberen Schicht
sinkt in dem Staugebiet der subtropischen Konvergenz (**III.5.6.1**) das

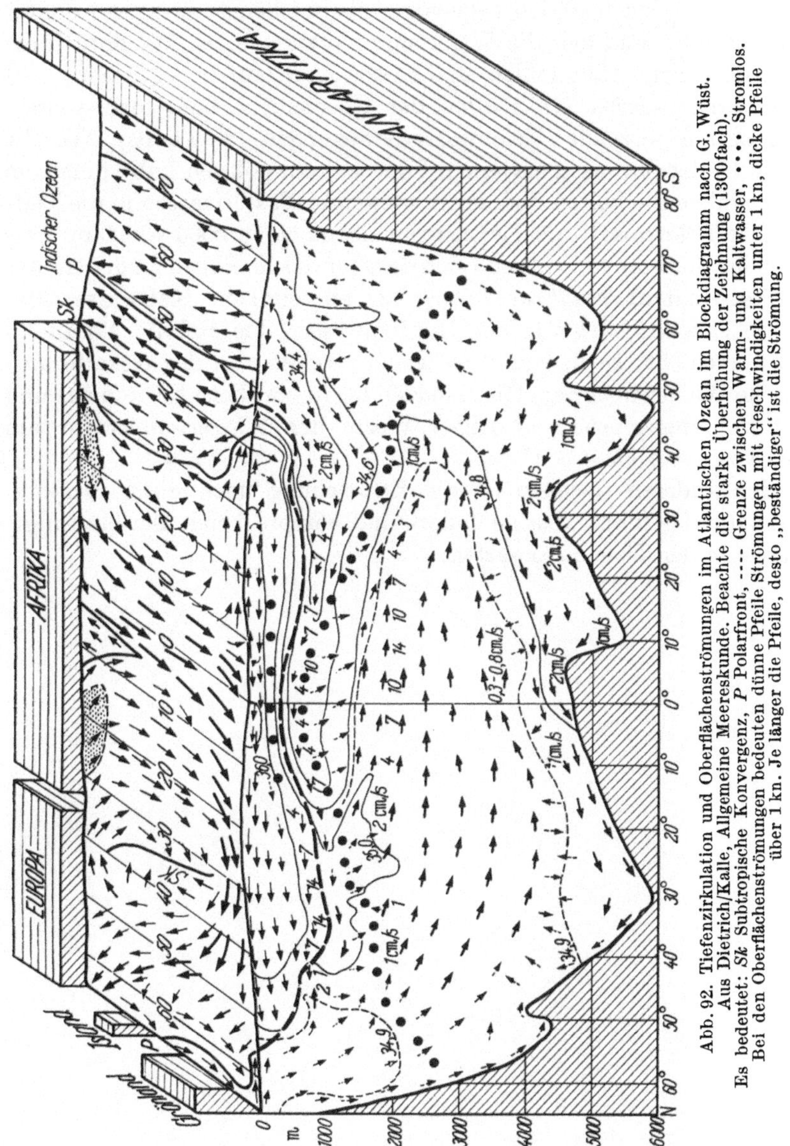

Abb. 92. Tiefenzirkulation und Oberflächenströmungen im Atlantischen Ozean im Blockdiagramm nach G. Wüst.
Aus Dietrich/Kalle, Allgemeine Meereskunde. Beachte die starke Überhöhung der Zeichnung (1300fach).
Es bedeutet: *Sk* Subtropische Konvergenz, *P* Polarfront, ---- Grenze zwischen Warm- und Kaltwasser, •••• Stromlos.
Bei den Oberflächenströmungen bedeuten dünne Pfeile Strömungen mit Geschwindigkeiten unter 1 kn, dicke Pfeile
über 1 kn. Je länger die Pfeile, desto „beständiger" ist die Strömung.

Wasser ab. Dieses absinkende Wasser strömt zum Äquator hin, während
an der Oberfläche das Wasser wie geschildert vom Äquator zur subtropischen Konvergenz hinströmt. Dieser Kreislauf, der aber nur eine Tiefen-

wirkung von weniger als 1000 m hat, findet entsprechend auf der Südhalbkugel statt, wo sich die subtropische Konvergenz von der Südspitze
Afrikas bis zur La-Plata-Mündung zieht. Dort sinkt das Wasser ab,
um unter dem nach Süden setzenden Oberflächenstrom zum Äquator
zurückzufließen und hier die Wassermengen zu ersetzen, die dort durch
die starke Verdunstung fehlen, und so den Kreislauf zu schließen.

Aber unter diesen Kreisläufen der Oberschicht fand man weitere
sehr langsam setzende Tiefenwasserbewegungen (3—4 cm/s). Wo die
warmen Golfstromwassermassen auf den kalten, polaren Labradorstrom
treffen, sinken die kalten und daher schweren Wassermassen in die Tiefe
(nördliche Polarfront). Als Tiefenstrom ziehen sie in 2000—3000 m Tiefe
bis in hohe Südbreiten, während sich darüber das im Süden an der Grenze
der Westwindtrift *(südliche Polarfront)* abgesunkene Kaltwasser, das
nicht so salzhaltig ist wie das Nordpolwasser, bis auf die Nordhalbkugel vorschiebt. In den größten Tiefen breitet sich das eiskalte ant-
arktische Wasser über dem Meeresboden bis in nördliche Breiten aus und
liefert die angegebenen niedrigen Werte der Wassertemperatur am
Boden von —0,5 bis +3° C.

In den anderen Ozeanen ist die Erforschung noch nicht so systematisch durchgeführt, aber auch dort sind entsprechende Ausbreitungs-
vorgänge in der Tiefe zu erwarten.

IV. Wetterberatung

1. Das internationale Stationsnetz und der Meldungsaustausch

Die Grundlage jeglicher Wetterberatung und Wettervorhersage sind Wetterbeobachtungen aus dem Vorhersageraum selbst und — je nach dem Zweck und Umfang der Beratung — aus dessen näherer und weiterer Umgebung. Deshalb beobachten zahlreiche Wetterstationen in allen Teilen der Erde nach international verabredetem Plan zu bestimmten Zeiten mehrmals am Tage den augenblicklichen Zustand des Wetters in allen Einzelheiten und machen darüber Aufzeichnungen. Über den Ozeanen stellen Schiffsoffiziere diese Beobachtungen an. Im Atlantik und Pazifik werden sie ergänzt durch Beobachtungen auf einer Anzahl von festliegenden Schiffen, sogenannten Wetterschiffen. Sie bilden neben den Inselstationen das Gerüst des mobilen maritimen Beobachtungsnetzes auf Handelsschiffen und Fischereifahrzeugen. Die Wetterschiffe wurden im zweiten Weltkrieg von den Vereinigten Staaten auf den Hauptrouten im Nordatlantik stationiert und hatten u. a. die Aufgabe, meteorologische Beobachtungen zu liefern, die für die Beratung der Schiffahrt und Luftfahrt notwendig waren. Auf einer Konferenz in London wurde 1946 beschlossen, diese schwimmenden Wetterwarten beizubehalten. Sie arbeiteten im Rahmen eines Vertrages zwischen der ICAO (International Civil Aviation Organisation) und einigen in der Luftfahrt besonders engagierten Ländern bis zum 30. 6. 1975 weiter. Mit der schnellen technischen Entwicklung in der Luftfahrt waren die Aufgaben, die das System noch für die Flugsicherung erfüllte, bald überholt, so daß die ICAO nicht mehr daran interessiert war und 1975 aus dem Vertrag ausschied. Andererseits wollten die europäischen Staaten nicht auf feste Beobachtungspunkte auf dem Atlantik verzichten. Deshalb schlossen sie unter Führung der WMO (Weltorganisation für Meteorologie) einen neuen Vertrag für die Aufrechterhaltung eines auf 4 Positionen (C = 52° 45′ N, 35° 30′ W, M = 66° N, 2° E, R = 47° N, 17° W, L = 57° N, 20° W) reduzierten Netzes. Es ist in Abb. 93 mit den Namen der Betreiberstaaten, die die Schiffe stellen, dargestellt. Andere Länder, so z. B. die Bundesrepublik Deutschland leisten finanzielle Beiträge.

An dem mobilen, maritimen Beobachtungsnetz, an dem die Bundesrepublik mit 480 Schiffen mitwirkt, beteiligen sich z. Z. 42 seefahrende

Nationen mit insgesamt 7200 Schiffen. Diese Schiffe sind mit geeichten Beobachtungsinstrumenten ausgerüstet, die von den jeweiligen Meteorologischen Diensten — in der Bundesrepublik vom Seewetteramt — zusammen mit allen sonstigen Beobachtungsunterlagen bereitgestellt werden. Die Einweisung der Nautiker, der freiwilligen Beobachter, erfolgt durch sogenannte Hafendienstbeauftragte der Dienste, die in allen größeren Hafenstädten zu finden sind und auch Schiffe fremder Nationalität auf Anforderung betreuen. In der Bundesrepublik sind derartige Hafendienste eingerichtet in Bremen, Bremerhaven, Cuxhaven, Emden und Hamburg. Sie sind als Außenstellen des Seewetteramtes anzusehen. Ihre Mitarbeiter haben u. a. vor allem die Aufgabe, bei Rückkehr eines Beobachtungsschiffes in den Hafen die Instrumente zu kontrollieren, die Beobachtungstagebücher nachzuprüfen und die Beobachtungsunterlagen zu ergänzen, insbesondere ist aber mit den Beobachtern Kontakt zu halten, um Zweifelsfragen in der Beobachtungsdurchführung zwecks Verbesserung der Beobachtungen zu klären.

Auf Land sind etwa 8000 synoptisch meldende Stationen vorhanden, die aber — z. B. in Abhängigkeit von der Besiedlung — teilweise auch

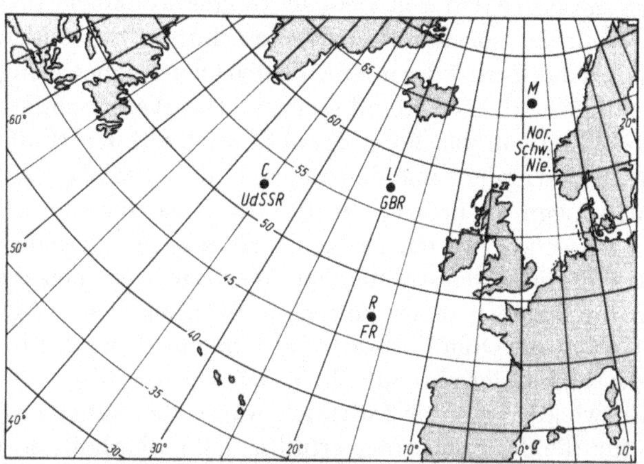

Abb. 93. Die Lage der Wetterschiffe im Atlantischen Ozean mit der Angabe des Landes, das sie auslegt.

recht unregelmäßig verteilt sind. Dies gilt vor allem für Wüsten- und Polargebiete, die aber inzwischen durch besondere Maßnahmen — z. B. automatisch arbeitende Stationen, Überwachung durch Satelliten — beobachtungsmäßig mehr und mehr erschlossen wurden.

So wurde im Rahmen dieses weltumspannenden meteorologischen Stationsnetzes schon im Jahre 1949 eine Wetterstation auf dem Eisplateau Grönlands eingerichtet. Diese Station „Eismitte" wurde an derselben Stelle (70° 54′ N 40° 42′ W) in 2980 m über dem Meeresspiegel errichtet, an der im Jahre 1930 der deutsche Polarforscher Alfred Wegener erstmalig eine Überwinterungsstation betrieben hat und auf dem Rückmarsch in den eisigen Schneestürmen umkam. Die Schwierigkeit der Arbeit dieser Station mögen folgende Angaben zeigen: Niedrigste

Temperatur vom Oktober 1949 bis März 1950 —64,8° C. Selbst im Sommer stieg die mittlere Temperatur nicht über —11,2° C. Diese Kälte wird besonders schwer empfunden, weil ständig Wind weht und im Winter häufig Schneetreiben herrscht. Die Station wurde von französischen Forschern bis 1951 aufrechterhalten. Von 1952 bis 1954 arbeitete eine englische Expedition in Station „Nordeis" auf 70° N 38° W in 2400 m Höhe. Heute sind eine ganze Reihe von Stationen in der Arktis und Antarktis tätig, die regelmäßige Funkwettermeldungen absetzen. In der Arktis liegen die Stationen zum Teil auf driftenden Eisschollen, woraus die Schwere und Gefährlichkeit des Dienstes erhellt. In der Antarktis wurden die oben genannten Temperaturminima inzwischen durch Messung von Temperaturen unter —80° C erheblich unterboten. Nur unter großen persönlichen Entbehrungen lassen sich derartige Beobachtungsstationen aufrechterhalten, weshalb man in neuerer Zeit mehr und mehr bestrebt ist, derartige Stationen mit automatisch arbeitenden und sendenden Geräten, d. h. unbemannt einzurichten. Doch bietet in diesem Falle die Wartungsfrage vorläufig noch fast unlösbare Schwierigkeiten.

Die Beobachtungen all dieser Stationen, auch die von den Schiffen über die Küstenfunkstellen eingehenden, werden von den meteorologischen Zentralstellen der einzelnen Länder gesammelt, untereinander ausgetauscht und zu synoptischen Wetterkarten verarbeitet. Da die in diesen Karten dargestellten Wetterverhältnisse zur Zeit der Veröffentlichung eigentlich schon der Vergangenheit angehören, haben für die Wettervorhersage nur Karten Wert, welche die Luftdruck-, Wind-, Temperatur-, Niederschlags- und Bewölkungsverteilung wenige Stunden vor der Veröffentlichung darstellen. Dieses Ziel wurde durch den Einsatz aller modernen Nachrichtenmittel (Telegraphie, Funktelegraphie, Bildfunk, Fernschreiber und Rundfunk) erreicht. Heute ist es möglich, die Wetterbeobachtungen aller oben genannten Stellen sofort durch Funk und Fernschreiber (besondere Wettersender und wetterdiensteigene Fernschreibnetze) so zu verbreiten, daß sie von allen größeren Wetterdienststellen aufgenommen werden können, ein Musterbeispiel internationaler Zusammenarbeit. Schon etwa zwei Stunden nach dem Beobachtungstermin sind diese Beobachtungen in großen Karten („Arbeitswetterkarte") eingetragen, und die Beurteilung der Wetterlage durch den „Meteorologen vom Dienst" kann beginnen.

In der Bundesrepublik Deutschland sind z. Z. 80 über das Land verteilte Beobachtungsstationen im Binnenland, an den Küsten und auf Feuerschiffen tätig, von denen die meisten um 00, 03, 06, 09, 12, 15, 18, 21 Uhr UTC, d. h. zu allen synoptischen Haupt- und Zwischenterminen, Wetterbeobachtungen anstellen. Diese werden nach einem fünfziffrigen Zahlencode, der in seinem Hauptteil dem Schiffsschlüssel entspricht, verschlüsselt und als „OBS"-Telegramm an die Zentralstelle übermittelt.

Die Meldungen werden von den Zentralstellen in national und kontinental zu-
sammengefaßten Berichten auf dem Funk- und Fernschreibwege weiter verbreitet.
Genauere Angaben hierüber enthält der Nautische Funkdienst. In ähnlicher Weise
arbeiten auch die anderen Länder. Pausenlos reiht sich zu den Terminzeiten
Wettermeldung an Wettermeldung, so daß bald ein umfangreiches Material vorliegt. Im Seewetteramt laufen zu jedem Haupttermin über 4000 Beobachtungen
ein, die zur Bearbeitung zur Verfügung stehen.

Eine unentbehrliche Ergänzung der Meldungen der Landstationen
sind dabei die Wetterbeobachtungen von Schiffen. Sie erfassen allerdings
entsprechend der Befahrenheit und Schiffahrtsdichte die Wetterbedin-
gungen auf den Ozeanen nur sehr ungleichmäßig. So gingen z. B. nach
einer Untersuchung der WMO in der 1. Dekade des September 1967 pro
Tag durchschnittlich 2062 Obse von Schiffen ein. Davon entfielen allein
1716 Beobachtungen auf die Nordhalbkugel und von diesen über 1000
auf den Nordatlantik (s. a. Übersichtskarten der beobachtungsarmen
Gebiete, „sparse aeras" der WMO). An diesem Verhältnis dürfte sich
auch heute nichts geändert haben. Aus nicht befahrenen Seegebieten
können keine Meldungen kommen. Hier helfen eventuell in absehbarer
Zeit automatisch arbeitende Bojen weiter.

1.1 Das aerologische Stationsnetz

Um die Verhältnisse in der Höhe zu erfassen und Höhenwetterkarten
(s. Abb. 98) zeichnen zu können, die für die Bestimmung der Verlagerung der Druckgebilde gebraucht werden, muß der Meteorologe Luftdruck, Temperatur und Wind in den verschiedenen Höhenschichten
der Lufthülle kennen. Radiosondenaufstiege vieler regelmäßig verteilter
aerologischer Stationen liefern diese Werte zu bestimmten Terminen bis
zu viermal am Tage. Die Abbildung 94 gibt das Netz dieser Stationen

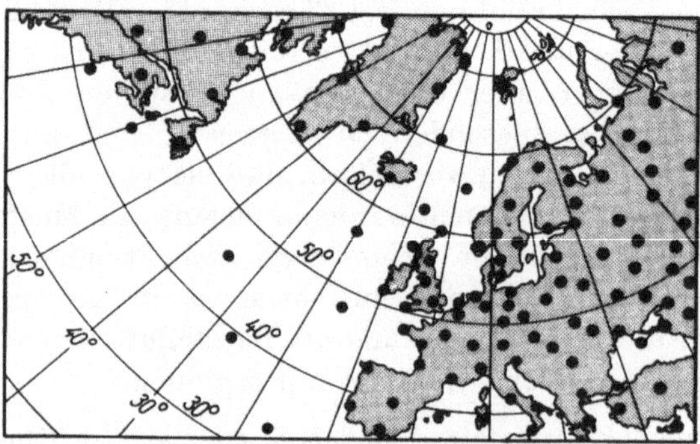

Abb. 94. Aerologische Stationen.

um den Atlantik herum. Für die in Abb. 98 dargestellte Höhenwetterkarte wurden die Messungen von 97 Landstationen und neun Wetterschiffen ausgewertet. Heute werden diese Messungen noch ergänzt durch
Daten von Satelliten.

2. Die Durchführung des Beratungsdienstes

2.1 Die Entwicklung der synoptischen Methode

Der Gedanke, den Wetterzustand eines großen Gebietes in einem bestimmten Zeitpunkt in einer Karte darzustellen, indem man die Beobachtungen eines Beobachternetzes benutzt, um den zeitlichen Ablauf des Wettergeschehens in Karten aufeinanderfolgender Tage zu erfassen *(synoptische Methode)*, ist etwa 160 Jahre alt. Die ersten synoptischen Wetterkarten wurden 1816 bis 1820 von Heinrich Wilhelm Brandes gezeichnet. Es waren Karten, die er seiner Witterungskunde für das Jahr 1783 beigab und die auf Beobachtungen beruhen, die also schon mehr als 40 Jahre zurücklagen und nachträglich mühsam zusammengetragen waren. Diese Karten konnten zwar nachträglich einen Einblick in die Wetterlage vermitteln, waren im übrigen aber für prognostische Zwecke völlig unbrauchbar. Dies änderte sich erst mit der Entwicklung des Nachrichtenwesens. Die erste telegraphische Wettermeldung wurde 1848 in England befördert. Die erste auf Grund telegraphischer Wettermeldungen gezeichnete Wetterkarte erschien am 14. 6. 1849 in der „Daily News".

Die systematische Sammlung und methodische Verarbeitung von Schiffsbeobachtungen geht zurück auf den amerikanischen Marineoffizier Maury, auf dessen Anregung 1853 in Brüssel eine internationale Konferenz stattfand, die sich mit der Vereinheitlichung des maritimen Wetterbeobachtungswesens befaßte.

2.2 Die Deutsche Seewarte

In Deutschland nahm W. v. Freeden im Jahre 1867 die Gewinnung meteorologischer Bordbeobachtungen, deren Auswertung und Anwendung in Angriff. Mit Unterstützung der Hansestädte Hamburg und Bremen gründete er 1868 die *Norddeutsche Seewarte*. Im Jahre 1871 erhielt sie die Bezeichnung *Deutsche Seewarte*. Am 1. Februar 1875 wurde sie Reichsinstitut und arbeitete seitdem vorbildlich und in ihren Leistungen überall anerkannt an ihrem Ziel der Organisation, Sammlung, wissenschaftlichen und praktischen Auswertung der meteorologischen Beobachtungen deutscher Schiffe (Maritime Meteorologie). Insbesondere wurde für die deutschen Küsten ein Beobachtungsnetz, die telegraphische Sammlung der synoptischen Wetterbeobachtungen und deren Verarbeitung zu Wetterkarten, Wetterberichten, Vorhersagen und Sturmwarnungen organisiert. Der erste Direktor der vom Reich übernommenen Deutschen Seewarte, G. v. Neumayer, verstand es, die Deutsche Seewarte zur Zentrale des europäischen Wetterdienstes zu machen. 1876 erschien die erste deutsche Wetterkarte. Von einem *Seewetterdienst* kann aber erst gesprochen werden, seitdem nach dem ersten Weltkrieg durch die drahtlose Telegraphie auch Wetterbeobachtungen von Schiffen übermittelt und für die Wetterkarten verwendet werden konnten. Nun war es möglich, die Karten über die Ozeane auszudehnen und eine eingehende Beratung der Schiffe durch *Ozeanfunkwetterberichte* durchzuführen. Von 1923 an wurden regelmäßige Wetterkarten des Nordatlantik veröffentlicht. Schon 1926 wurde versucht, Wetterkarten durch *Bildfunk* den Schiffen im Nordatlantik zu übermitteln. Das Verfahren befriedigte aber nicht und wurde 1927 eingestellt. Man versuchte nun, dem Nautiker die Angaben im Wetterbericht so geschickt zu formulieren, daß er danach an Bord selbst eine Wetterkartenskizze oder auch Wetterkarte zeichnen konnte.

In den modernen Funkwetteranalysen (**IV.2.9.1**) ist dieses Verfahren sehr vervollkommnet und gestattet, das Wetterkartenbild der amtlichen Wetterwarte rasch nachzuzeichnen.

Die Arbeit der Deutschen Seewarte wurde auf den Südatlantik und die antarktischen Gewässer ausgedehnt, als es notwendig wurde, die Zeppelinfahrten und denFlugverkehr nach Südamerika und später die deutschen Walfangexpeditionen in der Antarktis zu beraten (Flugsicherungsschiffe „Schwabenland", „Westfalen", „Friesenland", „Ostmark").

Nach dem Kriege, am 31. März 1946, wurde die Deutsche Seewarte aufgelöst. Ihre meteorologischen Aufgaben (maritime Meteorologie, Seewetterdienst, Sturmwarnungsdienst) übernahm das Meteorologische Amt für Nordwestdeutschland in Hamburg. Die nautischen und meereskundlichen Aufgaben sowie der Eisdienst wurden dem Deutschen Hydrographischen Institut in Hamburg übertragen. Die seewetterdienstlichen Aufgaben für die DDR übernahm die Seewetterdienststelle Warnemünde. Das Meteorologische Amt für Nordwestdeutschland wurde 1952 in den *Deutschen Wetterdienst* übergeführt und 1953 in das *Seewetteramt des Deutschen Wetterdienstes* umgewandelt.

Der Deutsche Wetterdienst ist Mitglied der „World Meteorological Organisation" (WMO), in deren Fachgruppe „Maritime Meteorologie" (CMM) Mitarbeiter des Seewetteramtes die Belange des Deutschen Wetterdienstes auf dem maritimen Sektor vertreten und an der Lösung der maritim-meteorologischen Fragen im internationalen Rahmen mitwirken.

2.3 Der Deutsche Seewetterdienst

In der Bundesrepublik Deutschland wird der Seewetterdienst vom *Seewetteramt* des Deutschen Wetterdienstes in Hamburg ausgeübt. Es versorgt die Schiffahrt in den deutschen Küsten- und vorgelagerten Seegebieten mit Wetterberichten und Warnungen, betreut aber außerdem die deutsche Schiffahrt und Fischerei in den von ihnen befahrenen

Seegebieten des Nordatlantik durch die Herausgabe spezieller Wetterberichte und Vorhersagen. Wesentlich ausgeweitet wurde dabei gegenüber der Vorkriegszeit die Beratung der Hochseefischerei. Aber auch alle anderen mit der Seefahrt oder dem Meer irgendwie verbundenen Wirtschafts- und Industriezweige erhalten auf Anforderung spezielle Beratungen und Auskünfte.

Die Unterrichtung der Schiffahrt über die bevorstehende Wetterentwicklung erfolgt auf verschiedene Weise.

2.3.1 Wetterberichte über Funk. Auf See befindliche Schiffe werden durch verschiedene über Funk ausgestrahlte Wetterberichte betreut, die im allgemeinen Angaben über die derzeitige Wetterlage und ihre Entwicklung, Vorhersage und gegebenenfalls Warnungen enthalten.

a) Nach den Bestimmungen des *Internationalen Schiffssicherheitsvertrages* ist jeder Küstenanliegerstaat verpflichtet, für seine Küstengebiete und die vorgelagerten Seeräume Warnungen und Wetterberichte herauszugeben. Diese für die internationale Schiffahrt bestimmten Berichte werden zweimal täglich für die Deutsche Bucht über Norddeich Radio (Rufzeichen DAN) und für die westliche Ostsee über Kiel Radio (Rufzeichen DAO) in englischer Sprache über Telegrafiefunk verbreitet (genauere Angaben hierzu s. Nautischer Funkdienst, Bd. III). Dazu kommen auch die außerhalb der Terminzeiten für diese Gebiete in englischer Sprache, im Sprechfunk in englischer und deutscher Sprache verbreiteten Wind- und Sturmwarnungen.

b) Spezielle Berichte für die *Hochseefischerei*, welche die in Abb. 95

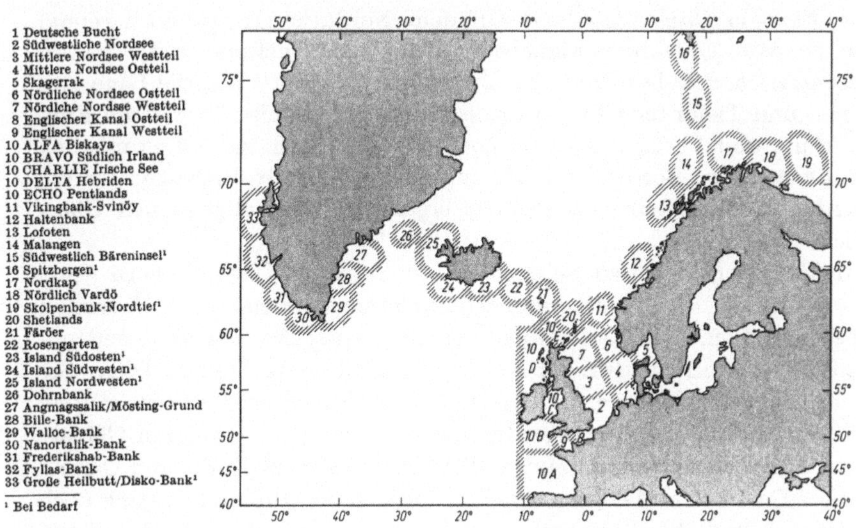

Abb. 95. Vorhersagegebiete des Seewetterberichts über Norddeich Radio, bzw. Quickborn (Stand 1982)

dargestellten Gebiete überdecken, gelangen zweimal täglich von Norddeich Radio im Sprechfunk und von Quickborn/Pinneberg im Telegrafiefunk zur Ausstrahlung. Der Norddeich-Bericht enthält außer der Wetterlage und den Vorhersagen gegebenenfalls noch Wind- und Sturmwarnungen für alle Nordseegebiete sowie Stationsmeldungen von der Deutschen Bucht. Ein ähnlicher Bericht mit Stationsmeldungen aus dem

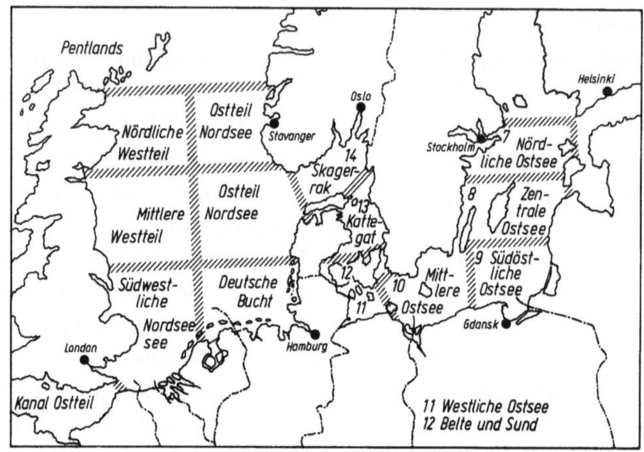

Abb. 96. Vorhersagegebiete der Seewetterberichte für Nord- und Ostsee (Stand 1982).

Ostseegebiet wird ebenfalls zweimal täglich über Sprechfunk von Kiel Radio für die Ostseegebiete vom Skagerrak bis zur nördlichen Ostsee verbreitet (siehe Karte 96).

c) Für die *Hochseeschiffahrt* auf dem Nordatlantik ist der zweimal täglich von Quickborn/Pinneberg über Telegrafiefunk ausgestrahlte *Ozeanwetterbericht* bestimmt. Er enthält in der Wetterlage die Lage von Hoch- und Tiefdruckgebieten sowie Fronten, Hinweise über deren Entwicklung und Verlagerung und außerdem Isobaren, so daß es möglich ist, danach eine Bordwetterkarte zu zeichnen. Windvorhersagen für die in Abb. 97 dargestellten Seegebiete ergänzen diesen allgemeinen Überblick.

d) Um auch kleineren Fahrzeugen wie Seglern, Küstenfischern usw., die eventuell keine Küstenfunkstelle abhören können, einen Überblick zu ermöglichen, werden außerdem täglich dreimal über den Deutschlandfunk Wetterberichte für die Nord-Ostseegebiete verbreitet. Diese Berichte liefern neben der Wetterlage und Hinweisen für ihre weitere Entwicklung die Vorhersagen für die in Abb. 96 aufgezeigten Gebiete sowie Beobachtungen von einigen Stationen aus dem Nord- und Ostseegebiet. Da in den Meldungen neben Lufttemperatur und Wetter noch Luftdruck und Wind angegeben sind und die Berichte außerdem langsam gesprochen werden, damit sie mitgeschrieben werden können, lassen sie sich leicht für das Entwerfen von Wetterkartenskizzen verwenden. Im Zusammenhang mit den Stationsmeldungen erleichtert dies das Erkennen örtlicher Wetterverhältnisse.

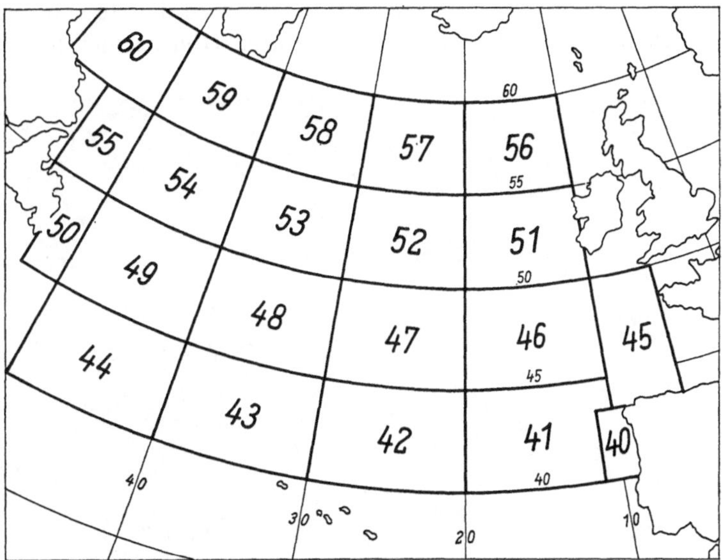

Abb. 97. Windvorhersagegebiete des Ozeanwetterberichts.

Außerdem wird seit einiger Zeit über die Deutsche Welle ein Seewetterbericht mit einigen Stationsmeldungen für das Mittelmeer verbreitet.

e) Neben diesen Klartextwetterberichten, für deren Abstrahlung neben den Küstenfunkstellen also auch der Rundfunk eingesetzt ist, wird von Quickborn/Pinneberg noch eine *Ozeanwetterkarte* in gemischter Form als Analyse (Schlüsselform FM 46. D, s. N. F. D. Bd. III) über Telegrafiefunk ausgestrahlt. Die auf diese Weise übermittelten Daten gestatten es dem Nautiker, an Bord die entsprechenden Karten selbst zu zeichnen (über das Zeichnen von Bordwetterkarten s. Abschnitt D. im N. F. D. Bd. III) und sich auf diese Weise einen geeigneten Überblick über die großräumige Entwicklung zu verschaffen.

f) Als modernste Art der Übermittlung von Wetterinformationen an die Schiffahrt gewinnt neuerdings die Verbreitung von Wetterkarten durch Bildfunk-Faksimile-Übertragung zunehmend an Bedeutung. Auch das Seewetteramt gibt seit einigen Jahren über Fax Wetterkarten, Vorhersagekarten und Seegangskarten für den Nordatlantik zur Betreuung der Schiffahrt heraus. Sie sind teilweise auf einige vom Zentralamt des Deutschen Wetterdienstes erarbeitete und verbreitete Karten

abgestützt. Aber auch die vom Zentralamt des Deutschen Wetterdienstes in Offenbach über Faksimile gesendeten Karten (s. N. F. D.
Bd. III) können im Nordatlantik direkt aufgenommen und größtenteils
von der Schiffahrt genutzt werden. Das gilt auch für die *Höhenwetterkarten des 500-mbar-Niveaus* (s. Abb. 98). In ihr wird die Höhenlage der
Fläche gleichen Luftdrucks von 500 mbar durch Höhenschichtlinien im

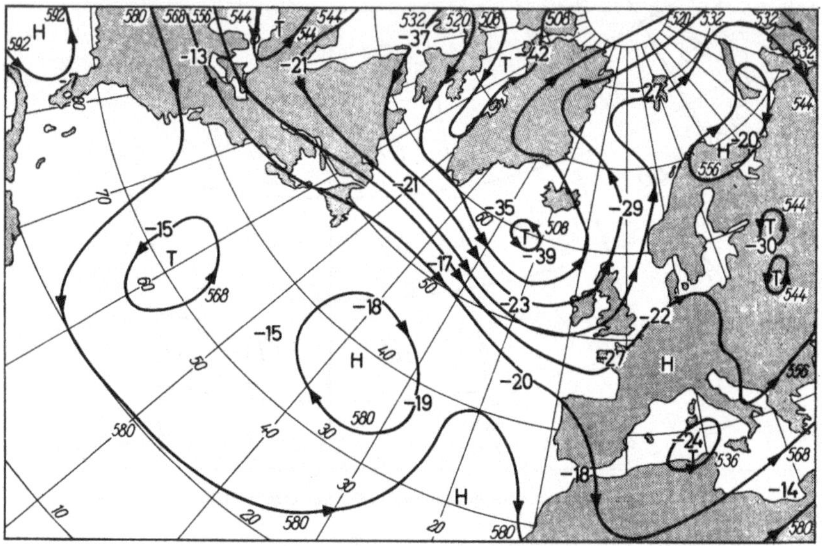

Abb. 98. Beispiel einer Höhenwetterkarte.

Abstand von 12 zu 12 oder auch 8 zu 8 Dekametern dargestellt. Pfeil-
spitzen an den Höhenschichtlinien bzw. die Anwendung des Gradien-
windgesetzes geben Auskunft über die allgemeine Luftströmung in dieser
Höhe, die infolge des Fehlens der Bodenreibung im Normalfalle in
Richtung der Isobaren erfolgt. Diese Höhenströmung liefert für die Verlagerung der Hoch- und Tiefdruckgebiete wesentliche Anhaltspunkte,
da sie im allgemeinen mit etwa 50% der Strömung in dieser Höhe
ziehen.

2.3.2 Wetterinformationen für Schiffe im Hafen. Im Hafen liegende
Schiffe können sich über die Wetterentwicklung im Hafengebiet, die
wichtig für die Planung der Ladearbeiten sein kann, und in den vorgelagerten Seegebieten neben den Rundfunkberichten noch an Hand
besonderer Wetterberichte orientieren, die in fast allen Häfen der Nord-
und Ostsee an besonderen Stellen, wie z. B. den Hafenverwaltungen
oder anderen exponierten Punkten des Hafens, ausgehängt sind. Diese
sogenannten *Hafenaushangberichte* enthalten Angaben über die Wetterlage, ihre Entwicklung und Vorhersagen für das Küstengebiet und die

vorgelagerten Seegebiete. Die Berichte werden fernschriftlich oder telefonisch an die entsprechenden Hafendienststellen übermittelt, die sie anschließend ausfertigen. Damit haben vor allem in kleineren Häfen die Seeleute die Möglichkeit, sich vor dem Auslaufen über das Wetter zu orientieren.

In größeren Häfen erhalten auslaufende Schiffe von den Hafenlotsen eine *Hafenwetterkarte*, die zweimal täglich erscheint. Sie enthält neben einer Schilderung der Wetterlage auch Vorhersagen für das vorgelagerte Seegebiet und ermöglicht es dem Schiffsführer, sich über die Wetterverhältnisse auf dem ersten Fahrtabschnitt zu unterrichten. Auch die *Tägliche Wetterkarte*, die vom Seewetteramt seit 1953 herausgegeben wird und über die Post bezogen werden kann und der Hafenwetterkarte entspricht, sei hier erwähnt. Sie überdeckt den Nordatlantik bis zur Einfahrt in die Karibische See, andererseits auch das ganze westliche Mittelmeer, die Ostsee und mit Rücksicht auf die Hochseefischerei auch die nördlichen Fischfanggebiete. Sie bringt neben der eigentlichen Wetterkarte eine kurze Schilderung der Wetterlage und der Wetterentwicklung im Großen und eine Wettervorhersage für Nordwestdeutschland und die angrenzenden Seegebiete für zwei Tage. Die Titelseite gibt Aufsätze über wetterkundliche Themen, so daß der laufende Bezug dieser Wetterkarte fast eine Zeitschrift über aktuelle Ereignisse und Fragen der Wetterkunde ergibt.

Die Rückseite bringt die Beobachtungen ausgewählter Stationen. Für diese Wetterkarte werden die Meldungen von über 700 Beobachtungsstationen ausgewertet. Die oben erwähnte Hafenwetterkarte ist eine Sonderausgabe dieser Wetterkarte.

Auf Anforderung können Schiffe vor dem Auslaufen auch telefonische oder fernschriftliche Sonderberatungen erhalten. Das gilt vor allem für die sogenannten *Routenberatungen*, bei denen unter Berücksichtigung der während der Überfahrt zu erwartenden Wetterverhältnisse, insbesondere von Wind und Seegang, der Eigenarten des Schiffes (Seeverhalten, Fahrtgeschwindigkeit bei Seegang usw.) und seiner Ladung der voraussichtlich *optimale Reiseweg* mit Hilfe mehrtägiger Vorhersagekarten für die Luftdruckverteilung und Wellenentwicklung ermittelt wird. Hierbei handelt es sich zwar im allgemeinen um den zeitlich kürzesten Weg, den sogenannten *least time track*, doch ist in gewissen Fällen zur Vermeidung von Schäden an Schiff und Ladung gelegentlich aus wirtschaftlichen Gründen auch ein zeitlich etwas längerer Weg in Rechnung zu stellen. In der Routenberatung ist daher als *optimale Route* die *wirtschaftlichste* anzugeben, bei der also beide Gesichtspunkte berücksichtigt werden, der Zeitfaktor im allgemeinen aber die ausschlaggebende Rolle spielt.

Weitere Einzelheiten zu dieser Beratungsform, die in das Gebiet der *meteorologischen Navigation* gehört, werden dort noch behandelt.

2.3.3 Die Warndienste. Beim Auftreten gefahrbringender Wettererscheinungen wird die Schiffahrt zusätzlich zu den in den termingebundenen Wetterberichten gegebenen Hinweisen durch die Herausgabe besonderer Warnungen rechtzeitig in Kenntnis gesetzt. Für diese Zwecke sind besondere Warn- und Nachrichtendienste eingerichtet worden. Sie umfassen im einzelnen:

a) *Wind- und Sturmwarnungsdienst.* Besteht auf Grund der Wetterlage für die Nord- oder Ostsee oder einzelne Teilgebiete davon die Gefahr für ein Auffrischen des Windes auf Beaufort-Stärke 6—7, so werden vom Seewetteramt *Windwarnungen* für „Starkwind", bei voraussichtlichem Auffrischen auf Beaufort 8 und mehr *Sturmwarnungen* herausgegeben. Sie werden von Norddeich Radio, bzw. Kiel Radio sofort nach Eingang der Warnung vom Seewetteramt über Sprechfunk, zum Teil auch über Funktelegrafie verbreitet und im Anschluß an die nächste Funkstelle wiederholt.

An der Küste werden diese Warnungen außerdem noch an bestimmten *Sturmwarnstellen* (Abb. 99) durch besondere *optische Signale* (Abb. 100) bekannt gegeben. Damit soll auch die Kleinschiffahrt im Küstengebiet wie z. B. Küstenmotorschiffe, Segler usw., die mangels geeigneter Ausrüstung oft nicht in der Lage sind, die Küstenfunkstellen abzuhören, von der bevorstehenden Gefahr in Kenntnis gesetzt werden.

Wie Abb. 99 zeigt, ist die Küste dafür in bestimmte *Warnbezirke* unterteilt. Die Warnung gilt bis 60 sm seewärts. Sofort nach Eingang des Warntelegramms wird an der Warnstelle das entsprechende Signal gehißt. An einigen Warnstellen werden die Warntexte außerdem noch auf besonderen, rot umrandeten Vordrucken durch Aushang bekannt gegeben. Das hat den Vorteil, daß auch bei Windwarnungen die Richtung angegeben werden kann, die durch das Signal nicht zum Ausdruck kommt.

Diese Signale sind international eingeführt, werden allerdings in einzelnen Ländern geringfügig geändert bzw. durch zusätzliche Signale ergänzt.

Zur Zeit sind allerdings Bestrebungen im Gang, diesen optischen Sturmwarndienst — wie auch schon in verschiedenen anderen Staaten — in der Bundesrepublik Deutschland einzustellen und durch eine verstärkte Verbreitung von Wind- und Sturmwarnungen über den Rundfunk zu ersetzen.

Über den Sturmwarndienst in anderen europäischen und außereuropäischen Ländern geben die entsprechenden Seehandbücher und Leuchtfeuerverzeichnisse, bezüglich der über Funk verbreiteten Warnungen der Nautische Funkdienst, Band III, Auskunft.

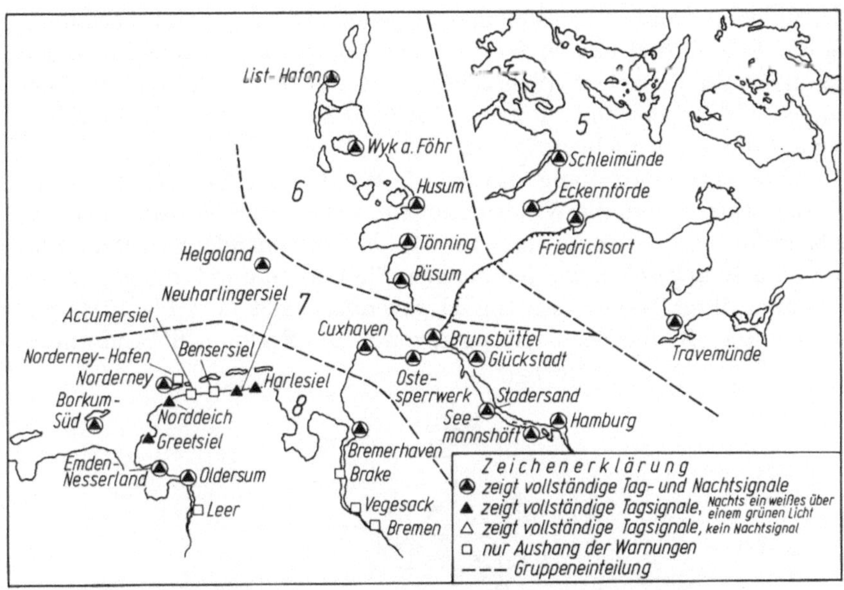

Abb. 99. Die westdeutschen Sturmwarnstellen (Stand 1982).

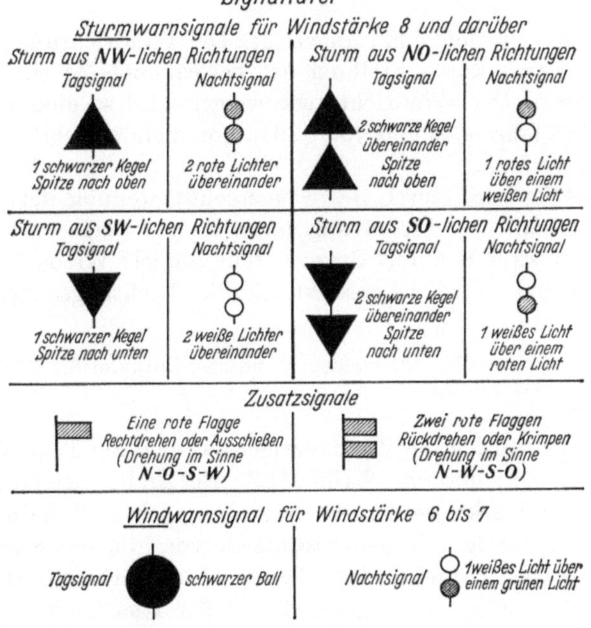

Abb. 100. Die Wind- und Sturmwarnsignale.

Eine weitere Einrichtung, die nur noch für die Kleinschiffahrt von Bedeutung ist und dieser die Möglichkeit geben soll, sich beim Auslaufen über die Windverhältnisse in der Deutschen Bucht zu informieren, ist ein besonderer Windanzeiger (Semaphor), der nur noch aus historischen Gründen und wegen seiner Eigenart erwähnt sei. Er ist in der Elbmündung auf der Alten Liebe errichtet.

An ihm wird unabhängig davon, ob Wind- oder Sturm herrschen oder zu erwarten sind, die Windrichtung und Stärke zweier benachbarter Beobachtungsstellen angezeigt, die für das betreffende Seegebiet als repräsentativ angesehen werden können. Sie werden durch die Anfangsbuchstaben ihrer Namen am Signal gekennzeichnet (s. Abb. 101). So werden unter „B" die Beobachtungen von F S „Borkumriff" und unter

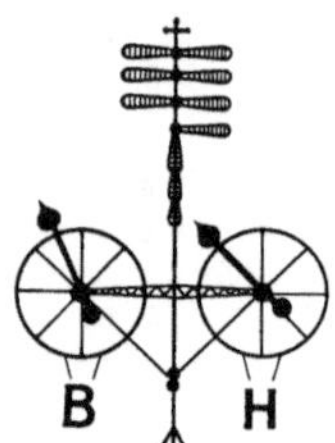

Abb. 101. Windanzeiger.

„H" diejenigen von Helgoland angezeigt. Die Windrichtung wird von zwei zu zwei Strich durch Stellung des beweglichen Zeigers auf dem Kreise angegeben. Der Windrichtungsanzeiger wird so eingestellt, daß ein *stromabwärts* fahrendes und von Süden kommendes Schiff Ost rechts und West links erblickt.

Die Windstärke wird durch die waagerechte Stellung der am Kopf des Mastes befindlichen Flügel angezeigt. Jeder waagerecht gestellte Flügel bedeutet zwei Beaufort-Stärken (ein Flügel: Windstärke 1—2). Bei Windstille sind die Flügel gesenkt, und der Richtungsanzeiger steht auf Süd.

Der Windanzeiger der Abb. 101 meldet: Wind FS „Borkumriff" NNW5 oder 6, Helgoland NW 7 oder 8.

Normalerweise werden die Windanzeiger zweimal am Tage eingestellt (nach Sonnenaufgang und um 12 Uhr MEZ). Bei Änderungen des Windes in Richtung und Stärke werden die Anzeigen auch außerhalb der normalen Zeiten berichtigt. Liegen Störungen vor, die ein Signalisieren unmöglich machen, so wird das oberste Windstärkenflügelpaar 45° nach unten, die übrigen ganz gesenkt und der Richtungsanzeiger auf Süd gestellt.

b) *Sturmflutwarndienst.* In engem Zusammenhang mit den Windverhältnissen auf See und im Küstenbereich stehen die an der Küste auftretenden Veränderungen in den durch die Gezeiten hervorgerufenen Wasserstandsschwankungen. So kann die durch die Gezeiten bedingte Flutwelle durch Windstau bei Sturm so stark anwachsen, daß die Deiche und damit auch die dahinter liegenden Landflächen gefährdet werden. Deshalb werden vom *Deutschen Hydrographischen Institut* (DHI) auf Grund der vom Seewetteramt gegebenen Windvorhersagen täglich über den Rundfunk für den Küstenbereich Wasserstandsvorhersagen herausgegeben, die im Gefahrenfalle durch Sturmflutwarnungen ergänzt werden. Sie werden an bestimmte Dienststellen im Küstenbereich gegeben, die für die Sicherung der Deiche zuständig sind, und zur Unterrichtung der Bevölkerung auch während des laufenden Rundfunkprogramms verbreitet.

c) *Nebelwarnungen.* Für die Elbe (Hamburg bis FS „Elbe 1") und die Weser (Bremen bis FS „Weser") wurden früher auch Nebelwarnungen über Norddeich Radio in deutscher und englischer Sprache verbreitet. Sie wurden aber vor einigen Jahren eingestellt, da sie durch den Ausbau des Radarleitdienstes überflüssig geworden sind.

Auf anderen Seewasserstraßen gibt es diesen Dienst jedoch noch. So warnt man auf der Maas bei Sichtweiten unter 4000 m, auf der Westerschelde bei 3000 m und auf der Themse bei Sicht unter 1/2 Seemeile. Weitere Angaben sind dem Nautischen Funkdienst zu entnehmen.

d) *Eisdienst.* Um die Schiffahrt in Nord- und Ostsee bei Auftreten von Eis möglichst lange aufrechterhalten und nach Eintreten der Schmelze möglichst bald wieder aufnehmen zu können, ist ein feinverzweigter Eisnachrichtendienst eingerichtet.

An einer Anzahl von Eisbeobachtungsstellen der beteiligten Anliegerstaaten werden täglich Art des Eises, seine Entwicklung und Grad der Behinderung der Schiffahrt unter besonderer Berücksichtigung der Eisbrechertätigkeit festgestellt und der betreffenden Sammelstelle des Landes gemeldet. Die eingegangenen Beobachtungen werden verschlüsselt zu bestimmten, im N. F. D. bekanntgegebenen Zeiten von den Sammelstellen über Großfunkstellen ausgestrahlt, so daß die Schiffe sich durch Aufnehmen dieser Eistelegramme über die Eisverhältnisse in der Nord- und Ostsee unterrichten können. Außerdem werden diese Eismeldungen zwischen den verschiedenen Sammelstellen telegrafisch, z. B. über die Wetternetze ausgetauscht, so daß jede Sammelstelle auch über die Gesamtlage unterrichtet ist. Das DHI sammelt täglich alle diese Meldungen und stellt sie zu gedruckten Eisberichten zusammen, die in Hafendienststellen eingesehen, aber auch abonniert werden können.

Für diesen Eisdienst werden die internationalen Benennungen der Eisarten benutzt.

Dieser Ostsee-Schlüssel für Eismeldungen, der seit der Eissaison 1980/ 81 in Kraft ist, besteht aus fünfziffrigen Zahlengruppen und hat die allgemeine Struktur wie der früher gültige Schlüssel.

Die verschiedenen See- und Fahrwasserdistrikte jeden Landes werden wie bisher mit Buchstaben AA, BB, CC, usw. bezeichnet und in Abschnitte unterteilt, die durch eine Kennzahl von 1 bis 9 festgelegt sind, der dann die eigentlichen Schlüsselziffern für die Eisangabe folgen.

Der Schlüssel lautet daher:

1 $A_B S_B T_B K_B$　2 $A_B S_B T_B K_B$ .... n $A_B S_B T_B K_B$

Die Buchstabengruppe für den Distrikt wird diesen Eisgruppen vorangestellt. In diesem Schlüssel, der bezüglich der Eisarten weitgehend der von der WMO festgelegten Eis-Nomenklatur entspricht, zeigt der Index B an, daß es sich im Gegensatz zu anderen Eisschlüsseln um den Ostsee-Eisschlüssel (abgeleitet von Baltic) handelt.

Die übrigen Symbole bedeuten folgendes:

n　(n = 1 bis 9) Kennummer des entsprechenden Fahrwasserabschnittes in einem Distrikt
A_B　Menge und Anordnung des Meereises
S_B　Entwicklungszustand des Eises
T_B　Topographie oder Form des Eises
K_B　Schiffahrtsverhältnisse im Eis

Die Codeziffern für A_B, S_B, T_B und K_B laufen von 0 bis 9 und bedeuten im einzelnen:

A_B Menge und Anordnung des Meereises
0 Eisfrei
1 Offenes Wasser — Eiskonzentration weniger als 1/10.
2 Sehr lockeres Treibeis — Eiskonzentration 1/10 bis weniger als 4/10.
3 Lockeres Treibeis — Eiskonzentration 4/10 bis 6/10.
4 Dichtes Treibeis — Eiskonzentration 7/10 bis 8/10.
5 Sehr dichtes Treibeis — Eiskonzentration 8/10 bis 9/10.
6 Zusammengeschobenes Treibeis oder zusammenhängendes Treibeis — Eiskonzentration 10/10.
7 Festeis mit Treibeis außerhalb der Festeiskante.
8 Festeis.
9 Rinne in sehr dichtem oder zusammengeschobenem Treibeis oder entlang der Festeiskante.
/ Außerstande zu melden.
Bemerkung: 9$^+$/10 bedeutet Eiskonzentration 10/10 mit Öffnungen im Eis

S_B Entwicklungszustand des Eises.
0 Neueis oder dunkler Nilas (weniger als 5 cm dick).
1 Heller Nilas (5 bis 10 cm dick) oder Eishaut.
2 Graues Eis (10 bis 15 cm dick).
3 Grauweißes Eis (10 bis 30 cm dick).

4 Weißes Eis (30 bis 50 cm dick).
5 Weißes Eis (50 bis 70 cm dick).
6 Mitteldickes einjähriges Eis (70 bis 120 cm dick).
7 Eis, das überwiegend dünner als 15 cm ist, mit etwas dickerem Eis.
8 Eis, das überwiegend 15 bis 30 cm dick ist, mit etwas dickerem Eis.
9 Eis, das überwiegend dicker als 30 cm ist, mit etwas dünnerem Eis.
/ Keine Information oder außerstande zu melden.

T_B Topographie oder Form des Eises.
 0 Pfannkucheneis, Eisbruchstücke, Trümmereis—Durchmesser unter 20 m.
 1 Kleine Eisschollen — Durchmesser 20 bis 100 m.
 2 Mittelgroße Eisschollen — Durchmesser 100 bis 500 m.
 3 Große Eisschollen — Durchmesser 500 bis 2000 m.
 4 Sehr große Eisschollen, riesig große Eisschollen — Durchmesser über 2000 m
  — oder *ebenes* Eis.
 5 Übereinandergeschobenes Eis.
 6 Kompakter Schneebrei oder kompakte Eisbreiklümpchen oder kompaktes
  Trümmereis.
 7 Aufgepreßtes Eis (in Form von Hügeln oder Wällen).
 8 Schmelzwasserlöcher oder viele Pfützen auf dem Eis.
 9 Morsches Eis.
 / Keine Information oder außerstande zu melden.

K_B Schiffahrtsverhältnisse im Eis.
 0 Schiffahrt unbehindert.
 1 Schiffahrt für Holzschiffe ohne Eisschutz schwierig oder gefährlich.
 2 Schiffahrt für nicht eisverstärkte Schiffe oder für Stahlschiffe mit geringer
  Maschinenkraft schwierig, für Holzschiffe sogar mit Eisschutz nicht ratsam.
 3 Schiffahrt ohne Eisbrecherhilfe ist nur für stark gebaute und für die Eisfahrt
  geeignete Schiffe mit starker Maschinenkraft möglich.
 4 Schiffahrt verläuft in einer Rinne oder in einem aufgebrochenen Fahrwasser
  ohne Eisbrecherunterstützung.
 5 Eisbrecheruntersützung kann nur für die Eisfahrt geeigneten Schiffen von
  bestimmter Größe (tdw) gegeben werden.
 6 Eisbrecherunterstützung kann nur für die Eisfahrt verstärkten Schiffen von
  bestimmter Größe (tdw) gegeben werden.
 7 Eisbrecherunterstützung kann nur nach einer Sondergenehmigung gegeben
  werden.
 8 Schiffahrt vorübergehend eingestellt.
 9 Schiffahrt hat aufgehört.
 / Unbekannt

Weitere Hinweise zur Verschlüsselung sind den speziellen Schlüsselanweisungen
zu entnehmen (s. auch N. F. D. Bd. III).

Sobald die Eisverhältnisse es notwendig erscheinen lassen, gibt das
DHI täglich einen Eisbericht mit einer Eisübersichtskarte, in welcher die
Eisverteilung übersichtlich dargestellt ist, für den gesamten Ostseeraum
heraus.

Eissymbole

- c —Gesamtkonzentration (in Zehntel) ⎫
- c_a c_b c_c —Teilkonzentration   ⎪ des dicksten a, des zweitdicksten b
- S_a S_b S_c —Entwicklungszustand ⎬ und drittdicksten c Eises
- F_a F_b F_c —Form (Schollengröße) ⎭

Beispiele

6/10 Eis; davon 2/10 einjähriges
Eis in kleinen Schollen, 1/10 grauweißes Eis unbekannter Form und
3/10 graues Eis in Bruchstücken

9/10 dünnes einjähriges
und graues Eis;
Teilkonzentration und
Form sind unbekannt

5/10 Eis;
keine weiteren
Einzelheiten
bestimmt

*nicht bestimmt oder unbekannt

C Konzentration

Konzentration	Symbol
<1/10	0
1/10	1
2/10	2
3/10	3
4/10	4
5/10	5
6/10	6
7/10	7
8/10	8
9/10	9
>9/10-<10/10	10+
10/10	

S Entwicklungszustand und Dicke

Element	cm	Symbol
Kein Entwicklungszustand	–	0
Neueis	–	1
Nilas, Eishaut	<10	2
Junges Eis	10-30	3
Graues Eis	10-15	4
Grauweißes Eis	15-30	5
Einjähriges Eis	30-200	6
Dünnes einjähriges Eis	30-70	7
—, erstes Stadium	30-50	8
—, zweites Stadium	50-70	9
Mitteldickes einjähriges Eis	70-120	1.

F Form (Schollengröße)

Element	Durchm. in m	Symbol
Pfannkucheneis	≤3	0
Kleines Eisbruchstück, Trümmereis	<2	1
Eisbruchstück	<20	2
Kleine Eisscholle	20-100	3
Mittelgroße Eisscholle	100-500	4
Große Eisscholle	500-2000	5
Sehr große Eisscholle	2000-10000	6
Riesig große Eisscholle	>10000	7
Festeis		8

Eissignaturen

Offenes Wasser
<1/10

Sehr lockeres Treibeis
1-<4/10

Lockeres Treibeis
4-6/10

Dichtes Treibeis
7-8/10

Sehr dichtes kompaktes oder zusammenhängendes Treibeis; 9-<10/10, 10/10

Festeis

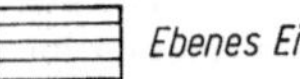
Neues Eis

Ebenes Eis

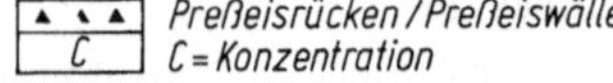
Übereinandergeschobenes Eis
C = Konzentration

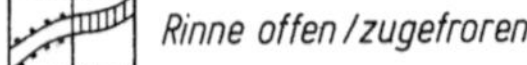
Preßeisrücken / Preßeiswälle
C = Konzentration

Rinne offen / zugefroren

25-40 Eisdicke in cm

Abb. 102. Eissymbole und -signaturen für Eiskarten

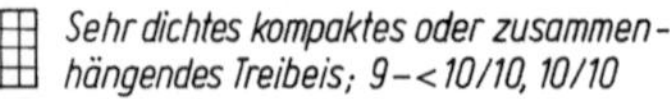

Dabei werden die in Abb. 102 dargestellten Eissymbole und -signaturen benutzt, die weitgehend den von der WMO festgelegten und international in Eiskarten benutzten Signaturen entsprechen.

Abb. 103 zeigt eine Eiskarte vom 26. 1. 1982 für die westliche Ostsee, das Kattegat und Skagerrak, wie sie vom Deutschen Hydrographischen Institut herausgegeben wird. Sie wird ergänzt durch eine Karte, welche die übrige Ostsee, den Finnenbusen und den Bottnischen Meerbusen überdeckt (s. Abb. 104 für den 26. 2. 1982).

Auch über den Rundfunk werden während der Eissaison täglich zu bestimmten Zeiten Meldungen über die Eisverhältnisse in den deutschen Küstengewässern verbreitet.

Wie dieser Nachrichtendienst durch Eismeldungen der Schiffe wirkungsvoll unterstützt werden kann, ist in **I.12.4** dargestellt.

An der Nordostküste von Nordamerika wurden zur Sicherung der Schiffahrt im St. Lorenz-Golf und auf den Neufundlandbänken seit 1913 (Untergang der „Titanic" 1912) kanadische und amerikanische Eismeldeschiffe während der Frühjahrs- und Sommermonate ausgelegt, deren Kosten international getragen wurden. Seit 1946 wurde die Überwachung zunehmend von Flugzeugen übernommen, die ganze Gebiete im Norden fotografieren und mit Radar aufnehmen, um das zu erwartende Eisvorkommen abschätzen zu können. Zunehmende Bedeutung haben auch Satellitenaufnahmen, die oft wichtige Hinweise für die Eislage geben, bzw. einen großräumigen Überblick über die Gesamteislage liefern. Nur in schweren Eisjahren werden zusätzlich noch U. S. Coast Guard Cutter zu den Grand Banks beordert.

Schiffe, die sich in eisgefährdeten Gebieten befinden, sollen alle 6 Stunden ihre Position, die Wetter-, Strömungs- und Eisverhältnisse über Küstenfunkstellen — z. B. Meteo Gander oder St. Johns — (s. a. N. F. D. Bd. III) melden, sofern sie nicht schon eine Wettermeldung absetzen.

Diese Meldungen werden zusammen mit den von Flugzeugen und Satelliten stammenden Eisbeobachtungen zu Eisberichten und Eiskarten verarbeitet, die wieder der Schiffahrt zur Verfügung stehen. So werden z. B. in Kanada von Halifax und St. Johns Eiskarten und Eisberichte sowohl über Funk als auch Faksimile für das Gebiet Labrador, Neufundland und St. Lorenzstrom verbreitet. Aber auch das DHI strahlt zur Unterstützung der deutschen Schiffahrt für das Gebiet um Neufundland eine Eiskarte über Faksimile durch den Sender Quickborn/Pinneberg aus. Genauere Angaben sind dem N. F. D. Bd. III zu entnehmen.

Bei der Auswertung dieser Eisberichte muß sich aber die Schiffsführung darüber klar sein, daß jede Eismeldung nur für den Zeitpunkt gilt, an

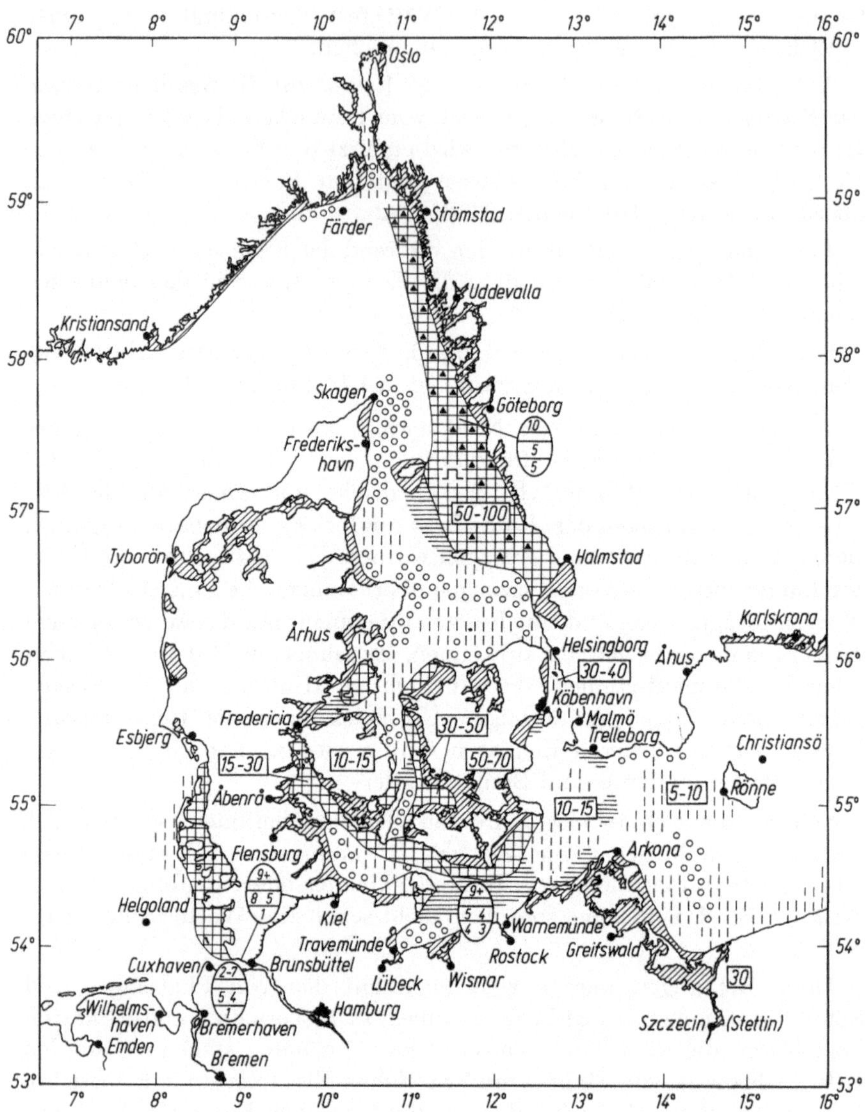

Abb. 103. Eiskarte vom 26. 1. 1982 für die westliche Ostsee, Kattegat und Skagerrak.

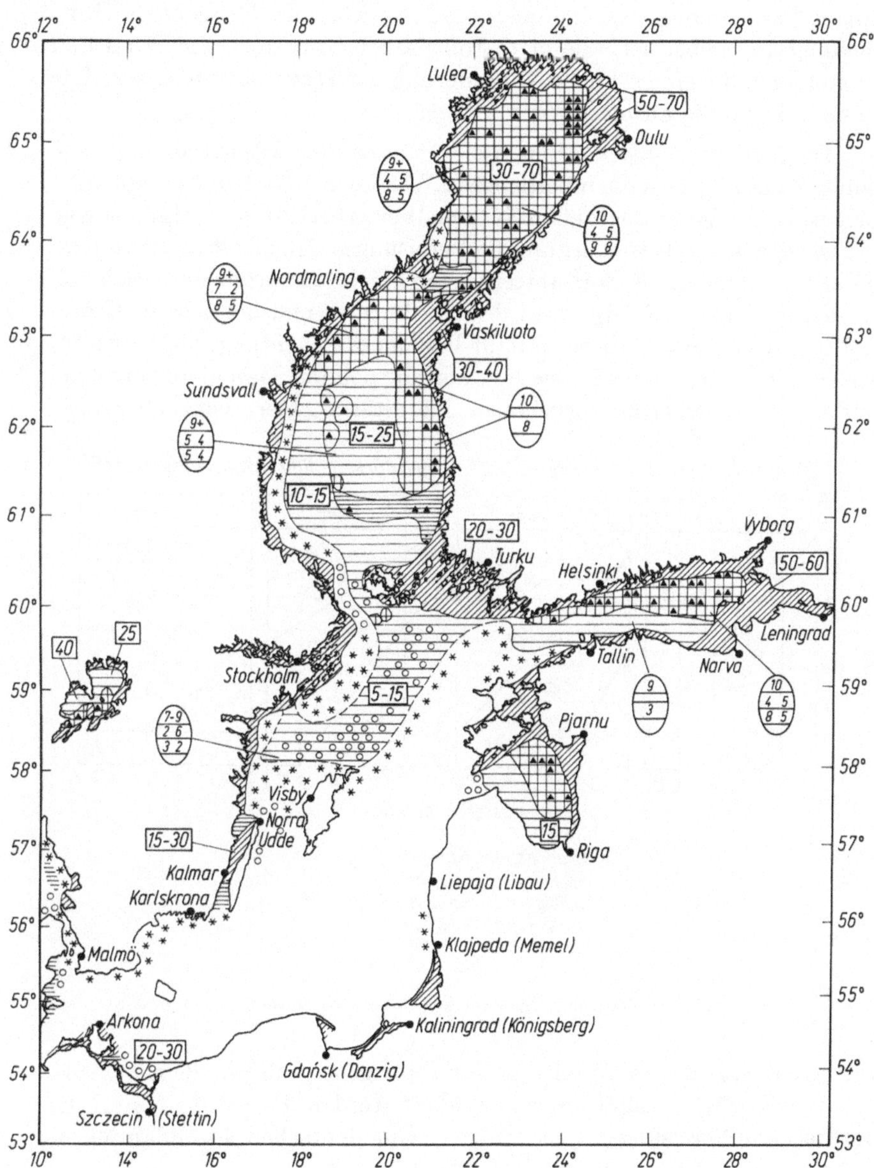

Abb. 104. Eiskarte vom 26. 2. 1982 für Bottnischen Meerbusen und Ostsee.

dem sie angestellt wurde. Sie muß also neben der Aufnahme der Eismeldungen bzw. Eisberichte, in denen oft auch schon die Tendenz der Entwicklung angegeben ist, alle meteorologischen Vorgänge, wie Wind und Strömungen, die eine schnelle Veränderung der Eisverhältnisse bewirken können, beständig aufmerksam verfolgen.

e) *Vereisungswarnungen* seien aus Gründen der Vollständigkeit erwähnt. Zwar gibt es keinen besonderen Warndienst für Schiffsvereisung, doch wird bei Vereisungsgefahr in den Wetterberichten — ähnlich wie bei Sturmgefahr — besonders auf die Vereisungsmöglichkeit hingewiesen. Vor allem schenken die Bordwetterwarten bei der Beratung der Fischerei auf den nördlichen Fangplätzen des Nordmeeres und um Island, Grönland und Neufundland dieser Gefahr besondere Beachtung, aber auch in den Seewetterberichten wird sie — soweit die polaren Seegebiete betroffen werden — besonders hervorgehoben. Die Stärke einer eventuell zu er

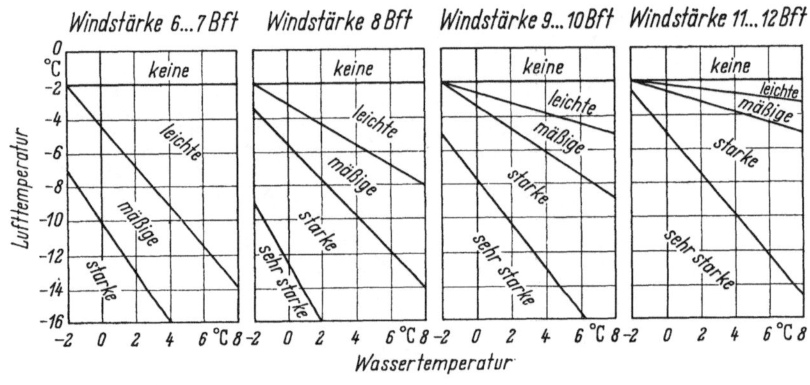

Abb. 105. Vereisungsdiagramm (aus Wetterlotse 248/249).

wartenden Spritzwasservereisung kann übrigens grob mit dem in Abb. 105 dargestellten Diagramm abgeschätzt werden. Es wurde von H. O. Mertins aus Vereisungsbeobachtungen von deutschen Fischdampfern, Forschungsschiffen und Handelsschiffen abgeleitet.

2.3.4 Bordwetterwarten. Als besondere Beratungseinrichtungen verfügt das Seewetteramt noch über 5 *Bordwetterwarten*, von denen die erste 1950 auf dem Fischereischutzboot „Meerkatze" eingerichtet wurde. Zur Zeit befinden sich Bordwetterwarten auf den Fischereischutzbooten

„Frithjoff" und „Meerkatze", dem Fischereiforschungsschiff „Anton Dohrn", dem Fangplatzsuchschiff „Walther Herwig" und dem Forschungsschiff „Meteor". Sie haben die Aufgabe, die Fischerei auf den Fangplätzen mit speziellen Wetterberichten und Warnungen zu versorgen bzw. bei Forschungsaufgaben durch Beratung der Einsatzleitung sowie Mitwirkung an den Forschungsaufgaben diese zu unterstützen.

Eine weitere mobile Bordwetterwarte, die von Fall zu Fall auf Han-

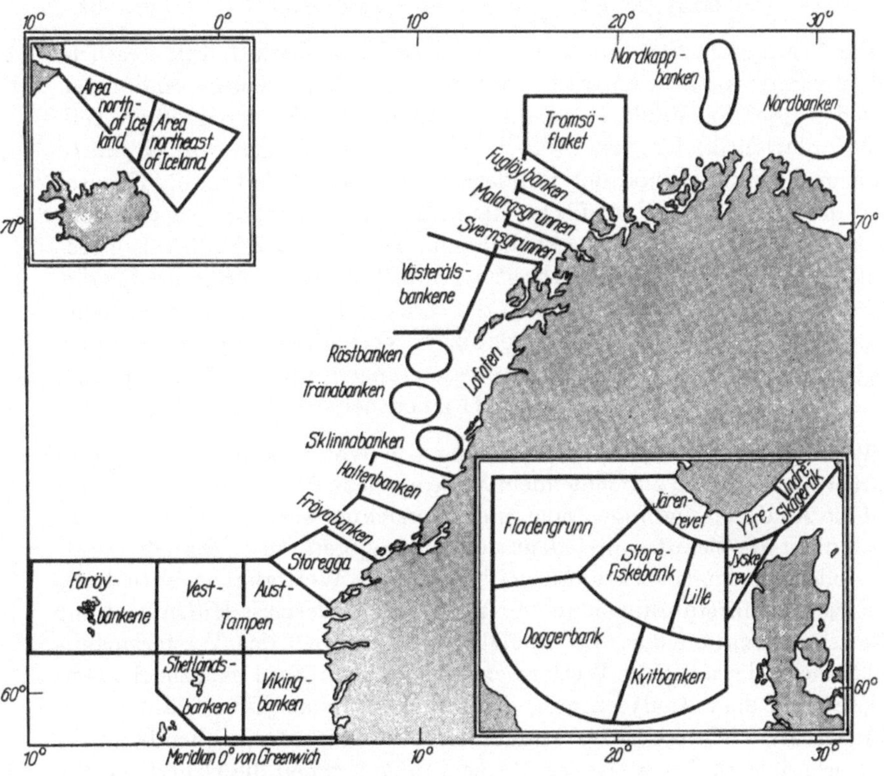

Abb. 106. Die Vorhersagegebiete der norwegischen Küste.

delsschiffen in verschiedenen Fahrtgebieten eingesetzt werden kann, untersucht speziell laderaummeteorologische Probleme.

2.3.5 Beratung in fremden Seegebieten durch ausländische Dienste. Selbstverständlich ist die deutsche Schiffahrt und Fischerei nicht allein auf die Berichte des Seewetteramtes angewiesen, dessen Aufgabe z. B. in der DDR von der *Seewetterdienststelle Warnemünde* wahrgenommen wird, die ihre Berichte über Rügen Radio verbreitet. Praktisch strahlen die meteorologischen Dienste aller Küstenanliegerstaaten für die vorgelagerten Seegebiete, einzelne von der WMO besonders beauftragte Dienste auch für die Hochseegebiete, Wetterberichte aus, die von der internationalen Schiffahrt genutzt werden können. Einzelheiten über Zeit, Art der Sendung usw. finden sich im „Nautischen Funkdienst", Bd. III. So werden z. B. über den norwegischen und auch den britischen Rundfunk spezielle Wetterberichte für die Fischerei ausgestrahlt, die auch von den deutshen Fischereifahrzeugen genutzt werden können. Die zugehörigen Vorhersagegebiete sind in der Karte Abb. 106 dargestellt.

Die Vereinigten Staaten sind so z. B. für den Nordatlantik westlich 35° W verantwortlich, betreuen aber mit ihren Analysenfunksendungen und den über Faksimile ausgestrahlten Wetterkarten den größten Teil des Nordatlantik, für den es aber auch Ausstrahlungen von Großbritannien, Frankreich und der Bundesrepublik Deutschland gibt. Ebenso wird der gesamte nordpazifische Raum durch Ausstrahlungen von den USA und Japan überdeckt. Ähnlich sind auch auf der Südhemisphäre bestimmte Staaten für die Verbreitung von Wetterinformationen für die Hochseegebiete verantwortlich, so daß praktisch für alle Meeresgebiete ausreichende Wetterinformationen zur Verfügung stehen. Genaue Angaben über Art und Umfang dieser Sendungen sowie Sendezeiten sind dem Nautischen Funkdienst Band III zu entnehmen.

Wenn auch die Faksimileaustrahlung von Wetterkarten und Wettervorhersagekarten in zunehmendem Maße an Bedeutung gewinnt, so kann auf die Analysensendungen noch nicht verzichtet werden, da bei weitem noch nicht alle Schiffe mit Faksimile-Empfangsgeräten ausgerüstet sind. So stellen die Analysensendungen, die gefunkte Wetterkarten enthalten, für viele Schiffsführungen immer noch das modernste Hilfsmittel zur Wetterinformation dar. Sie ermöglichen es, schnell das Wetterkartenbild, wie es der amtliche Wetterdienst entwarf, an Bord nachzuzeichnen. Diese nach dem Analysenfunk, der unten nochmals kurz erläutert ist, gezeichneten Wetterkarten zusammen mit dem entsprechenden Seewetterbericht und den eigenen Beobachtungen geben die Grundlage für die meteorologische Navigation, die in Teil VI gesondert behandelt wird.

Der Analysenfunkspruch wird nach dem international von der WMO festgelegten Code FM 46 D ausgestrahlt und übermittelt in fünfziffrigen Gruppen die Lage der Druckgebilde und ihre Zugrichtung sowie so viele Isobaren, wie zum genauen Nachzeichnen der Wetterkarte als Anhalt notwendig sind. Eine Einleitungsgruppe liefert die nötigen Angaben über die Art der Analyse und der Ortsangaben und gibt den Zeitpunkt, für den diese Analyse gilt. Dann kommen. jeweils durch die Zahl 8 eingeleitet, je drei Gruppen von 5 Ziffern, welche die Art der

Druckgebilde (Hoch, Tief usw.), den Luftdruck im Kern, die Lage und Verlagerungstendenz nach Richtung und Stärke melden. Anschließend folgen, jeweils durch die Zahl 66 eingeleitet, die Fronten, und zwar in der ersten Gruppe Angaben über den Charakter und die Intensität der betreffenden Fronten, dann so viele Positionsgruppen, wie zur genauen Festlegung der Front erforderlich sind. Die darauffolgenden Isobarenangaben werden durch eine Gruppe eingeleitet, die die Kennzahl 44 und den Luftdruck der betreffenden Isobare in ganzen Millibar enthält. Ihr folgen die Positionsgruppen für diese Isobare. Eine besondere Schlußgruppe zeigt das Ende des Wetterfunkspruchs an.

Die näheren Schlüsselangaben und eine ausführliche Anweisung zum Auswerten dieser Funksprüche sind im Nautischen Funkdienst, Bd. III, zu finden.

2.3.6 Monatskarten und andere Kartenwerke. Abgesehen von der Verarbeitung zu Wetterberichten im Rahmen des aktuellen Beratungsdienstes wird das Beobachtungsmaterial, das dem Seewetteramt zufließt, auch wissenschaftlich ausgewertet. Für diesen Zweck wird zunächst jeder Beobachtungssatz nach bestimmten Regeln auf eine Karte eingestanzt (Schlüsselzahlen, s. das Beispiel in Abb. 107) oder neuerdings direkt auf modernere Datenträger, z. B. Magnetbänder, übertragen.

Im Rahmen der modernen Datenverarbeitung lassen sich sowohl aus solchen Lochkarten (Hollerith-Verfahren) wie auch aus den Magnetbändern die entsprechenden meteorologischen Parameter schnell in den gewünschten Zusammenstellungen entnehmen. Ein großer Teil der Ergebnisse dieser Aufarbeitung kann für die Schiffahrt von unmittelbarem Nutzen sein und wird daher der Praxis in Form von Monatskarten, Beiträgen zu den Seehandbüchern und in speziellen Kartenwerken zur Verfügung gestellt.

Monatskarten werden für die einzelnen Ozeane und für jeden Monat herausgegeben. Sie enthalten für jedes Fünfgradfeld, evtl. für engere Gebiete, Windrosen, sowie alle anderen Angaben, die für die meteorologische Navigation in diesem Gebiet wichtig sind, Strömungen, Eisgrenzen, besondere Schiffahrtshindernisse usw. Auf der Rückseite sind oft wichtige meteorologische und meereskundliche Tatsachen beschrieben oder durch Karten dargestellt. Das Studium dieser Rückseiten kann nicht genug empfohlen werden.

Auch in anderen Ländern erscheinen solche Karten, wie die *Pilot Charts* des Hydrographic Office (USA), auf deren Rückseite gelegentlich auch nautische Fragen behandelt werden.

Weitere Kartenwerke, wie die Eisatlanten, sind in den einzelnen Abschnitten dieses Buches schon erwähnt.

Jedes *Seehandbuch* enthält einen Abschnitt, der die Wetterverhältnisse des betrachteten Seegebietes behandelt. Für deren Darstellung dient das gesammelte Beobachtungsmaterial weitgehend als Grundlage. Nach einer

Einordnung in die großen Zusammenhänge gibt das Seehandbuch einen
Überblick für Lufttemperatur, Luftdruck, Wind, Sturm, Nebel, Bewölkung, Niederschläge, Gewitter in Form von Mittelwerten und — so-

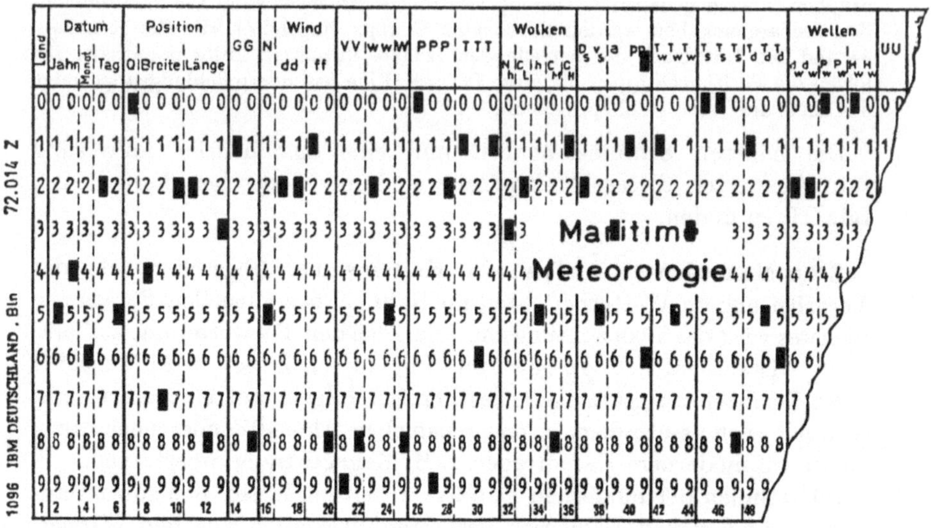

Abb. 107. Beispiel einer Hollerith-Lochkarte.

weit erforderlich — auch als Extremwerte in dem betreffenden Gebiet.
Außerdem werden bestimmte typische Wetterlagen behandelt. Beim
Fehlen sonstiger Beratungsunterlagen können diese Zusammenstellungen und Wetterlagen unter Berücksichtigung der eigenen Beobachtungen
oft eine erste grobe Information liefern. Im Einzelfall können selbstverständlich von diesen allgemeinen Angaben erhebliche Abweichungen
auftreten.

Um weitere Besonderheiten, die in der Wetterentwicklung auftreten,
den freiwilligen Mitarbeitern auf See nahezubringen, wird das Mit-
teilungsblatt *Der Wetterlotse* herausgegeben. In Einzelberichten und
Gesamtdarstellungen werden darin aktuelle, den Beobachter interes-
sierende Probleme behandelt.

2.3.7 Laderaummeteorologische Beratung. Die bisher behandelten
Formen der Wetterberatung für die Schiffahrt gingen fast alle mehr oder
weniger von der Forderung aus, durch entsprechende Warnungen,
Wetterberichte und Vorhersagen die Schiffahrt auf Wettergefahren wie
Nebel, Sturm, Seegang, Eis, Vereisung usw. rechtzeitig aufmerksam zu
machen, um dadurch den Schiffsführungen die Möglichkeit zu geben,
den Gefahren eventuell auszuweichen oder ihnen durch geeignete Maßnahmen besser begegnen zu können und so Verluste an Menschen und

Material bzw. schwere Schäden am Schiff soweit wie irgend möglich zu vermeiden. Diese Beratungen dienen also im wesentlichen der Schadensverhütung.

Die in den letzten Jahren hinzugekommene und sich mehr und mehr durchsetzende Routenberatung geht über diese Zielsetzung schon wesentlich hinaus und stellt das wirtschaftliche Moment in den Vordergrund. Denn hier gilt es, wie schon an anderer Stelle betont wurde, die voraussichtlich ökonomisch günstigste Route für die Überfahrt herauszuarbeiten.

In die Fragen der Wirtschaftlichkeit und Schadensverhütung ist aber auch die Ladung mit einzubeziehen, was im allgemeinen bei keiner dieser Beratungen berücksichtigt wird. Eine schnelle und sichere Überfahrt und damit auch ein schneller Transport der Ladung besagen aber noch nicht, daß damit die Ladung auch unbeschädigt im Bestimmungshafen ankommt. Denn das hängt bei vielen Ladungsgütern weniger von den durch Wind und Seegang bedingten äußeren Beanspruchungen des Schiffes während der Überfahrt ab als von den Temperatur- und Feuchteverhältnissen im Laderaum und ihren Änderungen. Diese sind aber weitgehend sowohl mit großräumigen klimatologisch bedingten als auch kurzfristigen Änderungen der Luft- und Wassertemperatur gekoppelt. Eine besondere Bedeutung kommt dabei der Luftfeuchtigkeit im Laderaum und ihrer Veränderung zu, weil sie im Zusammenhang mit von außen aufgeprägten Temperaturänderungen (z. B. bei einer Fahrt in kalte Klimagebiete) zur Bildung von *Kondenswasser* (des sogenannten *Schweißwassers*) Anlaß geben kann, das Korrosion, Verschimmeln und andere Schäden an der Ladung zur Folge haben kann. Wenn auch versucht wird, die Ladung durch Abdecken mit Garnier, zweckmäßige Stauung und Verpackung weitgehend gegen den Zutritt und Angriff flüssigen Wassers zu schützen, so reicht das in vielen Fällen doch nicht aus. Denn Abdeckung und Verpackung schützen zwar gegen den Zutritt flüssigen Wassers, nicht aber gegen Wasserdampf. Dieser ist als Bestandteil der Luft im Laderaum, aber auch innerhalb der Verpackung des Ladegutes überall vorhanden. Er kann unter bestimmten Bedingungen, trotz scheinbar guter Verpackung zur Kondensation am Ladegut selbst führen (Bildung von *Ladungsschweiß*).

Die Abscheidung von Kondenswasser aus der Luft an festen Gegenständen, wie z. B. an den Schiffswänden des Laderaumes oder auch am Ladegut selbst entspricht der Taubildung und ist damit ein *meteorologischer* Vorgang. Die in diesem Zusammenhang anstehenden Fragen werden deshalb auch unter dem Begriff *Laderaummeteorologie* zusammengefaßt.

Die Laderaummeteorologie hat die Aufgabe, alle Vorgänge zu klären, die im Laderaum zur Bildung von Schweißwasser führen, bzw. dazu beitragen können, um auf der Grundlage derartiger Untersuchungen eventuell beratend tätig zu werden.

Da sich Schweißwasser aus der Luft nur bilden kann, wenn sich die Temperatur des Laderaumes bzw. seiner Wände oder des Ladegutes unter den Taupunkt der Raumluft abkühlt, gilt es vor allem festzustellen, unter welchen Umständen dies eintreten kann. Dazu sind die Änderungen von Feuchtigkeit und Temperatur der Raumluft sowie der Temperatur der Schiffswände und des Ladegutes in ihrer Abhängigkeit von den Änderungen der äußeren Bedingungen wie Lufttemperatur, Luftfeuchtigkeit und Wassertemperatur, denen das Schiff während seiner Fahrt ausgesetzt ist, zu untersuchen. Das scheint zunächst ein recht einfaches Problem zu sein, das aber wesentlich dadurch kompliziert wird, daß organische Güter (wie z. B. Stau- und Kistenholz) zum Teil erhebliche Mengen von Wasserdampf an die Raumluft abgeben, bis sich zwischen Ladegut und Raumluft ein sogenanntes *Feuchtegleichgewicht* eingestellt hat. Zu beachten ist dabei, daß die Abgabe von Wasserdampf durch derartige organische Güter um so größer ist, je größer ihr Wassergehalt und je höher ihre Temperatur ist, und daß die Aufnahme und Abgabe von Wasserdampf durch die Luft sich dann nicht mehr allein nach dem Taupunkt der Raumluft reguliert. Der Feuchtigkeitsgehalt der Luft kann dadurch teilweise wesentlich verändert und der an sich einfache physikalische Vorgang erheblich kompliziert werden, um so mehr als diese biologisch bedingten Prozesse oft noch ungeklärt und weitgehend komplexer Natur sind.

Trotz zahlreicher durchgeführter Untersuchungen ist es daher schwierig, allgemeine Richtlinien für Maßnahmen (Lüftungstechnik, Stauung der Ladung usw.) zur Verhinderung der Bildung von Schweißwasser herauszugeben. Soweit solche allgemeinen Hinweise gegeben werden können, beziehen sie sich meist nur auf die von außen kommenden klimabedingten und meteorologischen „Einflüsse", die aber je nach Ladungsart durch die von dieser ausgehenden Einwirkungen überdeckt werden und deshalb im Einzelfall nur in Spezialberatungen berücksichtigt werden können. Aber selbst dann können sich noch Schwierigkeiten ergeben, die einen Erfolg in Frage stellen, wenn nicht sowohl Feuchtigkeit und Temperatur der Luft im Laderaum, evtl. auch Temperatur und Wassergehalt des Ladegutes selbst, als auch die Feuchtigkeit und Temperatur der Außenluft laufend beobachtet und diese Werte nicht laufend vom Nautiker kontrolliert bzw. ausgewertet werden, damit er daraus seine Schlüsse bezüglich zu treffender Maßnahmen ziehen kann.

Dabei muß der Nautiker in allen in diesem Zusammenhang anzustellenden Überlegungen von der Grundtatsache ausgehen, daß eine Kondensation in der Luft nur dann eintreten kann, wenn sie unter ihren Taupunkt abgekühlt wird. Das gilt auch bei organischem Ladegut, das Wasser an die Luft abgibt. Denn diese Abgabe erfolgt zunächst als Wasserdampf und führt zur Anreicherung der Luftfeuchtigkeit. Kondensation auch dieses zugeführten Wasserdampfes kann erst im Rahmen einer, möglicherweise verhältnismäßig kleinen, Abkühlung wieder erfolgen. Es ist nur zu beachten, daß bei organischer Ladung die Kondensation eventuell schon einsetzen kann, bevor der Taupunkt der Raumluft erreicht und unterschritten ist (hygroskopische Ladegüter).

Der für die Kondensation erforderliche Abkühlungsbetrag ist um so geringer, je größer die relative Feuchtigkeit der Raumluft ist. Oft genügt schon eine Abkühlung der Luft an kalten Ladungsteilchen, um auf diesen einen Wasserbeschlag — *Ladungsschweiß* — entstehen zu lassen (ähnlich dem Beschlagen kalter Fenster in feuchter Luft). Diese Situation tritt z. B. leicht ein auf Winterfahrten von Mitteleuropa in die Tropenzone, weil die Temperatur des Ladegutes, vor allem des im Unterraum befindlichen, im Verhältnis zur Außenluft nur sehr langsam ansteigt und eventuell hinter deren Taupunkt zurückbleibt. Ein Lüften könnte in einem solchen Falle wegen der Zufuhr feuchterer und wärmerer Luft schwerwiegende Folgen haben, wenngleich es andererseits das Bestreben der Schiffsleitung sein sollte, die Ladung nicht zu „kalt" im Bestimmungshafen anzuliefern, damit sich bei den Entladearbeiten nicht eventuell ein Beschlag (Tauniederschlag) auf der kalten Ladung bildet. Umgekehrt kann auch bei einem Transport aus den Tropen in den Winter der gemäßigten Breiten infolge der von der Außenluft gesteuerten Abkühlung des Schiffsrumpfes die Temperatur der Wände des Laderaumes unter den Taupunkt der Raumluft absinken, deren Temperatur und Feuchtigkeit weitgehend von der Ladung gesteuert werden, sofern keine besonderen Lüftungsmaßnahmen durchgeführt werden. Die Bildung von Schweißwasser an den Schiffswänden *(Schiffsschweiß)* kann dann die Folge sein. Zwischen Unter- und Oberraum können dabei erhebliche Unterschiede bestehen, weil die Temperatur der Schiffswandung im Unterraum, wenigstens soweit er unter der Wasserlinie liegt, von der Wassertemperatur gesteuert wird, die keine so starken Änderungen aufweist wie die Lufttemperatur.

Rechtzeitig eingeleitete Lüftungsmaßnahmen, die in den verschiedenen Standardbüchern behandelt werden, können dazu beitragen, überschüssigen Wasserdampf aus den Laderäumen abzuführen und die Gefahr der Schweißwasserbildung herabzusetzen, doch sollten sie nicht schematisch und routinemäßig durchgeführt werden, insbesondere nicht bei organischer Ladung. Denn zu den dort aufgezeigten Regeln können in Abhängigkeit von der Ladung, der Art der Stauung und der Lüftungseinrichtung erhebliche Abweichungen auftreten. Eine laufende Überwachung von Temperatur und Feuchtigkeit der Außenluft und der

Raumluft bezüglich der Wirksamkeit der Lüftung ist daher auch bei Benutzung dieser Regeln erforderlich, wenn man vor unliebsamen Überraschungen gesichert sein will.

Als Grundregel in allen Lüftungsfragen kann hierbei gelten, daß nur dann gelüftet werden kann, wenn der Taupunkt der Außenluft *niedriger* liegt als der Taupunkt der Luft im Laderaum. Um festzustellen, ob tatsächlich Wasserdampf aus dem Laderaum weggeführt wird, sollte der Taupunkt der Luft am Ablüfter laufend mit dem Taupunkt der Außenluft verglichen werden. Nur wenn am Ablüfter der Taupunkt höher liegt, wird die Feuchtigkeit im Laderaum herabgesetzt. Die Wassermenge, die dabei effektiv abgeführt wird, läßt sich aus der Temperatur und Taupunkterhöhung am Ablüfter sowie der Menge des Lüftungsstromes, der den Laderaum durchsetzt hat, mittels der Tafel 2 im Anhang errechnen.

Beispiel: Luft außen Temperatur 15° C, Taupunkt 12° C, d. h. Wassergehalt von 1 cbm Luft nach Tabelle 2 10,1 g.

Lufttemperatur am Ablüfter 16° C, dazu Taupunkt 14° C, d. h. Wassergehalt von 1 cbm Luft jetzt 12,2 g,

d. h., mit 1 cbm Luft werden 2,1 g Wasser abgeführt.

Für einen Laderaum von 1000 cbm mit 10 fachem Luftwechsel bedeutet dies einen Trocknungseffekt von 21,1 l Wasser pro Stunde bzw. 506,4 l pro Tag.

Das Beispiel zeigt, daß der Lüftungseffekt beschränkt ist. Es kann infolgedessen bei sehr wasserhaltiger Ladung, die immer wieder Wasserdampf an die Luft abgibt, gelegentlich trotz starker Lüftung vorkommen, daß der Wasserdampf nicht ganz weggeführt werden kann und es trotzdem zur Bildung von Schweißwasser kommt.

Die vorstehende allgemeine Regel sei hier noch nach klimatologischen Gesichtspunkten in bezug auf die Fahrtrouten aufgegliedert, die grob unterteilt werden sollen in Fahrten von kalten in warme Gebiete und umgekehrt.

Bei einer von einem kalten Gebiet ausgehenden Fahrt wird das Ladegut im allgemeinen mit verhältnismäßig niedriger Temperatur in den Laderaum kommen, und auch der Taupunkt bzw. der Wasserdampfgehalt der Laderaumluft wird niedrig sein, obwohl die relative Feuchtigkeit an sich hoch sein kann. Da die Reise in Gebiete mit ansteigender Luft- wie auch Wassertemperatur führt, durch die sich die Außenwände des Laderaumes und damit — wenn auch erheblich verzögert — auch die Raumluft erwärmen, wird bei gleichem Wasserdampfgehalt bzw. Taupunkt die relative Feuchte sinken. Es besteht also eigentlich keine Veranlassung zum Lüften. Trotzdem sollte jedoch, wie schon oben erwähnt wurde, auch in diesem Falle gelüftet werden, falls es möglich ist, damit das Ladegut nicht zu kalt im Bestimmungshafen ankommt und dann beim Entladen eventuell Schwierigkeiten auftreten. Handelt es sich bei dem Ladegut um vegetabiles Gut, das unter Freiwerden von Wärme Kohlensäure und Wasser abgibt, so muß manchmal trotz meteorologischer Bedenken gelüftet werden. Aber gerade dann sollte man soweit wie möglich die oben angeführte Grundregel beachten. Auf die eventuell zu beachtenden lüftungstechnischen Maßnahmen soll in diesem Rahmen nicht eingegangen werden. Bei Fahrten von den Tropen in höhere Breiten gilt ganz allgemein, daß möglichst frühzeitig mit der Lüftung begonnen werden muß, damit die Luft mit hohem Taupunkt allmählich durch Luft mit niedrigerem Taupunkt ersetzt wird, wie er den kälteren Gebieten entspricht. Auf diese Weise kann der Gefahr der Schweißwasserbildung an den Schiffswänden, die durch die kältere Luft bzw. die niedrigere Wassertemperatur der höheren Breiten abgekühlt werden, weitgehend begegnet werden.

Besondere Aufmerksamkeit ist allgemein beim Durchqueren von Gebieten mit starken Änderungen der Luft- bzw. Wassertemperatur auf engbegrenztem Raum geboten. Dies gilt vor allem für Grenzgebiete zwischen kalten und warmen Meeresströmungen (Nordatlantik, Labrador- und Golfstrom), in denen oft schon nach wenigen Stunden Fahrzeit je nach Fahrtrichtung ein Temperaturanstieg bzw. Temperaturabfall bis zu 10° C eintreten kann. Auch Gebiete mit kaltem Auftriebswasser gehören hierher.

Auf diese Weise kann man klimatologische Hauptgefahrenzonen aufzeigen. In Abb. 108 sind diese z. B. für den Monat Mai für den Atlantik dargestellt. Sie zeigen die Zonen, in denen auf eine Entfernung von etwa 300 sm Temperaturabnahmen von 6—9° C, 9—12° C und über 12° C auftreten. Die an einzelnen Pfeilen eingetragenen Werte von 18° C beziehen sich auf die in diesen Bereichen schon beobachteten maximalen Änderungen. Da schnellaufende Schiffe diese Entfernung in weniger als einem Tag durchlaufen werden und die Haupttemperaturänderung oft in einer relativ kurzen Zeit eintritt, sollten bei Annäherung an diese Gebiete eventuell erforderliche Lüftungsmaßnahmen schon vorher eingeleitet werden.

Selbstverständlich können sich diese klimatologischen Gefahrenzonen in Abhängigkeit von der Jahreszeit im Zusammenhang mit längerfristigen, aber auch kurzfristigeren Schwankungen der atmosphärischen und ozeanographischen Zirkulation erheblich verlagern und auch intensitätsmäßig ändern (z. B. Gebiet des kalten Auftriebwassers vor der westafrikanischen Küste). Derartige Karten sollen deshalb nur als Hinweis dienen, in diesen Gebieten selbst sorgfältig zu beobachten. Auch sollte ganz allgemein darauf geachtet werden, ob in Wetterberichten eventuell kräftige und länger anhaltende Kaltlufteinbrüche angesagt sind, die von den normalerweise in diesem Gebiet herrschenden Tempe-

raturen starke Abweichungen bringen. Auch dies würde gegebenenfalls besondere Maßnahmen der Schiffsführung erfordern. Ob es in
absehbarer Zeit möglich sein wird, wie es international angestrebt wird,

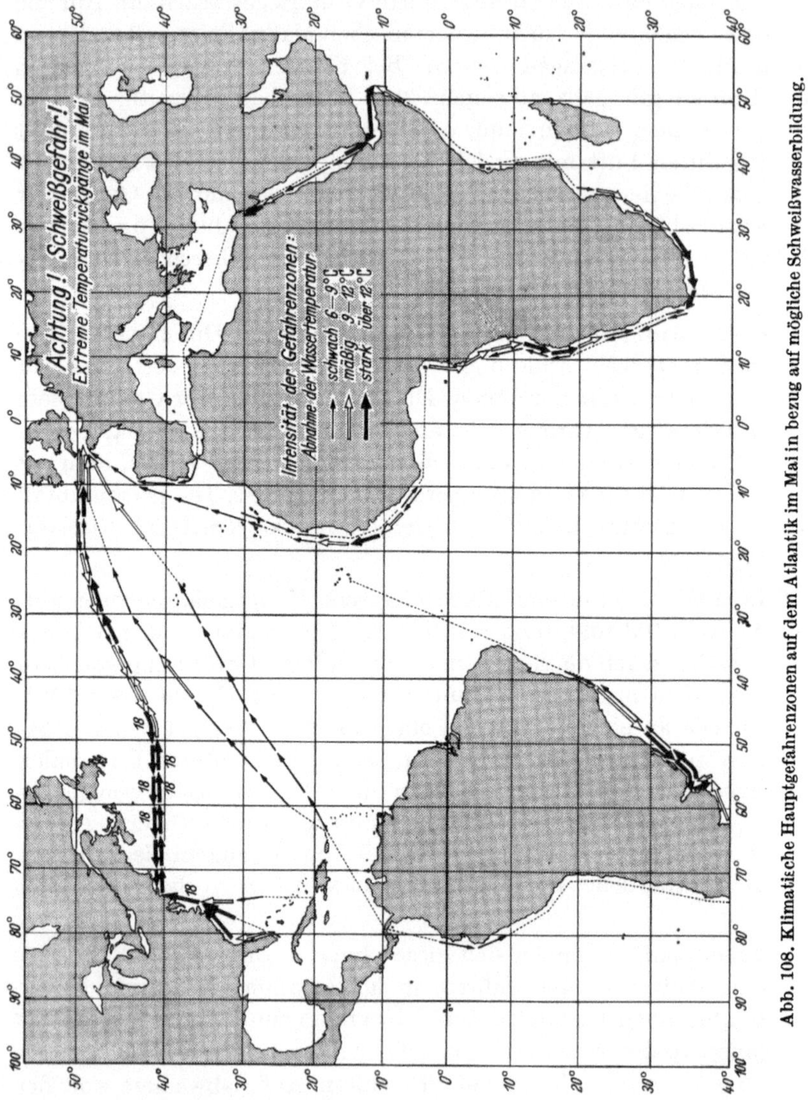

Abb. 108. Klimatische Hauptgefahrenzonen auf dem Atlantik im Mai in bezug auf mögliche Schweißwasserbildung.

hierzu im Rahmen gezielter mittelfristiger Vorhersagen auch über Funk
Hinweise zu geben, ist noch nicht geklärt. Spezielle Einzelberatungen
sind aber auch jetzt schon in vielen Fällen, auch unter Berücksichtigung
des Ladegutes, aus meteorologischer Sicht durchaus möglich.

V. Zeichnen und Auswerten von Wetterkarten und Wetterbeobachtungen an Bord

1. Zeichnen von Wetterkarten an Bord

Jede Voraussage des *künftigen* Wetters erfordert eine möglichst genaue Kenntnis des *augenblicklichen* Wetters. Um einen anschaulichen, klaren Überblick über das augenblickliche Wetter zu bekommen, werden *Wetterkarten* gezeichnet.

1.1 Das Eintragen der Wettermeldungen

In diese Wetterkarten sind zunächst alle Wettermeldungen einzutragen, die von anderen Schiffen und aus Wetterberichten vorliegen. Dazu werden besondere Kartenvordrucke benutzt, die vom Seewetteramt bezogen werden können. Diese Kartenvordrucke sind in stereographischer Projektion entworfen und eignen sich daher in mittleren und hohen Breiten für die Darstellung von Wetterlagen besser als Karten in Merkatorprojektion.

In diesen Vordrucken sind die festen Stationen durch kleine Stationskreise markiert. Die Positionen von Schiffen, die Wettermeldungen abgaben, trägt man selbst ein.

Bei der Eintragung wird eine symbolische Darstellung benutzt, die nach einem einheitlichen internationalen Schema erfolgen soll, damit die Wetterkarten auch überall gelesen werden können.

An den Stationskreis wird zunächst die Windrichtung in Form eines Windpfeiles eingezeichnet, der mit dem Winde fliegt. Windstille wird durch einen Kreis um den Stationskreis gekennzeichnet (◎).

Die Beaufortgrade der Windstärke werden durch ganze und halbe Federchen („Fiedern") bezeichnet, die an der Seite des tieferen Druckes, also auf Nordbreite an die linke, auf Südbreite an die rechte Seite des Pfeiles in einem Winkel von 110° bis 120° gesetzt werden. Jede ganze Feder bedeutet zwei Windstärken, jede halbe 1 Windstärke.

Da mehr als vier „Fiedern" nur noch schwer mit einem Blick zu erfassen sind, benutzt man bei Sturm-Windstärken jetzt das Zeichen für 10 B, entsprechend einem „Sturmwimpel". Ostwind mit Stärke 12 ist demnach wie folgt darzustellen:

In vielen Wetterkarten wird neuerdings die Windgeschwindigkeit nach Knoten eingetragen. Es bedeutet dann eine „Fieder" 10 kn, eine halbe „Fieder" 5 kn und der „Sturmwimpel" 50 kn. Weitere Hinweise hierzu und zum Eintragungsschema sind auch in der deutschen Ausgabe der Techn. Note Nr. 72 der WMO „Zeichnung und Nutzung von Wetterkarten durch Seeleute" zu finden, die auch viele Einzelbeispiele und Hinweise für das Auswerten der Wetterkarten enthält.

Es sei aber noch besonders darauf hingewiesen, daß die Eintragungen in einer Karte entweder nur nach Beaufort oder nur nach Knoten erfolgen dürfen, da sich sonst beim Auswerten Irrtümer und Schwierigkeiten ergeben. Der Stationskreis ist je nach dem Grad der Himmelsbedeckung auszufüllen. Es bedeutet:

○ wolkenlos,   ◐ ¼ bedeckt,   ◑ ½ bedeckt,   ◕ ¾ bedeckt,   ● ganz gedeckt.

Lufttemperatur (TT), Luftdruck (PPP), Sicht (VV) und Wetter zur Zeit der Beobachtung (ww) werden um den Stationskreis nach folgendem Schema angeordnet:

$$TT \qquad PPP$$
$$VV\ ww\ \ N$$

Bei den Eintragungen ist sorgfältig darauf zu achten, daß die einzelnen Wetterelemente immer an derselben Stelle eingetragen werden.

Zur Darstellung des Wetters werden bei der Eintragung folgende Symbole benutzt, die auch in verschiedener Kombination gebraucht werden können.

● Regen
✳ Schnee
, Sprühregen
▽ Schauer
▲ Hagel
△ Graupeln
◖ *nach* Regen

(●) Regen im Gesichtsfeld, aber nicht am Beobachtungsort
= diesig
∞ Dunst
≡ Nebel
< Wetterleuchten

Ⓡ Gewitter
⛬ Staubsturm
⊹ Schneetreiben
↔ Eisnadeln, Eiskristalle
)(Wasserhosen
ᕟ Staubtromben

Eine vollständige Übersicht aller den verschiedenen Wettererscheinungen (siehe ww in der Schlüsseltafel) entsprechenden Symbole gibt die Symboltafel in Abb. 109. Sie enthält außerdem noch die Symbole für W, V, C_L, C_M, C_H und a.

Bei den Eintragungen an Bord genügt es im allgemeinen, die vorstehende vereinfachte Symboldarstellung beim Wetter (ww) zu benutzen, in der die Intensität der einzelnen Erscheinungen nicht berücksichtigt wird. Sollen über das oben angegebene Schema hinaus weitere

ww	0	1	2	3	4	5	6	7	8	9		N	C_L	C_M	C_H	C	W	a	E	S
00											0									cm 0
10											1									bis 2
20											2									» 5
30											3									» 10
40											4									» 15
50											5									» 25
60											6									» 50
70											7									» 1m
80											8									» 2m
90											9									≥2m

Abb. 109. Symboltafel.

Angaben, z. B. Wolkenformen, eingetragen werden, ist das nachstehend
aufgezeigte erweiterte Schema zu verwenden.

$$ TT \quad\; {C_H \atop C_M} \quad PPP $$
$$ VV\; ww \quad \textcircled{N} \quad \pm ppa $$
$$ C_L \quad\quad W $$

Eine eingehendere Anleitung zum Eintragen der Beobachtungen in
Wetterkarten ist auch im N. F. D. Bd. III, Abschnitt C und D enthalten.
Dieser Teil ist auch als Sonderdruck „Verwendung der Wetterfunksprüche
an Bord, Wetterschlüssel und Meteorologische Ausdrücke" erschienen
und unter Druckschrift Nr. 2157 vom DHI zu beziehen.

Es meldet z. B. eine Landstation:

81613 41/95 11020 40023 77177

Das bedeutet: Ganz bedeckt, Wind 160° 13 kn, Sicht über 1 sm, leichte
Schneefälle ohne Unterbrechung, auch in den letzten 6 Stunden Schnee,
Luftdruck 1002,3 mbar, Lufttemperatur −2° C.

Die Eintragung in die Wetterkarte sieht dann so aus:

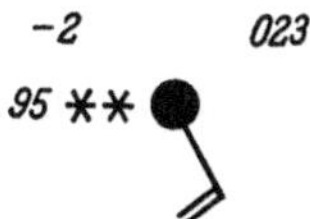

Für die Schiffsmeldung, die in Teil I.12.3 aufgeführt ist und in dem
Markierungsbogen mit

25183 99472 70283 41598 52218 10161 20141 49976 53116 71581 83281
22223 00153 20704 318// 40902
verschlüsselt wurde, wäre einzutragen:

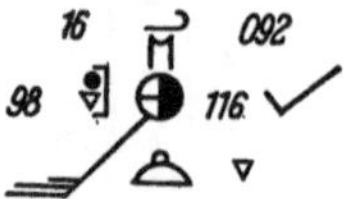

Aufgaben:

1. Zur Übung trage man die Beobachtungen der Aufgaben 1–10 von I.12.7
nach dem einfachen und erweiterten Beobachtungsschema ein.

2. Folgende Eintragungen sind auszuwerten:

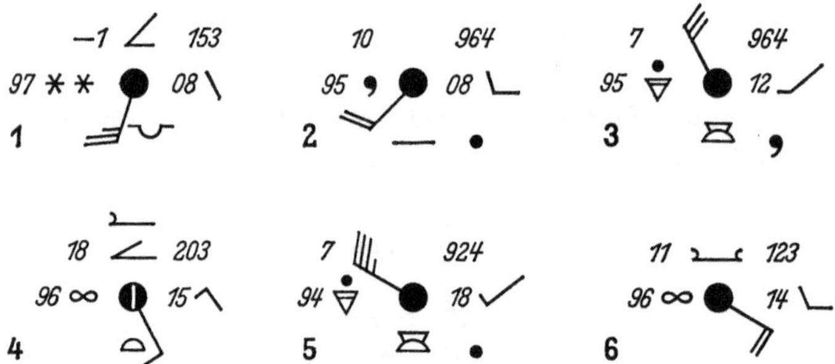

Für jeden Fall ist anzugeben und zu begründen, an welcher Stelle einer typischen
Zyklone sich das Schiff befindet und welche Wettervorhersage gemacht werden
kann.

Beispiel:

Wetter: Mäßiger Landregen, vorher Schneefall, Wind S 6, Luftdruck 1005,1
mbar, unregelmäßig gefallen, vor drei Stunden 1006,3 mbar, Lufttemperatur
+3° C, ganz bedeckt mit Nimbostratus und Fractostratus. Das Schiff steht vor
der Warmfront einer Zyklone. Voraussage: Wind springt auf SW, es wird warm.
Regen hört auf, evtl. Übergang zu Sprühregen, Sicht schlecht, Druckfall nur
noch gering, dann aufhörend.

1.2 Winke für das Zeichnen der Wetterkarte

1.2.1 Fronten. Ob man nun nach einem Wetterbericht eine Wetterkartenskizze oder nach dem Analysenfunk eine genauere Wetterkarte
zeichnen will, in jedem Fall hat man zunächst die Positionen der Hoch-
und Tiefdruckgebiete nach Möglichkeit *mit Tinte* einzutragen und den

Luftdruckwert daneben zu notieren. Das Eintragen mit Tinte ist zu empfehlen, weil später das Zeichnen der Isobaren meistens nicht ohne Probieren und Ändern, d. h. Radieren abgeht. Die Fronten werden farbig eingezeichnet, die Kaltfront blau, die Warmfront rot und Okklusionen violett. Es können jedoch auch die Symbole benutzt werden, wie es die Abb. 110 zeigt.

Hat die Okklusion Kaltfrontcharakter (II.4.10), so werden der violetten Linie blaue Zacken aufgesetzt, hat sie Warmfrontcharakter, bekommt sie rote Rundbögen.

Die Zacken bzw. Bögen werden in Richtung der Bewegung der Fronten angebracht.

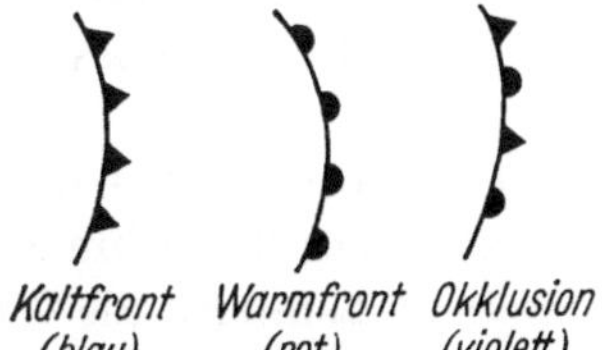

Abb. 110. Frontendarstellung in der Wetterkarte.

Fronten sind Grenzlinien, an denen die kalten und warmen Luftmassen aufeinanderstoßen. Grenzen wir die Luftmassen nach ihrer Temperatur zunächst roh ab, so müssen sie sich in den Fronten treffen. Nach den Betrachtungen in II.4.7 bis II.4.8 müssen sich diese Fronten als Sprungstellen in den wichtigsten Wetterelementen abzeichnen. Vor allem muß ein Windsprung beobachtet werden. Bei normal liegenden Zyklonen, d. h. wenn die Zyklone polwärts vom Betrachter liegt bzw. vorbeizieht, bedeutet auf der Nordhemisphäre ein Windsprung von SO auf SW eine Warmfront, der Sprung von SW nach NW eine Kaltfront. Auf der Südhemisphäre springt der Wind entsprechend bei der Warmfront von NO auf NW und bei der Kaltfront von NW auf SW. Eine weitere Hilfe gibt der Temperatursprung an der Front, der aber gelegentlich durch Bodeneinflüsse stark verwischt sein kann. Anhaltspunkte liefern auch Bewölkung und Niederschläge. Landregen vor der Warmfront, Schauer in der Böenfront, Aufklaren auf der Rückseite des Tiefs sind Kennzeichen der einzelnen Zonen der Zyklone. Auch die Art der Luftdruckänderung vor und nach den Fronten ist so verschieden, daß die Beobachtung dieser Größe wesentlich zur Festlegung der Fronten dienen kann.

Fronten sind nie geschlossene Linien und können keinen Knick haben. Sie sind immer zyklonal, d. h. im Sinne der Wirbelbewegung der Zyklone gekrümmt und enden meist im Tiefdruckkern.

Die Warmfronten sind oft verwischt und daher meist schwerer festzulegen als die Kaltfronten, die klarer hervortreten und daher zuerst herausgearbeitet werden sollten.

1.2.2 Zeichnen der Isobaren. Isobaren werden in Abständen von 5 zu 5 mbar, evtl. 4 zu 4 mbar gezeichnet. In einer Karte ist immer derselbe Isobarenschritt einzuhalten. In den Wetterberichten werden nur die wichtigsten Isobaren gegeben, zwischen denen die anderen Isobaren einzuschalten sind. Um dies mit Erfolg tun zu können, sind folgende Punkte zu beachten:

1. Man fange da an, wo die Isobaren am klarsten sind! Immer nur Stücke vornehmen, die sicher sind, und aus diesen Stücken dann die Gesamtisobare zusammensetzen.

2. Isobaren sind glatte Linien, die nur an den Fronten Knicke haben! Knicke weisen zum H hin!

3. Isobaren sind geschlossene Linien, die sich nicht berühren, schneiden oder gabeln können. Sie können, wenn sie nicht geschlossen sind, nur am Kartenrand beginnen oder enden.

4. Isobaren verlaufen meistens in gleichen Abständen. Unregelmäßige Abstände sind unwahrscheinlich. Zum Kern des Tiefs hin werden die Isobaren dichter. Die Isobarendichte ist ein Maßstab für die Windstärke. Man darf also nicht innerhalb der Karte einzelne Isobaren auslassen oder Zwischenwerte nehmen. Immer nur 5 zu 5 mbar, bzw. 4 zu 4 mbar zeichnen, aber diese alle! Wenn für Zwischenwerte Isobaren gezeichnet werden, sind diese besonders kenntlich zu machen und zu stricheln!

5. Isobaren laufen fast parallel zur Windrichtung. Über dem Ozean beträgt der Winkel Isobare—Wind 15° (10—20°). über Land 30° (20—40°).

Der Winkel muß überall etwa gleich sein, wenn nicht Störungen von Steilküsten usw. wahrscheinlich sind. Das Tief liegt auf Nordbreite (in der Windrichtung gesehen) links von der Isobare, der höhere Luftdruck rechts! Barisches Windgesetz! Wind kann niemals vom Tief zum Hoch wehen!

6. Sind für ein Gebiet zu wenig Luftdruckwerte gegeben, so muß man proportional zwischenschalten. Zwischen 990 und 1010 mbar müssen die Isobaren 995, 1000, 1005 gezeichnet werden.

7. Man soll sich nicht zu eng an Einzelluftdruckwerte halten! Es können Ablesefehler, Übertragungsfehler, Zeitfehler, Positionsfehler (Versetzungen) vorliegen, besonders bei Orkanen, bei denen sich der Druck sehr schnell ändert. Die Natur weist großzügige Formen auf!

8. Liegen nur wenige Luftdruckwerte vor, berücksichtige man die Normalform der Druckgebilde des betreffenden Gebietes, z. B. im Polargebiet, daß die kalten Hochdruckgebiete meist elliptische Form haben und in ihrer Hauptsache Nord—Süd orientiert sind usw. (s. a. Angaben im N. F. D. Bd. III).

9. Die richtig gezeichnete Karte stellt eine Wetterlage dar, die sich aus der Wetterlage der Karte des vorigen Termins logisch entwickelt haben wird. Diese ist daher zu Rate zu ziehen!

10. Die Entwicklung geht nach meteorologischen Gesetzen vor sich. Diese Gesetze sind daher anzuwenden!

11. Besondere Hilfe bedeutet die Angabe von Sattelpunkten. Ein Sattel von 1018 mbar muß z. B. auf gegenüberliegenden Seiten Tiefdruck, also die Isobare 1015, an den anderen beiden Seiten Hochdruck, also die Isobare 1020 haben (s. in Abb. 112).

Weitere ausführliche Hinweise für das Zeichnen von Bordwetterkarten sind zu finden im Nautischen Funkdienst, Bd. III, Teil C/D und in der Techn. Note Nr. 72 der WMO, deutsche Fassung „Zeichnen und Nutzung von Wetterkarten durch Seeleute", ausgegeben 1970.

Vordrucke für das Zeichnen von Bordwetterkarten sind vom Seewetteramt zu beziehen (Nördlicher Nordatlantik, Mittelatlantik, Südatlantik, Nordpazifik, Indischer und Pazifischer Ozean).

1.3 Beispiele

Als Beispiel für das Zeichnen einer *Wetterkarten-Skizze*, wie sie auch an Bord kleinerer Schiffe regelmäßig gezeichnet werden sollte, gibt die Abb. 111 eine Skizze nach dem Seewetterbericht über Norddeich Radio vom 28. 12. 1950, der folgende Schilderung der Wetterlage enthielt:

Hoch 1040 Ostgrönland südwärts ziehend mit Brücke 1026 Färöer zu Hoch 1030 Südwestausgang Skagerrak abschwächend. Hochkeil 1025 bis Polen. Tief 1010 Lofoten mit Ausläufer 1025 nördlich Shetlands langsam südostziehend. Tief 1012 55 Nord 27 West wenig ortsverändernd. Tief 995 65 Nord 50 Ost auffüllend südostziehend.

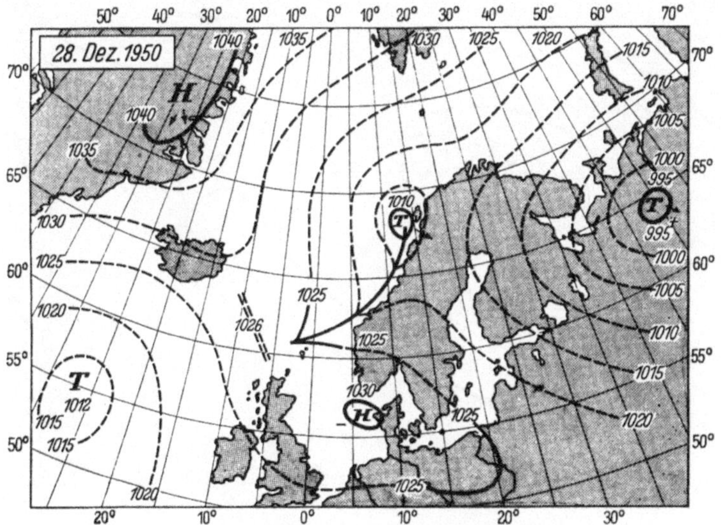

Abb. 111. Wetterkartenskizze nach Seewetterbericht.

Diese Skizze kann durch Eintragung von Wettermeldungen benachbarter Schiffe wesentlich verbessert werden.

Als Beispiel eines Analysenfunkwetters gelte das Telegramm von White Hall vom 21. 4. 16 Uhr 45, das nach (**IV.2.3.5**) aufgegliedert wurde:

```
10001 22288 02112
85029 04117 81000 04834 85025 06239 85040 04553 81196 06316
81198 36903 81004 34307 88018 05626 88002 06506 88019 35504
66600 05132 05033 04734
66222 05132 05325 05116
66400 05132 05127 04726 04132 03636
66400 04536 04241
66621 35401 36005 36511 37014 37414
44024 05554 05645 05342 04545 04044 03542 03240 02537 02850
44012 05327 05235 04838 04436 04531 04927 05327
44024 05116 05315 05008 04506 04108 03615 03225 03530 04026
      05116
44008 07010 06615 06122 05915 06200 36612
44016 35310 35003 04500 04000 03500 03308
19191
```

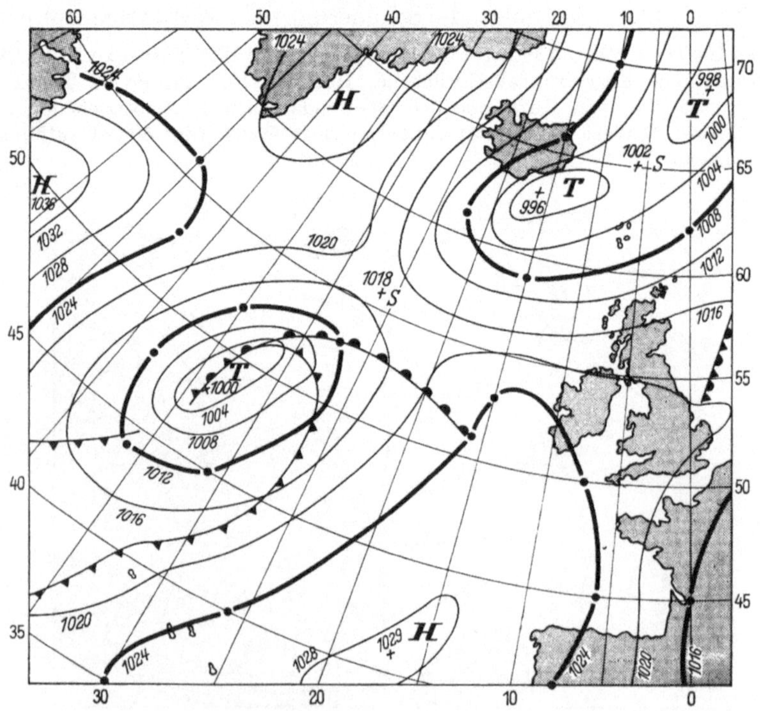

Abb. 112. Ausschnitt aus Wetterkarte nach Analysenfunk. Die im Telegramm gegebenen Punkte sind hervorgehoben.

Nach dieser Analyse ist die Wetterkarte der Abb. 112 mit Isobarenschritten von 4 zu 4 mbar gezeichnet.

Weitere Übungsbeispiele erhält man durch eigene Aufnahme von Wetterberichten.

Ein derartiger Analysenfunkwetterbericht vermittelt zwar einen sehr guten Überblick über die Wettersituation, hat aber den Nachteil, daß er keine Schiffs- und Stationsmeldungen und somit auch keine näheren Wetterangaben enthält. Um diesen Mangel auszugleichen, könnte der Wetterbericht von Portishead aufgenommen werden, der nach einer Wetterübersicht eine große Reihe von Schiffs- und Stationsmeldungen gibt.

1.4 Faksimileübertragung von Wetterkarten

Während die Versuche der Deutschen Seewarte um 1935, über Norddeich Radio dem D. „Westphalia" auf dem Nordatlantik mittels Bildfunk Wetterkarten zu übermitteln, zu keinem Dauerdienst geführt

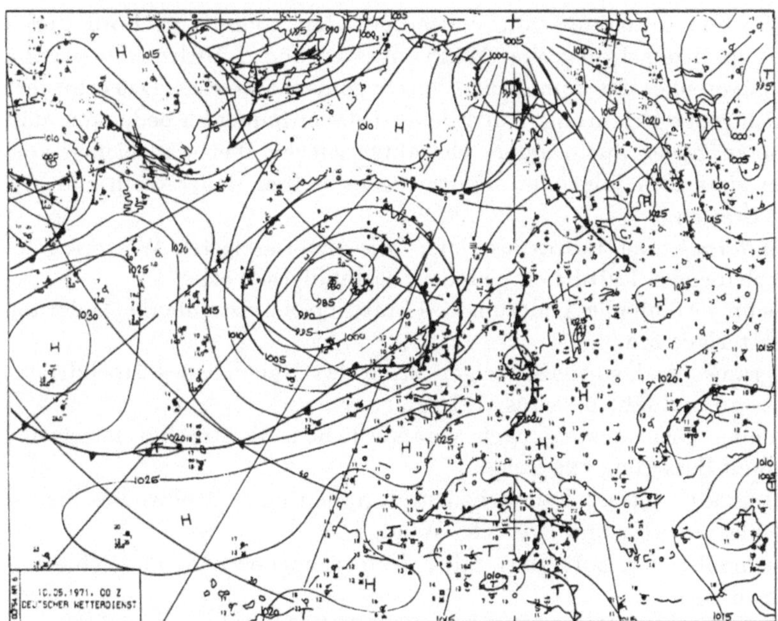

Abb. 113. An Bord über Fax aufgenommene Wetterkarte.

haben, ist seit 1957 ein regelmäßiger Wetterkarten-Bildfunk des Seewetteramtes über den Sender Pinneberg eingerichtet. Auch die Meteorologischen Dienste anderer Staaten haben entsprechende Faksimileausstrahlungen eingerichtet, so daß sich heute schon praktisch in allen Seegebieten Wetterkarten mit den entsprechenden Fax-Empfängern aufnehmen lassen. Das hat den Vorteil, daß die Karten an Bord nicht erst selbst gezeichnet werden brauchen und infolgedessen früher vorliegen. Außerdem geben die Fax-Wetterkarten ein naturgetreues Abbild der vom Meteorologen in der Zentrale entworfenen Karte, oft sind sie auch mit zusätzlichen Einzelmeldungen versehen. Da außerdem meist noch Vorhersagekarten übermittelt werden, ist mit diesen Fax-Ausstrahlungen, auch wenn keine Textwetterberichte mit Vorhersagen vorliegen sollten, die Orientierung über die Wetterentwicklung leichter und sicherer möglich als an Hand der Analysensendungen.

Die Abb. 113 zeigt eine derartige an Bord aufgenommene Faksimile-Wetterkarte.

2. Eigene Wettervorhersage an Bord

2.1 Wettervorhersage ohne Wetterkarte auf Grund eigener Beobachtungen

Auch ohne Aufnahme von Wetterberichten können an Bord durch sorgfältige Beobachtung von Wind, Wetter und Luftdruck wertvolle Voraussagen über das kommende Wetter gemacht werden. Das erfordert natürlich große Erfahrung. Außerdem ist dabei immer zu bedenken, daß in anderen Zonen auch andere charakteristische Wetteranzeichen vorhanden sind. Die folgenden Wetterregeln gelten daher auch nur für unsere Breiten.

a) *Luftdruck*. Der Luftdruck liefert die zuverlässigsten Wetterregeln. Gleichbleibender Luftdruck bedeutet beständiges Wetter.

Jede ungewöhnliche Änderung des Luftdrucks weist auf eine Änderung der Wetterlage hin.

Langsames und stetiges Steigen zeigt das Nahen eines Hochdruckgebietes an und läßt besseres Wetter erwarten.

Schneller Druckanstieg nach veränderlichem Wetter hat meist nur eine kurze Besserung zur Folge.

Langsames, stetiges Fallen bedeutet Nahen eines Tiefdruckgebietes, also Schlechtwetter und evtl. viel Wind.

Je schneller der Luftdruck fällt, desto schneller wird das schlechte Wetter da sein.

Mehr als 1 mbar Druckfall in der Stunde bedeutet Sturm.

Ist ein Barograph an Bord, läßt sich das noch etwas genauer erfassen.

Ist die Barographenkurve nach oben gekrümmt (voll), d. h. nimmt der stündliche Druckfall zu, besteht Verdacht auf Sturm.

Ist die Barographenkurve nach unten gekrümmt (hohl), d. h. nimmt der stündliche Druckfall ab, bleibt das Wetter erträglich, wenigstens solange man am Rand des Tiefdruckgebietes steht.

Bei Anwendung der Luftdruckregeln ist aber zu beachten, daß die

Luftdruckänderung, insbesondere auch die Form der Kurve durch die Fahrt und den Kurs des Schiffes beeinflußt wird, vor allem, wenn das Schiff in Zugrichtung des Tiefs oder entgegengesetzt läuft. Fährt ein Schiff z. B. in ein Tief hinein, wird ein zu schnelles Fallen des Luftdrucks vorgetäuscht.

b) *Wind.* Dreht der Wind, nachdem er tagelang aus derselben Richtung wehte, so deutet dies auf eine Wetteränderung hin.

Nimmt der Wind von Morgen bis Mittag zu und flaut dann gegen Abend ab, ist dies meist ein Anzeichen für beständiges Wetter.

Nimmt der Wind gegen Abend zu, ist Sturm und Niederschlag zu erwarten. Regelmäßiges Auftreten von Land- und Seewinden an der Küste bedeutet gutes Wetter, eine Störung dieser Erscheinung deutet auf eine Wetteränderung hin.

c) *Wolken.* Abweichungen vom täglichen Gang der Bewölkung über Land (im Küstengebiet) wie z. B. Abnahme der Haufenwolken zum Nachmittag und Wolkenaufzug am Abend zeigen eine Wetteränderung an.

Bewölkungsabnahme weist auf zunehmenden Hochdruckeinfluß hin. Bewölkungszunahme zeigt eine eventuelle Störung durch ein Tiefdruckgebiet an.

Im einzelnen:

Flache, niedrige, vereinzelte Haufenwolken am blauen Himmel bedeuten Schönwetter (Schönwetter-Cu).

Wolken in mehreren Schichten und Höhen bedeuten Wetterverschlechterung bzw. Fortdauer des veränderlichen Wetters.

Mittelhohe Wolken, die schnell gegen den Bodenwind aufziehen, zeigen einen vom Bodenwind abweichenden Höhenwind an. Nimmt Altostratus zu und verdichtet sich, so ist Regen in Sicht. Die Warmfront des Tiefs nähert sich.

Wenn mittelhohe Wolken nur in einzelnen lockeren Bänken (Schäfchenwolken) auftreten, bleibt das Wetter gut.

Hohe Wolken zeigen eine Wetteränderung nur an, wenn sie schnell zunehmen. Wenn sie aus W aufziehen (Windwolken, Windstreifen), künden sie schlechtes Wetter an. Je schneller sie aufziehen, desto eher schlägt das Wetter um. Zunächst werden immer tiefere, dichtere Wolken auftreten, dann setzt Regen ein.

Schnelle Bewölkungszunahme und Tieferwerden der Bewölkung mit fallendem Luftdruck zeigen einen Wetterumschlag an (Annäherung eines Tiefs). Stark aufquellende Wolkentürme bedeuten Böen und Gewitter. Bilden sich „Kappen" aus Cs um die Türme, so ist das ein fast sicheres Gewitteranzeichen.

d) *Sicht.* Dunst kann ein erstes Anzeichen einer Wetterverschlechterung sein. Aus der Durchsichtigkeit der Luft läßt sich auf die Art der

Luftmasse schließen. Arktikluft und maritime Polarluft haben große, Tropikluft geringe Durchsichtigkeit.

Tiefblaue Farbe des Himmels zeigt reine, meist arktische Polarluft an. Hellblaue Färbung des Himmels weist auf eine tropische Luftmasse hin. Auftreten außergewöhnlich guter Fernsicht gilt als Zeichen einer bevorstehenden Wetterverschlechterung mit Annäherung einer Front.

e) *Andere Erscheinungen.* Starkes Flimmern und Funkeln der Sterne verheißt schlechtes, stürmisches Wetter.

Steigt die Sonne blendend hell mit rötlichem Schimmer aus der Kimm und verschwindet dann in den Wolken, so bedeutet das Wind und Regen.

Verschwindet die Sonne leuchtend und klar in der Kimm oder hinter Haufenwolken mit hell beleuchteten Rändern, so gibt es gutes Wetter.

Verschwindet die Sonne dagegen abends in dunklen schwarzen Wolken, gibt es Regen.

Schwefelgelb-grünliche Sonnenuntergänge bedeuten schlechtes Wetter. Ringe um Sonne oder Mond bedeuten schlechtes Wetter.

Starkes Abendrot bedeutet gutes Wetter.

Starkes Morgenrot verheißt schlechtes Wetter.

Ein bleicher Mond bedeutet Regenwetter, ein silbriger mit scharfem Rand gutes Wetter.

Stehen an einem klaren Himmel nur wenige Sterne, kann man mit Niederschlag und Wind rechnen.

f) *Dünung.* Dünung kündet Stürme an aus den Meeresteilen, aus denen die Dünung kommt.

2.2 Radar als Hilfsmittel für die Wetterberatung

Da großtropfiger Regen die Zentimeterwellen des Radargerätes reflektiert, lassen sich auf dem Bildschirm des Radargerätes Niederschlagsgebiete erkennen. Aus ihrer Beobachtung kann man auch bei Nacht und wenn man noch weit entfernt von dem Niederschlagsgebiet ist, Schlüsse auf die kommende Sichtverschlechterung, Windstärkeänderung usw. ziehen und diese bei der Navigation evtl. berücksichtigen.

Von den in der Schiffahrt benutzten Wellen ist die 3-cm-Welle für diesen Zweck am geeignetsten. Es werden Tropfen von 1 mm Durchmesser noch angezeigt.

Besonders klar zeichnen sich *Kaltfronten* ab, deren Wolken sehr großtropfigen Regen enthalten. Sie zeigen auf dem Bildschirm eine bandartige oder linienhafte, an der Vorderseite scharf begrenzte Form (s. Abb. 114). Wenn man ihr Wandern über den Bildschirm beobachtet, wird man rechtzeitig vor den Windrichtungs- und -stärkeänderungen gewarnt, die mit dem Passieren der Kaltfront verbunden sind.

Warmfronten sind meistens schlechter auszumachen. Die Anzeige auf dem Bildschirm ist nicht so ausgeprägt, weil ihre Wolken nur kleinere Regentropfen enthalten.

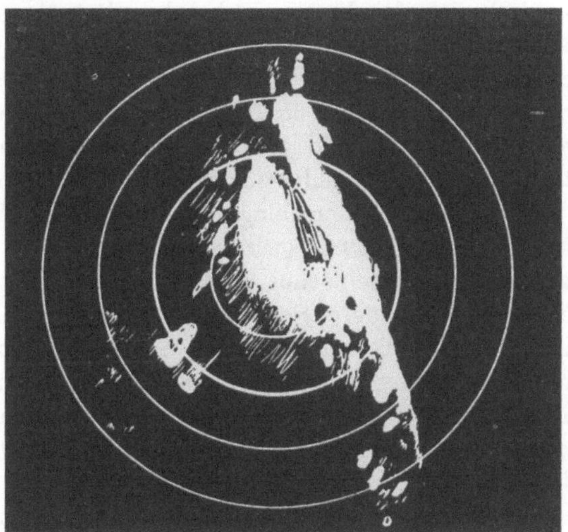

Abb. 114. Kaltfront auf dem Radarbildschirm (Wetterlotse 76).

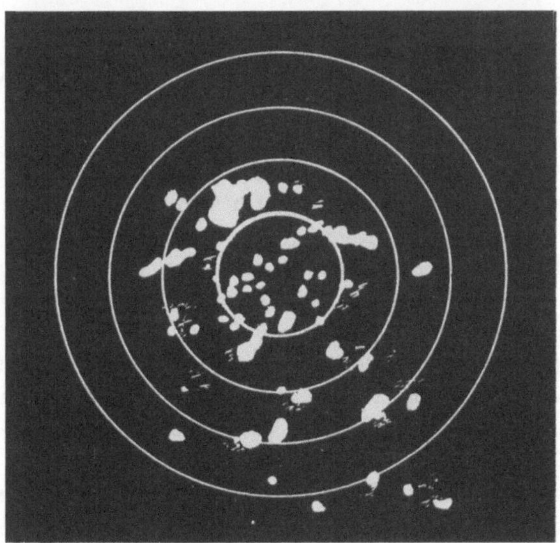

Abb. 115. Schauer auf dem Radarbildschirm (Wetterlotse 76).

Sehr gut lassen sich einzelne Schauer großtropfigen Regens erkennen, wie sie etwa in den Tropen oder bei Gewitter auftreten (Abb. 115).

Vor allem aber erkennt man die Regengebiete eines tropischen Orkans, wie das in **(II.5.5.6)** schon behandelt wurde. Wenn auch der Meßbereich eines Schiffsradargerätes nicht ausreicht, um einen vollständigen Überblick über einen tropischen Wirbelsturm vom Rande bis zum Auge zu gewinnen, so ergeben sich doch wesentliche Hinweise. In unmittelbarer Nähe der Orkane läßt sich allerdings manchmal auch die Lage der intensivsten Niederschläge und das Zentrum mit dem Radargerät bestimmen. Aber eine solche Annäherung sollte vermieden werden. Bezüglich der Windentwicklung ist aber immer zu bedenken, daß Sturmfelder mit einem Radargerät nur erfaßt und geortet werden können, wenn sie durch charakteristische Niederschlagsfelder gekennzeichnet sind und die von dort ausgehenden Niederschlagsechos auf ihrem Wege nicht durch andere Niederschlagsfelder absorbiert werden.

Manchmal auftretende Scheinechos *(angles)* täuschen gelegentlich auch Niederschlag, insbesondere Schauer vor, obwohl die gesamte Wetterlage keine Anhaltspunkte dafür bietet. Sie sind auf starke Änderungen des Brechungsindexes in den unteren Luftschichten zurückzuführen und auf Grund ihres gesamten Verhaltens bezüglich ihrer Verlagerung bei einiger Übung meist von echten Echos gut zu unterscheiden. Auch die bei besonderen atmosphärischen Verhältnissen — Inversionslagen — zeitweise auftretenden Überreichweiten können zu Täuschungen und Verwirrung führen.

2.3 Wettervorhersage nach der Wetterkarte

Die Sicherheit der Vorhersage des Wetters in den Wetterberichten beträgt 85—90%. Der wahrscheinliche Fehler wird um so größer, je weiträumiger das Gebiet ist, für das die Vorhersage gelten soll, und je größer der Zeitraum ist, für den sie gelten soll. Zu beachten ist, daß die Schilderung der Wetterlage selbst nur für den Termin gilt, zu dem die zugrunde liegenden Beobachtungen gemacht wurden.

Ein klares Bild der Wetterlage zur Zeit der Beobachtung gibt nur eine Wetterkarte. Auch kleinere Schiffe, die nur die Seewetterberichte über Rundfunk aufnehmen, sollten sich in Vordrucke, die vom Seewetteramt herausgegeben werden, die Lage der H und T, die zusammen mit der Verlagerungstendenz angegeben wird, einzeichnen und ein Bild zu gewinnen suchen, indem sie die Isobaren einzeichnen (s. Beispiel in **V.1.1**).

Das Bild kann in Einzelheiten verbessert werden nach den eigenen Beobachtungen und durch Auswerten und Eintragen der Meldungen benachbarter Schiffe, woraus sich eventuell auch eine Ergänzung der vorliegenden Prognose des Berichtes ergibt.

Für die Auswertung von Wetterkartenskizzen bzw. aktuellen Wetterkarten ist es vorteilhaft, wenn der Seemann Kenntnisse von dem klimatischen Hintergrund der Wetterlage und den Typen der Großwetterlagen besitzt. Er ist dann leichter in der Lage zu beurteilen, ob es sich um eine der Jahreszeit entsprechende normale oder anomale Wetterlage und Entwicklung handelt, was für die Vorhersage von ausschlaggebender Bedeutung sein kann.

Im übrigen geht man so vor, daß man das gewonnene Wetterkartenbild im Sinne der angegebenen Verlagerungstendenz verschiebt. Auf diese Weise erhält man eine *allgemeine Wettervorhersage*.

Diese so abgeleitete Prognose kann durch die Beobachtung des Luftdrucks und Beachtung der wirklichen Winddrehung kontrolliert werden. (Man beachte die Verfälschung des Windes durch die Eigenbewegung des Schiffes.) Dabei gilt für Nordbreite:

> Zieht ein Tief im Norden des Schiffes vorbei, muß der Wind rechts drehen.
>
> Zieht ein Tief im Süden des Schiffes vorbei, muß der Wind links drehen.

Wird zu jedem Beobachtungstermin eine Wetterkarte gezeichnet oder aufgenommen, was unbedingt zu empfehlen ist, kann die Verlagerungsrichtung und -geschwindigkeit der Druckgebilde und Fronten durch Vergleich aufeinanderfolgender Karten erkannt und für die weitere Voraussage ausgenutzt werden, denn die Änderung bleibt meistens mehrere Tage lang gleichartig. Auch die statistisch gewonnenen Zugstraßen können als Anhalt herangezogen und mit der vorliegenden Bahn verglichen werden (**II.4.6**).

Weitere Hinweise liefert die Zyklonentheorie. Danach gelten folgende Sätze:

Ein Tief verlagert sich dahin, wo der Wind, verglichen mit dem Gradienten schwach ist und überhaupt nur leichte Winde wehen. Das Tief wandert in der Regel senkrecht zum Temperaturgefälle, dabei liegt auf der Nordhalbkugel die warme Seite rechts, auf der Südhalbkugel links.

Das Tief wandert in der Richtung des stärksten Luftdruckfalles. Die Durchschnittsgeschwindigkeit einer Zyklone auf dem Atlantik beträgt 15—20 kn. Sie nimmt ab mit der Annäherung an ein stationäres Hoch sowie beim Übertritt des Tiefs auf Land.

Die Tiefs wandern links von dem steuernden Hoch, das am kräftigsten entwickelt ist.

Zyklonen folgen den Höhenströmungen. Die Isobarenrichtung im Warmsektor zeigt etwa die Richtung der Höhenströmung und damit die Wanderungsrichtung der Zyklone an. Die Geschwindigkeit beträgt etwa 0,8 des aus dem Isobarenabstand im Warmsektor abgeleiteten Gradientwindes.

Eine fast oder ganz okkludierte Zyklone verlangsamt ihre Bewegung, wobei sie die Tendenz hat, nach links auszuscheren. Große okkludierte Zyklonen bewegen sich sehr langsam und unregelmäßig. Sie werden auch Zentraltiefs genannt und steuern kleinere Tiefs.

Eine Zyklone mit zu starkem Wind auf ihrer Vorderseite wird stationär und füllt sich auf.

Zyklonen folgen meist in Serien, in denen die nächste Zyklone immer etwas südlicher ansetzt als die vorhergehende.

Wichtig ist auch die Beachtung der Druckanstieg- und -fallgebiete, die sich durch Vergleich aufeinanderfolgender Karten bestimmen lassen. Hochs bewegen sich immer dahin, wo der Druck am stärksten steigt, Tiefs dahin, wo der Luftdruck am stärksten fällt.

Ist der Druckfall vor dem Tief stärker als der Druckanstieg dahinter, wird sich das Tief vertiefen. Überwiegt umgekehrt der Druckanstieg, wird es sich auffüllen.

Je größer der Warmsektor einer Zyklone ist und je größer die Gegensätze zwischen Kalt- und Warmluft sind, desto vertiefungsfähiger ist die Zyklone.

Tiefs bewegen sich oft in der Richtung, in der das Niederschlagsgebiet am weitesten vorgeschoben ist.

Teiltiefs, die eine Hauptzyklone begleiten, bewegen sich unregelmäßig. Oft wandern sie in Richtung der Hauptzyklone, aber oft umkreisen sie diese auch im zyklonalen Sinn.

Tiefdruckausläufer liegen nach 24 Stunden etwa an der Stelle des vorausgehenden Hochdruckkeiles, dieser an der Stelle des vorausgehenden Tiefdruckausläufers.

Die Windrichtung entspricht im allgemeinen dem Verlauf der Isobaren, die Windstärke dem Abstand der Isobaren.

Niederschlag ist zu erwarten vor der Warmfront in einer Zone bis zu 200 sm Breite (Landregen), in der Warmfront evtl. Sprühregen. In der Kaltfront sind Schauer, evtl. Gewitter und Hagel, auch Wolkenbrüche, hinter der Kaltfront im Rückseitenwetter vereinzelte Schauer zu erwarten.

Die Sicht ist in den verschiedenen Luftmassen verschieden gut. Dringen warme Luftmassen in kältere Gegenden vor, so gibt es diesiges Wetter oder auch Nebel. Polare Kaltluft bringt gutsichtiges Wetter.

Um die Verlagerung von *Fronten* besser zu beurteilen, können nachfolgende Regeln nutzbringend angewendet werden.

Fronten verschieben sich in Richtung des Windes. Kaltfront und Okklusion wandern etwas rascher, Warmfronten langsamer, als es dem Bodenwind entspricht.

Die Geschwindigkeit einer Front wird weitgehend von der Größe der frontsenkrechten Komponente des Windes bestimmt, die von der Anzahl der Isobaren abhängt, welche die Front schneiden. Eng zusammengedrängte Isobaren, die eine Front kreuzen, sind ein Anzeichen für schnelle Bewegung der Front.

Eine Warmfront bewegt sich um so schneller, je mehr der Druck vor ihr fällt, eine Kaltfront um so schneller, je mehr der Druck hinter ihr steigt.

Eine isobarenparallele Front ist stationär oder bewegt sich langsam, während der Frontcharakter sich abschwächt oder verschwindet. Eine Front, die in der Achse eines Troges liegt und von keiner Isobare geschnitten wird, ist stationär, wenn die Druckänderungen nicht so sind, daß sich der Trog als Ganzes verlagert. In diesem Falle wandert die Front mit dem Trog.

Wenn eine Okklusion sich einem stationären (kontinentalen oder blockierenden) Hoch nähert, nimmt ihre Verlagerungsgeschwindigkeit ab.

Warmfronten bewegen sich gewöhnlich 70—50% langsamer, als der senkrecht zur Front ermittelte Gradientwind anzeigt. Die zur Abschätzung der Verlagerungsgeschwindigkeit der Zyklonen und Fronten benötigte Windgeschwindigkeit läßt sich beim Fehlen von Windmeldungen in der Wetterkarte leicht mit einem von W. Rudloff berechneten Nomogramm (Abb. 116) ermittelt werden. Diese Nomogramme, in denen die Entfernungseinheit der Breitengrad = 60 sm ist, sind für alle Kartenprojektionen und Maßstäbe brauchbar. Jeder Teil der Nomogramme gilt für einen bestimmten zyklonalen *Krümmungsradius* der Isobaren. Es bedeuten also $r = 1 = 1$ Breitengrad = 60 sm Krümmungsradius, $r = 10 = 10$ Breitengrade = 600 sm Krümmungsradius und $r = \infty$ = unendlicher Krümmungsradius, d. h. geradlinige Isobaren. Man entnimmt r der Isobarenkarte mit dem Zirkel, indem man den entsprechenden Isobarenabschnitt durch ein Stück eines Kreisbogens annähert. Der Radius des dazugehörigen Kreises ist dann der Krümmungsradius, der in Breitenkreisen zu rechnen ist. Bei antizyklonaler Krümmung kann geradlinig gerechnet und dem Resultat dann ein kleiner Zuschlag erteilt werden, wenn Krümmung und Druckgefälle gelegentlich einmal stärker sind.

Die Waagerechten in jedem Diagrammteil bezeichnen die geographische Breite (8—90°), weil die Windgeschwindigkeit in bezug auf das Druckgefälle auch von der geographischen Breite abhängig ist.

Die senkrechten Linien geben nach der untenstehenden Skala d_1 die Distanz der *Einer-Isobaren* (von 0,1° = 6 sm bis 6° = 360 sm) an. Da aber in den Luftdruckkarten meist größere Isobarenabstände auftreten, sind Hilfsskalen für Abstände von 2,5; 4, 5 und 10 mbar noch in das Nomogramm aufgenommen. $d_1 = 1,2$ entspricht z. B. $d_5 = 6$ und $d_{10} = 12$ (Abstand 10 mb = 12 Breitengrade = 720 sm) die gleiche Senkrechte.

Aus den *schrägen Linien* findet man die Windgeschwindigkeit in Knoten, von 5 zu 5 kn bis zu Orkan.

Zum Beispiel ergibt sich aus einer Isobarenkarte mit etwa geradlinigen Isobaren um 50° N mit Isobarenabständen von 5 mbar für den Abstand von 1005—1010 mb 90 sm, d. h. $d_5 = 1{,}5$, bzw. $d_1 = 0{,}3$ Breitengrad. In diesem Fall ist der Nomogrammteil $r = \infty$ zu benutzen. In diesem geht man die Waagerechte 50° nach rechts bis zum Schnittpunkt mit der Senkrechten $d_1 = 0{,}3$, bzw. $d_5 = 1{,}5$. Die durch diesen Punkt gehende schräge Linie gibt die Windgeschwindigkeit in kn, in diesem Falle

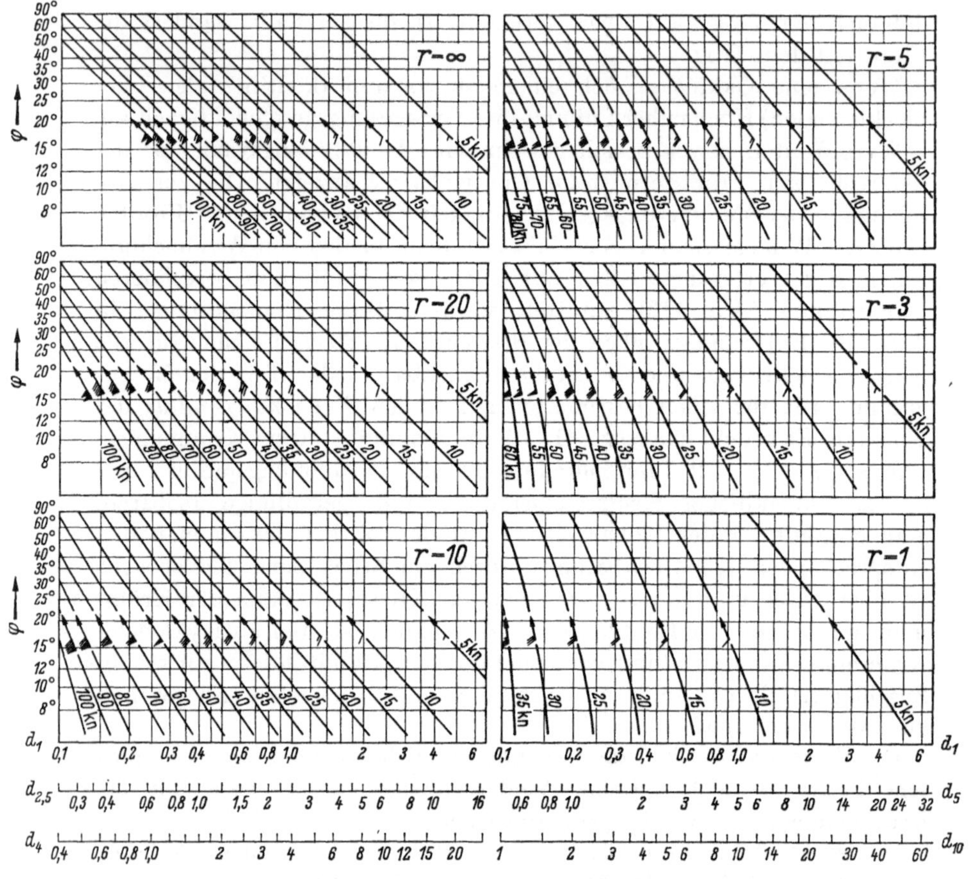

Abb. 116. Wind-Nomogramm nach Rudloff.

30 Knoten. Es wäre also für den Wind 30 kn oder Beaufort 7 anzusetzen.

In der Praxis werden natürlich nicht immer solche Schnittpunkte vorhanden sein. Dann muß interpoliert werden.

Es ist zu bedenken, daß diese Nomogramme für 0,7 (= 70%) des Gradientwindes berechnet sind, also den mittleren Bodenwind für diesen Gradienten geben. Das stimmt aber nicht immer. In ausgesprochener Kaltluft (Luft wesentlich kälter als Wasser, Rückseiten-Wetter mit Quellbewölkung, evtl. Schauertätigkeit) wird die mittlere Windgeschwindigkeit über dem ermittelten Wert liegen. Es ist dann etwa mit 0,8 bis 0,9 des Gradientwindes zu rechnen und zu dem aus dem Nomogramm errechneten Wert ein entsprechender Zuschlag zu machen (dividieren durch 7 und multiplizieren mit 8 oder 9). In ausgesprochener Warmluft (Luft wärmer als Wasser) ist die Beaufort-Stärke bzw. Windgeschwindigkeit etwas geringer als mit dem Nomogramm ermittelt wird, etwa nur 0,6 des Gradientwindes. Es ist also auch dann gegebenenfalls eine entsprechende Berichtigung anzubringen.

Weitere allgemeine Regeln und wichtige Hinweise mit instruktiven Beispielen sind auch in der deutschen Fassung der Technischen Note Nr. 72 der WMO „Zeichnung und Nutzung von Wetterkarten . . .‟ zu finden.

Bei allem ist jedoch zu beachten, daß von diesen allgemeinen Regeln starke örtliche Abweichungen möglich sind, was besonders für küstennahe Gebiete gilt.

Handelt es sich bei den auszuwertenden Wetterkarten nicht um einfache Wetterlagenskizzen oder Analysen, sondern um Faksimile-Wetterkarten, die ein getreues Abbild der von den Meteorologen erarbeiteten Karten darstellen, so hat deren Auswertung nach den gleichen Regeln zu erfolgen. Im allgemeinen wird hierbei aber die Beurteilung der Wetterentwicklung und Aufstellung einer Vorhersage wesentlich dadurch erleichtert, daß neben den Analysen noch Vorhersagekarten ausgestrahlt werden. Diese werden mit rechnerischen Methoden, denen die geltenden physikalischen Gesetze zugrunde liegen, ermittelt und geben zumeist ein gutes Bild für die 24 Stunden später zu erwartende Lage. Zahlreiche Hinweise für das Arbeiten mit solchen Fax-Wetterkarten mit vielen Beispielen von Wetterlagen und ihrer Ausnutzung sind in der Faxfibel von M. Rodewald zu finden. Sie stellt für das Auswerten von Fax-Wetterkarten ein wichtiges Hilfsmittel dar.

3. Beispiele von Wetterlagen über dem Nordatlantik und dem europäischen Raum

Typische Wetterlagen über unserem Raum sind folgende:

1. *West-Wetterlage.* Diese Wetterlage mit Westwinden ist für uns die wichtigste. Sie kann zu allen Jahreszeiten auftreten und ist charakterisiert durch ein stationäres Hoch über den Azoren und ein Zentraltief zwischen Island und Finnland. Auf der Westflanke des Tiefs befördert der Nordwind kalte Polarluft nach Süden, während auf der Westflanke des Hochs Südwind Warmluft nach Norden transportiert. Dadurch entsteht eine Frontalzone, in der laufend West—Ost ziehende Zyklonenserien erzeugt werden. Das Wetter ist bei uns dann wechselhaft ent-

sprechend der Zyklonenwetterfolge (häufige Niederschläge, von kurzen Aufheiterungen unterbrochen, lebhafte Winde).

2. *Nord-Wetterlage.* Ein stationäres Hoch liegt über dem Ostatlantik und England, ein Zentraltief über dem baltischen Raum und der Ostsee. Die Zufuhr arktischer Kaltluft aus Nord bringt ausgesprochenes Schauerwetter. Typisches „Aprilwetter". Es dauert immer nur wenige Tage. Aufklarende Nächte bringen Nachtfrostgefahr. Diese Wetterlage tritt vor allem im Frühjahr auf und ist typisch für die Frühjahrskälterück-

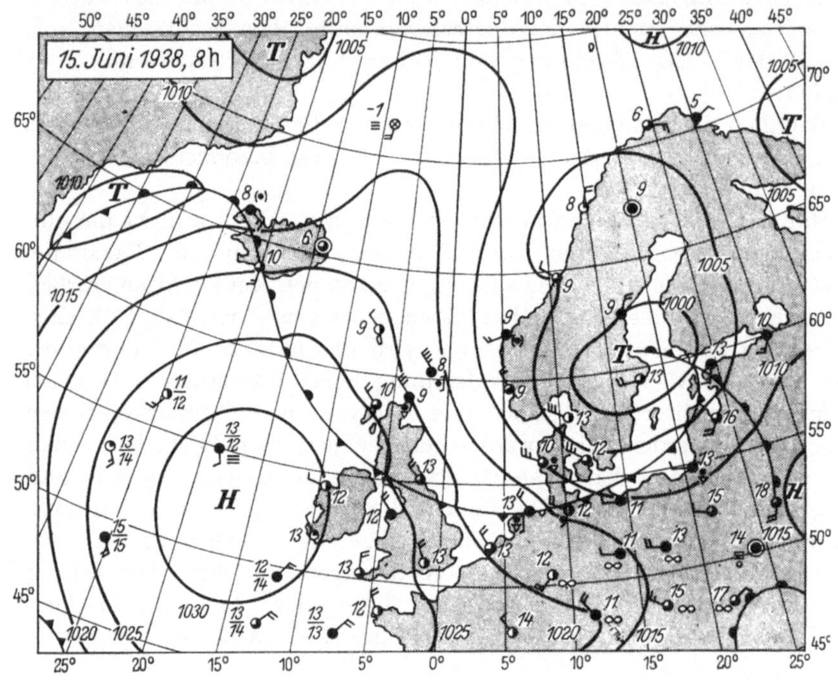

Abb. 117. Sommer-Monsunlage über Europa.

fälle Ende März, die „Eisheiligen" (um den 11. Mai) und die „Schafkälte" (um den 10. Juni).

3. *Ost-Wetterlage.* Sie ist gekennzeichnet durch ein stationäres Hoch über Skandinavien und ein Zentraltief über dem Mittelmeer. Die dadurch bedingte Zufuhr kontinentaler Luftmassen aus Ost bringt im Sommer Hitze und Trockenheit, im Winter starke Kälte. Um das Hoch herumgesteuert treten gelegentlich rückläufige Zyklonen auf, die Ost—West ziehend starke Schneefälle über Norddeutschland bringen. Diese Wetterlage ist relativ stabil und hält meist länger an.

4. *Süd-Wetterlage.* Deutschland liegt an der Flanke eines stationären Hochdruckgebietes über Osteuropa. Die vorherrschenden Südwinde

bringen kontinentale Warmluft, deren Temperatureinfluß durch Föhnwirkung am Nordrande der Alpen verstärkt wird. Deutschland hat dann meist länger anhaltendes Schönwetter mit geringer Bewölkung und nur unwesentlichen Niederschlägen, vor allem im Sommer. Im Herbst tritt teilweise leichter Nebel auf.

5 Die *Monsunwetterlagen* wurden schon in (**II.3.5**) erwähnt. Die Abb. 117 zeigt eine Sommermonsunlage für Europa in einem typischen Beispiel.

4. Möglichkeiten langfristiger Wettervorhersagen und ihrer Nutzung

Für die Wahl einer bestimmten Reiseroute wäre es häufig wichtig, Wettervorhersagen über einen längeren Zeitraum zu erhalten, jedenfalls den Witterungscharakter der nächsten Wochen zu erkennen.

Während eine Wettervorhersage für 1—2 Tage durch Anwendung physikalischer Überlegungen und Gedächtnisregeln auf Wetterkarten, die ein genaues Bild der augenblicklichen Wetterlage geben, ziemlich weitgehend möglich ist, macht die Voraussage über längere Zeiträume ungeheure Schwierigkeiten und ist noch nicht gelöst. Zwar sind in den letzten Jahren auch auf diesem Gebiet gewisse Fortschritte erzielt worden, so daß jetzt wenigstens mittelfristige Voraussagen über 3—5 Tage, gestützt auf 3—5tägige Vorausberechnungen der Druckverteilung der 500 mb-Fläche, mit einiger Sicherheit möglich sind. Dies läßt sich jedoch nur in den Zentralstellen größerer meteorologischer Dienste durchführen, die mit entsprechenden Großrechenanlagen ausgestattet sind. Diese Ergebnisse werden aber über Faksimile auch an kleinere Dienststellen als fertige Arbeitsunterlagen weitergegeben und dienen z. B. im Seewetteramt mit als Grundlage für die Ausgabe von Routenberatungen. Längerfristige Vorhersagen über diesen Zeitraum hinaus sind noch nicht mit ausreichender Sicherheit möglich, obgleich auch daran in vielen Ländern sehr intensiv gearbeitet wird.

In Deutschland wurde die langfristige Witterungsvorhersage schon 1935 von F. Baur in Angriff genommen, der in seinem ,,Forschungsinstitut für langfristige Witterungsvorhersage" in Homburg v. d. H. für die Sommermonate sogar schon Zehntagevorhersagen regelmäßig veröffentlichte.

Wie auch schon von F. Baur so wird auch heute noch bei der langfristigen Wettervorhersage, bzw. den Versuchen dazu, viel mit statistischen Methoden und ,,*ähnlichen Fällen*" gearbeitet. Dies bedeutet aber in jedem Falle sehr umfangreiche und verschiedenartige Vorarbeiten. So wurden z. B. zur Betrachtung ähnlicher Fälle alle Wetterlagen seit 1880 karteimäßig aufgenommen, um daraus ähnliche Lagen herauszusuchen zu können und aus deren Entwicklung auf den vorliegenden Fall zu schließen. Leider zeigte sich aber, daß ähnliche Wetterlagen eine ganz verschiedene Vorgeschichte haben können und sich sogar bei ähnlicher Vorgeschichte verschiedenartig weiterentwickeln können. Dies erschwert die Arbeit erheblich. Glücklicherweise schälen sich aber einige besondere *Wettertypen* heraus, in denen sich das Wetter bei gleichen Ursachen auch ähnlich entwickelt.

Auf diese Weise sind gewisse *Großwetterlagen* herausgearbeitet worden, die für längere Zeit den Witterungscharakter eines Gebietes beherrschen. Reicht z. B. das Azoren-Hoch bis Mitteleuropa, so bedeutet das für Deutschland eine Reihe von schönen Tagen. Diese Großwetterlagen haben eine ausgesprochene jährliche Periode, die mit der ungleichen Bestrahlung der Erde in den verschiedenen Jahreszeiten zusammenhängt. Die Perioden der Großwetterlagen hängen aber darüber hinaus auch noch von verschiedenen anderen Faktoren ab, so daß sie nur beschränkt brauchbar sind.

Da sich in verschiedenen meteorologischen Elementen auch periodische oder quasiperiodisch wiederkehrende Schwankungen zeigen, wurde versucht, auch diese für langfristige Wettervorhersagen nutzbar zu machen. Wie durch harmonische Analyse die Gezeitenvorgänge in Einzeltiden aufgelöst und aus diesen rückwärts berechnet werden können, wurden auch in den Luftdruckkurven einzelne Luftdruckwellen gefunden, mit deren Hilfe man den Luftdruck für einige Zeit vorauszuberechnen versuchte. Doch eignet sich dieser Weg nicht für eine schnelle Voraussage. Auch das Aufsuchen gewisser *Rhythmen*, die immer wiederkehren und häufig *Spiegelungspunkte* aufweisen, brachte keinen Erfolg, weil diese Wellen nicht beständig genug sind und die mit ihnen verbundene Verlagerung von großräumigen Luftmassen verschiedener Temperatur und Eigenschaften nur schwer zu überblicken ist.

Eine andere Möglichkeit bietet die Korrelationsrechnung, mit der die Beziehungen zwischen verschiedenen Witterungselementen, die mehr oder weniger fest sein können, durch mathematisch errechnete *Korrelationskoeffizienten* zum Ausdruck gebracht werden können wie z. B. der Satz: Wenn im Mai bei Mauritius hoher Luftdruck herrscht, gibt es viel Monsunregen in Indien. Selbstverständlich gehört es auch zu dieser Methode, daß die physikalischen Hintergründe dieser Korrelation aufgehellt werden, wenn sie für die Vorhersage nutzbar gemacht werden soll, weil jede derartige Korrelation nur im Zusammenhang mit anderen großräumigen Beziehungen gesehen werden kann. Übrigens sind auch viele unserer volkstümlichen Bauernregeln ein Ausdruck derartiger Zusammenhänge, wenn auch ihr physikalischer Hintergrund noch nicht immer restlos geklärt ist.

Auch die Frage, ob äußere, d. h. *kosmische Einflüsse* auf das Wetter vorhanden sind, wurde in bezug auf langfristige Schwankungen oft untersucht. Das gilt insbesondere für den immer wieder zur Debatte gestellten Einfluß des Mondes. Tatsächlich gibt es eine periodische Beeinflussung der Lufthülle durch den Mond in Form von Ebbe und Flut. Aber die Amplitude dieser Welle beträgt nur 0,013 mbar, während für Wetteränderungen über 5, ja bis zu 40 mbar Luftdruckfall nötig sind. Die Behauptung, daß bei zunehmendem Mond schönes Wetter eintrete, oder daß bei Voll- und Neumond Neigung zu Witterungswechsel besteht, konnte aus dem vorliegenden 50jährigen Material nicht bestätigt werden. den.

Einflüsse der Planeten sind ebenfalls nicht mit Sicherheit nachgewiesen.

Schwankungen der Sonneneinstrahlung (Solarkonstante) sind zwar vorhanden, aber viel kleiner als man früher nach unvollkommenen Beobachtungsmethoden annehmen mußte. Auch die Sonnenflecken, deren elfjährige Periode lange bekannt ist, haben nur einen sehr unsicher nachweisbaren Einfluß.

Irdische Einflüsse, die man beachten muß, rühren vor allem von den Meeresströmungen und ihren Schwankungen her.

Auch das *Eis* der Polargebiete beeinflußt die Witterung. Von den Eismassen um den Nordpol herum schmilzt im Sommer eine große Menge (rund 40000 km³). Ein großer Teil des Eises wandert nach Süden. Schwankungen des Eisvorkommens wirken auf die Witterung der Gebiete, in die das Eis kommt. So wird die Temperatur der nordisländischen Küste weitgehend durch die Eisverhältnisse im Polargebiet diktiert.

Auch Staubmassen von *Vulkan-Ausbrüchen* können sich auswirken, indem sie die Luft trüben und dadurch die Sonnentrahlung abhalten. Das hat wiederum evtl. eine Änderung der mittleren Temperatur der Atmosphäre in gewissen Gebieten und damit eine Änderung der Zirkulation zur Folge.

Alle diese Fragen sind jedoch noch weit entfernt von einer Lösung und bedürfen noch vieler eingehender Untersuchungen, so daß an langfristige Vorhersagen zur Zeit noch keine hohen Anforderungen gestellt werden sollten.

VI. Meteorologische Navigation

1. Grundsätzliches zur meteorologischen Navigation

Sich den Wetterverhältnissen anzupassen, ist für den Segler selbstverständlich. Aber auch Dampfer und Motorschiffe, die es sich zunächst im sicheren Gefühl ihrer Maschinenkraft leisten zu können glaubten, ohne Rücksicht auf die meteorologischen Verhältnisse auf dem kürzesten Wege durchzufahren, um die Reisedispositionen innezuhalten,

Die folgende Tabelle von H. Seilkopf (Seewart 1934, S. 154) gibt an, wieviel Seemeilen man gewinnen kann, wenn man nicht auf dem direkten Weg „gegenanboxt" und Fahrt verliert, sondern einen Umgehungsweg wählt, der normale Fahrt gestattet.

Die Tabelle ist bezogen auf 1000 Seemeilen.

Gewinn in Seemeilen auf dem Umgehungskurse, bezogen auf 1000 sm

Für 1000 sm	Normale Fahrt auf dem Umgehungskurs in kn															
Reduzierte Fahrt bei „Gegenanboxen" in kn	11	12	13	14	15	16	17	18	19	20	21	22	23	24	25	26
10	100	200	300	400	500	600	700	800	900	1000	1100	1200	1300	1400	1500	1600
11		91	182	273	364	455	545	636	727	818	909	1000	1091	1182	1273	1364
12			83	167	250	333	417	500	583	667	750	833	917	1000	1083	1167
13				77	154	231	308	385	462	538	615	692	769	846	923	1000
14					71	143	214	286	357	429	500	571	643	714	786	857
15						67	133	200	267	333	400	467	533	600	667	733
16							63	125	188	250	313	375	438	500	563	625
17								59	118	176	235	294	353	412	471	529
18									56	111	167	222	278	333	389	444
19										53	105	158	211	263	316	368
20											50	100	150	200	250	300
21												48	95	143	190	238
22													45	91	136	182
23														43	87	130
24															42	83
25																40

Beispiel: In derselben Zeit, die ein Dampfer mit 18 kn Betriebsgeschwindigkeit braucht, um auf einer Sturmstrecke von 1000 sm mit 15 kn gegen Wind und See mit forcierter Maschine anzuboxen, kann er einen 200 sm längeren, von Wind und Seegang weniger betroffenen Umgehungsweg mit voller Geschwindigkeit ohne Zeitverlust zurücklegen und dabei wesentlich ruhiger fahren.

mußten bald einsehen, daß es klug ist, die Wetterlage zu berücksichtigen, um Schiff, Ladung und Menschen zu schonen. Die Steigerung der Geschwindigkeiten hat zu einer derartig großen Abhängigkeit von Wind und Seegang geführt, daß moderne Schnelldampfer auf hoher See gefährlichen Sturmlagen ausweichen oder die Fahrt reduzieren müssen. Die *Fahrtverluste* bei *Durch*fahren in schwerem Wetter sind oft so groß, daß das Schiff auf einem längeren Weg schneller zum Ziel kommt (s. die Tabelle auf S. 281).

Das Aufsuchen günstiger und das Vermeiden ungünstiger Wetterlagen mit dem Ziel, die Reise möglichst zu beschleunigen und dabei Schiff, Ladung und Menschen zu schonen, ist meteorologische Navigation.

Praktisch sind einer meteorologischen Navigation Grenzen gesetzt, 1. durch Kursbindungen, 2. durch die Art, Größe und Ladung des Schiffes, 3. durch den Aktionsradius des Schiffes (Bunkervorrat, Bunkermöglichkeiten).

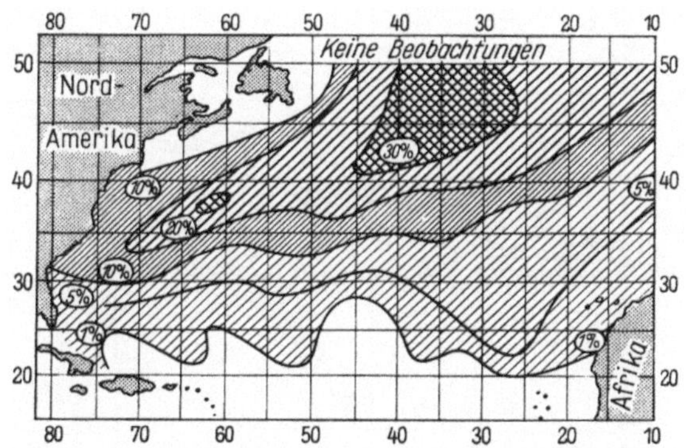

Abb. 118. Karte der Sturmhäufigkeit auf dem Nordatlantik (Winter).

Vorbedingung für jede meteorologische Navigation ist 1. die genaue Kenntnis der *mittleren* Wind-, Wetter- und Strömungsverhältnisse auf der einzuschlagenden Route, 2. die Fähigkeit, aus den bekannten meteorologischen Tatsachen die richtigen Schlüsse zu ziehen, 3. die Fähigkeit, Einzelbeobachtungen für die Beurteilung des Gesamtbildes heranzuziehen und richtig einzufügen.

Hilfsmittel sind 1. die eigenen Beobachtungen von Wind und Wetter, 2. die Beobachtungen benachbarter Schiffe, 3. die eingeholten Wetterberichte und 4. die Angaben der Monatskarten, Atlanten und Seehandbücher, welche die mittleren Verhältnisse der zu durchfahrenden Strecke angeben.

Handelt es sich darum, schon den Kurs von Küste zu Küste meteorologisch richtig zu wählen, spricht man von *meteorologischer Navigation im großen.* Sie erfordert die Kenntnis der mittleren Wind- und Stromverhältnisse und der herrschenden *Groß*wetterlage.

Ein typisches Beispiel dafür ist die Wahl des Weges für schwache Dampfer im Winter auf dem Wege von Europa nach Nordamerika. Auf dem direkten Wege vom Englischen Kanal nach New York würde die Route gerade durch das Gebiet der größten Sturmhäufigkeit (um 40°) führen, wo im Winter über 25% der Beobachtungen Windstärke 8 und mehr ergeben (s. Abb. 118), und der größten Veränderlichkeit des Wetters, die man sich denken kann. Der Weg, den die deutsche Seewarte in den Monatskarten und Dampferhandbüchern für schwache Dampfer vorschlug (s. Abb. 119), weicht diesen Sturmgebieten bis in

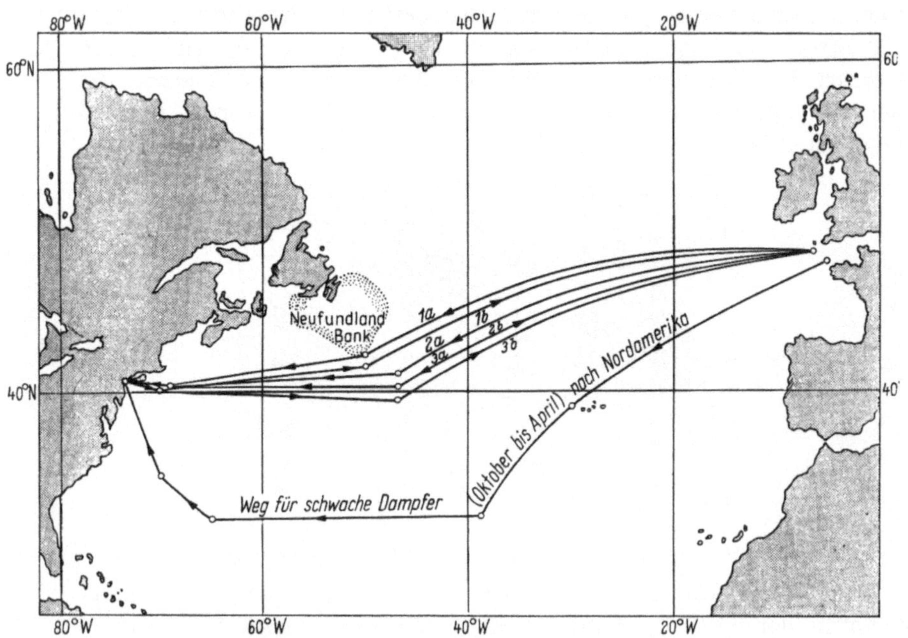

Abb. 119. Vereinbarte Schiffswege zwischen Bishop Rock und New York.
1a, 1b [Weg C]: 1. Juli bis 10. April; 2a, 2b [Weg B]: 11. April bis 30. Juni; 3a, 3b [Weg A]: nur in besonders eisreicher Zeit.

die Nähe des Roßbreitenhochs aus und bedeutet einen Umweg von bis zu 1300 sm Winter (im Sommer nur 118 sm). Ob dieser Weg gefahren werden kann, hängt natürlich vom Brennstoffvorrat ab. Der mittlere Weg kann evtl. bei günstigen Wetterverhältnissen, die aus Wetterkarte und Wetterberichten zu entnehmen sind, auch nördlicher gelegt werden. Umwege machen sich um so mehr bezahlt, je kleiner und schwächer das Schiff ist.

Weitere Beispiele meteorologischer Großnavigation werden in der Folge gesondert besprochen.

Nach M. Rodewald (Wetterlotse Nr. 75) kann der Begriff der Großnavigation verfeinert werden, indem man *Klima-* und *Witterungsnavigation* unterscheidet. *Klima* ist der atmosphärische Zustand eines Gebietes im Mittel vieler Jahre. Plant man seine Reise nach diesen mittleren Verhältnissen, indem man die Handbücher, Monatskarten, Klima-Atlanten usw. auswertet, so hat man *Klima-Navigation* getrieben.

Berücksichtigt man aber außerdem die wirklich herrschende Großwetterlage, die Luftdruck- und Windverhältnisse, die für die nächsten Wochen bzw. Tage, in denen die Reise stattfinden soll, zu erwarten sind, also die *Witterung* des Zeitraumes, so ist das *Witterungsnavigation*.

Grundlage für eine erfolgreiche Witterungsnavigation müßte eine gute Mittelfrist-Vorhersage sein, die heute bei vielen Lagen zwar schon mit einiger Sicherheit möglich ist, aber für die spezielle Beratung einer Witterungsnavigation doch noch der Auswertung durch einen Meteorologen bedarf, denn nur unter bestimmten Umständen kann man allein aus einer Folge von Wetterkarten der letzten Tage auf die weitere Tendenz schließen.

Mittelfristige Vorhersagen bzw. Vorhersagekarten und weitere zusätzliche Unterlagen, die nur den meteorologischen Diensten zur Verfügung stehen, im Zusammenhang mit besonderen auf die Erfordernisse der Schiffahrt ausgerichteten Überlegungen sind die Grundlage für die *Routenberatungen*, die heute schon von vielen maritimen Diensten, u. a. auch vom Seewetteramt (s. **IV.2.3.2**), herausgegeben werden. Diese Routenempfehlungen des Seewetteramtes für Reisen nach Kanada oder zur Ostküste der USA, die letzten Endes zur Witterungsnavigation gehören, werden in zunehmendem Maße in Anspruch genommen. In ihnen wird die ökonomischste Route angegeben, wie sie sich auf Grund der voraussichtlichen Entwicklung der Großwetterlage und der daraus resultierenden Wind- und Seegangsverhältnisse, Meeresströmungen und anderer Faktoren ergibt.

Wird jedoch die Entscheidung *während der Reise* nach dem augenblicklich vorhandenen Zustand, *dem Wetter*, getroffen, so ist das nach Rodewald *meteorologische Navigation im kleinen*.

Notwendige Grundlage für derartige Entscheidungen sind Wettermeldungen, Bordwetterkarten, Nachrichtenaustausch mit anderen Schiffen in der Nähe, Funkwarnungen usw.

Meteorologische Kleinnavigation ist es z. B., wenn Inseln, Vorgebirge oder Kaps so umfahren werden, daß man die besten Sicht-, Wind-, Seegangs- und Stromverhältnisse hat, wenn man Eisbergen ausweicht, örtliche Nebelgebiete umfährt, bei schweren Böen Kurs ändert oder aus schweren Sturmlagen im Nordatlantik herausläuft, wie es in vielen Berichten im „Seewart" und „Wetterlotsen" dargestellt worden ist, auf die hier nur verwiesen werden kann. Es ist eine lehrreiche Aufgabe, diese

Berichte nach den in diesem Buche entwickelten Gesetzen und Grundsätzen zu behandeln.

Ein besonders gutes Beispiel meteorologischer Navigation ist das Manövrieren zur Vermeidung tropischer Orkane und das Manövrieren im Orkan selbst. Denn diese Orkangebiete sind klein und ihre Bewegungen meist so langsam, daß moderne Schiffe mit ihrer großen Geschwindigkeit fast immer ausweichen können. Im Gegensatz dazu haben wandernde Hoch- und Tiefdruckgebiete in den gemäßigten Zonen der Erde eine große Ausdehnung, so daß man meistens nicht mehr ausweichen, sondern nur schwachwindigere Teile des Sturmgebietes aufsuchen kann.

Das ausführliche Durcharbeiten der vielen Orkanberichte, die veröffentlicht wurden und in den Seehandbüchern dargestellt werden, ist eine notwendige und erfolgversprechende Schule der meteorologischen Navigation.

Auch die zweite Aufgabe der Navigation, das Festlegen des Schiffsortes, kann gelegentlich meteorologisch vorgenommen werden. So können z. B. Cumulus-Wolken, die sich über Inseln bilden, mit Erfolg angepeilt werden, wenn die Insel noch lange nicht in Sicht ist (Gipfelwolke des Pic von Teneriffa). Oder es kann das kalte Auftriebwasesr an der Somaliküste bei Kap Guardafui in der Zeit des SW-Monsuns als Warnung vor Landnähe ausgenutzt werden.

2. Beispiele meteorologischer Navigation

a) *Nordatlantik.* Für die Nordatlantikroute sind international Dampferwege festgelegt (Abb. 119). Sie berücksichtigen nur die Gefahr durch Eis und Nebel, nicht die Wind- und Stromverhältnisse, sind also kein reines Beispiel meteorologischer Navigation. Sie sind südlich der Neufundlandbank vorbeigelegt und weichen den in (**II.3.5**) geschilderten Eis und Nebelverhältnissen in den Monaten April bis Juni stark nach Süden aus. Die Wege bedeuten gegen den kürzesten Weg über Bishop Rock—Kap Race Umwege bis zu 200 sm. Sie sind Doppelgleise für hin- und rückkreisende Dampfer, um die Gefahr der Kollisionen zu mildern, und liegen im kritischen Teil der Strecke 50—60 sm voneinander entfernt und zwar liegt der Heimweg südlicher.

Der Nordatlantik ist der sturmgefährdetste aller Ozeane. Im Winter haben auch große Schnelldampfer Verspätungen von Tagen hinnehmen müssen, wenn sie nicht auf südlicherem Wege wenigstens den Kern der Sturmgebiete vermeiden konnten. Für schwache Dampfer ist es unmöglich, im Winter den direkten Weg westwärts zu dampfen, sie müssen auf dem „Weg für schwache Dampfer" so weit nach Süden gehen (s. Abb. 119), daß sie nicht mehr in den Bereich der Sturmeswindstärken kommen. Auf der Heimreise ostwärts wird auch der schwache Dampfer den direkten Weg nehmen, auf dem er durch die Westwinde nach Hause gejagt wird.

Für Dampfer, die nicht Kanalhäfen anlaufen müssen, ist vor der Reise nach meteorologischen Gesichtspunkten zu entscheiden, ob der kürzeste Weg nördlich um Schottland gewählt werden kann. Daß diese Entscheidung von den anzutreffenden Wind-, Seegangs-, Sicht- und Eisverhältnissen abhängt, ist nach dem Besprochenen klar. Die Sicht ist gerade auf diesem Wege entscheidend, weil das Schiff durch die Strömung stark versetzt werden kann.

Auch der *Flugwetterdienst* muß täglich meteorologisch entscheiden, welchen Weg nach Amerika das westwärts fliegende Flugzeug wählt, den Weg über Island oder über Irland, denn westliche Winde bedeuten für das Flugzeug beträchtliche Erhöhung der Flugdauer und damit erhöhten Brennstoffbedarf bei entsprechend verminderter Zuladung.

b) *Colombo—Aden zur Zeit des SW-Monsuns.* Die Reise von Aden nach Colombo ausreisend wird vom SW-Monsun begünstigt, die Rückreise aber wird für den direkt laufenden Dampfer zur Zeit des stärksten SW-Monsuns durch Gegenanarbeiten gegen Sturm, Strom und Seegang so starke Fahrtverluste und Beanspruchungen des Schiffes ergeben, daß mit Vorteil meteorologisch navigiert wird. Um vor Sokotra Wind und Strom quer oder sogar etwas von achtern zu haben, geht man in diesen Sommermonaten bei Minikoi westlich oder sogar erst südlich bis zum $1\frac{1}{2}°$-Kanal, durch die Malediven westlich, bis man nach Sokotra hochhalten muß. Der Umweg kann bis zu 360 sm (auf 2100 sm Fahrtstrecke) ausmachen. Während man auf dem direkten Weg im Mittel 26% Fahrtverluste feststellte, waren es auf dem Umweg nur 16% im Mittel, und dabei wurden Schiff, Maschine und Mannschaft geschont und weniger Brennstoff verbraucht.

Berücksichtigt man nur die mittleren Windkarten bei der Wahl des Umweges, treibt man *klimatische* Navigation. Erfährt man aber, z. B. daß in diesem Jahr der Monsun für die Zeit, in der man das Monsungebiet durchfahren will, noch nicht so stark sein wird, kann man auf den großen Umweg verzichten und hat *Witterungsnavigation* betrieben. Erfährt man auf dem südlichen Umgehungskurs dampfend, durch Nachrichtenaustausch mit anderen Schiffen, daß der Monsun nachläßt, und biegt früher als geplant nach Norden auf, so ist das *Wetternavigation*.

c) *Kap Hoorn.* Die Segler auf der Reise nach Chile hielten sich südlich des Passatgebietes nahe der patagonischen Küste, um den Falklandstrom zu meiden und einen gewissen Landschutz zu haben. Wenn möglich wurde die Straße von Le Maire zwischen dem Festland und der Staaten-Insel durchfahren, um den Ost-West-Weg möglichst abzukürzen. Nach den Mauryschen Segelanweisungen hatte man sich dicht unter Land zu halten, um möglichst bald wieder nach Norden hochhalten zu können.

In den letzten Jahrzehnten fuhr man auf Grund genauerer Kenntnis der
meteorologischen Zusammenhänge oft weit südlicher. Denn wenn man
auf der Straße wandernder Tiefdruckgebiete stand, konnte man vor
einem Tief, das vor Kap Hoorn lag, mit den auf der Vorderseite wehen
den Nordostwinden nach Süden segeln, bis man mit den östlichen
Winden der Polarseite des Tiefs weiter West jagen konnte. Mit den Süd-
westwinden der Rückseite ging es dann nach Norden. So umsegelte
man das Tief in großem Bogen südlich und kam besser und schneller voran, als wenn man unter der gefährlichen Küste gegen starken
Sturm und Strom auf der Nordseite des Tiefs im Laufe eines Etmals

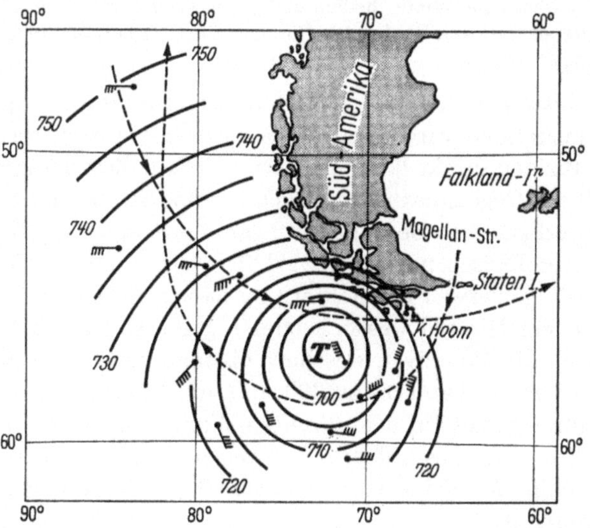

Abb. 120. Luftdruck und Wind bei Kap Hoorn am 21. April 1896 (nach Schott, Geogr. d. Atl. Ozeans)

vielleicht weiter zurück als voran gekommen wäre. Freilich hatte man
auch auf dem südlicheren Wege bis zur Grenze der Leistungsfähigkeit
der Mannschaft mit den kalten Schnee- und Hagelstürmen des dunklen südlichen Winters und den Eisgefahren dieser Breiten zu kämpfen.
Dies ging natürlich nicht immer. War die Zugstraße des Tiefs zu weit
südlich, konnte man das Tief nicht polwärts umsegeln. Außerdem laufen die Tiefdruckgebiete dieser Zone mit ziemlicher Geschwindigkeit,
während der Wettervorhersage- und Beratungsdienst für diese Gebiete
aus Mangel an ausreichenden Wettermeldungen nicht sehr sicher ist.
Gerade die deutschen Kapitäne der Reederei Laeisz haben durch meteo-
rologisches Navigieren auf dieser Route die durchschnittliche Reise-
dauer stark erniedrigt. Kapitän Hilgendorf brauchte mit der *Potosi*
auf zehn aufeinander folgenden Rundreisen Hamburg—Valparaiso oder

Iquique und zurück nach Hamburg in den Jahren 1895 bis 1901 durchschnittlich nur 5 Monate und 22 Tage; die kürzeste Reise dauerte 5 Monate und 6 Tage. Rückreisend versucht der Segler auf der Äquatorseite des Tiefs (s. Abb. 120) an Diego Ramirez und Kap Hoorn vorbei ostwärts zu kommen, vor den schweren Weststürmen lenzend, auf den hohen Wellen dieser Zonen in den Südatlantik gejagt.

3. Das Manövrieren in tropischen Orkanen

Wenn auch große, starke Dampfer so seetüchtig sind, daß sie den Gefahren eines Orkans trotzen können, beweisen doch viele Havarien und Schiffsverluste in tropischen Orkanen, daß die Gefahren nicht unterschätzt werden dürfen. Grundsatz muß sein, *jedem Orkan aus dem Wege zu gehen*. Da das Orkanfeld, besonders bei entstehenden Orkanen, sehr klein ist, wird dies im allgemeinen möglich sein. Gleich bei dem ersten Verdacht auf einen Orkan hat der Schiffsführer zu versuchen, die Bewegung des Orkans und seine Lage zum eigenen Schiff zu erkennen und sachgemäß zu navigieren. In Abschnitt II.5.5.6 bis 5.5.8 ist geschildert, wie er dazu Nachrichten der Küstenfunkstellen aufnimmt und Verbindung mit in der Nähe stehenden Schiffen zu bekommen sucht, welche Erkennungszeichen des Orkans beobachtet werden und wie er die Orkanbahn und die Lage des Schiffes dazu festzulegen versuchen kann, wie er die wahrscheinlichste Bahn nach seinem Seehandbuch damit vergleicht und welche allgemeinen Gesetze über das Verhalten eines tropischen Orkans bekannt sind. Über die einzuleitenden Manöver kann der Kapitän erst entscheiden, wenn einigermaßen Klarheit über die Lage und Bewegung des Orkans besteht. Ohne Rücksicht auf das Reiseziel hat er dann zu versuchen, das Zentrum des Orkans zu meiden und beim Ausweichen immer daran zu denken, daß es stets gefährlich ist, vor einem Orkan dessen Bahn zu kreuzen, was deshalb ebenfalls vermieden werden sollte.

Regeln für das Verhalten eines Dampfers in Orkanen hat Kapitän Schubart zusammengestellt (s. Schubart, Praktische Orkankunde). *Seine Regel für das Abwettern eines Orkans lautet:*

> Lege Dich zum Abwettern eines tropischen Wirbelsturms so, daß Du den Wind querein auf Nordbreite von Steuerbord, auf Südbreite von Backbord hast.
>
> Diese Regel gilt für beide Seiten der Orkanbahn.

Ein Schiff, das nach dieser Regel handelt, liegt mit dem Steven vom Orkanzentrum abgewendet, also auf einem Kurs, auf dem Fahrt aufgenommen werden kann, sobald die Verhältnisse es zulassen. Die Regel hat den Vorteil, daß ein Dampfer von selbst in die richtige Lage kommt, sobald die Steuerfähigkeit aufhört.

Im einzelnen lassen sich folgende Regeln aufstellen:

I. Nordbreite. 1. *Auf der Orkanbahn.* Steht der Dampfer vor dem Orkanzentrum gerade auf der Orkanbahn (fallender Luftdruck, Wind aus unveränderlicher Richtung und mit wachsender Stärke), so versucht man auf die „fahrbare" Seite zu kommen (Nordbreite: links, Südbreite: rechts von der Bahn), indem man mit dem Wind von Steuerbord achtern rechtwinklig von der Orkanbahn abhält (Dampfer a der Abb. 121).

2. *Gefährliche rechte Seite.* Steht der Dampfer im vorderen gefährlichen Quadranten (Wind dreht rechts, Barometer fällt), aber noch am Rande des Sturmfeldes (c), so versucht man mit Voll Voraus und Wind 3 Strich von Stb vorn noch herauszukommen, indem man ungefähr rechtwinklig von der vermuteten Orkanbahn absteuert. Verliert das Schiff aber bei

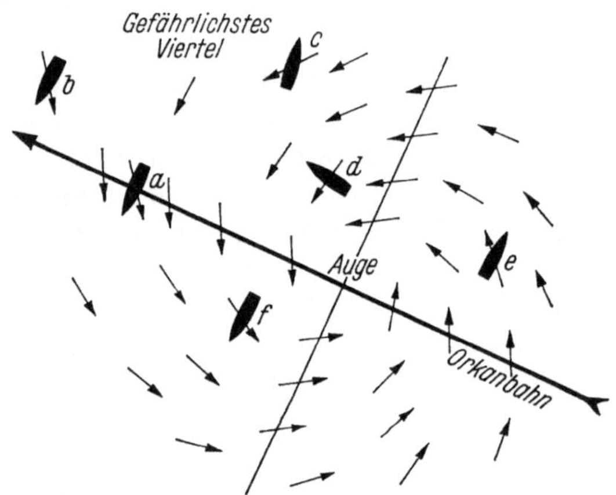

Abb. 121. Dampfer in einem Orkan auf Nordbreite.

zunehmendem Wind und Seegang die Steuerfähigkeit, wird man es zum Abwettern so legen, daß der Wind querein von Steuerbord kommt (s. Schubart-Regel). In den meisten Fällen legt das Schiff sich selbst quer zu Wind und Seegang. Dann hat es keinen Zweck Fahrt zu machen, da das seitlich unter dem Schiff hervortretende Kielwasser guten Schutz bietet (d). Zieht das Zentrum weiter, wird der Wind weiter nach rechts drehen und das Barometer wird steigen, man gelangt in den hinteren rechten Quadranten.

Gefährlich ist der Versuch, die Orkanbahn durch Lenzen noch vor dem Zentrum des Orkans zu kreuzen (Wind von Steuerbord achtern ein), auch wenn man triftige Gründe hat anzunehmen, daß man *nahe* der Orkanbahn und weit ab vom Zentrum (100—200 sm ab) steht (Dampfer b). Gefährlich ist dies namentlich polwärts der Wendekreise, weil dort die Orkane rasch voranschreiten.

b) *Im hinteren rechten Quadranten.* Hier dreht der Wind langsam rechts, während das Barometer steigt. Wenn Wind und See es zulassen und der Kurs, den man beim Lenzen einschlagen kann, dem Reiseziel entspricht, kann man, den Wind von Steuerbord achtern (e), zum Lenzen übergehen.

3. *Fahrbare, linke Seite* (Wind dreht links). Ein Dampfer auf der fahrbaren Seite (f) wird den Wind von Steuerbord achtern nehmen und laufen, was die Maschine hergibt, bis das Barometer steigt. Den zuerst nach Windrichtung eingeschlagenen Kurs wird man so lange wie möglich beibehalten. Der Wind wird dann allmählich von der Seite und schließlich von vorne kommen. Werden Wind und Seegang zu schwer, dann nimmt man den Wind abermals von achtern und versucht, nun diesen Kurs zu halten, so lange es geht, um möglichst rechtwinklig von der Orkanbahn fortzukommen.

So wird es einem kräftigen Dampfer meistens gelingen, aus dem Orkan herauszukommen. Da der Umfang des Orkanfeldes nur klein ist, genügt es oft, eine Strecke von 30 bis 50 sm auf gleichem Kurs zu dampfen, um besseres Wetter zu erreichen.

Wenn man doch beidrehen muß, nimmt man den Wind querein von Stb., damit man sich bei Fahrtaufnahme sofort von der Orkanbahn entfernt.

4. Im *Orkanzentrum.* Steht man im Orkanzentrum selbst, so bleibt nichts anders übrig, als den Sturm abzuwettern. Man kann den Versuch machen, wieder Fahrt aufzunehmen, soweit die hohe Dünung und der auf der rechten Seite des Orkanfeldes zu erwartende Seegang es erlauben.

Immer muß man auf das plötzliche Losbrechen des Sturmes aus einer der früheren fast entgegengesetzten Richtung gefaßt sein.

II. Südbreite. Auf Südbreite gelten dieselben Regeln, nur ist für Steuerbord überall Backbord zu setzen.

Eine alte Gedächtnisregel faßt die Manövrierregeln für das Segelschiff folgendermaßen zusammen:

Rechts, rechts, rechts! D. h.: Geht der Wind rechts herum, so befindet man sich auf der rechten Seite der Orkanbahn, und man soll mit dem rechten Hals beidrehen.

Links, links, links! D. h.: Geht der Wind links herum, steht man auf der linken Seite der Orkanbahn, und man soll mit dem linken Hals beidrehen.

Da sich die Richtung der See immer langsamer ändert als die des Windes, hat man, wenn man mit dem richtigen Hals beidreht, den Vorteil, daß die See immer mehr von vorne, also günstiger einkommt.

Es ist, besonders im Atlantischen Ozean, leicht möglich, daß ein polwärts bestimmtes Schiff, das in den Tropen einen Orkan zu bestehen hatte, diesen auf höheren Breiten wieder trifft.

Eingehende Anweisungen für die einzelnen Gegenden und Zeiten sind in den Seehandbüchern zu finden. Die in diesem Buch gegebenen

Manövrierregeln können keinen Schiffsführer davon entbinden, im Einzelfalle die in den Seehandbüchern niedergelegten Ratschläge genau zu studieren. *Jedes mechanische Arbeiten nach Manövrierregeln ist sinnlos und gefährlich*, sie können nur Hinweise geben. Im Einzelfalle ist manches anders, insbesondere sind die Eigenschaften des Schiffes selbst, sein Beladungszustand usw. weitgehend mitentscheidend bei den zu treffenden Maßnahmen.

Immer sind auch Fälle denkbar, in denen man trotz aller Aufmerksamkeit und sorgfältigster Überlegung nicht imstande ist, die Nähe der gefährlichen Mitte des Orkans zu vermeiden, zumal wenn das Schiff sich im Entwicklungsgebiet eines Orkans befindet, oder wenn das Schiff durch die Nähe von Land am freien Manövrieren behindert ist.

4. Übungsaufgaben

Für die Lösung dieser Übungsaufgaben entwirft man eine „Plattkarte", in der Meridiane und Breitenparallele gleiche Abstände haben (Maßstab etwa 1° = 3 cm). Für alle Aufgaben ist mit einem Einströmwinkel von 20° zu arbeiten.

I. Zusammenarbeit von Schiffen.

1. Dampfer A auf 15° 42′ N, 80° 22′ W beobachtet W 12, Luftdruck 992 mbar, Dampfer B auf 18° N 77° W beobachtet SO 4, Luftdruck 1007 mbar. Wo liegt das Orkanzentrum? Eine Wetterkarte ist zu entwerfen.

2. Vier Dampfer tauschen untereinander für den Termin 4 Uhr UTC Wettermeldungen aus:

```
01043 99125 10893 41/92 80944 10160 40065 76562
01043 99093 10874 41/93 83024 10160 40119 76566
01043 99061 10868 41/97 22709 10150 40159 70311
01043 99058 10912 43/98 00000 10180 40181
```

Wo liegt das Orkanzentrum? Eine Wetterkarte ist zu entwerfen.

3. Nach folgenden fünf Schiffswettermeldungen ist eine Wetterkarte zu entwerfen und die Lage des Orkanzentrums zu ermitteln:

```
10083 99094 10624 41/93 80852 10250 49946 76566
10083 99105 10592 41/96 40218 10250 49993 70322
10083 99099 10618 41/93 80737 10240 49972 76566
10083 99103 10608 41/96 70530 10240 49981 76266
10083 99092 10639 41/93 81244 10240 49959 76566
```

II. Einzelfahrer.

Aus den nachstehend gegebenen Tagebuch-Auszügen sind folgende Fragen zu beantworten:

Was folgt aus diesen Beobachtungen? In welcher Richtung bewegt sich das Orkanzentrum? Auf welcher Seite der Sturmbahn und in welchem Quadranten des Orkans befindet sich das Schiff? Wie hat man zu manövrieren?

Datum u. Zeit	Breite	Länge	Wind	Luftdruck in mbar	Bemerkungen
4. Auf einem von Panama nach St. Thomas bestimmten Dampfer beobachtet man:					
8. 20 Uhr	16° 34′ N	78° 32′ W	SSO 2	1016,3	Auffallend prächtiger Sonnenuntergang
′6. 8. Mittern.	16° 58′ N	78° 0′ W	N 2	1013,0	Starke Dünung aus SO
8. 2 Uhr			NzW 3	1011,0	
8. 4 Uhr	17° 22′ N	77° 27′ W	NzW 5	1007,4	Schwere Regenböen aus NW
8. 6 Uhr			NNW 7–8	1003,1	Grobe, schnell anwachsende See
8. 8 Uhr	17° 49′ N	76° 55′ W	NNW 8–9	998,9	
5. An Bord eines von Honolulu nach Auckland bestimmten Dampfers beobachtet man:					
. 1. 16 Uhr	22° 32′ S	173° 30′ W	NO 2	1011,7	Der Wind mallte von SO nach NO. Seit 14 Uhr anhaltender Regen.
. 1. 20 Uhr	23° 37′ S	174° 3′ W	NNO 3	1008,2	Lange Dünung aus W u. SW
./16. 1. Mittern.	24° 20′ S	174° 34′ W	N 5–6	1003,0	Grobe See, Blitze im SW, Regen
. 1. 4 Uhr	25° 15′ S	175° 5′ W	NNW 6–7	995,5	Wild durcheinanderlaufende
. 1. 8 Uhr	26° 11′ S	175° 35′ W	NNW 8–9	983,3	See, heftige Regenböen
6. An Bord eines nach Shanghai bestimmten Dampfers beobachtete man:					
. 9. 8 Uhr	25° 43′ N	138° 5′ O	SO 3	1009,0	Lange schwere Dünung aus SW.
. 9. Mittag	26° 25′ N	137° 13′ O	SOzS 4	1007,3	Schwarze Wolkenbank in SW
. 9. 16 Uhr	27° 4′ N	136° 22′ O	SSO 6	1001,3	Heftige Regenböen
. 9. 20 Uhr	27° 44′ N	135° 30′ O	S 8–9	990,0	Grobe See, Schiff arbeitet stark.
7. Auf einem von Hongkong nach Nagasaki bestimmten Schiff beobachtet man:					
8. 8 Uhr	28° 44′ N	126° 8′ O	NO 3	1010,7	Blitze in SSO, Hohe Dünung aus SO
8. Mittag	28° 54′ N	127° 0′ O	NO 4	1007,0	Regen und Regenböen aus NNW
8. 16 Uhr	29° 15′ N	127° 52′ O	NOzN 6	1001,2	Wild durcheinanderlaufende
8. 20 Uhr	29° 35′ N	128° 22′ O	NNO 7–8	999,7	See.
8. An Bord eines Schiffes beobachtet man:					
10. 4 Uhr	10° 16′ N	90° 2′ O	OzS 4	1012	
10. 6 Uhr	10° 8′ N	89° 32′ O	OSO 5	1010,5	
10. 8 Uhr	10° 0′ N	89° 4′ O	OzS 5	1009	Grobe See aus O und
10. 10 Uhr	9° 52′ N	88° 36′ O	O 5	1008	schwere Dünung aus S
10. Mittag	9° 44′ N	88° 6′ O	ONO 6	1005	
10. 14 Uhr	9° 36′ N	87° 40′ O	NO 8	1001	

5. Eisnavigation

Die Wahl der international verabredeten Dampferwege im Nordatlantik geschah unter Berücksichtigung der Eisvorkommen. Es sind
vor allem die Eisberge, die trotz der südlich gelegten Route eines
Dampfers eine meteorologische Navigation im kleinen notwendig
machen.

Eisberge mittlerer Größe sind bei klarem Wetter 12—15 sm weit zu
sehen, aber im Nebel nur einige 100 m oder weniger. Im Dunkeln sind
sie sehr schwer zu erkennen, sie kommen erst in nächster Nähe in Sicht.
In sternhellen Nächten sieht man sie als dunkle Schatten etwas weiter.
Bei Mondschein beobachtet man den „Eisblink“, bevor der Eisberg
noch über der Kimm ist. Durch Messen der Luft- und Wassertemperatur
ist der Eisberg nicht mit Sicherheit zu erkennen. Das Schmelzwasser
um den Eisberg sinkt rasch in die Tiefe und bleibt in Lee seiner Bahn.
Nur mit Funkmeßanlagen (Radar) besteht die Möglichkeit, den Eisberg
auch bei Nebel und Nacht rechtzeitig zu entdecken. Während Eisberge
mit glatten, senkrechten Wänden in größeren Entfernungen auf dem
Radarschirm sichtbar werden, erscheinen Eisberge mit schrägen Wänden
bei Annäherung verhältnismäßig spät. Selbst größere Eisberge werden
im Radargerät erst in 5—6 sm Abstand sichtbar.

Man bedenke, daß manche Eisberge nur wenig über den Meeresspiegel
aufragen, dafür aber unter Wasser noch sehr ausgedehnte Vorsprünge
haben können. Man wird die Luvseite des Eisberges meiden und guten
Abstand wahren, weil Eisberge evtl. kentern, sich dabei umwälzen und
dann gewaltige Wellen aufwerfen. Man sollte sich auch sofort bei dem
Eiswachtschiff melden, dessen Berichte verfolgen, die gemeldeten Eisberge in die Karte eintragen und danach evtl. den Kurs ändern, um gut
frei zu kommen.

Vorsichtiges Fahren ist oberstes Gebot. Bei Nebel wird man stoppen
und sich treiben lassen. (Achtung! Große Versetzungen möglich!)

Entsprechendes gilt für die Fahrt um Kap Hoorn und im Walfang-
gebiet. Nur gibt es dort keinen Eisspähdienst, und die Eisbergberatung
kann nur durch Austausch von Meldungen zwischen den einzelnen
Schiffen erfolgen. Auch die Fahrt durch *treibeis*gefährdete Gebiete, wie im
Winter in der Ostsee oder auf den arktischen Seewegen (Kara-See-
Expeditionen), ist durch die Einführung der drahtlosen Telegraphie und
vor allem durch die Möglichkeit der Flugzeug- und Satellitenerkundung
stark verändert und ein Beispiel meteorologischer Navigation geworden.
Während der Kapitän früher die Eisverhältnisse nach dem Ausguck aus
dem Mastkorb seines Schiffes beurteilen mußte, werden heute die Eisverhältnisse weiter Gebiete durch Flugzeuge und Satelliten festgestellt und
die fahrbare Route nach entsprechender Auswertung durch FT ge-

meldet. Der längere Weg durch freies Wasser ist immer dem direkten Weg durch Eisfelder vorzuziehen. Dabei sind ausreichende Tiefen und die zu erwartenden Winde und Strömungen zu berücksichtigen.

Lösung der Übungsaufgaben auf S. 71/72

Beispiel 1:   12123 99452 70063 41999 00402 10110 40315 70000 80000
Beispiel 2:   05003 99539 70411 41/98 42724 10071 49892 70181 84400
Beispiel 3:   01063 99156 71592 41698 60413 10213 40124 70222 86500
Beispiel 4:   12063 99723 10000 41495 83237 10030 49964 78152 889//
Beispiel 5:   20183 99029 70213 41/98 21802 10280 49993 70191 82200
Beispiel 6:   18123 99542 50915 41/93 82844 11010 49979 78988 887//
Beispiel 7:   12003 99226 11235 41494 80744 10220 40034 58020 78188
              889// 22222
Beispiel 8:   03123 99572 10200 41997 31302 11050 40324 70300 80004
              ICE // 070
Beispiel 9:   25063 99542 10072 41697 82012 11010 21020 40052 57008
              77177 8372/ 00010
Beispiel 10: 10183 99498 70392 41598 62930 11011 40010 53018 72722
              86800 22263 00010 20908 ICE 1 berg

Entschlüsselungen zu den Beispielen auf S. 72

Beispiel 1: Ein Schiff beobachtet am 15. des Monats um 03 Uhr UTC auf 09° 00′N 62°24′O Nordwind von 24 kn (6 B). Sicht 10 sm, 3/8 Cirrus und Cirrostratus, langsam zunehmend und mehr als 45° über den Horizont heraufreichend, keine mittleren und niedrigen Wolken, seit der letzten Beobachtung heiter, Luftdruck 1010,9 mbar, Lufttemperatur 25° C.

Beispiel 2: Am 10. eines Monats wird um 12 Uhr UTC auf einem Schiff auf der Position 44°36′N 13°00′O folgendes Wetter beobachtet: NNE 37 kn (8 B), 4/8 Bewölkung ohne wesentliche Änderung in der letzten Stunde, auch seit der letzten Beobachtung Bewölkung nicht mehr als 4/8, keine besonderen Wettererscheinungen. Sicht 10 sm. Luftdruck 1019,3 mbar, Lufttemperatur.

Beispiel 3: A, 15. des Monats um 06 Uhr UTC wurde auf einem Schiff bei der Position 18°00′N 64°18′O folgendes Wetter beobachtet: Wind 230° 30 kn (7 B), 6/8 bedeckt mit Cumulonimben, keine mittleren und hohen Wolken erkennbar, Wolkenhöhe 600 m, Sicht 10 sm, keine Änderung im Wolkenbild während der letzten Stunde, seit der letzten Beobachtung war der Himmel dauernd zu mehr als 4/8 bedeckt, Luftdruck 999,8 mbar, Lufttemperatur 26° C.

Beispiel 4: Am 12. des Monats um 06 Uhr UTC wird von einem Schiff auf der Position 50°18′N 35°36′W folgendes Wetter beobachtet: Wind 290° 30 kn (WNW 7 B), ganz bedeckt mit Cumulonimben und tiefen zerrissenen Schlechtwetterwolken (**Fractocumulus**), Wolkenuntergrenze 200 m, Sicht 1 sm, leichter Hagelschauer mit Regen, auch seit der letzten Beobachtung Schauerwetter, Luftdruck 999,8 mbar, Lufttemperatur −2° C, Kurs West mit 16 kn, Luftdruck in den letzten 3 Stunden erst gleichbleibend, dann fallend mit 0,3 mbar, Wassertemperatur −1,5° C, Wellen der Windsee mit einer Periode von 8 s und einer Höhe von 3,5 m.

Beispiel 5: Am 15. des Monats um 12 Uhr UTC beobachtete ein Schiff auf der Position 55°00′N 12°54′O folgendes Wetter: Wind 180° 5 kn (Süd 2 B), Himmel 7/8 mit dünnem Altostratus oberhalb 2500 m bedeckt, keine niedrigen Wolken, hohe Wolken nicht erkennbar, Sicht 5 sm, Bewölkung in Entwicklung, seit der letzten Beobachtung aber zeitweise über und zeitweise unter 4/8 Gesamtbedeckung, Luftdruck 1016,4 mbar, Lufttemperatur −5° C, Kurs West mit 7 kn, Druck fallend um 0,3 mbar in den letzten 3 Stunden, 4/10−6/10 lockeres Treibeis, vorwiegend junges Eis, kein Landeis, Eisgrenze nicht feststellbar, Eis leicht zu durchdringen.

Literatur

Für den, der weiter in die Wetter- und Meereskunde eindringen will, seien einige grundlegende Werke genannt, die er in vielen Büchereien finden kann.

Eine zusammenfassende Behandlung aller wetter- und meereskundlichen, aber auch geographischen Tatsachen über die Ozeane bringen:

Schott, G.: Geographie des Atlantischen Ozeans, Hamburg 1944.

Schott, G.: Geographie des Indischen und Stillen Ozeans, Hamburg 1935.

Die Frage der Wetteranalyse und Wettervorhersage behandeln von hoher Warte:

Chromow, S.: Einführung in die synoptische Wetteranalyse, Wien 1940.

Scherhag, R.: Neue Wetteranalyse und Wetterprognose, Berlin 1948.

Eine zusammenfassende Darstellung der Orkankunde bringt:

Schubart, L.: Praktische Orkankunde, Manövrieren in Stürmen, Berlin 1942.

Die Fragen der langfristigen Wettervorhersage behandelt:

Baur, F.: Einführung in die Großwetterkunde, Wiesbaden 1948.

Spezielle Darstellungen der Wind- und Wetterverhältnisse auf den Hauptfischereigebieten bringen:

Rodewald, M.: Klima und Wetter des Fischereigebietes Bäreninsel, Hamburg 1949.

Rodewald, M.: Klima und Wetter der Fischereigebiete bei Island, Hamburg 1951.

Rodewald, M.: Klima und Wetter der Fischereigebiete West- und Südgrönlands, Hamburg 1955.

Ferner sei hingewiesen auf die (zum Teil vergriffenen) Werke:

Bartels, J.: Geophysik, Bd. 20 des Fischer-Lexikons, Frankfurt a. M. 1960.

Berth, Keller, Scharnow: Wetterkunde, Transpress-Verlag Berlin 1979.

Cannegieter, H.: Was lehren uns die Wolken, Bern 1950.

Berg, H.: Atmosphäre und Wetter, Stuttgart 1953.

Dietrich, G., Kalle, K.: Allgemeine Meereskunde, Berlin 1957.

Ficker: Wetter und Wetterentwicklung, Berlin 1952.

Höhn, R.: Wetter, Winde, Wolken, Berlin 1961.

Israel, H.: Luftelektrizität und Radioaktivität, Berlin 1957 u. 1962.

v. Larisch: Sturmsee und Brandung, 1926.

Mylius, E.: Wetterkunde für den Wassersport

Prügel, H.: Wetterführer, Hamburg 1972.

Reuter, H.: Die Wissenschaft vom Wetter, Berlin 1968.

Seilkopf, H.: Maritime Meteorologie, Berlin 1939.

Wind, Wetter und Wellen auf den Weltmeeren, Berlin 1940.

Besondere Hinweise und neuere Einzelergebnisse bringen die Zeitschriften:

Der Wetterlotse, Maritim-meteorologische Mitteilungen für die Mitarbeiter des Seewetteramtes.

Der Seewart, Nautische Zeitschrift für die deutsche Seeschiffahrt.

Anhang

1. Beaufort-Skala für Windstärke und Windsee

2. Tabelle zur Bestimmung der relativen Feuchte
   und des Taupunktes (Psychrometertafel)

Tabelle 1: Beaufort-Skala,

Windstärke nach Beaufort	Bezeichnung der Windstärke	Auswirkungen des Windes auf die See
0	Stille	Spiegelglatte See.
1	leiser Zug	Kleine schuppenförmig aussehende *Kräuselwellen* ohne Schaumköpfe.
2	leichte Brise	Kleine Wellen, noch kurz, aber ausgeprägter. *Kämme* sehen *glasig* aus und brechen sich nicht.
3	schwache Brise	Kämme beginnen sich zu brechen. Schaum überwiegend glasig, ganz *vereinzelt* können kleine *weiße Schaumköpfe* auftreten.
4	mäßige Brise	Wellen noch klein, werden aber länger, *weiße Schaumköpfe* treten schon ziemlich *verbreitet* auf.
5	frische Brise	Mäßige Wellen, die eine ausgeprägtere lange Form annehmen. Überall *weiße Schaumkämme.* Ganz vereinzelt kann schon Gischt vorkommen.
6	starker Wind	Bildung großer Wellen beginnt. Kämme brechen und hinterlassen größere *weiße Schaumflächen.* Etwas Gischt.
7	steifer Wind	See türmt sich. Der beim Brechen entstehende *weiße Schaum beginnt sich in Streifen in die Windrichtung* zu legen.
8	stürmischer Wind	Mäßig hohe Wellenberge mit Kämmen von beträchtlicher Länge. *Von den Kanten der Kämme beginnt Gischt abzuwehen.* Schaum legt sich in gut ausgeprägten Streifen in die Windrichtung.
9	Sturm	Hohe Wellenberge, dichte Schaumstreifen in Windrichtung. „*Rollen*" der See beginnt. *Gischt* kann die *Sicht schon beeinträchtigen.*
10	schwerer Sturm	Sehr hohe Wellenberge mit langen überbrechenden Kämmen. *See weiß durch Schaum.* Schweres stoßartiges „Rollen" der See. Sicht durch Gischt beeinträchtigt.
11	orkanartiger Sturm	Außergewöhnlich hohe Wellenberge. Die Kanten der Wellenkämme werden überall zu Gischt zerblasen. Sicht herabgesetzt.
12	Orkan	Luft mit Schaum und Gischt angefüllt. See vollständig weiß. Sicht sehr stark herabgesetzt. Jede Fernsicht hört auf.

Windstärke und Windsee

Auswirkung des Windes im Binnenlande	Untere und obere Grenzen der Geschwindigkeit in		Mittlere Geschwindigkeit in kn = Schlüsselzahl im Met. Journal	Seegang nach Petersen	Bezeichnung des Seegangs
	m/s	kn			
Windstille, Rauch steigt gerade empor.	0 – 0,2	1	00	0	ruhige, spiegelglatte See
Windrichtung angezeigt nur durch Zug des Rauches, aber nicht durch Windfahne.	0,3– 1,5	1– 3	02	1	ruhige, gekräuselte See
Wind am Gesicht fühlbar, Blätter säuseln, Windfahne bewegt sich.	1,6– 3,3	4– 6	05	2	schwach bewegte See
Blätter und dünne Zweige bewegen sich, Wind streckt einen Wimpel	3,4– 5,4	7–10	09		
Wind hebt Staub und loses Papier, bewegte Zweige und dünnere Äste.	5,5– 7,9	11–15	13	3	leicht bewegte See
Kleine Laubbäume beginnen zu schwanken, Schaumköpfe bilden sich auf Seen.	8,0–10,7	16–21	18	4	mäßig bewegte See
Starke Äste in Bewegung, Pfeifen in Telegraphen-Leitungen, Regenschirme schwierig zu benutzen.	10,8–13,8	22–27	24	5	grobe See
Ganze Bäume in Bewegung, fühlbare Hemmung beim Gehen gegen den Wind.	13,9–17,1	28–33	30	6	sehr grobe See
Wind bricht Zweige von den Bäumen, erschwert erheblich das Gehen im Freien.	17,2–20,7	34–40	37	7	hohe See
Kleinere Schäden an Häusern (Rauchhauben und Dachziegel werden abgeworfen).	20,8–24,4	41–47	44		
Bäume werden entwurzelt, bedeutende Schäden an Häusern.	24,5–28,4	48–55	52	8	sehr hohe See
Verbreitete Sturmschäden (sehr selten im Binnenland).	28,5–32,6	56–63	60	9	außergewöhnlich schwere See
Schwerste Verwüstungen	32,7 und mehr	64 und mehr	68		

Tabelle 2: Tafel zur Bestimmung der relativen Feuchte und des Taupunktes

Unterschied der Temperaturangaben des trockenen und des feuchten Thermometers in °C

Temperatur des trockenen Thermometers in °C	0° C	1° C	2° C	3° C	4° C	5° C	6° C	7° C	8° C	9° C	10° C
t	e f	a r T	a r T	a r T	a r T	a r T	a r T	a r T	a r T	a r T	a r T
−15	1,4 1,6	0,7 57 22									
−10	2,1 2,4	1,4 69 15	0,8 38 22								
− 9	2,3 2,5	1,6 71 13	1,1 42 20								
− 8	2,5 2,7	1,8 73 12	1,3 45 18								
− 7	2,7 3,0	1,9 74 11	1,5 49 16	0,7 24 25							
− 6	2,9 3,2	2,2 75 10	1,6 52 14	0,9 28 22							
− 5	3,2 3,4	2,4 77 8	1,8 54 13	1,0 32 19							
− 4	3,4 3,7	2,6 78 7	2,0 57 11	1,2 36 17	0,5 15 28						
− 3	3,7 3,9	2,8 79 6	2,1 59 10	1,4 39 15	0,8 19 24						
− 2	4,0 4,2	3,1 80 5	2,4 61 8	1,6 42 13	1,0 23 20						
− 1	4,3 4,5	3,4 81 4	2,7 63 7	1,8 45 11	1,2 27 17						
0	4,6 4,8	3,7 82 3	2,9 64 6	2,1 47 9	1,4 31 15	0,6 14 24					
+ 1	4,9 5,2	4,1 83−1	3,2 66 4	2,4 50 8	1,6 34 12	0,9 18 20					
+ 2	5,3 5,6	4,4 84 0	3,6 68 3	2,7 52 6	1,9 37 11	1,1 22 17					
+ 3	5,7 6,0	4,8 84+1	3,9 69 2	3,1 54 5	2,2 40 9	1,4 25 14	0,7 12 23				
+ 4	6,1 6,4	5,2 85 2	43, 70−1	3,4 56 4	2,6 42 7	1,7 28 12	1,0 16 19				
+ 5	6,5 6,8	5,6 86 3	4,7 72 0	3,8 58 2	2,9 45 5	2,1 32 9	1,2 19 15	0,5 7 27			
+ 6	7,0 7,3	6,0 86 4	5,1 73+1	4,2 60−1	3,3 47 4	2,4 35 8	1,6 23 13	0,8 11 21			
+ 7	7,5 7,8	6,5 87 5	5,5 75 3	4,6 61 0	3,7 49 3	2,8 37 6	1,9 26 10	1,1 14 17			
+ 8	8,0 8,3	7,0 87 6	6,0 75 4	5,0 62+1	4,1 51−1	3,2 40 4	2,3 29 8	1,4 18 4	0,6 7 23		
+ 9	8,6 8,8	7,5 88 7	6,5 76 5	5,5 64 3	4,5 53 0	3,6 42 3	2,7 31 7	1,8 21 11	0,9 11 18		

e ist der größtmögliche Dampfdruck über Wasser in mm bei der Temperatur t.

f ist das Höchstgewicht an Wasserdampf über Wasser in g/m³ bei der Temperatur t.

a ist die absolute Feuchtigkeit in g/m³ bei der Temperatur t.

r ist die relative Feuchtigkeit in % bei der Temperatur t.

T ist der Taupunkt, d. h. die Temperatur, bis zu der sich die Luft abkühlen muß, um mit Wasserdampf gesättigt zu sein, abgerundet auf volle Celciusgrade. Die Werte gelten für alle Barometerstände zwischen 980 und 1030 mbar.

Fortsetzung

Temperatur des trockenen Thermometers in °C	0° C		1° C			2° C			3° C			4° C			5° C			6° C			7° C			8° C			9° C			10° C		
t	e	f	a	r	T	a	r	T	a	r	T	a	r	T	a	r	T	a	r	T	a	r	T	a	r	T	a	r	T	a	r	T
+10	9,2	9,4	8,1	88	8	7,0	77	6	6,0	65	4	5,0	55	+1	4,0	44	−2	3,1	34	5	2,2	24	9	1,3	14	9	0,4	5	26			
+11	9,8	10,0	8,7	88	9	7,6	77	7	6,5	66	5	5,5	56	3	4,5	46	0	3,5	36	3	2,6	26	7	1,7	17	12	0,8	8	26			
+12	10,5	10,7	9,3	89	10	8,1	78	8	7,1	68	6	6,0	57	4	5,0	48	+1	4,0	38	−2	3,0	29	5	2,1	20	9	1,2	11	16			
+13	11,2	11,4	10,0	89	11	8,8	79	9	7,7	69	7	6,6	59	5	5,5	49	3	4,5	40	0	3,5	31	3	2,5	23	7	1,6	14	12	0,7	6	22
+14	12,0	12,1	10,7	90	12	9,5	79	11	8,3	70	9	7,2	60	6	6,1	51	4	5,0	42	+1	4,0	33	−2	3,0	25	5	2,0	17	10	1,1	9	17
+15	12,8	12,9	11,4	90	13	10,1	80	12	9,0	71	10	7,8	61	8	6,7	53	5	5,6	44	3	4,5	35	0	3,5	27	3	2,5	20	7	1,5	12	13
+16	13,6	13,7	12,2	90	14	10,9	81	13	9,7	71	11	8,5	62	9	7,3	54	7	6,2	46	4	5,1	37	+2	4,0	30	−2	3,0	22	5	2,0	15	10
+17	14,5	14,5	13,1	90	15	11,7	81	14	10,4	72	12	9,2	63	10	8,0	55	8	6,8	47	6	5,7	39	3	4,6	32	0	3,5	24	3	2,5	17	7
+18	15,5	15,4	14,0	91	16	12,6	82	15	11,2	73	13	9,9	65	11	8,7	56	9	7,5	49	7	6,3	41	5	5,2	34	+2	4,1	27	−1	3,0	20	5
+19	16,5	16,3	14,9	91	17	13,4	82	16	12,1	74	14	10,7	65	12	9,4	58	10	8,2	50	8	7,0	43	6	5,8	36	3	4,7	29	0	3,6	22	3
+20	17,5	17,3	15,9	91	19	14,4	83	17	13,0	74	15	11,6	66	14	10,2	59	12	8,9	51	10	7,7	44	7	6,5	37	5	5,3	31	+2	4,2	24	−1
+21	18,7	18,4	16,9	91	20	15,4	83	18	13,9	75	16	12,4	67	15	11,1	60	13	9,7	52	11	8,4	45	9	7,2	39	6	6,0	32	4	4,8	26	+1
+22	19,8	19,4	18,0	92	21	16,4	83	19	14,9	75	18	13,4	68	16	12,0	61	14	10,6	54	12	9,2	47	10	7,9	40	8	6,7	34	5	5,5	28	3
+23	21,1	20,6	19,2	92	22	17,5	84	20	15,9	76	19	14,4	69	17	12,9	62	15	11,4	55	13	10,1	48	11	8,7	42	9	7,4	36	7	6,2	30	4
+24	22,4	21,8	20,4	92	23	18,7	84	21	17,0	77	20	15,4	70	18	13,9	62	16	12,4	56	15	11,0	49	13	9,6	43	11	8,2	37	8	6,9	31	6
+25	23,8	23,1	21,7	92	24	19,9	85	22	18,2	77	21	16,5	70	19	14,9	63	18	13,4	57	16	11,9	51	14	10,4	44	12	9,1	39	10	7,7	33	7
+26	25,2	24,4	23,0	92	25	21,2	85	23	19,4	78	22	17,7	71	20	16,0	64	19	14,4	58	17	12,9	51	15	11,4	45	13	9,9	40	11	8,6	34	9
+27	26,7	25,8	24,5	93	26	22,5	85	24	20,7	78	23	18,9	71	21	17,2	65	20	15,5	59	18	13,9	53	16	12,4	47	15	10,9	41	13	9,4	36	10
+28	28,3	27,2	26,0	93	27	24,0	86	25	22,0	79	24	20,2	72	22	18,4	65	21	16,7	59	19	15,0	53	18	13,4	48	16	11,9	42	14	10,4	37	12
+29	30,0	28,8	27,6	93	28	25,5	86	26	23,5	79	25	21,6	72	24	19,7	66	22	17,9	60	20	16,2	54	19	14,5	49	17	12,9	43	15	11,4	38	13
+30	31,8	30,4	29,3	93	29	27,1	86	27	25,0	79	26	23,0	73	25	21,0	67	23	19,2	61	22	17,4	55	20	15,7	50	18	14,0	44	16	12,4	39	15

Unterschied der Temperaturangaben des trockenen und des feuchten Thermometers in °C

Sachverzeichnis

Additional material from *Wetter- und Meereskunde für Seefahrer,*
ISBN 978-3-642-68718-1 (978-3-642-68718-1_OSFO),
is available at http://extras.springer.com